Grundzüge
der Biologiegeschichte

Von Ilse Jahn, Berlin

Mit 101 Abbildungen

Gustav Fischer Verlag Jena

CIP-Titelaufnahme der Deutschen Bibliothek
Jahn, Ilse:
Grundzüge der Biologiegeschichte / von Ilse Jahn. – 1. Aufl. – Jena: Fischer, 1990
  (UTB für Wissenschaft: Uni-Taschenbücher; 1534)
  ISBN 3-334-00081-8
NE: UTB für Wissenschaft / Uni-Taschenbücher

Gesamtherstellung IV/10/5 Mitteldeutsches Druckhaus, Halle
Printed in Germany

Vorwort

Der Anlaß für diese „Grundzüge der Biologiegeschichte" ist der vielfach geäußerte Wunsch nach einer gerafften Darstellung, die die jetzt an verschiedenen Universitäten und Hochschulen als ständiges Lehrgebiet verankerte Vorlesung über „Geschichte der Naturwissenschaften/Biologie" unterstützen und ergänzen soll. Diesem Zweck entsprechend stellt sein Inhalt eine von didaktischen Aspekten bestimmte Auswahl und Systematisierung aus der Fülle des Stoffes dar und orientiert sich im wesentlichen an bisherigen Lehrprogrammen. Dieser „Rahmen" war jedoch so weit gespannt, daß dem Hochschullehrer viel Spielraum für individuelle schöpferische Gestaltung des Lehrstoffes blieb und ein Eingehen auf die jeweils spezifische Geschichte und Situation der Biologie an jedem Hochschulort und auf besondere Interessen seiner Studenten ermöglichte.

Solche individuellen Aspekte durchziehen auch die Ausführung der vorliegenden Schrift, die sich zwar in den allgemeinen Rahmen einfügen, aber keineswegs ein „Dogma" darstellen wollte. Ein „Lehrbuch" entsteht nicht nur am Schreibtisch, sondern aus der lebendigen Wechselbeziehung zwischen Lehrer und Schüler und letztlich aus dem gesprochenen Wort, das keine „Fußnoten" erträgt. Es ist in der Form kein Vorbild für eine wissenschaftliche Originalabhandlung, die auf genaue Quellenzitate und Anmerkungen nicht verzichten dürfte, sondern es ist ein Extrakt aus dem Wissen, das in einer reichhaltigen Literatur gespeichert ist, die ebenfalls nur in Auswahl genannt werden kann. Für die Entscheidung über die Stoffwahl und den Aufbau sind die aufmerksamen und kritischen Hörer von Lehrveranstaltungen maßgebliche Helfer gewesen.

In humorvoller Weise schilderte der Zoologe Ed. Oscar Schmidt den Einfluß der Lehrpraxis, als er über die Entstehung seines beliebten „Handbuchs der vergleichenden Anatomie" (1849, 8. Aufl. 1882) schrieb: „Im Sommersemester 1849 las ich zum ersten Male in Jena über vergleichende Anatomie. Von den drei Wißbegierigen, welche sich einstellten, war der eine schon mit der ersten Stunde befriedigt – und ward nicht mehr gesehen. Die beiden anderen bezeigten mir ihre Sympathie bis zum Schluß; nie schwänzten sie zugleich. Das war für dieses Werk sehr wichtig; denn aus den fleißigen Vorbereitungen zu jenem Kollegium und unmittelbar aus diesen ersten, oft in ein Zwiegespräch übergehenden Vorträgen entstand es" (nach Uschmann 1959, S. 22).

So schöpft auch die Ausführung dieser „Grundzüge" aus eigener Lehrerfahrung, ebenso aber aus bewährter Tradition. Dazu gehören vor allem die von 1952 bis 1962 in Jena erlebten Vorlesungen über verschiedene Themen der Biologiegeschichte, mit denen Georg Uschmann mehr als 15 Studentengenerationen – und auch mich – für dieses Fach begeistern konnte. Sie vor allem waren Anregung und Vorbild für die eigenen von 1964–1969 und 1977–1982 in Berlin durchgeführten Lehrveranstaltungen, die die Grundlage für dieses Buch bilden. Es ist also in doppeltem Sinne aus der Wechselbeziehung von Lehrer und Schüler entstanden; für letztere seien stellvertretend die Biologen S. Hackethal, E. Höxtermann, H. Landsberg, E. Richter und U. Sucker genannt.

Einer Tradition verpflichtet zu sein, schließt die Weiterentwicklung mit ein; dieser Erkenntnisfortschritt ist neben eigener Quellenforschung und der Orientierung an in- und ausländischem Schrifttum vor allem den vielen informativen Gesprächen zu verdanken. Die Nennung derer, die mit ihrem Spezialwissen die vorliegende Schrift förderten, ist nicht nur Dankespflicht, sondern soll die Leser auf Persönlichkeiten hinweisen, die weiter-

Georg Uschmann, 1913–1986

führende Belehrung und Anregung zu geben vermögen. An erster Stelle müßte auch hier Georg Uschmann stehen, von 1959–1979 Direktor des Ernst-Haeckel-Hauses (Institut für Geschichte der Naturwissenschaften und der Medizin) der Universität Jena, bis 1986 Direktor des Archivs der *Deutschen Akademie der Naturforscher Leopoldina*, dessen unerschöpfliches Detailwissen und souveräne Überschau über das Gesamtgebiet vor allem der Erarbeitung der ersten Teile des Manuskriptes zugute kamen, bevor er am 23. September 1986 den Folgen seines Asthmaleidens erlag. (Porträtabb.)

Dann ist vor allem meinen immer gesprächsbereiten *Berliner* Kolleginnen und Kollegen für vielfältige Hilfen zu danken: Jutta Kollesch-Harig (*Deutsche Akademie der Wissenschaften*) und Georg Harig † (ehem. Dir. des Instituts für Geschichte der Medizin der *Humboldt-Universität*) für Beratungen über die Antike und Antike-Rezeption in Mittelalter und Renaissance, R. Nabielek über Arabismus und Ulrich Sucker (Bereich Wissenschaftsgeschichte der *Humboldt-Universität*) über Biologiegeschichte des 19.–20. Jh. aus Erfahrungen in seiner derzeitigen Vorlesungspraxis, sowie den Mitarbeitern des *Museums für Naturkunde der Humboldt-Universität*, besonders Konrad Senglaub für Anregungen und Hinweise zur Geschichte des Darwinismus und der Theorienbildung, Susi Koref-Santibañez zur Geschichte der Genetik, Manfred Barthel und Günther Hoppe zur Geschichte der Geowissenschaften, Günther Natho und Harry Schmidt zur Geschichte der Botanik und Wilfried Krutzsch besonders über die Ehrenberg-Sammlung und mikrobiologische sowie paläontologische Fragen; für stete Hilfsbereitschaft bei der Suche und Bereitstellung von Quellen- und Bildmaterial danke ich Sabine Hackethal und Hannelore Landsberg (Bild- und Schriftgut-Sammlung) sowie den Bibliothekaren des *Zool. Museums* und der Fotografin Vera Heinrich.

In Institutionen außerhalb Berlins unterstützten mich besonders die Biologiehistorikerin Erika Krausse (*Ernst-Haeckel-Haus Jena*), die wissenschaftlichen Mitarbeiter des Archivs der *Leopoldina* (Halle/S), Wieland Berg und Erna Lämmel, sowie Gottfried Zirnstein (*Karl-Sudhoff-Institut der Universität Leipzig*).

Eine Fülle indirekter Hilfen bei Konzeption, Gliederung und Durchführung einzelner Themenabschnitte verdanke ich auch den anregenden Diskussionen in einem Arbeitskreis für Biologiegeschichte in der Bundesrepublik Deutschland, deren maßgebliche Teilnehmer in alphabetischer Folge genannt werden sollen, und die als Biologie- oder Medizinhistoriker in Forschung und Lehre tätig sind: F. W. P. Doughterty (Univ. Göttingen), Dieter von Engelhardt (Univ. Lübeck), Armin Geus (Univ. Marburg), Brigitte Hoppe (Dt. Museum München), Christian Hühnemörder (Univ. Hamburg), Dorothea Kuhn (Marbach, Univ. Heidelberg), Gunter Mann

(Univ. Mainz), Irmgard Müller (Univ. Bochum), Hans Querner (Laase) und Pieter Smit (Amsterdam).

Wertvolle Anregungen vermittelten mir zur Geschichte der Genetik auch der Direktor des Mendel-Museums in Brno (ČSSR), Viteslav Orel, durch die von ihm veranstalteten Symposien und Quellenveröffentlichungen, der italienische Wissenschaftshistoriker Renato Mazzolini (Univ. Trento) und die sowjetischen Biologiehistoriker Vassily Babkoff (Inst. für Geschichte der Naturwissenschaften und Technik) und A. Gaissinovitch † (Kolcov-Inst. für Entwicklungsbiologie) in Moskau.

Schließlich schulde ich besonderen Dank für die kritische Durchsicht des Gesamtmanuskriptes und Hinweise zu Aufbau, Inhalt und wissenschaftshistorischen Querverbindungen dem Mitglied des ehem. Beirats für Wissenschaftsgeschichte der DDR, Dorothea Goetz (Pädagogische Hochschule Potsdam), die das erste Hochschullehrprogramm für Geschichte der Naturwissenschaften/Biologie (1977) mitgestaltete.

Frau Johanna Schlüter, Geschäftsführerin des Gustav Fischer Verlages Jena, hat dieses Buchprojekt angeregt und es wieder mit unendlicher Geduld und Sachkenntnis betreut. Ihr bin ich außerdem für viele richtungweisende Gespräche dankbar.

Ilse Jahn

Inhaltsverzeichnis

10   Inhaltsverzeichnis

Teil III. Die Biologie auf dem Wege zu ihrem Selbstverständnis

15

Zur Benutzung der Literaturverzeichnisse

Die Vermittlung der Biologiegeschichte kann nicht auf Literaturangaben verzichten, da ihre Studienobjekte die historischen Schriftquellen sind, in denen in der Vergangenheit die biologischen Erkenntnisse und methodischen Verfahren niedergelegt wurden, und da ihr Bildungsziel auch in der Hinführung auf diese Quellen und ihre primären Erforscher und Interpreten besteht. Deshalb wurden in den Einzelkapiteln die Originalschriften im Zusammenhang mit den behandelten Autoren ausführlich im Text zitiert, meist sowohl in der Originalsprache als auch in der deutschen Übersetzung, die wie der Originaltitel nur dann kursiv gesetzt ist, wenn sie gedruckt vorliegt. Spezielle Sekundärliteratur zu einem Zeitabschnitt, über einen Forscher oder ein Thema ist jeweils am Schluß eines Hauptkapitels aufgeführt und im Text mit Autorname und Jahreszahl zitiert; darüber hinaus enthalten diese speziellen Literaturverzeichnisse auch grundlegende vertiefende Titel zum Inhalt des betreffenden Kapitels. **Standardwerke** zur Geschichte der Biologie und ihrer Teildisziplinen, die den gesamten Zeitraum umfassen und wiederholt in fast allen Kapiteln zitiert werden müßten, weil sie generell mitbenutzt wurden oder zum weiterführenden Studium empfohlen werden, sind in nachfolgendem Verzeichnis enthalten und gegebenenfalls im Text durch Ziffern in eckiger Klammer ausgewiesen.

[1] Ainsworth, G. C.: Introduction to the history of mycology. Cambridge (Engl.) 1975.
[2] Allen, G. E.: Life sciences in the twentieth century. Cambridge (Mass.) 1978.
[3] Ballauf, Th.: Die Wissenschaft vom Leben. Bd. 1: Vom Altertum bis zur Romantik. Orbis academicus II/8. Freiburg, München 1954.
[4] – Pädagogik. Eine Geschichte der Bildung und Erziehung. Bd. 1, Von der Antike bis zum Humanismus. Orbis academicus I/II. Freiburg, München 1969.
[5] Baranov, P. A.: Istorija embriologii rastenii. Moskva 1955.
[6] Barthelmess, A.: Vererbungswissenschaft. Orbis academicus II/2. Freiburg, München 1952.
[7] – (Hrsg.): Problemgeschichte von Naturschutz, Landschaftspflege und Humanökologie. Orbis academicus, Sonderbände II/1–4 (Wald, Wild, Vögel, Wasser). Freiburg, München 1972 bis 1981.
[8] Bljacher, L. Ja. (Hrsg.): Istorija biologii s načala XX veka do našich dnej. Moskva 1975.
[9] Bodenheimer, F. S.: Materialien zur Geschichte der Entomologie, Bd. 1–2. Berlin 1928–1930.
[11] Böhner, K.: Geschichte der Cecidiologie. Bd. 1–2. Mittenwald 1933–1935.
[11] Bryk, O.: Die Entwicklungsgeschichte der reinen und angewandten Naturwissenschaften im 19. Jh. Bd. 1. Leipzig 1909. Nachdr. 1967.

16   Zur Benutzung der Literatur

[12] Bulloch, W.: The history of bacteriology. London 1960
[13] Burckhardt, R.: Geschichte der Zoologie und ihrer wissenschaftlichen Probleme. Berlin 1907. 2. Aufl. bearb. und erg. von H. Erhardt. Bd. 1: Bis zur Mitte des 18. Jh., Bd. 2: Von der Mitte des 18. Jh. bis zur Jetztzeit. Slg. Göschen Nr. 357 und 823. Berlin 1921.
[14] Cesnova, Laris V.: Evolucionnaja koncepciva v parazitologii (očerki istorii). Moskva 1978.
[15] Cole, F. J.: A history of comparative anatomy from Aristotle to the 18. century. London 1944. Nachdr. New York 1975.
[16] Collard, P.: The development of microbiology. Cambridge (Engl.) 1976.
[17] Dunn, L. C.: A short history of genetics. New York 1965.
[18] Enigk, K.: Geschichte der Helminthologie im deutschsprachigen Raum. Stuttgart, New York 1986.
[19] Florkin, M.: A history of biochemistry. P. 1–5. Amsterdam 1972–1979 (Comprehensive biochemistry, Vol. 30–33).
[20] Hölder, K.: Geologie und Paläontologie in Texten und ihrer Geschichte. Orbis academicus II/11. Freiburg, München 1960.
[21] Jacob, F.: Die Logik des Lebenden. Von der Urzeugung zum genetischen Code. Frankfurt (M.) 1972.
[22] Jahn, I., Löther, R., und Senglaub, K.: Geschichte der Biologie. Jena 1982. ²1985.
[23] Jürss, F., und Mitarb.: Geschichte des wissenschaftlichen Denkens im Altertum. Berlin 1982.
[24] Krause, E.: Geschichte der biologischen Wissenschaften im 19. Jahrhundert. In: Das Deutsche Jahrhundert in Einzelschriften, Bd. 2. Berlin 1901, S. 563–730.
[25] Ley, H.: Geschichte der Aufklärung und des Atheismus. Bd. 1 bis 2. Berlin 1966–1971.
[26] Mägdefrau, K.: Geschichte der Botanik. Stuttgart 1973.
[27] Mayr, E.: Die Entwicklung der biologischen Gedankenwelt. Vielfalt, Evolution und Vererbung. Berlin (West) 1984.
[28] Mikulinskij, S. R. et. al.: Istorija biologii s drevnejšich vremen do načala XX. veka. Moskva 1972.
[29] Mochmann, H., und Köhler, W.: Meilensteine der Bakteriologie. Jena 1984.
[30] Möbius, M.: Geschichte der Botanik von den ersten Anfängen bis zur Gegenwart. Jena 1937. Nachdr. Stuttgart 1968.
[31] Needham. J.: A history of embryology. Cambridge (Engl.) 1934, ²1959.
[32] Nowikoff, M.: Grundzüge der Geschichte der biologischen Theorien. München 1940.
[33] Oeser, E.: System, Klassifikation, Evolution. Historische Analyse und Rekonstruktion der wissenschaftstheoretischen Grundlagen der Biologie. Wien, Stuttgart 1974.
[34] Oppenheimer, Jane: Essays in the history of embryology and biology. Cambridge (Mass.) und London 1967.

[35] Osborn, H. F.: From the Greeks to Darwin. New York 1929.

[36] Petit, G., und Théodoridès, J.: Histoire de la zoologie des origines à Linné. Paris 1962.

[37] Portugal, F. H., and Cohen, J. S.: On the origins of molecular biology. Cambridge (Mass.) 1974.

[38] Provine, W. B.: The origin of theoretical population genetics. Chicago 1971.

[39] Querner, H., und Schipperges, H.: Wege der Naturforschung 1822 bis 1972 im Spiegel der Versammlungen Deutscher Naturforscher und Ärzte. Berlin, Heidelberg, New York 1972.

[40] Radl, E.: Geschichte der biologischen Theorien. T. 1–2, Leipzig 1905–1909, ²1913.

[41] Riedl, R.: Die Ordnung des Lebendigen. Systembedingungen der Evolution. Hamburg, Berlin 1975.

[42] Rostand, J.: Esquisse d'une histoire de la biologie. Paris 1945.

[43] Rothschuh, K. E.: Geschichte der Physiologie. Berlin, Göttingen, Heidelberg 1953.

[44] – Physiologie. Der Wandel ihrer Konzepte, Probleme und Methoden vom 16. bis 19. Jahrhundert. Orbis academicus II/15, Freiburg, München 1968.

[45] Sarton, G.: A history of science. Cambridge (Mass.) 1959.

[46] Singer, Ch.: A short history of biology. London 1931, ²1951.

[47] Stresemann, E.: Die Entwicklung der Ornithologie von Aristoteles bis zur Gegenwart. Aachen 1951.

[48] Stubbe, H.: Kurze Geschichte der Genetik bis zur Wiederentdeckung der Vererbungsregeln Gregor Mendels. Jena 1965.

[49] Uschmann, G.: Kurze Geschichte der Akademie. In: Deutsche Akademie der Naturforscher Leopoldina 1652–1977. Acta historica Leopoldina. Supplementum 1. Halle (S.) 1977, S. 9–61, 93–103.

[50] Zimmermann, W.: Evolution. Die Geschichte ihrer Probleme und Erkenntnisse. Orbis academicus II/3. Freiburg, München 1953.

Standardbibliographie (ausführlich annotiert): Smit, Pieter: History of the life sciences. (1071 S.) Amsterdam 1974.

1. Biologiegeschichte als Forschungs- und Lehrfach und ihre Traditionen

1.1. Gegenstand und Methoden

Die Biologiegeschichte behandelt Formen, Methoden und Inhalte der Erkenntnisgewinnung und Erkenntnisvermittlung über die Organismen und ihre Lebensprozesse. Sie gehört als Teildisziplin zu dem großen Gebiet der Wissenschaftsgeschichte, deren **Methoden** sie sich bedienen muß, und kann im einzelnen je nach spezieller Fragestellung als Problemgeschichte, Institutionengeschichte, Disziplingeschichte, Begriffs- oder Personengeschichte differenziert werden. Auch die Geschichte von Untersuchungsverfahren und -techniken einschließlich der Erfindungen wissenschaftlicher Geräte gehört in gewissem Maße dazu. Das macht ihre Interdisziplinarität besonders deutlich, wie sie für die Geschichte der Naturwissenschaften insgesamt gilt. Auch der Biologiehistoriker bedarf neben gesellschaftswissenschaftlichen Grundkenntnissen subtiler naturwissenschaftlicher Kenntnisse in der Biologie und muß zumindest in einer biologischen Disziplin mit der Spezifik des Forschungsprozesses vertraut sein, so, wie das analog für den Medizin-, Mathematik-, Physik- oder Chemiehistoriker gilt. Dieses Doppelprofil wird von dem sowjetischen Wissenschaftshistoriker Kedrov (1966) als entscheidende Voraussetzung für den Forschungserfolg betrachtet.

Im Hinblick auf die Geschichte der Geologie bringt Guntau (1977) in allgemeingültiger Weise zum Ausdruck, daß „ein großes Maß an Detailkenntnissen über die zu untersuchenden naturwissenschaftlichen Disziplinen unumgänglich" sei. Darin liegt der Reiz wissenschaftsgeschichtlicher Arbeit, aber auch ihre Schwierigkeit, da ihre Erkenntnisziele nicht Naturgesetze sind, sondern in den großen Rahmen der Kulturgeschichte eingeordnet werden müssen (vgl. auch Mocek 1988).

Eben diese Einbettung der Einzelwissenschaft in das gesamtgesellschaftliche Umfeld vergangener, überschaubarer Zeitepochen ist ein Ausgleich zur disziplinären Spezialisierung der Biologie in der Gegenwart und gewinnt der Biologiegeschichte zunehmend auch jugendliche Interessenten. Echte Freude macht allerdings erst die eigene praktische Durchführung einer historischen **Untersuchung,** wobei einige Besonderheiten zu beachten sind. Da sich Methode und Resultat wechselweise bedingen und auch

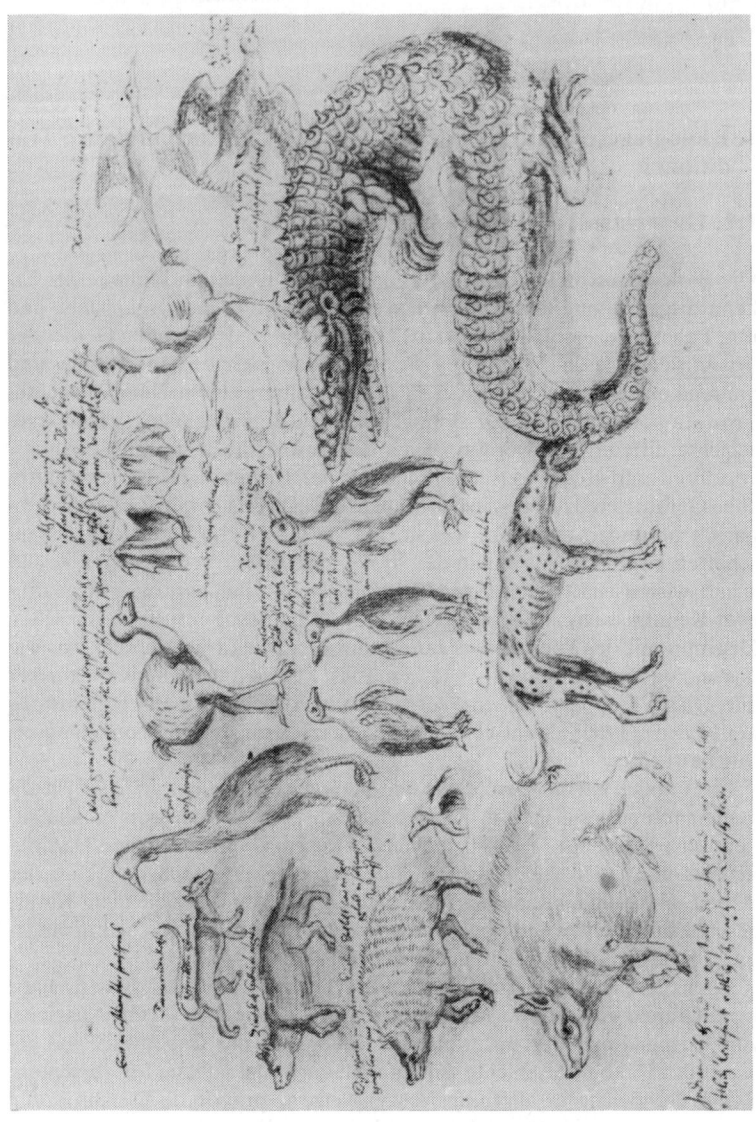

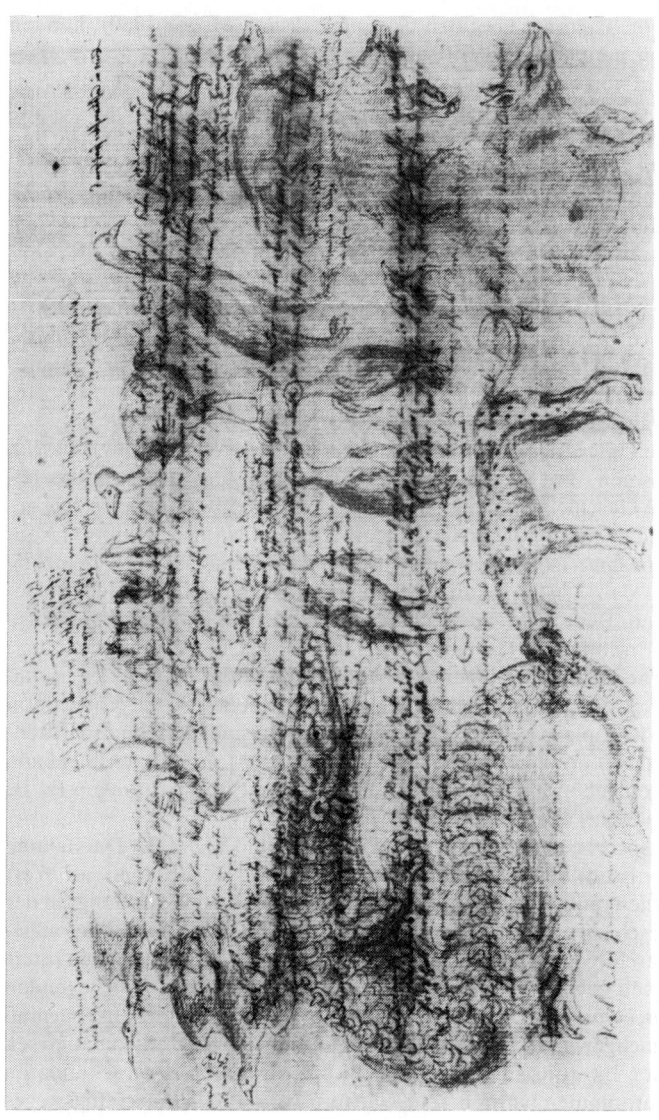

Abb. 1. Beispiel einer Bild- und Schriftquelle aus dem 17. Jh.: Skizzenblatt mit Beschriftungen auf Vorder- und Rückseite, eingeklebt in *Theatrum naturae* von Lazarus Roeting (Mus. f. Naturk. Berlin); oben: Vorderseite der Bleistiftzeichnung mit Tieren unbekannter Herkunft; unten: Beschriftung der Rückseite, mit UV-Licht sichtbar gemacht, die die gewünschte Information enthält.

abhängig von Theorien über den Gegenstand sind (Mocek 1980), können sich für den naturwissenschaftlich arbeitenden Biologen Probleme ergeben, wenn er von der Lösung der Aufgaben seiner Wissenschaft „zum Studium ihrer Geschichte übergeht und damit ein völlig neues Gebiet betritt" (Bykow 1966). Er muß sich bewußt sein, daß dazu andere theoretische und methodische Voraussetzungen erforderlich sind als in seiner eigenen Disziplin. Die menschliche Gesellschaft und ihre Geschichte werden heute nicht mehr als gleichsam „naturgesetzliche" Phänomene behandelt wie vielfach noch im 19. Jh. mit seinen „anthropologischen", positivistischen, „darwinistischen", monistischen und „selektionistischen" Geschichtstheorien (Mann 1975, 1980). Der **Forschungsgegenstand** und das **Erkenntnisziel** (s. o.) erfordern vielmehr die Anwendung spezifisch geschichtswissenschaftlicher Theorien, Methoden und Hilfsmittel, über die eine spezielle Fachliteratur unterrichtet (vgl. Bollhagen, Engelberg, Kröber/Steiner, Lötzke, Parthey/Wahl, Rüdiger, Wollgast u. a.)

Auch die **Untersuchungsobjekte** sind andersartig. Was für den Biologen die Organismen (ihre Strukturen und Funktionen) sind, das ist für den Historiker die Geschichts- **Quelle** (unikate Schrift- und Bildquellen sowie gedruckte und gegenständliche Originalarbeiten der Naturforschung) (Abb. 1). Sie ist in ihrer Isoliertheit zunächst nur Fragment, das der Ergänzung bedarf, um den Zusammenhang eines historischen Tatbestandes zu rekonstruieren. Bereits das Auffinden aussagekräftiger Quellen ist – ebenso wie deren Erschließung (Entzifferung, Datierung, Übersetzung, Deutung) und kritische Bewertung – Teil des historischen Forschungsprozesses und originäre Leistung, abhängig von der geschichtstheoretischen Konzeption und einem Komplex von Vorkenntnissen. Am Beispiel der Handschriftenkunde hat das Biermann (1977) anschaulich erläutert. Ebenso wichtig kann das Nachvollziehen historischer Experimente und Beobachtungen (z. B. der Mikroskopie) sein (Belloni 1962).

Eine entsprechende Spezifik hat auch die Art und Weise der **Darstellung** von Ergebnissen, bei der auf exakten Quellennachweis besonderer Wert gelegt werden muß. Der analytisch-faktologischen Detailforschung (in der Biologiegeschichte „ebenso notwendig und unabdingbar wie in der allgemeinen Geschichte", Gerh. Harig 1966) folgt bei der Publikation die Interpretation neu gewonnener Fakten, eine Synthese mit schon vorliegenden Erkenntnissen und ggf. eine theoretische Verallgemeinerung. Hierbei muß deutlich nachgewiesen werden, welche Ergebnisse auf Originalanalysen und eigener Interpretation beruhen oder welche Aussagen sekundären Quellen entnommen wurden. Zur Nachprüfbarkeit des Forschungsweges haben wissenschaftshistorische Originalarbeiten deshalb einen mehr oder weniger umfangreichen „wissenschaftlichen Apparat" (Fußnoten- und Anmerkungsteil, Literatur- und Quellennachweis, besonders auch Bild- und Standortnachweis bei Unikaten u. a. m.); auch die Angabe der benutzten Editionen und Übersetzungen sowie Abweichungen von der Originalschreibweise sind erforderlich (Germann 1965/66).

Im Unterschied dazu verzichten Lehrbücher, allgemeinverständliche Übersichtsdarstellungen und populäre Artikel meist auf detaillierte Quellennachweise und begnügen sich mit einer pauschalen Angabe der benutzten Literatur. Sie sind deshalb nur in sehr begrenztem Sinne ein methodisches Vorbild für eine wissenschaftliche Originalarbeit. Auch das vorliegende Kompendium hat diesen Charakter, für das eine vereinfachte Zitierform gewählt wurde (vgl. S. 9).

1.2. Die Gliederung des Inhaltes

Je nach dem primären Anliegen kann die Geschichte der Biologie nach **Einzelproblemen** (Stoff- und Energiewechsel, Zeugung und Vererbung, Keimes- und Stammesentwicklung usw.) wie auch nach **Teildisziplinen** (Botanik und Zoologie, Ornithologie und Entomologie, Bakteriologie und Mikrobiologie, Anatomie und Physiologie, Zytologie und Genetik, usw.) oder deren **Hauptvertretern** biographisch oder geographisch) sowie nach **Methoden** (deskriptive, empirische, vergleichende, experimentelle) und schließlich nach **Zeitepochen** gegliedert werden.

Für jede dieser Formen gibt es Beispiele (vgl. die Literatur zu Kapitel 1.3.). Meistens ergibt sich eine Mischform, indem sowohl chronologische als auch geographische, biographische und thematisch-disziplinäre Aspekte abwechseln oder zumindest die Wahl der Unterkapitel bestimmen.

In der vorliegenden Darstellung wurde eine primär chronologische Gliederung des Inhaltes nach Zeitepochen gewählt, die eine Einordnung in die allgemeine politische und kulturelle Geschichte gestattet, wobei der Akzent auf die europäische Geschichte gelegt wurde, in deren Verlauf die noch für die Gegenwart charakteristische Form der Naturwissenschaften entstand, auch wenn sich die Schwerpunkte der Entwicklung in den letzten 70 bis 100 Jahren verlagerten.

In den Unterkapiteln ließ sich die historisch-chronologische Darstellung nicht generell beibehalten, zumal die disziplinäre Entwicklung nicht linear verläuft. Vielmehr wurde der meist periodisch verlaufenden Schwerpunktverlagerung dadurch Rechnung getragen, daß die Teilabschnitte nach innerdisziplinären Aspekten innerhalb eines begrenzten Zeitraumes gegliedert wurden, wobei auch auf biographische, geographische und institutio-

nelle Zusammenhänge Rücksicht genommen wurde, die die Disziplinent-
wicklung oft entscheidend beeinflußten. Gesellschaftliche Faktoren, die
nicht nur die Wissenschaft im allgemeinen, sondern auch die Lebenswissenschaften im besonderen berührten, wurden fallweise mitbehandelt; das
gilt besonders für die Praxisbereiche der Medizin und Pharmazie, der
Land- und Jagdwirtschaft, der Seefahrt und der Siedelungspolitik, die teilweise die Periodisierung mitbestimmen. Der unmittelbare Einfluß ökono-
mischer Belange auf die Profilierung der biologischen Wissenschaften ist
indessen nicht so vordergründig erkennbar wie die Einwirkung philosophischer Richtungen, die deshalb abschnittsweise speziell berücksichtigt wurden und ebenfalls die Gliederung mitbedingten. Das gilt vor allem für Antike und Mittelalter, in denen Weltanschauung und Philosophie einen alle
Bereiche durchdringenden Charakter hatten.

Vom 15. Jh. ab (Kapitel 5) waren disziplinäre und methodische Gesichtspunkte für die Untergliederung maßgebend, da sich der Inhalt vorwiegend an biologisch Interessierte richtet. Aus didaktischen Gründen ergab sich die Betonung der Forschungsmethodik als Richtlinie der Gliederung, die die jeweils neuen Erkenntnisse zeitigte, oftmals die kontroversen
Interpretationen bedingte und auch in der Gegenwart zur Differenzierung
von Forschungsrichtungen beiträgt. Doch wurde versucht, auch die Zusammenhänge und wechselseitigen Einflüsse herauszuarbeiten, was durch
Kapitelverweise noch unterstützt wird.

Die „Gliederung des Lebendigen" in Individuen 1., 2. und 3. Ordnung,
wie sie dem Lehrstoff der Ökologie zugrundeliegt, oder in „Strukturebe-
nen der Organisation" vom Organismus bis zur molekularen Ebene, nach
dem Vorbild der Physiologie, als Richtlinie für die historische Gliederung
von „Erkenntnisetappen" zu wählen, [21], mag für den modernen Biologen verlockend sein, fördert aber nicht den Zugang zum Geschichtsver-
lauf, der dieser vereinfachten Logik nicht folgt.

1. 3. Traditionen der Biologiegeschichte

Die Traditionen der Biologiegeschichtsschreibung reichen bis zum Beginn
des 19. Jh., in Teilbereichen noch weiter zurück und waren mit der Naturgeschichte, der Botanik, Zoologie (Ornithologie, Entomologie) und Vergleichenden Anatomie eng verbunden. Erste historische Analysen entstanden schon im 17. Jh. in der *Royal Society London* und der *Académie des
Sciences Paris*, in deren Schriften historische Rückblicke und biographische Würdigungen permanenter Bestandteil blieben. Dann waren es zunächst die Systematiker, die an vorangegangene Klassifikationsversuche

anknüpften und ihre Geschichte aufarbeiteten (*Linné* 1737; *Buffon* 1749; *Merrem* 1788; K. *Sprengel* 1817 – 1818; *Kirby / Spence* 1826; *Eiselt* 1836). Ein erstes Übersichtswerk widmete sich der Geschichte der zoologischen Systeme (*Spix* 1811). Ein weiterer Anlaß für problemgeschichtliche Studien war die neue Rezeption antiker und mittelalterlicher Schriftsteller mit Editionen und Übersetzungen ihrer Werke (J. G. *Schneider* 1788 – 89; K. *Sprengel* 1821/22; G. *Cuvier* 1827 – 28; J. B. *Meyer* 1856), die sich in der Mitte des 19. Jh. verstärkt fortsetzte, aber ohne Anwendung historisch-kritischer Methoden der Altphilologie (Harig 1986). Schließlich bedingten auch methodische, philosophische und theoretische Streitfragen biologiehistorische Exkurse (z. B. durch G. *Cuvier*, Ch. *Darwin*, E. *Haeckel*, M. J. *Schleiden*, E. *Du Bois-Reymond*).

Die Entstehung der Botanik und der Zoologie als selbständige Disziplinen und die Herausbildung des spezifischen Problemfeldes einer „Biologie" sowie ihre Abgrenzung gegen die anorganischen Naturwissenschaften im ersten Drittel des 19. Jh. rief die ersten größeren Übersichtswerke über die Geschichte der Botanik (E. H. F. *Meyer* 1854 – 57; *Jessen* 1864; Alph. *de Candolle* 1873; *Sachs* 1875), der Entomologie (*Lacordaire* 1834 – 38), Vergleichenden Anatomie (O. *Schmidt* 1855) und Zoologie (V. *Carus* 1872) hervor (s. Lit. zu 1.3.).

Als sich aber um 1900 die biologischen Disziplinen weiter zu spezialisieren begannen und eine Vielzahl neuer Methoden die Forschung und die Forscher profilierten, ging zeitweilig das Interesse und das Vermögen, gleichzeitig historische Forschungen zu betreiben, zurück. So entstanden nach 1900 Tendenzen, auch Biologiegeschichte als eigenständige Disziplin zu entwickeln, etwa parallel zur Selbstbesinnung der Geschichtswissenschaften generell und ihrer Auseinandersetzung mit Historikern und Soziologen, die „die Geschichte ‚biologisch' behandeln" wollten (Burckhardt 1905; vgl. auch Mann 1975; Mikulinskij 1982).

Rud. *Burckhardt* umreißt schon 1905 die Aufgaben, Methoden und Ziele einer „Zoologiegeschichte", (1909 auch einer „Biologiegeschichte"), die „in ihrer Doppelstellung zwischen Biologie und Geschichte" geeignet sei, die disziplinäre Sonderentwicklung auszugleichen und auch zwischen Naturwissenschaft und Geschichtsphilosophie zu vermitteln. In den von Max *Braun* 1904 als „Jahrbuch für Geschichte der Zoologie" begründeten *Zoologischen Annalen* analysiert *Burckhardt* in einer Artikelserie über „Geschichte und Kritik der biologiehistorischen Literatur" die Arbeiten von V. *Carus*, *Spix* und O. *Schmidt*, bevor er 1907 seine eigene Geschichte der Zoologie vorlegt. Darin schlägt er (durch Literaturzitate) auch die Brücke zur Medizingeschichte, die um die gleiche Zeit einen neuen Aufschwung erlebte und durch die auch die Biologiegeschichte im 20. Jh. eine vorläufige Institutionalisierung erreichte (s.u.).

In **Lehrveranstaltungen** wurde Geschichte der Biologie vereinzelt schon im 19. Jh. vermittelt, zusammen mit den biologischen Disziplinen. So bezog z.B. H. *Lichtenstein* an der Berliner Universität die Geschichte des Faches in seine Zoologievorlesungen ein und regte die Aristoteles-Studien von J. B. *Meyer* (1855) an. Ebenso wurde durch V. *Carus* an der Universität Leipzig Zoologiegeschichte im Unterricht vermittelt, was sich in der Dissertation von L. *Heck* (1885) niederschlug. An der Universität Jena entstand aus Vorlesungen eine Geschichte der Vergleichenden Anatomie von dem Zoologen O. *Schmidt* (1855) und in Greifswald die Geschichte der Botanik von C. *Jessen* (1864). Doch gab es zu dieser Zeit noch keine offiziellen Lehraufträge dafür, im Gegensatz zur Medizingeschichte, die bereits durch Ordinariate an den Universitäten Berlin (1834–1894), Wien (1850–1899) Breslau (1862–1885) und Halle (1889) vertreten war, wenn auch mit anderen Fächern wie Theorie, Enzyklopädie, Pharmakologie, Hygiene gekoppelt (Eulner 1970).

Eine neue Phase der **Institutionalisierung** begann nach 1900 durch Gründung von Gesellschaften für Geschichte der Medizin und der Naturwissenschaften, die deutsche 1901 durch K. *Sudhoff*, die französische und die österreichische 1902, die italienische 1907, verbunden mit der Gründung erster Fachzeitschriften. Es folgte die Einrichtung von Universitätsinstituten, zuerst (dank einer Privatstiftung von Th. *Puschmann*) 1906 in Leipzig durch K. *Sudhoff*, der 1919 ein Ordinariat für Medizingeschichte erhielt (Wußing 1982), 1914 in Wien durch M. *Neuburger*, der 1917 Ordinarius wurde (Lesky 1978), 1930 in Berlin durch P. *Diepgen*. In diesem Rahmen erhielt dann auch die Biologiegeschichte einen Platz durch J. *Schuster*, der 1932 Privatdozent, 1940 außerplanmäßiger Professor für Geschichte der Naturwissenschaften wurde, nachdem er bereits einige Jahre am Museum für Naturkunde der Universität Berlin biologiehistorisch gearbeitet hatte. Darüber hinaus wurden auch an der TH Dresden ab 1927 biologiegeschichtliche Vorlesungen durch R. *Zaunick* gehalten, (ab 1934 als ao. Professor für Geschichte der Naturwissenschaften), der 1952–1960 ein entsprechendes Ordinariat an der Universität Halle erhielt, sowie ab 1959 durch M. *Dittrich* in Greifswald. Etwa zur gleichen Zeit entstand durch G. *Uschmann* eine rege biologiehistorische Lehrtätigkeit ab 1951 auch an der Universität Jena, wo 1965 erstmals ein Lehrstuhl für Geschichte der Naturwissenschaften für ihn errichtet wurde. Anknüpfend an das von E. *Haeckel* gestiftete „Phyletische Archiv" in seinem ehemaligen Wohnhaus – 1918 von der Carl-Zeiss-Stiftung erworben und bis 1945 von dieser verwaltet (Uschmann 1959) –, wurden nach seiner Angliederung als Universitätsinstitut dort die Grundlagen für biologiegeschichtliche Arbeit geschaffen und durch erweiterte Aufgabenstellung, entsprechend den Lehraufträgen, ein „Institut für Geschichte der Naturwissenschaften und der Medizin" 1969 begründet. Auch in Berlin wurde 1969 neben dem bestehenden medizinhistorischen Lehrstuhl ein Ordinariat für Geschichte der Naturwissenschaften für R. *Herneck* errichtet, während es spezielle Lehraufträge für Geschichte der Biologie schon seit 1951 auch am Museum für Naturkunde der Humboldt-Universität gab.

Diese Entwicklung zur Institutionalisierung der Wissenschaftsgeschichte einschließlich der Biologiegeschichte als Lehrfach im Universitätsbereich vollzogen sich nicht geradlinig und kontinuierlich, sondern spontan und waren durch Abbrüche und Neuanfänge gekennzeichnet, bei denen personelle neben gesellschaftlichen Faktoren und internationalen Trends eine Rolle spielten. So gab es nach einer mehrjährigen Unterbrechung ab 1976 neue Ansätze zur Einführung obligatorischer Lehrveranstaltungen über Wissenschaftsgeschichte an allen Universitäten und Hochschulen der DDR (*Wußing* 1980), so daß in Berlin, Greifswald, Halle, Jena, Köthen, Leipzig, Potsdam und Rostock jetzt institutionelle biologiehistorische Lehre und Forschung existiert. An anderen deutschen Universitäten vollzog sich die Entwicklung der Biologiegeschichte in wechselnder Verknüpfung mit Institutionen für Geschichte der Medizin oder der Naturwissenschaften in verschiedener Intensität wie in Bochum, Hamburg, Heidelberg, Lübeck, Mainz, Marburg, München, während in anderen Ländern die Traditionen stärker im Bereich der wissenschaftlichen Akademien gepflegt wurden. Stimulierende Wirkung hat die 1929 gegründete *Académie internationale d'Histoire des Sciences* (Sitz Paris) und die *Int. Union für Geschichte und Philosophie der Naturwissenschaften* mit ihren Sektionen (auch für Geschichte der Biologie), deren Kongresse und deren Zeitschrift *Archives internationales d'histoire des sciences* (Paris) wichtige internationale Kommunikationsorgane geworden sind. Spezielle Periodica sind das *Journal of the history of biology* (Dordrecht, Boston) und *History and Philosophy of the Life Sciences* (Stazione Zoologica Napoli). Seit 1989 existiert eine deutsche Gesellschaft zur Gründung und Förderung eines *Museums für die Geschichte der Biologie* e. V. (1. Präsident A. *Geus*).

Literatur zu 1. 1. (Methodik)

Biermann, K.-R.: Wie entziffert man Handschriften? Ratschläge aus der Praxis für aktiv an der Geschichte Interessierte.
Wiss. u. Fortschr. *27* (1977): 348–351.
Belloni, L.: Micrografia illusoria e „animalcula" Physis *4* (1962): 65–73.
Bollhagen, B.: Allgemeine Forschungsmethoden. In: Einführung in das Studium der Geschichte. Hrsg. W. Eckermann u. H. Mohr. Berlin 1966.

Burckhardt, Rud.: Zoologie und Zoologiegeschichte. Z. wiss. Zoo. *83* (1905): 376–383.

Bykow, W. W.: Die Geschichte der Naturwissenschaft und einige methodologische Probleme der Wissenschaft. NTM, Schriftenr. Gesch. Naturw., Techn., Med. *3* (1966) 7: 93–108.

Du Bois-Reymond, E.: Über Geschichte der Wissenschaft (Rede 1872). In: Vorträge über Philosophie und Gesellschaft. Hrsg. S. Wollgast. Berlin 1974, S. 45–53.

– Culturgeschichte und Naturwissenschaft (1877). Ebda S. 105–158.

Eisler, R.: Geschichte der Wissenschaften. Leipzig 1906.

Engelberg, E.: Über Theorie und Methode in der Geschichtswissenschaft. Z. f. Geschichtswiss. 1971, H. 11.

– und Küttler, W. (Hrsg.): Probleme der geschichtswissenschaftlichen Erkenntnis. Berlin 1977.

Eulner, H.-H.: Die Entwicklung der medizinischen Spezialfächer an den Universitäten des deutschen Sprachgebietes. Stuttgart 1970.

Germann, D.: Apparatprobleme. Orbis litterarum *20* (1965/66): 268–283.

Guntau, M.: Zu einigen Zielen und Aufgaben wissenschaftshistorischer Arbeit in der Gesellschaft für Geologische Wissenschaften der DDR. Z. geol. Wiss. Berlin *5* (1977): 481–491.

Harig, Georg: Antike Biologie. Beitr. Wissenschaftsgesch. Berlin 1986: 119–137.

Harig, Gerhard: Aspekte der Geschichte der Naturwissenschaft. NTM, Schriftenr. Gesch. Naturw., Techn., Med. *3* (1966) 7: 32–46.

Hünemörder, Ch.: Geschichte der Biologie. Wesen und Aufgaben. Stuttgart 1985.

Kedrow, B. M.: Ziele und Aufgaben der Geschichte der Naturwissenschaft und Technik. NTM (1966) 7: 61–79.

Kröber, G., und Steiner, H. (Hrsg.): Wissenschaft. Berlin 1972.

Laitko, H.: Wissenschaftsgeschichte und marxistisch-leninistisches Geschichtsbild. Berlin 1986.

Lesky, E.: Die Wiener medizinische Schule im 19. Jahrhundert. 2. Aufl. Graz-Köln 1978, Kap. 22.

Lötzke, H.: Historische Tatsachen, Quellenkritik und die Quellenbearbeitung in den Archiven. In: Engelberg, E./Küttler, W., 1977.

Mann, G.: Biologie und Geschichte. Ansätze und Versuche zur biologistischen Theorie der Geschichte im 19. und beginnenden 20. Jahrhundert. Medizinhist. J. *10* (1975): 281–306.

– Geschichte als Wissenschaft und Wissenschaftsgeschichte bei Du Bois-Reymond. Histor. Z. *231* (1980): 75–100.

Mikulinskij, S. R.: Metodologičeskie problemy istorii biologii. Voprosy filosofii *18* (1965) 9: 32–42.

– Neskol'ko zamečanij ob analize koncepcij razvitija nauki. In: V poiskach razvitija nauki. Moskva 1982.

Mocek, R.: Methoden als Denkwege. Methodenentwicklung und Erkenntnisfortschritt in der Geschichte der Biologie. Wiss. u. Fortschr. *30* (1980): 303–307.

– Neugier und Nutzen. Berlin 1988

Neuburger, M., und Pagel, J.: Handbuch der Geschichte der Medizin, 3 Bde. Jena 1901 bis 1905.

Parthey, H., und Wahl, D.: Die experimentelle Methode in Natur- und Gesellschaftswissenschaften. Berlin 1966.

Preuß, J. (Hrsg.): Von der archäologischen Quelle zur historischen Aussage. Halle (S.)/Berlin 1979.

Rüdiger, B.: Quellenkundlicher Leitfaden für die Arbeit mit historischen Sachzeugen. Schriftenr. d. Inst. f. Museumswesen, H. 18, Berlin 1983.

Thom, A., und Karbe, K.-H.: Henry Ernest Sigerist (1891–1957). Begründer einer modernen Sozialgeschichte der Medizin. Sudhoffs Klassiker der Medizin. N. F. 1. Leipzig 1981.

Uschmann, G.: Geschichte der Zoologie und der zoologischen Anstalten in Jena 1779–1919. Jena 1959.
– Die Naturgeschichte des biologischen Modells. Nova Acta Leopoldina, N. F. 33, Nr. 184 (1968): 43–64.
Wagner, F.: Biologismus und Historismus im Deutschland des 19. Jahrhunderts. In: Biologismus im 19. Jahrhundert, Hrsg. G. Mann. Stuttgart 1973, S. 30–42.
Wollgast, S.: Einleitung zu Emil du Bois-Reymond, Vorträge über Philosophie und Gesellschaft. Berlin 1974, S. V–LIX.
Wußing, H.: Dreißig Jahre Wissenschaftsgeschichte in der DDR. NTM. Schriftenr. Gesch. Naturw., Techn., Med. *16* (1979): 1–13.
– Zu den Zielen und Aufgaben der Lehre auf dem Gebiet der Wissenschaftsgeschichte. NTM. *17* (1980): 1–14.
– Wissenschaftsgeschichte am Karl-Sudhoff-Institut – Rückblick und Aussicht. NTM. *19* (1982): 1–5. Vgl. auch in diesem Heft Mikulinskij, S. R., Zu den Triebkräften der Wissenschaftsentwicklung (S. 6–11) und Hiebert, E. N.: Report on Current Activities in the History of Science in the United States (S. 12–15).

Literatur zu 1.3. (Biologiegeschichte im 19. Jh.)

Baer, K. E. v.: Blicke auf die Entwicklung der Wissenschaft. Receuil des actes de la séance publique de l'Acad. Imp. Sci. de St. Pétersbourg. 1836, S. 51–128.
Buffon, G.: Histoire naturelle (Cabinet du Roi) 1. Paris 1749.
Carus, V.: Geschichte der Zoologie. München 1872 (Geschichte der Wissenschaften in Deutschland, Neuere Zeit, Bd. 12).
Cuvier, G. (Hrsg.): Plinius C. S. Libri de animalibus. Paris 1872–1828.
– Histoire des sciences naturelles depuis leur origine jusqu'à nos jours chez tous les peuples connus. T. 1–5, postum éd. Mary de Saint-Agy. Paris 1841–1845.
Darwin, Ch.: Über die Entstehung der Arten im Tier- und Pflanzenreich durch natürliche Züchtung... (übers. v. H. G. Bronn) – Geschichtliche Vorrede. Stuttgart 1860.
De Candolle, Alph.: Histoire des sciences et de savants depuis deux siècles. Paris 1873. – 2. Aufl. 1885 (Dt. Übers., Hrsg. W. Ostwald, Leipzig 1911).
Du Bois-Reymond, E.: Leibnizische Gedanken in der neueren Naturwissenschaft (Rede 1870). In: Vorträge über Philosophie und Gesellschaft. Hrsg. S. Wollgast. Berlin 1974, S. 25–44.
– Über Neo-Vitalismus (Rede 1894). Ebda. S. 209–232.
– Reden, 2 Bde. (Hrsg. Estelle Du Bois-Reymond). Leipzig 1912 (darin zahlreiche biographische Studien).
Eiselt, J. N.: Geschichte, Systematik und Literatur der Insektenkunde. Leipzig 1836.
Erdmann, G. A.: Geschichte der Entwicklung und Methodik der biologischen Naturwissenschaften (Zoologie und Botanik). Cassel, Berlin 1887.
Fellner, St.: Compendium der Naturwissenschaften an der Schule zu Fulda im IX. Jahrhundert. Berlin 1879.
– Die homerische Flora. Wien 1897.
Geoffroy St. Hilaire, I.: Histoire naturelle générale des règnes organiques. Introduction historique (S. 1–170). Paris 1854.
Haeckel, E.: Über Entwicklungsgang und Aufgabe der Zoologie. Jenaische Z. Naturwiss. *5* (1869): 353–370.
– Ziele und Wege der heutigen Entwicklungsgeschichte (Carl Ernst v. Baer gewidmet). Jena 1875.

30   1. Biologiegeschichte als Lehrfach

– Die Naturanschauung von Darwin, Goethe und Lamarck. (Vortrag 55. Vers. Dt. Naturf. u. Ärzte zu Eisenach). Jena 1882.

Haeser, H.: Lehrbuch der Geschichte der Medizin und der epidemischen Krankheiten. 3 Bde. Jena 1875–1882.

Hansen, A.: Zur Geschichte und Kritik des Zellenbegriffes in der Botanik. Gießen 1897.

Hanstein, J.: Über die Entwicklung des botanischen Unterrichts an den Universitäten. Bonn 1880.

Heck, L.: Die Hauptgruppen des Thiersystems bei Aristoteles. Leipzig 1885.

Hertwig, O.: Die Entwicklung der Biologie im 19. Jahrhundert. (Vortrag Vers. Dt. Naturf. u. Ärzte zu Aachen). Jena 1900.

Hoefer, F.: Histoire de la Zoologie depuis les temps les plus reculés jusqu'à nos jours. Paris 1873.

– Histoire de la botanique, de la minéralogique et de la géologie… Paris 1882.

Irmisch, Th.: Über einige Botaniker des 16. Jahrhunderts. Progr. Gymnasium Sondersh. S. 10–34. Sondershausen 1862.

Jessen, K. F. W.: Botanik der Gegenwart und Vorzeit in cultur-historischer Entwicklung. Ein Beitrag zur Geschichte der abendländ. Völker. Leipzig 1864.

Kanitz, A.: Versuch einer Geschichte der ungarischen Botanik. Linnaea *33* (1864/65): 401–588.

Kirby, W., und Spence, W.: Introduction to Entomology, Bd. 4. 1826.

Krause, E. (Carus Sterne): Erasmus Darwin und seine Stellung in der Geschichte der Descendenz-Theorie. Mit seinem Lebens- und Charakterbilde von Charles Darwin. Leipzig 1880.

– Geschichte der biologischen Wissenschaften im neunzehnten Jahrhundert. In: Das Deutsche Jahrhundert in Einzelschriften, Bd. 2, S. 563–730. Berlin 1901.

Lacordaire, J. Th.: Introduction à l'Entomologie, T. 1. Paris 1834.

Lenz, H. O.: Zoologie der alten Griechen und Römer. Gotha 1856.

Leuckart, F. S.: Andeutungen über den Gang, der bei Bearbeitung der Naturgeschichte, besonders der Zoologie, genommen ist. Heidelberg 1826.

Linnaeus, C.: Critica botanica. Leiden 1737.

Marlatt, C. L.: A brief historical survey of the science of Entomology. Proceed. Ent. Soc. Washington *4* (1898).

Medici, M.: Compendio storico della scuola anatomica di Bologna. Bologna 1857.

Merrem, B.: Versuch eines Grundrisses zur allgemeinen Geschichte und natürlichen Einteilung der Vögel (mit einer Geschichte der Ornithologie). Leipzig 1788.

Meyer, Ernst H. F.: Albertus Magnus. Ein Beitrag zur Geschichte der Botanik im dreizehnten Jahrhundert. Linnaea, *10* (1836): 641–741 und *11* (1837): 545–556.

– Geschichte der Botanik. Studien. 4 Bde. Königsberg 1854 bis 1857.

Meyer, Jürgen B.: Aristoteles Thierkunde. Ein Beitrag zur Geschichte der Zoologie, Physiologie und alten Philosophie. Berlin 1855.

Neilreich, A.: Geschichte der Botanik in Nieder-Österreich. Verh. zool. bot. Verein Wien *5* (1855): 23–76.

Perrier, E.: La philosophie zoologique avant Darwin. Paris 1884.

Pouchet, F. A.: Histoire des sciences naturelles au moyen-âge… Paris 1853.

Sachs, J.: Geschichte der Botanik. München 1875.

Schleiden, M. J.: Geschichte der Botanik in Jena (Rede). Leipzig 1859 (Album d. pädagog. Seminars, H. 2).

– Über den Materialismus der neueren deutschen Naturwissenschaft, sein Wesen und seine Geschichte. Leipzig 1863.

– Die Rose. Geschichte und Symbolik in ethnographischer und kulturhistorischer Beziehung. Leipzig 1873.

Schmidt, O.: Die Entwicklung der vergleichenden Anatomie. Jena 1855.

Schneider, J. G.: Reliqua librorum Friderici II imperatoris de arte venandi cum avibus, cum Manfredi regis additionibus. 2 Bde. Leipzig 1788–1789.

Schultes, J. A.: Grundriß einer Geschichte der Botanik. Wien 1817.

Spix, J.: Geschichte und Beurteilung aller Systeme in der Zoologie nach ihrer Entwicklungsfolge von Aristoteles bis auf die gegenwärtige Zeit. Nürnberg 1811.

Sprengel, K.: Versuch einer pragmatischen Geschichte der Arzneikunde. 5 Bde. Halle 1792–1803.

– Geschichte der Botanik, 2 Bde. Halle 1817–1818.

– Die Naturgeschichte der Pflanzen von Theophrast. Halle 1821–1822

Taschenberg, O.: Geschichte der Zoologie und der zoologischen Sammlungen an der Universität Halle 1694–1894. Abh. Naturf. Ges. Halle 20 (1894).

Thienemann, F. A. L.: Geschichtlicher Abriß der Ornithologie. Rhea 2. Leipzig 1849.

Thomson, J. A.: The history and theory of heredity. Proc. R. Soc. Edinburgh 16 (1889) 91–116.

– The science of life. An outline to the history of biology and its recent advances. London 1899.

Virchow, R.: Goethe als Naturforscher und in besonderer Beziehung auf Schiller. Berlin 1861.

Whewell, W.: History of inductive sciences. London 1837.

Winckler, E.: Geschichte der Botanik. Frankfurt/M. 1854.

Teil I: Biologie als Erfahrungswissen und Weltanschauung

2. Mythologische Lebenskunde

Die Menschheit ist älter als die Überlieferungen von ihrem Leben und ihren Kenntnissen über das Leben. Diese Tatsache wurde der Wissenschaft erst im Laufe des 19. Jh. bekannt und nur zögernd anerkannt, als die ersten menschlichen Fossilfunde richtig gedeutet wurden. Der erste Fund des Neanderthal-Menschen (1856) löste einen fast 30 Jahre währenden Streit um seine Altersbestimmung aus, und früher entdeckte Menschenfossilien wurden dem rezenten Menschen zugeordnet. Noch E. *Haeckels* Vorstellungen von Vorfahrensformen des heutigen Menschen (*„Pithecanthropus"*) waren rein hypothetisch und beruhten nicht auf Fossilfunden; der 1891 auf Java von E. *Dubois* entdeckte „Pithecanthropus" (*Homo erectus*) war schließlich nicht das von *Haeckel* gesuchte „Zwischenglied" im Tier-Mensch-Übergangsfeld, sondern gehörte bereits einer frühmenschlichen Kulturstufe an, die nicht nur Steinwerkzeuge herstellte, sondern auch schon vor 4–300000 Jahren v. u. Z. den Gebrauch des Feuers kannte (*Homo erectus pekinensis*). So hat erst die paläanthropologische Forschung im 20. Jh. den Beginn der kulturellen Entwicklung immer weiter in die Vergangenheit zurückdatieren können. Auch die Archäologie hat im Verlauf der letzten 100 Jahre durch Erschließung gegenständlicher Quellen viele Einzelheiten über die Lebensweise der Urgesellschaft und der altorientalischen Kulturvölker ermitteln können, die bis dahin nur aus spärlichen schriftlichen Überlieferungen und in Form von Sagen, Mythen und religiösen Urkunden bekannt waren.

Alte Schriftquellen (die frühestens etwa vor 5000 Jahren), die auf noch ältere mündliche Überlieferungen zurückgehen, pflegen den Ursprung der Menschheit und ihr Wissen um Naturvorgänge in mythologisches Gewand zu kleiden (*Veden, Zend-Avesta, Genesis, Edda*). In Mythologien erscheinen Mensch und Natur in das gesamte Weltwerden eingebettet, „Leben" nicht als Einzelphänomen, Lebensprozesse nicht als Erkenntnisprobleme dargestellt. In gewissem Sinn spiegelt sich darin die Abhängigkeit des organismischen Lebens (der Menschen und Organismen) von Sonnen- und Mondrhythmen, die Verbundenheit mit kosmischen und Naturkräften, deren Wirken real erlebt und oft personifiziert wurde.

Für die Biologie und ihre Geschichte gilt vermutlich in ganz besonderer Weise, daß schon früheste Zeugnisse biologischer „Erkenntnis" der Erwähnung wert sind, auch wenn sie noch nicht dem wissenschaftlichen Denken zugerechnet werden können. Sowohl Objekte der Biologie – Pflanzen, Tiere, Menschen – als auch ihre Lebens- und Entwicklungsprozesse müssen schon in der Urgesellschaft Gegenstand von Beobachtung, Erklärung und Belehrung gewesen sein, empirisches „biologisches Denken" in lebenserhaltender oder auch lebenbedrohender Wechselwirkung zur Umwelt entwickelt worden sein. Früheste Kulturleistungen wie Anbau und Zucht von Getreide, Haltung und Nutzung von Haustieren setzen Kenntnisse biologischer Gesetzmäßigkeiten voraus, die deshalb wohl in Sagen und Mythen als „Erfindungen", meist an Götternamen gebunden, überliefert wurden. Der Charakter dieser Quellenüberlieferung ist Veranlassung, für diese vorwissenschaftlichen Epochen der Menschheitsgeschichte von „mythologischer Biologie" zu sprechen, die wohl auch die Form der Weitergabe von Wissen war. Es unterliegt heute kaum einem Zweifel, daß auch Mythen einen realhistorischen Kern bergen. Ihn zu entschlüsseln, bemühen sich Sprach- und Geschichtsforscher seit dem 19. Jh., um Aufschluß über das Tatsachenwissen alter Kulturvölker zu gewinnen. Obwohl hierzu neben archäologischen Quellen auch ethnographische Befunde aus noch heute existierenden urtümlichen Kulturen (Australoiden, Buschmann, Eskimo) herangezogen werden, muß man sich des spekulativen Charakters aller dieser Deutungen bewußt sein. Statt gegenwärtige Reflexions- und Erlebnisformen in der Vergangenheit zu suchen, muß man in Rechnung stellen, daß Entwicklung auch Wandlung bedeutet, nicht nur in morphophysiologischer Hinsicht. Zweifellos wurde der Wandel in den Gesellschaftsformen von einem Wandel der Denk- und Bewußtseinsformen begleitet, die vom gegenwärtigen Entwicklungsstand aus nicht ohne weiteres nachvollziehbar sind. Das ergibt sich konsequenterweise aus der Anerkennung des Entwicklungsgedankens in Natur **und** Gesellschaft, wenn auch die **Faktoren** der Entwicklung und diese selbst qualitativ verschieden sind.

2.1. Erste Quellen über zoologische Kenntnisse in der Urgesellschaft (Jungpaläolithikum etwa 40 000–8 000 v. u. Z. und Mesolithikum etwa 8 000–4 500 v. u. Z.)

Wen faszinieren nicht die farbigen Tierdarstellungen (z. B. die bekannte Wisentkuh) in der altsteinzeitlichen Höhle von Altamira (Spanien) oder die charakteristischen Ritzzeichnungen von Mammut und Ren auf Knochengeräten zahlreicher jungpaläolithischer Fundstellen? Sie haben auch für den modernen Betrachter Qualitäten echter Kunst. Nüchterne Analysen aus vergleichenden Studien mit rezenten Tierformen ermöglichen darüber hinaus auch vorsichtige Aussagen über frühe biologische Erkenntnisse des Eiszeitmenschen (*Cro Magnon, Homo sapiens fossilis*) vor etwa 30000 bis 10000 Jahren.

Die Deutung steinzeitlicher Bilddarstellungen (Tiere und Menschen oder Einzelorgane) erfolgt von verschiedenen Fachkenntnissen aus, wobei auch fortschreitende biologische Erkenntnisse, z. B. aus der zoologischen Verhaltensforschung, aus der Paläozoologie oder Taxonomie, neue Möglichkeiten eröffnen. Erst etwa seit der Mitte unseres Jahrhunderts erfolgten die „subtilen typologischen Analysen der Stein- und Knochenartefakte aus allen damals bewohnten Gebieten Europas" (E. *Schmidt* 1973), die von zahlreichen Fundstellen zwischen dem 35. und 55. Grad n. Br. und bis zum 18. Grad ö. L. stammen (Abb. 2). Die Jäger-und-Sammlerhorden dieser letzten Eiszeit (Haupt- und Spät-Würmeiszeit) sahen sich einer artenreichen Tierwelt gegenüber, die ihnen Nahrung, Kleidung und Material für Werkzeuge bot. Zwischen den skandinavischen und alpinen Eismassen hatten sich in der Steppen- und Tundrenlandschaft, besonders der Busch- und Waldtundra Westeuropas, Faunenelemente des Nordens und der Hochgebirge neben der einheimischen Tierwelt gesammelt, wofür neben Knochenfunden die Eiszeitkunst ein eindrucksvolles Zeugnis ist. Sie wird in zwei große, geographisch unterschiedene Gruppen gegliedert:

In Südfrankreich und Spanien entstand in **Höhlen** die **Wand- oder Felskunst**, farbige Malereien und Gravierungen einzelner Tiergestalten, auch zu Friesen zusammengestellt, zwischen 30cm und 1m groß, ausnahmsweise bis zu 6m lang (Lascaux). Ähnliche Funde (Mammut, Nashorn, Wisent, Wildpferd, Bärmenschen) gibt es in Šulgan Taš (Ural).

Von anderen, vorwiegend mittel- und osteuropäischen Fundstellen stammt eine vielgestaltige **Kleinkunst.** Dazu gehören Kleinplastiken und Reliefs aus weichem Stein, Knochen oder Ton, sowie Gravuren auf Werkzeugen aus Stein, Knochen und Zähnen, nicht größer als 5 bis 15 cm.

Außer einer für den Fachmann unverkennbaren Fundortspezifik zeigen die jungpaläolithischen Tierdarstellungen charakteristische Gemeinsamkeiten, die sie von späteren (neolithischen) Darstellungen unterscheiden. Die Tiere sind einzeln, meistens in ruhiger Haltung und seitlich abgebildet, auch gehend oder laufend, aber ohne Beziehung zu Landschaft, Herde, Menschen, gleichsam „der Realität enthoben", doch mit sicherer Betonung spezifischer Gestaltmerkmale, „so daß unter den Tausenden von Abbildungen kaum eine nicht sofort einer bestimmten Tierart zugeordnet werden kann" (E. *Schmidt* 1973). Ein Vergleich dieser Tierbilder mit dem Aussehen und Verhalten entsprechender rezenter Tierarten (Ren, Wild-

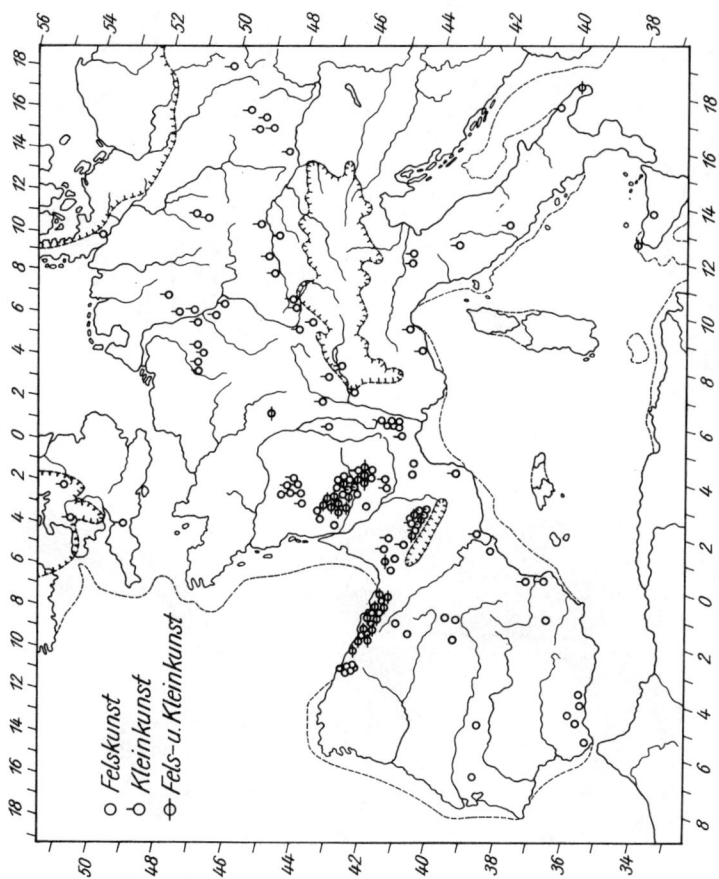

Abb. 2. Fundstätten nacheiszeitlicher Kleinkunst und Höhlenmalerei. Aus Schmidt, E.: Das Tier in der Kunst des Eiszeitmenschen. Basel 1973. (Mit freundl. Erlaubnis derVerfn.).

pferd, Wisent, Hirsch, Steinbock) hat gezeigt, daß die scharfe Beobachtungsgabe der Jäger und Sammler nicht nur die wesentlichen morphologischen Eigenheiten „in begrenzter Abstraktion" erfaßt, sondern auch den charakteristischen Wechsel von Sommer- und Winterfell (Wildpferd) gekannt und besondere Verhaltensweisen wie die Brunftstellung des Rentie-

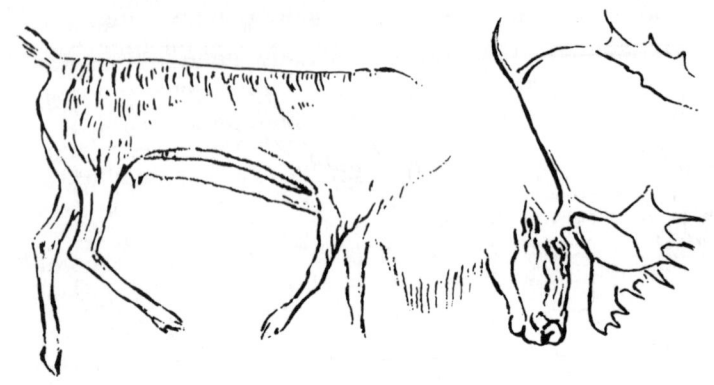

Abb. 3. Weibliches Rentier in Brunfthaltung; oben: paläolithische Wandmalerei; unten: rezente Verhaltensstudie. Aus Schmidt 1973.

res festgehalten hat (Abb. 3). Die Lage der Muskelgruppen, das Spiel der Sehnen und Gelenke, ja auch die inneren Organe (Herz, Magen und Darm) scheinen exakt wiedergegeben zu sein [36].

Ob und wo jeweils diese Kunst religiös, magisch oder spielerisch ausgeführt worden ist, läßt sich nicht mit Sicherheit entscheiden; die Deutungen bleiben spekulativ. „Ist es schon schwierig zu erfahren, was ein Mensch denkt und empfindet, der einer uns im Grunde fremden Kultur angehört,

Abb. 4. Paläolithische Darstellung des Wollnashorns; unten: rote, mitte: schwarze Wandmalerei, oben: Vergleichsobjekt dermoplastische Rekonstruktion nach einem Kadaver.

Übersicht über die in der Felsenkunst dargestellten Tierarten des Jungpaläolithikums (in der Reihenfolge der Häufigkeit je Höhle):

Fundort	Zahl	Tierarten
Südfrankreich	(ges.)	
Les Combarelles/Dordogne	220	Pferd, Wisent (= Bison) u. Ur, Bär, Mammut, Ren, Steinbock, Wolf, Fuchs, Höhlenlöwe, Nashorn, Hirsche, Tiermensch
Font-de Gaume/Dordogne	196	Bison, Ur, Pferd, Mammut, Ren, Steinbock, Hirsch, Nashorn, Höhlenlöwe, Bär, Wolf, Luchs
Lascaux/Dordogne	120	Pferd, Ur, Hirsche, Bison, Wildkatze, Bär
Rouffignac/Dordogne	128	Mammut, Steinbock, Bison, Ur, Nashorn, Pferd, Bär, Höhlenlöwe
Le Pech-Merle/Lot	—	Mammut, Bison, Ur, Pferde
Les Trois-Fréres/Ariège	600	Bison, Rentier, Pferd, Mensch mit Tiermaske (vorwieg. Gravuren)
Niaux/Ariège	60	Bison, Pferde, Steinbock, Fisch
Nordspanien		
Altamira/Santander	138	Hirsche, Bison, Pferd, Steinbock, Wildschwein, Wolf, Tiermensch
La Pasiega/Santander	226	Pferd, Hirsche, Bison, Ur (und 36 gravierte Figuren)
Castillo/Santander	—	Hirsche, Bison, Pferd, etwa 50 Abdrücke von Menschenhänden
Pindahl/Oviedo	—	Pferd, Bison, Elefant, Hirsch, Seefisch
Ural		
Sulgan Tas	etwa 20	Mammut, Wollnashorn, Wildpferd, Bison, Bärmensch
Kapovaia		Mammut

(Angaben nach E. Schmidt 1973; Hobusch 1978)

wenn er Bilder an die Felsen malt, selbst wenn wir mit ihm reden können", sagt überzeugend Elisabeth Schmidt, „wie viel schwieriger ist es zu erfassen, was jene frühen Menschen vor 30000 bis 10000 Jahren innerlich bewegte, als sie ihre Kunst ausübten! Aber daß sie von einer inneren Bewegung dabei erfüllt waren, dem können wir uns nicht verschließen." Die Wiedergabe der Tiergestalten mit Bevorzugung der Großsäugetiere läßt erkennen, daß „die Realität der Tiere den Menschen ergriffen hat – nicht nur als Jagdbeute, sondern vielmehr als Mit-Lebende in ihrer Nähe und Ferne, in ihrer Vertrautheit und Fremdheit. Und dies, das Offensein zum Ergriffenwerden, gehört zum Menschen als Menschen. Nur vollziehen sich darin während der Geschichte starke Wandlungen" (E. Schmidt 1973, S. 30). (Abb. 4).

Bereits die **meso- und neolithischen** Tierdarstellungen zeigen ein anderes Bild, sowohl hinsichtlich der Maltechnik, in der die mehrfarbige paläolithische Malerei (gelb, rot, braun, schwarz aus Ocker, Eisenoxiden und Manganerde) abgelöst worden ist durch einfarbig schwarze oder rote Flächen- oder Umrißmalerei, als auch hinsichtlich der inhaltlichen Motive. Es dominieren bewegte Jagdszenen; nicht einzelne Tiere, sondern Tierherden (Hirsch, Rentier, Elch, Pferd, Wildschwein), oft in Konfrontation mit jagenden Menschen, sind die Hauptmotive in norwegischen, spanischen, südosteuropäischen und nordafrikanischen Felszeichnungen. Kam der Mensch in paläolithischen Malereien nur ausnahmsweise und nur mit Tiermasken zur Darstellung, so zeigen meso- und neolithische Szenen den Menschen in Aktion (mit Pfeil und Bogen, Wurflanzen oder Jagdfallen). Es ist eine „erzählende Kunst", die Aufschluß über die Jagd- und Lebensweise des nacheiszeitlichen Menschen (etwa ab 8 000 v. u. Z.) gibt. Vor allem die afrikanischen Felszeichnungen (Libyen, Sahara, Niltal) dokumentieren den Übergang vom Lebensstil der Jäger- zu dem der Hirtenvölker durch Darstellung von Nutz- und Haustieren (Rinder) neben großen Wildtierherden (Antilopen und Giraffen) etwa ab 5 000 v. u. Z.

Für den Biologen haben die steinzeitlichen Tierdarstellungen dokumentarischen Wert – auch für die Paläozoogeographie – dank der Genauigkeit, mit der heute ausgestorbene Tierformen wiedergegeben worden sind.

Literatur zu 2.1.

Augusta, J., und Burian, Z.: Menschen der Urzeit. Prag 1960
Bader, O. N.: La Caverne Kapovaia. Peinture palaeolithique. Nauka, Moskva 1965.
Brentjes, B.: Fels- und Höhlenbilder Afrikas. Leipzig 1965.
Feustel, R.: Sexuologische Reflexionen über jungpaläolithische Objekte. Alt-Thüringen *11* (1970/71): 7–46.
– Sexualität in den Anfängen der Menschheit, In: Kulturgeschichte der Sexualität, Hrsg. G. Harig (=Sexuologie, Bd. 3, Hrsg. P. G. Hesse et al., Kap. VIII). Leipzig 1978, S. 78–89.
Graziosi, P.: Die Kunst der Altsteinzeit. Florenz 1956.

Hobusch, E.: Von der edlen Kunst des Jagens. Leipzig 1978, ²1985.
Karutz, R.: Die Ursprache der Kunst. Stuttgart 1934.
Kühn, H.: Eiszeitkunst. Die Geschichte ihrer Erforschungen. Göttingen 1965.
Mania, D.: Altpaläolithische Travertinfundstelle bei Bilzingsleben, Kreis Artern.
    In: Ausgrabungen und Funde, Berlin 1976.
Mirimanow, W. B.: Kunst der Urgesellschaft. Dresden 1973.
Okladnikov, O. P.: Der Hirsch mit dem goldenen Geweih. Vorgeschichtliche Felsbilder in
    Sibirien. Wiesbaden 1972.
Schlette, F.: Archäologische Quellen zu den Bewußtseinsformen des urgeschichtlichen
    Menschen, In: Von der archäologischen Quelle zur historischen Aussage, Hrsg. J. Preuß.
    Halle (S.) und Berlin 1979.
Schmidt, Elisabeth: Das Tier in der Kunst des Eiszeitmenschen. Akadem. Vorträge Univ.
    Basel 1970/71. Basel 1973, S. 9–33.
– Zur Seitenansicht der Tiere in der paläolithischen
    Kunst. In: Jb. Berner Hist. Museum 63/64 (1985): 253–257
    (Festschrift für Hans-Georg Bandi: Jagen und Sammeln).
Töpfer, V.: Tierwelt des Eiszeitalters. Leipzig 1963.
Ullrich, H.: An der Schwelle der Menschheit. Leipzig / Jena / Berlin 1974.

2.2. Mythologische Überlieferungen und gegenständliche Quellen über biologische Kenntnisse aus der Jungsteinzeit, Bronze- und Eisenzeit (etwa 4500–800 v. u. Z.)

Die allmähliche Ablösung der Lebensformen der Jäger und Sammler durch den Übergang zum Seßhaftwerden mit Pflanzenanbau und Viehzucht seit etwa 8000 v. u. Z. kennzeichnet den Übergang vom Mesolithikum zum Neolithikum. Je nach den klimatischen und landschaftlichen Bedingungen entwickelte sich die neue Lebensweise in einzelnen geographischen Gebieten unterschiedlich und zu verschiedenen Zeiten.

In **Mitteleuropa** wurde die neue Kultur vermutlich durch zugewanderte Menschengruppen aus östlichen und südöstlichen Gebieten eingeleitet. Sie ist durch die Anlage dorfartiger Siedlungen gekennzeichnet, in denen als Haustiere Schafe, Ziegen, später Schweine, Rinder und Hunde gehalten wurden. Die Pflanzenkultur (Weizen, Gerste und Flachs) erforderte Waldrodungen, die Vorratswirtschaft die Herstellung von Tongefäßen, nach deren Form und Verzierung einzelne Kulturkreise unterschieden werden. Die große Vielfalt von Stein- und Knochenwerkzeugen sowie von Holzgeräten läßt auf mannigfache Nutzung der Natur schließen, auch auf genaue Materialkenntnis. Die Neolithiker kannten nicht nur die unterschiedlichen Eigenschaften verschiedener Holzarten, sondern auch den Bau des Holzes

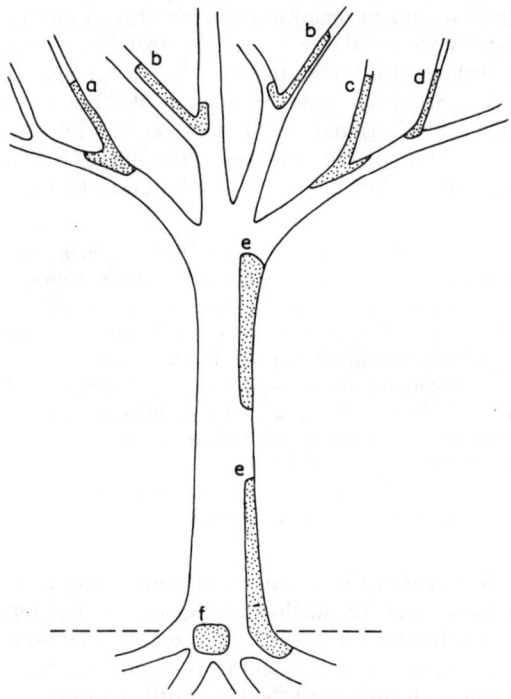

Abb. 5. Nutzung von Naturformen und Stellen fester Maserung eines Baumes zur Herstellung neolithischer Werkzeuge: a) Dreschsparren, b) Knieholzschäftung, c) Furchenstock, d) Keule, e) Beilschäfte, f) Schüssel. (Rekonstruktion aus Fundobjekten im Museum für Völkerkunde Basel, von Elisabeth Schmidt und S. Haas).

in den Pflanzenorganen (Wurzel, Stamm und Ästen) und ihre unterschiedliche Eignung für Geräte, wobei sie Stellen fester Maserung bewußt ausnutzten (Abb. 5). In der Mythologie spielten später bestimmte Baumarten (Esche, Ulme, Eibe) eine zentrale Rolle, z. B. in Mythen über die Entstehung des Menschen und der Geschlechter (Edda).

Während in den europäischen Siedlungsgebieten (bei slawischen, germanischen, keltischen Völkern) die urgesellschaftlichen Formen der Sippen- und Stammesordnungen lange erhalten blieben und noch bei den Eroberungszügen der Römer (1. Jh. v. u. Z.) beschrieben wurden, hatte sich in Ost- und Südasien, in Nordafrika (wo frühe Haustierhaltung dokumentiert ist) und dem Vorderen Orient eine neue Gesellschaftsstruktur mit verstärkter Arbeitsteilung und Vorratswirtschaft, mit differenzierten Besitzverhältnissen und Privilegien herausgebildet. In den geographisch und klimatisch begünstigten weiten Stromtälern des Huang-Ho, des Indus und Ganges, zwischen Euphrat und Tigris und am Nil entwickelten sich etwa seit 5000 v. u. Z. frühe Städtekulturen, die eine Vormachtstellung über die archaischen Dorfgemeinschaften erlangten und eine Klassenstruktur entwickelten.

In diesen *altorientalischen Hochkulturen* wurden die in größerem Umfang nötigen gemeinsamen Arbeiten (Bau von Bewässerungsanlagen, Gebäuden, Tempeln; Metallgewinnung und Werkzeugherstellung) sowie die Abstimmung und Ordnung der Tages- und Jahresrhythmen in Feldbau und Viehzucht, bei Vorratswirtschaft und Verteilung der Güter von einer Führungsschicht von Priesterfürsten geregelt, die die weltlichen wie auch religiösen Bräuche und Aktivitäten – z. B. die Domestikation von Wildtieren (auch als heilige Tiere) – lenkten. In den zunächst mündlich überlieferten, viel später aufgezeichneten Sagen und Mythen, vor allem in religiösen Urkunden, werden einzelne Namen von „Kulturbringern" genannt, denen so grundlegende Erfindungen wie Pflug und Rad, Fischfang und Seidengewinnung, Pflanzen- und Tierzucht zugeschrieben werden, die auf erhebliche Einsichten in Naturgesetze hinweisen.

Über den Umfang der Naturkenntnisse können nur Vermutungen auf Grund der praktischen Leistungen (archäologische Quellen) angestellt werden. Vielfach wurden die Kenntnisse über die Pflanzen- und Tierwelt, die Lebensprozesse und ihren Zusammenhang mit Umwelt und Kosmos in mythologischen Bildern mündlich überliefert, bis sie schriftlich fixiert wurden und der wissenschaftlichen Auswertung heute zugänglich sind. Dabei geben auch sprachgeschichtliche Analysen wichtige Aufschlüsse. Die großen Kulturen in China, Indien, Mesoponamien und Ägypten haben ihre Kenntnisse in jeweils spezifischen Mythologien überliefert, die trotz charakteristischer Unterschiede viele erstaunliche Parallelen aufweisen. Gemeinsam ist auch, daß sie trotz hoher Kulturleistungen in Landwirtschaft, Medizin, Kunst und Technik keine rationale „Wissenschaft" im heutigen Sinne entwickelten, sondern Erfahrungswissen über biologische Vorgänge mehr in instinktähnlicher Weise besaßen und in religiös-mythischem Gewande interpretierten.

2.2.1. Alt-China

Aus dem alten China sind etwa aus der Zeit zwischen 2000 und 1500 v. u. Z. „Orakelknochen" mit Tiergravuren bekannt, die über frühe Nutztiere (Fische, Vögel, Säugetiere) Aufschluß geben. Aber die Seidenrau-

penzucht soll schon seit 4700–3000 v. u. Z. bekannt gewesen sein [36]. Als
ihr Erfinder wird Huang-di gerühmt, der auch als Begründer einer Krankheitslehre gilt, während die „Entdeckung" und Anwendung von Heilkräu-
tern sowie des Ackerbaues Shennung zugeschrieben wird. Als Lehrer des
Fischfanges und der Haustierzucht wird der Gott Fuhsi in den Sagen genannt. Wissenschaftlich gesichert ist die Zucht und Haltung von Büffeln,
Rindern, Schafen, Ziegen und Schweinen (sowie Pferden für Jagd und
Krieg), der Anbau von Hirse, Weizen, Gerste, Bohnen, Buchweizen, Soja
und Hanf, teilweise auch Reis, während der *Shang-Dynastie* (1600–1100
v. u. Z.). Um 1150 v. u. Z. entstand zwischen Peking und Nanking ein
400 ha großer Wildpark („Park der Intelligenz"), in dem neben Großwild
auch Vögel, Schildkröten und Fische gehalten worden sein sollen.

Der Tierbestand ist in etwa aus einer altchinesischen Handschrift zu erschließen,
die über ein Jagdergebnis berichtet, das unter dem ersten Kaiser der nachfolgenden Dschou-Dynastie Wu Wang in diesem Park erzielt wurde (über 5 000 Hirsche,
3500 Sikahirsche, Elche, Nashörner, Yaks, Moschustiere, Wildschweine, auch 150
Braunbären, über 100 Graubären, Tiger, Wildkatzen und Dachse; Hobusch 1978).

Aus der westlichen *Dschou-Dynastie* (etwa 1100–771 v. u. Z.) stammt
eine Vielzahl von kultischen Gefäßen mit Tierdarstellungen, die neben Fabelwesen (Drachen) Schlangen, Vögel und Widder zeigen, aber auch Insekten, deren Kenntnis und Gebrauch dann aus der Han-Periode (206
v. u. Z. bis 589 u. Z.) genauer bekannt ist. So wurden die *Cochenille-Laus*
zur Farbstoffgewinnung und die Grille für Kampfspiele gezüchtet. Vögel
wurden als Jagdhelfer aufgezogen und abgerichtet, Kormorane zum Fischfang, Greifvögel zur Jagd; die ältesten Zeugnisse über Beizjagden mit
Greifvögeln stammen aus der östlichen *Dschou-Dynastie* (689–675 v. u. Z.).

Aus der *Han-Periode* (etwa 2. bis 1. Jh. v. u. Z.) berichten medizinische
bzw. arzneikundliche Schriften (*Pen ts' ao*) nicht nur über die damalige
Tier- und Pflanzenkenntnis und ihr **Ordnungssystem** (347 tierische, pflanzliche, mineralische Heilmittel), sondern über **anatomische** (organologi-
sche) **Kenntnisse** des menschlichen Körpers und die diesen zugrunde lie-
genden mythologisch-biologischen Auffassungen. Danach kannte man
5 Ursubstanzen oder -kräfte (Feuer, Wasser, Holz, Metall, Erde), kosmische „Elemente", die aus den zwei Grundkräften *Yang* und *Yin*,
dem männlichen und weiblichen Prinzip, entstanden seien. Diesen kosmischen Zahlengesetzen entsprachen die menschliche Organisation und Lebensprozesse.

Man kannte 5 Hauptorgane: Herz, Lungen, Leber, Milz und Nieren und die mit
ihnen verbundenen 6 „Hilfsorgane" (Hohlorgane): Gallenblase, Magen, Dünn-
und Dickdarm, Blase und den dreifachen „Wärmeapparat", die 6 kosmischen
Emanationen entsprechen sollten, während die Hauptorgane den 5 Elementen und

diese wieder 5 Planeten (Mars, Jupiter, Saturn, Venus, Merkur) zugeordnet waren. Den Organen seien 5 Sinnesorgane (Augen, Zunge, Mund, Nase, Ohren) zu-
geteilt, die die Organismen mit der kosmischen Welt verbinden. Innerhalb des Organismus seien die Haupt- und Hilfsorgane durch 12 paarige, symmetrische Kanäle
verbunden, in denen der „Lebensatem", yang und yin das Blut zirkulieren. Yang,
das männliche Prinzip, repräsentierte die Eigenschaften des Positiven (Aktiven),
Warmen, Hellen, Trocknen, Harten; Yin, das weibliche Prinzip, die des Negativen
(Passiven), Kalten, Dunklen, Feuchten und Weichen. Eine harmonische Mischung
der beiden Prinzipien und der 5 Elementarkräfte kennzeichnete den gesunden
Menschen, Disharmonie verursachte Krankheit. Alle diätetischen und therapeutischen Vorschriften im „Kanon der Medizin" (etwa 200 v. u. Z.
bis 220 u. Z.) trugen diesen Vorstellungen Rechnung. Die „Zirkulation" der Lebensprinzipien im Körper war von kosmischen Analogien, dem Kreislauf der Gestirne, abgeleitet, nicht physiologisch ermittelt. Ebenso waren die Tiere nach der
kosmischen Fünfzahl in 5 Klassen gruppiert: geschuppte Tiere, gefiederte Tiere,
Felltiere, Pelztiere und Schaltiere (vgl. Toellner 1980).

Dieses System von Analogien zwischen *Makrokosmos* und *Mikrokosmos*, dessen organismische Gesetzmäßigkeiten auch mit der Organisation
des Staatswesens in Parallele gesetzt wurden, leitete sich von der etwa im
6. Jh. v. u. Z. entstandenen Philosophenschule des legendären Lao-tse
(„alter Meister") und seiner Lehre des *Tao* ab. Dieser umfassend religiöse
Begriff vom „Weg" der Natur, des Menschen und des Kosmos wurde von
Schülern der nachfolgenden Jahrhunderte auch materialistisch als „Natur"
und „objektive Realität" verstanden und regte die „Taoisten" an, die Gesetze der Natur zu erforschen, um danach zu leben (Tokarew 1976). Daraus resultierten frühe anatomische, physiologische und pharmakologische
sowie alchemistische Studien, die die chinesische Medizin und Biologie
(Landwirtschaft) prägten und astronomische Beobachtungen anregten.
Nach der im 2. Jh. v. u. Z. entstandenen „Himmelskugelvorstellung"
wurde das Universum mit dem Ei verglichen, Vorstellungen, die auch in
anderen Kulturen auftauchen (vgl. 2.2.2., 2.2.4., 3.2.).

Obwohl sich besonders in der Han-Dynastie durch Gründung einer
„Reichsuniversität" (124 v. u. Z.) ein gelehrter Beamtenstand entwickelte
und seit dem 5. Jh. v. u. Z. (Zeit dynastischer Kämpfe) etwa 100 Philosophenschulen entstanden, auch von zahlreichen technischen Erfindungen
berichtet wird (Eisenguß zur Herstellung landwirtschaftlicher Geräte, was-
serbetriebene Maschinen), kam es nicht zu einer Theorienbildung über die
Natur im alten China, dessen alte Klassenstruktur über lange Zeiträume
hinweg stabil blieb (Needham 1956).

2.2.2. Alt-Indien

Auch in Alt-Indien hatte sich schon zwischen 3000 und 2000 v. u. Z. im Tal des Indus eine frühe städtische Kultur entwickelt, von der Gebäudereste aus Ziegelsteinen, Bronzegeräte und Schriftzeichen überliefert sind. Auch Tierskulpturen und Tierdarstellungen auf Specksteinsiegeln sind erhalten (Stiere, seltener Elefanten, Tiger, Nashörner), die auf Tierkulte und Totemismus deuten, wie sie noch heute bei den Dravidas vorkommen, deren Vorfahren als Schöpfer der alten Kultur vermutet werden (Tokarew 1976). Die schriftliche Überlieferung beginnt mit den aus der indo-arischen Besiedelung (ab 1500 v. u. Z.) stammenden mythologischen Texten, den Veden, in denen Naturerscheinungen (Sonne, Wasser, Wind, Gewitter) personifiziert als Gottheiten auftreten. Sie wurden als „heiliges Wissen" die Grundlage des nach 1000 v. u. Z. entstehenden Brahmanismus, mit dem die Kastenordnung in der indischen Klassengesellschaft begann. Durch die Kaste der Berufspriester entstanden zahlreiche Kommentare zu den Veden. Die rund 250 theologischen Abhandlungen, als Upanishaden bezeichnet, spiegeln unterschiedliche philosophische Systeme wider, neben religiös-mystischen wie dem Vedanta auch mehr materialistische und quasi „atomistische" Theorien über die Welt und ihre Entstehung. Einige knüpften an die Veden an, in denen der „Atem" (*Prana*) als Lebensträger von Pflanze, Tier und Mensch und als schöpferisches Prinzip des Kosmos vorkommt. Die Naturphilosophie des Uddalaka (um 600 v. u. Z.) hatte hylozoistischen Charakter. Die Welt wurde als Einheit von Materiell-Stofflichem und Immateriell-Lebendigem gedacht. Wie aus 3 Grundelementen (Glut, Wasser, Nahrung) alles Seiende entstand und weiteres materielles und geistiges Sein sich differenziert (z. B. aus Nahrung Kot, Fleisch und Denken), wird vom Modell der Physiologie des Menschen abgeleitet, von dem es etwa 300 anatomische Bezeichnungen gab.

Bemerkenswerte biologische Kenntnisse sind aus dem 6. bis 5. Jh. v. u. Z. überliefert, als der *Buddhismus* und der ähnliche *Djainismus* im Widerspruch zu dem brahmanischen Kastenwesen entstand. Besonders aufschlußreich sind die Schriften über das lange Leben (*Ajurveda*), in denen sich medizinisch-empirisches Wissen mit mythologischen Überlieferungen und einer materialistisch gefärbten Philosophie verband. Ähnlich wie in Alt-China wird der Mensch als *Mikrokosmos* in Verbindung zum *Makrokosmos* vorgestellt, wobei als Bindeglied die „Nahrung" fungiert. In ihr werden 5 Bestandteile unterschieden, entsprechend den 5 „Elementen" Erde, Feuer, Wasser, Wind und Äther, die im Stoffwechsel zusammenwirken, wobei aus erdigen Substanzen z. B. das Fleisch, aus feurigen die tierische Wärme, aus wäßrigen die Körperflüssigkeiten, aus luftigen die bewegenden Kräfte und aus Äther das Bewußtsein entstehe. Im Gefäßsystem unterschied man Arterien, Venen, Lymphgefäße, Nerven u. a. Durch Susruta (etwa 6. Jh. v. u. Z.) wurde die Embryonalentwicklung des Menschen beschrieben, wonach das vom Sperma befruchtete Ei (!) sich unter dem Einfluß der animalischen Wärme auf Grund der Lehre vom Stoffwechsel entwickelt. Dem lag die Vorstellung zugrunde, daß der fertige Organismus bereits unsichtbar klein im befruchteten Ei präformiert ist, analog dem Bambussproß im Samen, und daß vor der ersten Entstehung von Organismen (den Vögeln) **das ganze Universum aus einem Ei** entstand. Für Würmer und Insekten wurde Urzeugung angenommen.

2.2.3. Sumer – Assyrien – Babylonien

Auch die biologischen Kenntnisse und Anschauungen der alten Hochkulturen in Mesopotamien und Ägypten, die sich zeitweilig gegenseitig beeinflußten, wurden später von Griechenland assimiliert. Aus dem fruchtbaren „Zweistromland" zwischen Euphrat und Tigris (heute Irak) sind die wohl ältesten Zeugnisse einer hohen Stadtkultur überliefert, die auf landwirtschaftlicher Grundlage entwickelt wurde. Dort sind schon seit dem 5. bis 4. Jahrtausend v. u. Z. die frühen archäologischen Zeugnisse der nichtsemitischen **Sumerer** überliefert, einer alten Klassengesellschaft, die zur Registratur landwirtschaftlicher Güter (wohl Abgaben an die herrschende Priester- und Beamtenschicht) eine Bilderschrift auf Tontafeln entwickelt und diese schon etwa 3000 v. u. Z. zu einer vereinfachten eckigen Strichschrift mit etwa 600 Zeichen reduziert hatte. Diese wurde noch vor 2000 v. u. Z. durch die semitischen **Akkader** zu einer Keilschrift mit phonetischen Zeichen (Wortlautschrift) weiterentwickelt und zur Aufzeichnung von Regeln und Hinweisen für den Ackerbau (Bewässerung, Pflanzenkultur) benutzt („sumerischer Bauernkalender"). Einen frühen Nachweis über eine ausgeprägte Pferdezucht scheint auch ein Tontäfelchen aus Susa, dem angrenzenden Elam, darzustellen, das noch älter ist als die Gesetzessammlung des Königs Hammurabi (s. u.). Die Anlage von Tiergehegen war eine ebenfalls schon früh bezeugte Tradition mesopotamischer Könige, wohl auch in Verbindung zu Jagd- oder Opferbräuchen, und der Gründer des ersten Großreiches, Sargon I. (um 2350 bis 2295 v. u. Z.), erhielt Affen und Elefanten aus Indien. Es wird vermutet, daß die naturalistischen Tierdarstellungen auf **babylonisch-assyrischen** Palastreliefs, insbesondere wilder Tiere wie Löwen, Hyänen, Gazellen, nach Vorbildern in solchen Tierreservaten gestaltet wurden [45, Bd. 1]. Nachdem durch König Hammurabi (1728 bis 1686 v. u. Z.) das Zentrum nach seiner Stadt Babylon verlegt und die Herrschaft nach Osten (Elam) und Norden (Assur) ausgedehnt worden war,

flossen in dem nun **Babylonien** genannten Reich verschiedene Kulturkreise zusammen.

In dieser Zeit wird die Keilschrift der Akkader zu einer „Silbenschrift" weiterentwickelt und im gesamten Gebiet für semitische und sumerische Sprachen verwendet. Seit 1802 u. Z. begann die Entzifferung der alten Keilschrifttexte (*Grote-
fend, Rawlinson*) und brachte gute Einblicke in jene Zivilisation (Funke 1959).
Auch für die Biologie geben die „Gesetzestafeln" des Hammurabi etwas Aufschluß; sie enthalten in zwei Sprachen Regeln für den Landbau, den Handel und
die Schiffahrt, für Ehe- und Erbrecht etc. und regelten die Rechte und Pflichten
von **Tierärzten**, die auf den Umfang der Tierhaltung und -zucht schließen lassen.
Vermutlich wurden **Tiersektionen** durchgeführt, da Tonmodelle innerer Organe
gefunden wurden, im Zusammenhang mit Opferkulten als Modell der Norm (Vergleichsobjekt) und zur Schulung hergestellt, denn die Priester leiteten die Vorzei-
chenschau (Voraussagen über die Zukunft) aus Veränderungen der Leber und
Galle von Opfertieren ab (vgl. Scharf 1988).

Über die **physiologischen Funktionen** der Organe wurden auch hier (wie
in Indien und China) mythologische Vorstellungen tradiert. Auch in Babylonien wurde **das Herz** als Sitz des Verstandes, Denkens und Fühlens angenommen, **die Leber** als Zentralorgan für die Blutbewegung. **Das Blut**
wurde als Quelle des Lebens aufgefaßt, das den Körper erhaltend und be-
fruchtend durchströmt wie Wasseradern das Land; es wurde in „Blut des
Tages" und „Blut der Nacht" unterschieden (arterielles und venöses?).
Eine polytheistische Religion prägte die Ansichten über die Lebensprozesse, die mit Gottheiten der Sternenwelt (Tierkreis, Planeten) in Zusammenhang gebracht wurden (Astralkult). Auch die Naturkräfte wurden personifiziert (Erd-, Luft- und Wassergeister, Krankheiten), und es entstand
eine **Lehre von 4 Elementen** (Grundkräften: *warm, trocken, kalt, feucht*).
In den kosmogonischen Mythen wird von einem ursprünglichen Chaos ausgegangen, aus dem durch den „Uranfänglichen" erst die Götter, dann
Himmel und Erde und alle Lebewesen geschaffen wurden, doch auch, daß
sich Würmer und andere Tiere aus dem Schlamm bildeten. Wie in diesem
Schöpfungsmythos so wurden im **Gilgamesch-Epos** in einer detaillierten
Sintflut-Schilderung Motive der späteren biblischen Überlieferung vor-
weggenommen. Die babylonischen Priester waren zugleich die Gelehrten,
die den Lauf der Gestirne, den Rhythmus der Jahreszeiten und der für
Pflanzenbau und Tierzucht wichtigen Lebensvorgänge erforschten, einen
Kalender schufen und das Zwölfersystem bei der Zeitberechnung einführ-
ten (Tokarew 1976).

Keilschrifttexte enthalten lange Listen von einigen Hundert Tiernamen, die zu 5
großen Gruppen zusammengefaßt sind und Anfänge einer **Klassifikation** zeigen:
Fische und andere Wassertiere, Gliedertiere, Vögel und Vierfüßer, die wiederum

48   2. Mythologische Lebenskunde (etwa 40000–1800 v. u. Z.)

unterteilt sind in Hunde, Hyänen, Löwen (Fleischfresser) oder Esel, Pferde, Kamele (Huftiere). Ein „Gartenbuch" gegen Ende des 8. Jh. v. u. Z. führt zahlreiche Kultur- und Heilpflanzen auf. Die mythologischen Vorstellungen und empirischen Kenntnisse einer Krankheitslehre wurden schon 1980 v. u. Z. in einer Ärzteschule der späteren „Bibliotheksstadt" Uruk gesammelt. Die Kulturtradition wurde weitergeführt, als 885 das **Assyrische Großreich** und 729 v. u. Z. durch Vereinigung von Assur und Babel ein Weltreich entstand (bis 606), das vorübergehend auch Ägypten eroberte.

Viele babylonische Texte sind in assyrischer Fassung in der „Bibliothek des Assurbanipal" (668–626 v. u. Z.) erhalten geblieben. Eindrucksvoll ist die für Biologen interessante Darstellung auf einem assyrischen Relief, das die **künstliche Bestäubung** weiblicher Blütenstände der Dattelpalme durch Einhängen männlicher Blütenstände zeigt, was die Erkenntnis der Zweigeschlechtigkeit voraussetzt (vgl. Stubbe 1965).

2.2.4. Alt-Ägypten

Diese Praxis war auch im **alten Ägypten** bekannt, wo der Anbau von Datteln, Oliven und Wein, von Bohnen und Getreide (Gerste, Weizen) schon aus dem 4. Jahrtausend belegt ist. Diese Kulturleistungen setzten ein Wissen über Erbvorgänge und züchterische Selektion voraus (Stubbe 1965). Deshalb wurde die Einführung des Feld-, Garten- und Weinbaues (wie in China und Indien) einem als Kulturheros wirkenden Gott (Osiris) zugeschrieben, die Vermittlung der Kenntnisse im Rahmen der religiösen Überlieferung vollzogen. Im Gegensatz zur babylonisch-assyrischen Kultur (deren Göttervorstellungen vorwiegend anthropomorph waren) pflegte Ägypten einen ausgeprägten **Tierkult**, der sich aus der lokalen Verehrung einzelner heiliger Tiere als „Gaugötter"- wohl Relikte des uralten Totemismus – entwickelte (z. B. der **Widder** im Süden, die **Kuh** in Dendera, der **Schakal** in Siut, **Ibis** und **Pavian** in Hermopolis, das **Krokodil** in Fayum, die **Katze** in Bubastis, der **Falke** in Nechan, die **Schlange** in Buto, die **Biene** in Pe; Tokarew 1976). Erst später, mit der Zentralisierung des Staatswesens (1.–9. Dynastie 3400–2500 v. u. Z.) erhielten diese Schutzgötter Menschengestalt mit Tierköpfen und wurden im Zuge der territorialen Vereinigung zu gesamtägyptischen Gottheiten (*Horus* mit Falkenkopf) oder zu Schutzgöttern einzelner Berufsgruppen (*Thot* mit Ibiskopf oder als Pavian für Schreiber und Gelehrte). Das wirkte sich in **Schutz und Haltung dieser Tiere** aus, die naturgetreu in Wandfriesen und Kleinplastiken nachgebildet und vielfach in großer Anzahl im Rahmen des Bestattungskultes mumifiziert wurden (Boessneck 1988). Viele Informationen über Lebens- und Nahrungsgewohnheiten sind dem Totenkult zu verdanken, den Pyramiden- und Felsengräbern mit mumifizierten Menschen- und Tierkörpern, Grabbeigaben und Schriftzeichen mit magischen Gebeten; eine Sammlung früher Grabinschriften (seit 2500 v. u. Z.) bildet das „Totenbuch", das auch Aufschluß über Vorstellungen von Leib-Seele-Beziehungen und nachtodliches Leben gibt. Die über 600 Zeichen umfassende Hieroglyphenschrift enthält neben ursprünglichen Bildzeichen auch Worte, Silben und Einzelbuchstaben sowie „Deutzeichen" (Determinative) für allgemeine Begriffe (Funke 1959), die aufschlußreich für die Verallgemeinerung von Naturbeobachtungen, Charakterisierung von Lebensgewohnheiten der Tiere und eine Klassifizierung sind, die 4 Großgruppen entsprechend der 4 Elemente enthielt: So ist ein Tierfell das Deutzeichen für **Säugetier und Erde**, eine Gans für **Vogel und Luft**, ein Fisch für **Wassertier und Wasser**, ein Wurm für **Wirbellose und Feuer**. Die bildliche Wiedergabe von Tierarten ist trotz Stilisierung so typisch, daß die Arten identifiziert werden können; auch deutet die gleiche Benennung saisonal unterschiedlicher Erscheinungsbilder (z. B. *Mendesantilope*) auf eine begriffliche Erfassung der „Art" hin. Viele Tierarten in Darstellungen heiliger Tiere, die gezähmt bei Tempeln und Pharaonenhöfen gehalten wurden, sind bereits identifiziert worden [36].

Die wichtigste Quelle über biologische Kenntnisse ist der **Papyrus Ebers**, eine Sammelhandschrift, die um 1550 v. u. Z. aus älteren Einzeltexten für medizinischen Gebrauch zusammengestellt worden ist. Darin werden u. a. rund 20 menschliche Parasiten (Band-, Spul- und Hakenwurm), die Entwicklung des Skarabäus-Käfers aus dem Ei, der Schmeißfliege aus der Larve und des Frosches aus der Kaulquappe beschrieben. Medizin und Arzneimittelkunde lagen in der Hand der Priesterschaft und wurden als Geheimwissen weitergegeben. Überlieferte Texte sind deshalb meist verschlüsselt und mit magischen Formeln durchsetzt und geben wenig Aufschluß über anatomische und physiologische Kenntnisse. Auch in Ägypten galt das **Herz als Zentrum** der Lebensprozesse sowie der Erkenntnis, des Fühlens und Wollens, die eingeborene **Lebenswärme als Lebensprinzip**, das durch die **Atemluft** auf ihrem Weg über Lunge, Herz und Gefäße (bis zum After) aufrechterhalten wird. Man unterschied den „Hauch des Lebens" (eingeatmete Luft) vom „Hauch des Todes" (Ausatmung).

Die Praxis der Mumifizierung war offenbar kein Anlaß für anatomische Studien an Mensch und Tier, sondern wurde nur als handwerkliche Technik ausgeübt. Ihre Einzelheiten (Vorbereitung der Leichen, Imprägnierung mit Wachs, Baumharzen und Bitumen) wurden erstmals von *Herodot* (um 450 v. u. Z.) beschrieben, dann von *Plinius* (23–79 u. Z.) überliefert und im 17.–18. Jh. zur Konservierung zoologischer Sammlungen wieder aufgegriffen (*Buffon* 1749 bzw. 1752, S. 183 f.) (Abb. 6).

Abb. 6. Zurichtung von Tierfellen im alten Ägypten

Über die Entwicklung der Welt und der Lebewesen gab es auch in Ägypten eine reiche Mythologie, von der aber nur wenige Einzelheiten erhalten blieben. Nach einer urtümlichen kosmogonischen Mythe ist die Sonne und evtl. die ganze Welt aus einem **Weltenei** hervorgegangen. Nach einer späteren mythologischen Darstellung waren anfänglich Erde (männliche Gottheit *Geb*) und Himmel (weibliche Gottheit *Nut*) eng verbunden, bis sie vom Gott der Luft (*Schuh*) getrennt wurden. In der 5. Dynastie (um 2700 v. u. Z.) existierte ein Schöpfungsmythos, wonach aus dem Urchaos des „Vaters" der Sonnengott *Re*, aus diesem weitere Götter hervorgingen, die Erde und Himmel und die Lebewesen schufen (Tokarew 1976).

2.2.5. Alt-Persien (Iran)

Im letzten Jahrtausend v. u. Z. begannen die bronzezeitlichen Hochkulturen Ägyptens und Mesopotamiens teils durch innere Machtkämpfe, teils durch ausländische Eroberer zu zerfallen. Stattdessen hatte sich im Hochland von **Iran**, das zwischen 3000 und 2000 v. u. Z. von den indo-arabischen Völkern der Baktrer, Meder und Perser besiedelt worden war, zwischen 1100 und 700 v. u. Z. eine Großmacht herausgebildet, die unter den Achämenidenkönigen zum Weltreich wuchs (559–330 v. u. Z.) und mesopotamische, indische, ägyptische Gebiete sowie die phönikischen Küstenländer und Kleinasien beherrschte, wodurch ein Kulturaustausch erfolgte. Aus der einstigen Hauptstadt Persepolis sind ebenfalls Zeugnisse einer alten und vielfältigen „theriomorphen" Kultur überliefert, die ebenso wie die reichhaltigen Tierdarstellungen aus Gräberfunden der protoiranischen Zeit erst in den letzten Jahrzehnten wissenschaftlich untersucht wurden (Godard 1964). Die naturgetreue Wiedergabe von Haustieren (Schaf, Ziege, Schwein, Hunden, Rindern und Pferden, Dromedar und Kamel, Esel und Zebu) und wilder Lokalfauna (Mufflon und Gazellen, Löwen und Panther, Schlangen, Schildkröten und Eidechsen sowie Greifvögel) zeugt von der erstaunlichen Beobachtungsgabe der Handwerker und Künstler der Bronzezeit. Auch diese Tierbilder sind – wie in China, Indien oder Ägypten – „nur zum kleineren Teil aus dem Jagdkult", Fruchtbarkeitskult oder anderen Bestrebungen „einer magischen Produktionssicherung erwachsen" (Brentjes 1982). Sie wurzeln vielmehr in der gesamten Weltanschauung der Urgesellschaft, die in seelenvoller Vertrautheit mit der Tierwelt auch eigene, soziale Tatsachen und Probleme im Tierbild ausdrückte, bis sie später in Wort und Schrift mythologisch ihren Niederschlag fanden (a.a.O.). In der persischen Religionsschrift des mythischen Zoroaster (*Avesta*), deren Grundprinzip des Kampfes zwischen Licht (Ormuzd) und Finsternis (Ahriman) das kulturelle Leben und die Haltung zur Tierwelt beeinflußte, findet sich dementsprechend eine Klassifikation nach guten und bösen, nach nützlichen und schädlichen Arten, die jeweils von Ormuzd oder Ahriman erschaffen worden seien. In einem Buch des *Avesta* (gr. *Bundahisch*) lassen sich drei Gruppierungsprinzipien unterscheiden: eines, das die **Tierwelt in 3 Kategorien** teilt (1. domestizierte und nützliche T., 2. wilde und schädliche T., 3. Wassertiere), ein zweites, das **5 Wirbeltiergruppen** nach der Form der Füße und dem Lebensraum (oder der Fortbewegungsart?) unterscheidet und das indischen und mosaischen Auffassungen ähnelt: 1. Tiere mit gespaltenem Fuß, 2. Tiere mit ungespaltenem Fuß, 3. Tiere mit fünf Krallen, 4. Vögel, 5. Fische. Bei einem dritten werden von diesen fünf „Hauptarten" rund 290 einzelne Arten oder Rassen abgeleitet, die wiederum zu **14 Gruppen** zusammengefaßt sind, wobei jeweils ihre lichte oder dunkle Herkunft beschrieben wird.

Die zoologischen Kenntnisse der Iraner flossen nach der Eroberung Persiens durch Alexander den Großen in die griechische und durch die Araber (632 u. Z.) in die mittelalterliche Literatur ein und hinterließen Spuren in den europäischen „Bestiarien".

Zusammenfassung von Kapitel 2

Die grobe Überblicksdarstellung biologischer Anschauungen in den vorwissenschaftlichen Kulturepochen sollte an Beispielen deutlich machen, daß in der Urgesellschaft wie in den altorientalischen Klassengesellschaften, deren Lebensgrundlage Jagd, Ackerbau und Viehzucht war, biologisches Erleben so allgemein auch Kunst und Handwerk wie auch Gedanken über Weltentstehung und Weltordnung beherrschten, daß für diese rund 30–40000 Jahre v. u. Z. die gesamte Weltanschauung als „biologisch" in religiösem Gewand bezeichnet werden könnte. Einzelerkenntnisse über das menschliche und organismische Leben wie die über Zeugung, Geburt und Tod wurden in mythologischen Bildern und Berichten überliefert und waren in jüngeren Zeitepochen auch Inhalt religiös-theologischer Dogmen. In den alten Mythen über Welt und Menschen gibt es manche Übereinstimmung in der Verwendung biologischer Bilder. Vielfach wird als Urzustand ein undifferenziertes, ungeordnetes *Chaos* angenommen, aus dem (durch Götter oder inhärente göttliche Kräfte) Ordnung, *Kosmos*, entsteht. Die Ordnung des Kosmos wird in Beziehung zur Organisation des menschlichen Körpers gesetzt, der – auch hinsichtlich einzelner Organfunktionen – als *Mikrokosmos* mit dem *Makrokosmos* parallelisiert wird. Als schöpferisches Prinzip bei Entstehung der Naturobjekte und -erscheinungen wird häufig das Zusammenwirken von Gegensätzen angenommen, analog zum männlichen und weiblichen Prinzip, auch im Bild von Himmel und Erde, von Luft (Atem) und Wasser. Verbreitet war auch die Vorstellung vom *Weltenei*, aus dem dann göttliche Wesen oder Wärme die Einzelwesen ausbrüteten analog zum Vogelembryo.

Speziell biologische Erkenntnisfragen wurden noch nicht abgegrenzt. Das erfolgte erst in der griechischen Philosophie (vgl. 3.3.)

Literatur zu 2.2.

Amschler, W.: The oldest pedigree chart. A genealogical table of the horse and pictures of horsman dating back 5000 years. J. Heredity *26* (1935): 233–238.

Bodenheimer, F. S.: A survey of the zoology of the ancient Sumerians and Assyrians. Arch. int. Hist. Sci. *1* (1948): 261–269.

Boessneck, J.: Die Tierwelt des Alten Ägypten. München 1988.

Böttger, W.: Die ursprünglichen Jagdmethoden der Chinesen. Berlin 1960.

Brentjes, B.: Wild und Haustier im alten Orient. Berlin 1962.

– Die Erfindung des Haustieres. Leipzig/Jena/Berlin 1975.

– Der Tierstil in Eurasien. Leipzig 1982.

Breuil, H.: Quatre cents siècles d'art parietal. Montigue 1952.

Erdmann, K.: Die Kunst Irans zur Zeit der Sasaniden. Mainz 1969.

Funke, F.: Buchkunde. Leipzig 1959.

Godard, A.: Die Kunst des Iran. Berlin 1964.

Huard, P., et Wong, M.: La Médecine chinoise au cours des siècles. Paris 1959.

Kosambi, D. D.: Das alte Indien, seine Geschichte und Kultur. Berlin 1969.

Krumbiegel, I.: Säugetiererkenntnisse im ältesten China. Z. Säuget. *2* (1928): 198–220.

Laslo, O.: Untersuchungen zur Geschichte der Hirtenkulturen. Berlin 1968.

Laudse: Daudedsching (dt. von E. Schwarz). Leipzig 1985 (RUB Bd. 477).

Lévy-Brühl, L.: La mythologie primitive. Paris 1935.
Lorset, L., et Gaillard, C.: La façon momifié de l'ancienne Egypte. Arch. Mus. Hist. Nat. Lyon, *7–10* (1903–1909).
Mellaart, J.: Chatal Hüyük – Stadt aus der Steinzeit. London 1967.
Needham, J.: Science and civilization in China. Bd. 2. Cambridge U. P. 1956.
Ruben, W.: Philosophie und Wissenschaft in Indien. Berlin 1978.
Scharf, J.-H.: Anfänge von systematischer Anatomie und Teratologie im alten Babylon. SB. Sächs. Akad. d. Wiss., Math.-nat. Kl. *120*, H. 3. Leipzig 1988.
Toellner, R. (Hrsg.): Illustrierte Geschichte der Medizin, Bd. 1. Salzburg 1980.
Tokarew, S. A.: Die Religion in der Geschichte der Völker. Berlin 1976.
Vandier, J.: Egypte – Peinture des Tombeaux et des Temples. Paris 1954.
Zimmer, H.: Mythen und Symbole in der indischen Kunst und Kultur. Zürich 1951.

3. Antike Biologie

Der Entwicklung biologischen Wissens im griechischen und griechisch-römischen Altertum kam von jeher in der Wissenschaftsgeschichte eine besondere Bedeutung zu, weil zwischen dem 6. und 2. Jh. v. u. Z. erstmals bei den indoeuropäischen Völkergruppen am Ägäischen und am Mittelmeer die Überlieferung einen **wissenschaftlichen Charakter** annahm. Die Verbindung empirischer Forschung mit philosophischen Systemen, die Ordnung der Erscheinungen nach bestimmten Prinzipien der Logik, wie sie in der Antike herausgebildet wurden, wirkten viele Jahrhunderte nach und wurden zur Grundlage der neuzeitlichen Naturwissenschaft (vgl. Kap. 4 und 5).

Eine wesentliche Voraussetzung dafür war neben sozialen Neuordnungen (s. u.) zweifellos die Existenz einer **Buchstabenschrift** (Einzellautschrift), wie sie etwa seit dem 13. Jh. v. u. Z. durch das Handels- und Seefahrervolk der Phönizier entwickelt und um 1100 v. u. Z. von den Griechen übernommen worden war. Sie modifizierten das aus 22 Konsonanten bestehende phönikische Alphabet durch Hinzufügung der Vokale und hatten bis zum 8. Jh. v. u. Z. eine vollkommene Lautschrift zur Wiedergabe der indogermanischen Sprachen entwickelt (Funke 1959). Damit war die Möglichkeit zur schriftlichen Überlieferung eines erworbenen Wissensstandes in rationaler, abstrakter Form gegeben.

Allerdings gab es zunächst auch für die griechische Kultur eine **mythologische Vorgeschichte**, die in künstlerischer Form überliefert ist und den verschiedensten Deutungen unterliegt. Sie reicht bis ins 2. Jahrtausend v. u. Z. zurück und hat Bildkunstwerke hinterlassen, die zeitlich parallel zu den bronzezeitlichen Tierdarstellungen der Assyrer oder Ägypter entstanden. Später fand sie in poetischer Form ihren Niederschlag in den homerischen Epen und Hymnen (9.–8. Jh. v. u. Z.) oder den Lehrgedichten von *Hesiod* (8.–7. Jh. v. u. Z.).

3.1. Mythos und Empirie in der kretisch-mykenischen Kultur (etwa 1800–1100 v. u. Z.)

Seit der Entdeckung archäologischer Zeugnisse einer hohen vorgriechischen Kultur (Anfang des 20. Jh.) auf den ägäischen Inseln Argolis (Mykene), Zypern, Rhodos, Kreta u. a. setzten die teils phantasievollen, teils naturgetreuen Tierdarstellungen auf Gebäudereliefs, Fresken, Skulpturen und Gefäßen Historiker und Zoologen in Erstaunen (Bossert 1937; Oulié 1926; Wiesner 1959; Thomson 1961). In welcher historischen Beziehung die Träger dieser Kultur (die nach 1100 von den Dorern und Ionern vernichtet wurde) zu den nachfolgenden Griechen stehen, ob sie von ihnen abgelöst wurden oder zu deren Vorfahren gehörten, ist noch nicht definitiv geklärt, zumal die kretischen Schriftzeichen erst anfangsweise seit etwa 30 Jahren entziffert werden können. Doch weist die Sprache von Inschriften in Knossos und Mykene zumindest für die spätmykenische und -kretische Kultur auf einen altertümlichen griechischen Dialekt hin. Tierdarstellungen aus dieser Zeit auf Fresken von Knossos zeigen verblüffend genaue Kenntnisse über die **Gestalt von Meerestieren**, z. B. verschiedene Arten

Abb. 7. Darstellung eines *Octopus* mit Hectocotylus (Begattungsarm) auf einer Palaststilamphora aus Knossos. Aus Wiesner 1959, S. 51.

Delphine (*Delphinus delphis*, *Tursiops tursio* und der heute seltene *Prodelphinus frontalis*), fliegende Fische (*Dactylopterus volitans*) und andere Fischarten sowie Seesterne, Kopffüßer wie die *Octopus*-Arten (Kraken: *Argonauto argo* und *Eledone moschata*) mit segelartigen Membranen zwischen den Armen [36]. Genaue Beobachtungsgabe und vermutlich auch Kenntnisse über die Fortpflanzung der Cephalopoden verrät die Wiedergabe männlicher Polypen zur Laichzeit mit dem charakteristischen Begattungsarm *(Hectocotylus)* eines *Octopus* auf Amphoren des Königspalastes zu Knossos (Abb. 7).

Auch zahlreiche **Vogelarten** sind auf kretischen Fresken repräsentiert, neben Hausgeflügel auch Reiher, Enten, Brachvögel, Rebhühner, Wiedehopf und Stelzvögel. An **Säugetieren** finden sich außer wilden und domestizierten Ziegen auch Wildschwein, Rothirsch und Ur (*Bos primigenius*), die heute auf Kreta bzw. überhaupt nicht mehr existieren.

Wie in den anderen bronzezeitlichen Hochkulturen (vgl. 2.2.) sind neben realistischen, auf Naturbeobachtung beruhenden Tierdarstellungen auch mythische Tiere und Mischwesen abgebildet, die auf Tierkulte schließen lassen (Stier, Stiermenschen, „Minotaurus", Schlangen, Tauben) und verschiedenste Deutungen über Religion und Sozialstruktur veranlaßten (Tokarew 1976). Manche Entsprechung zur Tiersymbolik anderer Kulturen läßt darauf schließen, daß eine vielgestaltige Mythologie über Mensch- und Weltwerden, Zeugung, Leben und Tod existiert hat und daß Jagd und Jagdbräuche einen breiten Raum einnahmen. Für den Biologiehistoriker ist von Interesse, daß es mykenische Vogeldarstellungen gibt, die an die Legende von den Bernikelgänsen erinnern: ein Vogel, dessen Flügel wie die Rankenfüße der „Entenmuschel" (*Lepas anatifera*) und der Hals wie deren Stiel, die Füße wie deren Sexualorgane gestaltet sind. Das scheint die Auffassung zu stützen, daß die im Mittelalter verbreitete Legende mykenischen Ursprungs ist [36].

Manche der alten mythologischen Vorstellungen spiegeln sich noch in griechischen Quellen der späteren Zeit wie in den Gesängen *Homers* (9. bis 8. Jh. v. u. Z.) wider, in denen ähnliche Fabeltiere beschrieben und tiergestaltige Gottheiten wie Poseidon und die „kuhäugige" Hero erwähnt werden, die mykenischen Einfluß verraten. Die reichen Gräberfunde in Mykene, Tiryns und anderen Städten in Argolis, die Paläste des sagenhaften Königs Minos in Knossos oder in Phaistos auf Kreta lassen auf einen ausgedehnten Seehandel im Ägäischen Meer schließen und entsprechende Einflüsse von und zu den Küsten- und Inselbewohnern bis nach Kleinasien vermuten.

3.2. Kosmologische Biologie in der frühgriechischen Philosophie

3.2.1. Die ionische Naturphilosophie in Kleinasien

Infolge der Wanderungen und Ausbreitung griechischer Stämme, besonders der Äoler, Ionier und Dorier (die auch den Untergang der kretisch-mykenischen Kultur bedingten, vgl. 3.1.), kam es im 7. Jh. v. u. Z. zur Gründung von Stadtstaaten an der kleinasiatischen Küste und auf den vorgelagerten Inseln. Der Einfluß der diese kolonisierenden Aktivitäten maßgeblich tragenden Kaufleute, Seefahrer und Handwerker bewirkte die Ablösung der alten Königsherrschaft, dann auch der Adelsherrschaft zugunsten neuartiger Sozialstrukturen, die ihre Güterproduktion zwar auch auf **Sklavenarbeit** stützte, in denen aber die gleichberechtigte, freie Bürgerschaft „demokratisch" die Staatsangelegenheiten lenkte, die Polis (mit Ausnahme der politisch rechtlosen Fremden und Sklaven). Eine Priesterherrschaft im Sinne der ägyptischen oder babylonischen gab es nicht, doch übten die heiligen Orakel – und Mysterienstätten (Delphi, Ephesos, Eleusis, Samothrake u. a.) erheblichen Einfluß auf politische Entscheidungen aus und bildeten über die einzelnen Stadtstaaten hinaus verbindende religiöse Zentren. Darüber hinaus aber waren sie auch Einweihungsstätten, die Traditionen pflegten, aus denen die frühen griechischen Philosophen Erkenntnisse über Entstehung und Entwicklung des Universums, der Menschen, der Naturkräfte und -objekte ableiteten. Im Unterschied zu den in einer Bildersprache und oft in künstlerischer Form verbreiteten Naturmythen der Volksreligion (Personifizierung von Quellen, Flüssen, Bergen, Bäumen, Steinen, Himmel und Erde, Sonne, Mond und Wind) oder den lokalen Kultmythen (vgl. Tokarew 1976) entwickelten die griechischen „Weisen" das **philosophisch-wissenschaftliche, logische Denken** über Natur- und Entwicklungsgesetze und legten in ihren (nur fragmentarisch oder indirekt überlieferten) philosophischen Schriften ihre Erkenntnisse über das „Wesen", das Werden und die Ordnung der Welt in ihrer Ganzheit nieder. Darin sind die Anschauungen über das Leben und die Lebensprinzipien inbegriffen und bilden mit den kosmogonischen Theorien eine untrennbare Einheit. *Kosmos* als gesetzmäßig geordnetes Ganzes wurde in Analogie gesetzt zu einem **Organismus** (Diels/Kranz 1959/60).

Für jeden der ionischen Naturphilosophen bzw. ihre „Schulen" sind spezifische kosmologische Theorien überliefert, deren früheste „hylozoistischen" Charakter hatten, d. h. für sie bildete Materie, Leben und Geist eine Einheit, aus der durch Bewegung und Wandlung die Vielgestaltigkeit der Welt hervorgegangen ist. Der erste namhafte ionische Philosoph ist *Thales von Milet* (624–546 v. u. Z.), der als weitgereister Kaufmann vermutlich in Ägypten wie auch in Mesopotamien Kenntnisse in Astronomie und Geometrie erwarb und deren Schöpfungsmythen kennenlernte. In seiner Philosophie begründete er den Begriff der *Physis*; alles Weltwerden ist von **einem** „Urstoff" abgeleitet, den er als **Wasser** (in umfassendem Sinne als Fließendes) vorstellte; und durchsetzt von dem alles belebenden Prinzip, dem *Arche* (denn alle Lebewesen seien vom Wäßrigen durchtränkt und aus Feuchtem entstanden). Danach folgten erst Erde und Luft durch Verdichtung bzw. Verdünnung.

Ein Zeitgenosse und Freund von *Thales*, *Anaximander* (*Anaximandros*) *von Milet* (um 610–545 v. u. Z.), gab diesem Grundprinzip allen Lebens die Charakteristik des Unbegrenzten, **Ungeformten** und nicht sinnlich Erfahrbaren (*Apeiron*), fügte aber den Lehren von Thales eine in gewissem Sinne „erste rationale **Entwicklungstheorie**" hinzu, indem er annahm, die Lebewesen seien aus dem durch die Sonnenwärme verdampfenden Feuchten entstanden, hätten zunächst im Wasser gelebt und sich später an das Landleben angepaßt. Auch der Mensch sei so aus fischähnlichen Lebewesen entstanden. Indem er das Feuer als vierte Substanz hinzufügte, entstehen für ihn aus der „Ursubstanz" (s. o.) in einer Art „Kochprozeß" Erde, Wasser, Luft und Feuer in gegenseitiger Durchdringung und Wandlung (Diels 1959).

Wieder eine andere Vorstellung von einem „Urstoff" vertrat *Anaximenes von Milet* (etwa 585–525 v. u. Z.), für den die „Luft" (zugleich als „Atem" und „Seele") die ursprüngliche Grundsubstanz war, aus der durch Verdünnung Feuer bzw. Wärme, durch Verdichtung die Winde und Wolken und schließlich Wasser, dann Erde hervorgingen. Als Vorbild für seine kosmogonischen Ansichten dient ihm der Mensch und sein Atemprozeß, der im Aushauchen sowohl Wärme erzeugt als auch (bei stoßweisem Ausatmen) feuchte Kälte. Auch die Durchseeltheit des Urstoffes wird von eigenem Erleben abgeleitet; denn „wie unsere Seele Luft ist und uns dadurch zusammenhält, so umspannt Odem und Luft die ganze Weltordnung" [50].

Ähnliche Anschauungen vertrat in der Nachfolge von *Anaximenes* eine Generation später *Diogenes von Apollonia* (5. Jh. v. u. Z.), der auch Gedanken über die Herkunft des Samens durch Umwandlung von Blut entwickelte, die später von *Aristoteles* aufgegriffen wurden (vgl. 3.4.).

Als vierter maßgeblicher Naturphilosoph der Ionier gilt *Heraklit* (*Herakleitos von Ephesos*) (etwa 550–475 v. u. Z.), der im **Feuer** (*Logos*) den Ursprung aller Dinge sah und es als das Grundprinzip des Werdens und des Wandels aller Dinge auffaßte. Es ist für ihn identisch mit dem Kosmos, den Lebensgesetzen von Entstehen und Vergehen und ständiger Veränderung, die aus den Kräften des Gegensätzlichen hervorgehen: „Diesen Kosmos... schuf weder einer der Götter noch der Menschen, sondern er war immerdar und ist und wird sein ewig lebendiges Feuer, erglimmend nach Maßen und erlöschend nach Maßen" [3]. In dieser dialektisch-dynamischen Weltanschauung des ewig Werdenden (*panta rei*), die *Heraklit* im Bilde des „Flusses" erläutert, der sich zerstreut und wieder sammelt, immer herzuströmt und wieder abströmt, ist auch ein Grunderlebnis der biologischen Entwicklung ausgedrückt, das sich in dieser Kosmogonie spiegelt. Vor allem wurden aber auch Gesetze für die Naturvorgänge, in Analogie zum gesellschaftlichen Leben, in moralischen Prinzipien wie Schuld und Vergeltung gesehen.

Das Neue in der ionischen Naturphilosophie war, daß sie die „Urstoffe" mit den göttlichen Schöpferkräften gleichsetzte und der lebenden und durchseelten Materie die Eigenschaft der Veränderung zuschrieb, die auf deduktivem Wege gefundenen Erkenntnisse über die Gesellschaft auf die Natur übertrug, in einer rationalen Sprache wiedergab und damit über die mythologische Überlieferungsform hinausführte. Sie leitete damit zu rationalen Problemstellungen über Ursachen und Zusammenhänge der Naturerscheinungen und der Lebensprozesse über, wenn sie auch selbst noch nicht „materialistisch" zu nennen ist.

3.2.2. Philosophische Schulen der griechischen Kolonien in Süditalien

Im Gegensatz zu der gewissermaßen monistischen Weltauffassung der Philosophenschulen in den kleinasiatischen Städten Milet und Ephesos entstanden in den ionischen Kolonien auf **Sizilien und in Süditalien** (*Akragas*, *Kroton*, *Elea*) philosophische Systeme dualistischen Charakters, die ebenfalls die Entstehung und Ordnung des gesamten Universums und darin inbegriffen des Menschen und der Organismenwelt zu erklären suchten.

Weitreichende Bedeutung hatte *Pythagoras* (um 570–497/6 v. u. Z.), der von der Insel Samos auswanderte und – nach wahrscheinlich ausgedehnten Reisen nach Delphi und Milet sowie in Phönizien, Ägypten und Babylon (wo er in Mysterien verschiedener Kultstätten eingeweiht worden sein soll) – in Kroton (Südküste Italiens) eine Gemeinschaft gründete. Neben der religiösen Geheimlehre für Eingeweihte, die nicht veröffentlicht wurde, entstand im 5. Jh. v. u. Z. durch wissenschaftlich arbeitende Pythagoräer ein philosophisches System, wonach die Ordnung des Universums und aller Naturerscheinungen **durch ganze Zahlen**, ihr Verhältnis zueinander und ihre Harmonien darstellbar ist. Den Zahlen wurden Kräftewirkungen zugeschrieben, die das menschliche Leben ebenso wie kosmische Vorgänge (Bewegung der Himmelskörper) regierten. Dabei wurden die Zahlen sowohl als arithmetische als auch als geometrische und physikalische Größen bewertet und dementsprechend die Gestalt der Naturobjekte, die Bewegung der Himmelskörper, der Bau der Welt in geometrischen Figuren ausgedrückt.

Der Pythagoräer *Philolaos von Kroton* (um 500 v. u. Z.) verband ebenso wie der Arzt *Alkmaion von Kroton* (um 500 v. u. Z.) die kosmologischen Zahlenwirkungen mit dem menschlichen Leben und brachte z. B. zum Ausdruck, man könne „die Natur der Zahl und ihre Kraft nicht bloß in den dämonischen und göttlichen Dingen wirksam sehen, sondern auch überall in allen menschlichen Werken und Worten sowie auch in allen technischen Verrichtungen und in der Musik" [50].

Eine den pythagoräischen Zahlensystemen entsprechende Zahlenmystik wurde im 19. Jh. durch die romantische Naturphilosophie in breitestem Ausmaß auf die Klassifikation und Organisation der Tiere und Pflanzen angewandt (vgl. 8.1.).

Aus den Vorstellungen der Pythagoräer über die Seelenwanderung folgten nicht nur diätetische Vorschriften, sondern auch Beobachtungen an Tieren und ihrem Verhalten (Harig 1982).

Nach der phytagoräischen Lehre von der Dreiteilung der menschlichen Seele erkannte *Alkmaion* **das Gehirn als Zentralorgan** des Verstandeswissens und der Sinneswahrnehmungen.

Von der zentralen Stellung des Gehirns schloß *Alkmaion* auf seine Funktion als Ursprungsort des Samens mit seiner ebenfalls zentralen Bedeutung für den Lebensprozeß. Diese **„enkephalo-myelogene Samenlehre"** ist die älteste Samentheorie der Antike, die in ähnlicher Weise auch von dem pythagoräischen Arzt *Hippon von Rhegion* (5. Jh. v. u. Z.) vertreten wurde, der die Herkunft des Samens aus dem Rückenmark vertrat. Möglicherweise haben beide Konzeptionen ihren Ursprung in altorientalischen Lehren (Lesky 1951). Sie wurde dann von der „hämatogenen" Samenlehre des *Aristoteles* abgelöst. Konsequenterweise setzten beide Ärzte die Existenz von Samen in beiden Geschlechtern voraus und halten die Geschlechtsbestimmung und Vererbung bei den Nachkommen für das Ergebnis eines **Kampfes** zwischen männlichem und weiblichem Samen mit ihren **gegensätzlichen Qualitäten** (vgl. 3.2.).

Die zweite bedeutende süditalienische Philosophenschule entstand in Elea durch *Xenophanes aus Kolophon* (geb. um 580 v. u. Z.), der, anknüpfend an die Lehre von *Anaximandros* (s. o.), Fossilabdrücke von Muscheln, Meerestieren und Pflanzen aus Steinbrüchen der süditalienischen Gebirge damit erklärte, daß in früher kosmischer Zeit durch Verdunstung des Wassers, das diese Gegenden bedeckt habe, unter Einfluß der Sonnenwärme diese Organismen bzw. ihre Abbilder entstanden seien.

Zu den Eleaten gehört *Parmenides von Elea* (geb. 540/39 v. u. Z.), der die Lehre vom ewigen, unveränderlichen, nicht entstandenen und nicht verlöschenden „Sein" ausformte, das „vorhanden ist als Ganzes, Eines, Zusammenhängendes (Kontinuierliches)" und das identisch ist mit „Denken", „denn nicht ohne das Seiende... kannst du das Denken antreffen" [3]. Nicht die sinnliche Wahrnehmung, sondern nur das lebendige Denken führe zur Wahrheit über das Sein, das durch die Gegensätze Licht und Dunkel, Feuer und Erde, Himmel und Erde und ihre Mischung existiere.

Aus diesen philosophischen Prinzipien deduzierte *Parmenides* die biologisch wichtige Lehre von dem Gegensatz zwischen rechter und linker (starker und schwacher) Körperseite und der daraus abgeleiteten Theorie von der Geschlechtsbestimmung, wonach im rechten Uterusabschnitt männliche, im linken weibliche Nachkommen entstehen sollten **(Rechts-Links-Theorie; vgl. Lesky 1951).** Ein weiterer Vertreter der eleatischen Schule war *Zenon von Elea* (um 490–430 v. u. Z.), auf den vermutlich die Lehre von den **vier Primärqualitäten Warm, Kalt, Trocken und Feucht** zurückgeht, die in der hippokratischen Medizin eine so große Rolle spielte (vgl. 3.4.). Bei *Zenon* bilden sie Urprinzipien, aus deren Umwandlung und Mischung die Natur aller Dinge entstanden ist (Schöner 1964).

Mit diesen eleatischen und pythagoräischen Lehren setzte sich *Empedokles* aus Akragas (Sizilien) (um 495–435 v. u. Z.) auseinander, der aus der kosmologischen Philosophie erstmals speziell biologische Problemkreise ableitete und in Ergänzung der parmenidischen Lehre vom Sein auch Vorstellungen über das **Werden der Organismen** in ihrer vielfältigen Gestaltung entwickelte. Anknüpfend an die verschiedenen Lehren von den *Urstoffen* und dem Kampf der Gegensätze lehrte *Empedokles,* daß der Kosmos wie auch die Einzelorganismen aus den **vier Urgründen** (Wurzeln) entstanden und bestehen, die zugleich in mythischer Personifizierung (z. B. Zeus der Schimmernde) und als sinnlich wahrnehmbare Form Sonne (Feuer) und Äther (Luft), Regen (Wasser) und Erde genannt werden. *Empedokles* selbst spricht noch nicht von „Elementen" oder „Stoffen", was erst in der aristotelischen Rezeption erfolgte (s. u.), sondern **charakterisierte** die vier Urqualitäten als das obere warme Lichte und freie Luftige und das untere dunkle Feste, verbunden durch das kühle, feuchte Naß.

Aus diesen Prinzipien entwickelte *Empedokles* eine **Lehre von der Entstehung der Lebewesen,** die aus „rohgeballten Formen von Erde", durchmischt mit Wasser und Wärme aus dem Dunklen ans Licht strebten, zunächst nur einzelne Gliedmaßen und Organe, die allein „umherschweiften". Die Seelenkräfte Liebe und Haß wirkten verbindend oder trennend und fügten **im Spiel des Zufalls** die Einzelglieder zu Lebewesen, wodurch auch Mischwesen (Menschengestalten mit Tierköpfen und umgekehrt) oder Mißgeburten (Doppelbildungen) entstanden, die aber als nicht lebensfähig zugrunde gingen, während harmonische Gestalten überlebten. Hiermit versuchte wohl *Empedokles* die Nichtexistenz von Fabelwesen der Mythologie historisch zu erklären.

Durch unterschiedliche Proportionen von Festem, Flüssigem und Luftigem erläutert Empedokles die Bildung von Knochen, Fleisch und Blut, von Haaren und
Blättern, von Federn und Schuppen, von den „schwerrückigen Schalen der Was-
serbewohner, vor allem der Meerschnecken und Schildkröten mit der steinernen
Haut", wo man „die Erde auf der Hautoberfläche lagern sehen" könne.

Die **Vermehrung der Lebewesen** erfolgte durch männlichen und weiblichen Samen, und zwar entstehen wieder weibliche, wenn er in einen kalten, aber männliche, wenn er in einen warmen Schoß komme. Mit den Prinzipien von Liebe und
Haß bzw. dem Widerstreit gegensätzlicher Qualitäten erklärt *Empedokles* auch
physiologische Prozesse wie die Atmung, sowohl durch die Haut als auch durch die
Nase: das warme Blut weiche an der Körperperipherie vor der kalten äußeren Luft
zurück, so daß die Luft ins Innere ströme, wo es die Oberhand gewinne und die
Luft wieder austreibe.

In die Geschlossenheit seiner Lehre fügt sich auch die pythagoräische
Vorstellung von einer Seelenwanderung ein, die an dem Wandel der Gestalten teilhat.

Empedokles' Aussagen über das Leben und die Lebewesen wurden sowohl von der hippokratischen Medizin (vgl. 3. 4. 2.) als auch von Aristoteles (3. 3. 2.) aufgegriffen und weiterentwickelt.

3.2.3. Materialistische Konzeptionen griechischer Philosophen

Etwa zur gleichen Zeit der Blüte dieser süditalienisch-griechischen Philosophenschulen waren die Ionier in Kleinasien in den Aufstand gegen die
persische Besetzung und die nachfolgenden Kriegszüge der Perser verwik-
kelt (etwa 500–450 v. u. Z.) und verloren die frühere Bedeutung, die ihre
Küsten- und Inselstädte als unabhängige Handels- und Kulturzentren seit
dem 7. Jh. gehabt hatten (Zerstörung Milets 494). Manche Abwanderung
nach Sizilien und Süditalien sowie dem europäischen Griechenland und
Thrakien war die Folge gewesen.

Im Bündnis mit Athen erhielten die Ionier 479 die Freiheit von der persischen
Vorherrschaft wieder, wurden von Athen abhängig und schließlich (ebenso wie
Thrakien mit den Küstenstädten Apollonia oder Abdera) zu Provinzen Athens,
das in diesen Jahrzehnten zu wirtschaftlicher Macht, zur Seeherrschaft und zu kultureller Blüte gelangte. Sein Fortschritt auf allen Gebieten der Produktion, des
Handwerks und der Kunst beruhte auf der in breitem Umfang genutzten Sklavenarbeit, der sich alle freien Bürger (neben der alten Aristokratie auch die Kaufleute
und Handwerker, Künstler und Gelehrten) bedienten (*„Sklavereigesellschaft"*),
während das freie Stadtbürgertum auf der Grundlage einer seit 508 v. u. Z. mehrmals verbesserten demokratischen Staatsverfassung gleiche politische Rechte
und Pflichten hatte. Diese gegenüber den alten orientalischen Königsstaaten neu-
artige Regierungsform des antiken Stadtstaates (*Polis*) mit der Vollendung demokratischer Prinzipien (*Polisdemokratie*), die die individuelle Bildung förderte und

die Grundlage für freien Gedankenaustausch und wissenschaftliche Erkenntnis bildete, erlebte (besonders nach Besiegung der Perser) unter *Perikles* in Athen ihre höchste Blütezeit (444–429 v. u. Z.) (vgl. Harig 1982; Krafft 1971).

Zu den Gelehrten, die *Perikles* nach Athen zog, gehörte (neben dem zeitweilig dort lehrenden Historiker *Herodot*) sein philosophischer Lehrer *Anaxagoras von Klazomenai* (Kleinasien) (499–428 v. u. Z.), Schüler der ionischen naturphilosophischen Schule, der auch eleatisches Gedankengut in seine Lehre aufnahm, doch materialistisch umformte. So vertrat er zwar die Ansicht vom Gegensatz zwischen Geist und Stoff, schrieb aber nur dem geistigen Sein Unendlichkeit und Beständigkeit zu, das „mit keinem Ding vermischt, sondern allein und selbständig für sich" existiere (Diels-Kranz 1959). Der Geist habe nur am Anfang der Welt „die Bewegung eingeleitet", die vom Chaos zur Ordnung führte. Alles weitere Naturgeschehen („die Ausscheidung von dem, was da in Bewegung gesetzt wurde") erfolgt wie ein Mechanismus nach Kausalgesetzen, die für *Anaxagoras* allein der Gegenstand der Naturbetrachtung und -erklärung waren. Auch die eleatische Lehre von der Konstanz aller Dinge, für die es weder Umwandlung noch Neuentstehung gäbe, wandte er rational auf die Erklärung des Zeugungs- und Vererbungsmechanismus an, indem er im väterlichen Samen alle Körperteile des Kindes schon vorgebildet vermutet (= **erstmalige Formulierung des Präformationsgedankens**, vgl. 6. 4. 2.). Aber im Gegensatz zur Zweisamenlehre des *Parmenides* (s. o.) vertrat er die Auffassung, daß nur männliche Individuen Samen bilden, der weibliche Organismus nur der Ernährung diene (Ansichten, die bei *Aristoteles* und ebenfalls im 18. Jh. u. Z. wieder auftauchen). Dementsprechend modifizierte er dessen Rechts-Links-Theorie und meinte, daß männliche Nachkommen aus dem Samen der rechten, weibliche aus dem der linken Körperseite des Vaters hervorgehen (Lesky 1951).

Eine Ursachenforschung in ebenso ausgeprägter materialistischer Weise, aber auf der Grundlage einer nichtdualistischen, einheitlichen Weltauffassung, entstand durch die **Philosophie des Atomismus**, die um 450 v. u. Z. in der thrakischen Küstenstadt Abdera durch *Leukippos von Milet* (einem Eleaten) begründet und durch dessen Schüler *Demokrit von Abdera* (um 460 – 370 v. u. Z.) ausgebaut wurde. Auch ihre Lehre umfaßte die gesamte Weltordnung und Weltentstehung, in die die Lebewesen einbezogen waren. Aber im Gegensatz zu den bisher meist anthropozentrisch erlebten und gedachten Kosmologien mit einem gewissen Vorrang des Biologisch-Prozeßhaften als Denkmodell suchten die Atomisten eher nach mechanisch-physikalischen Ursachen der Naturerscheinungen.

Danach beruht der Aufbau der Welt seit Ewigkeit auf dem Vollen und dem Leeren, die nicht „geschaffen" wurden und nicht vergehen. Das Volle setzt sich aus letzten, unteilbaren Einheiten (**Atomen**) zusammen, die durch Form, Größe, Beseelung verschieden sind und sich im leeren Raum in ständiger Wirbelbewegung befinden. Dadurch entstünden durch mehr oder weniger dichte Zusammenballung mit innerer Notwendigkeit die verschiedenen Himmelskörper ebenso wie die Erde und ihre Objekte, die sich nicht qualitativ, sondern nur quantitativ unterschieden. Aus dieser Gleichheit der Grundbestandteile des Kosmos wie der Lebewesen begründete Demokrit die Lehre von der Widerspiegelung des **Makrokosmos** im Menschen (**Mikrokosmos**), die schon in alten Kosmologien (vgl. 2. 2.), in der griechischen Philosophie (s. o.) wie auch im 16. und noch im 19. Jh. u. Z. eine Rolle in Biologie und Medizin spielte. Durch die Festigkeit der Verflechtung unterscheiden sich die größeren und schwereren Erdatome von den feineren der Luft und des Feuers. Auch die Seele bestehe aus kleinsten Atomen, die mit diesen verwandt seien und mit der Luft ein- und ausgeatmet würden, so daß bei Atemstillstand das Leben aufhöre. In den Körperorganen haben sie verschiedene Funktionen; sie bewirken im Gehirn das Denken, im Herzen den Mut, in der Leber die Begierde (vgl. Harig 1982).

Der Samen bilde sich sowohl beim Mann wie bei der Frau (**Zweisamentheorie**) aus Atomen aller Körperorgane (Knochen, Fleisch, Muskeln) und enthalte deshalb ein kleines Abbild des Elternteils; je nachdem, welcher Samenanteil in der bei der Zeugung entstehenden Mischflüssigkeit überwiegt, gleichen die Nachkommen Vater oder Mutter in einzelnen Körperorganen. Auch die Geschlechtsbestimmung wird so erklärt wie auch die Vererbung erworbener Eigenschaften (= **erste Formulierung der Pangenesislehre** (vgl. 3. 3. und 7. 3.).

Die meisten Schriften von *Demokrit*, der nach eigenem Zeugnis viele Länder forschend durchreist hat, sind nur aus späteren Quellen oder dem Titel nach bekannt, die seine Vielseitigkeit bezeugen. Danach behandelte er die Ursachen der Himmelserscheinungen, der atmosphärischen Vorgänge, des Feuers und seiner Wirkungen, der Samen, der Pflanzen und Früchte, des Tierlebens u. a., deren Gesetzmäßigkeit von den Wirbelbewegungen der Atome abgeleitet wurde. Daß sich vor allem auch *Aristoteles* mit seinen biologischen Theorien auseinandersetzte, erhellt die Bedeutung *Demokrits*, der sich im Rahmen seiner Kosmogonie auch mit der **Entstehung der Organismenwelt** beschäftigte. Sie soll sich nach ihm aus kleinen blasenartigen Gebilden aus dem Schlamm unter Einwirkung der Hitze entwickelt haben [50]. Er scheint sich (nach *Aristoteles*) auch mit der Anatomie von Pflanzen und wirbellosen Tieren befaßt zu haben, denen er im Gegensatz zu *Aristoteles* auch innere Organe zuschrieb, und die er als **„blutlose Tiere" von den „Tieren mit Blut" abgrenzte**. Nach der literarischen Tradition hat *Demokrit* schon Tiersektionen durchgeführt und die Anatomie des Chamäleons beschrieben (vgl. 6. 2. 1.).

3.3. Aristotelische Biologie und die peripatetische Schule (5. – 3. Jh. v. u. Z.)

3.3.1. Die Akademie in Athen

Die im Athen des *Perikles* zur Entfaltung gekommene Kunst und Wissenschaft trugen auch im folgenden Jahrhundert reiche Früchte, obwohl der Peloponnesische Krieg (431–404 v. u. Z.) und zahlreiche territoriale Machtkämpfe die ökonomische Krise, verschärfte Klassengegensätze die soziale und politische Krise der Polisdemokratie bewirkten. Es wäre aber falsch, das 4. Jh. „nur unter dem Zeichen des Verfalls zu sehen", da in dieser Zeit „auch Restaurationsbestrebungen und Neuentwicklungen nebeneinander herliefen" (Harig 1982). In unserem Zusammenhang interessieren vor allem die Philosophenschulen des *Sokrates* (469–399 v. u. Z.), des Begründers der Dialektik, seines Schülers *Platon* (427–347 v. u. Z.), der an der „Akademie" sein System des objektiven Idealismus lehrte, und dessen Schüler *Aristoteles* aus Stageira in Mazedonien (384–322 v. u. Z.), dessen Streben nach induktiver Naturbeobachtung und wissenschaftlicher Begriffsbildung **die Biologie** und besonders die Zoologie **zu wissenschaftlichem Rang erhob**.

Während *Sokrates* (dessen Hauptanliegen die ethische Erziehung war) vor allem durch seine dialektische Denkmethode die wissenschaftliche Schulung beeinflußte, biologiehistorisch jedoch irrelevant ist, verdient sein Schüler *Xenophon* von Athen (um 430–355 v. u. Z.) als Historiker und Schriftsteller Erwähnung, der in seinen Werken über die Gutsverwaltung (*Oeconomicus*), die Jagd *(Cynegeticus)* und die Pferdezucht und -haltung (*Hipparchikos*, *De re equestri*) ein Beispiel für die wissenschaftliche Verarbeitung empirischer Kenntnisse in Form der Fachprosa gab, wie sie auch von *Aristoteles* mit genutzt wurde.

Wie *Sokrates*, so entwickelte auch *Platon* seine idealistische Philosophie im Widerspruch gegen den Atomismus *Demokrits* und den Sensualismus der Sophisten (*Protagoras*, 480–410 v. u. Z.). In Anknüpfung an den Dualismus der Pythagoräer suchte er nach einer Formulierung **allgemeiner Begriffe** für ethische Normen im Staatssystem, indem er Beispiele aus der Natur, aus der gesamten Welt und ihrer Entstehung zugrunde legte. Seine Denkmethode und sein Begriffssystem war nicht nur ein wichtiger Anknüpfungspunkt für *Aristoteles*, sondern spielte jahrhundertelang in die Theorienbildung der Biologie hinein, weshalb sie kurz umrissen werden müssen. Für *Platon* gibt es (ähnlich wie für *Anaxagoras*, s. 3. 2.) eine unsichtbare, ewige, gleichbleibende Welt, **die Welt der Ideen**, und sichtbare Dinge, die niemals gleich sind. Die Ideen sind gleichsam die „Musterbilder", nach denen die sichtbaren Dinge als nur ähnliche unvollkommene **„Abbilder"** gestaltet sind. (Ausführlich bei Bäumer 1988).

Nach diesen (seit Ewigkeit existierenden) Urbildern formte der göttliche Weltenbaumeister (*Demiurgos*) die gesamte Welt und die vielgestaltigen Wesen, wie ein Bildhauer weichen Ton in eine Hohlform drückt und deren Abbild erhält. Damit führte der Schöpfer die sichtbare Welt **aus dem Chaos in die Ordnung**, und die harmonische Ordnung der Welt ist ein erkennbares Abbild der Vollkommenheit ihres Urhebers. Um das Ordnungsgefüge der Welt begrifflich zu erfassen, entwickelte *Platon* sein Denkschema in Form einer **Begriffspyramide**, ein System von Ober- und Unterbegriffen in absteigender Stufenfolge, mit dem Allgemeinsten beginnend, wobei durch Gegenüberstellung zweier Gegensätze (positiver und negativer Kennzeichen) bzw. der Trennung (*Diairese*) eines Oberbegriffs in zwei Unterbegriffe das nicht mehr teilbare Einzelne gefunden wird. Das Prinzip dieser *dichotomen* Gliederung erläuterte *Platon* bes. im *Timaion* in Dialogform, indem er die Tierwelt als Beispiel wählte (z. B. Verhältnis Bienenschwarm zu Einzelbiene), wobei er das **Gemeinsame** („Biene") und die **Unterschiede** (Größe etc.) begrifflich scharf herausarbeitete und das „Wesen" der Unterschiede erörterte. *Platon* kommt dabei zu einer „enkaptischen" Gruppierung der Erscheinungswelt, wie sie in der Biologie als Bestimmungsschlüssel und als Tier- und Pflanzensystem später eine große Rolle spielte (Abb. 8).

Diese formale **Dichotomie der Begriffe** hat später *Aristoteles* aufgrund seiner praktischen Erfahrung in der Naturforschung als unreal abgelehnt und durch eine **mehrfache Diairese** ersetzt, wie sie auch heute noch in der Bestimmungsliteratur verwendet wird (s. u.). **Das Prinzip der enkapti-**

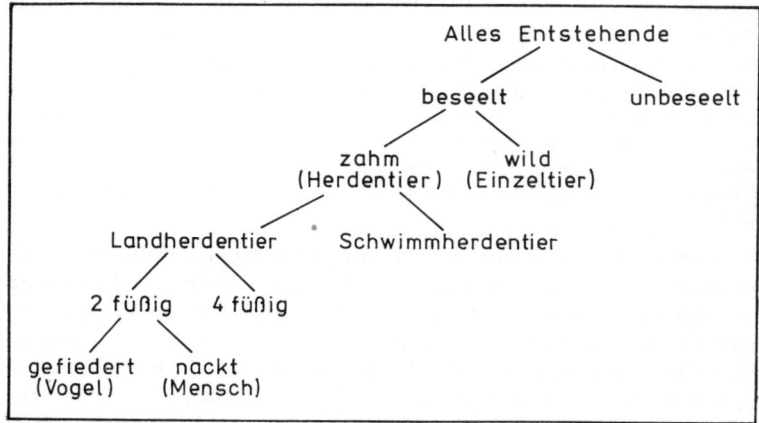

Abb. 8. „Begriffspyramide" von allgemeinen zu speziellen Begriffen nach Platon.

schen Gliederung durch Subordinierung des unterschiedlich Speziellen unter das Allgemeingültige aber blieb erhalten. Offenbar ist es schon vor *Aristoteles* in größerem Ausmaß zur Klassifizierung der Pflanzen- und Tierwelt angewandt worden. Die dabei verwendeten Begriffe *genos* und *eidos* (Gattung und Art) drückten das Allgemeine gegenüber dem Speziellen nur relativ aus.

Von dem Schüler, Neffen und Nachfolger *Platons* in der Leitung der Akademie, *Speusippos* (um 408–339 v. u. Z.), sind Titel von Werken überliefert, die vermuten lassen, daß er sich vorwiegend mit Morphologie und Systematik der Pflanzen und Tiere beschäftigt hat; aber bis auf wenige Fragmente sind die von *Diogenes Laertius* (2. Jh. v. u.Z.) zitierten Schriften nicht erhalten. Doch *Aristoteles* erwähnt ihn mehrfach als Zoologen, der Tiergruppen (Insekten, Krebstiere) beschrieben hat, und es wird vermutet, daß er die Bezeichnungen *Malakostraken* (Weichschaler für Krebse) und *Blutlose* (für die wirbellosen Tiere) geprägt habe.

3.3.2. Aristoteles und die Begründung der Zoologie am Lykeion

Das gesamte bisherige Wissen auf biologischem Gebiet wurde im 4. Jh. v. u. Z. von *Aristoteles* ordnend und systematisierend zusammengefaßt und gleichzeitig die Forschung darüber neu begründet.

Aristoteles (384–322 v. u. Z.) wuchs als Sohn des königlichen Leibarztes am mazedonischen Königshof auf, ging 366 nach Athen, wo er Schüler der Akademie *Platons* wurde und bis 346 auch lehrte. Dann weilte er bei seinem Schüler *Theophrast* (s. u.) in Mytilene auf Lesbos, wo er Gelegenheit zur Beobachtung der Meerestierwelt hatte, und wurde 343 v. u. Z. von *Philipp von Mazedonien* (der damals Kriegszüge gegen Athenische Nordprovinzen führte) zur Erziehung seines Sohnes *Alexander* an den mazedonischen Königshof berufen. Dann wirkte er in seiner Heimatstadt auch in politischen Ämtern, kehrte aber 334 (nachdem *Alexander*, nun als König von Mazedonien, die Griechen abermals unterworfen hatte) nach Athen zurück und begründete im „**Lykeion**" eine neue philosophische Schule, nach dem Wandelgang (**Peripatos**) dieses Gymnasiums symbolisch als „peripatetische" Schule bezeichnet. Nach *Alexanders* Tod (323 v. u. Z.) floh er nach Chalkis (Euböa) und starb 322 v. u. Z.

Im Widerspruch zu *Platon*, der die Möglichkeit einer Naturerkenntnis (ähnlich wie *Parmenides*, s. o.) negierte, betonte *Aristoteles* die **Bedeutung der Sinneswahrnehmung** für den Erkenntnisprozeß („Man muß der Beobachtung mehr Glauben schenken als dem Logos"). Auf diesem Prinzip basieren die neuen Ansätze, durch die die Zoologie und die Botanik zu wissenschaftlichen Disziplinen wurden. Auf den sinnlichen Erfahrungen beruhten letztlich auch die **theoretischen Prinzipien,** die *Aristoteles* aus überkommenen philosophischen Anschauungen und eigenem Philosophieren

für die Organismenwelt **deduzierte**, so daß neben der induktiven Forschung bei der Interpretation der biologischen Sachverhalte auch der deduktiven Betrachtungsweise breiter Raum gewährt wurde. Bei der Erörterung seiner biologischen Werke, die hier allein berücksichtigt werden, darf
nicht außer acht gelassen werden, daß sie ebenso wie bei anderen griechischen Philosophen nur Teil eines umfassenden philosophischen Gesamt-
werkes sind, das ebenso kosmologische und physikalische wie gesellschaftliche Themen (Moral und Ethik, Politik und Ökonomik, Kunst und Rhetorik) umfaßt. Die biologisch relevanten, speziell die zoologischen Schriften,
die allein erhalten geblieben sind, entstanden vermutlich erst während
oder nach seinen Reisen (nach 347 v. u. Z.) bzw. bei seinem zweiten Aufenthalt in Athen und seiner Lehrtätigkeit am *Lykeion* (334–323 v. u. Z.)
(Düring 1966):

Die **Tiergeschichte** (*Historia animalum*) ist eine enzyklopädische Sammlung eigener und fremder zoologischer Beobachtungen, in der etwa 500
Tierarten nach Gestalt, äußerer und innerer Organisation, Lebens- und
Vermehrungsweise, Lebensraum und Verhaltensweise beschrieben, verglichen und ihre mögliche Klassifizierung nach verschiedenen Aspekten
erörtert werden, wobei auch traditionelle Benennungen und Gruppen verwendet wurden. In den 8 „Büchern" (= Hauptabschnitten, die früher einzelnen Schriftrollen entsprachen) werden zu den verschiedenen Themen
jeweils der Reihe nach Einzeltiere besprochen, die Unterschiede dargelegt
und Gemeinsamkeiten erörtert.

Hier findet sich die Charakterisierung der „**Bluttiere**" (denen in Buch
III, 7, auch die „Wirbelknochen" als gemeinsames Merkmal zuerkannt
werden) in Gegenüberstellung zu den „**blutlosen Tieren**", bei denen er vier
Gruppen („Gattungen") unterscheidet und Einzeltiere exemplarisch beschreibt. (Ausführl. Analyse in Bäumer 1988).

Keinesfalls war es das Anliegen von *Aristoteles*, hier **ein Tiersystem** aufzustellen, wie vielfach im 19. Jh. die *Historia animalium* interpretiert
wurde, wenngleich die Aristotelischen Großgruppen die Neuanfänge der
Tiersystematik im 16. Jh. u. Z. stark beeinflußt haben (vgl. 5.4.). Doch hat
er die **Methoden** erörtert, ob vom Allgemeinen (wie in der Astronomie)
oder vom Besonderen auszugehen sei, und entschieden, daß die „**der Natur gemäße Methode**" darin bestehe, „daß die Kenntnis des Einzelnen die
Grundlage" bilden müsse, woraus erst die Erklärung folge (Buch I, 6).
Dieses Grundprinzip, auf die Methode einer Klassifikation „von unten
her" (von der Einzelart her) angewandt, führte erst *Cuvier* konsequent
durch (vgl. 7.2.3.). *Aristoteles* ordnete und „klassifizierte" zunächst **die organismischen Merkmale und Erscheinungen** (noch nicht die Tierwelt im
Ganzen), indem er „wesentliche" von „zufälligen" (akzidentellen) Merkmalen unterschied.

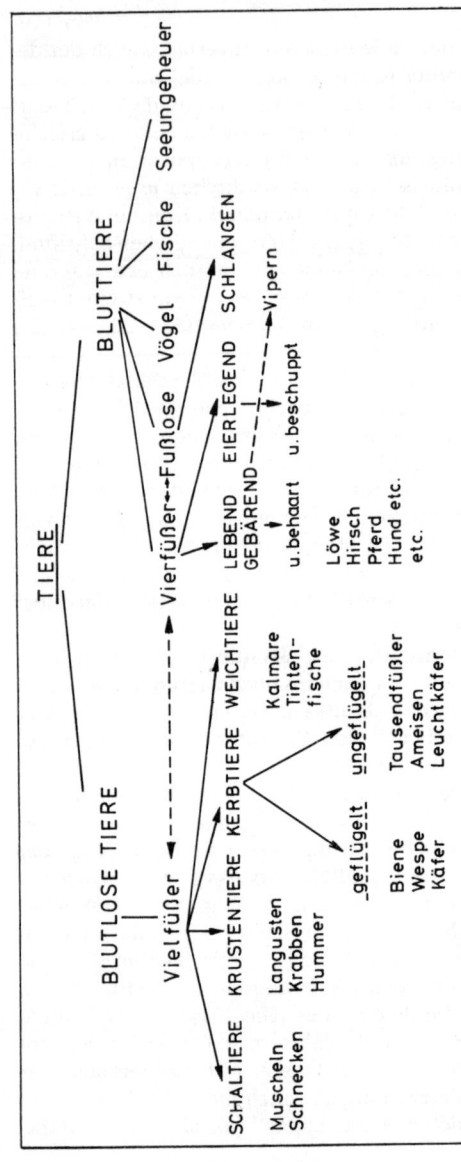

Abb. 9. Diairese nach Aristoteles.

Dieses Anliegen durchzieht alle übrigen zoologischen Werke, die durch Forschungsthema und Inhalt biologische Teildisziplinen begründeten:

Über die **Teile der Tiere** (*De partibus animalium*) ist eine vergleichende Anatomie und Physiologie, worin die Gewebe, Gefäße, inneren und äußeren Organe der Bluttiere und blutlosen Tiere vergleichend nach ihrer Funktion und Ursache, ihrem „Zweck" (s. u.), dargestellt werden.

Hier beschreibt er die **Bedeutung des Herzens** als Zentralorgan, Quelle der Lebenswärme und -funktionen, Sitz der Seele, das deshalb in allen Tieren, auch allen blutlosen (wirbellosen) vorhanden sei, denen aber ein analoges Organ wie das Gehirn fehle. Er stellt die **Analogie von Organen** fest wie z. B. Knochen und Gräten, von Nagel und Huf, von Armen und Vorderbeinen, von Haaren und Stacheln, die trotz morphologischer Verschiedenheit aber im Rahmen des Gesamtorganismus übereinstimmen (heute als „*homolog*" bezeichnet). Nach diesem „Analogie"-(Homologie)-Prinzip suchte *Aristoteles* nach Organentsprechungen bei den einzelnen Tiergruppen, wobei er z. B. feststellte, daß der Seehund „nur Ohrlöcher" habe, da er ein „verkümmerter Vierfüßer" sei.

In dieser Schrift erörtert *Aristoteles* vor allem auch **methodische Fragen der Klassifikation**, betont, daß man die Organismen „nach dem, was im Wesen beruht, und nicht nach dem, was an sich akzidentell ist, einteilen" müsse (Buch I, 3), und setzt sich ausführlich mit *Platons Dichotomie* auseinander, die er verwirft. Stattdessen müsse man gleich „das Ganze nach vielen Merkmalen einteilen" und die Tiere zu solchen Gruppen zusammenfassen wie die der Vögel oder Fische (Abb. 9).

In den Schriften **Über die Fortbewegung der Tiere** (*De incessu animalium*) und **Über die Bewegung der Tiere** (*De motiu animalium*) werden zum einen die Mechanik der Fortbewegungsorgane durch alle Tiergruppen im einzelnen, zum anderen die allen Tieren „gemeinsame Ursache der Bewegung, welcher Art sie auch immer ist", untersucht (Abb. 10). Hierbei erörtert *Aristoteles* seine Theorien über die Seele und das „angeborene Pneuma" als Ursache der Bewegung, sowohl der willkürlichen als auch der

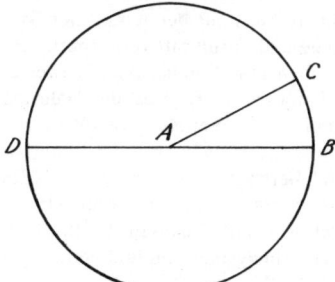

Abb. 10. Diagramm zur Veranschaulichung der Bewegung eines Gliedes (AB) um ein Gelenk (A), während DA in Ruhe bleibt, mit Hilfe eines Diagrammes, wie es Aristoteles seiner Schrift *Über die Bewegung der Lebewesen* beigegeben hatte. Aus Kollesch 1985.

unwillkürlichen mancher Organe (Herz, Atmung, Geschlechtsglied). In dieser zweiten Schrift versuchte *Aristoteles* das Problem „der auf dem Zusammenspiel seelischer und körperlicher Vorgänge beruhenden Selbstbewegung der Lebewesen" zu lösen (Kollesch 1985).

Das Werk über **die Entstehung der Tiere** (*De generatione animalium*) ist eine vergleichende Embryologie oder Entwicklungsgeschichte oder, allgemeiner, die **Fortpflanzungsphysiologie** aller Tierklassen. Sie enthält außer bedeutenden Einzelentdeckungen wie die der *Dottersack-Plazenta* des „glatten Haies" (*Mustelus laevis*; Buch I, 8), die erst Joh. *Müller* 1839 wiederentdeckte (8.4.1.), der *Allantois* der Vögel oder des Befruchtungsvorganges der Kopffüßer vor allem einige seiner Theorien (die zwar alle Werke durchdringen, aber hier besonders das Primat über die Beobachtung gewinnen und deduktive Erklärungen herausstellen) über die **Zeugung, Keimesentwicklung und Vererbung**:

Er beschreibt 4 Formen der Zeugung (jeweils bei den einzelnen Arten):
– die **zweigeschlechtliche** Zeugung als wichtigste und vorherrschende,
– die **hermaphroditische** (und parthenogenetische, die *Aristoteles* nicht differenziert) bei den meisten Pflanzen, Bienen und einigen Fischen,
– die **Knospung** (Sprossung) bei niederen Tieren,
– die **Urzeugung** (*Generatio spontanea*) von Würmern, Flöhen, Läusen, Mücken und anderen Insekten, auch der Aale, aus feucht-warmem Substrat, das er als Entstehungsursache interpretiert; diese Vorstellung wurzelte schon in den kosmogonischen Lehren der philosophischen Tradition, aber *Aristoteles* begründete sie theoretisch neu (vgl. auch 5.2., 6.4.2., 7.3.1.).

Ausführlich widmete sich die Darstellung der geschlechtlichen Zeugung, die erkennen läßt, daß *Aristoteles* viele Tiersektionen durchgeführt haben muß, um Uterus, Hoden, Samenleiter und Embryonen zu untersuchen. Da er in vergleichend-anatomischen Beobachtungen bei Schlangen und Fischen nur Samenleiter zu sehen glaubte, maß er den Hoden generell keine Bedeutung bei der Samenbildung zu und vermutete sie bei allen Tieren im Samengang. Der Samen selbst entstand als Umwandlungsprodukt des Blutes (aus Nahrungsüberschuß) nur bei männlichen Tieren, da das Männliche das **Prinzip der Bewegung** und Formkraft verkörperte. Im weiblichen Organismus (der in der philosophischen Tradition als „kalt" bewertet wurde, s.3.2.3.) erfolgte der wärmebedingte Umwandlungsprozeß der Nahrung nur bis zu einer unvollkommenen Vorstufe, dem Katamenienblut. Das Weibliche verkörpere das **Prinzip des Stoffes**, es offeriere gewissermaßen nur das Material, aus dem bzw. in dem bei der Befruchtung durch Übertragung der Bewegung als des Formprinzips der Gestaltungsprozeß eingeleitet werde, so daß in Uterus oder Ei der Keim entstehe. Diese **hämatogene Samenlehre** beeinflußte bis ins 19. Jh. (Entdeckung des Säugereies) die Zeugungs- und Vererbungstheorien und verdrängte damals die Pangenesislehre der Atomisten (vgl. 3.2.3.).

Die Keimesentwicklung wird als sukzessive Herausbildung der Organe aus dem vorher ungeformten Stoff, als „Epigenese", gedacht, im Widerspruch zu *Anaxagoras*, der die stofflich-materielle „Präformation" der Einzelgestalten gelehrt hatte (vgl. 3.2.3.). Den Vorgang der Ausgestaltung erklärt *Aristoteles* mit seiner theoretischen Konzeption von **Form und Stoff** (*Eidos* und *Hyle*), wobei der Stoff (Materie) die Möglichkeit (*Potentialität*) aller Bildungen, die Form aber die Wirklichkeit einer bestimmten Bildung (*Entelechie*) in sich trage, die durch Aktivierung (*Aktualität*) zur Erscheinung gebracht wird; der dabei erfolgende Wandlungsprozeß der Materie wird als Bewegung bewirkende Kraft (*Dynamis*) bewertet, die zum Stillstand kommt, wenn das Ziel (der ausgebildete Organismus bzw. seine zweckdienlichen Teile) erreicht ist. Nach *Aristoteles* ist somit in der *Entelechie* der Gesamtorganismus früher da als seine Teile, **die Entelechie gleichzeitig Ursache und Ziel**.

In der Embryonalentwicklung entstehen die Organe in der Reihenfolge ihrer physiologischen Wichtigkeit. Da für *Aristoteles* das wichtigste Organ **das Herz** war, das alle Lebensfunktionen steuert, mußte es als erstes entstehen. Das wurde für ihn durch die Untersuchungen von bebrüteten Hühnereiern bestätigt, die er in Abständen geöffnet hatte und worin er „den springenden Punkt" als Herz identifizierte.

Das Herz als Wärmezentrum war gleichzeitig oder deshalb als Sitz der Seele und des Formprinzips gedacht, von dem aus die geordnete Entwicklung des Organismus gelenkt werde.

Auch die **Vererbung** wird durch diese Aristotelische Theorie erklärt, denn weil das Formprinzip (*Principium formans*) vom Sperma des Vaters, der Stoff von den *Katamenien* (Menstrualblut) der Mutter stammt, erhalte der Embryo die körperliche Substanz vom mütterlichen, die Seele aber vom väterlichen Organismus.

Die übertragene *Entelechie* könne an ihrer vollkommenen Verwirklichung teilweise gehindert werden; je weniger sie durch den Stoff gehemmt werde, desto vollkommener ähnele der Nachkomme seinem Erzeuger, nicht nur in den Artmerkmalen, sondern auch individuell, d.h., es entstehe ein männlicher Nachkomme, bei abgeschwächter Formbildung (gehemmter Bewegung) ein weiblicher. Auf diese Weise werden die unterschiedlichen Ähnlichkeitsgrade auch anderer Wesensmerkmale im Erbgang sehr differenziert erklärt (vgl. dazu Harig 1982). Aus ähnlichen Ursachen, nämlich fehlender Möglichkeiten zur Verwirklichung der Entelechie, werden auch die verschiedenen Formen von **Mißbildungen** ursächlich erklärt und damit Grundlagen für ein Spezialgebiet (*Teratologie*) gelegt.

Eine aus seinen Anschauungen heraus plausible Erklärung findet *Aristoteles* auch für die Existenz der Zweigeschlechtigkeit sowie für die **Artkonstanz**. Denn es gäbe in der Welt teils ewige (göttliche) Dinge, teils solche, die zufällig existieren (d.h. sein oder nicht sein können), wobei jene „besser", höherwertig seien, wie das Sein besser als das Nichtsein, die Seele besser als der Körper, das Leben besser als das Nichtleben sei. Die Tiere seien als „Individuum" nicht ewig, wohl aber der Art (*Form, Eidos*) nach; deshalb bestehe „das Genos der Menschen und Tiere und Pflanzen *immer*", die individuelle Gestaltung nicht, wozu auch das Männliche und Weibliche gehören, die nur um der Zeugung willen entstehen, und zwar getrennt, weil das Formprinzip höher sei als das Stoffliche (Buch I, 2).

Die Urzeugung – von selbst entstehende Lebewesen, zu denen *Aristoteles* auch alle Schaltiere (Muscheln, Wasserschnecken, Krebse) Aale, Quallen und Würmer rechnete – wird damit erklärt, daß im Schlamm Wasser und in diesem Luft (*Pneuma*) sei, „in aller Luft aber Lebenswärme (*Seele*)", die in dem Erdschlamm mehr oder weniger vollkommene Organismen bilde je nach dem Stoff (vgl. auch *Anaximenes*, 3.2.3.).

Die Vorstellung von der geringeren oder größeren „Vollkommenheit" ergab eine **kontinuierliche Stufenfolge**, die in verschiedenen Schriften dargestellt wird:

Die Natur mache „den Übergang vom Leblosen zum Lebendigen so allmählich", daß „die Grenze zwischen beiden und die Stellung der Mittelglieder unsicher" sei. Nach dem „Reich des Leblosen" komme zunächst das der Pflanzen, das im einzelnen mehr oder weniger „belebt", im Vergleich mit den Tieren aber „leblos" erscheine. Auch der Übergang von den Pflanzen und Tieren sei „ein stetiger", denn bei manchen Seetieren könne man zweifeln, ob sie Tiere oder Pflanzen sind (Tiergeschichte, Buch IV, 2.).

Die Unterscheidung zwischen den Reichen des Leblosen, der Pflanzen und der Tiere hängt aufs engste mit der Seelenlehre des Aristoteles zusammen, die speziell auf die Biologie bezogen in der Schrift **Über die Seele** (*De anima*) dargestellt wird, und die als die erste „theoretische Biologie" charakterisiert werden kann [13].

Sie enthält erstmals eine klare Abgrenzung des „Lebendigen" gegenüber der nichtlebenden Materie und die **Kennzeichnung eines mit Lebensfähigkeit begabten Körpers als „Organismus"**. Indem *Aristoteles* den Begriff des Organischen durchdenkt, betrachtet er die Organe als „Werkzeuge", die äußerlich zum Ausdruck bringen, was die „Wesensform" des Ganzen ist; sie dienen in ihrem Zusammenhang der Verwirklichung der *Entelechie*; sie sind „zweckmäßig" in diesem Zusammenspiel, durch das ein „Organismus" definiert ist. Daraus leitete *Aristoteles* seine Überzeugung ab, daß man durch die vergleichende Untersuchung der Teile auch das „Wesen" des jeweiligen Naturobjektes erkennen kann. Damit wandte sich *Aristoteles* gegen *Platons* Ideenlehre (s. o.) und gegen die eleatische Philosophie des *Parmenides* (s. 3.2.2.) und gab den entscheidenden Anstoß zu einer induktiven Naturforschung, auch wenn in seiner Seelenlehre wie in seiner Gesamtphilosophie der Urgrund allen Seins und aller Bewegung, also allen Lebens, ein seelisch-geistiges Prinzip ist, als *unbewegter Beweger* bezeichnet (Kollesch 1985).

Aus der Naturbeobachtung heraus begründete er seine **differenzierte**

Seelenlehre, die ebenfalls lange bis ins 19. Jh. nachgewirkt hat. In Anknüpfung an pythagoräisches Gedankengut über die **Dreiteilung** der menschlichen Seele nach ihren Funktionen schreibt er nur dem Menschen alle drei Seelenglieder zu, die **das Denken**, **das Empfinden** und **die Lebensprozesse** bedingen. In den übrigen Organismenreichen sind sie aber getrennt wirksam:

- **die Pflanzen** besitzen nur die **Ernährungsseele**, die die Bewegung (Dynamik) des Wachstums verursacht,
- **die Tiere** besitzen dazu noch die **Empfindungsseele,** die die Wahrnehmung und die Ortsbewegung etc. bedingt,
- **die Menschen** besitzen zu diesen beiden noch eine **Vernunftseele**, die das Denken ermöglicht (*Logos*).

Diese Aristotelische Definition wurde die Grundlage für die Natursysteme bis zur Mitte des 19. Jh. (vgl. 7.2.1.–3.).

So begründete Aristoteles die Biologie als eine Forschungsdisziplin im Rahmen seiner Gesamtphilosophie und in Auseinandersetzung mit den überkommenen philosophischen Systemem. In dieser Hinsicht sind noch drei Grundprinzipien aus seinen Schriften über **Metaphysik** und über **Physik** auch für die Biologie wichtig:

1. – die Unterscheidung zwischen den **Naturobjekten**, die „von selbst" aus der **Natur** (*Physis*) entstehen, die ihrerseits nicht neu entsteht, sondern – als *Entelechie* – immer erhalten bleibt,
   – und den Objekten menschlicher **Kunst** (*Techne*), die jeweils neu geschaffen werden wie Geräte, die neu erfunden werden.

2. die aus der Auseinandersetzung mit den Kosmogonien der Naturphilosophen und des *Empedokles* (vgl. 3.2.2.) neu entwickelte Lehre von den vier **Ursachen**, die er ebenfalls schärfer differenziert:
   – die materiellen Ursachen, der zu gestaltende Stoff (*causae materiales*)
   – die Baupläne, Modelle, Formprinzipien (*causae formales*), nach denen der Stoff gestaltet wird,
   – die Hilfsmittel, durch die der Plan verwirklicht wird (*causae efficientes*)
   – der Endzweck, das Ziel des Gestaltungsprozesses (*causae finales*).
   In der Rangfolge habe letzteres das Primat auch im Entstehen der Organismen, die nicht (wie bei *Empedokles*) zufällig, sondern durch ein ihnen immanentes Ziel hin gestaltet werden (*Teleologie*).

3. Die Lehre von den **vier Elementen**, aus denen die irdische Welt besteht, die sich nicht nur mischen, sondern ineinander übergehen, **sich wandeln können**, da ihnen je **vier Doppelqualitäten** zugeschrieben werden. Das unterscheidet die Aristotelische Elementenlehre grundsätzlich von der des *Empedokles* und hatte später in Verbindung zur Medizin auch für die Biologie weitreichende Bedeutung (vgl. 3.4., 3.5., 4.3., 5.1.) (Harig 1973).

3.3.3. Die peripatetische Schule und die Begründung der Botanik durch Theophrast

Sein Schüler und Nachfolger am *Lykeion*, *Theophrast von Eresos* (371 bis 287 v. u. Z.), widmete sich vor allem der Botanik und hinterließ zwei Schriften, die für diese Disziplin bei ihrer Neubegründung im 16. Jh. u. Z. die gleiche Bedeutung hatten wie das zoologische Werk seines Lehrers *Aristoteles*:

Über die **Ursachen im Pflanzenreich** (*De causis plantarum*), worin sich *Theophrast* am engsten an die Aristotelischen Theorien anlehnte, die das Wirken der vier Ursachen für die Ernährung, Vermehrung, das Wachstum und den Gestaltungsprozeß, also im wesentlichen pflanzenphysiologische Fragen betreffen.

Es ist eine Sammlung ursprünglich einzelner frühester Schriften, erst etwa 80 v. u. Z. von *Andronikos* unter diesem Titel zusammengefaßt, in denen z. B. Lebensprozesse durch das Wirken der Doppelqualitäten der Elemente ursächlich erklärt werden. Spätere Arbeiten, zu denen auch die unter obigem Titel mit enthaltene Schrift **Über das alljährliche Sprossen und Fruchten** gehört, sind zurückhaltender in der theoretischen Interpretation.

Die **Naturgeschichte der Pflanzen** (*Historia plantarum*) gehört zu dem wohl eigenständigsten Werk, in dem eine Fülle von Beobachtungen und Untersuchungen über etwa 550 Pflanzenarten mitgeteilt, auch Kritik an manchen von *Aristoteles* oder anderen übernommenen Ansichten wie die über Urzeugung, über Umwandlung einer Art in die andere oder die teleologischen Prinzipien von der „Zweckmäßigkeit" geübt wird.

Was *Aristoteles* für die Tierwelt, das suchte *Theophrast* für die Pflanzenwelt zu leisten.

Auch er untersuchte zunächst die „Teile" der Pflanzen und unterschied zwischen „ungleichartigen" (nämlich *Organen*) und „gleichartigen" (*Säfte*, *Fasern*, *Fleisch* etc.), wobei er aber zu der Überzeugung gelangte, daß Pflanzen im Sinne der tierischen Organisation gar keine Organe von einer bestimmten Gestalt haben, da sie sich durch ständiges Wachstum fortgesetzt verändern (Buch I, 1). Er lehnte eine zu weitgehende Analogisierung zwischen Pflanzen und Tieren ab und warnte in der **methodischen Einleitung** zur Naturgeschichte der Pflanzen:

„Denn was zur Vergleichung nicht angetan ist, damit soll man sich durchaus nicht abmühen, um nicht auch den der Sache angemessenen Gesichtspunkt zu verlieren" (a. a. O.).

So lehnte er z. B. den von *Aristoteles* gebrauchten Vergleich der Pflanzenwurzel mit dem Maul der Tiere ab und setzte sie eher den Verdauungsorganen in ihrer Funktion gleich, da er annahm, daß die Nahrung nicht nur aus dem Boden, sondern auch aus der Luft aufgenommen werde.

Theophrast wandte die vergleichende Methode nur auf die Pflanzen und ihre Teile selbst an, ordnete die Ergebnisse nach den Fragen an, welche **Unterschiede** und welche **Gemeinsamkeiten** erkennbar seien, und schuf daraus erstmals die **Terminologie** des Pflanzenorganismus: Er unterschied die gleichartigen „Ursprungsteile", die aus den vier Elementen aufgebaut sind und deren Eigenschaften (flüssig, fest, warm, kalt etc.) haben: Saft, Fibern, Adern, Fleisch. Daraus entstünden die übrigen gleichartigen (*homoiomeren*) Teile: Rinde, Mark, Holz. Aus diesen setzen sich die ungleichartigen (*anhomoiomeren*) Teile zusammen, die durch ihre Leistung unterschieden werden können. Diese gruppiert *Theophrast* nach zwei Unterschieden in die immer vorhandenen Hauptteile: Wurzel, Stengel (oder Stamm), Zweig, Reis, und in die „hinfälligen", nur zeitweilig vorhandenen Teile: „die Blume, das Kätzchen, das Blatt, die Frucht, kurz alles, was vor oder mit den Früchten entsteht, sogar der Keim selbst..." (Buch I, 2).

Die Frucht besteht für ihn aus Samen und Fruchtfleisch (*Perikarp*) (vgl. dazu auch Strohmaier 1983).

Aus dem Vergleich der Pflanzenarten leitet Theophrast Merkmalsunterschiede von dreifacher Art ab: 1. Existenz oder Nichtexistenz von Teilen, 2. Unähnlichkeiten der Teile nach Gestalt und Farbe, Größe oder Menge, rauher oder glatter Beschaffenheit u. a. m., 3. nach der Stellung der Organe, z. B. der Früchte am Stengel, im Vergleich zu Blatt und Blume, Lage der Keime, Anordnung der Blätter oder Stellung der Zweige und Knospen am Stengel. *Theophrast* hat also zunächst die taxonomischen **Merkmale** systematisiert wie *Aristoteles* und eine **vergleichende Morphologie** (und Typologie) begründet, was er am Beispiel vieler Pflanzenarten darstellt. Dabei beschreibt er auch das Gemeinsame vieler natürlicher Gruppen, wie z. B. die zusammengesetzten Blütenköpfe der Korbblütler (Buch I, 13), stellte jedoch **kein Pflanzensystem** auf (wofür er nur die Grundlagen schuf), sondern charakterisierte jeweils den einzelnen „Typus".

Seine Beobachtungen erstreckten sich auch auf ökologische und pflanzengeographische Erscheinungen, wozu er sich unter anderem auf fremde Berichte stützte und umfangreiches Material aus den Ländern nutzen konnte, die *Alexander der Große* auf seinen Kriegszügen bis nach Indien durchzog (s. u.). Daraus folgerte er, daß von den Samen „ein jeder mit der Natur des Landes" übereinstimmte, „die Gattungen mit den Gattungen, und die Arten mit den Arten, wie man sie zu unterscheiden pflegt", sich aber nicht ineinander umwandeln (z. B. Gerste in Weizen, „wie man sagt"). Fremdes Saatgut könne bei allmählicher Anpassung an den neuen Standort „in drei Jahren zu einheimischen" werden (Buch VIII). Doch kannte *Theophrast* auch Veränderungen durch den Einfluß des Bodens (Buch II) und maß allgemein den „zusammenwirkenden Bedingungen" die entscheidende Rolle für die Lebensprozesse der Pflanzen zu, wie z. B.

beim Laubfall, für den er einzelne Faktoren wie Standort und Klima, Umweltbedingungen und Merkmale einzelner Arten analysiert (Buch I, 3).

In seinem methodischen Vorgehen übte *Theophrast* die induktive Arbeitsweise konsequenter als sein Lehrer *Aristoteles*, war sehr kritisch gegen Behauptungen anderer und äußerst zurückhaltend im Verallgemeinern von Einzelbeobachtungen.

So wies er in seinem Fragment *über die Ursachen*... die „Zweckmäßigkeit", die *Aristoteles* den Organismen generell zugeschrieben hatte, nicht ganz zurück, ließ sie aber „nur innerhalb gewisser Grenzen" gelten. Ebenso hielt er die Notwendigkeit zur Bestäubung der weiblichen Palmen mit männlichem Blütenstaub für die Fruchtbildung für eine gegenüber den anderen Pflanzen „isolierte Tatsache"; obwohl er sie „ähnlich" der *Kaprifikation* der Feigen findet und auch ähnlich dem, „was bei den Fischen geschieht, wenn der männliche Fisch seinen Samen über die abgelegten Eier spritzt", zog er keine allgemeine Schlußfolgerung über die sexuelle Vermehrungsweise der Pflanzen, sondern schränkte seine fundamentale Entdeckung gleich mit der skeptischen Bemerkung ein, „Ähnlichkeiten" könne man aber „auch aus Fernliegendem nehmen" (*Causae plant.* Buch II, 9).

So hinterließ *Theophrast* neben einer Fülle genauer Beobachtungen viele offene Fragen, die erst im 17. Jh. u. Z. wieder aufgegriffen wurden (vgl. 6.1. bis 3.). Wie *Aristoteles* die Zoologie, so hat er **die Botanik als Wissenschaft** schon insgesamt mit ihren späteren Teildisziplinen umrissen, obwohl auch *Theophrast* in seinem Gesamtwirken vielseitig war und kultur-, philosophie-, rechts- und religionsgeschichtliche Schriften verfaßte. Das entsprach dem Lehr- und Forschungsprogramm des *Peripatos*, aus dem auch namhafte Ärzte hervorgingen.

3.4. Antike medizinische Biologie (5. Jh. v. u. Z. bis 4. Jh. u. Z.)

3.4.1. Frühgriechische Empirie

Die medizinische Praxis war in den alten Reichen der orientalischen Hochkulturen und auch in der Vorgeschichte Griechenlands in den Händen der Priesterschaft und mit religiösen und magischen Bräuchen durchsetzt, die von den Auffassungen über den Menschen und seinen Zusammenhang mit Natur und Kosmos abgeleitet waren. In Griechenland spielten die Kultstätten, die dem Heilgott Asklepios gewidmet waren, eine zentrale Rolle. Der aus Epidauros seit dem 6. Jh. v. u. Z. nachgewiesene Asklepioskult war über ganz Griechenland, die ägäischen Inseln (Kos, Delos), die kleinasiatischen Küstenstädte (Pergamon, Ephesos) sowie später in Rom verbreitet (Kollesch u. Nickel 1979). Die Heilerfolge dieser Tempelmedizin, bei der ein Tempelschlaf die Hauptrolle spielte, beruhten auch auf empirischen Kenntnissen der Asklepiospriester. Darüber hinaus bilde-

ten – wie wohl in allen Volksmedizinen – die **Heilkräuterkenntnisse** der
Kräutersammler eine wichtige Grundlage, die bis in die Neuzeit hinein die
empirischen Quellen der Biologie darstellten (vgl. 5.3.). In Griechenland
wurden sie von speziellen Berufsgruppen, den Wurzelsammlern (*Rhizoto-
men*) und Arzneihändlern (*Pharmakopolen*), repräsentiert (Harig 1982).

Medizinische Praxis verband sich auch vielfach mit der frühgriechischen
Naturphilosophie auf der Grundlage der verschiedenen kosmologischen
Philosophenschulen. So entwickelte der Pythagoräer *Alkmaion von Kroton* (vgl. 3.2.2.) eine Krankheitslehre, die auf der (vermutlich von den alt-
iranischen Lehrern – vgl. 2.2. – beeinflußten) Vorstellung vom Kampf der
Gegensätze beruhte. Nach *Alkmaion* wurde Krankheit von der „Allein-
herrschaft" (*Dyskrasie*) einzelner Kräfte im Körper – des Feuchten oder
Trocknen, Warmen oder Kalten etc. – verursacht, wobei er nicht nur 10,
wie *Pythagoras*, sondern viele Gegensatzpaare annahm, während Gesundheit auf einem Gleichgewicht, auf der harmonischen Mischung (*Eukrasie*),
beruhte.

Die pythagoräischen Ärzte trennten mit ihrer Fragestellung nach der
Herkunft des Samens erstmals ein **spezifisch biologisches Problem** aus der
gesamtkosmologischen Philosophie ab und kennzeichneten damit eine
neue Stufe naturwissenschaftlichen Denkens (Lesky 1951).

Auch *Empedokles* (vgl. 3.2.2.), der Verbindung zu den Pythagoräern
hatte, wirkte auf Sizilien gleichzeitig als Arzt und entwickelte auf der Basis
seiner 4-Qualitäten-Lehre die spezielle Frage nach dem Zeugungs- und
Vererbungsprozeß. Durch seinen Schüler, den Arzt *Philistion von Syra-
kus*, wurde sie zur Charakterisierung von **4 Körpersäften** angewandt und
floß durch ihn in die Philosophie *Platons* und in die hippokratische Schule
ein (Kranz 1962).

3.4.2. Hippokratische Physiologie

Den entscheidenden Schritt in der Herausbildung einer spezifisch medizinischen Wissenschaft durch Ablösung der entsprechenden medizinischen
und humanbiologischen Problemkreise von der Gesamtphilosophie vollzog die **hippokratische Ärzteschule** auf der ägäischen Insel Kos, als deren
geistiger Urheber *Hippokrates von Kos* (um 460–370 v. u. Z.) gilt. Durch
die Verbindung empirischer Kenntnisse mit den aus der Philosophie übernommenen Theorien entstand ein von rationalem und naturwissenschaftlich geprägtem Geist befruchtetes Lehrsystem, (im *Corpus Hippocraticum*
überliefert), das auf die biologischen Anschauungen über Anatomie, Physiologie und Pharmakologie in der Folgezeit größte Auswirkungen hatte
(vgl. Kollesch u. Nickel 1979).

Im Mittelpunkt der hippokratischen Physiologie stand die „humoralpathologische Theorie", die auf dem medizinischen Begriff der „Physis" (= individuelle Körperkonstitution) beruhte. Sie wurde in ihrer klassischen Form in der Schrift **Über die Natur des Menschen** (*De natura hominis*) von *Polybos* (um 400 v. u. Z.), dem Schüler und Schwiegersohn des *Hippokrates*, niedergelegt und besagt, daß der menschliche Körper nicht nur aus einer einheitlichen Grundsubstanz bestehe, weder nach Ansicht der Naturphilosophen aus Luft oder Wasser oder Erde oder Feuer, noch nach Meinung mancher Ärzte nur aus Blut oder Schleim oder Galle, vielmehr enthalte „der Körper des Menschen... in sich Blut, Schleim, gelbe und schwarze Galle, sie stellen die Natur seines Körpers dar..." Gesund ist er, wenn diese 4 Substanzen im richtigen Mengenverhältnis gemischt sind, krank, wenn eine überwiegt und sich absondert.

Diese **Viersäftelehre** wurde durch die Zuordnung der **4 Primärqualitäten** (warm, kalt, feucht, trocken) und der **4 Jahreszeiten** mit ihren qualitativen klimatischen Unterschieden zur Grundlage der gesamten medizinischen Physiologie, Pathologie und Therapie. Sie diente auch der Erklärung spezieller physiologischer Themenkomplexe wie der Blutbewegung und Atmung, der Verdauungs- und Fortpflanzungsphysiologie, der Nerven- und Sinnesphysiologie, für die später einzelne Ärzteschulen differenzierte Theorien entwickelten (Dogmatiker 4. Jh., Empiriker 3. Jh., Methodiker und Pneumatiker 1. Jh. v. u. Z.) (Kollesch u. Nickel 1979), die letztlich in der Galenischen Medizin zusammengefaßt wurden (vgl. 3.4.4.).

In der Fortpflanzungsphysiologie vertraten die Hippokratiker die Auffassung vom Samen in beiden Geschlechtern (**Zweisamentheorie**) und seinem Ursprung im Gehirn. Sie wurde ergänzt von einer **Aderlehre**, wonach der Kopf auch der Ursprung der Gefäße war, die gleichzeitig als Samenleiter dienen und eine Verbindung zwischen Kopf und Hoden über Ohren, Nacken, Wirbelsäule und Lendenmuskulatur herstellen sollten. Beispiele dafür werden in einer Schrift über Luft, Wasser und Örtlichkeiten (*De aére aquis locis*) angeführt [22].

Das Viererschema der hippokratischen Humoralmedizin entstand parallel zu der Aristotelischen 4-Elemente-Lehre mit ihren vier Doppelqualitäten (vgl. 3.3.2.), so daß rund 600 Jahre lang zwei verschiedene Viererschemata in Medizin und Naturkunde nebeneinander bestanden haben. Sie lassen sich vereinfacht etwa folgendermaßen darstellen, wobei wichtig ist, daß durch die Zuordnung von Doppelqualitäten zu jedem der Elemente oder Säfte nicht nur gegensätzliche, sondern auch gleichartige Eigenschaften von je zwei Grundsubstanzen angenommen wurden, die eine Mischung ermöglichen sollten:

Viererschema nach Aristoteles und der philosophischen Tradition:

Elemente   *Qualitäten*

Luft ———⟨	trocken kalt
Feuer ———⟨	kalt feucht
Erde ———⟨	feucht warm
Wasser ———⟨	warm trocken

Viererschema der Hippokratiker

Säfte   *Qualitäten*   *Jahreszeiten*

Blut ———⟨	feucht warm	——— Frühling
Gelbe Galle —⟨	warm trocken	——— Sommer
Schwarze Galle⟨	trocken kalt	——— Herbst
Schleim ———⟨	kalt feucht	——— Winter

Im medizinischen Schrifttum der Hippokratiker sowie der Schüler der Ärzteschule von Knidos an der kleinasiatischen Küste, *Platons* Akademie in Athen und der pythagoräischen Schulen in Süditalien finden sich erste Ansätze für eine **Klassifikation der Tiere und Pflanzen,** meist unter Aspekten der Diätetik, also einer Ernährungslehre, wie es schon in analogen Überlieferungen Indiens, Babyloniens, des Iran oder auch Israels (3. Buch Mose: Leviticus) vorlag.

Besonders hervorzuheben ist ein **voraristotelisches Tiersystem** in der hippokratischen Schrift *De diaeta* (über die Regelung der Lebensweise), in der 52 Tierarten in drei Kapiteln des 2. Buches zu Gruppen zusammengefaßt sind, die ihrem Lebensraum entsprechen: 1. Landtiere (zahme und wilde Säugetiere in der Reihenfolge Paarhufer, Unpaarhufer, Mehrzeher wie Hund, Hase, Fuchs, Igel), 2. Vögel (Haus- und Wildgeflügel), 3. Fische (Seefische, Fluß- und Teichfische, Kopffüßer, Muscheln, Nesseltiere und Seeigel, Knorpelfische, Krebse). Die Reihenfolge, die zur Analyse der Gruppenbildung herangezogen wird [13], beruhte jedoch zum einen auf älteren Traditionen (vgl. 2.2.), war zum anderen auch von den ihnen zugeschriebenen *Qualitäten* für ihre medizinische Wirksamkeit entsprechend dem humoralpathologischen Viererschema (s. o.) bestimmt (Harig/Kollesch 1974).

Weitergehende klassifikatorische Bemühungen sind den diätetischen Schriftenfragmenten zweier Ärzte (Dogmatiker; beeinflußt von *Platons* Diairese) zu entnehmen. So stellte der Arzt *Mnesitheos* von Athen (Mitte 4. Jh. v. u. Z.) eine weit größere Artenvielfalt an eßbaren Meerestieren zusammen, wobei er für die Kopffüßer den von den Fischen abgrenzenden Gattungsbegriff *Weichtiere* (*Malakia*) verwendete, Krebse als *Weichschaltiere* und Muscheln als *Schaltiere* gruppiert aufzählte und zur Charakterisierung neben den medizinischen Qualitäten auch **biologische Merkmale** benutzte. Der Mediziner *Diokles von Karystos* (**um 360 v. u. Z.**) hat sich ebenfalls in einer diätetischen Schrift um entsprechende systematische Tiergruppen bemüht, obwohl auch sein Hauptanliegen nicht die zoologische Klassifikation, sondern die medizinische Nutzbarkeit war und er zur Kennzeichnung die Qualitäten des Viererschemas heranzieht. Auch seine Tiersystematik und Artenkenntnis an Meerestieren entspricht denjenigen von *Mnesitheos* wie auch des Plantonschülers *Speusipp* (vgl. 3.3.) und scheint den Einfluß der definitorischen Untersuchungen *Platons* an der Athenischen Akademie widerzuspiegeln. Auf diesen „systematisierenden Einfluß" deuten auch die **Pflanzenbeschreibungen** des *Diokles von Karystos* in seinen diätetischen Fragmenten, mit Angabe von Synonyma, Darstellung ihrer medizinischen Wirkungen und Methoden zur Gewinnung der Pflanzen [22].

Die aus den **praktischen Bedürfnissen der Medizin** erwachsenen systematischen und physiologischen Untersuchungen an Pflanzen flossen dann in das theoretische Werk des *Theophrast* ein (vgl. 3.3.), durch sie überliefert wurden.

Das gilt z. B. für eine hippokratische Schrift *Über die Natur des Kindes* (*De natura pueri*), die botanische Beobachtungen über Keimung, Wachstum und Fruchtbildung, Ernährung und Eigenschaften der Pflanzen enthält, oder für die pflanzenphysiologische Theorie des Pythagoräers *Menestor von Sybaris* (vor 400 v. u. Z.), der die Pflanzen nach „warmen" und „kalten" Qualitäten unterschied und davon ihre unterschiedliche Fruchtbarkeit, Belaubung, Reifezeit und Lebensbedingung ableitete. Diese in die Humoralmedizin übernommenen Ansichten wurden dann (erweitert durch das Gegensatzpaar trocken–feucht) für lange Zeit bestimmend bei der diätetischen und pharmakologischen Klassifizierung der Pflanzen und der Tiere.

Der weitere Erkenntniszuwachs auf biologischem Gebiet erfolgte in der nacharistotelischen Zeit vorwiegend durch Mediziner.

3.4.3. Hellenistische Anatomie und Pharmakologie

Während sich in Griechenland die Medizin zu einer Wissenschaft entwickkelte und in Athen an Akademie und Lykeion in der Tradition von *Platon* sowie *Aristoteles* und *Theophrast* einzelwissenschaftliche Forschungen auf biologischen und physikalischen Gebieten (so durch den dritten Leiter des Lykeion, *Straton*, bis etwa 270 v. u. Z.) weitergeführt wurden, waren durch die Eroberungszüge *Alexanders* des Großen durch Persien, Ägypten, Mesopotamien, Indien neue Erkenntnisse aus diesen Kulturreichen zugänglich geworden, vor allem aber auch griechische Kultur und Wissenschaft ausgebreitet worden und in die neuen Regierungszentren geflossen. Unter den Nachfolgern *Alexanders* entstanden neue Kulturzentren, in der von ihm gegründeten ägyptischen Stadt **Alexandria** unter den Ptolemäern (323–30 v. u. Z.), in der kleinasiatischen Stadt **Pergamon** unter den Attalidenkönigen (281–133 v. u. Z.). Nach dem Vorbild der Athener Bildungseinrichtungen gründete *Ptolemaios* II. (285–247 v. u. Z.) eine **Bibliothek** und das **Museion** zur Pflege der Wissenschaft. Dort entstanden umfangreiche Sammlungen und Kataloge bisheriger griechischer Literatur und Kunst sowie lexikographische Bearbeitungen der älteren Philosophie und Wissenschaft, zu denen auch zoologische und botanische Themen gehörten. Erwähnenswert ist hier der Dichter *Kallimachos von Kyrene* (um 300–240 v. u. Z.) als Verfasser des ersten Bibliothekskataloges und zweier zoologischer Schriften beschreibender Art über die Benennung der Fische (*De piscium appellatione*) und über die Vögel (*De avibus*). Auch *Aristophanes von Byzanz* (um 257–180 v. u. Z.) wirkte an der Bibliothek und hinterließ in seiner Schrift über die Tiere (*De animalibus*) eine Sammlung von Tierbeschreibungen aus dem Lykeion, die – von *Aristoteles* angelegt – von *Theophrast* und weiteren Nachfolgern wie *Straton von Lampsakos* und *Lykon von Troas* (3. Jh. v. u. Z.) weitergeführt worden waren. (Weitere Beispiele bei Harig in [22]).

Die bedeutendste, ja eigentlich einzige echte Förderung erwuchs der Biologie in der Zeit des Hellenismus aus der Medizin, die in Alexandria vor allem auf den Gebieten der Anatomie und der Pharmakologie erheblichen Wissenszuwachs erhielt. In der griechischen Medizin hatte ebenso wie in der peripatetischen Zoologie und Botanik, die von einer philosophisch-theoretischen Basis ausgingen und funktionelle Fragen stellten, die Physiologie im Vordergrund gestanden (vgl. 3.3. und 3.4.2.).

In Alexandria boten sich Möglichkeiten zur anatomischen Forschung auch an menschlichen Leichen und zum Vergleich mit Tiersektionen in größerem Ausmaß. Die Ergebnisse sind besonders durch Schriftenfragmente zweier Ärzte überliefert, deren Gesamtwerk verlorenging. *Herophilos von Chalkedon* (um 335–etwa 280 v. u. Z.), um 300 als Leibarzt von *Ptolemaios* I. in Alexandria tätig, gehörte zur „empirischen Ärzteschule", die, von der skeptischen Philosophie beeinflußt, theoretische Spekulationen ablehnte und nur die praktische Erfahrung gelten ließ (Kollesch u. Nickel 1979). Auf Grund von Sektionen hat er erstmals den Bau der inneren Organe am Menschen studiert.

Er beschrieb die **Anatomie des Gehirns** (Großhirn, Kleinhirn, Hirnhöhlen, Hirnhaut) als Sitz des Verstandes und seinen Zusammenhang mit den Nerven, die er erstmals von den Sehnen unterschied, außerdem den Bau des Herzens und der Blutgefäße, die er (wie *Praxagoras von Kos* gelehrt hatte) nach Venen und Arterien differenzierte, den Aufbau des Auges (Glaskörper) und die Gliederung des Darmes sowie die Anatomie der Genitalorgane (Ovarien und Tuben, die er den Hoden und Samenleitern gleichsetzte).

Der Mediziner *Erasistratos von Keos* (um 310–258 v. u. Z.) setzte die anatomischen Forschungen fort, beschrieb die Herzklappen, untersuchte den Verlauf der Blutgefäße und Nerven im Körper und nahm an, daß dieser sich aus drei *Geflechten* (Arterien, Venen, Nerven) zusammensetzte, zwischen denen eine Blutaufschwemmung (*Parenchyma*) die Hohlräume fülle.

Die letzten festen Bestandteile der Gewebe entsprächen den „Atomen" *Demokrits*, die aus der Nahrung gebildet und durch die Venen mit dem ernährenden Blut den Körperorganen zugeführt würden. Er hatte damit die medizinische Aufmerksamkeit auf die festen Körpergewebe und ihre morphologische Untersuchung gelenkt und die hippokratische Viersäftelehre eingeschränkt. Daneben entwickelte er – an traditionelle Vorstellungen anknüpfend (*Alkmaion, Anaxagoras, Aristoteles*) – eine **physiologische Lehre** über Funktion und Weg des Pneuma im Körper über die Lunge zum Herzen und von dort durch die Arterien, einerseits zum Gehirn als „Seelenpneuma" (*Pneuma psychikon*), andererseits in die Organe als „Lebenskraft" (*Pneuma zotikon*), Vorstellungen, die – von *Galen* modifiziert – bis zum Ende des Mittelalters wirksam blieben.

Nach dem Vorbild *Stratons* soll *Erasistratos* auch experimentiert haben, in dem Sinne, daß er z. B. einen Käfigvogel vor und nach der Fütterung wog und eine Gewichtsabnahme während der Fütterungspausen feststellte. Die von *Herophilos* und *Erasistratos* begründete alexandrinische Anatomie wirkte rund 400 Jahre lang auch unter römischer Herrschaft weiter. Der Wissenszuwachs über tierische und menschliche Anatomie wurde von *Marinos* in Rom um 130 u. Z. in einem Werk (20 Bücher) systematisch zusammengefaßt, auf das sich dann *Galen* stützte [43].

Gleichzeitig mit der Anatomie blühte die **Pharmakologie** auf, die *Herophilos* wesentlich bereichert und zu einem selbständigen Zweig der Medizin entwickelt haben soll (Kollesch u. Nickel 1979). Der große Anteil pflanzlicher Heilmittel, auch durch die Alexanderzüge, aus orientalischen Quellen vermehrt, förderte die botanischen Kenntnisse. Überhaupt führten die Ärzte der empirischen Schule zunehmend Beobachtungen über die Wirkung der Pflanzen auf den menschlichen Körper durch und waren genötigt, sie genau zu bestimmen und wiederzuerkennen. Diesem Zweck diente vermutlich eine **illustrierte medizinisch-botanische Schrift** – „das äl-

teste Kräuterbuch der Griechen" (Wellmann 1897) – von *Krateuas,* dem Hofarzt des Königs *Mithridates* VI. von Pontus (132–64 v. u. Z.), der speziell zum Studium von Giftpflanzen einen botanischen Garten anlegen und Versuche über die Wirkung von Giften und ihrer „Gegenmittel" durchführen ließ. Ähnliches gilt von König *Attalos* III. (bis 133 v. u. Z.), der in Pergamon ebenfalls einen **botanischen Garten** und eine Bibliothek gründete [22].

3.4.4. Medizinische Biologie in der römischen Periode (2. Jh. v. u. Z. bis 4. Jh. u. Z.) und das Wirken des Arztes Galenos von Pergamon

Durch den Vorzug, den die angewandten Wissensgebiete in der römischen Periode der antiken Sklavereigesellschaft hatten, erfuhr die hellenistische Tradition in der Medizin und damit der medizinischen Biologie kaum Unterbrechungen, wenngleich allmählich das **kulturelle Zentrum nach Rom** verlagert wurde. Seit dem 2. Jh. v. u. Z. hatte das römische Reich seine Macht sukzessive über den ganzen Mittelmeerraum, die griechischen und hellenistischen Gebiete ausgedehnt, nach Makedonien (197 v. u. Z.) und Griechenland (146 v. u. Z.) auch Kleinasien (133 v. u. Z.) und Ägypten mit Alexandria (47 v. u. Z.) erobert und ein großes Weltreich begründet. Über längere Zeiträume hinweg erfolgte die Auseinandersetzung mit griechischer Kultur und Lebensweise, die die Umgestaltung sozialer Strukturen mitbewirkte. Die auf billige Sklavenarbeit gegründete Produktion in Landwirtschaft, Handel und Gewerbe weitete sich – durch die Erbeutung von Sklaven auf Kriegszügen – ständig aus und bestimmte die Interessen der herrschenden Klassen. Die Aneignung griechischer Wissenschaften durch römischen Adel und römisches Bürgertum erfolgte selektiv unter dem Gesichtspunkt des praktischen Nutzens, so daß vor allem auf den Gebieten der Landwirtschaft und der Medizin (einschließlich Tiermedizin) auch griechische Gelehrte gefördert wurden, sich in Rom niederließen und medizinische Schulen begründeten, die biologisches Wissen mehrten.

Der erste in dieser Hinsicht herausragende Arzt war *Asklepiades von Prusias,* der seit etwa 91 v. u. Z. in Rom wirkte und auf der Grundlage der demokritisch-epikuräischen Atomlehre ein medizinisches System begründete, das zum Ausgangspunkt der **Ärzteschule der Methodiker** wurde. Er formulierte – im Gegensatz zur hippokratischen Humoralpathologie – durch konsequente Berücksichtigung der festen Körpergewebe den Gedanken der *Solidarpathologie.*

Als zweite einflußreiche Richtung entstand durch *Athenaios von Attaleia* (um 50 v. u. Z.) die **Schule der Pneumatiker,** die auf der Basis der stoischen Naturlehre das „Pneuma" als die den Organismus belebende und durchseelende Elementarkraft auffaßten (vgl. auch 3.2. und 3.3.). Da die **Stoi-**

ker drei Arten von Pneuma für die physischen, seelischen und intellektuellen Prozesse unterschieden, studierten sie deren Wirksamkeit in Pflanzen, Tieren und Menschen und grenzten auf Grund genauer Verhaltensstudien die tierischen, gattungsspezifischen Instinktleistungen (Brutpflege , Selbst- bzw. Arterhaltung, Lautäußerung) gegen Verstandesleistungen des selbstbewußten, individuellen Menschen ab.

Nachdem im Jahre 46 v.u.Z. die griechischen Ärzte das römische Bürgerrecht erhielten, entwickelte sich in und zwischen den verschiedenen Schulen reges wissenschaftliches Leben und erfuhr im Wirken der beiden Ärzte *Dioskurides von Anazarbos* (um 70 u. Z.) und *Galenos von Pergamon* (129–210 u. Z.) nochmals einen Höhepunkt.

Dioskurides faßte in seinem Handbuch der **Pharmazeutischen Botanik** (*Materia medica*) das Wissen seiner Vorgänger, insbesondere der Werke von *Theophrast* (3.3.), *Krateuas (3.4.3.) und Sextius Niger* (1. Hälfte des 1. Jh. u. Z.), zusammen und erweiterte es durch sorgfältige eigene Heilpflanzenstudien aus vielen Ländern, die er wahrscheinlich selbst als Militärarzt kennengelernt hatte. Der Aufbau seiner Schrift blieb bis in die Neuzeit hinein Vorbild für die Anlage pharmakologischer Bücher: Sie enthält die Beschreibung von Heilmitteln aus allen **drei Naturreichen**: Mineralreich, Pflanzenreich und Tierreich, wobei die einfachen Heilmittel (*Simplicia*) aus dem Pflanzenreich den größten Raum einnahmen, und wurde im 6. Jh. mit naturgetreuen Abbildungen versehen (vgl. [22]). Auch sein methodisches Vorgehen, das dem von *Sextius Niger* und wohl auch schon dem von *Diokles von Karystos* (vgl. 3.4.2.) entsprach, wurde zum Modell für alle späteren ähnlichen Werke. Er gab zuerst Namen und Synonyma, dann das geographische Vorkommen bzw. den Fundort an, darauf folgte die genaue Beschreibung von Form und Farbe der Blätter, Stengel, Blüten, Samen und Wurzeln und schließlich die medizinische Wirkung der einzelnen Teile und ihre Zubereitung. Einleitend wurden Hinweise über Sammeln (Zeitpunkt, Witterung) und Lagerung gegeben, die bis zur genauen Beschreibung der Gefäße gehen (Kollesch u. Nickel 1979).

Auch *Galenos* verfaßte ein Werk über *Mischung und Wirkung der einfachen Heilmittel*, in dem er weniger botanische Beschreibungen gab, sondern die **Pharmakologie systematisierte** und durch Anwendung des Viererschemas der Primärqualitäten **theoretisch fundierte**. Er unterteilte die wärmenden, kühlenden, trocknenden oder feucht machenden Eigenschaften der *Simplicia* nach der Intensität ihrer Wirkung in je vier Grade und diese wieder in drei Abstufungen und konnte somit eine individuell differenzierte Therapie praktizieren (vgl. Harig 1974).

Dieses Vorgehen stand in engem Zusammenhang mit seiner **Physiologie**, für die *Galen* eine der wichtigsten synthetischen Leistungen voll-

brachte: Er vereinigte das hippokratische Viererschema der Humoralpathologie (vgl. 3.4.2.) mit der Aristotelischen Theorie von den vier Elementen und erhielt ein neues Viererschema (vgl. S. 79).

Viererschema nach Galenos (2. Jh. u. Z.)

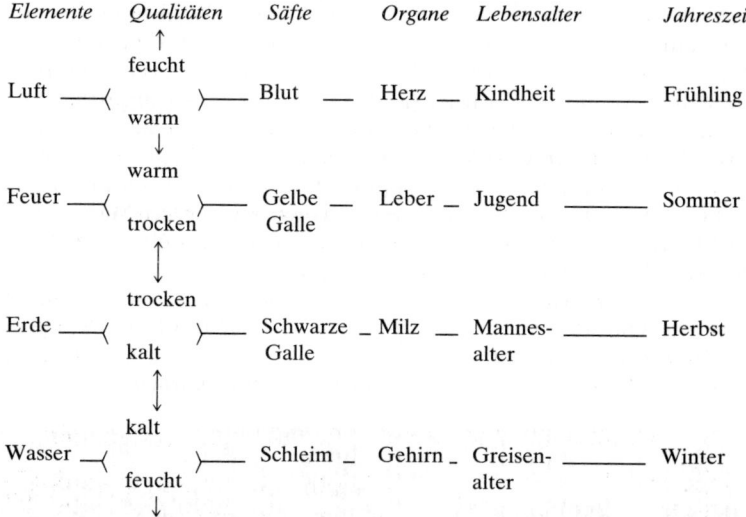

Elemente	Qualitäten	Säfte	Organe	Lebensalter	Jahreszeit
	↑ feucht				
Luft	warm	Blut —	Herz —	Kindheit	Frühling
	↓ warm				
Feuer	trocken	Gelbe — Galle	Leber —	Jugend	Sommer
	↑ trocken				
Erde	kalt	Schwarze — Galle	Milz —	Mannes-alter	Herbst
	↓ kalt				
Wasser	feucht	Schleim —	Gehirn —	Greisen-alter	Winter
	↓				

In einem Kreisschema angeordnet, schließt sich die Qualität „feucht" des Wassers wieder an die Qualität „feucht" der Luft an und zeigt die Möglichkeiten der „Mischung" der Elemente, Säfte und ihrer Qualitäten, die – verbunden mit den Jahreszeiten, dem Aufenthaltsort, dem Lebensalter und derem Geschlecht – für jeden menschlichen und tierischen Körper individuelle Unterschiede ergeben. In seinem umfangreichen Schriftenwerk (von rund 400 sind 180 erhalten) wurde diese Synthese erst nach und nach und in unterschiedlicher Konsequenz vollzogen und findet sich am klarsten in der Schrift *Über die Lehren des Hippokrates und Platon* (*De placitis Hippocratis et Platonis*) zusammengefaßt (Schöner 1964). Das Viererschema war im weitesten Sinne die Grundlage zur Interpretation der Lebensprozesse, der Krankheiten und ihrer Heilmittel, der therapeutischen Maßnahmen und der Einteilung und Charakterisierung der Heilpflanzen. Es wurde auch nach *Galen* und während des Mittelalters in vielfältiger Weise variiert und ergänzt, z. B. durch Zuordnung der Temperamente Sanguiniker, Choleriker, Melancholiker, Phlegmatiker zu Luft, Feuer, Erde, Wasser, oder – unter dem Einfluß der Ptolemäischen Astrologie – durch Zufügung der

Tierkreiszeichen. Seit dem 7. Jh. wurde es als Kreisschema dargestellt (*Isodor von Sevilla*) und noch in der Renaissance immer wieder modifiziert.

Galenos, als Sohn eines Architekten und Geometers in Pergamon geboren, hatte in Pergamon, Smyrna, Korinth und Alexandria philosophische und medizinische Studien betrieben und auch bei *Marinos*, dem letzten maßgeblichen Leiter der alexandrinischen Ärzteschule, anatomische und tieranatomische Kenntnisse erworben. Seit etwa 162 u. Z. wirkte er als Arzt in Rom und wurde 168 u. Z. auch Leibarzt des Kaisers *Marc Aurel* und seiner Nachfolger. Er hatte sich keiner Schulrichtung angeschlossen, sondern aus allen medizinischen und philosophischen Schulen das Wissen über Natur und Mensch eklektisch zusammengefaßt, durch eigene anatomische Studien und morphologisch-physiologische Experimente erweitert und ein alle Teildisziplinen umfassendes **Gesamtsystem der Medizin** und damit auch der medizinischen **Biologie** geschaffen, das über 1000 Jahre hindurch die biologischen Anschauungen prägte.

Da die systematischen, analytisch-morphologischen und physiologischen Untersuchungen vorwiegend an Säugetieren (Affen, Schweinen, Rindern, Bären, Hunden) durchgeführt wurden, stellte *Galenos* die **Tieranatomie** auf eine wissenschaftliche Basis und gab für die Durchführung von Tiersek-

Abb. 11. Darstellung einer Tiersektion durch Galenos in einer Galen-Ausgabe von 1525.

tionen methodische Richtlinien in seiner anatomischen Präparieranweisung (*De anatomicis administrationibus*). Für die menschliche Anatomie resultierten daraus allerdings auch Irrtümer durch falsche Analogisierung, die erst in der neuzeitlichen Anatomie berichtigt wurden (Abb. 11).

Zum Verständnis der Bedeutung *Galens* für die medizinische Biologie der Antike, des Mittelalters und der Problemsituation im 16. und 17. Jh. u. Z. seien die wichtigsten anatomischen und physiologischen Erkenntnisse und Theorien zusammengefaßt.

Neben *Galens* Werk Über die Verfahrensweise beim Sezieren („die anatomischen Verrichtungen"), in dem die zweckmäßigste Reihenfolge beim Freipräparieren der inneren Organe vor allem am Beispiel des Affenkörpers beschrieben wird, geben vor allem die Schriften Über den Nutzen der Körperteile (*De usu partium corporis humani*) und Über die natürlichen Kräfte (*De naturalibus facultatibus*) Aufschluß über die anatomischen Kenntnisse und die physiologischen Theorien. Überzeugt von der zweckvollen Bildung des Organismus (wie Aristoteles), suchte *Galenos* erstmals systematisch die genauen **anatomischen Verhältnisse** der Körperorgane als Grundlage für die physiologischen Leistungen zu ermitteln. Über den bisherigen Kenntnisstand hinaus beschrieb er erstmals ferner den Muskelapparat, die Gelenke und Bänder, den Knorpel und die Knochenhaut, den Aufbau des Auges und den Bau des Herzens als „Muskel" mit den Herzkammern und -klappen, den Coronargefäßen und dem Herzbeutel – ein Organ, dessen zweckmäßige „Ausgewogenheit" er betonte. Erstmals erkannte er klar den Zusammenhang zwischen Gehirn, Rückenmark und Nervensystem, beschrieb 7 Paar Hirnnerven (am Affen) und unterschied die Nerven (u. a. als Hohlkörper) von den Bändern und Sehnen. Für die Einzelteile der Skelett- und Organanatomie führte er Bezeichnungen ein, die fortan zu **Fachtermini** wurden.

Zur Beurteilung der Organfunktion führte *Galenos* einfache **morphologische Experimente** durch, indem er am lebenden Tier Organe durch Abschnürung ausschaltete und aus den beobachteten Veränderungen Rückschlüsse zog. So stellte er z. B. die Funktion der Harnleiter fest, da nach Abbinden sich die Blase nicht füllte, oder die der Rückenmarksabschnitte nach Durchtrennung des *Nervas recurrens* [43]. Er erkannte die Bedeutung der Hoden und der Ovarien für die „Samenbildung" und für die Ausbildung der sekundären Geschlechtsmerkmale („die späteren Teile"), verwendete aber neben der so berichtigten hippokratischen „Zweisamenlehre" (vgl. 3.4.2.) auch Aristotelisches Gedankengut zur Erklärung der Embryobildung und der Vererbung (E. Lesky 1951).

Die **physiologischen Theorien** *Galens* basierten auf der hippokratischen Viersäftelehre verknüpft mit der Aristotelischen Elementenlehre und ihren Doppelqualitäten sowie auf der Platonisch-Aristotelischen Seelenlehre, durch die die Lücken in der faktischen Kenntnis physiologischer Ursachen geschlossen wurden.

Danach sollte die Körpersubstanz aus den vier Elementen bestehen, die durch die Seele (*Pneuma*) als organisierendes Prinzip Leben erhält. Die drei Arten des *Pneuma* lokalisierte *Galenos* in drei Organen:
- der *Spiritus animalis* mit dem Sitz im **Gehirn** bewirke die Denktätigkeit, Empfindung und Bewegung,
- der *Spiritus vitalis* mit dem Sitz im **Herzen** bedinge die Lebenskräfte der Wärmebildung und -verteilung, der Blutbewegung und des Pulses,
- der *Spiritus naturalis* mit dem Sitz in der **Leber** bewirke den Stoffwechsel (Ernährung, Wachstum, Blutbildung etc.).

Das in der Leber bereitete Blut bestehe aus den vier Kardinalsäften (rotes Blut, gelbe und schwarze Galle und Schleim) und bedinge je nach Vorherrschaft eines der Säfte die Temperamente (vgl. Schema S. 85!). Es wird sowohl durch die Venen als auch durch die Arterien zu den Körperorganen geführt, wobei der Überschuß an gelber Galle von der Gallenblase, an schwarzer Galle von der Milz angezogen und gespeichert werde. Das reine Blut wird durch die Venen teils zur Körperperipherie zur Ernährung der Organe geführt und verbraucht, teils in die rechte Herzkammer und (durch fälschlich vermutete Poren im Septum) in die linke Herzkammer, wo es durch den *Spiritus vitalis* erwärmt wird. Durch den Schlag des Herzens werde Pneuma (zur Abkühlung überschüssiger Wärme) aus der Lunge in die linke Kammer angesaugt, gleichzeitig aus der rechten Kammer die durch den Erhitzungsprozeß abgeschiedenen Rauch- und Rußanteile im Blut durch die Lunge ausgeschieden. Die **Blutbewegung** erfolge in den Adern in beiden Richtungen, wobei die Arterien mit dem Blut mehr Pneuma führen als die Venen und durch Anastomosen an der Körperperipherie austauschen können (vgl. Abb. 25).

Diese Vorstellung von der geradlinigen Blutbewegung wurde fast 1500 Jahre lang aufrecht erhalten, bis sie im 17. Jh. durch *Harvey* endgültig korrigiert wurde. Durch *Galens* Auseinandersetzung mit den antiken medizinischen Traditionen wurden in seinen Werken die Ansichten der griechischen Ärzteschulen überliefert, auch wenn deren Schriften verlorengingen. Die weite Verbreitung und ungeminderte Anerkennung seines Lehrsystems sowohl im christlichen als auch im islamischen Einflußbereich des Mittelalters beruhte auf den seine Werke durchziehenden religiösen Überzeugungen, durch die er die Zweckmäßigkeit, Harmonie und Ausgewogenheit des Körperbaues und seiner Funktionen als Abbild der kosmischen (göttlichen) Harmonie erklärte. Seine Leistungen überragten zu seiner Zeit diejenigen seiner Vorgänger und bildeten Höhepunkt und Abschluß der antiken Medizin, die durch ihn zum grundlegenden Lehrsystem der Neuzeit wurde. Zum Dogma geworden, bildeten sie 1000 Jahre später ein Hindernis für den wissenschaftlichen Fortschritt (vgl. 5.2.).

3.4.5. Bildungssystem und enzyklopädische Schriften der römischen Periode

Von Griechenland ausgehend über die hellenistische Tradition waren auch die den freien Bürgern offenstehenden Bildungsformen in die römische Periode übernommen worden (Kühnert 1961). So bestand die Allgemeinbildung der Freien in den sogenannten „sieben freien Künsten" (*Artes liberales*) Geometrie, Arithmetik, Astronomie, Musik, Grammatik, Dialektik und Rhetorik, für die die griechischen Lehrer und Philosophen ihre Lehrschriften verfaßt hatten. In der römischen Periode wurde das alte Wissen gesammelt und enzyklopädisch zusammengestellt, auch je nach den praktischen Bedürfnissen um andere Fächer erweitert. So enthielt eine Enzyklopädie von Marcus Terentius *Varro* (117–26 v. u. Z.) neben den sieben freien Künsten auch Architektur und Medizin und das Werk von *Plinius* dem Älteren (23–79 u. Z.) das gesamte damalige Wissen über die Formenvielfalt der drei Naturreiche, die Tier-, Pflanzen- und Mineralwelt, und ihren **Nutzen für den Menschen**.

Caius Plinius secundus d. Ältere (23–79 u. Z.) war kaiserlicher Kavallerieoffizier und nahm an den Feldzügen in Germanien (die er in 20 Bänden beschrieb) und unter *Titus* gegen Jerusalem teil, widmete sich in Rom dem Jurastudium und verfaßte Schriften über Rhetorik und Studierende, wohl im Zusammenhang mit dem unter dem römischen Kaiser *Vespasian* (69–78 u. Z.) eingeführten öffentlichen Unterricht in Grammatik und Rhetorik. Als einziges von seinen Werken blieb die Naturgeschichte (*Naturalis historia*) erhalten, die *Vespasians* Sohn und Nachfolger *Titus* gewidmet ist.

Plinius verfaßte diese allgemeinverständlich geschriebene Enzyklopädie – wie damals für diese Literaturgattung nicht ungewöhnlich – als Laie, der selbst auf diesem Gebiet nicht forschte wie die antiken Mediziner und Philosophen, sondern aus rund 2000 Schriften (nach eigenen Angaben) kompilierte. In 37 Büchern übermittelte er Angaben unterschiedlichen Wertes über Himmel und Erde, Sonne und Planeten (Buch 3–7), den Menschen „und andere Tiere", d. h. Landtiere (Buch 8), Wassertiere (9), Vögel (10), Insekten (11), die Pflanzen und pflanzlichen Heilmittel (12–27), die tierischen Heilmittel (28–30), Gewässer und deren Organismen (31–34), Metalle, Gesteine und Minerale und deren Verwendung auch in der Kunst der Antike (35–37). Da jedes Buch eine Liste der benutzten Autoren enthält, überlieferte *Plinius* auch viele antike Schriftsteller, deren Quellen nicht mehr existieren. Er bemühte sich vor allem, die Artenkenntnis über die des *Aristoteles* hinaus zu erweitern und benutzte auch Reiseberichte (*Periplusliteratur*) über die Tierwelt Afrikas und Asiens und der angrenzenden Meere. Für die Schwämme und Aktinien prägte er den zusammenfassenden Begriff „Pflanzentiere", der sich bis ins 19. Jh. erhielt. Neben zutreffenden Angaben übernahm *Plinius* auch unkritisch Erzählungen über Fabeltiere und Wundergeschichten vom Verhalten fremdländi-

scher Tiere wie z. B. des Elefanten, dem er menschenähnliche Verstandesleistungen zuschrieb.

Seiner Naturgeschichte liegt kein System zugrunde außer der seit alters gebräuchlichen Grobeinteilung nach Lebensräumen (Land, Luft, Wasser).
Nach dem Urteil macher Biologiehistoriker ist sie eine fast „konfuse" Aufzählung unverstandener Naturerscheinungen ohne morphologische und
philosophische Methode, mit Ausnahme der stark vereinfachten Anwendung Aristotelischer teleologischer Aspekte, und spiegelt den Verfall der
antiken Naturwissenschaft am Ende der römischen Periode wider.

Dessen ungeachtet wurde die *Naturalis historia* des *Plinius* das **populärste Werk** dieser Art und bis zum Ende des 18. Jh. immer wieder als Infor-
mationsquelle benutzt, z. B. von Forschungsreisenden wie D. G. *Messerschmidt* (vgl. 7.2.1.), aber auch von *Buffon* und *Cuvier*, zur Auskunft über
Tiervorkommen fremder Länder. Seine Wertschätzung beruhte offensichtlich auf der mehr lexikalischen Zusammenstellung aller ihm bekannten Tier- und Pflanzenformen und deren Nutzung für den Menschen sowie
der landwirtschaftlichen Anbaumethoden. *Buffon* sah darin eine „neue
Art" der allgemeinverständlichen, umfassenden Wissensvermittlung,
wenngleich die Identifizierung mancher Tierarten Schwierigkeiten bereitet
(Bäumer 1988, Leitner 1972; Steier 1913).

Neben den Enzyklopädien gewannen auch **Lehrgedichte** in der römi-
schen Periode für die gebildeten Schichten Bedeutung. Ebenfalls von
Laien verfaßt, behandelten sie Themen aus Zoologie und Botanik, über
Fischfang, Jagd und Landwirtschaft [22].

Von nachhaltiger Wirkung war ein Werk über die Natur der Tiere
(*De natura animalium*) des römischen Schriftstellers Claudius *Aelianus*
(ca. 175–235), in dem Verhaltensweisen von rund 1000 Tieren mit denen
des Menschen verglichen werden (Harig in [22]).

Zusammenfassung von Kap. 3

Die Antike, die einen Zeitraum von rund 1000 Jahren umfaßt, kann in vier Etappen (frühgriechisch, griechisch, hellenistisch, römisch) gegliedert werden. Sie ist
hinsichtlich der sozialen und wirtschaftlichen Bedingungen durch allgemein verbreitete Nutzung von Sklavenarbeit für alle Produktionszweige und durch die
Gleichberechtigung der freien Bürger, die eine auf demokratischer Basis entstehende Städtekultur entwickelten, charakterisiert. In dieser *Polisdemokratie* entstanden die von priesterlicher und dynastischer Herrschaft unabhängigen philosophischen Schulen, in denen rationales, abstraktes Denken gepflegt und Gesetzmäßigkeiten für Einzelerscheinungen in Natur und Gesellschaft formuliert wurden.

Die mit empirischen Beobachtungen verknüpfte Denkschulung war die Quelle der europäischen Wissenschaftsentwicklung, und die antiken griechischen Theorien über die Organismen und ihre Lebensprozesse beeinflußten die biologischen Wissenschaften – mit wechselnder Intensität – bis zur Gegenwart. Nicht nur in der Renaissancezeit, sondern auch im 18. und 19. Jh. wurde zur Erklärung von Lebenserscheinungen auf die Antike zurückgegriffen, so daß ihre Kenntnis für die gesamte Biologiegeschichte unentbehrlich ist.

Bereits in der **frühgriechischen ionischen Philosophie** (etwa ab 6. Jh. v.u.Z.) wurden Naturprozesse nicht mehr mythologisch, sondern logisch interpretiert. Diese Entwicklung „vom Mythos zum Logos" war verbunden mit der Ablösung der Bilderschriften durch eine Schriftsprache, in der rationale Gedanken festgehalten und weitervermittelt werden konnten. Die frühesten Zeugnisse dieser Art der Naturbetrachtung stammen von philosophischen Lehrstätten aus den ionischen Küstenstädten Kleinasiens und geben Auskunft über Vorstellungen von der Weltentstehung, die zwar an kosmogonische Mythen anknüpfen, aber die Wissensinhalte rational wiedergeben. In dieser von religiösen Dogmen unabhängigen frühgriechischen Philosophie entwickelten sich verschiedene Richtungen.

Zunächst entstand im 7. bis 6. Jh. v.u.Z. in Kleinasien die an die Namen *Thales*, *Anaximander* und *Anaximenes von Milet* sowie an *Heraklit von Ephesos* geknüpfte *ionische Naturphilosophie*, die hylozoistische Lehren über Weltentstehung und Organismen aus einem mit göttlichen Schöpferkräften identifizierten Urstoff (Erde, Wasser, Luft oder Feuer bzw. Logos) entwickelten.

In den ionischen Kolonien Süditaliens entstanden im 6. Jh. v.u.Z. die Schulen der *Pythagoräer* und der *Eleaten*, in deren dualistischen Philosophien die Ordnung des Universums entweder auf geistige Kräfte von Zahlenharmonien, biologische Prozesse auf 10 Gegensatzpaare (z.B. männlich-weiblich, rechts-links, warm-kalt) zurückgeführt oder der Mischung von 4 Grundqualitäten (warm, kalt, trocken, feucht) als Urprinzipien zugeschrieben wurden (*Zenon von Elea*). Durch *Empedokles* auf Sizilien wurden im 5. Jh. v.u.Z. erstmals eine *Vier-Elemente-Lehre* für alle Lebenserscheinungen abgeleitet und darüber hinaus Entwicklungsprozesse der Organismen aus den Anziehungs- und Abstoßungskräften von Liebe und Haß erklärt.

Eine mehr materialistische Richtung nahmen die Vorstellungen der von Ionien nach Thrakien (5. Jh. v.u.Z.) übergtisch-naturwissenschaftlich arbeitenden Astronomen und Protestanten, dessen Wirken in Graz, Prag und Linz von Beschränkung und Ausweisung bedroht war (Gerlach u. List 1966). Ihm gelang die Überwindung einer jahrtausendelang gefestigten, religiös motin chlorophyllhaltigen Pflanzenteilen im Sonnenlicht Kohlendioxid absorbiert wird (*Mémoire pour servir à l'histoire anatomique et physiologique des végétaux et des animaux*, 2 Bd., 1837). Bei Untersuchungen über den Wasserhaushalt etroffen haben, die *Aristoteles* übernahm.

Nach kausalgesetzlichen Erklärungen für biologische Prozesse hatte auch der im perikleischen Athen wirkende *Anaxagoras* gesucht und aus der Annahme partikulärer Grundstrukturen eine *Präformationstheorie* für Vererbungsprozesse (Vorbildung der Nachkommen im männlichen Samen) entwickelt.

Die **zweite Etappe** der antiken Wissenschaft konzentrierte sich vom 5. bis 3. Jh. v. u. Z. auf die Philosophenschulen in Athen (*Akademie* und *Lykeion*). Die von *Sokrates* (Dialektik) und *Platon* (Logik) in der Akademie vermittelten Denkmethoden prägten die Wissenschaftsentwicklung. *Platons* dualistische, gegen Atomismus und Sensualismus gerichtete Philosophie setzte eine ewige, konstante Welt der Ideen als Urbilder der sichtbaren, wandelbaren Dingwelt gegenüber. Seine Methode zum Erfassen des Ordnungsgefüges der Welt mit Hilfe eines logischen Begriffssystems diente auch zur Klassifizierung von Pflanzen und Tieren. Seine „*Begriffspyramide*" führte vom Allgemeinen zum Besonderen durch Unterscheidungsmerkmale (*Diairese*), fand später als dichotomer Bestimmungsschlüssel für Pflanzen- und Tiersysteme Verwendung, wurde aber von *Aristoteles* modifiziert.

Platons Schüler *Aristoteles* analysierte und ordnete alle Naturerscheinungen unter einheitlichen Gesichtspunkten. Seine theoretisch fundierten zoologischen Spezialschriften (Naturgeschichte, Teile, Bewegung und Entstehung der Tiere) *begründeten die Zoologie* (vergleichende Anatomie, Physiologie und Entwicklungsgeschichte) als Wissenschaft und erfaßten rund 500 Tierarten nach empirischen Untersuchungen. Seine mehr deduktiv gefundenen Theorien aber waren Bestandteil seines philosophischen Gesamtsystems, z. B. über die Dreiteilung der Seele (vegetative, animalische, vernünftige), aus der sich die Stufenleiter der Organismen ergab, und über die Ursachen. Dazu gehörten die nach *Empedokles* modifizierte *4-Elementen-Lehre verbunden mit 4 Doppelqualitäten* oder die Lehren über Bewegung, Form und Stoff als männliches und weibliches Prinzip und über die *Entelechie* als „Endursache" *(Teleologie)*, womit die Zeugungs- und Entwicklungsprozesse erklärt wurden. Lebenswichtigstes Organ war das Herz als Sitz der Seele und Quelle der Wärme; der Zeugungsstoff entstand aus Blut (*hämatogene Samenlehre*). – *Aristoteles* Schüler *Theophrast* begründete eine *wissenschaftliche Botanik* auf der Basis vergleichend-morphologischer Studien und behandelte physiologische Prozesse nach der Elementenlehre, wandte aber Aristotelische Theorien (z. B. *Teleologie*) kritisch an.

Parallel zur griechischen Philosophie entwickelte sich eine wissenschaftlich fundierte Medizin bzw. medizinische Biologie, teils in Verbindung mit der frühgriechischen Philosophie (*Alkmaion, Empedokles* und dessen Schüler *Philistion*). Den Spezialisierungsprozeß durch Ablösung von der Gesamtphilosophie vollzog die hippokratische Ärzteschule auf Kos vom 5. zum 4. Jh. v. u. Z. Sie entwickelte ein Theoriensystem der menschlichen Physiologie auf der Grundlage ihrer *Viersäftelehre* . Das Viererschema der Humoralmedizin beruhte auf der Lehre von der harmonischen Zusammensetzung des Körpers (*Physis*) aus 4 Säften (Blut, Schleim, gelber und schwarzer Galle), die durch 4 Primärqualitäten charakterisiert waren und den 4 Jahreszeiten mit ihren klimatischen Qualitäten zugeordnet wurden. Krankheiten und ihre Therapie wurden aus dem Übergewicht einzelner Säfte abgeleitet. Pflanzen und Tiere wurden dementsprechend nach ihrer Heilwirkung durch Primärqualitäten charakterisiert und klassifiziert. Als Zeugungslehre wurde die *Zweisamentheorie* vertreten und der Ursprung der Samenflüssigkeit im Gehirn vermutet wie von *Alkmaion.*

Die biologischen Theorien der medizinischen (hippokratischen) und der philosophischen (aristotelischen) Schulen bestanden nebeneinander. Vor allem die medizinischen Theorien wurden in der Folgezeit nach verschiedenen Richtungen ausgebaut und gaben die Grundlage für differenzierte Ärzteschulen, die in die nächsten Etappen der Antike überleiten (Dogmatiker 4. Jh., Empiriker 3. Jh., Methodiker und Pneumatiker 1. Jh. v. u. Z.).

Die **dritte (hellenistische) Etappe**, die durch die Nachfolger *Alexander des Großen* eingeleitet und durch die Verbindung der griechischen mit ägyptischen und asiatischen Kulturen charakterisiert wurde, entwickelte vor allem die medizinischen Traditionen weiter. Die Wissenschaftszentren hatten sich im 3. bis 2. Jh. v. u. Z. nach den neuen Städten Alexandria und Pergamon verlagert, wo neue Bibliotheken, Sammlungen und Lehrstätten entstanden (*Museion* in Alexandria, Botanischer Garten und Bibliothek in Pergamon). In Alexandrien wurde die Anatomie besonders gefördert durch die Ärzte *Herophilos* und *Erasistratos* im 4. bis 3. Jh. v. u. Z. So beschrieb *Herophilos* die Anatomie des Gehirns und der Nerven, den Bau des Herzens und der Blutgefäße, des Darmes und der Genitalorgane sowie des Auges, *Erasistratos* untersuchte Gefäße, Nerven und Gewebe (*Parenchym*) und schränkte durch Unterscheidung fester von flüssigen Körpersubstanzen die hippokratische Säftelehre ein. Der Wissenszuwachs der alexandrinischen Anatomenschule wurde um 130 u. Z. von *Marinos* in Rom zusammengefaßt und an *Galenos* weitervermittelt.

Über pflanzliche Heilmittel entstand das erste illustrierte Kräuterbuch nach Naturbeobachtungen durch *Krateuas* im 2. Jh. v. u. Z. in Kleinasien.

Die **vierte (römische) Etappe)** begann mit der Ausdehnung des römischen Reiches über Griechenland, Kleinasien und Ägypten (2. bis 1. Jh. v.u. Z.) und ist durch die selektive Aneignung griechischer Wissenschaft und die allmähliche Verlagerung des Kulturzentrums nach Rom charakterisiert, wobei vor allem die praxisrelevanten Gebiete der Medizin und Landwirtschaft weiter gefördert wurden. In Rom kam die auf der demokritisch-epikuräischen Atomlehre fußende Richtung der *Methodiker* zur Entfaltung, die die *Solidarmedizin* einführte, und es entstand auf der Basis der stoischen Naturlehre die differenzierte *Pneumalehre*, die Pflanzenphysiologie und Tierpsychologie berührte. Einen Höhepunkt bildete das Wirken des Arztes *Dioskurides* im 1. Jh. u. Z., der in der Heilmittellehre das antike botanische Wissen zusammenfaßte und das methodische Vorbild für 1 1/2 tausend Jahre gab, und vor allem *Galenos von Pergamon* im 2. Jh., dessen System der Medizin das gesamte antike Wissen über Anatomie, Tier- und Pflanzenphysiologie zusammenfaßte. Er verband die medizinische mit der philosophischen Tradition und vereinigte die Viersäftelehre mit der Vierelementenlehre des *Aristoteles* zu einem neuen Viererschema, dem im Mittelalter weitere Synthesen folgten. *Galens* physiologische und anatomische Auffassungen, zum Beispiel über den Bau des Herzens und des Blutgefäßsystems, über die Blutbildung und -bewegung, beherrschten bis zum 17. Jh. das medizinische Lehrsystem. In der römischen Periode wurde auch das griechische Bildungssystem für die freien Bürger, die „sieben freien Künste", übernommen, das alte Wissen in Enzyklopädien zusammengefaßt und geordnet sowie durch neue Erkenntnisse erweitert. Das populärste dieser Werke ist die *Naturgeschichte* des *Plinius* aus dem 1. Jh., die noch bis ins 18. Jh. zur Orientierung über die Tier- und Pflanzenwelt herangezogen wurde und über antike Schriftsteller informiert, sowie das Lehrgedicht *über die Natur der Tiere* von *Aelianus* im 3. Jh. Die biologischen Schriften der Spät-Antike bedürfen noch neuerer fachkundiger und textkritischer Auswertung.

Literatur zu Kap. 3

Aristoteles. Werke in deutscher Übersetzung. Bd. 17, Zool. Schriften II. Teil II – III. Übers. u. erläutert v. Jutta Kollesch. Berlin 1985. Die Lehrschriften. Hrsg., übers. und erläutert v. P. Gohlke. Bd. I – V. Paderborn 1948 – 1960.

Balme, A. D.: Aristotle' s use of differentiae in zoology. In: Aristote et les problèmes de méthode. S. 195–212. Paris 1961.

Bäumer, Änne: Die Geschichte der Biologie von der Antike bis zur Renaissance. Univ. Mainz 1988.

Bossert, H. T.: Altkreta. Berlin 1937.

Burckhardt, R.: Das koische Tiersystem, eine Vorstufe der zoologischen Systematik des Aristoteles. Verh. Naturf. Ges. Basel *16* (1903): 388–440.

Diels, H.: Die Fragmente der Vorsokratiker, Bd. 1–10, 9. Aufl. Hrsg. W. Kranz. Berlin 1959–1960.

Diogenes Laertius: Leben und Meinungen berühmter Philosophen Übers. v. O. Apelt. Leipzig 1921 (Philos. Bibl. N. F. 53, 54). Nachdr. Berlin 1955.

Düring, I.: Aristoteles. Darstellung und Interpretation seines Denkens. Heidelberg 1966.

Froehner, R.: Kulturgeschichte der Tierheilkunde, Bd. 1. Altertum. Konstanz 1952.

Harig, Georg: Die Bestimmung der Intensität im medizinischen System Galens. Schriften z. Gesch. u. Kultur d. Antike, Bd. 11. Berlin 1974.

– Verhältnis zwischen den Primär- und Sekundärqualitäten in der theoretischen Pharmakologie Galens. NTM. Schriftenr. Gesch. Naturw., Techn., Med. *10* (1973), 1: 64–81.

– Biologische Wissenschaft und Naturphilosophie in der antiken Sklavereigesellschaft. In: [22].

– und Kollesch, Jutta: Diokles von Karystos und die zoologische Systematik. NTM *11* (1974), 1: 24–31.

Irmscher, J., und Müller, R. (Hrsg.): Aristoteles als Wissenschaftstheoretiker. Schriften z. Gesch. u. Kultur d. Antike, Bd. 22. Berlin 1983.

Jaeger, W.: Aristoteles. Grundlegung einer Geschichte seiner Entwicklung. Berlin 1923, 1955.

Jürss, F.: Von Thales zu Demokrit. Leipzig 1977.

– und Ehlers, D.: Aristoteles. Biogr. hervorragender Naturwiss., Techniker und Mediziner, Bd. 60. Leipzig 1984.

Kirchner, O.: Die botanischen Schriften des Theophrast von Eresos. Jahrb. class. Philol., Suppl. – Bd. 7/3 (1874): 451–539.

Kollesch, Jutta 1985, s. Aristoteles. Werke ... Teil II – III.
– und Nickel, D.: Antike Heilkunst. Ausgewählte Texte aus dem medizinischen Schrifttum der Griechen und Römer. Leipzig 1979 (Reclams Univ. Bibl. Bd. 771).
Krafft, F.: Geschichte der Naturwissenschaft 1: Die Begründung einer Wissenschaft von der Natur durch die Griechen. Freiburg 1971.
Kranz, W.: Vorsokratische Denker (Textauswahl Griechisch u. Deutsch). Berlin 1939. Die griechische Philosophie. Berlin, Darmstadt, Wien 1962.
Kühnert, F.: Allgemeinbildung und Fachbildung in der Antike. Dt. Akad. Wiss., Schriften d. Sekt. Altertumswiss., Bd. 30. Berlin 1961.
Kullmann, W.: Die Teleologie in der aristotelischen Biologie. Aristoteles als Zoologe, Embryologe und Genetiker. SB Heidelb. Akad. Wiss. Phil.-hist. Kl. 1979, 2.
Leitner, H.: Zoologische Terminologie beim Älteren Plinius. Hildesheim 1972.
Lesky, Erna: Die Zeugungs- und Vererbungslehren der Antike und ihr Nachwirken. Abh. Akad. Wiss. Lit. Mainz, Geistes- u. sozialwiss. Kl. 1950, Nr. 19. Wiesbaden 1951.
Meyer-Steineg, Th.: Ein Tag im Leben des Galen. Jena 1913.
Oulié, M.: Les animaux dans la peinture de la Crète préhellénique. Paris 1926.
Plinius, Secundus d. Ält.: Naturalis historia. Dt. Übers. v. G. C. Wittstein, 3 Bde. Leipzig 1881–1882.
Pohlenz, M.: Die Stoa. Geschichte einer geistigen Bewegung. 3. Aufl. Göttingen 1964.
Schäffer, J.: Die Pferdeheilkunde in der Spätantike. Zum Stand der Bearbeitung des Corpus Hippiatricorum Graecorum. Pferdeheilkunde (1985) 75–94
Schneider, C.: Kulturgeschichte des Hellenismus, Bd. 2. München 1969.
Schöner, W.: Das Viererschema in der antiken Humoralpathologie. Sudhoffs Archiv, Beih. 4. Wiesbaden 1964.
Seel, O. (Hrsg.): Der Physiologus. Übers. und erläut., Zürich / Stuttgart 1960.
Senn, G.: Die Entwicklung der biologischen Forschungsmethode in der Antike und ihre grundsätzliche Förderung durch Theophrastos von Eresios. Veröff. schweiz. ges. gesch. med. naturwiss. 8. aarau 1933.
Steier, A.: Aristoteles und Plinius. Studien zur Geschichte der Zoologie. Würzburg 1913.
Strohmeier, D.: Galen-Edition De partium homoiomerum differentiis. Berlin 1983.
Theophrastus Eresius: Naturgeschichte der Gewächse. Dt. Übers. v. K. Sprengel. Altona 1822.
Thomson, S. G.: Die ersten Philosophen. Forsch. altgriech. Gesellschaft, Bd. 2. Berlin 1961.
Volkmann, H.: Die Massenversklavungen der Einwohner eroberter Städte in der hellenistisch-römischen Zeit. Abh. Akad. Wiss. Lit. Mainz, Geistes- u. sozialwiss. Kl. 1961, Nr. 3.
Wehrli, F.: Die Schule des Aristoteles. Bd. 5: Straton von Lampsakos. Basel 1950.
Wellmann, M.: Krateuas. Abh. K. Ges. Wiss. Göttingen. Phil.-hist. Kl., N. F., Bd. 2, Nr. 1 (1897): 1–33.
– Der Physiologos. Eine religionsgeschichtlich-naturwissenschaftliche Untersuchung. Philologus, Suppl. 22, 2. Leipzig 1930.
Wiesner, J.: Die Hochzeit des Polypus. Jahrb. Dt. Archäolog. Inst. 74 (1959): 35–51.
Zubov, V. P.: Aristotel'. Moskva 1963.

4. Mittelalterliche Biologie im Einflußbereich der Weltreligionen (4. – 15. Jh.)

Der endgültige Zerfall des römischen Weltreiches, der sich vom 3. Jh. u. Z. an durch wirtschaftliche und innenpolitische Krisen wie auch durch außenpolitische Machtkämpfe vorbereitet hatte, wurde durch die Teilung in ein weströmisches und ein oströmisches Reich (395 u. Z.) und die Verlagerung des kulturellen Zentrums von Rom nach der neuen, von Konstantin I. um 330 gewählten Hauptstadt Byzanz (*Constantinopolis,* heute Istambul) besiegelt. Während im weströmischen Imperium die griechisch-römische Kulturtradition im gesellschaftlichen Umbruch der Völkerwanderungszeit (Vordringen der Vandalen, Goten und Langobarden bis Spanien, Afrika, Italien und Griechenland) abbrach und nur im römischen Papsttum in Resten weitervermittelt wurde (vgl. 4. 4.), erlebte im oströmischen (byzantinischen) Reich die antike Wissenschaft und Philosophie noch über 1000 Jahre lang eine kontinuierliche Überlieferung, bis zum Sieg der türkischen Herrschaft über Konstantinopel (1453).

Ein charakteristischer Zug dieser Periode ist die Verbindung antiken Bildungsgutes mit den Glaubensinhalten des auf jüdischer Tradition fußenden **Christentums**, das im 4. Jh. zur Staatsreligion, im weiteren Verlauf seiner Ausbreitung jedoch zu einer das mittelalterliche Leben in Gesamteuropa beeinflussenden Weltreligion wurde. Ähnlich einflußreiche, über Familien-, Stammes- oder Volksgrenzen hinaus wirksame religiöse Bindungen riefen der seit dem 6. Jh. v. u. Z. in Asien sich ausbreitende **Buddhismus** und seit dem 6. Jh. u. Z. für die arabischen Länder, Nordafrika und den vorderen Orient der **Islam** hervor. So unterschiedlich die Ursprünge dieser neuen Strömungen waren, ihre weite Verbreitung stand in Zusammenhang mit dem Zerfall der alten Klassenstrukturen, der Entstehung neuer feudaler Machtverhältnisse und der Verarmung und Abhängigkeit breiter Bevölkerungsschichten von einer mächtigen Hierarchie weltlicher und geistlicher Feudalherren. Die Erkenntnis unüberbrückbarer Klassenunterschiede, Resignation vor der Wiedergewinnung sozialer Gleichberechtigung hatte zur Abkehr von diesseitig orientierten Zielen und entsprechenden philosophischen Lehren geführt, sowohl in den protofeudalen Kulturen Asiens als auch in der dekadenten griechisch-römischen Sklavereigesellschaft. Die Neigung und Hinwendung zu religiösen Idealen und kontemplativen Lebensformen war weit verbreitet und verband die Gleichgesinnten über ethnische und staatliche Zugehörigkeit hinaus.

Die neuen religiösen Inhalte beeinflußten nachhaltig die kulturelle Entwicklung, insbesondere auch die Einstellung zu Wissenschaft und Philosophie, und die mit dieser stets eng verbundenen biologischen Anschauungen für viele Jahrhunderte. Dabei wirkten die religiösen Einflüsse durch missionarische Tätigkeiten staats- und kontinentübergreifend. Aber sie hatten ein unterschiedliches Gepräge im orientalischen bzw. im europäischen Kulturkreis und eine verschiedenartige zeitliche Ausdehnung. So ist der Begriff „Mittelalter" nur für die europäische Entwicklung zwischen dem 4. und 15. Jh. zutreffend, und die sozialökonomische Kennzeichnung als Epoche des Feudalismus deckt sich ebenfalls zeitlich nicht einheitlich damit und überspannt in Asien einen viel längeren Zeitraum, der in China und Japan bis in unsere „Neuzeit" hineinragte.

4.1. Biologische Anschauungen im Einflußbereich des Buddhismus

Die früheste der „Weltreligionen" entstand im 6. Jh. v. u. Z. durch *Gautama Buddha* in Nordindien zu einer Zeit, als unter den reichen höheren Kasten, den Fürsten und den Brahmanen, Machtkämpfe stattfanden, die die brahmanische Kastenordnung selbst in Frage stellten. Die Unterdrückung und Verachtung der niederen Kasten nahm zu. So gewann die buddhistische **Lehre von den vier edlen Wahrheiten** über die Leiden des menschlichen Lebens und ihre Beendigung viele Anhänger und breitete sich nach der Jahrhundertwende zur Weltreligion aus (Mylius 1985). Sie knüpfte an die altindische Lehre von der Wiedergeburt der menschlichen Seele an, die auch in anderen Lebewesen für möglich gehalten wurde und die ein besonderes Verhältnis der Inder zu Tieren und Pflanzen als ihren „Brüdern" begründete. Die Beendigung des Kreislaufs der Wiedergeburten als Quelle aller Leiden müsse jeder Einzelne für sich durch Selbsterlösung erstreben durch eine entsprechende Lebensführung, für die ethische Vorschriften gegeben wurden. Sie enthielten unter anderem das strikte Gebot, kein Lebewesen, auch nicht das kleinste, kaum wahrnehmbare, zu töten, also z. B. auch kein ungeseihtes Wasser zu trinken und keinen Ackerbau zu treiben, um nicht ungewollt Kleinlebewesen zu schädigen. Neben allen anderen Geboten wie dem Verzicht auf alle Annehmlichkeiten und allen Lebenskampf führte die buddhistische Philosophie zum Ideal einer passiven, weltabgewandten, einsiedlerischen Lebensform, in dem Erkenntnisfragen und -streben eine ganz untergeordnete Rolle spielten. Sie beschränkten sich im wesentlichen auf die medizinische Praxis, die frühzeitig auch die Tiermedizin mitumfaßte.

Die ersten schriftlichen Urkunden über Buddhisten stammen aus der Regierungszeit des Königs *Ashoka* (um 272–232 v. u. Z.), als der Buddhismus in dessen Großreich Magadha zur Staatsreligion geworden war und über gut

organisierte Mönchsgemeinden und erste Klöster verfügte, die auch Heilkräutergärten anlegten. In diesem Staat wurden Krankenhäuser für Menschen und Tiere und an den Handelsstraßen Raststationen errichtet, die
ebenfalls oft mit Ärzten und Tierärzten besetzt waren. Durch die Handelsverbindungen breiteten sich buddhistische Lehren vom 3. Jh. v. u. Z. ab in
Ceylon (Sri Lanka), Indochina, Indonesien und im 1. und 2. Jh. u. Z. auch
im Norden, in Mittelasien und China aus, im 4. Jh. in Korea, im 6. Jh. in
Japan und vom 7. Jh. ab in Tibet, wobei sie mehrfach modifiziert wurden
(vgl. Tokarew 1976). Das aus der Heilpraxis gewonnene biologische Erfahrungswissen, verknüpft mit der buddhistischen Dharmalehre und ihrer
naiven Dialektik, spiegelt die Kenntnis und Ordnung der Pflanzen- und
Tierwelt wider, wie sie sich in medizinischen Schriften von *Caraka*, *Susruta*
und ihren Schülern niederschlug.

   Während die **Pflanzenwelt** nur grob klassifiziert wurde (Bäume mit Früchten
und Blüten bzw. „ohne" Blüten; Kräuter, die nur einmal Früchte tragen und ab-
sterben, und Kräuter mit verdickten Stengeln) und vor allem hinsichtlich physiologischer Erscheinungen beschrieben wurde (Einfluß von Licht, Hitze, Kälte auf das
Wachstum), zeigte die **Tierklassifikation** erstaunliche Genauigkeit. Sie basierte auf
morphologischen und biologischen Merkmalen (Art der Fortpflanzung, Ernäh-
rungsweise und Fortbewegung) und zeigte ähnliche Gruppierungsprinzipien, wie
sie in der Antike zu finden sind. So wurden die Tiere mit Knochen und Blut den
Blut- und Knochenlosen gegenübergestellt. Die knochenlosen wurden eingeteilt in
solche, die aus Eiern, und solche, die aus warm-feuchtem Substrat oder aus anderen Lebewesen entstehen oder in beide Formen. Die Knochentiere wurden in eierlegende und lebendgebärende, eie eierlegenden in Fische, Schlangen und solche
mit seitlichen Gliedmaßen (Amphibien und Reptilien) gegliedert, sowie in geflügelte, befiederte Tiere. Die lebendgebärenden Säugetiere unterschied man nacch
der Lebensweise, in der Luft mit ledernen Flügeln (Fledermäuse), in Höhlen oder
Löchern (Nagetiere, Insektenfresser), auf Bäumen, weiterhin Pflanzenfresser und
Fleischfresser und jene nach ihrem Lebensraum. Auch Fragen nach der **Vererbung**
der Artmerkmale wurden behandelt und bestimmte Körperorgane der Mutter,
andere vom Vater hergeleitet, die **Geschlechtsbestimmung** von der Ernährung der
Mutter oder dem Übergewicht von Sperma oder Ei oder vom Zeitpunkt der Zeugung abhängig gemacht, Fragen der **Sexualität** wurden ausführlich (besonders im
Hinblick auf den Menschen) behandelt, die Kreuzugn von Haustierrassen sowie
von Pferd und Esel beschrieben [22].
   Die Klassifikation der Pflanzen und Tiere in den medizinischen Sammelwerken
des des *Caraka* und *Susruta*, deren Entstehungszeit nicht genau datierbar ist, da sie
erst im 2.–4. Jh. u. Z. niedergeschrieben wurden, sowie des *Sankara* (8. Jh. u. Z.)
beruhten auf mehr oder weniger rationalen Aspekten und stehen kaum hinter den
antiken Autoren zurück, wobei die Einflüsse griechischer Quellen aus der Zeit der
makedonischen Eroberung (vgl. 3. 4. 3.) nicht auszuschließen sind. Doch gehen die

biologischen Schriften nicht über angewandte Themen der Heilkunde, Ernährung, Fischerei und über Kompilationen hinaus, wie z. B. eine Sammlung buddhistischer Erzählungen (*Jataka*) des 4.–5. Jh. u. Z. mit Schilderungen von Meeres- und Süßwasserfischen. Der Stand und die Entwicklung ichthyologischer Kenntnisse sind besonders eingehend untersucht (Hora 1950 – 1955). Eine enzyklopädische Schrift des Königs *Sōmesvara* (1127) über die Fischerei (*Mānasollāsa*) enthält ausgezeichnete Beobachtungen über die Morphologie und Lebensweise der Fische und eine Klassifikation nach Lebensraum, Körperform und Beschuppung, so daß dieses indische biologische Werk eine Parallele zu dem etwa gleichzeitigen Vogelwerk von *Friedrich* II. (vgl. 4. 4.) darstellt [36].

Insgesamt förderten die buddhistischen Lebensregeln einen weitergehenden Erkenntnisforschritt auf biologischem Gebiet nicht, der über bloße Beobachtung und Erfahrung hinausging, während auf den Gebieten der Mathematik und Astronomie bedeutendere Leistungen erbracht wurden. Ähnliches gilt für die chinesische Wissenschaft im Mittelalter. Dort entstanden jedoch technische Erfindungen, die ihre Einflüsse bis nach Europa geltend machten. Während der Thang-Dynastie (618–960) wurde in den **buddhistischen Klöstern Chinas** der erste **Buchdruck** entwickelt, zunächst als Blockdruck (seit 868 u. Z.), schon im 11. Jh. mit beweglichen Lettern und schon um 1400 in Korea auch mit Metall-Schriftzeichen.

4.2. Die Periode des griechisch-byzantinischen Christentums

In dem in Palästina lebenden und seit dem 1. Jh. v. u. Z. von den Römern beherrschten jüdischen Volk entstand zunächst in kleinen Gemeinden die neue religiöse Strömung des Christentums, die an die messianischen Weissagungen jüdischer Schriften, an antike und jüdische Mysterien und an Berichte über Leben, Lehre und Märtyrertod des Jesus Christus aus Nazareth anknüpfte. Durch die Missionstätigkeit seiner Anhänger und begünstigt durch die sozialen Bedingungen der Sklaverei breitete es sich vom 2. Jh. u. Z. auch in Syrien, Kleinasien, Ägypten, Griechenland und Italien schnell aus und gewann trotz grausamer Unterdrückung (Christenverfolgungen unter den Kaisern *Nero*, *Domitian*, *Trajan*, *Hadrian* bis zu *Diocletian* 303 u. Z.) mit seinen Idealen von Gleichberechtigung, Brüderlichkeit, Besitzlosigkeit unter den unfreien und verarmten Volksschichten der Sklaverei-Gesellschaft viele Anhänger. Durch *Konstantin* I., der als Kaiser (323 bis 337) letztmalig über das gesamte römische Weltreich herrschte, seine Hauptstadt aber nach Byzanz verlegte, wurde das Christentum als Staatsreligion anerkannt und beeinflußte zunehmend das kulturelle Leben und die traditionellen Lehrstätten, bis zum 7. Jh. Alexandria und Pergamon, dann Konstantinopel und Athen sowie die im 5. Jh. von Syrern gegründete **Ärzteschule in Gundišapur.** In den griechisch-hellenistischen Bildungs-

zentren, die die antike Philosophie und Medizin kontinuierlicher tradiier-
ten als im weströmischen Reich, kam es auch zur Verknüpfung der christlichen Glaubensinhalte mit griechischem Gedankengut (insbesondere der
Lehre *Platons*, vgl. 3. 3. 1.) und dessen Vergleich mit den jüdischen (alttestamentlichen) Überlieferungen, die im 4. Jh. in Byzanz zusammen mit
den neuen christlichen („neutestamentlichen") Schriften kanonisiert wurden. Voraussetzung und Folgeerscheinung war die Enstehung einer christlichen Theologie, die von vielseitig gebildeten, an der antiken Wissenschaft geschulten Gelehrten entwickelt wurde. Sie sind als die **„Kirchenväter"** bekannt – eine schon im 4. Jh. für die theologischen Autoritäten gebrauchte Bezeichnung – und verstanden sich selbst als „berufene Lehrer
der Kirche", als „christliche Philosophen", als „geschulte Ausleger der
Bibel" (Campenhausen 1955, 1960), deren Wirken einer auch für die
Biologiegeschichte bedeutsamen Literaturepoche den Namen gab (**Patristik**).
   In ihrer Bibelexegese – der Deutung und Auslegung der alten jüdischen,
vom 6.–4. Jh. v. u. Z. in Althebräisch aufgezeichneten Geschichtstexte, die
in der *Septuaginta* griechisch vorlagen – widmeten sie dem mosaischen
Schöpfungsbericht (*Genesis, Mose* 1. 1.) eingehende Studien. Sie stützten
sich in ihren Kommentaren zur Entstehung der Pflanzen- und Tierwelt, des
Menschen und seiner Frühgeschichte einschließlich der *Sintflutsage*, auf
griechische Quellen und überlieferten sie zusammen mit christlichen Lehr-
inhalten in einer Form, die über ein Jahrtausend das abendländische Denken über Natur und Mensch prägte. Nicht nur die *Genesis* und die *Sintflutsage* (*Mose* 1. 3), sondern auch die biblischen Ernährungsregeln (*Mose*
3. 11) vermittelten Kenntnisse der Tierwelt und ihrer Klassifikation durch
Unterscheidungsmerkmale (Karpelles 1885), was nachfolgende Kommen-
tatoren und Interpreten beschäftigte.
   Bis zum 7. Jh. blieb Alexandria (neben Konstantinopel) das Zentrum
auch der christlich-theologischen, von griechischer Tradition beeinflußten
Gelehrsamkeit, weshalb die Wissenschaftsgeschichte die **alexandrinische
Zeit** in der byzantinischen Periode von der **nachalexandrianischen** unterscheidet, in der sich das wissenschaftliche Leben nach Konstantinopel verlagerte (Eröffnung der Akademie 1054) und im 10. und 11. Jh. eine neue
Blüte der medizinischen und landwirtschaftlich-biologischen Literatur hervorbrachte (vgl. Harig 1968; Temkin 1962; Nabielek 1982).
   Das biologiegeschichtlich relevante Schrifttum läßt sich etwa in drei
Gruppen einteilen:
a) die philosophisch-theoretischen Ausführungen der Kirchenväter über
   die Organismenwelt und ihre Entstehung, die durch ihren theologisch-
   dogmatischen Charakter jahrhundertelang einflußreich blieben,

b) medizinische, veterinärmedizinische und landwirtschaftliche Lehrbücher, die über Tier- und Pflanzenkenntnisse und das Wissen über die
   Lebensprozesse informieren,
c) enzyklopädisch-kompilatorische und poetische Schriften naturkundlichen Inhalts.

4.2.1. Die Lehren der griechischen Kirchenväter

Die ersten Patristiker wie *Justin* († 165) oder *Klemens von Alexandrien*
(† 203) hatten freie philosophische Schulen begründet, in denen sie als
Lehrer und Erzieher in der hellenistischen Tradition oder im Sinne der antiken Mysterien wirkten (Gnosis) und „um eine Erfassung des Christentums im Geiste der Griechen" bemüht waren (Campenhausen 1955). Einer
solchen alexandrischen philosophischen Schule entstammten *Origenes* (†
254) und *Athanasios* (Bischof von Alexandria, † 373), die in ihren Theorien
über die **Weltentstehung** an den jüdischen Theologen *Philon von Alexandria* († 50) anknüpften, den biblischen Schöpfungsbericht allegorisch auffaßten und – in Anlehnung an *Platons* Ideenlehre (vgl. 3.3.1.) – als quasi
gedanklichen Schaffensprozeß eines Augenblicks deuteten, wobei alle Geschöpfe gleichzeitig in einem einmaligen Schöpfungsakt ins Dasein traten
(*Simultanschöpfung*).

Mit dieser Anschauung setzten sich *Basileios der Große* † 379) und sein
jüngerer Bruder *Gregor von Nyssa* († 394) auseinander.

Aus christlicher Familie mit großem Landbesitz in Kappadokien (persische Pro-
vinz) stammend, waren sie hellenistisch erzogen, an *Platon* und *Homer*, an *Philon
von Alexandrien* und *Origenes* geschult und mit der Philosophie *Plotins* (204–269)
bekannt, dem Hauptvertreter des Neuplatonismus, der die Welt und die Naturobjekte von einem göttlich-geistigen Mittelpunkt stufenweise nach- und auseinander
entstanden dachte und die Welten-„Ordnung" als Einheit „wie die eines lebendigen Organismus" auffaßte [50]. Sie lebten später als gelehrte Mönche, gründeten
Klöster und Hospitäler und verfügten vermutlich auch über medizinische Bildung.

Von *Basileios* stammt einer der einflußreichsten Kommentare zum
Sechstagewerk der *Genesis* (*Hexaemeron*), in dem er den Zusammenhang
zwischen gedanklich-ideeller Augenblicksschöpfung und realhistorischer
Schöpfungsfolge erörtert. Als Gleichnis diente ihm die **Individualentwicklung** eines Organismus. So habe Gott zuerst „Urkeime" in die Welt gelegt
und sodann durch lebensspendende Wärme nach und nach die Lebewesen
hervorgebracht. Aus diesem Grunde verneint er eine mögliche Umwandlung einer Pflanzenart in eine andere, denn „aus dem Samen sprossen nur
mit dem Gesäten verwandte Pflanzen", und so sei das, „was bei der Ur-

schöpfung der Erde entsprossen, bis heute erhalten", da bei der Folge der
Zeugungen die Art ungetrübt dieselbe bleibe. Damit wandte er sich gegen
den Aberglauben, daß Unkräuter durch Verwandlung des Getreides entstünden; sie haben vielmehr „eigenen Ursprung und eigene Art" (*Hexaem.*
V, 2 und 5) [50].

Ebenso sei auch für jede Fischart „der geeignete Bereich festgesetzt"; ein Meer-
busen ernähre bestimmte Fischarten, ein anderer andere, und die hier in Masse
vorkommen, finde man anderswo kaum, obwohl weder Berg noch Fluß den Übergang hindere. Vielmehr habe ein Naturgesetz gleichmäßig und gerecht die Lebens-
bedürfnisse der einzelnen Fischarten befriedigt (*Hexaem.* VII, 3).

Wenn sich hier bei *Basileios* und anderen Kirchenvätern auch gute Naturbeobachtungen widerspiegeln, die diese Schriften biologiehistorisch interessant machen, so war doch das gemeinsame Hauptanliegen aller Autoritäten, die Weisheit und Zweckmäßigkeit des Schöpfungsplanes zu beweisen
und den Lehren der Kirche auch auf naturwissenschaftlichem Gebiet Geltung zu verschaffen, was dem mittelalterlichen Geistesleben sein charakteristisches Gepräge gab. Was auf dieser weltanschaulichen Grundlage unter
Begriffen wie „Verwandschaft" und gemeinsamer Ursprung verstanden
wurde, zeigt die Erörterung des *Basileios* über die Entstehung der Vögel,
die nach *Genesis* 1, 20/21, zugleich mit den Fischen dem Wasser entstammten: die Ähnlichkeit der Flugbewegung der geflügelten Tiere mit der
Schwimmbewegung der Fische sei eine „gemeinsame Eigenart" und be-
gründe ihre Verwandtschaft als Folge ihres gemeinsamen Ursprungs (*Hexaem.* VIII, 2; zit. nach [50]).
Der gleiche Begriffsinhalt findet sich noch in den sogenannten „Verwandtschaftssystemen" der Neuzeit bis ins 18. Jh. hinein, in denen nach morphologischen Analogien gruppiert wurde (vgl. 7.2.).
Auch *Gregorios von Nyssa* verfügte über anatomische und physiologische Kenntnisse und beschäftigte sich in einer Schrift über die Erschaffung
des Menschen eingehend mit dem menschlichen Körper und seiner Entstehung. Auch er vertrat bei der Deutung des Schöpfungsberichtes eine **zeitliche Abfolge** im Sinne des Sechstagewerkes und legte dabei die **Aristotelische Stufenfolge** zugrunde: Zuerst sei die leblose Materie, dann die Pflanzenwelt erschaffen, dann erst „die durch sinnliche Tätigkeit geleiteten Geschöpfe" und schließlich der Mensch nach den Pflanzen und Tieren, „indem die Natur in folgerechtem Entwicklungsgang der Vollendung entge-
genschritt" [50]. In einer Schrift über die „Jungfräulichkeit", in der antike
Zeugungslehren und Beispiele aus der Tierwelt herangezogen werden, finden sich teilweise scharfsinnige, naturwissenschaftliche Erörterungen
(Campenhausen 1955).

Dem letzten der griechischen Kirchenväter, dem Patriarchen *Kyrillos von Alexandria* († 444), wird eine Spezialschrift über die Eigenschaften der Pflanzen und Tiere (*De plantarum et animalium proprietate*) zugeschrieben, die nach dem Vorbild von *Aristoteles, Aelian* und *Plinius* die Anatomie und Physiologie, die Krankheiten und Heilmethoden behandelt und 1590 in einer lateinischen Edition erschien (Froehner 1952) [22].

4.2.2. Die Lehren der lateinischen Kirchenväter

Während bei den griechischen Kirchenvätern die Simultanschöpfungstheorie zunächst Anhänger fand, herrschte bei den lateinischen Patristikern, die sich mit gleichen Problemen befaßten, die wörtliche Auslegung des biblischen Schöpfungsberichtes im Sinne eines realhistorischen, **sukzessiven Schaffensprozesses** vor. Sie knüpften vorwiegend an die spätantiken Überlieferungen an und stützten sich bei der Auslegung der biblischen, Natur und Mensch betreffenden Texte des Alten und Neuen Testamentes (*Genesis, Sintflutsage*, erbliche Sündenkrankheit, jungfräuliche Geburt etc.) auf die stoische Naturlehre der „Pneumatiker" (*Seneca*) und auf *Galenos* (vgl. 3.4.4.), auf *Plinius* und *Aelianus* (vgl. 3.4.5.) sowie auf die alexandrinisch-römische Schule der Neuplatoniker, *Plotin* (204–270) und *Porphyrios* (232–304). Dadurch wurde die Überlieferung des klassisch-antiken Wissens im römisch-christlichen Kulturkreis für das mittelalterliche Westeuropa anders kanalisiert als im östlichen, griechisch-christlichen Mittelalter (vgl. 4.4.).

Maßgeblichen Einfluß auf biologische Anschauungen unter kirchlichem Dogma erhielten *Lactantius* und *Ambrosius, Augustinus* und *Boethius* (mit dem die lateinisch-christliche „Scholastik" begann.)

Lactantius C. F. *Lucius* († nach 317 in Trier) hatte versucht, die christliche Weltanschauung umfassend für alle Lebensbereiche systematisch darzustellen und wirkte als akademischer Lehrer, wurde aber in der letzten Christenverfolgung (Edikt gegen die Christen 303 unter Kaiser *Diocletian*) seiner Ämter enthoben und ging nach Trier (Campenhausen 1960). Seine Schrift *Über Gottes Schöpfungswerk (De opificio dei)* enthält eine „vollständige Anatomie, Physiologie und Psychologie des Menschen", wobei er auch Fragen der Vererbung, Fortpflanzung und Keimesentwicklung erörtert. Die Entstehung des Embryo erklärt er Aristotelisch aus der Vermischung eines männlichen und weiblichen (nahrungsspendenden) Zeugungsstoffes, dessen Herkunft er aber (nach älteren, pythagöräischen Lehren, vgl. 3.2.2.) aus der Gehirn- und Rückenmarksubstanz ableitet. Auch für die Entwicklung des Embryo weist er die Ansicht des *Aristoteles*, daß sich das Herz zuerst bilde, zurück und nimmt stattdessen aus der Beobachtung von Vogelembryonen an, daß sich zuerst der Kopf entwickle [22].

Vom Bischof von Mailand, *Ambrosius* (um 335–397), stammt ein von *Basileios* beeinflußter Kommentar über die Schöpfungsgeschichte (*Exameron*), die zu den „am meisten gelesenen Schriften" des Mittelalters gehörte und ebenfalls eingehend die Pflanzen- und Tierkunde, die Entstehung der Organismenwelt und die Fragen der Fortpflanzung behandelt.

Er faßte ebenso wie *Augustinus* (s. u.) die *Genesis* als „Doppelvorgang" auf, einmal als „Schöpfung im Haupte", **geistig-ideell**, wodurch der Erde die „Keimkräfte" für die Pflanzen- und Tierarten eingepflanzt wurden, zum anderen **real**, indem aus „dem Schoß des Wassers... die Erzeugungen, die anbefohlen waren", ins Leben traten: „Es gebaren die Flüsse, es zeugten die Seen, selbst das Meer begann kreißend die verschiedenen Arten der kriechenden Tiere hervorzubringen und, was immer es geformt hatte, nach seiner Art zeugend ins Dasein zu setzen", nichts blieb leer, selbst kleine Tümpel und Sümpfe nutzten „die ihnen verliehene Zeugungskraft" [50].

In gleichem Sinne, in Anlehnung an stoizistische Lehren, interpretierte *Augustinus von Hippo* (354–430) die Entstehung der Organismenwelt und des Menschen in seiner Schrift *Über den Gottesstaat* und besonders *Über die Schöpfung* (*De genesi ad litteram*) in der er seine „Seminaltheorie" entwickelte. Danach habe Gott beim ersten Schöpfungsakt „keimhaft eingepflanzte Vernunftsgründe" (*rationes seminaliter insitae*) in die Welt gelegt, wodurch Wasser und Erde „potentiell" zur Hervorbringung von Lebewesen befähigt worden seien; so empfing die Erde gleichsam als geistige Keime „das Wesen (*natura*) der Kräuter und Gehölze... bevor es geboren worden ist, was danach im Laufe der Zeiten hervorgehen sollte nach seinem Gattungscharakter (*genus*)." Auch die Entstehung der ersten Menschen wird durch die Verbindung der „zeugenden Kräfte" mit der Erde erklärt [50]. Diese Vorstellungen, daß die der Erde einmal verliehene Zeugungskraft ewig erhalten bleibe, waren – verknüpft mit dem christlichen Kirchendogma – jahrhundertelang wirksam und erklären, warum sich in der Biologie die **Urzeugungstheorien** so lange halten konnten (vgl. 5.2., 6.4., 7.3.1., 8.1.1.).

An die Bibeltexte von der „Erbsünde" knüpfte *Augustinus* Erörterungen über Fortpflanzung und Vererbung und die „Natur" des Menschen, d. h. die seine physische Existenz bedingenden Lebensprozesse, die nach *Augustinus* göttlichen Ursprungs und daher „gut" seien; damit widersprach er den aus dem iranischen Mazdaismus (vgl. 2.2.5.) in das Frühchristentum eingeflossenen Anschauungen (z. B. der Manichäer) über die widergöttliche („ahrimanische") Herkunft des materiellen Seins. Die Augustinische Glaubenslehre mit den zentralen Ideen von der absoluten Herrschaft Gottes, von dem durch ihn vorherbestimmten Schicksal (*Prädestination*) und der Abhängigkeit von seiner Gnade prägte fortan die passive, jenseitsorientierte Haltung auch des mittelalterlichen Gelehrten anstelle des souveränen, von Selbstbewußtsein und aktivem Wissensdrang geformten Menschenbildes der Antike (Marrou 1938). Sie begründete auch die Vorherschaft der Kirche über den weltlichen Staat und bedingte die Ablösung der antiken, weltlichen Bildungstradition durch eine von der Bibel geleitete „christliche Wissenschaft" (Campenhausen 1960) und „theologische Anthropologie" (Wöhler 1990).

Als letzter, aus antiker Tradition wirkender Patristiker und zugleich erster „Scholastiker" gilt der Römer *Boethius* (um 480–524), der zunächst ab 507 unter dem Gotenkönig *Theoderich* hohe Ämter bekleidete, ab 519 in Pavia gefangengehalten und dann wegen Hochverrats hingerichtet wurde. Durch Kommentare und Übersetzungen machte er die griechische Philosophie der römischen Bildung zugänglich, schuf im *Quadrivium* – wie er die vier propädeutischen (mathematischen) Lehrfächer der 7 freien Künste (vgl. 3.5.) bezeichnete – die Grundlage für die mittelalterlichen Schulen und späteren Universitäten (vgl. 4.4.) und vermittelte zusammen mit neuplatonischen und neupythagoräischen Inhalten besonders die **Aristotelische Logik** und Physik. Der philosophischen Denkschulung dienten nicht nur seine mathematischen bzw. musiktheoretischen Schriften (Scriba 1985), sondern auch seine Übersetzung der Kommentare des Neuplatonikers *Porphyrios* (um 240–300) über die „Kategorien des *Aristoteles*" bzw. die „fünf Grundbegriffe" (*Isagoge et in Aristotelis categorias commentarium, sive quinque voces*). Hierin wurden die fünf Grundbegriffe (*Universalien*) zum „Ordnen der Dingwelt", Gattung (*genus*), Art (*species*), Unterschied (*differentia*), Eigentümlichkeit (*propium*), Zufälligkeit (*accidens*) ausführlich definiert und bereits mit der Frage nach ihrer Realität verknüpft, die später die Hochscholastik beschäftigte (vgl. 4.4.3.) und in der Klassifikationsproblematik der künstlichen Natursysteme bis ins 18. Jh. hinein aktuell blieb. (vgl. 6.2.).

Durch seine Begriffsdefinition wurde *Boethius* der „Vater der logischen Terminologie" in der abendländischen Wissenschaftstradition (Campenhausen 1960), auch für die Biologie, da die Beispiele aus der Organismenwelt entlehnt sind. So heißt es in der Boethius-Übersetzung des *Porphyrios*: „Eine Gattung ist beispielsweise ,Lebewesen' (*animal*), die Art ist z. B. ,Mensch', der Unterschied ist z. B. ,vernünftig denken', die Eigentümlichkeit z. B. ,zum Lachen fähig', die Zufälligkeit z. B. ,weiß, schwarz, sitzen'... (zit. nach [50], speziell, S. 78). Besonders deutlich wird es beim Gattungsbegriff, der durch die Abstammungsbeziehungen definiert wird, wenn es heißt: daß „die Gattung der Ursprung jeder Entwicklung (*generatio*)" sei, „bezogen entweder auf den Erzeuger oder auf den Ort, an dem gezeugt wird" (a.a.O.). Mit seinem letzten, während der Haft entstandenen Werk *Über den Trost der Philosophie* (*De consolatione philosophiae*), in dem nochmals die Synthese zwischen aristotelischem, neuplatonischem, stoischem und christli-

106   4. Mittelalterliche Biologie (4.–15. Jh.)

chem Gedankengut gezogen wurde, beeinflußte *Boethius* nachhaltig die mittelalterliche Wissenschaft, die etwa vom 6. Jh. ab vor allem in Klöstern gepflegt wurde (vgl. 4.4.).

Eine **Chronologie** der römischen Schriftsteller ist *Hieronymus* (um 374 bis 420) zu verdanken, der in seinem Mönchskloster in Bethlehem eine seither viel benutzte *Chronik* verfaßte und die Bibel aus dem hebräischen Urtext ins Lateinische übersetzte (*Vulgata*).

Generell muß berücksichtigt werden, daß **unsere Zeitrechnung** (u. Z.) mit der Orientierung „nach Christi Geburt" (n. Chr.), aufgrund einer nachträglichen Berechnung derselben durch den römischen Abt *Dionysius* (im 6. Jh.) erst nach 600 eingeführt und erst um 1000 allgemein gültig wurde, während bis dahin die Jahre nach den Regierungszeiten der Herrscher (Babylon, Ägypten, Rom) oder nach Olympiaden (Griechenland) gezählt wurden. Auch der Wochenrhythmus von 7 Tagen wurde aus der jüdischen Religionstradition übernommen und vom Christentum anstelle des altrömischen 8-Tage-Rhythmus eingeführt.

4.2.3. Medizinische Biologie

Für die medizinischen und landwirtschaftlichen Belange wurden weitgehend die biologischen Erkenntnisse der antiken und hellenistischen Schriftsteller genutzt, wobei man sich vorwiegend auf *Galenos* (vgl. 3.4.4.) bzw. die Peripatetiker (vgl. 3.3.2. und 3.3.3.) und *Dioskurides* (3.4.3.) stützte.

Der früheste byzantinische Kompilator der alexandrinischen Zeit, aus dem auch spätere Kompilationen schöpften, war der Leibarzt des Kaisers *Julian*, *Oreibasios von Pergamon* (etwa 325–400), der in einem nicht vollständig erhaltenen medizinischen Sammelwerk (*Collectiones medicae*) und einer späteren *Synopsis* auch noch die theoretischen Ansichten *Galens* zur Anatomie, Physiologie (Qualitäts-, Säfte- und Pneumalehre) und Embryologie referierte [22]. Die späteren Ärzte hinterließen ausschließlich praxisorientierte **medizinische Lehrbücher** mit meist lexikalischen Übersichten der „einfachen Heilmittel" (*Simplicia*), die vor allem die botanischen Kenntnisse widerspiegeln (Harig 1966, 1974), so *Aëtios von Amida* (Anf. 6. Jh.) „16 medizinische Bücher" (Libri medicinales), deren eines auch rund 50 „giftige Tiere" beschreibt, *Alexandros von Tralleis* (etwa 525–605) mit einem Werk über innere Krankheiten und einer Spezialschrift über die Eingeweidewürmer (*Epistula de vermibus*) und *Paulos von Aigina* (Anf. 7. Jh.) mit einem medizinischen Abriß (*Epitome medicinalis*).

Vom 3. bis 7. Jh. entstanden eine Vielzahl tierärztlicher Schriften, die im einzelnen nicht erhalten blieben, aber in einer Sammlung aus dem 10. Jh.

als *Hippiatrica* überliefert sind. Sie zeigen den Einfluß *Galens* auch auf dieses Spezialfach und eine teilweise unkritische Übertragung humanmedizinischer Kenntnisse in die Tierheilkunde [22].

Ähnliches gilt für die landwirtschaftlichen Schriften und Enzyklopädien, deren Inhalte nur durch ein späteres Sammelwerk (*Geoponica*) bekannt sind (s. u.).

4.2.4. Allgemeine naturkundliche, enzyklopädische und poetische Schriften

Durch die Handelsverbindungen der Byzantiner mit dem Orient kamen Kenntnisse über die indische, arabische, ostafrikanische Tier- und Pflanzenwelt hinzu, die über die Kenntnisse der Antike hinausgingen; sie wurden in Form von **Reiseberichten**, **Gedichten** oder **Enzyklopädien** festgehalten und übten in der nachfolgenden arabischen und spätmittelalterlichen Literatur einen nachhaltigen Einfluß aus. Dazu gehört eine speziell der Tierwelt Indiens, gewidmete, fragmentarisch erhaltene Schrift von *Timotheos von Gaza* (um 500) *De animalum* (Bodenheimer u. Rabinowitz 1949).

Größtenteils eigene Beobachtungen exotischer Tiere und Pflanzen enthält eine „christliche Topographie" (*Topographia christiana*) des Kaufmannes und späteren nestorianischen Mönchs *Kosmas Indikopleustes* (6. Jh.), in der er die Tier- und Pflanzenwelt Äthiopiens, Indiens und Ceylons größtenteils objektiv schildert [36] und z. B. den Pfefferbaum und die Kokospalme erstmals beschreibt. Sein Hauptanliegen war jedoch eine dem christlichen Dogma entsprechende Geographie, in der die Erde als Scheibe dargestellt und einzelnes im Stile der Natursymbolik des **„Physiologus"** geschildert wird [22].

Diese am Ende des 2. Jh. in Alexandria oder Syrien entstandene Sammlung von gleichnishaften Tiererzählungen unter dem Titel *Physiologos* (gr.) deutet die Eigenschaften von rund 65 Tieren, Pflanzen und Edelsteinen im Sinne christlicher Ethik und biblischer Texte und enthält auch alte ägyptische und indische Sagen und Fabeln wie die vom Einhorn, dem Pelikan, den Centauren und Sirenen, wurde ins Lateinische und alle Volkssprachen übersetzt und als Handbuch im gesamten Mittelalter verbreitet (Wellmann 1930; Seel 1930).

Nachhaltigen Einfluß übte ein Lehrgedicht von *Georgios Pisides* (7. Jh.) über die Erschaffung der Welt (*Hexaemeron*) aus, das sich auf die zoologischen Bücher des *Aristoteles* und des *Aelian* stützt, aber auch Mitteilungen über die heimlich aus Nordindien eingeführte Seidenraupe enthält (Pigulevskaja 1969).

Ein viel benutztes und die Naturkenntnisse lexikalisch-enzyklopädisch zusammenfassendes Lehr- und Handbuch war die **Etymologia** (oder *Originum libri XX)* des *Isidor von Sevilla* (etwa 560–636), in dessen Rahmen ein Abriß der „7 freien Künste" (*Septem artes liberales*) nach den Schriften von *Varro* (vgl. 3.5.), *Boëthius* (s. o.), *Cassiodorus* (etwa 480–575) und anderen gegeben wurde (Lindsay 1911). Durch sie kamen viele Tier- und Pflanzennamen mit ihren Erklärungen in das spätere mittelalterliche westeuropäische Schrifttum und die in Klöstern kopierten *Bestiarien* und *Herbarien* (vgl. 4.4.).

In der **nachalexandrischen Zeit,** als Alexandria von den Arabern erobert und das christliche Gelehrtenzentrum sich nach Konstantinopel verlagert hatte, kam es unter Kaiser *Konstantinos* VII. *Porphyrogennetos* im 10. Jh. zu einer neuen Blüte antiker Studien. In seinem Auftrag entstanden eine Reihe wichtiger Sammelwerke für Medizin und Landwirtschaft mit Exzerpten aus antiken und frühbyzantinischen Schriften zoologischen und botanischen Inhalts. So verfaßte der Arzt *Theophanos Nonnos* einen „Abriß über die Heilung der Krankheiten" (*Epitome De curatione morborum*) mit einer umfassenden Darstellung der damals bekannten **Heilpflanzen** (Harig 1968). Die Byzantiner hatten ja schon in der alexandrinischen Zeit einen beachtlichen Beitrag auf dem Gebiet der **Pflanzenillustrationen** geleistet, deren früheste in einer Handschrift des 6. Jh. vorliegen (Théodoridès 1957). Die Sammlung tierärztlicher Schriften mit dem Titel *Hippiatrica* enthält Auszüge von rund 50 Autoren, besonders vom 2.–6. Jh., aber auch aus der Tiergeschichte des *Aristoteles* sowie anderer griechischer Überlieferungen; darüber hinaus vermittelt sie Kenntnisse über tierische Parasiten und über die für Hippodrom und Menagerie in Konstantinopel gehaltenen ausländischen Huf- und Raubtiere (Théodoridès 1958). Eine Fülle botanischer, zoologischer und allgemein-biologischer Inhalte bietet das Sammelwerk über **Landwirtschaft,** die *Geoponica* (*De re rustica eclogae*), die auch Fragmente verlorengegangener Schriften des 4. Jh. enthalten und sich auf die Enzyklopädie des *Cassianus Bassus von Bithynien* (6. Jh.) stützen. Neben Angaben über Pflanzen- und Tierzucht enthalten sie „Rezepte gegen Ungeziefer", Mitteilungen über Hundehaltung, Jagdwild und Fischfang, über Treibhäuser und Bienenhaltung (Nabielek 1982; dort auch weitere Angaben über spätbyzantinische Werke).

Große Bedeutung erhielten zahlreiche im 10. und 11. Jh. verfaßte Auszüge und Kommentare zu den zoologischen Schriften des *Aristoteles*, die – zunächst auf dem Umweg über die Araber – in Westeuropa bekannt wurden (vgl. 4.4.), dann im Original – durch Vermittlung von *Theodor von Gaza* im 15. Jh. – die europäischen Gelehrtenzentren erreichten (vgl. 5.1.).

4.3. Naturlehre in der arabisch-islamischen Periode

Als eine neue über Volks- und Staatsgrenzen hinaus einflußreiche religiöse Bewegung entstand im 7. Jh. unter den arabischen Nomadenstämmen der **Islam**, der an das Wirken des Propheten *Mohammed* (*Muhammad*, um 570–632) anknüpfte. Er führte zum religiösen und politischen Zusammenschluß der in einer wirtschaftlichen und sozialen Krise lebenden Einzelstämme und zur Herausbildung eines zentralisierten, mächtigen Feudalstaates (Kalifat von Bagdad). Die relativ einfache religiöse Lehre, erst um 650 im *Koran* aufgezeichnet, ist streng monotheistisch auf den einzigen Gott Allah orientiert und enthält neben Elementen arabischer Stammesreligionen vor allem Inhalte aus der jüdischen Religionstradition und deren Quellen (Schöpfungsgeschichte, erste Menschen, Paradies und Sündenfall sowie manche Lebens- und Ernährungsregeln; Tokarew 1976, S. 679 ff.). Dem Streben der seßhaft werdenden Beduinengruppen nach Landbesitz und Expansion entsprachen die religiösen Gebote zur Eroberung fremder Völker und ihre Bekehrung zum Islam („Heiliger Krieg"), was durch die Identität des weltlichen mit dem religiösen Oberhaupt im Amt des Kalifen mit Fanatismus realisiert wurde. Schon im 7. Jh. war ihr Einfluß über Vorderasien und Nordafrika ausgedehnt, durch die Dynastie der Omaijaden (661–750) von ihrer Hauptstadt Damaskus aus nach Westen bis Spanien und noch im 8. Jh. im Osten bis Mittelasien und bis an die Grenzen Indiens erweitert worden; später war der Islam auch im Norden in den Schwarzmeerländern, im Nordkaukasus und in Westsibirien verbreitet und – wenngleich in verschiedene Bekenntnisgruppen gespalten – ebenfalls zur „Weltreligion" geworden. Seine Sprache blieb arabisch und verband die unterschiedlichen ethnischen Gruppen über drei Kontinente hinweg.

4.3.1. Rezeption der Antike im ostarabischen Herrschaftsgebiet

Unter den Abbasiden (750–1258) war das Feudalsystem gefestigt und zu wirtschaftlicher Blüte gelangt, die nach **Bagdad** verlegte Residenz im 8. bis 11. Jh. zum neuen kulturellen Zentrum mit großzügiger Förderung von Kunst, Wissenschaft und Technik geworden.

Ihre Ergebnisse strahlten – ebenso wie diejenigen im spanischen Kalifat **Cordoba** – weit in das christliche Süd- und Mitteleuropa hinein aus (vgl. 4.4.). Nach der Eroberung Bagdads durch die Türken (1055) verlagerte sich vom 11. Jh. ab die arabisch-islamische Wissenschaft mehr nach **Kairo**, wo 995 ein „Haus der Wissenschaft" (*Moschee al-Azhar*) gegründet und unter dem Kalifat von *al-Hakim* bedeutende Gelehrte herangezogen worden waren. Der Unduldsamkeit gegenüber allen anderen (besonders polytheistischen) Religionen stand relativ große Toleranz gegen fremde Kulturformen der unterworfenen Völker zur Seite, deren praktische und wissenschaftliche Kenntnisse assimiliert wurden. Bei der Entwicklung einer islamischen Theologie stützten auch sie sich auf griechische Philosophen und vermittelten deren Werke in arabischen Versionen nach Mitteleuropa.

Bei Übernahme medizinischer und naturwissenschaftlicher Anschauung spielte die im 5. Jh. von syrischen Gelehrten gegründete **Ärzteschule in Gundišapur** eine wichtige Rolle, wo auch nach der Schließung der Lehrstätten in Athen (529), der Zerstörung der Bibliotheken in Alexandrien (391 oder 640) und der Dogmatisierung der byzantinisch-christlichen Gelehrsamkeit (im 5. und 6. Jh. in Konstantinopel) antike Wissenschaft von den Originalquellen her kontinuierlich weitergepflegt worden war. Ihr Krankenhaus mit Apotheke wurden Vorbilder für spätere islamische Einrichtungen dieser Art, und ihre Ärzte wirkten vom 9. Jh. ab als Übersetzer der wichtigsten medizinischen, botanischen, zoologischen Schriften in dem 828 gegründeten „Haus der Gelehrsamkeit" im benachbarten Bagdad (Meyerhof 1930). In das ostarabische Herrschaftsgebiet flossen auch Kulturelemente aus Syrien, Persien, Mesopotamien, China und Indien ein und wurden von dort nach Westeuropa vermittelt (Chemie, Papierherstellung, Holztafeldruck aus China, Medizin, Astronomie und Rechenmethode aus Indien), auch selbst weiterentwickelt. Für bestimmte biologische Gebiete schränkte jedoch auch der Islam durch religiöse Anschauungen Erkenntnisfortschritte ein; so unterband das Verbot zur Abbildung des Menschen, zur Berührung von Leichen auch Tiersektionen und Studien zur Anatomie und Physiologie und verhinderte die Weiterentwicklung antiker Überlieferungen, während die Artenkenntnis an Tieren und Pflanzen durchaus zunahm und vor allem im Rahmen der Heilmittellehre weitervermittelt wurde. Aus der großen Anzahl arabisch-islamischer Autoren sei hier nur eine Auswahl derjenigen genannt, die eine maßgebliche Rolle bei der Erörterung biologischer Fragen noch an den frühen neuzeitlichen Universitäten spielten (vgl. Nabielek in [22]).

Dabei gilt es zu berücksichtigen, daß auch diese Gelehrten keine Spezialschriften verfaßten, sondern biologisch relevante Probleme im Rahmen gesamtphilosophischer oder medizinischer Werke allgemein-naturkundlich behandelten, im Sinne der Antike als „Einheit allen Wissens" und deshalb oft enzyklopädisch (*„Enkyklios paideia"*).

Der „erste Lehrer" des Islam, dem antiken Ideal eines dreistufigen Bildungsweges folgend (Propädeutik, Naturwissenschaft, Philosophie), war *al-Kindi* († um 870), der die Werke des *Aristoteles* zur Naturwissenschaft und zur Logik kommentierte und die **islamischen Aristoteles-Studien** begründete.

Als ältestes zoologisches Werk der Araber, das auch die Tierbücher des

Aristoteles benutzt, ist das *Buch der Tiere* von *al-Gahiz* (etwa 776–869) zu nennen, eine wohl als religiöse Bildungsschrift angelegte, kommentierte Sammlung von Geschichten über rund 400 Tierformen (auch Menschenrassen), Notizen über Fortpflanzung und Kreuzung von Tieren, über den Einfluß der Umwelt auf Gestalt, Lebensweise und Bewegungsart, als Beispiele für die Existenz eines Schöpfergottes geschildert. Es beeinflußte noch 400 Jahre später die unter dem Titel *Wunder Indiens* entstandene Schrift von *al-Qazwini* († 1283), die exotische Tier- und Pflanzendarstellungen enthält und alte Berichte über Fabelwesen (Drachen, Einhorn, Wassermensch) wiedergibt, wie auch das letzte berühmte zoologische Werk, ein großes zoologisches Lexikon von *al-Damiri* ((1347 bis 1405) in Kairo (Abb. 12–14).

Weitaus größeren wissenschaftlichen Wert haben die auf eigenen Reisebeobachtungen beruhenden Tier- und Pflanzenbeschreibungen von *al-Biruni* (973–1048), „einem der größten Naturwissenschaftler der arabisch-islamischen Periode", der in einem Werk über *India* neue Naturbeschreibungen gab und auch Vermutungen über „natürliche Auslese" äußerte (Šapirov 1972). Seine **medizinische Drogenkunde** beschreibt rund 750 Pflanzenarten aus den Mittelmeerländern und fast ganz Asien, darunter bisher ganz unbekannte, die über die Vorbilder des *Dioskurides* oder *Galen* hinausgingen.

Sein bedeutendster Zeitgenosse ebenfalls aus dem ostarabischen Herrschaftsgebiet war der bucharische Arzt *Ibn Sina* (980–1037), im lateinischen Schrifttum als **Avicenna** bekannt und noch im 17. Jh. an italienischen und deutschen Universitäten gelesen. Sein *Kanon der Medizin* und sein *Buch der Genesung*, eine vierteilige **Enzyklopädie der Philosophie**, zählen zu seinen Hauptwerken und enthalten seine Auffassungen über Naturwissenschaften und Biologie, die im wesentlichen an *Aristoteles* anknüpfen.

Sein *Kanon* war ein medizinisches Lehrbuch in 5 „Büchern" (Kapiteln), deren erstes u. a. auch Anatomie und Physiologie sowie allgemeine Einführungen in Diätetik, Prophylaxe, Kinderernährung und -erziehung enthält, wobei *Ibn Sina* neben eigenen Erfahrungen vorwiegend *Hippokrates*, *Galen* und arabische Autoren resümiert und teilweise auch korrigiert; das zweite Buch mit der Darstellung der einfachen Heilmittel (*Simplicia*), vorwiegend Heilpflanzen, enthält viele bis dahin nicht beschriebene Pflanzen der mittelasiatischen Flora; auch seine hygienischen Ratschläge (Trinkwasser, Klima, Nahrung) zum Schutz vor Infektionskrankheiten (Pest, Pocken) gingen über seine Zeit hinaus. Sein medizinisches Lehrsystem (in das auch chinesische und indische Elemente einbezogen sind) war theoretisch fundiert durch seine umfassende Philosophie, die mehr an die aristotelische als an die neuplatonische und streng islamische Tradition anknüpfte. Das betraf vor allem seine Auffassung von der körperlich-materiellen Welt, die er nicht unmittelbar von Gott (Allah) ableitete und mit ihm verbunden dachte.

Abb. 12. Pflanzendarstellung in der Qazwini-Handschrift (Forschungsbibl. Gotha, Ms. orient. A 1507): Bäume.

Abb. 13. Pflanzendarstellung in der Qazwini-Handschrift (Forschungsbibl. Gotha, Ms. orient. A 1507): Kräuter.

Abb. 14 a, b. Tierdarstellung in der Qazwini-Handschrift (Forschungsbibl. Gotha, Ms. orient. A 1507): Schildkröten bzw. Löwe.

اسار هواسد السباع فرع وكثرها جراة واعظمها هيبة واحوفها منظرجعته الله فقال كرازا ويندد والوجه وسعة
السندوس وحقة الاناب والمرين وسعة الصدر وعظة الذراعين وحقة المؤخر وجهارة الصوت لما حد ولا يقوم
اله لشيء من الحيوان   وزعموا النه لا يأكل من صيد غيرالبتة والذي سمى اذاصارسنيا كله قله وذلك بأن غيره لا يجرء
اله برجع صوته افناء والدث والنسائت   واناراى فخطار المبلء صنوا اذهبلله وجدينده سكت سورة عضبه
وانت صوله   وزعموا النه لا يقصدمن يواضع له ويذل ل واذاالكلح الغريبة تصد المع ويأكلمنه   واذا من اكله
الرير يزول مرضه وكلما يقارب المجء ماء الاسد ولهذا قال وفماء ذلك قد تاتك تفطراس ويمكث ثلا يمل برتد بوعك
الاسد لوير يده وذلك أن الرفإذا أصابه بعض الوجى فيبدء باكل السعد فإن السعد بخرج من بلده وهذا خاصة الاسد لا اغير

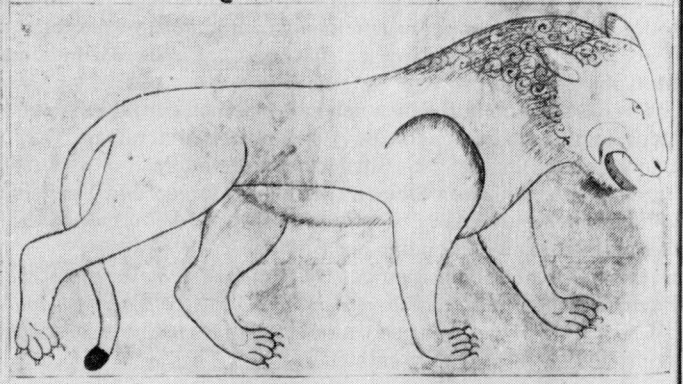

وان اساء حدة شة أوقحة مجمع عليه الذباب ود باع عن حتى يهكك ويهرب من ذيل الابيض ومن صرب القار
يهرب من ذيق جمع الجوانات الا الهمارفانه لا يبقد مع المثل ولا يرئ معالجوع حتى لا يغرل الصد   والنوع
من بني وادرمجها يجرائن فنفرن مرضا شديد ليآيتها الليث بالمياء فناكاويزامن مرضها   والابن عند ولاد بهاطل
اصاند ة ليلايهلك المثل اشبالها وكلما يقارق اشبالها نحوا ثارربراته لثلا يهتدى الى اشبالها باناربرا تهاك
واذ بجع الليث من موضعه بعد والنشبل خلقه فلوسمع صوتا يضع ويهرب فالليث خاف فى حصه وبزا ب خانته
كابرته حذ ذلك لا يضع من صوت أئته   وليس فى السباع شئ احدجرامن الاسد وعنه فى النية
يبني خسفه نار وكذا عين الغزولالسود والافق   قالويهرب من لزق المنفوخ ولا يغرض المراة الصفانت
وحكى بلاخوان ان الاسد باقى الى ظلر السفينة وتدلت على صحف واوجدم نخبخ وبعلم انه لابد بان بانها
حنطاب وبعد دوبلترق بالارض وبعض عينه كلا يصريه منها بالمياء ناها من حناع السفنية وانت
عليه ضربه   وله خواص اجراء   دماغ خلط بت عنيق وبلي العصو المرتضى والخنام برول

Er trennte vielmehr geistiges und materielles Sein (wodurch dieses erforschbar wurde) und dachte die menschliche Seele als Mittler zwischen beiden, die sich zwar nach dem Tod mit dem Weltgeist vereinige, aber **nicht individuell** weiterlebe oder wieder auferstehe. Wegen dieser Anschauung wurden später *Ibn Sinas* Lehrbücher von christlichen Theologen bekämpft, wegen ihres rationalistischen Kerns aber von der Frühaufklärung geschätzt (vgl. 5.1.). In der erkenntnistheoretischen Frage nach dem Wesen der „allgemeinen Begriffe" *(Universalia)* war er Nominalist (vgl. 4.2.2. u. 4.4.3.), der den Ursprung der „Namen" (Abstraktionen) dem menschlichen Intellekt zuschrieb. Trotz des islamisch-religiös bedingten Dualismus seiner Weltanschauung bildete seine Philosophie für ihn eine Einheit, deren 4 Teile systematisch aufeinander aufbauten und die gesamte Naturwissenschaft (Physik) einbezogen: **1. Logik, 2. Physik, 3. Mathematik, 4. Metaphysik.**

In der *Physik* behandelte *Ibn Sina* neben Problemen der physikalischen und meteorologischen Phänomene die Alchemie und Mineralogie, Geologie, Botanik und Zoologie. So klassifizierte er die Minerale, erörterte die Faktoren der Entstehung von Steinen, Metallen, Bergen und Versteinerungen pflanzlicher und tierischer Stoffe und erkannte die formende Kraft der Erosion, der Sedimentation und der Erdbeben.

In der **Botanik** schloß er sich an das (fälschlich *Aristoteles* zugeschriebene) Buch über die Pflanzen (*Liber de plantis*) des *Nicolaos von Damaskus* (1. Jh. v. u. Z.) an, das in Bagdad aus dem Syrischen übersetzt worden war und physiologische Angaben enthielt.

Demzufolge finden sich auch bei *Ibn Sina* Ausführungen über Ernährung, Wachstum und Fortpflanzung, über Saftbewegung und Entwicklung des Samens. Er beschreibt die Pflanzenorgane, die er in einfache Grundelemente (Rinde, Holz, Mark, Samen) und in zusammengesetzte (Zweig, Wurzel, Stamm), sowie in eine den Grundelementen verwandte Gruppe (Blatt, Blüte und Früchte) einteilt; Säfte, Milch und Harze kennzeichnet er als Ausscheidungen (vgl. auch Theophrast, 3.3.3.) und erörtert Strukturen und Funktionen der Organe sowie Klassifikationsprinzipien der Pflanzen. Die theoretische Behandlung der Lebensprozesse, der Pflanzengestalt, der Terminologie und Klassifikation geht sowohl über seine Vorbilder als auch über andere arabisch-islamische Schriften hinaus (Ullmann 1972).

Das Gleiche gilt für die **Tierkunde** des *Ibn Sina*, die sich eng an die Zoologie des *Aristoteles* anlehnt, diese kritisch kommentierte, physiologische Prozesse (Zeugung, Keimes- und Organentwicklung) rationalistischer erklärt und neue Tierarten und die Prinzipien der Klassifikation beschreibt. Dieser zoologische Teil von *Ibn Sinas* Enzyklopädie diente später in der lateinischen Übersetzung von *Michael Scotus* auch *Albertus Magnus* als Vorlage (vgl. 4.4.3.) und den arabischen Ärzten *al-Latif* und *al-Nafis* in Kairo als Vorbild. (s. u.).

Der 3. Teil der Philosophie von *Ibn Sina* ist den vier **mathematischen Disziplinen** der Antike gewidmet (Arithmetik, Geometrie, Astronomie und Musiktheorie) und der 4. Teil der **Metaphysik** oder dem „göttlichen Wissen", behandelt also den geistigen Bereich, die Weltentstehung und die Beziehung zwischen „Weltgeist", „Sphärengeistern", Engeln, der menschlichen Seele und den natürlichen Dingen. In diesen Teilen ist *Ibn Sina* von den Schriften des Bagdader Philosophen und Mathematikers *al-Farabi* († 950) beeinflußt, wie er in seiner Autobiographie selbst darstellt (Brentjes u. Brentjes 1979, S. 33–34), ebenso auch von der religiösen Sekte der „Lauteren Brüder von Basrah" (10. Jh.), der sein Vater und sein Bruder nahestanden.

Die **Lauteren Brüder** oder „Getreuen von Basrah" waren eine im 10. Jh. entstandene Geheimorganisation, die die neuplatonische Mystik pflegte und zeitweilig verfolgt wurde. Ihre Lehren sind durch die **Idee einer Stufenleiter** auch für die Biologie bemerkenswert und lange wirksam geblieben.

Nach ihnen erfolgte die Weltentstehung in 9 Stufen von oben nach unten, beginnend mit Allah, auf den der Geist, dann die Urseele, die erste „Materie", die zweite „Materie", die Welt in Kugelform, die „Natur" (als Kraft der Allseele) und die vier Elemente folgen. Die 9. Stufe schließlich „in der harmonisch gegliederten Kette von Wesen" repräsentiert „das unter dem Mondkreis Entstandene" und „zerfällt in vier Gattungen, in Mineral, Pflanze, Tier und Mensch", jede mit verschiedenen Arten unter sich, „von denen einige auf den niedrigsten, andere auf den höchsten... Stufen stehen, noch andere zwischen diesen beiden in der Mitte sind" [50].

Die Einzelobjekte der Naturreiche werden dann aber in **aufsteigender Stufenfolge** aufgezählt, das Mineralreich von „Gips" bis Gold, dann die „niedrigsten" Pflanzen, dem Mineral nahestehend („Ruinengrün", wohl Flechten) bis zu den „höchsten", dem Palmbaum, als „Tierpflanze" bezeichnet wegen seiner Zweigeschlechtigkeit, auf die auf niedrigster Stufe ein „Pflanzentier" („Röhrenschnecke", Röhrenwurm) folgt. Die Pflanze habe zeitlich vor den Tieren bestanden, „denn sie ist der Stoff zu ihrem Bau, die Materie zu ihrer Form und die Nahrung für ihren Körper", und „alle Tiere bestanden in der Zeit früher als der Mensch" (a.a.O. S. 94).

Die Schulen der *Lauteren Brüder* strebten eine Allgemeinbildung an und verfaßten enzyklopädische Bildungsschriften; aufgrund ihrer Anschauung von der Beziehung zwischen *Makrokosmos* (Weltall) und *Mikrokosmos* (Mensch) erarbeiteten sie eine detaillierte Anatomie und Physiologie des Menschen.

Die Schriften aus den ostarabischen Gebieten gelangten wohl durch die nach Kairo auswandernden irakischen Gelehrten zunächst nach Nordafrika. So knüpfte der aus Bagdad stammende Mediziner *al-Latif* (1162 bis 1231) an *Abn Sina* an, als er in seinem Werk *Über die Denkwürdigkeiten*

Ägyptens die Flora und Fauna Ägyptens beschrieb und eigene Beobachtungen an menschlichen Skeletteilen der Autorität *Galens* entgegenstellte. Auch der Arzt Ibn *an-Nafis* (1210 – 1231) aus Damaskus fußte auf *Ibn Sinas Kanon der Medizin*, arbeitete empirisch und folgerte aus der Anatomie des Herzens, daß das Blut nicht durch die Herzscheidewand von der rechten in die linke Herzkammer dringe, sondern durch die Lungengefäße (Meyerhof 1935). Er entdeckte also den **kleinen Blutkreislauf** lange vor *Colombo*, *Servet* und *Harvey* (vgl. 6. 2. 1.).

4.3.2. Islamische Autoritäten im westarabischen Gebiet

Auch im westarabischen Herrschaftsgebiet (Spanien) mit den Bildungszentren Cordoba, Toledo, Sevilla, Salamanca und Valencia wirkten bedeutende Mediziner und Gelehrte wie *Ibn Bagga* († 1138), lat. **Avempace**, der die Werke des *Aristoteles* in Spanien einführte, *Ibn Tufail Abu Bekr* (1100 bis 1185), lat. **Abubacer**, der als Arzt, Mathematiker und Dichter die Verstandesphilosophie des *Ibn Sina* weiter ausbaute und die europäische Frühaufklärung beeinflußte, der Arzt und Kliniker *Ibn Zuhr* (1091–1162), lat. **Avenzoar**, und vor allem *Ibn Ruschd* (1126–1198), lat. **Averroes**, der sich kritisch mit *Ibn Sinas* Dualismus und Platonismus auseinandersetzte, selbst als Arzt, Astronom und Philosoph wirkte und Aristoteles-Kommentare schrieb. Seine Verstandes-Philosophie (*Averroismus*) begleitete die Aristoteles-Renaissance an den neuzeitlichen Universitäten (Weiser 1985) spez. die Lehre von der unpersönlichen *anima intellektiva* (Wöhler 1990).

4.4. Biologisches im lateinisch-christlichen Schrifttum der europäischen Feudalzeit

Nach dem Zerfall des römischen Imperiums im 5. Jh., der sukzessiven Zerstörung des weströmischen Reiches durch die Franken im Norden, die Langobarden in Italien im 6. Jh. und der Erstarkung des Papsttums in Rom als überdynastischer, geistlich-politischer Macht vom 7. Jh. an (Kirchenstaat ab 754) entwickelte sich auch in Mittel- und Westeuropa im 8. Jh. das Lehnswesen als dominierende Wirtschafts- und Gesellschaftsform. Die vom Landesherrn (König, Kaiser) mit Grundbesitz (lat., *feudum*) belehnten Fürsten und Klöster erlangten mit Hilfe der bäuerlichen Agrarwirtschaft wachsende Wohlhabenheit und Souveränität. Vor allem die **Klöster** (zunächst der Benediktiner ab 6. Jh., nach 1000 weiterer Mönchsorden) und die in ehemals römischen Städten gegründeten **Bischofssitze** (Augsburg, Basel, Konstanz, Köln, Mainz u. a.) wurden zu Zentren christlicher Missionstätigkeit, aber auch der Pflege, Vermittlung und Weiterentwicklung antiker Traditionen, römischer Zivilisation und Bildung und jener christlichen Naturphilosophie augustinischer Prägung, die für die biologischen Inhalte des lateinisch-christlichen Schrifttums charakteristisch ist.

Während die ältere Wissenschaftsgeschichtsschreibung das Mittelalter pauschal als „finster" und unproduktiv abzuwerten pflegte, führte die Erschließung mittelalterlicher Quellen im 20. Jh. zur Anerkennung seiner Bedeutung als **Schulzeit Europas,** in der antikes Wissen in neuer Weise assimiliert wurde, in der die „Einübung der unteren Schichten der alten Kulturvölker und der in den Entwicklungsprozeß später eingetretenen Völker in überlegteres Produzieren und Denken" (Ley 1971, S. 100) erfolgte, in der ein neues spezifisches Bildungssystem entwickelt und neue Beziehungen zwischen intellektueller Schulung und naturbezogener praktischer Arbeit (Medizin, Landwirtschaft, Baukunst, Kunsthandwerk) geknüpft wurden.

4.4.1. Karolingische Bildungsreformen und angewandte Biologie

Zu den frühesten, durch ihre Ausstrahlung besonders berühmten christlichen Kulturzentren gehören z. B. die **Klöster und Klosterschulen** in Tours (Loire), auf der Insel Reichenau (Bodensee), in St. Gallen, in Fulda und Prüm (Eifel), die die **karolingischen Bildungsreformen** realisierten und wesentlich zur neuen Blüte der Wissenschaften in dem großen (von Spanien bis Dänemark und von der Bretagne bis zur Saale und zur Raab reichenden) Karolingerreich beitrugen.

Nachdem der fränkische Kaiser *Karl der Große* (742–814) den irischen Mönch *Alkuin* (um 735–804) aus York, wo er einer Klosterschule vorstand, 782 als Ratgeber an seinen Hof berufen hatte und eine „Hofschule" zur Ausbildung seiner Beamten gegründete, wurden die „sieben freien Künste" als Lehrplan eingeführt. Durch **das Wirken Alkuins** entwickelte sich besonders das Kloster St. Martinus in Tours „zu einer Art Hochschule des Frankenreichs" und die *7 artes liberales* „zu einem Stufengang des Wissens" in didaktischer Reihenfolge als Lehrprogramm für die Berufsausbildung der Kleriker [4].

Dieser antike Bildungskanon stützte sich auf die Schriften der lateinischen Kirchenväter, besonders auf *Boëthius,* der die vier „mathematischen" Fächer zum *Quadrivium* zusammengefaßt hatte, auf *Cassiodorus,* der die 7 Disziplinen mit den 7 Säulen im „Haus der Weisheit" Salomos verglichen und dadurch zur Bibel in Beziehung gesetzt hatte (*Sprüche Salomos* 9, 1) und auf *Isidor von Sevilla,* der in seiner weit verbreiteten *Etymologia* einen Abriß der 7 freien Künste gegeben hatte (vgl. 4.2.4.). Während aber ursprünglich in der Akadamie von Athen durch *Platon* das Gewicht der Grundausbildung auf den mathematischen Fächern lag, auf die erst später *Dialektik* etc. folgten, war schon im römischen Bildungssystem die Rangfolge meist umgekehrt worden (Scriba 1985).

Im karolingischen Bildungssystem wurde diese Reihenfolge aus den veränderten didaktischen Gründen nun durch den von *Alkuin* konzipierten
„Lehrplan" für das ganze Mittelalter festgeschrieben und zuerst das *Tri-
vium*, die drei „sprachlichen" Fächer (Grammatik, Rhetorik, Dialektik)
behandelt, in denen Schreiben, Lesen und Disputieren in lateinischer
Sprache sowie griechische und römische Literatur gelehrt werden mußten
[4].

In das *Quadrivium* wurden nach und nach auch neue Sachgebiete – entsprechend den erweiterten Bedürfnissen – eingeschoben, z. B. in die *Geometrie* auch Erd- und Länderkunde integriert, mit der *Astronomie* Kalen-
derrechnung, Chronologie und Chronistik (einschließlich Geschichte) verbunden oder das *Quadrivium* überhaupt durch drei weitere Fächer ergänzt
und zusammen mit Astronomie, Mechanik und Medizin zur *Physik* zusammengefaßt wie bei *Alkuin* und bei dem aus der Schule von Tours hervorge-
gangenen späteren Mainzer Bischof *Hrabanus Maurus* (776–856).

Von *Hrabanus Maurus* stammt eine enzyklopädische Naturlehre (nach
dem Vorbild der *Etymologia* des *Isidor*) über das Universum (*De universo
sive de rerum naturis libri XXII*), in der ausführlich Pflanzen und Tiere beschrieben und klassifiziert werden [22].

Als Abt der Klosterschule Fulda (822–842) hatte *Hrabanus Maurus* großen Einfluß auf die Verbreitung von Wissen und Bildung und erhielt den
Beinamen des „Lehrers von Deutschland" (*Praeceptor Germaniae*) [4].

In Fulda wurde ab 826 *Walahfried Strabo* (809–849) ausgebildet, der ab
839 als Abt des Benediktinerklosters Reichenau am Bodensee wirkte. Das
Kloster besaß eine reichhaltige Bibliothek antiker und römischer Schriftsteller, Abschriften von *Hippokrates* und *Galenos*, *Plinius* und *Vergil*. Von
Walahfried ist ein botanisches Lehrgedicht über den **Klostergarten** (*Hortu-
lus*) überliefert, das in poetischer Form nach dem Vorbild der *Georgica* von
Vergil 23 aus Italien eingeführte Pflanzenarten und ihre Verwendung schildert (Balss 1947; Marzell 1922).

Auch das Kloster St. Gallen (Schweiz) war ein Zentrum der damaligen
Wissenschaft und konzipierte um 820 einen Plan zur Anlage von Nutz-
pflanzen- und Arzneikräutergärten sowie einer **Menagerie** (Balss 1947).

Diese Aktivitäten waren angeregt worden durch einen Erlaß *Karls des
Großen* an Bischöfe und Äbte „zur Pflege der Wissenschaften und deren
Weitergabe und Lehre" sowie durch seine „Landgüterordnung" vom Jahre
812 (*Capitulare de villis vel curtis imperii ...*) mit Hinweisen zum Anbau
von Nutzpflanzen, zur Haltung von Nutztieren und Hege von Wild [4]. Dadurch wurden die **Klöster als Grundherren** zu wichtigsten Zentren der angewandten Naturwissenschaften und Naturlehre und hatten großen Anteil
an der Einführung und Verbreitung neuer Agrarmethoden (Dreifelder-

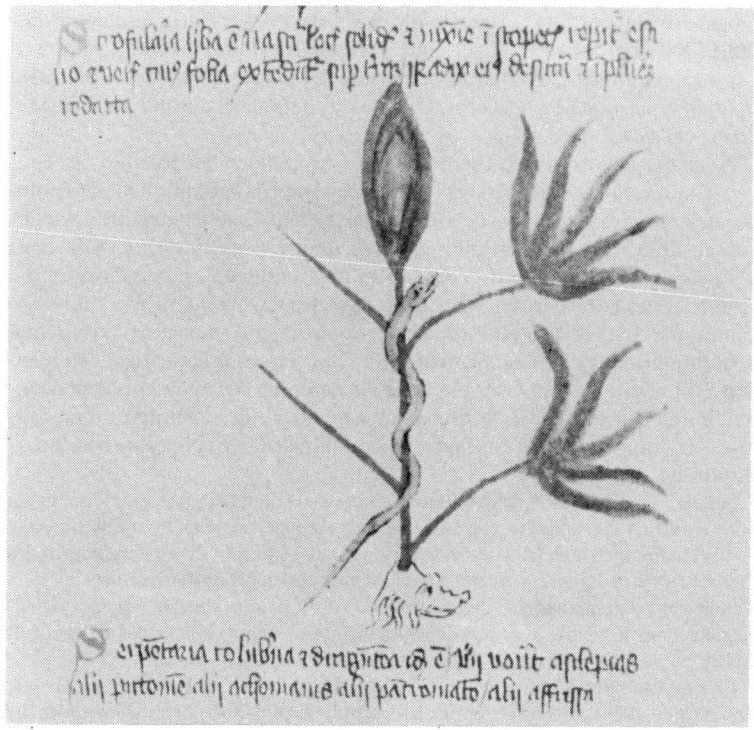

Abb. 15. Pflanzendarstellung (Schlangenkraut) aus einer spätmittelalterlichen Kräuterbuch-Handschrift (14. Jh., Univ.-Bibl. Basel).

wirtschaft). Viele Autoren von Kräuter- und Tierbüchern (*Herbarien* und *Bestiarien*) blieben anonym (Abb. 15).

Außer landwirtschaftlich-gärtnerischen Aufgaben oblag den Klöstern auch die **medizinische Betreuung**, so daß die Sammlung und der Anbau von Heilpflanzen und die Einrichtung von Apotheken nicht nur das Studium medizinischer Lehrbücher, sondern auch der einheimischen Natur und ihren Vergleich mit der Überlieferung anregte. Hierfür wurden zwei Werke (*Physica* und *Causae et Curae*) der *Hildegard von Bingen* (1098 bis 1179) berühmt, die in dem karolingischen Kloster Disibodenberg bei Kreuznach aufwuchs und später Gründerin und Äbtissin der Klöster Rupertsberg bei Bingen (1147) und Eibringen bei Rüdesheim wurde. In ihrem Werk *Physica* beschreibt sie die „einfachen Heilmittel, nach dem Schöpfungsbericht geordnet", das als die früheste lokale Naturgeschichte der Pfalz (300 Pflanzen-, 60 Vogel- und 30 Fischarten) für den Biologiehistoriker interessant ist. Zur Charakterisierung der Pflanzen und Tiere benutzte sie die *Primärqualitäten* (warm, kalt, trocken, feucht) aus der antiken Medizin (vgl. 3.4.2. u. 3.4.4.).

Auch die philosophisch-theoretischen Fragen nach der Realität der *Universalia*, die so eng mit späteren Problemen der Klassifikation in der Biologie zusammenhängen, wurden in karolingischen Gelehrtenzentren wieder aufgegriffen. Der irische Philosoph *Johannes Scotus Eriguena* (810–etwa 877) war um 845 von *Karl dem Kahlen* als Lehrer und Übersetzer an die Hofschule zu Paris berufen worden und setzte sich in seinem Werk über die Einteilung der Natur (*De divisione naturae*) mit der neuplatonischen Schöpfungslehre (*Emanationslehre*) und der daraus folgenden „absteigenden Stufenleiter" (von Gott über die Hierarchien der Engel bis zum Menschen und der übrigen Schöpfung) auseinander, die scheinbar im Gegensatz zur „aufsteigenden Stufenfolge des biblischen Schöpfungsberichtes" stand (vgl. 4.2.2.).

An der „Doppelnatur" des Menschen – einerseits „mit den übrigen Tieren in ein und derselben Gattung aus der Erde hervorgebracht, zugleich über alle tierische Natur hinaus nach dem Bild und Gleichnis Gottes gemacht" – wird der „Begriff des Menschen" und der „Begriff" der Tiere erörtert und der **Begriffsrealismus** mit dem Primat des Allgemeinen vor dem Einzelnen, der Gattung vor der Art, des Geistigen vor dem Körperlichen und der stufenweisen Herausbildung der Körperwelt aus ihren geistigen Ursachen verteidigt [50].

Im gegenteiligen Sinn wurde etwa 200 Jahre später die Frage von *Berengar von Tours* (998–1088) als Vorsteher der Klosterschule (um 1040) beantwortet, der die Vernunft (*ratio*) über den Glauben (*auctoritas*) stellte, die Begriffe als sekundär und von den Einzeldingen abgeleitet auffaßte und zu den frühen Vertretern des **Nominalismus** gehörte.

Bevor sich dieses zentrale erkenntnistheoretische Problem zu den mit logischer Schärfe geführten Auseinandersetzungen der Hochscholastik zuspitzte (vgl. 4.4.3.), spielte die **Schule von Chartres** mit ihren bedeutenden Lehrern *Bernhard von Chartres* († um 1127) und *Thierry von Chartres* († 1150) – Verfasser eines einflußreichen Lehrbuches über die 7 freien Künste (*Heptateuchon*) – durch einen an der Antike orientieren Pantheismus eine gewissermaßen vermittelnde Rolle [25].

4.4.2. Neue Rezeption der Antike durch Vermittlung der Araber nach Rückeroberung ihrer europäischen Gebiete

Das Erstarken des Frankenreichs zur Karolingerzeit mit ihren Bildungs- und Verwaltungsreformen, die Entstehung neuer, römisch-christlicher

Kultur- und Gelehrtenzentren an Bischofssitzen und Klöstern und die
weite Verbreitung christlicher Bildung in Mitteleuropa vollzogen sich fast
gleichzeitig mit der Entwicklung der islamischen Lehr- und Forschungs-
stätten in den ost- und westarabischen Herrschaftsgebieten (vgl. 4.3.). Die
fränkischen Fürsten und Könige verwandten einen guten Teil ihrer militärischen Kraft gegen die arabisch-islamischen Heere in Spanien, die erst
durch die Entscheidungsschlacht zwischen Tours und Poitiers (732) am
weiteren Vorstoß nach Norden gehindert worden waren. Zwischen 750
und 1031 entfaltete das Emirat bzw. **Kalifat von Cordoba** eine hohe Blüte
von Wissenschaft und Kunst und wurde zusammen mit Toledo, Sevilla, Salamanca und Valencia zum Zentrum hoher islamischer Kultur, wo antike
Werke der Medizin und Philosophie studiert, kopiert, übersetzt und weitervermittelt wurden, und von wo aus arabische Bildungselemente nach
Mitteleuropa flossen. Es besaß im 10. Jh. die größte Bibliothek, die die
Klosterbibliotheken um ein Vielfaches überstieg. Ein Pendant zur Hofhal-
tung *Karls des Großen* (768–814) war der glänzende Hof des Kalifen *Harun
al-Raschid* (786–809) in Bagdad, von wo aus Gesandtschaften nicht nur anläßlich der Krönung *Karls* zum römischen Kaiser (800) an seinen Hof kamen, sondern darüber hinaus auch kulturelle Beziehungen bestanden haben (z. B. Einfuhr exotischer Tiere; Balss 1947).

In größerem Umfange erfolgte die **Aneignung arabischer Literatur** und
Kunst, Wissenschaft und Technik aber erst nach der Zurückdrängung der
Araber aus Mittelspanien (Toledo 1085) und des seit 827 von Arabern besetzten Sizilien (1131), wo in der Mischbevölkerung mehrsprachig gebildete islamische, jüdische und christliche Gelehrte im 12. und 13. Jh. eine
rege Übersetzertätigkeit entfalteten. Die Aneignung medizinischer und
naturwissenschaftlicher (astronomischer, chemischer, biologischer)
Kenntnisse von den Arabern und den durch sie interpretierten Griechen
ging Hand in Hand mit Auseinandersetzungen mit der islamischen und der
arabisch und griechisch beeinflußten christlichen Philosophie durch rö-
misch-katholische Theologen. Dabei spielte die Rezeption der neu erschlossenen aristotelischen Schriften, begleitet von Beobachtungen in der
einheimischen Natur, eine wichtige Rolle und gab der **Scholastik des Hochmittelalters** (11.–13. Jh.) in bezug auf biologische Fragen ihr Gepräge.

Besondere Verdienste um die Vermittlung biologischer Erkenntnisse er-
warben sich Angehörige der neugegründeten „Bettelorden" (Dominika-
ner ab 1216, Franziskaner ab 1223), deren Ordensregeln (z. B. Fußreisen,
Tierschutz) eine stärkere Hinwendung zur Natur bedingten. Auf diese
Weise entstanden einige enzyklopädische Lehrschriften, die das antike
Wissen durch eigene Beobachtungen erläuterten und ergänzten.

Das Werk des englischen Franziskaners *Bartholomaeus Anglicus* (etwa

1200–1250), der 1225 in Paris, 1231 in Magdeburg als Theologe und Lektor wirkte, war in mehreren europäischen Sprachen verbreitet. Betitelt *Über die Eigenschaften der Dinge (De proprietatibus rerum)* enthält es in 18 „Büchern" eine geschlossene Naturlehre.

Es schildert die Organismen (in Übereinstimmung mit dem biblischen Schöpfungsbericht) im Zusammenhang mit ihrem Lebensraum: nach dem Buch über die Luft (Buch XI) die „Tiere der Luft" (Buch XII), im Buch über das Wasser zugleich die Wassertiere (Buch XIII), erst nach der Beschreibung der Erde (XIV), der

Abb. 16. Tierdarstellung (Miniaturen) zu der mittelalterlichen Handschrift *Über die Eigenschaften der Dinge* von Bartholomäus Anglicus (Anf. 13. Jh.) aus einer französ. Abschrift (Anf. 15. Jh.). Aus I. Kratzsch (Hrsg.), 1982, S. 99.

„Provinzen" Europas (XV) und der Mineralien (XVI) auch die Pflanzen (XVII) und Landtiere (XVIII) und schließlich „Eigenschaften" wie Farben, Gerüche, Geschmack (Abb. 16).

Der französische Dominikaner *Vincent von Beauvais* (1190–1264) widmete in seiner vierteiligen Enzyklopädie „Großer Spiegel" (*Speculum majus*), die eine Assimilaton griechischer und islamischer Quellen an die christlich-theologische Lehre darstellt, den dritten Teil der Naturlehre. Dieser Naturspiegel (*Speculum naturale*) enthält in 33 Büchern (= Kapiteln) Pflanzen- und Tierbeschreibungen, zunächst ebenfalls nach Schöpfungstagen gegliedert, in Buch 21 gesondert in alphabetischer Reihenfolge und in den letzten Büchern auch Anatomie und Physiologie der Tiere und des Menschen einschließlich psychologischer Bemerkungen (nach Balss 1947).

Eine weitere sehr verbreitete Enzyklopädie **Über die Natur der Dinge** (*Liber de natura rerum*, um 1240) stammt von dem Dominikaner *Thomas von Cantimpré* (1186–1263) aus Brabant, der in Cantimpré Stiftsherr war und 1232 als Lektor in Löwen wirkte. Seine Darstellung beginnt mit dem Menschen, auf den die Gruppe der Landtiere (Säugetiere) folgt, an die sich die Flugtiere (Vögel und Fledermäuse), Meerungeheuer, Meeres- und Süßwassertiere (einschließlich Krebse und Stachelhäuter), die Schlangen (darunter auch Eidechsen, Tausendfüßer, Skorpion und Tarantel) und Würmer (einschließlich Insekten) anschließen, danach die Bäume, Kräuter und Mineralien. Bemerkenswert sind eine Reihe neuer eigener **Naturbeobachtungen** aus seiner flandrischen Heimat, die sachlich deskriptiv wiedergegeben werden, ohne phantasievolle, legendäre Beimengungen (im Gegensatz zu *Hildegard von Bingen* 200 Jahre früher, s. o.). Nach diesem Buch entstanden Übertragungen in Volkssprachen, teilweise als freie Bearbeitungen wie die holländische durch *Jakob von Maerlant* mit dem Titel *Der Naturen Bloemen* (1265–1269) oder das *Buch der Natur* (um 1350), die erste Naturgeschichte in mittelhochdeutscher Sprache, des Regensburger Domherrn *Konrad von Megenberg* (1309–1374), der eine eigene Auffassung über die natürliche Entstehung de sogenannten „Wundermenschen" (*monstruosi,* Mißbildungen) vertritt.

4.4.3. Die Hochscholastik und das Wirken von Albertus Magnus als Biologe

Die bedeutendste Naturlehre mit theoretisch-philosophischem Gehalt, die 400 Jahre lang als Lehrbuch benutzt wurde, verfaßte der Dominikaner, Universitätslehrer, Ordensprovinzial und Bischof *Albert Graf von Bollstädt* (1193–1280) oder **Albertus Magnus**, der an den Universitäten Padua und Paris mit antikem Naturwissen und arabischer Philosophie bekannt wurde, u. a. an der Ordensschule in Köln lehrte und sich um eine Synthese

zwischen aristotelischer Naturwissenschaft und christlicher Philosophie
bzw. um eine dogmengerechte Kommentierung der *Physica* des *Aristoteles*
bemühte. Das war theologisch notwendig, da diese damals nur aus arabischen Übersetzungen und Kommentaren vorlagen und das christliche
Lehrsystem sich gegen Elemente der islamisch-pantheistischen Philosophie des *Avicenna* und mehr noch des *Averroes* (vgl. 4.3.2.) abgrenzen
wollte, ohne auf die faktischen Naturerkenntnisse zu verzichten. So übernahm *Albertus* deren kritische Überprüfung durch eigene Naturbeobachtung und ihre neue Kommentierung, woraus seine eigenständigen Werke
Über die Tiere (*De animalibus libri XXVI*), Über die Pflanzen (*De vegeta-
bilibus libri VII*), Über die Mineralien (*De mineralibus libri V*) und Über
die Natur der Gegenden (*De natura locorum*) eine physische Geographie,
entstanden.

Die Zoologie des *Albertus Magnus* besteht aus drei Hauptteilen:
1. In den ersten 19 „Büchern" werden die zoologischen Schriften des Aristoteles (vgl. 3.3.2.) nach der lateinischen Übersetzung des *Michael
   Scotus* aus dem Arabischen wiedergegeben und enthalten deshalb arabische Tiernamen und Termini anstelle der ursprünglichen griechischen, die erst im 15. Jh. wieder bekannt wurden (vgl. 5.4.).
2. Im Anschluß an die Erläuterung der aristotelischen Texte (in denen *Albertus* auch deren Einteilung in „Tiere mit Blut" und „Tiere ohne Blut"
   oder ersterer in „lebendgebärende Vierfüßer" und „eierlegende" übernahm) erörterte er in Buch 20 und 21 eigene erkenntnistheoretische Ansichten über die „Stufenfolge der Wesen" und über die Stellung des
   Menschen in bezug zu den Tieren.

Das schon von *Johannes Scotus* aufgeworfene Problem (s. o.) der Stufenfolge
„von unten her" nach der Entstehungszeit (Schöpfung) oder „von oben her"
nach dem Vollkommenheitsgrad entschied *Albertus* im Sinne der letzteren, indem er die psychischen Fähigkeiten zum Kriterium machte. Zwecks linearer
Anordnung auf der **Stufenleiter der Lebewesen** analysierte er eingehend die
Tierarten nach ihrem Lernvermögen, ihren Sinnesleistungen und ihrer Reak-
tionsweise in Form einer **„vergleichenden Tierpsychologie"** (Balss 1947). So
steht der Mensch an der Spitze der Leiter entsprechend seiner Verstandeslei-
stung (Abstraktionsvermögen), auf ihn folgt der „Pygmaeus" als vermittelndes
Glied zu den „stummen Tieren" (Affen). Bei Vierfüßern und Vögeln wird das
Lern- und Nachahmungsvermögen, bei Wassertieren die Bewegungs- und Reaktionsfähigkeit (Sinnesleistung) als Kriterium für die Rangfolge angenommen
und z. B. Fische an den Anfang, Schwämme an das Ende der Reihe gestellt, die
zu den Pflanzen vermitteln.

In Anknüpfung an die Seelenlehre des *Aristoteles* (vgl. 3.3.2.) gruppierte auch *Albertus* die Organismen in drei Bereiche:

- Pflanzen mit der Lebensseele (*anima vegetativa*),
- Tiere mit der Lebens- und Empfindungsseele (*anima sensitiva*),
- Menschen mit der Lebens-, Empfindungs- und Verstandesseele (*anima rationalis*)

und wählte die Stufenfolge nach dem Grad, in dem die höheren Seelenkräfte die niederen beherrschen. Darüber hinaus werden allgemein-biologische Fragen (stoffliche Elemente des Tierkörpers, wirkende und formende Kräfte) behandelt.

3. Im dritten Teil, den Büchern 22 bis 26, der separat als *Thierbuch Alberti Magni* 1545 in Deutsch gedruckt wurde (Abb. 17)
   – beschreibt *Albertus* alle damals bekannten Tiere, wobei er sich vermutlich auch auf die Naturkunde seines Schülers *Thomas von Cantimpré* (s. o.) stützte.

Wie dieser gruppiert er die Tiere nach Lebensmilieu und Fortbewegungsweise und widmet je ein Buch den *gressibilia* (Schreittiere inkl. Mensch), *volatilia* (Flugtiere), *natatilia* oder *aquatica* (Wassertiere), *reptilia* oder *serpentes* (Kriechtiere) und *vermes* (Gewürm); die Kapitelgliederung in jedem Buch läßt weitere Gruppen erkennen (Wiederkäuer, Nagetiere, Greifvögel, Plattfische etc.), ohne daß sie benannt werden. Innerhalb der Kapitel folgen die einzelnen Arten in alphabetischer Reihe ohne weitere Gliederung. Eine Klassifizierung war ebensowenig sein Ziel wie das seiner Vorgänger (vgl. auch 3.3.2.), wenn auch später sein „Tiersystem" rekonstruiert wurde (Balss 1928).

Die Botanik des *Albertus Magnus* ist hauptsächlich eine kommentierte Wiedergabe des durch *Avicennas Physik* überlieferten *Buches über die Pflanzen* von *Nicolaos von Damaskus* (vgl. 4.3.), ergänzt durch botanische Angaben aus *Avicennas Kanon der Medizin*, einem zeitgenössischen Kräuterbuch (*Circa instans*) aus Salerno (s. u.) und vielen eigenen Beobachtungen. Sie enthält rund 390 Pflanzenarten, herkömmlich eingeteilt in Bäume (*arbores*), Sträucher (*arbusta*), Stauden (*dera*) und Kräuter (*herbae*), und dazu eine weitere „unvollkommenste" Gruppe Pilze (*fungi*). Genau werden Gestalt und Stellung der Blätter, Blüten und Früchte beschrieben und „physikalisch" erklärt (Säfte, Boden, Wärme, Lauf der Sonne und Gestirne). Der Keimesentwicklung und Umwandlung (*transmutatio*) von Arten (Roggen in Weizen, Weizen in Spelz etc.) ist ein eigenes Buch gewidmet, worin verschiedene Ursachen (Einfluß von Boden, Nahrung, Gestirnen, Pfropfung) besprochen werden (Dittrich 1959).

Wohl von arabischen Quellen beeinflußt, sind zahlreiche astrologische Angaben über den Einfluß der Himmelskörper auf die Gestaltbildung der Pflanzen und auf Entwicklungsvorgänge (Geschlechtsreife, Lebensalter) der Tiere sowie die Organe des Menschen (*Mikrokosmos-Makrokosmos-Analogie*, vgl. 4.3.).

Abb. 17. Titelblatt von Albertus Magnus' *Tierbuch;* erste deutsche Ausgabe von Walther Ryff 1545.

Eine bedeutende Rolle spielte *Albertus Magnus* mit seinem Schüler *Thomas van Aquin* (1225–1274) in dem sich im 13. Jh. zuspitzenden **„Universalienstreit"** (s. o.). Das Kernproblem, das sich bereits bei *Boëthius* (vgl. 4.2.2.), bei *Johannes Scotus Eriguena* (9. Jh.) und *Berengar von Tours* (11. Jh.) abzeichnete (vgl. 4.4.1.) und bei der Herausbildung naturwissenschaftlichen Denkens der Neuzeit zentrale Bedeutung erhielt, entzündete sich bei der Auseinandersetzung mit der antiken Philosophie an den platonisch-aristotelischen **Begriffskategorien Gattung** *(genus),* **Art** *(species)* etc. als dem Allgemeinen *(universalia)* gegenüber dem Einzelnen. Es bestand in der Grundfrage:

– ob jene allgemeinen Begriffe, die *Universalia* eine eigene geistige Realität besitzen und primär **vor** den Einzeldingen und als deren Ursache existieren *(Universalia ante res),* wie die **Realisten** meinten,

– oder ob nur das Einzelding ursprüngliche Realität besitzt und die *Universalia* (Begriffe, Namen) nachträglich davon durch den menschlichen Verstand abgeleitet (abstrahiert) werden *(Universalia post res),* wie die **„Nominalisten"** behaupteten.

Der Streit berührte religiöse Überzeugungen und theologische Dogmen und war ein Ausdruck für beginnenden Zweifel an der Existenz göttlicher Ursachen und dem Widerstreit zwischen Verstandeswissen und Glauben.

Vernunft und Glauben miteinander zu vereinen, war das Anliegen von *Albertus Magnus* und *Thomas Aquin,* die mit logischer Schärfe und dialektischer Feinheit eine vermittelnde Stellung im Universalienstreit suchten und die Auffassung vertraten, daß das Allgemeine **in den Einzeldingen** liege *(Universalia in rebus),* denn da es ursprünglich vom göttlichen Urheber (dem ersten Beweger) der Dingwelt zugrunde gelegt wurde, könnte es nunmehr vom menschlichen Denken, d. h. durch Beobachtung der einzelnen Naturobjekte im Nachhinein wiedergefunden werden. Der Vernunft des Menschen erschließe sich dadurch mittelbar die Realität der göttlichen Existenz. Auch *Thomas von Aquin* bediente sich zur Erläuterung seines „Gottesbeweises" u. a. biologischer Beispiele (Zeugung und Embryonalentwicklung, Wachstum und Bewegung), und die präzise Argumentation des *Albertus Magnus* machte nicht nur die Werke des *Aristoteles* für die Kirche von der Mitte des 13. Jh. an wieder annehmbar, sie lieferte auch bis zum 18. Jh. die Motivation zur Naturforschung und zur Suche nach der den Naturreichen innewohnenden Ordnung (vgl. 7.1.1.).

Als Gegner des Begriffsrealismus und des thomistischen Kompromisses traten die englischen Franziskaner *Roger Bacon* (etwa 1285–1294) – an *Averroes* orientiert – und *Wilhelm von Ockham* (etwa 1285–1349) von der Universität Oxford auf und bahnten der induktiven Naturforschung einen Weg. (Über ihren Einfluß in Deutschland vgl. Stern, Voigt u. Schildhauer 1984).

4.4.4. Friedrich II. von Hohenstaufen und die ersten europäischen Universitäten

Ebenfalls stark von arabisch-islamischer Philosophie und Naturwissenschaft beeinflußt wirkte Kaiser *Friedrich II.* (1194–1250) am Hof in Palermo, wo der Hofastrologe *Michael Scotus* († etwa 1235) die zoologischen Schriften des *Aristoteles*, die Kommentare des *Avicenna und Averroes* ins Lateinische übersetzte (nachdem er an der islamischen Bibliothek in Toledo als Übersetzer und Autor astronomischer und alchemistischer Schriften gewirkt hatte). Der Hohenstaufe *Friedrich II.* hatte als König von Sizilien den Schwerpunkt seiner Regierung auf Süditalien konzentriert, dort ein gut organisiertes Staatswesen geschaffen und mit der Gründung der Universität Neapel (1224) und der Förderung der seit etwa 900 bestehenden Ärzteschule in Salerno (Sudhoff 1927) einen neuen Aufschwung der Wissenschaften bewirkt. Sowohl durch die arabische Tradition in diesem Gebiet als auch durch die neuen Handelsbeziehungen zum Orient wurde auch der islamischen Philosophie, Naturwissenschaft und Medizin ungehinderter Eingang in diese Bildungszentren zuteil, wovon nicht zuletzt die Interessen von *Friedrich II.* selbst beeinflußt waren. Das betrifft z. B. die Jagd mit Greifvögeln, die Anlage von **Menagerien** in Lucera und Foggia und eine umfangreiche Tierhaltung an seinem Hof, die zu eingehenden Tierbeobachtungen führte. Er hielt sie in seinem Manuskript *Über die Kunst, mit Vögeln zu jagen (De arte venandi cum avibus)* fest, das 1596 gedruckt wurde und ein frühes Zeugnis induktiver, von Dogmen unbeeinflußter Naturforschung ist, bei der er sich vergleichender, teilweise auch experimenteller Methoden bediente und nach mechanischen oder physiologischen Ursachen von Bewegungs- und Verhaltensweisen (Vogelflug, Nahrungserwerb) suchte [47]. Die Schrift ist ein Pendant zu dem Werk über Fische des indischen Königs Somesvara im 12. Jh. (vgl. 4.1.).

Das wichtigste Ergebnis mittelalterlicher Entwicklung für die neuzeitliche Wissenschaft war die Herausbildung des spezifischen **Bildungssystems,** das aus den Dom- und Klosterschulen (sowohl den theologischen *Scolae* als auch den Ärzteschulen) entstand (s. o.) und in den **Universitäten** des Hochmittelalters eine neue Organisationsform fand. Als „Gemeinschaft der Lehrenden und Lernenden" *(Universitas magistrorum et scholarem)* erinnern sie in manchen Beziehungen noch gegenwärtig an den kirchlich-klösterlichen Ursprung *(Dekan, Professor, Lehrkanzel).* Doch entstanden von Anfang an neben den kirchlichen auch weltliche „Hohe Schulen" zur Erziehung von Beamten für die Feudalstaaten, wozu schon *Karl der Große* in seiner „Hofschule" ein Vorbild schuf (vgl. 4.4.1.). So gab es bis zum 14. Jh. drei Hauptformen von Universitäten (Abb. 18):

1. **Kirchliche Gründungen** (z. B. Paris um 1200, Oxford 1249, Cambridge 1284), in

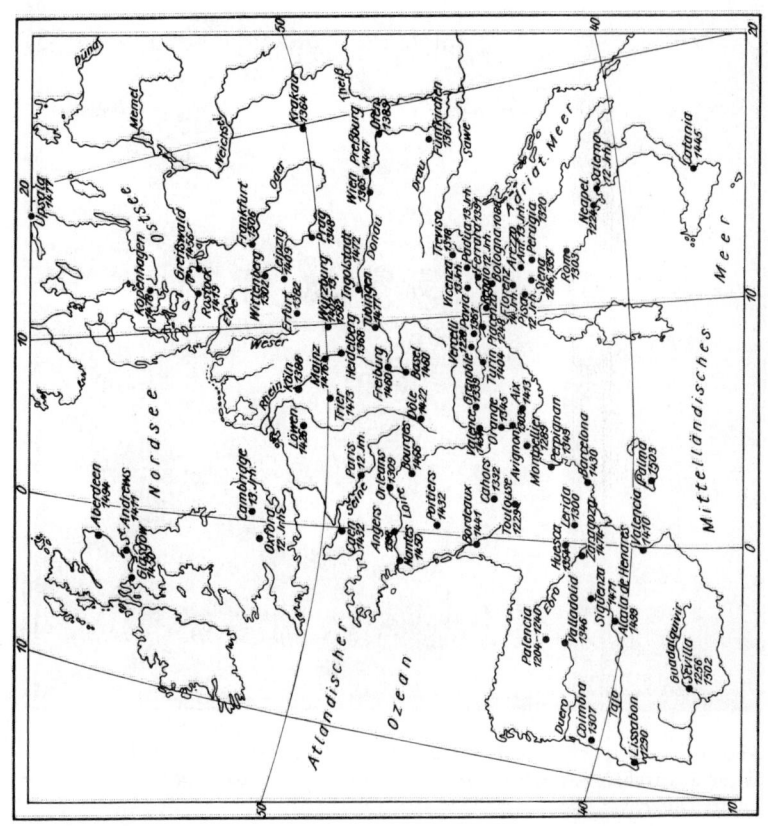

Abb. 18. Verteilung der mittelalterlichen Universitäten in Europa mit Gründungsdaten. Nach Diepgen 1949, ergänzt.

denen Lehrer und Studenten eine geschlossene Körperschaft unter einem Kanz-
ler bildeten (das spätere Collegesystem der Engländer und Anglo-Amerikaner).
2. **Staatsuniversitäten,** von Monarchen (oft mit päpstlicher Zustimmung) gegründet (z. B. Neapel 1224, Salamanca 1250, Prag 1348, Wien 1365).
3. **Weltlich-bürgerliche Universitäten,** von einem durch die Studenten gewählten
Rektor geleitet, unter städtischer·Verwaltung (z. B. Bologna 1119, Padua
1222), deren Herausbildung im Zusammenhang mit den handelsmächtigen,
durch die *Kreuzzüge* erstarkten und von der römischen Zentralgewalt unabhängig gewordenen oberitalienischen Stadtstaaten (Venedig, Bologna, Genua)

Abb. 19. Lehrszene an einer mittelalterlichen Universität über Mineralogie (Mi-
niatur aus französ. Abschrift von Bartholomäus Anglicus *Über die Eigenschaften der Dinge;* vgl. Abb. 16).

stand und von den Formen des Zunftwesens beeinflußt war. Von hier aus breiteten sich auch rationalistische, von islamischer Philosophie und Medizin des
Rhazes, Avicenna und Averroes (Averroismus) abgeleitete Lehren und Methoden aus (Randall jr. 1961) [25, Bd. 2./2].

Ihr Lehrprogramm, auf Fakultäten verteilt, weist noch lange Zeit auf die
Ursprünge zurück, auch wenn sich der Inhalt wandelte. Das traditionelle
Grundwissen der *Artes liberales* wurde in der „Artistenfakultät" vermittelt,
wie noch bis zum 17. Jh. die **Philosophische Fakultät** auch genannt wurde,
die propädeutischen Charakter hatte und auch das Fach „Naturlehre"
(*Physica*) im antiken umfassenden Sinn – einschließlich Botanik und Zoologie und diese vor allem „philosophisch", d. h. mit allgemein-biologischen
(physiologischen) Themen – behandelte (Abb. 19).

Darauf baute sich das Spezialstudium – zunächst vor allem Theologie – in einer
Theologischen Fakultät auf. Daneben kamen später die Juristische Fakultät sowie
die biologiehistorisch wichtige *Medizinische Fakultät,* die ebenfalls an alte Traditionen anknüpfen konnte (vgl. 3.4.4., 3.4.5., 4.2.3. und 4.3.). Auch im Mittelalter
besaß die Medizin schon spezielle Lehrstätten wie die von Benediktinern gegründete **Ärzteschule in Salerno,** wo im 11. Jh. antike und islamische medizinische Literatur aus dem Arabischen übersetzt, Tieranatomie betrieben und Botanik gepflegt
wurde; das von dem Lehrer der Heilmittelkunde (*Materia medica*) verfaßte Kräuterbuch (*Circa instans ...*) von *Matthaeus Platearius* (11. Jh.) benutzte *Albertus Magnus* (s. o.). Ebenso bedeutend waren die **Ärzteschule in Montpellier,** die 1220 den
Status einer Fakultät erhielt und ihre Blüte der Vermittlung antiker Kenntnisse von
den spanischen Arabern und Juden verdankte, **in Cremona,** wohin die Übersetzungen des *Gerhard von Cremona* (1124–1187) aus Toledo flossen und wo schon 1286
Leichensektionen erfolgten, und vor allem in **Bologna,** wo im 13. Jh. das scholasti-
sche Lehrsystem für die Medizin (*Lectiones, Disputationes)* entwickelt und ab 1302
anatomische Sektionen durchgeführt wurden (*Anathomia* 1316 von *Mondino de'
Luzii*).

So waren diejenigen medizinischen Fächer, in denen sich auch der biologische Wissenszuwachs vom 16. Jh. ab vollzog (vgl. 5.2.), Anatomie, Botanik – neben theoretischer Physiologie nach *Galen* – „bereits im Mittelalter
... fest verankerte Lehrformen des medizinischen Unterrichts" (Harig
1985, S. 57).

Zusammenfassung von Kapitel 4

Der Zeitraum vom Ende des römischen Weltreiches (4. Jh.) mit der Verlagerung
des kulturellen Zentrums nach Konstantinopel bis zur Eroberung dieser Stadt
durch die Türken (1453) ist gekennzeichnet durch die Herausbildung neuer Wirt-
schafts- und Sozialstrukturen auf der Grundlage des Lehnswesens (Feudalismus)
und die Ausbreitung religiöser Strömungen zu alles beherrschenden Weltreligio-

nen. Deren dominierende Rolle bei der weiteren Rezeption antiker Kultur- und Wissenschaftstraditionen bestimmen sowohl die Gemeinsamkeiten dieser Zeit als auch die Spezifika in der Pflege und Weiterentwicklung biologischer Kenntnisse. Im Vordergrund stand die Erarbeitung theologischer Lehrsysteme und im Zusammenhang damit in unterschiedlicher Intensität die Zuwendung zu metaphysischen Fragen und die Hintansetzung von Weltgelehrsamkeit. Doch flossen Bestandteile griechischer Philosophie in die Theologien ein und wurden mit diesen zusammen in Europa und Asien verbreitet und in verschiedener Weise verformt.

Der schon im 6. Jh. v. u. Z. in Indien entstandene **Buddhismus** begann sich im 1.–2. Jh. im ganzen Orient auszubreiten und bewirkte einen Austausch alter Kulturtraditionen mit spezifischem Wissen über Naturprozesse und Heilmittel. Zwar herrschte in dieser Religion eine besonders passive Haltung zur Welterkenntnis vor, doch bedingten die Wiederverkörperungslehren nicht nur eine tolerante Einstellung zur Organismenwelt und zu frühen Tierschutzmaßnahmen, sondern auch eingehende Naturstudien und Beobachtungen der Tierwelt, frühe tiermedizinische Einrichtungen und die Pflege botanischer Klostergärten. Ein auf subtile Naturbeobachtung gegründetes Werk über Fische entstand im 12. Jh. in Indien.

Für die europäische Entwicklung wurde das im 2. Jh. in römisch besetzten Gebieten sich ausbreitende **Christentum** maßgebend, das Elemente der jüdischen und griechischen Überlieferung in sein Lehrgebäude übernahm. Beim Ausbau der christlichen Theologie durch die syrisch und griechisch gebildeten „Kirchenväter", die die Auswahl und Interpretation der biblischen Schriften bestimmten, wurden viele biologische Grundfragen philosophisch erörtert und paradigmatisch für Jahrhunderte beantwortet. Im Zusammenhang mit der Auslegung der Schöpfungsgeschichte, der Sintflutsage, der jungfräulichen Geburt entstanden Schriften über die Entstehung der Pflanzen- und Tierwelt, ihre Lebensbedingungen, Fortpflanzungs- und Vererbungsprozesse, wobei auch antike Kenntnisse und Theorien herangezogen wurden, insbesondere die Ideenlehre *Platons*. Die griechische Tradition wirkte vor allem im byzantinischen Reich fort. Bei den griechisch-christlichen Kirchenvätern *Basileios*, *Gregorios* und *Kyrillos* im 4.bis 5. Jh. liegen den Kommentaren zum Schöpfungsbericht der Bibel sowohl aristotelische Theorien über die Stufenfolge der Organismen als auch eigene gute Naturkenntnisse zugrunde. Die lateinisch-christliche Patristik stützte sich auf die Werke *Galens* und *Plinius'* sowie auf die Neuplatoniker *Plotin und Porphyrius*. Einflußreiche biologische Kommentare zur Genesis mit anatomischen, physiologischen und embryologischen Erörterungen verfaßten vor allem *Lactantius*, *Ambrosius* und *Augustinus* im 4. bis 5. Jh. sowie der Römer *Boëthius* im 6. Jh., der erstmals auch die Streitfragen der Scholastik formulierte.

Alle Schriften der **Patristik** hatten das gemeinsame Anliegen, die Weisheit des Schöpfungsplanes zu beweisen und den theologischen Lehren auch auf naturwissenschaftlichem Gebiet Geltung zu verschaffen.

Als dritte Weltreligion entstand im 7. Jh. der streng monotheistische **Islam,** dessen sinnenfreudige Weltzugewandtheit im Kontrast zum Christentum stand. Bei seiner von den Arabern getragenen Ausbreitung über die einst ost- und weströmischen Gebiete wurden mit dem antiken Kulturgut auch Naturwissenschaft und Medizin assimiliert, die griechischen und lateinischen Schriften übersetzt und zusammen mit islamischem Gedankengut in den neuen arabisch-islamischen Kulturzentren aufbewahrt und weitervermittelt. Diese Zentren waren vom 8. Jh. ab das *Kalifat von Bagdad* mit dem (nach dem Vorbild der syrischen *Ärzteschule von Gundišapur* gegründeten) „Haus der Gelehrsamkeit", *Cordoba in Spanien* und vom 11. Jh. ab *Kairo*. Im Rahmen der islamischen Medizin wurden vor allem die naturwissenschaftlichen und zoologischen Werke des *Aristoteles* ausgewertet und ihre Inhalte nach Westeuropa vermittelt, ergänzt und vermehrt durch neue Beobachtungen, die aus den ost- und nordasiatischen Gebieten einflossen. Für die Naturkunde waren besonders die Lehren der Lauteren Brüder von Basrah im 10. Jh. und die Schriften des Arztes *Ibn Sina (Avicenna)* im 11. Jh. aus dem ostarabischen Herrschaftsgebiet einflußreich, in denen der stufenförmige Aufbau der Welt und ihre sukzessive Entstehung vertreten wurde. Während **Avicenna** philosophisch einen Platonschen Dualismus zuneigte, wirkte im westarabischen Gebiet in Spanien der Mediziner *Ibn Ruschd* **(Averroes)** im 12. Jh. mehr im Sinne einer rationalistischen, an *Aristoteles* orientierten Philosophie. Beide Moslems beeinflußten die Naturlehre an den neuzeitlichen Universitäten.

Mit der Christianisierung Mittel- und Nordeuropas entstanden an Bischofssitzen und Klöstern neue Bildungszentren in Dom- und Klosterschulen zur Ausbildung des Klerus und der Hofbeamten. Insbesondere durch den Abt *Alkuin* und die karolingischen Bildungsreformen wurden vom 8. Jh. ab die antiken *„7 freien Künste"* zur Grundlage der Lehrpläne, die auch Naturgeschichte enthielten. Daraus entwickelte sich vom 11. Jh. ab das spezifisch europäische Bildungssystem der **Universitäten** und Ärzteschulen. Darüber hinaus wurden botanische und zoologische Kenntnisse nach antiken Schriften und Naturbeobachtungen im Rahmen der Heilkunde an den Klöstern tradiert (*Herbarien* und *Bestiarien*). Ein herausragendes Beispiel sind die Schriften der *Hildegard von Bingen* im 12. Jh. neben naturkundlichen Enzyklopädien der Franziskaner- und Dominikanermönche.

Durch den Dominikaner *Albertus Magnus* erfolgte eine Synthese zwischen den arabisch überlieferten Schriften des *Aristoteles*, eigenen Naturbeobachtungen und dem Lehrsystem der katholischen Kirche. Zusammen mit seinem Schüler *Thomas von Aquin* suchte *Albertus* in dem im 13. Jh. zum Höhepunkt kommenden **Universalienstreit der Scholastik** nach eienr Vermittlung zwischen Wissen und Glauben, wobei biologische Beispiele zur Klärung der Begriffe *Art* und *Gattung* und anderer Begriffskategorien der Naturobjekte eine wichtige Rolle spielten. Sein Tiersystem, die Bewertung der Organismen nach ihren Seelenfähigkeiten und ihre Rangfolge auf der „Stufenleiter" der Lebewesen, sowie viele Angaben über Ernährungs- und Fortpflanzungsbiologie gehörten bis zum 18. Jh. zum naturkundlichen Lehrstoff der Universitäten.

Gegen den thomistischen Begriffsrealismus wandten sich u. a. die englischen Franziskaner *Roger Bacon* und *William von Ockham* im 13. Jh. bis 14. Jh. als Vertreter des Nominalismus, die die empirische udn rationale Naturforschung der Neuzeit vorbereiteten.

Literatur zu Kap. 4

Allgemeine Geschichte des Mittelalters. Berlin 1985.

Altenauer, B.: Patrologie. Stuttgart 1951.

Balss, H.: Albertus Magnus als Zoologe. Münch. Beitr. Gesch. Lit. Naturwiss. Med., H. 11/12. München 1928.

– Albertus Magnus als Biologe. Werk und Ursprung. Große Naturforscher, Bd. 1. Stuttgart 1947.

Bodenheimer, F. S., und Rabinowitz, A.: Timotheus of Gaza on animals. Fragmenst ... transl., comm. and introd., Coll. trav. Acad. intern. hist. sciences, no. 3. Paris 1949.

Brentjes, B., und Brentjes, S.: Ibn Sina (Avicenna). Der fürstliche Meister aus Buchara. Biogr. hervorragender Naturwiss., Techniker und Mediziner, Bd. 40. Leipzig 1979.

Bühler, J. (Hrsg.): Schriften der Heiligen Hildegard von Bingen. Leipzig 1922.

Campenhausen, H. Frh. v.: Griechische Kirchenväter. Stuttgart 1955, 1961.

– Lateinische Kirchenväter, Stuttgart 1960.

Crombie, A. C.: Von Augustinus bis Galilei. Die Emanzipation der Naturwissenschaft. Köln, Berlin 1959.

Dittrich, M.: Getreideumwandlung und Artproblem. Eine historische Orientierung. Jena 1959.

Fischer, H.: Die heilige Hildegard von Bingen, die erste deutsche Naturforscherin und Ärztin. Münch. Beitr. z. Gesch. u. Lit. d. Naturwiss. u. Med., H. 7/8 (1927).

– Mittelalterliche Pflanzenkunde. Geschichte der Wissenschaften:Geschichte der Botanik, Bd. 2. München 1929.

Harig, G.: Die Galenschrift „De simplicium medicamentorum temperamentis ac facultatibus" und die „Collectiones medicae" des Oreibasios. NTM *3* (1966) 7: 3–26.

– Byzantinische Medizin. In: Geschichte der Medizin. Hrsg. A. Mette und I. Winter. Berlin 1968.

– Die Bestimmung der Intensität im medizinischen System Galens. Ein Beitrag zur theoretischen Pharmakologie, Nosologie und Therapie in der Galenischen Medizin. Schriften z. Gesch. u. Kultur d. Antike, Bd. 11. Berlin 1974.

– Medizin und Renaissance in ihrem Verhältnis zum antiken Erbe. Acta historica Leopoldina, Nr. 16. Halle (Saale) 1985, S. 55–64.

Hoßfeld, Paul: Albertus Magnus als Naturphilosoph und Naturwissenschaftler. Bonn 1983.

Hünemörder, Ch.: Antike und mittelalterliche Enzyklopädien ... Sudh. Arch. *65* (1981) 4.

Karpelles, L.: Die Thierwelt im Leviticus (3. Buch Moses). Verh. zool. bot. Ges. Wien. 1885, S. 257–266.

Kratzsch, I. (Hrsg.): Eigenschaft der Dinge. (Einführung S. 5–41). Jena 1982.

Ley, H.: Studie zur Geschichte des Materialismus im Mittelalter. Berlin 1957.

Lindberg, D. (Hrsg.): Science in the Middle Ages. Chicago 1978.

Lindsay, W. M. (Hrsg.): Isidori Hispalensis Episcopi Etymologiarum sive Originum libri XX. Oxford 1911 (Nachdr. 1957).

Maier, A.: Studien zur Naturphilosophie der Spätscholastik. 5 Bde. Rom 1949–1958 (bes. Bd. 5: Zwischen Philosophie u. Mechanik).

Marrou, H. J.: Augustinus in Selbstzeugnissen und Bilddokumenten. 1958.

Meyer, H.: Geschichte der Lehre von den Keimkräften von der Stoa bis zum Ausgang der Patristik, Bonn 1914.

Nabielek, R.: Die Biologie in der Feudalgesellschaft. In: [22].

Needham, J.: Science and civilisation in China. 12 Bde. Cambridge 1954–1984. Bd. 6: Biology and biological technology.

Pigulevskaja, Nina V.: Byzanz auf den Wegen nach Indien. Berlin 1969.

Randall jr., H. J.: The School of Padua and the emergence of modern science. Padua 1961.

Šapirav, A.: Velikij myslitel' Beruni. Taškent 1972.

Schipperges, H.: Die Assimilation der arabischen Medizin durch das latainische Mittelalter. Sudhoffs Arch., Beih. 3. Wiesbaden 1964.

Scriba, Chr. J.: Die mathematischen Wissenschaften im mittelalterlichen Bildungskanon der Sieben Freien Künste. In: Acta historica Leopoldina, Nr. 16. Halle (Saale) 1985, S. 25–54.

Sezgin, F.: Geschichte des arabischen Schrifttums (GAS), Bd. 3–4. Leiden 1970–1971.

Stannard, J.: Byzantine botanical lexicography. Episteme 5 (1971): 168–187.

Stern, L., Voigt, E., und Schildhauer, J.: Deutschland von der Mitte des 13. bis zum Ende des   15. Jh. Berlin 1984.

Sudhoff, K.: Die erste Tieranatomie von Salerno und ein neuer salernitanischer Anatomietext. Arch. Gesch. Math. Techn. 10 (1927): 136–154.

Théodoridès, J.: La parasitologie chez les Byzantins. Essai de comparaison avec les Arabes. Actes 15° Congr. Int. Hist. Médecine 1 (1957): 207–221.

– La zoologie au moyen age. Confér. Palais Découverte, Sér. D, Nr. 55 (1958).

Ullmann, M.: Die Medizin im Islam. In: Handbuch der Orientalistik. Hrsg. B. Spuler. Abt. 1, Erg. Bd. 6, 1. Leiden, Köln 1970.

– Die Natur- und Geheimwissenschaften im Islam. In: Handbuch der Orientalistik. Hrsg. B. Spuler, Abt. 1, Erg. Bd. 6, 2. Leiden, Köln 1972.

Weimar, Peter (Hrsg.): Die Renaissance der Wissenschaften im 12. Jahrhundert. Zürich 1981.

Weiser, U.: Zwischen Antike und europäischem Mittelalter. Die arabisch-islamische Medizin in ihrer klassischen Epoche. Med.-hist. J. 20 (1985): 319–341.

Wöhler, H.-J.: Geschichte der mittelalterlichen Philosophie. Berlin 1990.

Teil II: Biologie als Naturwissenschaft

5. Die Neuorientierung biologischer Forschung und Lehre in der Renaissance (15.–16. Jh.)

Die Renaissance – wie die „Wiedergeburt" eines weltbejahenden, an der antiken Plastik und Architektur orientierten Kunststils im Italien des 14. Jh. rückblickend genannt wurde (Vasari 1550; Stendhal 1817) – stand in Mittel- und Westeuropa in mehr als in dieser einen Beziehung in krassem Gegensatz zu der weltabgewandten, naturfernen Jenseitigkeit des Mittelalters mit den Bildungsprivilegien des theologischen Gelehrtenstandes, wenngleich auch schon die spätmittelalterlichen Künstler und Handwerker ein neues Selbstbewußtsein (Zünfte) und eine neue Zuwendung zum Naturstudium signalisiert hatten (Behling 1957, 1964). Doch was sind Faktoren und was nur Symptome des neuen Entwicklungsschrittes? Er erweist sich (trotz fließender Übergänge auf manchen Gebieten) im historischen Rückblick deutlich als Anbruch eines neuen Zeitalters, einer „Neuzeit", die – auf der Grundlage frühkapitalistischer Wirtschaftsformen – die **Geburt der Naturwissenschaften** als eine spezifisch neue kulturelle Leistung bewirkte, die Europa in die Weltkultur einbrachte. „Naturwissenschaft" bedeutet von da ab ein neues methodisches Verständnis vom Mathematik und Physik (zunächst im engeren Sinne von „Mechanik"), das die abendländische Technik heraufführte und dadurch im Verlauf von 400–500 Jahren in neuer Weise die Produktion und das gesellschaftliche Leben bestimmte. Daß bei diesem „Erwachen" die Städtekultur, das Aufblühen des arbeitsteiligen Handwerks, die Ausweitung der Handelsbeziehungen eine maßgebliche Rolle spielten und nicht zuletzt die islamische Kultur und Philosophie ihren Einfluß geltend machten, zeigt die Tatsache, daß die italienischen Städte (Palermo, Siena, Bologna, Florenz, Padua, Venedig) zu Ausgangszentren der neuen Lebenserhaltung wurden, ihre Universitäten – an denen averroistische und nominalistische Lehren (vgl. 4.3.2. und 4.4.3.) Fuß fassen und verbreitet werden konnten – zu Keimzellen neuer naturwissenschaftlicher Gelehrsamkeit wurden. Sie bildeten auch das Eingangstor der antiken Quellenschriften nach Mitteleuropa, wie z. B. der Zoologie des *Aristoteles,* die zum ersten Mal aus griechischen Originalhandschriften, von *Theodoros Gaza* ins Lateinische übersetzt, 1476 in Venedig erschien.

Als markantes Ereignis, das die Wiedergeburt griechischer Wissenschaft und damit die „Renaissance" auch für die Biologie mitbedingte, gilt ja die Eroberung von Byzanz durch die Türken **im Jahre 1453**, die die Flucht griechischer Gelehrter von Konstantinopel nach Italien und die Übermittlung der griechischen Originale bewirkte. Die Folge waren vertiefte Sprach- und Literaturstudien, der Vergleich mit Übertragungen aus arabischen Quellen und vor allem mit der Natur selbst nach der Methodik, die *Aristoteles* selbst lehrte (vgl. 3.3.2.). Zugleich breiteten sich die antiken Ideale des allseitig gebildeten, harmonischen und selbstbewußten Menschen aus, wie sie die Persönlichkeiten des bürgerlichen „Humanismus" repräsentierten, die nicht nur vielseitige Gelehrte waren, sondern Pädagogen, die für neue, von Dogmatismus und kirchlicher Bevormundung befreite Bildungsformen für Jungen und Mädchen in gleicher Weise eintraten und auch Naturstudien einbezogen (z. B. Joachim *Camerarius*, Euricius *Cordus*, D. *Erasmus von Rotterdam*, Philipp *Melanchthon*). Die Loslösung von Autoritäten, die zunehmende Individualisierung auch des religiösen Lebens und aufkeimendes Nationalbewußtsein fanden ihren Ausdruck in vielfältigen Formen der „Reformation" und des „Protestantismus" (Jan *Hus*, J. *Calvin*, M. *Luther*, H. *Zwingli*); *Luthers* Bibelübersetzung aus den Originalquellen (1522, 1537) ermöglichte erstmals in großer Breite den individuellen Zugriff zu der christlichen und alttestamentlichen Überlieferung und wurde als Volkslehrbuch zur allgemeinen Unterweisung in Lesen und Schreiben, in deutscher Sprache und Grammatik, aber auch in Geschichte (deren Erforschung im Humanismus eine neue Qualität erhielt) und in Naturkunde (anhand der Schöpfungsgeschichte) genutzt.

Wesentlichen Anteil an der Breitenwirkung der neuen geistig-kulturellen Bewegung hatten die vorangegangenen technischen Erfindungen wie **Papierherstellung und Buchdruck.** Während die Verwendung von Papier anstelle des teuren Pergaments aus China (vgl. 4.1.) vermutlich durch die Araber oder durch italienische Handelsbeziehungen (z. B. durch die venezianische Kaufmannsfamilie *Polo)* schon im 13. Jh. in Italien und Spanien bekannt und die erste deutsche Papiermühle durch italienische Papiermacher bereits 1389 bei Nürnberg entstanden war, folgte die Erfindung des Buchdruckes mit gegossenen und beweglichen Metalltypen um 1445 (Joh. *Gensfleisch zum Gutenberg* 1394/99–1468) unabhängig von älteren Druckverfahren in China und Korea als etwas technisch „völlig Neues" und „formte das Gesicht der Zeit um" (Funke 1959). Hatten zu den ersten Druckerzeugnissen neben Kalendern zunächst die Bibeln (außer lateinischen schon vor 1500 auch deutsche und andere volkssprachliche) gehört, so folgten schon bald durch Verbindung des Buchdrucks mit der viel älteren Holzschnittkunst als erste biologische Schriften **illustrierte Kräuterbücher,** 1484 der lateinische „*Herbarius*" und 1485 in deutscher Sprache (als

„*Gart der Gesundheit*") in Mainz, sowie die Tierfabeln des *Äsop* 1476 in Ulm und der Reisebericht Marco *Polos* (1254–etwa 1324) 1477 in Nürnberg. Nürnberg wie Augsburg (das Verbindungstor zu Italien) wurden auch Zentren des Instrumentenbaues für Raum- und Zeitmessung (Chronometer und Kompaß, Fernrohr und Theodolit), deren die Hochseeschifffahrt und Astronomie bedurften (vgl. 6.3.). Nürnberg wurde schließlich zu einem Verbreitungszentrum des heliozentrischen Weltbildes von *Kopernikus* (1473–1543), dessen Hauptwerk Über die Umdrehungen der Himmelskörper (*De revolutionibus orbium coelestium libri VI*) zuerst 1543 (in der Druckerei von *Petrejus*) gedruckt wurde. Er hatte Beobachtungen und mathematische Berechnungen zu einer einheitlichen Methode verbunden und daraus die Mittelpunktrolle der Sonne im Planetensystem abgeleitet.

5.1. Biologie in Kunst und Philosophie

Unter der neuen am heliozentrischen Weltbild orientierten Gesinnung, die auch Kampfesmut gegen Widerstände der Konservativen einschloß, griffen Kunst und Wissenschaft, Handwerk, Handel und Naturforschung eng ineinander und befruchteten sich gegenseitig. So finden wir die frühesten bemerkenswerten Zeugnisse neuer biologischer Erkenntnisse bei den **Künstlern der Renaissance**. Ein halbes Jahrhundert vor *Leonardo da Vinci* schuf der veronesische Medailleur Antonio *Pisanello* (1395–1455) außer seinen berühmten Porträtmedaillen auf Fresken und hinterlassenen Zeichnungen Tierdarstellungen von beeindruckender Natürlichkeit und anatomischer Genauigkeit, die auf eingehende Naturstudien schließen lassen.

Von *Leonardo da Vinci* (1452–1519), in der Werkstatt des Malers und Bildhauers *Verocchio* in Florenz geschult, wurden die künstlerischen Studien an der Natur schon zur Wissenschaft erhoben. Er arbeitete als Anatom und Physiologe, indem er menschliche und tierische Körper in ihrem Skelettaufbau, dem Muskelsystem und den Bewegungsmechanismen in Wort und Bild exakt wiedergab, Statik und Dynamik mathematisch und experimentell zu erfassen suchte wie bei seinen Architektur- und Maschinenentwürfen und anhand anatomischer Sektionen an Herz, Lunge und Adersystem, an Gehirn, Sinnesorganen und Nervensystem Erörterungen über die Funktion der Herzklappen, des Lungengewebes und der Gefäße, des Seh- und Hörvorganges anstellte (Lutz 1950; Holl 1911–1917).

Seine Erklärungen fand er im Geiste der „Neuzeit" in den Gesetzen der Mechanik (vgl. 6.1.), wenngleich er philosophisch noch in antiker Einheit den Menschen als das Modell des Weltalls auffaßte, seine Knochen mit den Gebirgen (Gesteinen) der Erde, sein Blut mit den Gewässern und sein Gefäßsystem mit den Wasseradern analogisierte. In seinen ausdrucksvollen Gebirgs- und Landschaftsstudien mit naturalistisch genauen geologischen und botanischen Details suchte er wohl das „kosmische Abbild" des Menschen wiederzugeben, und in seinem *Traktat von der Malerei* heißt es: „Lerne alle Gliedmaaßen der Dinge gut darstellen, sowohl die der Menschen und Tiere, als auch die Gliedmaaßen der Landschaft, nämlich Steine, Bäume und dergleichen" (nach Goldschneider 1952, S. 7–8). Das 6. Buch dieses „Traktats" ist einer *Botanik für Maler* gewidmet, der wissenschaftlich exakte Pflanzenstudien mit Blüten oder Früchten, bei Bäumen mit Angabe der Wuchsformen der Zweige beigegeben waren; sogar ein Blatt mit dem ersten bekannten Naturselbstdruck, eines Salbeiblattes, mit Beschreibung des Druckverfahrens blieb erhalten (a. a. O. S. 6). Fossile Pflanzen- und Tierreste deutete *Leonardo* korrekter als spätere Geologen als Lebewesen vergangener Epochen und als Hinweis auf die Veränderungen der Erdoberfläche, die er klimatischen Einflüssen zuschrieb.

Nicht weniger wissenschaftlich verfuhr Albrecht *Dürer* (1478–1528) bei Studium und Wiedergabe seiner berühmten **Tier- und Pflanzenbilder** oder des menschlichen Körpers, dessen Anatomie er vermutlich bei medizinischen Schausektionen beobachtete. Durch Messungen ermittelte er die Körperproportionen in verschiedenem Lebensalter und veröffentlichte die *Vier Bücher von menschlichen Proportionen* kurz vor seinem Tode 1528,

Abb. 20. Nashorn nach A. Dürer; Holzschnitt aus C. Gesner, *Historia animalium*, 1551.

nachdem schon 1525 seine *Underweysung der messung mit dem Zirckel und richtscheyt* ... in Nürnberg erschienen war. Auch sie besteht aus vier Büchern und enthält auf der Basis der Euklidischen Geometrie Konstruktionshilfen für die Darstellung perspektivischer Verkürzungen von Körpern und Räumen.

Charakteristisch neu war in der Renaissancemalerei ja die Landschaftsperspektive, die auch auf religiösen Gemälden mit naturalistischer Treue und vielen Details aus der Pflanzen- und Tierwelt dargestellt wurde. Neben *Dürer* gibt es viele Beispiele dafür z. B. in den Werken von Lucas *Cranach* d. Ä. (1472–1553), *Raffaelo Santi* (1483–1520) oder *Michelangelo Buonarotti* (1475–1564), in denen es auch für den Biologiehistoriker vieles zu entdecken gibt, weil die bildenden Künstler an Formenkenntnis und Wiedergabegenauigkeit den zeitgenössischen Pflanzen- und Tierbüchern der professionellen Naturforscher viel voraus hatten. Sie stellten ihr Können diesen wohl auch zur Verfügung, wie die Zeichnung des „Nashorns" in *Gesners* Tiergeschichte (vgl. 5.4. und Abb. 20) von A. *Dürer* zeigt, der die Technik des Holzschnittes und auch des im 16. Jh. aufkommenden Kupferstiches im Rahmen der Buchproduktion vollendet beherrschte, oder die Pflanzenaquarelle des Straßburger Malers Hans *Weiditz* für *Brunfels'* Kräuterbuch beweisen (vgl. 5.3.).

Dürers Kenntnisse in der konstruktiven Geometrie kamen auch auf eminent praktischen Gebieten wie in der zeitgenössischen Kartographie zur Anwendung. Nachdem der Nürnberger und portugiesische Seefahrer Martin *Behaim* (1459 bis 1507) erstmals die Erde in Form einer Kugel (Globus) 1492 – dem Jahr der „Entdeckung" Amerikas durch Chr. *Columbus* – abzubilden gewagt hatte, befaßte sich *Dürer* in Zusammenarbeit mit Mathematikern auch mit der Projektion der Erdkarte auf eine Kugelfläche (1515) und mit der Konstruktion von Himmelsgloben (Schröder 1980).

Die Charakteristik der Renaissancepersönlichkeiten als „Riesen an Denkkraft, Leidenschaft und Charakter, an Vielseitigkeit und Gelehrsamkeit" (Engels 1962, S. 312) trifft mithin auf Künstler und Handwerker (oft auch als „Künstler" bzw. *artefici, virtuosi, mechanici, ingenirii* bezeichnet), auf Kaufleute wie auf Gelehrte gleichermaßen zu und ist auch auf jene Theologen anwendbar, die sich philosophisch der neuen kopernikanischen Weltanschauung mit allen ihren Folgerungen zuwandten und dadurch Einfluß auf die Naturforschung überhaupt gewannen. Mit dem Wirken des Kardinals *Nikolaus von Kues* (Nicol. *Cusanus* 1401–1481) als Philosoph und Mathematiker begann sich „in Deutschland die Renaissance bemerkbar zu machen ... ohne schon zu einer Strömung zu werden". Mit einer aus mathematischer Schulung gewonnenen Disziplin und Strenge des Denkens verarbeitete er kritisch das an der Universität Padua vermittelte aristotelische, platonische und averroistische Gedankengut und nahm „mit einer

Vorurteilslosigkeit ohnegleichen" antike und islamische Naturphilosophie in seine christliche Weltanschauung auf [25, Bd. 2/2].

In seiner Schrift „Vom Wissen des Nichtwissens" (*De docta ignorantia* 1440) lehnt er die traditionellen kosmologischen Ansichten der Kirche mit ihren abgestuften Hierarchien von Kräften, Wesen und Weltenkörpern sowie den Geozentrismus ab, vertrat die Kugelgestalt der Erde und ihre qualitativ gleiche Stellung unter anderen bewegten Himmelskörpern in einem unendlichen Universum, das er mit Gott identifizierte. In diesem sieht er die „Einheit der Gegensätze" (*coincidentia oppositorum*) – auch die aller religiösen Bekenntnisse – dialektisch aufgehoben und forderte zu der Sinnesanschauung, der Anwendung des Experimentes und des mathematischen Denkens die mystisch-geistige Erkenntnis (vgl. auch 5.2.). Anstelle der von ihm abgelehnten neuplatonischen statischen Stufenleideridee sieht er die Natur in ständiger Entwicklung, die in ihrer Gestaltungskraft zugleich Erklärung (*explicatio*) ist. Seine progressive Haltung zur individuellen Verstandesbildung und Naturerkenntnis zeigt ihn – trotz lebenslang enger Bindung an die katholische Kirchenstruktur – als Vertreter einer „revolutionären Mystik" [25].

Ähnlich wie *Cusanus* betonte ein Jahrhundert später Giordano *Bruno* (1548–1600) die Einheit von Ursache und Wirkung, von Gott und Welt und betrachtete Gott als „das innerlich wirkende Prinzip von Welt und Natur". Auch er lehnte die Aristotelische Stufenleitervorstellung und damit die Mittelpunktrolle der Erde und jede Rangordnung in der Natur ab und entwickelte unter dem Einfluß von *Cusanus* und dem heliozentrischen Weltbild von *Kopernikus* die Vorstellung von der naturgesetzlichen Einheit von Erde und Kosmos, der Existenz vieler Weltensysteme und der Unendlichkeit von Raum und Zeit. Der Gleichheit der Himmelskörper entspricht die **Gleichheit der Lebewesen**: „Magst Du Sonne, Mond, Mensch oder Ameise sein, im Vergleich zum Unendlichen ist es gleich", heißt es in seinem Hauptwerk *Von der Ursache, dem Prinzip und dem Einen* (1584), in dem sein pantheistisches, gegen den scholastischen Universalienstreit (vgl. 4.4.3.) und die dualistischen Dogmen der Kirche gerichtetes Bekenntnis niedergelegt ist.

Anders als *Causanus* zog er äußere Konsequenzen, verließ den Dominikanerorden in Neapel 1576, lehrte an verschiedenen europäischen Universitäten und verfaßte seine Kampfschriften in London. Von der Inquisition 1592 verhaftet, endete sein Leben in Rom auf dem Scheiterhaufen; er wurde deshalb als Märtyrer für die neue naturwissenschaftliche Weltanschauung von Freidenkerorganisationen des 19. Jh. und besonders auch von Ernst Haeckel verehrt.

5.2. Neue biologische Gesichtspunkte in der Medizin

Die medizinische Wissenschaft, in deren Rahmen seit alters her und besonders in der Antike biologische Erkenntnisse gewonnen und weitervermittelt wurden, entwickelte neue Formen und Inhalte kontinuierlicher aus der mittelalterlichen Tradition heraus als andere naturwissenschaftliche Disziplinen. Schon an den mittelalterlichen Ärzteschulen und frühen Universitäten gehörten anatomische Sektionen und Heilmittelkunde (sowohl Botanik als auch Chemie bzw. Alchemie) zum Lehrprogramm und bedingten ein gewisses Maß an Naturanschauung (Harig 1985). Trotzdem brachte auch für die Medizin die Wiederentdeckung der originalen medizinischen Quellenschriften der Antike neue Erkenntnisse und die Zuwendung zu neuen (von den antiken Autoren beschriebenen) Methoden der induktiven Naturforschung wie auch der Quellenkritik, nachdem 1525 in Venedig die erste vollständige Werkausgabe des *Galenos* in Griechisch erschienen war oder *Dioskurides* im Original zur Verfügung stand. So stellte der sächsische Arzt Georg *Agricola* (1494–1555) erstaunt fest, daß vieles über die Natur und Kräfte schon von den Griechen „höchst sorgfältig dargestellt worden" sei und auch, daß niemand, der die Bücher *Galens* und die des *Dioskurides* gelesen habe, die Wichtigkeit der metallischen Arzneien bestreiten könne (Harig a. a. O.).

Nach Studien in Leipzig und Italien wirkte er als Arzt im Erzgebirge, wo er bei seiner Bemühung um mineralische Heilmittel u. a. die Markscheide- und Probierkunde entwickelte und Antimon und Wismut gewann. Mit seinem Hauptwerk „12 Bücher vom Berg- und Hüttenwesen" (*Bermannus sive De re metallica libri XII*, 1556) und anderen mineralogischen, geologischen, chemischen und medizinischen Schriften repräsentiert auch er den vielseitigen Renaissancegelehrten und Pädagogen, der wissenschaftlich wie praktisch und technisch gleichermaßen interessiert war und den Erzbergbau auf eine wissenschaftliche Basis stellte.

Biologisch ist seine Schrift *Über die Natur der Versteinerungen* (*De natura fossilium*) von besonderer Bedeutung, da auch er – wie *Leonardo da Vinci* – in ihnen Überreste einstiger Lebewesen sah und Vermutungen über den Versteinerungsprozeß anstellte. Dabei unterschied er Vorgänge bei Erhaltung organismischer Reste oder auch ganzer Organismen wie in Bernsteineinschlüssen, in denen er „Mücken, Fliegen, Ameisen, Spinnen, kleine Fischchen, Fischeier, Baumblätter, Kräuter, Gras und andere kleine Körper" fand, oder in Quellen und Flüssen, wo Skelettreste sich „in ihrer ursprünglichen Form versteinert" finden, von „meerschneckenähnlichen Steinen", die er als ein „ganz eigenes Produkt der Natur" auffaßte [50], also nach den Lehren von der Schöpferkraft der Erde deutete (vgl. 4.2.2.).

Eine herausragende Stellung nimmt **der Arzt Paracelsus**, eigentlich *Theophrastus Bombastus von Hohenheim* (1493–1541), in der Medizin ein, der ebenfalls eine als „Panvitalismus" bezeichnete Naturauffassung der Scholastik entgegensetzte [50]. In einer Verbindung von individueller Naturer-

fahrung und christlicher Mystik entwickelte und praktizierte er seine ein-
flußreiche, spezifisch geprägte **Lehre vom Makrokosmos** (Universum) **und
Mikrokosmos** (Mensch, der „alle Gestirnbahnen, die ganze Natur der
Erde, des Wassers, der Luft" und „alle Kreaturen, die es gibt", enthalte).

In dieser Auffassung wurzeln seine biologisch-physiologischen Anschauungen
(in denen der Mensch eine Sonderstellung einnimmt) wie die Möglichkeit von Urzeugung durch Einwirkung der Gestirne auf die Erdsubstanzen oder der Zeugung
eines Menschen (*homunculus*) „außerhalb des weiblichen Körpers" mit Sperma
des Mannes oder auch der Umwandlung des Frosches aus dem geschwänzten Wassertier, das „durch die Kraft der Erde vierfüßig" werde, des Aales aus Luft und
Wasser und der Mäuse aus dem Aal und aus Stroh [50]. Die artspezifische Organisation der Elemente schreibt *Paracelsus* einer *Archeus* genannten Lebenskraft zu,
(vgl. auch 3.2.1.), der in Mensch und Erde „wie ein Alchemist" wirksam ist und
„das Wesen aller Dinge" z. B. im Samen bestimmt. In seiner Heilmittellehre spielt
die Erkenntnis chemisch-physiologischer Prozesse und deren Zusammenhang mit
der göttlichen „Ureinheit" (*Yliaster*) von Materie und Kraft eine zentrale Rolle
(*Volumen Paramirum* 1525; Sudhoff Bd. 1, 1922). Pflanzen und Minerale zeigen
durch Gestaltungsmerkmale und qualitative Eigenheiten (z.B. Milchsaft des
Schöllkrauts) die ihnen innewohnenden Heilkräfte an, kennt man die Kunst der
Zeichendeutung.

Aus dieser **Signaturenlehre** entstanden im 17. Jh. Klassifikationssy-
steme. Der hippokratischen Viersäftelehre und der Vierelementenlehre
(vgl. 3.4.3. und 3.4.4.) setzte *Paracelsus* sein **System der drei Grundkräfte**
entgegen (*Sulfur*, Schwefel = Verbrennungsprozeß, *Mercur*, Quecksilber
= Verflüssigung, *Sal*, Salz = Kristallisationsprozeß) und wirkte durch Ablehnung jeglicher Autorität und Betonung individueller Erfahrung (auch
auf geistig-religiösem Gebiet), nicht zuletzt durch deutschsprachige Lehrschriften (*Große Wundartzney* 1536) in vieler Hinsicht revolutionär (Pagel
1962; Goldammer 1965; Löther u. Wollgast 1973; Kästner 1985).

Zur gleichen Zeit entstanden revolutionär neue Erkenntnisse in der
Anatomie des Menschen, die vornehmlich an der Universität Padua gewonnen wurden. Dort lehrte bis 1544 Andreas *Vesalius* (1514–1564) und
brach erstmals mit der Methode, vom Katheder aus die Lehrtexte (bes.
Galen) vorzulesen. Er sezierte und demonstrierte selbst direkt am Objekt
die realen anatomischen Befunde und die Widersprüche zu *Galens* Lehrmeinung, was ihm viel Gegnerschaft eintrug. Sein neuzeitlich illustriertes
Werk über den Bau des menschlichen Körpers (*De humani corporis fabrica*
1543) enthält eine vollständige Darstellung der Skelett- und Organanatomie, Muskulatur, Knochenbau, Gefäß- und Nervensystem, Verdauungs-
und Genitalorgane, „und begründete die anatomische Methode" in Medizin und Physiologie und damit auch in der Biologie; dadurch wurden in
charakteristischer Hinwendung zu Prinzipien der Mechanik die **physiologi-**

schen Prozesse – statt wie bisher aus philosophischen oder religiösen Lehrmeinungen – aus den Organstrukturen ableitbar, was bis zum 19. Jh. die herrschende Methodik blieb. *Vesal* konstatierte schon die Undurchlässigkeit der Herzscheidewand (entgegen *Galens* Lehre, vgl. 3.4.4.) und hielt den angeblichen Weg des Blutes von der rechten in die linke Herzkammer für ein Wunder, zog aber keine Schlußfolgerungen wie seine Nachfolger (Rath 1963).

Fast gleichzeitig zogen der spanische Artz Miguel *Serveto* (1511–1553) – der wegen seiner theologischen Streitschriften gegen die Trinitätslehre von *Calvin* angeklagt und in Genf verbrannt wurde – in seiner Kampfschrift *Restitutio Christianismi* (1553) und *Vesals* Nachfolger in Padua, Realdo *Colombo* (1516–1577), die Konsequenz, daß das Blut durch die Lungen, mit Luft vermischt, in die linke Herzkammer zurückkomme (*De re anatomica*, 1559). Sein Schüler A. *Cesalpino* (1519–1603) fügte in seiner proaristotelischen Schrift über „peripatetische Fragen" (*Quaestiones peripateticae* 1571) weitere anatomische Beobachtungen über die Aufgaben der Herzklappen und der Aorta hinzu und benutzte erstmals den Ausdruck *circulatio* für den Lungenkreislauf des Blutes. *Cesalpino* ist in der Biologie vor allem als Pflanzensystematiker bekannt geworden (vgl. 5.3. u. 6.4.1.).

Die Neubegründung der Anatomie führte schon im 16. Jh. zu vergleichend **zoologisch-anatomischen Studien**, wofür zwei Paduanische Schüler des Anatomen Gabriele *Falloppio* (1523–1562) – der in seinen „anatomischen Beobachtungen" (*Observationes anatomicae* 1561) die Bezeichnungen *Plazenta* und *Epiphyse* prägte, den Eileiter und die Funktion der Teile des inneren Ohres beschrieb – maßgeblich wurden: der Holländer Volcher *Coiter* (1534–1576), der die Skelettanatomie von Säugetieren, Vögeln, Kriechtieren und Lurchen sowie zwischen Affen und Mensch verglich, und der Venezianer Girolamo *Fabricio ab Aquapendente* (vgl. 6.2.1.), der 1594 in Padua ein „anatomisches Theater" – Vorbild vieler europäischer Universitäten – errichten ließ.

Nicht nur in neuen Erkenntnissen der Anatomie und Physiologie waren die Renaissancemediziner führend. Unter ihnen entstanden auch die neuen Kräuter- und Tierbücher, aus ihren Reihen kamen die – in Analogie zu den „Kirchenvätern" von *Linné* so genannten – „Väter" der Zoologie und Botanik.

5.3. Neue Kräuterbücher und die „Väter der Botanik"

Seit alters gehörte die Beschäftigung mit Pflanzen als der wichtigsten Quelle für Medikamente (*Materia medica*) und dem zahlenmäßig größten Anteil an den sogenannten „einfachen Heilmitteln" (*simplicia*) zur Aufgabe der Ärzte und deshalb zur Ausbildung der Mediziner. Schon frühzeitig begannen auch in der Heilmittellehre neben den Lehrbüchern die

Pflanzendemonstrationen an Naturobjekten eine Rolle zu spielen, sei es durch Exkursionen oder durch die Anlage von Heilkräutergärten. Sieht man von den Klostergärten (z. B. St. Gallen oder Reichenau, vgl. 4.4.1.) und Ärzteschulen (Salerno 13. Jh., Castelnuovo 14. Jh.) ab, so spielten auch bei der **Anlage botanischer Gärten** die italienischen Universitäten eine Pionierrolle (Padua 1545, Pisa 1545, Bologna 1567) und beeinflußten durch ihre Absolventen weitere europäische Universitäten (Leiden 1577, Leipzig 1580, Jena 1586, Breslau 1587, Montpellier 1593, Heidelberg 1597). Gartenkultur und Naturstudium wirkten zurück auf die neuen illustrierten Kräuterbücher, die viele Ergänzungen zur überlieferten Literatur und naturgetreuere Abbildungen brachten, so daß die medizinische Botanik „eine der induktiven Bestrebungen der Renaissance" war, „die der Scholastik den Todesstoß versetzten" (Sudhoff 1930).

Sie entstanden aber wie andere Werke des Humanismus in der Auseinandersetzung mit den neu zugänglich gewordenen antiken Schriften und sind teilweise noch als deren „Kommentare" bezeichnet.

So schloß sich der Mainzer Arzt Otto *Brunfels* (1488–1534) in seinen Texten zu dem **Pflanzenatlas** *Bilder lebender Pflanzen* (*Herbarum vivae eicones* 1530–1536) eng an *Theophrast*, *Plinius* und *Dioskurides* an, aber die rund 300 exakten, naturgetreuen Abbildungen ganzer Pflanzen, Holzschnitte nach Aquarellen des Straßburger Malers Hans *Weiditz*, die den Pflanzendarstellungen von *Leonardo da Vinci* oder Albrecht *Dürer* (vgl. 5.1.) nicht nachstehen (Rytz 1936), wurden zum Vorbild der nachfolgenden Kräuterbücher und kennzeichnen die neue Zuwendung zu empirischer Naturbeobachtung. Dem Bedürfnis der Zeit entsprechend, folgte bald eine deutschsprachige Ausgabe (*Contrafayt Kreutterbuch* 1532–1537).

Neben *Brunfels* gehören Hieronymus *Bock* (1498–1554) und Leonhart *Fuchs* (1501–1566), beide erst als Lehrer, dann als Ärzte tätig, zu den neuen Kräuterbuchautoren und „Vätern" der Pflanzenkunde.

Hieronymus *Bock* veröffentlichte sein auf eigenen Beobachtungen in Süddeutschland und der Schweiz beruhendes Werk *New Kreutterbuch von underscheidt, würckung und namen der Kreutter, so in Teutschen landen wachsen*, 1539 auf Anregung von *Brunfels*, mit dem er in Briefwechsel stand. Seine Bedeutung liegt in den anschaulichen Beschreibungen der Gestalt, der Entwicklung im Verlauf der Vegetationsperiode, des Vorkommens und der Fundorte. Erst von der zweiten Auflage ab (1546) enthält es Holzschnitte des Straßburger Malers David *Kandel* [26].

Wie *Bock* knüpfte auch Leonhart *Fuchs* an die griechische Tradition an, verfaßte Kommentare und Übersetzungen antiker medizinischer Schriften wie *Hippokrates* und *Galenos* und veröffentlichte die lateinische Ausgabe seines reich illustrierten Kräuterbuches als „Kommentar" (*De historia stirpium commentarii*, Basel 1542), in dem die über 500 Pflanzenarten in der

Reihenfolge des griechischen Alphabets (von Alpha bis Omega, *Artemisia* bis *Ocimum*) dargestellt sind. Nach der Methode von *Theophrast* stand wie bei *Bock* das Studium der Unterschiede (*differentiae*) im Vordergrund (Hoppe 1976), noch nicht das Ziel einer systematischen Gruppierung. Aber die deutsche Ausgabe (1543) ist erweitert, enthält ausführlichere Einzelbeschreibungen nach dem Vorbild von *Bock* und zeigt schon im Titel ein neues, umfassendes Programm an:

> *New Kreuterbuch, in welchem nit allein die ganze histori, das ist namen, gestalt, statt und zeit der wachsung, natur, krafft und würckung des meysten Theyls der Kreuter so in teutschen und anderen landen wachsen, mit dem besten Vleiss beschriben, sonder auch aller derselbe wurtzel, stengel, bletter, blumen, samen, frucht, in summa die gantze gestalt, allso artlich und kunstlich abgebildet und kontrafayt ist, das desgleichen vormals nie gesehen noch an den Tag kommen.* Die Abbildungen entstanden nach der Natur unter Anleitung von *Fuchs* durch die Zeichner H. *Füllmaurer* und A. *Meyer* und den Holzschneider V. R. *Speckle* (deren Porträts zusammen mit dem von *Fuchs* im Werk enthalten sind) und setzten wie das Kräuterbuch von *Brunfels* neue Maßstäbe. Die geplante Fortsetzung wurde nicht gedruckt und erst durch die Wiederentdeckung des Gesamtmanuskriptes (9 Foliobände mit 1525 farbigen Abbildungen) bekannt (Ganzinger 1959; [26].) Doch sorgten neben den großformatigen Prachtausgaben auch kleinere „Taschenausgaben" mit verkleinerten Abbildungen ohne Text für weite Verbreitung der Kräuterbücher von *Fuchs* wie von *Brunfels*.

Angeregt durch diese illustrierten Kräuterbücher, doch stärker auf heilpraktische, medizinisch-pharmazeutische Belange orientiert und deshalb unter Ärzten und Apothekern außerordentlich weit verbreitet, war ein Dioskurides-Kommentar des italienischen Arztes Pietro Andrea *Mattioli* (1500–1577), der nach Studien in Padua in Siena, Rom und Prag wirkte. Auch er war durch die Anknüpfung an die griechischen Originale von der Notwendigkeit einer Reform der *Materia medica* durch botanische Naturstudien überzeugt und fügte seinem in mehrere europäische Sprachen übersetzten „Kommentar" (*Il Dioscoride ...* Venedig 1548) zahlreiche neue Pflanzenbeschreibungen und naturnahe Holzschnitt-Illustrationen hinzu. *Mattiolis* Werk wurde als Lehrbuch an nahezu allen Universitäten genutzt und bis ins 18. Jh. mehr als 60 mal neu aufgelegt.

Ähnlich beliebt und charakteristisch für die „medizinische Botanik" war die Naturgeschichte des Frankfurter Arztes Adam *Lonitzer (lonicerus, 1527–1586)*, dessen deutsches *Kreutterbuch* (Frankfurt 1557–1616) zwar vorwiegend nach *Bock* und *Fuchs* illustriert war, aber ebenfalls bis zum Ende des 18. Jh. noch 20 Auflagen erlebte [26].

Zu den pharmazeutisch orientierten Botanikern gehörte der Wittenberger Mediziner Valerius *Cordus* (1515–1544), dessen postum von K. *Gesner* herausgegebe-

nes Kräuterbuch (... *Historiae stirpium libri III*, 1561) zwar auch noch als „Anno-
tationes", als Anmerkung zu *Dioskurides*, bezeichnet ist, das aber ausschließlich
auf eigenen, bei vielen Exkursionen in Deutschland und Italien gewonnenen Beobachtungen fußt, durch seine vorzüglichen Pflanzenbeschreibungen und genauen
Fundortangaben lokalfloristischen Wert besitzt und das neue methodische Herangehen markiert. Auch die von ihm zusammengestellte **erste Pharmakopöe** (*Dis-
pensatorium pharmacorum omnium* 1546) war aus der kritischen Beschäftigung mit
der antiken Überlieferung auf eigenen Erfahrungen begründet und entsprach „in
einer fast idealen Weise den gesellschaftlichen Bedürfnissen der Zeit" (Harig
1985).

Die ausschließlich auf unmittelbare Naturforschung gegründeten Kräuterbücher der zweiten Hälfte des 16. Jh. zeigen den Beginn einer umfassenden **Artenbestandsaufnahme** an, der nicht mehr vorrangig medizinische,
sondern rein botanische Interessen zugrunde lagen. Sie bezogen sich
einesteils auf regionale Florengebiete (Flandern, Süddeutschland, Öster-
reich-Ungarn, Schlesien, Thüringen, Frankreich, Spanien), zum anderen
auf überseeische Importe, die durch die Entdeckung und Erschließung
Mittelamerikas (seit 1492) bekannt und in den Gärten größerer Fürsten-
höfe oder Handelsherren kultiviert wurden.

Hierin traten besonders drei Niederländer mit gut illustrierten Floren-
werken hervor. Rembert *Dodonaeus* (*Dodoens*, 1517–1585) aus Mecheln
(Flandern), der als Leibarzt Kaiser *Maximilians* II. in Wien und ab 1582 als
Professor an der Universität Leiden wirkte, hatte mit seinem holländisch
geschriebenen *Cruydeboek* (1554) ein Vorbild für floristische Studien gegeben; es war von seinem Fachkollegen C. *Clusius* (s. u.) 1557 ins Französische übersetzt worden und später mit vielen Illustrationen versehen lateinisch erschienen (*Stirpium historiae pemptades sex libri XXX*, Antwerpen
1583).

Carolus *Clusius* (Charles *de l'Ecluse*, 1526–1609) aus Arras (Flandern) hatte u.
a. Medizin in Montpellier studiert und auf Reisen durch Spanien und Portugal die
dortige Flora beschrieben (*Rariorum aliquot stirpium per Hispanias observatarum
historia* 1576), wirkte dann etwa zur gleichen Zeit wie *Dodonaeus* unter *Maximilian* II. in Wien als Vorsteher des Botanischen Gartens (1573–76) und beschrieb
die pannonische Flora (*Rariorum aliquot stirpium per pannoniam, Austriam ...
observatarum historia*, 1583) sowie die in den Gärten von Wien und in Leiden – wo
er ab 1593 Professor war – importierten und kultivierten exotischen Pflanzen
(*Exoticorum libri decem*, 1605). Seine Formenkenntnis umfaßte etwa 1300 Arten
gegenüber rund 500 bei den „Vätern der Botanik".

Matthias *Lobelius* (l'*Obel*, 1538–1616) aus Lille (Flandern), ebenfalls
Medizinstudent in Montpellier, durchreiste Südfrankreich, Italien,
Schweiz, Deutschland und England, wirkte als Arzt in Antwerpen, Delft
und London und führte in seinen lateinischen Kräuterbüchern (*Stirpium

adversaria nova 1570, *Plantarum seu stirpium historia ...*, 1576) schon etwa 2000 Arten. Sein holländisches illustriertes *Kruydtboek* (1581) blieb unvollendet. Er führte die synoptischen **dichotomen Tabellen als Bestimmungsmethode** ein.

Das damals wohl umfassendste Pflanzenverzeichnis mit etwa **3000 Arten** verfaßte der französische, in Lyon wirkende Arzt Jaques *Dalechamp* (1513–1590) mit seiner allgemeinen Naturgeschichte der Pflanzen (*Historia generalis plantarum*, 1586), die mehr als 2700 Abbildungen enthält und amerikanische Pflanzen des Spaniers Gonzalo *Hernadez* aus Haiti mit aufführt. Ein ähnlich umfassendes Werk schuf der Elsässer Arzt und Schüler von H. *Bock* (s. o.), *Tabernaemontanus* (Jacob Theodor *von Bergzabern*, etwa 1530–1590), dessen *Neu vollkommentlich Kreuterbuch* (Bd. 1, 1588; Bd. 2–3, 1590 postum ed. von N. *Braun* und G. *Bauhin*) über 3000 Arten enthält und Ansätze einer natürlichen Gruppierung zeigt, wie sie später von G. *Bauhin* ausgeführt wurde (vgl. 6.4.1.).

Die zunehmende Artenzahl machte die Identifizierung schon beschriebener Pflanzen – trotz guter Abbildungen, die auch speziell als Bestimmungshilfe erschienen wie eine *Anleitung zum Botanisieren* von *Tabernaemontanus* 1590 – immer schwieriger und ein methodisch durchdachtes Ordnungssystem immer notwendiger. Wenn auch theoretische Bemühungen um Klassifizierungsprinzipien erst im 17. Jh. voll einsetzten (vgl. 6.4.1.), so wurden Grundlagen dazu schon durch methodische Systematisierung antiker Überlieferungen von Humanisten des 16. Jh. geschaffen, die bereits auch allgemeine und spezielle Botanik unterschieden (Hoppe 1976). Ein erstes Pflanzensystem schuf der aristotelisch beeinflußte italienische Arzt Andrea *Cesalpino* (*Caesalpinus*, 1519–1603), indem er die seit *Theophrast* gebräuchlichen Großgruppen (Bäume, Sträucher, Kräuter etc.) nach Merkmalen der Früchte weiter untergliederte. In seinem Werk über die Pflanzen (*De plantis libri XVI*, 1583) trennte er das Allgemeine (Anatomie, Physiologie, Embryologie) von dem Speziellen (Artbeschreibung) ab.

Methodische Beiträge zur Botanik leistete auch C. *Gesner* (s. u.) in seinem Buch über deutsche Gärten (*De hortis Germaniae liber*, 1561) und durch Blüten- und Frucht-Analysen für seine *Naturgeschichte der Pflanzen*, die aber erst 1751–71 ediert wurde [26].

5.4. Neue Tierbücher, die „Väter der Zoologie" und die Zoographen

Auch die Weiterentwicklung des zoologischen Wissens lag vorwiegend in den Händen der Mediziner, wofür das Studium der zoologischen Schriften des *Aristoteles* (vgl. 3.3.2.), die erstmals 1476 aus den griechischen Originalen – von *Theodoros Gaza* übersetzt – in Venedig im Buchdruck erschienen, die neue Orientierung gaben. Außerdem fand der Kommentar des *Albertus Magnus* zur Tiergeschichte des *Aristoteles* wie auch sein Gesamtwerk (vgl. 4.4.2.) mit Beginn des Buchdrucks weite Verbreitung (Rom 1478, Mantua 1479, Venedig 1495, 1519, Lyon 1651). Die erste deutsche Ausgabe (von Walter *Ryff* übersetzt) erschien schon 1545 in Frankfurt am Main als *Thierbuch Alberti Magni Von Art, Natur und Eygenschafft der Thierer* (vgl. Abb. 17). Auch der Aristoteles-Kommentar von *Averroes* wurde zusammen mit seiner pantheistischen Philosophie an den Universitäten nun weit verbreitet, die Naturgeschichte des *Plinius* weiterhin genutzt. Durch den Vergleich dieser Überlieferungen und ihrer unterschiedlichen philosophisch-theologischen Färbungen mit den Originalschriften entstanden Widersprüche, die zu eigenen Naturstudien nach Aristotelischem Vorbild anregten und zu einem Aufschwung auch der zoologischen Forschung führten. Eine weitere Ursache war die auf die Entwicklung der Hochseeschiffahrt und die Entdeckung Amerikas folgende Bekanntschaft mit neuen Tierformen, also ein unmittelbares Ergebnis der sich ausbreitenden türkischen Herrschaft in Osteuropa, durch die die traditionellen Landwege nach China und Indien versperrt waren.

Denn die Suche nach neuen Handelswegen zu den alten Kulturzentren Indien und China, die die europäischen Mittelmeer- und Atlantikstaaten zum Ausbau ihrer Seefahrt veranlaßten, führte nach der Entdeckung Westindiens durch *Kolumbus* (1492) zur sukzessiven Erschließung Mittelamerikas, ab 1500 auch Südamerikas, und durch die Umseglung Südafrikas durch die Portugiesen *Diaz* (1487) und *Vasco da Gama* (1497) der Tier- und Pflanzenwelt des Kaplandes, Madagaskars und westafrikanischer Inselgruppen. Geographische Erkundungsreisen aus kommerziellen, militärischen oder religiösen Gründen ins Innere der Kontinente vermittelten auch durch die Teilnahme von Ärzten Zuwachs an zoologischen Kenntnissen, und manche Information über die Fauna der Neuen Welt stammte von Missionaren oder Staatsbeamten. (Vgl. dazu Abb. 1)

So verfaßte der Gouverneur von Haiti, Gonzalo *Hernandez* d'*Oviedo* (1478 bis 1551), die ersten Beschreibungen des Meerschweinchens, des Tapir, des Ameisenbären und Dreizehenfaultieres, des Gürteltieres und Bisons, des Puma und Coyoten, der Fliegenden Fische, zahlreicher Vögel und Insekten, in seiner Naturgeschichte Indiens (*Histora general y natural de las Indias*, Toledo 1535) und der Missionar Jose *de Acosta* (1539–1600) die erste naturgeschichtliche und völkerkundliche Gesamtdarstellung der Antillen, Perus und Mexikos (*Historia naturalis et moralis Indicarum*, 1589) in der u. a. Guanaco und Vicuña, Kondor und Affen mit ihrem charakteristischen Greifschwanz beschrieben werden; er stellte auch erste zoogeographische Beobachtungen über Unterschiede der Tiere in der Alten und der Neuen Welt an und erörterte Fragen, wie ihre gemeinsame Abstammung von den Tieren der „Arche Noah" nach der Sintflut möglich sei [36].

Wie in der Botanik entstanden im 16. Jh. auch Tierbücher unterschiedlichen Charakters. Einmal gab es enzyklopädische Werke, die alle bisherigen Kenntnisse mit den neuen Mitteilungen zusammenfaßten und mit Hilfe philologischer Studien die Synonyme einschließlich volkstümlicher Benennungen möglichst vollständig wiederzugeben suchten. Zum anderen begannen faunistische Untersuchungen einzelner Gebiete oder Tiergruppen mit vorwiegend eigenen Beobachtungen.

Zu den Enzyklopädisten und **Vätern der Zoologie** gehört Conrad *Gesner* (1516–1565), der vielseitige Humanist und Schweizer Arzt, dessen Naturgeschichte der Tiere (*Historia animalium*, 5 Bde., 1551–1587) für etwa 800 Tierformen alles Wissenswerte und Bekannte enthält, neben Aussehen, Physiologie, Gewohnheiten, Verhalten, Krankheiten, Ursprungsort und Verbreitungsraum, Nutzen und Schaden für den Menschen, Verwendung in Wappen, Märchen und Sagen, Religion und Sittenlehre. Auch Fabeltiere werden beschrieben und abgebildet, aber skeptisch kommentiert. Die fünf Bände entsprechen den herkömmlichen, schon bei *Albertus Magnus* verwendeten Großgruppen: 1. lebendgebärende Vierfüßer, 2. eierlegende Vierfüßer, 3. Vögel, 4. Fische und Wassertiere, 5. Schlangen (postum). Das Werk ist mit über 1000 Holzschnitten der Züricher Künstler Jean *Asper* und Jean *Thomas* sowie dem bekannten Nashorn von Albrecht *Dürer* ausgestattet.

Auch ein Manuskript über wirbellose Tiere hinterließ er, das aber erst 1634 mit dem Oberbegriff „Insekten" von Turquet *de Mayerne* herausgegeben wurde. Außer den schon im Mittelalter verwendeten natürlichen Gruppen (z. B. der Huftiere) führte *Gesner* noch keine Klassifizierung durch, sondern beschrieb die Einzelarten in der Reihenfolge des lateinischen Alphabets. *Gesner*, der zuerst Theologie studiert und als Lehrer der griechischen Sprache gewirkt hatte, gab schon ab 1536 die Werke *Galens* mit heraus, verfaßte u. a. ein griechisch-lateinisches Wörterbuch, einen Katalog der Pflanzennamen in griechisch, lateinisch, deutsch und französisch (1543) und eine Bibliographie antiker Schriftsteller (*Bibliotheca universalis* ... 1545–1555), die ihn gleichzeitig zum „Vater der Bibliographie" werden ließ. Das zeigt schon, daß auch seine Zoologie noch vorwiegend literarisch fundiert war, aber eben durch ihren umfassenden und kritischen Charakter nach *Cuviers* Urteil zur Grundlage der neuzeitlichen Zoologie wurde.

Ein ähnlich umfassendes zoologisches Werk, an den Aristotelischen Prinzipien orientiert, aber auf der Grundlage eigener vergleichend-morphologischer Studien bereits durch weitgehende Klassifikationsversuche ausgezeichnet, verfaßte der Londoner Arzt Edward *Wotton* (1492–1555) mit seinen 10 Büchern über die Unterschiede der Tiere (*De differentiis animalium libri X*, Paris 1552). Er durchbrach die bisher übliche alphabetische Reihung durch **Bildung von Untergruppen**, indem er bestimmte morphologische Unterscheidungsmerkmale zugrunde legte, z. B. die Form und Zahl der Füße und Zehen. So unterschied er die Einhufer von den Paarhufern, die Vögel mit freien Zehen (Greifvögel) von denen mit Schwimmhäuten (Wasservögel) und führte die Fledermäuse nicht unter den Vögeln, sondern unter den lebendgebärenden Vierfüßern auf.

Hier zeichnet sich schon die erkenntnistheoretische Frage nach der maßgeblichen Qualität der Unterscheidungsmerkmale (Gestalt, Lebensweise, Verhalten) in bezug auf das „Wesen" der Tierformen ab, die dann vom 17. Jh. an bis zur Zeit *Darwins* die Systematiker beschäftigte. Daß sich darin ein philosophisches Problem verbirgt, hatte auch *Gesner* betont, als er seine Darstellung eine mehr „grammatikalische" als „philosophische" nannte. Es sei daran erinnert, daß *Aristoteles* kein eigenes „System" aufgestellt, sondern nur die Unterschiede (*differentiae*) verschiedener Tierarten und -gruppen unter Aspekten der Anatomie, Psychologie, Embryologie, Lebensform etc. festgestellt und damit einen Spielraum für Klassifizierungsmöglichkeiten offengelassen hatte. Die Entscheidung für ein System konnte aber nicht durch Literaturstudium allein, sondern nur durch Originaluntersuchungen der Naturobjekte selbst getroffen werden; die frühen Humanisten verfügten aber noch nicht annähernd über die zoologischen Detailkenntnisse, die *Aristoteles* und seine Schule besessen hatten, und suchten seine Angaben zunächst philologisch zu interpretieren. Während sich *Gesner* bewußt darauf beschränkte, versuchte der dritte Enzyklopädist und „Vater" der Zoologie, der italienische Arzt Ulysse *Aldrovandi* (1522 bis 1605), eine systematische Ordnung nach *Platons* philosophisch-logischen Grundsätzen durchzuführen. Seine auf 15 Foliobände geplante Naturgeschichte sollte allein 12 Bände Zoologie umfassen, von denen zu seinen Lebzeiten nur sein Vogelwerk (*Ornithologiae hoc est de avibus historiae libri XII*, 3 Bde., Bologna 1599–1603) und sein Insektenband (*De animalibus insectis*, 1602) erschienen.

Die übrigen Manuskripte über weitere „blutlose Tiere" (= Wirbellose, 1606), Fische und Wale (1612–1613), Huftiere (1616) und Wiederkäuer (1621), weitere lebendgebärende Vierfüßer (Zehengänger, 1637), eierlegende Vierfüßer (= Amphibien und Reptilien, 1637), Schlangen und Drachen (1639), Monstren und Fabeltiere (1642) gaben seine Schüler *Uterverius* und *Tamburinus*, *Dempster* und *Ambrosinus* heraus. (Abb. 21)

Aldrovandis Werk mit einem Gesamtumfang von über 7000 Seiten und vielen Abbildungen enthält gegenüber Gesners Werk zahlreiche neue Vogel- und Säugetierarten aus Amerika, Afrika und Indien, wie z. B. Tukan, Kasuar, Paradiesvögel und Zebra, aber auch unkritisch übernommene Mitteilungen. Als Klassifizierungsmerkmale wählte er für die Vögel teilweise die Schnabelform, in anderen Fällen die Lebensweise oder den Lebensraum und gruppierte Fledermäuse wieder unter den Eulen ein, obwohl er als Student und Professor der Medizin fast 50 Jahre lang in

Abb. 21. Fabeltiere aus Aldrovandi, *Serpentium et Draconum Historia,* 1639.

Bologna auch anatomische Studien betrieb und exakte Beschreibungen tierischer Organe wie der Zunge des Grünspechtes, der Luftröhre von Schwan und Säger oder der Muskulatur des Steinadlers gab.

So stellte sein Vogelsystem keinen echten Fortschritt dar und wird von dem Ornithologen *Stresemann* sehr negativ beurteilt, da es „nicht einmal praktischen Bedürfnissen … irgend etwas nützen" konnte [47]. Dagegen enthält der Insektenband wertvolle eigene Beobachtungen, die Beschreibung von Zuchtergebnissen aus Larven und Puppen und die Darstellung von Parasiten [9]. Wie *Gesner* legte auch *Aldrovandi* neben einem botanischen Garten Naturaliensammlungen in Bologna an und studierte auf Anregung des Zoographen *Rondelet* (s. u.) Meerestiere (Krebse und andere Wirbellose) auf Exkursionen.

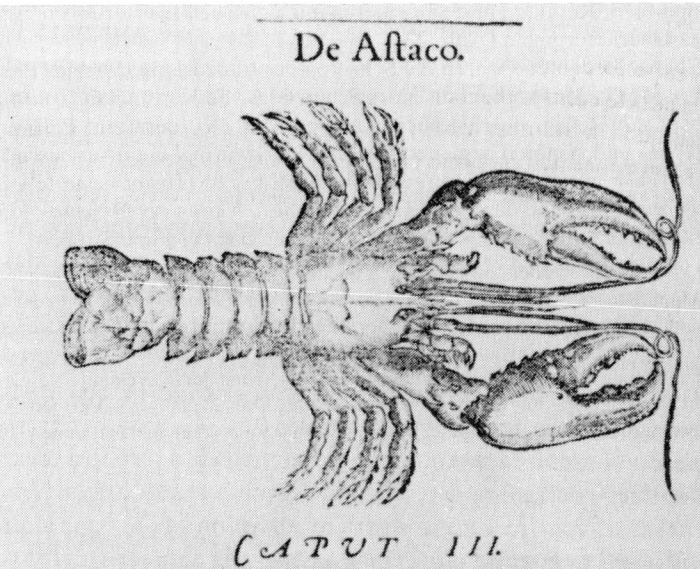

De Aſtaco.

$C\,\mathcal{A}\,\mathcal{P}\,\mathcal{V}\,\mathcal{T}$ $III.$

Σ T A K O Ì quaſi ἄϛακϞοι mea quidem ſententia dicuntur, id eſt, non deſtillantes ſed abundè fluentes, quòd tubercula plurima tum alba, tum purpurea guttarum ſiue lachrymarum ſpecie forcipibus inſperſa habeant, nominabant etiam ἄϛακϞς Attici

Abb. 22. Darstellung eines Flußkrebses. Aus G. Rondelet, *De piscibus*, 1553.

Durch faunistische Werke, in denen nur einzelne Tiergruppen bestimmter Regionen nach der Natur beschrieben wurden, war die Formenkenntnis bereichert worden, die auch *Aldrovandis* Werk zugute kam. Zu diesen frühen **Zoographen** gehörte der Leibarzt des Kardinals *von Tournon* und spätere Professor in Montpellier, Guillaume *Rondelet* (1507–1556), dem sowohl *Gesner* als auch *Aldrovandi* die Anregung zum Studium der Tierwelt verdankten. Bei Reisen in Holland und Italien untersuchte er Meerestiere der Atlantik-, Mittelmeer- und Adriaküsten, deren Beschreibung mit vielen Abbildungen in zwei Spezialwerken über Fische des Meeres und über Wassertiere erschien (*Libri de Piscibus Marinis* … Lyon 1553 und *Universae aquatilium Historiae pars altera* … 1555). Sie enthalten Beobachtungen über 300 Arten von Würmern, Weichtieren, Krebstieren, Fischen,

Amphibien, Reptilien und Säugetieren mit kritischen Erörterungen bisheriger Überlieferungen (Abb. 22).

Ebenso bedeutend waren die Schriften des französischen Arztes Pierre *Belon* (1517–1564), ebenfalls eines Schützlings von Kardinal *de Tournon*, den er auf Reisen durch Italien, Griechenland, Vorderasien, Palästina, Ägypten und Arabien begleitete, deren „Merkwürdigkeiten" er beschrieb (1553). Vor allem seine Naturgeschichten der Fische (*Histoire naturelle des Poissons*, 1551) und der Vögel (*L'Histoire de la Nature des Oyseaux*, 1555) enthalten Hunderte neuer Artbeschreibungen nach eigenen Studien.

In der ersten werden außer Fischen auch Meeressäugetiere (Wale, Delphine, Robben, Seekühe), Flußpferd und Wasserratte, Krokodil und Schildkröten sowie wirbellose Wassertiere beschrieben, der Begriff „Fisch" also ganz anders verwendet und in „Fische mit Blut" und „Fische ohne Blut" untergliedert. Im Vogelwerk finden sich die Ergebnisse tieranatomischer Studien und der interessante Vergleich eines Vogelskeletts mit einem Menschenskelett (Abb. 23) mit dem Versuch einer Homologisierung der Einzelteile, was den Einfluß *Vesals* (vgl. 5.2.) erkennen läßt.

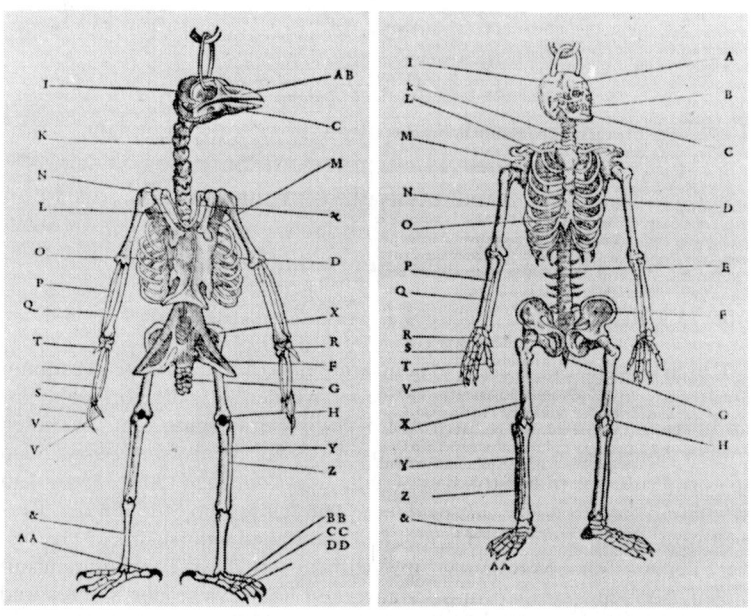

Abb. 23. Vogelskelett im Vergleich zum Menschenskelett. Aus P. Belons Naturgeschichte der Vögel, 1555.

Eine Spezialarbeit über Insekten verfaßte der schottische Arzt und Zoograph Thomas *Moufet* (*Moffet*, 1553–1604), der sich nach Reisen durch England, Spanien, Italien und die Schweiz in London niederließ, eine anonyme Schrift über den Seidenspinner (*Bombyx mori*, 1599) veröffentlichte und ein Manuskript mit eigenen Beobachtungen über Insekten hinterließ, die er in geflügelte und flügellose einteilte; zu letzteren zählte er Tausendfüßler und Skorpione, Krebstiere, Würmer und Parasiten. Es wurde postum von Th. *Penn* mit dem Titel *Theater kleiner Tiere* (*Insectorum sive minimorum animalum Theatrum*, 1634) herausgegeben.

Diese zoographischen Spezialschriften bildeten zusammen mit den enzyklopädischen Tierbüchern die Grundlage, auf denen im 17. Jh. die zoologische Systematik entstehen konnte (vgl. 6.4.1.), während anatomische Erkenntnisse (vgl. 5.2.) erst im 18. Jh. dafür fruchtbar wurden.

Zusammenfassung von Kap. 5

Vom 15. Jh. ab begann sich durch die Herausbildung eines selbstbewußten Bürgertums, eines durch die Zünfte privilegierten Handwerksstandes und durch wohlhabende Kaufmannschaften auch in Mittel- und Nordeuropa eine Städtekultur mit neuen Anforderungen an Medizin und Wissenschaft zu entwickeln, die mit der Ablösung ländlicher Feudalstrukturen die Loslösung von religiösen und wissenschaftlichen Autoritäten mit sich brachte und in Reformation und sozialen Revolutionen einen Ausdruck fand. Im Rückblick wird das Vordringen türkischer Heere nach Konstantinopel und Südosteuropa für die Suche nach neuen Handelswegen, die Entwicklung der Hochseeschiffahrt mit neuen Anforderungen an Astronomie, Mathematik und Technik, mit der Erschließung Amerikas und Südafrikas sowie der neue Zugang zu griechischen Originalschriften für die Neuorientierung der gesamten Kulturepoche symptomatisch, die als *Renaissance* in der bildenden Kunst einen spezifischen Ausdruck fand. Das neue Verhältnis zur Natur schlug sich in den Werken *Leonardo da Vincis*, *Dürers*, *Pisanellos* und anderen Tier- und Pflanzenmalern nieder, die ihre Kunstfertigkeit auch unter Nutzung der neuen Techniken des Buchdruckes, Holzschnittes und Kupferstiches den Medizinern und Naturforschern zur Verfügung stellten. Diese suchten ebenfalls nach der Methode der griechischen Vorbilder neuen Zugang zum Naturstudium, verbunden mit kritischer Revision der mittelalterlichen Überlieferungen. So entstand die **Reform der Anatomie** durch *Vesal*, beschritt *Paracelsus* neue Wege der Heilmittelkunde durch Erfahrung, schufen die „Väter der Botanik" (*Brunfels*, *Bock*, *Fuchs*) neue auf eigener Beobachtung fußende **Kräuterbücher** und die „Väter der Zoologie" (*Gesner* und *Aldrovandi*) neue enzyklopädische **Tierbücher**. Die Einfuhr exotischer Tier- und Pflanzen aus Übersee regte zur Anlage von Sammlungen und botanischen Gärten an, sowohl an Fürstenhöfen als auch von der Mitte des 16. Jh. an Universitäten. Durch *Zoographen* entstanden regionalfaunistische Werke speziellen Charakters für einzelne Tiergruppen wie Fische (*Rondelet*), Vögel (*Belon*), Insekten

(*Moufet*), sowie Lokalfloren einzelner Gebiete durch *Clusius*, *Cordus*, *Thal*, *Dodonaeus*, die die allgemeine Artenbestandsaufnahme der folgenden Jahrhunderte einleiteten. Zunächst ging es den botanisch und zoologisch forschenden Medizinern um die Identifizierung einheimischer Naturobjekte mit den in den antiken Schriften beschriebenen Arten, was eingehende Sprachstudien erforderte, so daß sich eine philologische Naturkunde entwickelte. Die Humanisten des 15. und 16. Jh. waren neben eigenen Naturstudien zur Systematisierung der antiken Überlieferung genötigt und unterschieden bereits im 16. Jh. durch Anlehnung an Lehrinhalte des *Theophrast* zwischen *allgemeiner* und *spezieller* Botanik, so daß die Artbeschreibung bereits frühzeitig ergänzt wurde durch allgemeine Erörterung der Anatomie, Morphologie und Physiologie.

Literatur zu Kap. 5

Agricola, G.: Ausgewählte Werke. Bd. 1. Hrsg. H. Prescher. Berlin 1956.
Behling, L.: Die Pflanze in der mittelalterlichen Tafelmalerei. Weimar 1957.
– Die Pflanzenwelt der mittelalterlichen Kathedralen. Köln 1964.
Cusanus, N.: Vom Wissen des Nichtwissens. Übers. A. Schmidt. Hellerau 1919.
Engels, F.: Dialektik der Natur. In: Marx/Engels, Werke Bd. 20. Berlin 1962.
Funke, F.: Buchkunde. Leipzig 1959.
Ganzinger, K.: Ein Kräuterbuchmanuskript des Leonhart Fuchs. Sudhoffs Archiv *43* (1959): 213–224.
Goldammer, K.: Paracelsus – Humanismus und Humanisten. Salzburg 1965.
Goldschneider, L.: Leonardo da Vinci. Landschaften und Pflanzen. (Phaidon) London 1952.
Hall, A. R.: The Scientific Revolution 1500–1800. London, New York, Toronto 1954.
Harig, G., 1985: siehe Lit. zu Kap. 4!
Hoppe, B.: Das Kräuterbuch des Hieronymus Bock. Stuttgart 1969.
Kästner, I.: Paracelsus. Biogr. hervorragender Naturwiss., Techniker u. Mediziner Bd. 82). Leipzig 1985.
Leonardo da Vinci: Quaderni d'anatomia. Christiania 1911–1916.
– Codex atlanticus. 12 Bde. Florenz 1973–1974.
Ley, W.: Konrad Gesner, Leben und Werke. Münch. Beitr. z. Gesch. u. Lit. d. Naturwiss. u. Med., H. 15–16. München 1926.
Löther, R., und Wollgast, S. (Hrsg.): Paracelsus. Das Licht der Natur. Leipzig 1973 (RUB 534).
Lutz, M.: Die Physiologie bei Leonardo da Vinci. Diss. med. Münster 1950.
Montalenti, G.: Storia delle scienze. Vol. 3, T. 1. Torino 1965.
Pagel, W.: Das medizinische Weltbild des Paracelsus. Seine Zusammenhänge mit Neuplatonismus und Gnosis. Wiesbaden 1962 (Kosmosophie 1)
Palmer, R.: The influence of botanical research on pharmacists in sixteenth century Venice. NTM *21* (1984) 2: 69–80.
Paracelsus. Sämtliche Werke (in neuzeitl. Deutsch v. B. Aschner). Jena 1932.
Rath, G.: Andreas Vesalius im Lichte neuer Forschungen. Wiesbaden 1963.
Rytz, W.: Pflanzenaquarelle des Hans Weiditz. Bern 1936.
Schmiedel, C. Chr.: Opera botanica Conradi Gesneri. Nürnberg 1751–71.
Schröder, E.: Dürer. Kunst und Geometrie. Berlin 1980.
Stendhal, H.: Histoire de la peinture en Italie. Paris 1817.
Sudhoff, K.: Paracelsus. Ein deutsches Lebensbild aus den Tagen der Renaissance. Leipzig 1936.

6. Methodische und theoretische Wandlungen in der Zeit des Rationalismus und der Aufklärung (17.–18. Jh.)

Der in diesem Kapitel behandelte Zeitraum in der europäischen Geschichte bringt eigentlich erst den neuen Ansatz zu einer eigenständigen naturwissenschaftlichen Methodik voll zur Geltung und führte zu umwälzenden physikalischen Erkenntnissen, die zu der Charakteristik einer „wissenschaftlichen Revolution" geführt haben (Hall 1954). Nach der zunächst begeisterten Wiederanknüpfung an die griechischen Naturforscher und ihre Methoden (vgl. Kap. 5) folgte nun auch wieder eine kritische Distanzierung und die Widerlegung ihrer Ergebnisse durch neu gewonnene Naturerkenntnisse.

Auf allen Ebenen der Gesellschaft, ihrer wirtschaftlichen und kulturellen Bereiche, erfolgte die Ablösung alter Strukturen und Denkformen durch neue in heftigen Kämpfen, die sich auf der sozialen Ebene in den bürgerlichen Revolutionen kundtaten (Holland 1575–1609, England 1649–1688, Frankreich 1789), in deren Ergebnis auch neue Freiräume für dogmenunabhängige Forschungs- und Publikationstätigkeit und neue Wissenschaftszentren, Kommunikations- und Lehrformen entstanden.

Andererseits erstarkte die Gegenreformation, äußerte sich in katholisch regierten Ländern in Zensur und Inquisition und führte zum 30jährigen Krieg (1618–1648) mit seinen besonders für die deutschsprachigen Länder nachteiligen Folgen politischer Zersplitterung und wirtschaftlichen Rückschritts, was hier die wissenschaftliche Entwicklung hemmte. Das drückt sich z. B. im Lebensgang von Johannes *Kepler* (1571–1630) aus, dem ersten mathematisch-naturwissenschaftlich arbeitenden Astronomen und Protestanten, dessen Wirken in Graz, Prag und Linz von Beschränkung und Ausweisung bedroht war (Gerlach u. List 1966). Ihm gelang die Überwindung einer jahrtausendelang gefestigten, religiös motivierten Vorstellung von der kreisförmigen Bahn der Himmelskörper durch objektivierte Beobachtung, nach der er die elliptischen Planetenbahnen in neuer Weise errechnete (*Astronomia nova* 1609, *Harmonices Mundi* 1619). Auch beschrieb er das optische Prinzip des Auges korrekt (*Dioptrice* 1610)

6.1. Naturphilosophie und das „mechanomorphe" Modell der Lebewesen und Lebensprozesse

Die neue Funktion der Mathematik zur Abstraktion von „Gesetzen" aus unvoreingenommen beobachteten Naturerscheinungen, die *Kepler* die Wi-

darlegung der Aristotelischen These von der Gleichförmigkeit der Plane-
tenkreisbahnen ermöglicht hatte, befähigte Galileo *Galilei* (1564–1642)
etwa zur gleichen Zeit (während seiner Lehrtätigkeit in Padua 1592–1610)
zur Korrektur der Aristotelischen Mechanik, zur Formulierung der Fallge-
setze und der Theorie der Geschoßbahn. Um die Übereinstimmung zwischen mathematischen Berechnungen und physikalischen Erscheinungen
zu prüfen, fügte *Galilei* das Experiment hinzu und bewies die Zuverlässigkeit dieser **mathematisch-experimentellen Methode** durch die Vorhersag-
barkeit von Ergebnissen: „Die Erkenntnis einer einzigen Tatsache nach ihren Ursachen eröffnet uns das Verständnis anderer Erscheinungen ohne
Zurückgreifen auf die Erfahrung", heißt es in seinen Unterredungen und
mathematischen Demonstrationen (*Discorsi e dimostrazioni matematiche
inerno a due muove scienzi,* Amsterdam 1638), dem Werk, das die klassische Physik begründete und in dem auch **Beispiele aus dem Tierreich** durch
statische Gesetzmäßigkeiten erklärt werden (hohle Tierknochen, Proportionen großer und kleiner Tierkörper). Die „Erfindung dieser neuen Art
von Mathematik" entsprang dem Bedürfnis nach „geistiger Bewältigung
mechanischer Bewegungsabläufe ... sei es zur Erfassung der Planetenbe-
wegung, der Fallbewegung oder der Bewegungen gegeneinander bewegli-
cher Maschinenteile" (Wußling 1975, S. 153 f.) in ihrer neuen Anwendung
in Hochseeschiffahrt und Navigation, in Bergwerks- und Manufakturbe-
trieben sowie in der Kriegstechnik. Die mathematisch-mechanische Methode wurde als Ausdruck eines Bewußtseinswandels in philosophischen
Werken des 17. und 18. Jh. reflektiert, die die Herausbildung des mecha-
nisch-materialistischen Weltbildes der **Aufklärung** und – direkt oder indirekt – auch die biologischen Disziplinen und ihre Theorien beeinflußten
(Steiner 1948).

6.1.1. Der Einfluß philosophischer Schulen

Galilei selbst wurde als „Philosoph" und oberster Mathematiker 1610 an
den toskanischen Hof nach Florenz berufen, wo er sich mit der Optik von
Linsenkombinationen befaßte und nicht nur Fernrohre für astronomische
Beobachtungen konstruierte und damit das kopernikanische heliozentri-
sche Weltsystem verteidigte (wofür er zweimal, 1616 und 1633, von der Inquisition verurteilt wurde), sondern auch erste **mikroskopische Studien**
machte (vgl. 6.3.). Eine theoretische Fundierung der Naturerkenntnis galt
damals als *Philosophie* wie bei den antiken Philosophen, nach deren Vorbild er auch für seine Schriften die Dialogform wählte (*Dialogo soprei i due
massimi sistemi del mondo, Tolemaico e Copernicano,* 1632, dem „Dialog"
über das Ptolemäische und Kopernikanische Weltsystem).

Die eigentlich philosophische Begründung der neuen mathematisch-naturwissenschaftlichen **Methode** unternahm René *Descartes* (*Cartesius*, 1596–1650) in seiner ebenfalls in Holland erschienenen Abhandlung *Über die Methode, die Vernunft richtig zu leiten* (*Discours de la méthode pour conduire sa raison* ... Leiden 1637), die im ersten Teil eine Analyse der mathematisch-deduktiven Methode, im zweiten Teil die darauf gegründete Welt-Anschauung wiedergibt. Er reduzierte – wie *Galilei* – die erforschbaren Erscheinungen der physischen Welt auf die meßbaren und die Vielzahl möglicher Theorien auf die mathematisch faßbaren, wobei er drei fundamentale Prinzipien auswählte: die Prinzipien der Bewegung und der Ausdehnung und die Idee Gottes als deren Urheber, die er als „intuitiv" erkennbare, „angeborene Ideen" auffaßte. Indem er das physische „Sein" (*res extensa*) von der geistigen Substanz, dem Denken (*res cogitans*), als voneinander ganz unabhängige Bereiche betrachtete, trennte er die Inhalte der „Metaphysik" (die sich mit den Denkvorgängen im Menschen und der diesen eingeborenen „Gottesidee" befaßt) von denen der „Physik" ab, die die gesamten Naturerscheinungen einschließlich der Pflanzen- und Tierwelt und des menschlichen Körpers umfaßte, die dadurch uneingeschränkt der analytischen Forschung und der mathematisch-mechanischen Interpretation zugänglich wurden. Mit diesem philosophischen **Dualismus** hielt das „mechanomorphe Modell des Organismus" [44] Einzug in die neuzeitliche Biologie und beherrschte die Erforschung und Deutung der Lebensprozesse – in unterschiedlicher Konsequenz – fast bis zur Gegenwart.

Descartes gab selbst in drei Arbeiten über den Menschen (*L'homme*, 1633, postum 1662), den menschlichen Körper (*La description du corps humain*, 1647, postum 1664) und die Gestaltung des Tieres (*De la formation de l'animal*, 1648, postum 1677) Beispiele dafür, wie Organismen und ihre physiologischen Prozesse durch die gleichen „Gesetze" der Mechanik (Bewegung und Ausdehnung) zu erklären sind wie anorganische Körper. Er beschrieb u. a. die Reflexbewegung, ihren Automatismus und dessen Ursache im Reflexbogen. Analog versuchte er, alle Bewegungsvorgänge (des Herzens, des Blutes in den Adern, der Nahrung in den Därmen, der Luft und deren Übertragungs*mechanismen* auf die Nervenbahnen, die Muskelbewegungen etc.) als rein mechanisch-automatische Abläufe in der tierischen „Maschine" darzustellen, wozu er eine komplizierte, aber auf unzureichenden anatomischen Kenntnissen fußende Organismuslehre konstruierte (Rothschuh 1969). Diese wurde zwar im einzelnen bald korrigiert (z. B. Niels *Stensen* 1665), das Prinzip der mechanistischen Interpretation aber allgemein übernommen, von Pflanze und Tier als „hydraulischer Maschine" noch im 18. Jh. gesprochen [vgl. 7.3.1.].

Die Methoden von *Galilei* und *Descartes* führten in ihrer Anwendung auf biologisch-physiologische Fragen in der Medizin zu einer besonderen Richtung, der **Iatrophysik oder Iatromechanik**, die bis zur Mitte des 18. Jh. einflußreich blieb (vgl. 6.2.1.). Während *Descartes* selbst experimentelle Methoden geringer achtete, erhielten auch diese im 17. Jh. neue Impulse und philosophische Unterstützung.

Es waren die englischen **Empiriker** oder **Sensualisten**, unter denen zuerst der Staatsmann und Jurist Francis *Bacon(Baco von Verulam*, 1561 bis 1626) die zur cartesischen deduktiven Methode komplementäre **induktive Methode** entwickelte. Ebenfalls in Opposition zur Scholastik und in dieser Hinsicht an seinen Namensvetter Roger *Bacon* anküpfend (vgl. 4.4.3.), der schon im 13. Jh. Sinneserfahrung und Experiment als Wahrheitskriterien (anstelle des Literaturstudiums) betont hatte, wollte *Bacon* nach seinem Rücktritt von den Staatsämtern (1621) der gesamten Wissenschaft und Philosophie eine neue Richtung geben, der menschlichen Vernunft durch neue Erkenntnismethoden zur Herrschaft über die Natur verhelfen.

Sein groß angelegtes, nicht vollendetes Werk über die Erneuerung der Wissenschaften (*Instauratio magna scientiarum*) sollte außer der Methode auch ihre Anwendung, eine Sammlung schon bekannter handwerklicher und technischer Erfahrungen, eine Enzyklopädie von einzelnen „Fällen" (z. B. über die Abhängigkeit der tierischen Wärme von körperlicher Bewegung) und ein Forschungsprogramm enthalten. In dem einzigen erschienenen Band (*Novum Organon scientiarum*, 1620) entwickelte er seine Methode, die auf unvoreingenommener Analyse der Sinneswelt, Beobachtung, Vergleich und Experiment beruhen und von den Einzelerscheinungen ausgehend zu allgemeinen Grundgesetzen führen sollte, mit deren Hilfe planvoll und systematisch neue Entdeckungen und Erfindungen ermöglicht würden – im Gegensatz zur „Naturgeschichte", die nur die Mannigfaltigkeit der schon existierenden Naturobjekte als Selbstzweck beschreibt.

Demgegenüber stellte er in seiner utopischen Schrift *Nova Atlantis* (1626) – neben technischen Erfindungen – auch Neuentwicklungen durch Pflanzenzüchtung als erstrebenswerte Ziele vor und erdachte eine dies alles fördernde Institution (*Haus Salomonis*).

Die Konzeptionen *Bacons* wurden durch seinen Schüler und zeitweiligen Sekretär Thomas *Hobbes* (1588–1679) systematisch ausgebaut und mit Prinzipien *Galileis* verknüpft. Er forderte eine mathematisch-geometrische Exaktheit in der Beweisführung, behandelte die Erkenntnis von **Naturgesetzen**, ausgehend von Sinneserfahrung, und lehnte die cartesische Lehre von den angeborenen Ideen und den darauf gegründeten Gottesbeweis ab. In seiner Lehre von den Körpern und ihrer Entstehung (*De corpore*, 1655) und über den Menschen (*De homine*, 1658) begründete er den konsequentesten materialistischen **Empirismus**.

Ebenso wie *Hobbes* widersprach auch John *Locke* (1632–1704) der Vorstellung von „angeborenen Ideen" und meinte, der Verstand sei bei der Geburt völlig leer (*tabula rasa*) und entwickele alle Erkenntnis erst durch Erfahrung. Dabei unterschied er zwischen *primären* (Gestalt, Bewegung, Zahl) und *sekundären* (Farbe, Töne) Sinnesqualitäten, „äußerer" (Sinneswahrnehmung) und „innerer" (Reflexion) Erfahrung, hielt aber Gott und Seele für nicht erkennbar (*Versuch über den menschlichen Verstand*, 1690).

Die Prinzipien von *Bacon* und *Hobbes* legten den Grund für die Programme der 1662 gegründeten *Royal Society* London, die experimentelle Naturforschung und Erfindungen ohne Einmischung von Theologie und Metaphysik fördern wollte (vgl. auch 6.3.).

Dem Dualismus von *Descartes* stellte der holländische Philosoph Baruch *Spinoza* (1632–1677) seinen „mechanischen Pantheismus", seine Lehre von der **Einheit der Substanz** entgegen, die durch sich selbst existiert, Natur und Geist (Gott) zugleich ist (*Ethica, ordine geometrica demonstrata*, 1677). Er rückte damit von seiner jüdischen Glaubenslehre ab, wurde aus der Synagoge ausgeschlossen und lebte sehr zurückgezogen. Seine Philosophie erhielt erst im 18. und 19. Jh. größeren Einfluß auf Naturwissenschaftler (vgl. *Haeckels* „Monismus", 8.2.3.).

Dagegen hatte das Wirken des englischen Physikers Isaak *Newton* (1643–1727) eminenten philosophischen und theoretischen Einfluß auf die weitere Fundierung des mathematisch-mechanischen, naturwissenschaftlichen Weltbildes und damit auch für die biologische Theorienbildung (vgl. 6.4.). Er knüpfte an *Keplers* Himmelsmechanik an, verband methodische Prinzipien F. *Bacons* mit denen von *Galilei* und *Descartes* und bezog die Entdeckung bzw. die Theorie des Magnetismus des Arztes William *Gilbert* (1600) in seine Überlegungen ein. Während *Descartes* die Existenz eines „leeren Raumes" für unmöglich hielt („*horror vacui*") und die Bewegung der Himmelskörper sowie aller Körper auf der Erde durch Übertragung von Impulsen durch feinste materielle Teilchen (Korpuskel) erklärt hatte, schrieb *Newton* alle Bewegungen (auch die des freien Falles) einer unsichtbaren **Kraft** zu, die aus dem Verhältnis von Körpermasse und Anziehungskraft berechenbar ist, **der Gravitations- oder Schwerkraft.**

In seinem Werk Mathematische Grundlagen der Naturphilosophie (*Philosophiae naturalis principia mathematica*, 1687) formulierte er die Grundgesetze (*Axiome*) der klassischen Mechanik, entwickelte die Differential- und Integralrechnung (1671) und schuf seine „neue Theorie des Lichtes und der Farben" (1672), die er erst 1704 veröffentlichte (Opticks 1704) und die die Grundlage der Berechnung der Lichtbrechung und damit auch der Konstruktion und Verbesserung optischer Linsensysteme (Teleskop, Mikroskop) war. Er hielt die Fundamentalbegriffe *Raum*, *Zeit* und *Bewegung* für objektiv gegeben, charakterisierte die

Zeit als gleichförmig und nicht umkehrbar, den Raum als unendlich und leer, aber als das „Sensorium Gottes", der die Bewegungen des Universums bewirke und korrigiere. Er wurde zum Leitbild der klassischen Physik (Vavilov 1951).

Eine alternative Philosophie entwickelte Gottfried Wilhelm *Leibniz* (1646–1716); sie beeinflußte besonders die biologische Theorienbildung. Er knüpfte an das „Substanzgesetz" in den Philosophien von *Descartes* und *Spinoza* an, betonte aber anstelle des „ewigen Seins" der Substanz ihre Selbsttätigkeit und „tätige Kraft" als Hauptmerkmal. Mit seiner Definition, Substanz sei das, was die Fähigkeit zum Handeln besitze (*la substance est un être capable d'action ... Monadologie* 1714), löste er die Aristotelische Vorstellung von der „Form" als geistigem Wirkprinzip endgültig ab und betrachtete sie vielmehr als eine der lebendigen „Substanz" innewohnende Eigenschaft, demzufolge die Wirklichkeit als Ergebnis ihrer unendlichen Aktionsmöglichkeiten.

Die „unerschöpfliche Fülle" an Möglichkeiten dränge nach Verwirklichung und die *Tätige Kraft* wirke gleichzeitig individualisierend. Jede Individualität (eines Lebewesens) repräsentiert in bestimmter Weise das Ganze und ist zurückführbar auf letzte einfache, unteilbare Einheiten (wie auch die Atomisten meinten), aber nach *Leibniz* könnten diese Nicht-Teilbaren (*In-dividua*) keineswegs materieller Natur sein, da alles Materielle eine Ausdehnung besitze. Im Gegensatz zu *Descartes* postulierte *Leibniz* die Existenz immaterieller letzter individueller Einheiten, die er *Monaden* nannte, „eine einfache Substanz, die als Element in das Zusammengesetzte eingeht" ... Die Monaden sind also die wahrhaften Atome der Natur und, mit einem Wort, die Elemente der Dinge ..." (zit. nach Buchenau 1924, S. 430). Während alles Zusammengestzte, also auch alle Lebewesen, sich entwickeln, allmählich entstehen und vergehen können, sind die Monaden durch Schöpfung entstanden und ewig, können auf natürlichem Wege weder entstehen noch vergehen.

Alle Organismen bestehen aus „präformierten Keimchen", sind **Komplexe von Monaden,** unter denen jeweils eine vorherrscht und die Entwicklungshöhe bestimmt. Wenn ein Lebewesen stirbt, verliert es nur seine „Leibesmaschine", die rein physikalischen Gesetzen gehorcht, während die Monaden den Leibesverband verlassen und in einen anderen eintreten können. Dadurch ist Höherentwicklung möglich. Die Charakteristik der Monaden unterschiedlicher Qualität knüpft in gewisser Weise an die definierten Seelenqualitäten (*facultates*) der Pflanzen, Tiere und Menschen bei *Aristoteles* oder *Albertus Magnus* an (vgl. 3.3.2. und 4.4.3.). Das Zusammenwirken der Monaden wird durch eine von Urbeginn an festgelegte, „prästabilierte Harmonie" garantiert, die auch die zweckmäßigen Anpassungen im Organismenreich erklärt. Aus der *Monadologie* leiteten sich drei wichtige Prinzipien ab, die den biologischen Fragestellungen des 18.–19. Jh. das Gepräge gaben:

– die *Gradation* (abgestufte Höhe, Stufenleiter oder *Scala naturae*)
– die *Kontinuität* (wie Punkte auf einer Kurve im Koordinatensystem)
– die *Fülle* (lückenlose Realisierung alles Möglichen).

Leibniz hatte in seiner Philosophie die zeitgenössischen naturwissenschaft-
lichen Bestrebungen berücksichtigt, war von der Experimentalphysik Er-
hard *Weigels* in Jena, der Iatrochemie J. B. *van Helmonts* (vgl. 6.2.2.), der
Mikroskopie *Leeuwenhoeks* (vgl. 6.3.) beeinflußt und prüfte selbst die
Gültigkeit seines „monadologischen Weltbildes" in der Detailforschung
(Mathematik, Physik, Geologie, Geschichte und Naturgeschichte); es bildete die Klammer für die schon damals zur Spezialisierung drängenden
Wissenschaftszweige (Holz 1983). Sein fachübergreifendes integratives
Streben lag auch den schon seit 1669 entwickelten **Konzeptionen für Aka-
demien** als „Gelehrtenrepublik" zugrunde, mit denen er ein Gegengewicht
gegen Absolutismus und Despotismus, gegen Klassen- und Standesschran-
ken im Rahmen eines gesamteuropäischen Zusammenwirkens „zum allgemeinen Besten" suchte (a. a. O., S. 181–190). Mit seiner umfassenden
Zielsetzung erinnert sein Akademiegedanke an die „Utopien" des 17. Jh.
(*Campanella* 1602, *Andreae* 1619, *Bacon* 1627) bzw. an *Platons Politeia*
(Holz 1983) und wurde in dieser Form nicht verwirklicht. Doch beeinflußte
er dann maßgeblich die Begründung der Berliner „Societät der Wissenschaften" (1697–1700), deren erster Präsident er wurde (*Harnack* 1900)
und die Pläne zur Petersburger Akademie (gegr. 1724–1725).

6.1.2. Die Rolle der Akademien für die naturwissenschaftliche Forschung

Die Entstehung wissenschaftlicher Gesellschaften oder Akademien war
ein charakteristisch neuer Zug im 17. Jh.; sie förderten „im Gegensatz zu
den damals noch mehr oder weniger im Dogmatismus erstarrten Universitäten … die Entwicklung einer neuzeitlichen Wissenschaft und entsprachen zugleich dem zunehmenden Bedürfnis der Gelehrten nach neuen Formen der Kommunikation" (Uschmann 1987).

Die Gründung von Gelehrtenvereinigungen erfolgte meist aus privaten
Zirkeln mit programmatisch neuen Zielsetzungen, wie sie dem Rationalismus und der Frühaufklärung entsprachen. So entstanden
– in **Italien** die *Academia secretorum Naturae* (oder *Curiosorum hominum
Academia*) um 1600 durch G. B. *della Porta* (vgl. 6.2.2.), sodann die –
unter Mitwirkung von *Galilei* begründete – *Accademia dei Lincei* (1603),
die sich unter Federico *Cesi* besonders auch mikroskopischen Studien
widmete (vgl. 6.3.), und die von Schülern *Galileis* gebildete *Accademia
del Cimento* (1651–1667), die Akademie der Experimente in Florenz,

wo u. a. *Borelli* und *Redi* (vgl. 6.2.1.) neben dem Erfinder des Barometers
Vincenzio *Viviani* (1622–1713), wirkten,

– In **England** das vorwiegend von Medizinern um 1644 in London gegründete *Philosophical College*, das 1662 zur *Royal Society for the Improve-
ment of Natural Knowledge* – zur Förderung der „physico-mathemati-
schen experimentellen Gelehrsamkeit" – wurde unter Mitwirkung von
R. *Boyle*, J. *Mayow*, W. *Harvey*, R. *Hooke* (s. u.) zum biologischen Erkenntnisgewinn entscheidend beitrug.

Ihre Konstituierung, der schon 1665 auch die Gründung der ersten wissenschaftlichen Zeitschrift *(Philosophical Transactions)* folgte, war nicht nur von
Fr. *Bacons* methodischem Programm, sondern auch von seiner utopischen Schilderung einer Institution („Haus Salomons") zum Zwecke, „Ursachen und Bewegungen sowie die verborgenen Kräfte in der Natur zu ergründen …" *(New Atlantis*, 1627), beeinflußt (Sprat 1667)

– In **Frankreich** – neben dem Gelehrtenzirkel von Claude *de Peiresc* in Aix
von 1620–1637 – vor allem der Kreis von Marin *Mersenne* (1588–1647)
in Paris, Korrespondent von *Descartes*, *Galilei*, *Hobbes*, der, von H. *de
Montmor* (1600–1679) fortgesetzt, ab 1654 zur regelmäßigen Einrichtung wurde und 1666 die Keimzelle der französischen Akademie der
Wissenschaften *(Académie des scienses*, 1666) bildete.

Auch sie war von *Bacons* Ideen einer auf wirtschaftlichen Fortschritt bezoge-
nen Naturforschung beeinflußt, hatte anfangs etwa 20 (um 1700 rund 50) staat-
lich besoldete Mitglieder, die hauptberuflich und oft gemeinschaftlich nach mi-
nisteriellen Vorgaben an wissenschaftlichen Lösungen arbeiteten (Ornstein
1928), und förderte durch große Unternehmen wie die *Encyclopédie* oder schon
im 17. Jh. die Vergleichende Anatomie auch die biologischen Erkenntnisse
(J. B. du Hamel 1696–1700).

– in **Deutschland** die (nur kurzlebigen) Mathematikergründungen, die *So-
cietas Ereunetica* (1622) in Rostock durch *Jungius* (vgl. 6.4.1.) mit seinem *Baconschen* Wahlspruch *per inductionem et experimentum* (durch
Induktion und Experiment) und das *Collegium Curiosorum sive Experimentale* (1660–1703) in Altdorf durch den Cartesianer Joh. Chr. *Sturm*
(1635–1703); vor allem aber die durch die italienischen Akademien (bes.
diejenige von *Porta*) angeregte, bis heute existierende *Academia Naturae Curiosorum* (spätere Leopoldina, 1652) in Schweinfurt durch den
Arzt Joh. Lorenz *Bausch* (1605–1665) mit einem vorwiegend medizinischen (stark iatrochemisch orientierten), enzyklopädischen Programm
[49] und gemeinnützigen Zielen, wie sie auch *Leibniz* erdachte (s. o.).

6.2. Neue medizinische Grundlagen und die Herausdifferenzierung biologischer Problemkreise

Auch weiterhin entwickelten sich die Fortschritte biologischer Erkenntnis vor allem im Rahmen der Medizin, wenn sie auch innerhalb deren Institutionen mehr und mehr schon eigenen disziplinären Charakter annahmen, wie z. B. die Botanik, und die Formulierung spezifischer Grundfragen (Sexualität, Individualentwicklung, Stoffwechsel) später zu konstitutiven Elementen der „*Biologie*" wurden (vgl. 7.1.).

6.2.1. Vergleichende Organanatomie mit physiologischen Fragestellungen

Im Verlauf des 17. Jh. wurde mehr und mehr die bisher meist deskriptive anatomische Untersuchung zu einer „vergleichenden Anatomie", ein Begriff, der sich im letzten Drittel des 17. Jh. einzubürgern begann (Cole 1913), z. B. durch:

– Walter *Charleton*: *Onomasticon Zoicon*, 1668: *Anatomia comparativa* als Zweig der Zoologie,
– Nehemia *Grew: The Comparative Anatomy of Trunks*, 1675, auf Pflanzen angewandt,
– derselbe: *The Comparative Anatomy of Stomachs and Guts begun*, 1682,
– Thomas *Willis*: in *De anima brutorum* ... 1672: *anatomia comparata*.

Vergleiche wurden sowohl zwischen Mensch und Wirbeltier gezogen, als nun auch zwischen Tieren aller Klassen und zwischen Tieren und Pflanzen, wobei weniger strukturelle als funktionelle Fragen im Vordergrund standen bzw. die physiologische Funktion von der Morphologie meist hypothetisch abgeleitet, seltener experimentell erforscht wurde. Allerdings wurden nicht mehr nur tote Tiere untersucht, sondern zur Klärung zweifelhafter Erscheinungen auch die Vivisektion angewandt, wozu die mechanistische Auffassung von der tierischen „Körpermaschine" zweifellos verleitete. Neben der monographischen Darstellung eines Gesamtorganismus erfolgte nun auch das systematische vergleichende Studium einzelner Organe und Organsysteme.

Die herausragende Erkenntnis war die **Entdeckung des großen Blutkreislaufes** durch William *Harvey* (s. u.), der erstmals die alten Vorstellungen über Entstehung, Funktion und Bewegung des Blutes korrigierte, wobei er an die Beobachtungen der Paduaner Schule (z. B. *Colombo*, *Cesalpino*, vgl. 5.2.), besonders aber an seinen Lehrer in Padua, Girolamo *Fabricio* (*Fabricius ab Aquapendente*), anknüpfen konnte, der 1603 die Venenklappen exakt beschrieben hatte.

Fabricio (1537–1619) hatte selbst systematisch zahlreiche Tiersektionen durchgeführt und an Säugetieren, Reptilien und Fischen vergleichende Beobachtungen über Organfunktionen angestellt, die Aufschluß über die Embryonalentwicklung gaben (vgl. 6.4.2.), er hatte über die **Sinnesorgane** von Säugetieren und Vögeln (1600) sowie über den **Verdauungstrakt** der Wirbeltiere (mit einer erstmals detaillierten Darstellung des Wiederkäuermagens, 1618) gearbeitet und vergleichend-morphologische Studien über Muskel- und Gliedmaßenbewegung an Wirbeltieren (u. a. Affen) und Wirlbellosen (Insekten und Tausendfüßlern) veröffentlicht (1614). Seine künstlerisch ausgeführten anatomischen Zeichnungen (über 50 als „Anatomia animalium" gekennzeichnet) werden noch heute in Venedig aufbewahrt (Stefanutti 1957).

Von seinen Schülern verdienen außer *Harvey* auch *Casserio* und *Aselli* Erwähnung. Giulio *Casserio* (*Casserius*, 1552–1616) widmete dem **Stimm- und Gehörapparat** der Säugetiere (Mensch, Affe, Katze, Hund, Schaf, Ziege, Schwein, Rind, Pferd, Ratte und Kaninchen) im Vergleich mit Vögeln (Gans, Truthahn, Kormoran und Reiher) und Fröschen eingehende Untersuchungen (*De vocis auditusque organis*, 1601). Der Chirurg Gaspare *Aselli* (1581–1626) in Pavia und Mailand entdeckte bei Vivisektionen von Hunden die **Lymphgefäße** (*Vasa lactea*) im Bauchraum, verallgemeinerte seine Beobachtungen durch Experimente an Katzen, Lämmern, Schweinen, Kühen und Pferden, und leitete mit seiner Schrift über die „Milchgefäße" (*De lactibus sive lacteis venis*, 1627) die Aufklärung des gesamten Lymphgefäßsystems durch J. *Pecquet* (s. u.), Th. *Bartholinus* (s. u.) und Olaf *Rudbeck* (1630–1702) ein (44).

Durch vivisektorische Beobachtungen und Versuche an einer Vielzahl lebender Tiere ergründete William *Harvey* (1578–1657) die Kreislaufbewegung des Blutes, wobei er sich keineswegs auf Säuge- oder Wirbeltiere beschränkte. In seiner klassischen Schrift über dem anatomischen Versuch über die **Bewegung des Herzens und des Blutes** (*Exercitatio anatomica de motu cordis et sanguinis*, 1628) erwähnt er außer Hund und Schwein noch Kröten, Schlangen, Frösche, Schnecken , Hummern, Schaltiere (Muscheln), Seekrebse und kleinere Fische, deren Herzschlag und -form er genau beschreibt. Dieses Vorgehen des Anatomen ist insofern bemerkenswert, als in der damaligen Klassifikation die Wirbellosen Tiere noch nach der Aristotelischen Tradition als „blutlose" bezeichnet wurden.

Harvey war durchaus ein **Anhänger des Aristoteles**, maß nach dessen Theorien dem Herzen die zentrale Funktion (Erwärmung des Blutes) zu und wollte ursprünglich durch seine neue methodische Beweisführung – ähnlich wie *Cesalpino* (vgl. 5.2.) – das *Galensche* Lehrsystem widerlegen, wonach die Venen ihren Ursprung in der Leber haben und eine andere Art Blut durch Eigenbewegung transportieren sollten (vgl. 3.4.4.). Demgegenüber stellte er durch

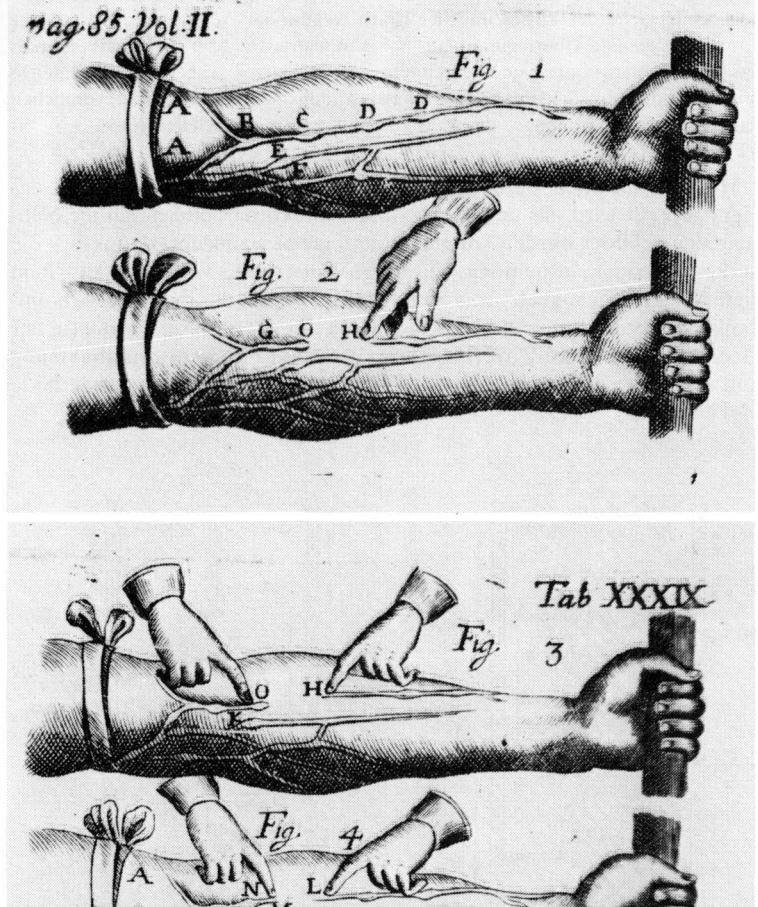

Abb. 24. Demonstration des Blutkreislaufes durch Abbinden der zum Herzen führenden Venen, von W. Harvey 1628. Aus A. v. Haller, *Bibliotheca anatomica*.

direkte Beobachtung und Tasten das rhythmische Zusammenziehen des Herzmuskels als Ursache des Pulses und der Blutbewegung im Adersystem fest, was er
durch eine geniale Überlegung plausibel demonstrierte (Abb. 24), maß erstmals
das Herz–Schlagvolumen und berechnete die vom Herzen ausgepreßte Blutmenge
pro Herzschlag und die Blutmenge, die halbstündlich das Herz passiert, verglichen
mit der Gesamtblutmenge, die z. B. beim Töten eines Schafes (etwa 3 $\frac{1}{2}$ bis
4 Pfund) ausfließt.

Mit der einfachen Berechnung, daß pro Stunde mehr Blut durch das
Herz gepreßt wird, als der Körper insgesamt enthält und durch die Nahrung neu gebildet werden könnte, widerlegte er – zunächst deduktiv – die
herkömmliche Lehrmeinung. Die neue Vorstellung vom Kreislauf fand
viele Widersacher, auch unter praktischen Ärzten, die therapeutisch um-
denken mußten. Ihnen entgegnete Harvey durch Hinweise auf die (in der
Geometrie erprobte) Zuverlässigkeit dieser auf die **Sinneswahrnehmung**
und die davon abgeleitete „rationale Demonstration" gestützte Methode
[44] (Abb. 25).

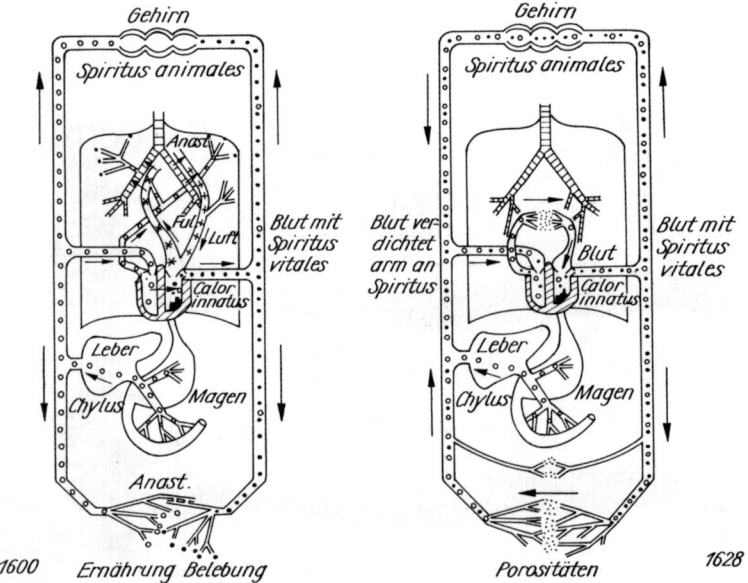

Abb. 25. Schematischer Vergleich zwischen den Lehren von der Blutbewegung
nach Galen (links) und Harvey (rechts). Aus Rothschuh, K. E., René Descartes,
Über den Menschen. Heidelberg 1969.

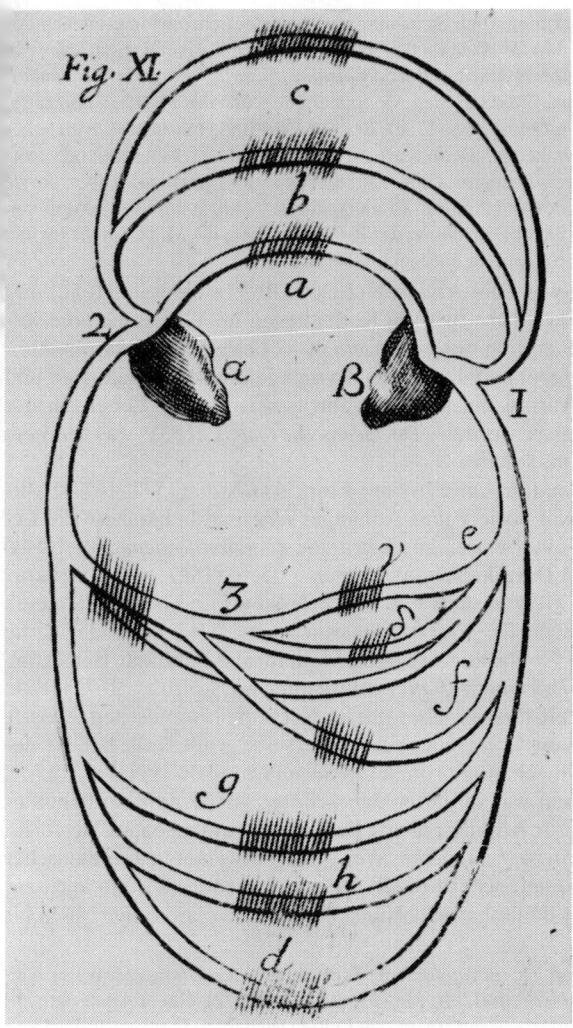

Abb. 26. Schema zur Darstellung des großen Blutkreislaufes von Caspar Bartholinus 1676. Aus A. v. Haller, *Bibliotheca anatomica*: α rechter, β linker Herzventrikel, *a* Lungenkreislauf, *b* Kopf-, *c* Arm-, *d* Beingefäße, *e–f* Baucharterien, *g* Nie-
ren-, *h* Unterleibsgefäße. *1* Arterie, *2* Vene, *3* Pfortader.

Der weiteren experimentellen Sicherung der Kreislauflehre widmeten sich de
Leidener Mediziner Jan *de Wale* (1604–1649) mit vielen Tierversuchen, die er i
seinem „Brief an Thomas Bartholinus" (*Epistola prima de motu chyli et sangui
nis* ..., 1641) schildert, die dänischen Mediziner Niels *Stensen* (s. u.), *Thomas* (s
u.) und Caspar *Bartholinus* (1655–1738), der diese Befunde mit instruktiven Sche
mata (Abb. 26) zusammengefaßt in seiner Arbeit über die Herzscheidewand veröf
fentlichte (*Diaphragmatis structura nova*, 1676), sowie der Engländer Robert *Boyle*
(1663) und der holländische Anatom Frederic *Ruysch* (1704) durch Injektion von
farbigem Wachs zur Sichtbarmachung der Kapillargefäße, die M. *Malpighi* 1660 in
der Froschlunge mikroskopisch entdeckt hatte (vgl. 6.3.).

Fast gleichzeitig war Olof *Rudbeck* (1630–1702) in Uppsala (1652) und
Thomas *Bartholinus* (1616–1680) in Kopenhagen im Tierversuch die völlige Klärung der Funktion der von *Aselli* (s. o.) entdeckten Darmlymphbahnen (*Chylusgefäße*) und des ganzen **Lymphgefäßsystems** gelungen und
die traditionelle Auffassung von der zentralen Rolle der Leber bei der
Blutbildung korrigiert worden (*De lacteis thoracicis* 1653), was *Harveys*
neue Lehre ebenfalls stützte.

Der englische Anatom und Physiker Francis *Glisson* (1597–1677), Mit-
begründer der Royal Society und Anhänger *Harveys*, behandelte die **Leber** eingehend in einer Spezialmonographie (*Anatomia hepatitis*, 1654),
ebenso **Magen und Darmkanal** verschiedener Tiere (1677) sowie Struktur
und Funktion des **Herzmuskels** und **Muskelsystems** und begründete eine
Gewebelehre, wonach die „Faser" das Grundelement der Muskeln ist, die
auf „Reize" durch Kontraktion reagiert, weil ihr die Kraft zur Bewegung
„eingeboren" ist (*Tractatus de natura substantiae energetica* ..., 1672). Eine
ähnliche **Reizbarkeitstheorie**, aber mit anderem philosophischen Ansatz,
spielte im 18. Jh. (von A. v. Haller ausgehend) eine große Rolle bei der Zurückdrängung des mechanomorphen Organismusmodells (vgl. 7.2.1.).

Das **Muskelsystem** war in diesen Jahrzehnten wiederholt ein beliebtes
Forschungsobjekt zur Aufklärung von Bewegungsvorgängen im Tierreich,
und es gestattete in verschiedener Weise die Anwendung mechanischer
Methoden und geometrischer Modelle. Hervorragendes leistete auch auf
diesem Gebiet der dänische Arzt Niels *Stensen* (Nicolaus *Steno*, 1638 bis
1686).

Er war Schüler von Th. *Bartholinus* in Kopenhagen, G. *Blasius* (s. u.) in Amsterdam, Fr. *Sylvius* (s. u.) und Joh. *van Horne* (1621– 1672), einem Anatomen aus
der Neapler Schule von *Severinus* (s. u.), in Leiden (Scherz u. Hansen 1986). *Steno*
war Anhänger von *Descartes*, begann aber bei den vivisektorischen Studien in Leiden an dessen These vom seelenlosen Tierautomaten zu zweifeln und revidierte
dessen anatomisch falsche Aussagen über Zirbeldrüse und Gehirnfunktion anhand vergleichender Untersuchungen an Säuger- und Vogelhirnen; in seiner Pariser Vorlesung über die Anatomie des Gehirns (*Discours de l'anatomie du cerveau*, 1669)

machte er auf gravierende Unterschiede in der Hirnstruktur von Fischen, Vögeln und Menschen aufmerksam und entwarf ein Programm zur systematischen **verglei-chenden Hirnforschung** mit verbesserter Präparationstechnik (Rafaelsen, in: Poulsen und Snorrason 1986, S. 135–152), wobei er auf Thomas *Willis'* (s. u.) beispielhafte Gehirnanatomie (*The Anatomy of the Brain*, 1664) mit Zeichnungen von Christopher *Wren* hinwies.

In zwei grundlegenden Arbeiten behandelte *Steno* genau den Herzmuskel, die Anatomie und Funktion als „Pumpe" bei der Blutzirkulation, die Interkostalmuskeln und ihre Funktion bei der Atmung, die Zunge als Muskel und die Struktur der Muskeln aus „Fasern" die für die Muskelkontraktion verantwortlich sind.

Das berühmteste Beispiel einer iatrophysikalischen Darstellung tierischer Bewegungsvorgänge stammt von Giovanni Alfonso *Borelli* (1608 bis 1679), der in Messina, Pisa und Florenz (*Accademia del Cimento*) Mathe-

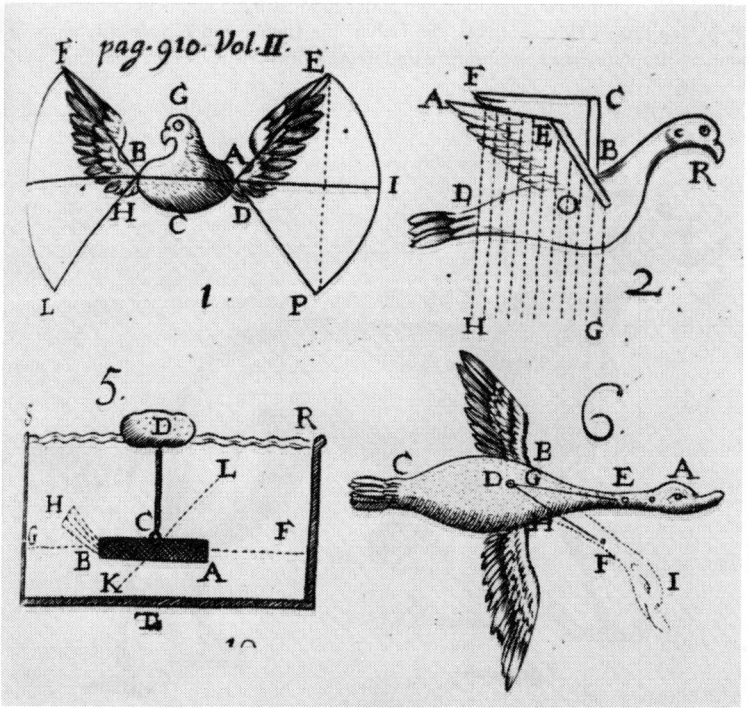

Abb. 27. Konstruktion der Flugbewegungen von Vögeln. Aus G. Borelli, *De motu animalium* … 1680.

matik lehrte und es unternahm, nach den Prinzipien von Galilei (vgl. 6.1.1.) Muskelbau und -funktion physikalisch zu interpretieren. Ausge hend vom menschlichen Körper beschreibt er in seinem zweibändiger Werk *Über die Bewegung der Tiere* (*De motu animalium*, postum 1680–81 dt. Ostw. Klass. 221, 1927) Bewegungsabläufe von Säugetieren (Pferd Hund, Katze), Vögeln und Fischen, verschiedene Stadien des Gehens Fliegens, Schwimmens, den Ansatz der Muskeln am Skelett und ihre Funk tionsweise beim Einhalten des Gleichgewichts, Vorgänge, die er zeichne risch konstruierte (Abb. 27).

Darüber hinaus behandelt er innere Organbewegungen (Herz, Atmung, Ver dauung, Ausscheidung) als automatisch-mechanische Abläufe, erklärte die Ner venimpulse durch das eine „Fermentation" auslösende „Nervenfluidum". Die da mals noch verbreitete Aristotelische Ansicht vom Herzen als Quelle der Körper wärme (*Harvey*, *Descartes*) widerlegte er durch Messung, indem er ein Thermome ter in den linken Herzventrikel, die Leber, die Lunge und Eingeweide eines le bend geöffneten Hirsches einführte und überall die gleiche Temperatur fand [44].

Abb. 28. Anlage einer Speichel- (A) und Pankreas- (N) Fistel zur Untersuchung der Verdauungssäfte beim Hund. Aus R. de Graaf 1678.

Nach cartesianischen Prinzipien, aber verknüpft mit experimentellen Methoden, untersuchte der holländische Mediziner, Schüler von Franz *de le Boë* (Franciscus *Sylvius*) in Leiden (s. u.), Regnier *de Graaf* (1641–1673) in Delft, den Verdauungsvorgang bei Tieren und beschreibt in einer berühmten *Abhandlung über die Natur und den Nutzen des Pankreas-Saftes* (*Disputatio medica de natura et usu succi pancreatici*, 1664) die Gewinnung von Verdauungssekret aus Maul und Bauchspeicheldrüse durch Anlage einer Speichel- und Pankreasfistel beim Hund (Abb. 28), eine Methode, die 250 Jahre später durch Pawlow berühmt wurde (vgl. 7.3.2.).

Die verschieden gestalteten **Verdauungsorgane** waren im 17. Jh. vielfach Gegenstand vergleichend-anatomischer Studien, z. B. auch des Neapler Arztes und Chirurgen Marc Aurel *Severino* (1580–1656), der in Salerno (mit seiner alten anatomischen Tradition, vgl. 4.4.4.) studierte. Er untersuchte u. a. den Pakreas des Pferdes und die Mägen der Wiederkäuer. Darüberhinaus ist er durch vier tieranatomische Spezialschriften (1645 bis 1659), besonders durch seine *Zootomia Democritea* (1645), bekannt geworden, mit der er sich gegen aristotelische Theorien wandte (*vgl. auch Antiperipateas*, 1659) und an die vorsokratischen Atomisten (3.2.3.) anknüpfte, von denen *Demokrit* viele Tiere präpariert haben soll.

Severino begründet den Nutzen der Tiersektionen für Medizin und Physiologie, für Veterinärmedizin und Naturwissenschaft und grenzt die *„Zootome"* von der pflanzlichen (*Dendrotome*) und menschlichen Anatomie (*Andratome*) ab. Er beschreibt dann eine Fülle von Sektionen an Säugetieren (Haustieren, Maulwurf), Kriechtieren und Fischen, aber auch Wirbellosen wie Kopffüßern (*Sepia*) (Abb. 29) und Schnecken, Krebstieren, Spinnentieren und Insekten, ohne aber systematische Vergleiche anzustellen. Monographien sind der *Vipera Pythia* (1651), Robbe und Delphin (1655) – den „auf dem Trocknen lebenden Fischen" – und der Anatomie und Physiologie der Fische (1659) gewidmet.

Severinos Schriften erneuerten die Anatomie „von Grund aus" als eine „Auftrennungskunst" (*ars dissutrix*), die das „Uhrwerk" des Organismus kunstgerecht zerlegt. *Severino* forderte programmatisch eine **subtile Anatomie** (*anatomia artificiosa et subtilis,* Belloni 1963) und wirkte stimulierend (vgl. 6.3.). So verfaßte sein Schüler Thomas *Bartholinus* (1616–1680), der in Kopenhagen, Leiden, Padua, Neapel und Basel studiert hatte, eine ähnliche Sammlung anatomischer und morphologischer Tierbeschreibungen (*Historia anatomicarum et medicarum rariorum Centuria I–IV*, 1654 bis 1657), worin er die Organanatomie ausländischer Säugetiere (Zibetkatze, Löwe, Vielfraß, Wale), Vögel (Kranich, Schwan) und Fische kritisch darstellte und auch den Narwal Grönlands als das „Einhorn" der mittelalterlichen Tierbücher (und Lieferanten des „Einhorns" der Apotheker) identifizierte.

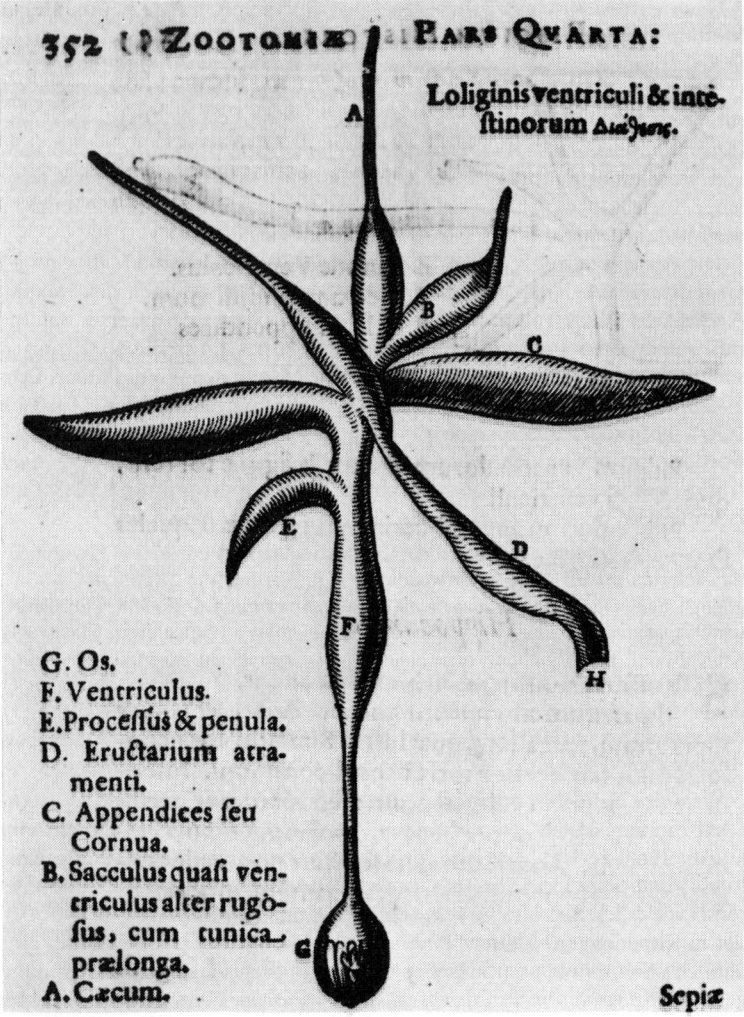

Abb. 29. Organanatomie einer Tintenschnecke (*Loligo*): Verdauungst
M. A. Severino, *Zootomia Democritea* 1645.

Auch der Amsterdamer Anatom Frederick *Ruysch* (1638–1731) nutzte die holländischen Handelsverbindungen für seine zoologische Sammlung (*Thesaurus animalium*, 1710), für die er das damals **neue Konservierungsverfahren in Alkohol** anwandte, das seit 1663 der englische Chemiker R. *Boyle* (1664) für die Naturaliensammlung der *Royal Society* im *Gresham College* erprobt hatte (Grew 1681). *Ruysch* baute diese Methode auch für seine **anatomische Sammlung** zu großer Vollkommenheit aus und verstand es, durch Injektion farbiger Flüssigkeiten (Wachs, Paraffin) das Gefäßsystem und morphologische Details an tierischen Organen sichtbar zu machen und die vergleichende Methode im akademischen Unterricht zu demonstrieren (*Thesaurus anatomicus quartus*, 1704). Einen Teil dieser Sammlung kaufte Zar Peter I. für sein Kunstkabinett (russ. „Kunstkammer"), wo sie noch heute in Leningrad aufbewahrt wird (Mann 1961).

Eine bemerkenswerte Schrift, die schon um die Mitte des 17. Jh. um die akademische Anerkennung des **Faches Zoologie** wirbt, stammt von dem Wittenberger Mediziner Johannes *Sperling* (1634–1658), der sich der neuen Atomlehre D. *Sennerts* anschloß (vgl. 6.2.2.), sich gegen Aristotelische Theorien wandte und deshalb von deutschen Universitäten abgelehnt wurde (Disselhorst 1929). In seiner Abhandlung *Zoologia physica* (postum 1661) grenzt er die „physische Zoologie" gegen die medizinische (*Zoologia medica*) und die theologische (*Zoologia sacra*) ab, definiert sie als „Wissenschaft von den Tieren" (*Scientia brutorum*), insofern sie natürliche Körper sind, und gliedert sie in einen **allgemeinen** und einen **speziellen Teil**, wie es 70 Jahre früher schon Adam *Zaluzianski* in Prag für die Botanik tat (Hoppe 1976).

Die cartesische Auffassung vom tierischen Körper als Automaten, der nur durch „Spiritus animales", materiell gedachte „Nervenströme", gesteuert wird, regte das vergleichende Studium tierischer **Gehirn- und Nervenfunktionen** an. Beachtenswerte Ergebnisse über die Anatomie des Gehirns legte ein Jahr vor *Steno* (s. o.) der Engländer Thomas *Willis* (1621–1675) vor, der als Mitglied der Royal Society London zusammen mit dem Architekten Christopher *Wren* (1632–1723) den Bau verschiedener Wirbeltier-Hirne darstellte und in dem fundamentalen Werk über die **Anatomie des Gehirns** (*The Anatomy of the Brain*, 1664) ganz generell die Notwendigkeit vergleichend-anatomischer Studien zur Erkennung von Organfunktionen betonte. Unter Einbeziehung experimenteller Methoden (Abschnürung bestimmter Nerven) erkannte er z. B. am lebenden Hund die Wirkung des Vagusnerven auf Herz und Lunge. In einer späteren umfassenden Darstellung über die Seele der Tiere (*De anima brutorum*, 1672) behandelte er auch die **Anatomie der Wirbellosen**, erkannte das Bauchmark der Krebse als analoges Nervenzentrum und das Außenskelett der Gliederfüßer als Grundunterschied zu den Wirbeltieren und suchte durch weitere Analogiebildung nach einheitlichen Klassifizierungskriterien für das gesamte Tierreich (vgl. 6.4.1.).

Sein Londoner Kollege, der Arzt Edward *Tyson* (1651–1708), lieferte wenig später hervorragende Beiträge zur vergleichenden Anatomie der Delphine (1680), der amerikanischen Beuteltiere (Opossum, 1698), der Menschenaffen durch Vergleich zwischen Schimpansen und Menschen (1699) und insbesondere durch das Studium **tierischer Parasiten** und der Entwicklung der Band- und Spulwürmer (1683, 1691). Sie richteten sich gegen die Vorstellung von der Urzeugung der Würmer in Eingeweiden, wobei sich *Tyson* schon auf entsprechende Aussagen von F. *Redi* stützen konnte.

Wie *Tyson*, *Willis* u. a. in der Royal Society, so repräsentierten *Redi* und *Malpighi* (s. u.) in der *Accademia del Cimento* in Florenz den neuen Forschergeist. Francesco *Redi* (1626–1697), Leibarzt des Großherzogs von Toscana und Gründungsmitglied der Akademie, erkundete nicht nur durch planvolle Experimente die Funktion der Giftzähne, Giftdrüsen und Wirkungsweise des Giftes von Vipern (1664) und die Entwicklung von Insekten aus Eiern (1668), wodurch er die Urzeugung widerlegte (vgl. 6.4.), sondern er nutzte seine zahlreichen Tiersektionen an Wirbeltieren und Wirbellosen (Krebstiere, Kopffüßer) zur Untersuchung von mehr als 100 Arten Würmer und anderer **Parasiten,** nicht nur der Eingeweide, sondern auch der Nieren und Luftwege; er schuf mit seiner Abhandlung über die lebenden Tiere, die sich in lebenden Tieren finden (*Osservazioni ... intorno agli animali viventi che si trovano negli animali viventi*, 1684), eine erste **vergleichende Helminthologie**, die auch Entwicklungsstadien (Spulwurm, Bandwurm) und seine Zweifel an einer „Urzeugung" enthält [36]. Dieses Werk hatte unmittelbare Bedeutung für die medizinische Praxis und bewirkte die Entwicklung der **Parasitologie** als ein Spezialgebiet der Anatomen [18].

Der motivierende Einfluß der Akademien auf die Inangriffnahme umfassender biologischer Forschungsaufgaben zeigte sich in besonderer Weise in der französischen Akademie der Wissenschaften, wo sich eine Gruppe von Medizinern gemeinsam systematisch vergleichend-anatomischer Studien widmete und mit dem zweibändigen Kollektivwerk *Mémoires pour servir à l'histoire naturelle des animaux* (1670, 1676), zuerst unter Leitung von Jean *Pecquet* (1622–1674), dem auch Entdeckungen an den Darmlymphbahnen gelungen waren (1663), dann unter Claude *Perrault* (1613–1688), die Fundamente der **vergleichenden Wirbeltieranatomie** legten (Cole 1913, 1944). Die königliche Menagerie bot reichliches exotisches Tiermaterial, und so sind Sektionen von Elefant und Kamel, Leopard und Krokodil, Chamäleon und Schildkröten, Strauß und Kasuar, Pavianen und Makaken, Hyäne und Gazellen neben Meeressäugetieren und Fischen eingehend behandelt, wobei die 7–8 Anatomen, u. a. *Duverney* (1648–1730), Thomas *Gouye* (1650–1725), Philippe *de la Hire* (1640–1718), abwechselnd präparierten, zeichneten und beschrieben und nur die Beobachtungen zu Papier brachten, die von allen Teilnehmern bestätigt wurden (Cole 1944).

Darüber hinaus setzte sich *Perrault* in einer Spezialschrift (*Essais de Physique*, 1680) mit *Descartes* und seiner *Anwendung der Mechanik auf Tiere* auseinander und erörterte philosophisch seine Ansicht vom Wirken einer tierischen „Seele", während sich *Duverney* speziell mit der vergleichenden Darstellung von Anatomie und Physiologie des Zirkulationssystems niederer Wirbeltiere (Fische, Amphibien, Reptilien) befaßte (1699) – (*dů Hamel* 1696; *Haller* 1774–1785).

Einen Höhepunkt erreichte die mechanistische Auffassung der Lebensvorgänge im 18. Jh., das der einflußreiche holländische Anatom Hermann *Boerhaave* (1668–1738) mit einer Rede über die Anwendung des mechanischen Denkens (*De usu ratiocinii mechanici in medinia* 1703, Leiden 1709) einleitete. Danach besitze der Körper nichts, was über das Zeugnis der Sinne und das Urteil des Verstandes hinausgehe; er sei ledigleich „aus mehreren, verschiedenen Maschinen, die durch das Einströmen von Säften getrieben werden, verfertigt" und dazu bestimmt, verschiedenartige Bewegungen hervorzurufen, „die, wie es mechanisch ganz evident ist, aus der Masse, der Form, der Festigkeit und der Verbindung der Teile untereinander hervorgehen" [44, S.118]. Durch sein Lehrbuch der Medizin (*Institutiones medicae*, 1708) und der Physiologie (*Institutiones et experimenta chemiae*, 1724) wurden diese Prinzipien weit verbreitet.

8   Ein charakteristisches Beispiel für die Anwendung des mechanomorphen Organismusmodells auf biologische Fragen zeigt die Experimentalphysiologie des englischen Predigers Stephen *Hales* (1677–1761), der an *Newtons* Experimentalphysik anknüpfte und mit hydraulischer Technik Versuche über den Wasserhaushalt und die Saftbewegung in Pflanzen (*Vegetable Staticks*, 1727) und die Blutzirkulation bei Tieren anstellte und **Methoden zur Messung des Blutdrucks** erfand (*Statical essays, containing haemostaticks, or an account of some hydraulical and hydrostatical experimentss made in the blood and bloodvessels of animals*, 1733) (Abb. 30).

Letzte Konsequenzen spiegeln sich in den Werken und Ansichten der französischen Materialisten wie Julien-O. *de Lamettrie* (1709–1751), der ein Schüler von *Boerhaave* und Militärchirurg war, wider und der in seinen Schriften Naturgeschichte der Seele (*Histoire naturelle des l'âme*, 1745) und **der Mensch – eine Maschine** (*L'homme – machine*, 1748) nachzuweisen suchte, daß auch der Mensch keine spezifische „Seele" besitzt, sondern Gedanken vom Gehirn abgesondert werden wie Gallensaft von der Leber.

Diese mechanistischen Anschauungen riefen bald Gegenbewegungen

DES ANIMAUX, II. Exp.

TABLE.

Opéra-tion.	Quantités de fang écoulées.		Hauteurs du fang après chaque opération.	
	pintes.	chopines.	piés.	pouces.
1	0	1	9	8
2	1		9	8
3	2		9	5.5
4	3		8	4
5	4		8	2
6	5		7	8.5
7	6		7	1
8	7		7	6 5
9	8		7	4.5
10	9		6	6.5
11	10		6	7.7
12	11		a) 5	11
13	12		b) 5	8.5
13	12		4	5.5
14	13		4	4
15	14		c) 4	8
16	14	1	d) 4	2
16	14	1	3	2
17	15		3	3.5
18	15	1	2	10

a. Le plus haut point auquel il s'arrêta quelque tems.
b. Le plus bas point auquel il s'arrêta quelque tems.
c. Le plus haut point.
d. Le plus bas point.

B 3

Abb. 30. Tabelle der Blutdruckmessung beim Pferd. Aus St. Hales, *Statical essays* 1733.

(Animismus, Vitalismus) hervor, die das biologische Denken in der
2. Hälfte des 18. Jh. zu beherrschen begannen (vgl. 7.1.2.). Sie hatten aber
schon im 17. Jh. Vorläufer.

6.2.2. Die Iatrochemie und ihre Auswirkung auf die Pflanzenphysiologie

Es wäre falsch, alle Fortschritte in den Erkenntnissen über die Organismen
und ihre Lebensprozesse nur auf die mathematisch-mechanischen und iatrophysikalischen Richtungen zurückzuführen, wenn sie auch einen erheblichen Anteil hatten. Vielmehr gewannen daneben, teilweise in Opposition
dazu, teilweise auch vermischt, chemisch-physiologische Ansichten und
Methoden Einfluß, die sich von paracelsischen Lehren des 16. Jh. herleite-
ten (vgl. 5.2.) oder an *Galens* Vier-Elementen- und Säftelehre orientierten
(vgl. 3.4.4.). Ihnen lag zunächst noch das alte anthropozentrische Konzept
vom Menschen als dem *Mikrokosmos* und seinen vielfältigen Verknüpfungen mit dem *Makrokosmos*, also der Sternen- und Planetenwelt wie auch
der irdischen Umwelt (Elementen, Pflanzen, Tieren), zugrunde, die nicht
in der gleichen Weise objektiviert wurden wie in der neuen mathematisch-
naturwissenschaftlichen Betrachtungsweise. Vielmehr ging man von einer
Ganzheitlichkeit, von der Einheit des Lebendigen und dem Glauben an
eine magische Entsprechung der Organfunktionen und der physiologischen Prozesse in Pflanze, Tier und Mensch mit den kosmischen Vorgängen aus, suchte aber in der *Chemiatrie* des 17. Jh. diese Zusammenhänge
bis ins einzelne zu durchdenken, chemisch und medizinisch, oft experimentell, zu erforschen und ersetzte dabei alchemistisches Gedankengut allmählich durch chemisch-physiologische Erkenntnisse. Dem lag als berech-
tigtes Prinzip die Ansicht des *Paracelsus* zugrunde, daß bloße Anatomie
(*anatomia localis*) nur über den toten Körper, nicht über den lebenden Organismus informieren könne. Dementsprechend wandelten sich auch in
diesen Richtungen die Methoden und Programme. Hatte sich noch der
Schweizer Paracelsist Leonhardt *Thurneysser* (1530–1595/96) während seiner Berliner Arztpraxis (wo er im Grauen Kloster ein chemisches Labor
hatte) eine umfassende Darstellung aller **pflanzlichen Heilkräfte** vorgenommen, wie der Titel seines nur im ersten Band erschienenen Werkes
zeigt (*Historia und Beschreibung Influentischer, Elementischer und Natürlicher Wirkungen aller fremden und einheimischen Erdgewechsen*, ... 1578),
oder in Neapel Giovanni Battista *della Porta* (1545–1615) – der außer seinen berühmten physikalischen und optischen Studien (*Magia naturalis* ...,
1589) einen Botanischen Garten pflegte – in seiner *Phytognomica* (1588)
ein gesamtes **Pflanzensystem nach der Signaturenlehre** (vgl. 5.2.) aufgestellt, also nach äußeren morphologischen Kennzeichen (*Signaturen*) die
verborgenen Heilkräfte bestimmt, so bahnten sich im 17. Jh. in Auseinan-

dersetzung mit diesen Lehren auch pflanzenphysiologische Einzeluntersuchungen an. Sie sollten Fragen nach dem realen Zusammenhang zwischen äußerer Erscheinung, Heilkraft, chemischen Bestandteilen und "Verwandtschaft" klären oder auch Probleme der Kultivierung importierter exotischer Gewächse in Medizinergärten lösen.

So führte der holländische Arzt Jan Baptiste *van Helmont* (1577–1644) schon um 1600 **Versuche über Pflanzenernährung** durch, indem er das Gewicht einer jungen Weide (2,5 kg) und eines Gefäßes trockener Erde (91 kg) notierte und nach 5jähriger Kultur feststellte, daß der Baum um 75 kg zugenommen, die Erde aber nur 57 g („2 Unzen") abgenommen hatte. Er folgerte daraus, daß die Nahrung nur aus dem täglich zugeführten **Wasser**, nicht aus den festen Erdsubstanzen stamme.

Das entsprach seiner chemisch-physiologischen **Theorie des Organismus**, die er in seinem Hauptwerk *Ortus medicinae* (postum 1648; dt.: *Aufgang der Artzney-Kunst*, 1683) entwickelte. Danach gebe es nur zwei Grundelemente der Körper und ihrer Lebensprozesse: „das Element des Wassers als materiellen und das *Ferment* oder Samenhafte als dynamischen Urgrund" [3, S.193]. Dieses **dynamische immaterielle Prinzip** (*Archeus* oder *Urheb*) erzeuge aus dem materiellen Substrat das gasartig gedachte *Fermentum* und durch eine „eigentümliche Gärungskraft" (*Fermentation*) die physiologischen Vorgänge, z. B. die Verdauung mit Hilfe der Magensäure, die es sich als „Werkzeug" geschaffen habe. Auch Keimesentwicklung und Vererbung werden damit erklärt, daß durch den im Samen vorhandenen *Archeus* oder „inwendigen Werck-Meister", der „das Bild seines Vorfahren in sich habe", die artgemäße Bildung, dynamisch anpassungsfähig (nicht teleologisch determiniert) gelenkt werde [44, S. 81–83].

Ähnliche Auffassungen vertrat der Wittenberger Arzt Daniel *Sennert* (1572–1637), der in seinen *Institutiones medicinae* (1628) die Entstehung von Organismen durch eine im Samen wirkende **gestaltende Kraft** (*vis plastica*) erklärte, in seiner chemisch-physiologischen Korpuskulartheorie aber antiparacelsische Ansichten äußerte und den Atomismus *Demokrits* wiederbelebte.

Im Gegensatz zu *van Helmont* interpretierte der (aus einer in Deutschland lebenden Hugenottenfamilie stammende) Chemiater und Botaniker Franz *de le Boë* (Franziscus *Sylvius*, 1614–1672) ernährungsphysiologische Vorgänge als rein chemischen Prozeß, bei dem aus Säuren und Basen Salze entstehen, und bezeichnete ihn als *Fermentation*. In seinem einflußreichen iatrochemischen System, in dem alle Lebensprozesse als chemische Umsetzungen oder *Fermentation* erklärt werden, spielen der Chemismus der Pflanzen und ihre alkalischen oder sauren Bestandteile eine Rolle, und es regte entsprechende Analysen an (s. u.). Das spiegelt sich in Arbeiten seiner Schüler wider, die er als Hochschullehrer in Leiden (ab 1658) beein-

flußte und zu denen die späteren Begründer der iatrochemischen Schule in Jena (*Krausse*, *Wedel*) und Helmstedt (*Schelhammer*) gehörten (s. u.).
Bei den deutschen Medizinern erfreuten sich im 17. Jh. Signaturenlehre, paracelsische und iatrochemische Richtungen lange Zeit stärkerer Beliebtheit als iatromechanische Lehren. Das zeigt sich auch im Programm und in den ersten Schriften der deutschen Akademie der Naturforscher (*Leopoldina*) (Berg 1985), deren Vorbild die Neapler *Academia Secretorum Naturae* (oder *curiosorum hominum*) von *Porta* war (vgl. 6.1.2.), nicht Fr. *Bacons* Konzeption (Artelt 1970).

Ihre Gründer, vier in Italien und der Schweiz ausgebildete Schweinfurter Ärzte [49], planten, jedes Heilmittel umfassend monographisch abzuhandeln, mit dem Ziel einer enzyklopädischen Sammlung gründlicher (literarischer und empirischer) Einzelanalysen durch alle Mitglieder, die größtenteils auch botanisch interessiert waren. Das Projekt läßt an der beispielgebenden über 600 Seiten langen Monographie über die Schwarzwurzel (*Anchora sacra, vel scorzonera …*, 1666) von Johann Michael *Fehr* (1610–1688), dem zweiten Präsidenten, gut das Vorhaben, den Einfluß wie auch die Auseinandersetzung mit der Signaturenlehre erkennen. Maßgebende Mitglieder waren die Jenaer Chemiater Rudolph Wilhelm *Krausse* (1642–1718), Georg Wolfgang *Wedel* (1645–1721) und Günther Christoph *Schelhammer* (1649–1716), die außer in Italien und in Leiden (s. o.) auch in England studiert und die experimentellen Methoden (*Boyle, Grew, Glisson, Lower*) kennengelernt hatten. Sie verbanden in ihrem Unterricht Altes mit Neuem, interpretierten die Heilpflanzen nach der Signaturenlehre und ließen in ihnen eine Lebenskraft gelten, führten aber **Versuche über Keimung**, **Ernährung und Wachstum** und chemisch-pharmazeutische Übungen über Heil- und Schadstoffe durch.

Aus diese Jenaer iatrochemischen Schule ging nicht nur Christian *Wolff* (1679–1754) hervor, der zu Beginn des 18. Jh. in seinem *Collegium physicum experimentale* an der Universität Halle **Pflanzenversuche** im Freiland und mikroskopische Praktika durchführte, sondern auch Georg Ernst *Stahl* (1660–1734), der Begründer der *Phlogistonlehre* (1697) und des als Gegenströmung zum Mechanizismus in der Lebenslehre einflußreichen *Animismus* (vgl. 7.3.2.), sowie Friedrich *Hoffmann* (1660–1742), der berühmte rationalistische Arzt der Aufklärung, der die Lebensprozesse durch ein (mit der Seele identisches) *Nervenfluidum* erklärte (*Fundamenta physiologiae*, 1718) und stark durch R. *Boyle* beeinflußt war (Rothschuh 1953).

Nachdem Robert *Boyle* (1627–1691) aufgrund seiner chemischen Erfahrungen sowohl die Zulänglichkeit der Vier-Elementen-Lehre von *Galen* als auch der Drei-Substanzen-Lehre von *Paracelsus* in Frage gestellt (*The sceptical chemist*, 1661), neue Analysemethoden eingeführt und selbst physiologische **Experimente über die Atmung** angestellt hatte (*Tentamen*

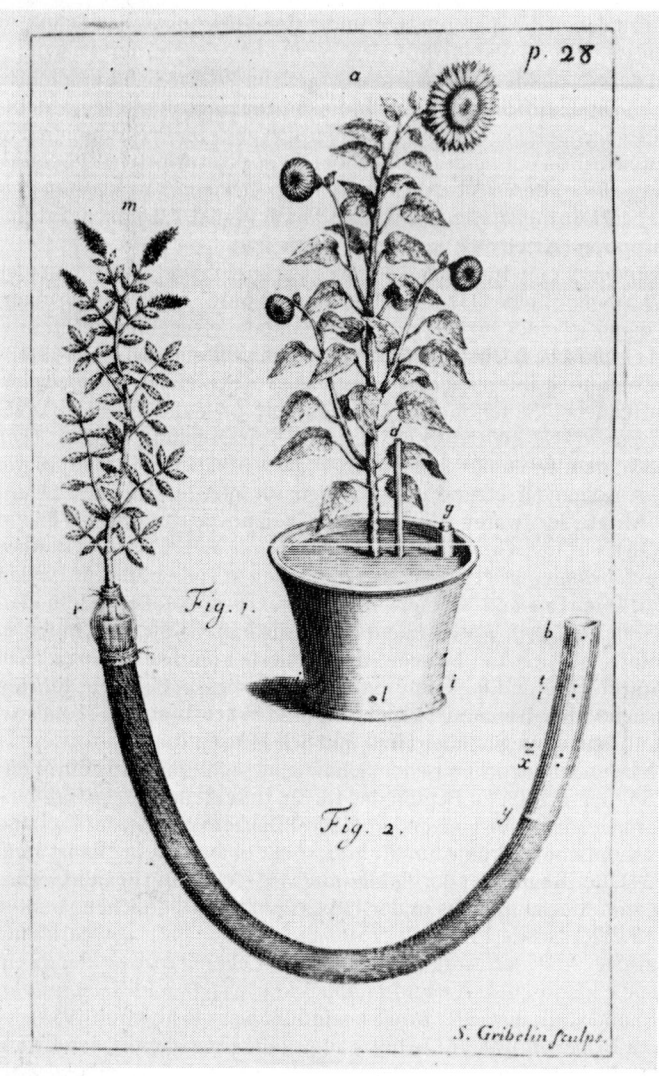

Abb. 31. Messung des Wasserverbrauchs einer Pflanze. Aus St. Hales, *Vegetable staticks* 1727.

quaedam Physiologica, 1677), setzten sich zunächst in England, Holland und Frankreich rationale Erklärungen für Lebensprozesse durch Pflanzenversuche immer mehr durch. Sein Londoner Kollege, Arzt am *Gresham College*, John *Woodward* (1665–1728), experimentierte mit Pflanzenkeimlingen in **Wasserkulturen** und fand, daß sie in destilliertem oder Regenwasser nicht gedeihen, sondern mit Erde vermischtes Wasser benötigen (1714), womit er die Ansichten B. *van Helmonts* widerlegte. Der Pariser Physiker Edme *Mariotte* (1620–1684) hatte vermutet, daß die Pflanzen ihre **Nahrung durch einen chemischen Prozeß** selbst erzeugen, da auf gleichen Böden verschiedenste Pflanzen wachsen, und suchte aufgrund seiner hydrostatischen Experimente das Wachstum allein durch den Saftdruck zu erklären (*Sur le sujet des plantes*,1679). M. *Malpighi* war der erste, der den **Blättern** die Hauptrolle bei der Ernährung zuschrieb und seine mikroskopischen Befunde funktionell deutete (vgl. 6.3.).

Beeindruckend hinsichtlich der durchdachten Experimentaltechnik sind die Pflanzenversuche von Stephen *Hales* (1677–1761), die zwar primär von mechanischen Fragestellungen ausgingen (vgl. 6.2.1.) und mit quantitativen Methoden die Menge und Stärke der Saftbewegung, der Wasseraufnahme und -abgabe ermitteln sollten (Abb. 31), die aber auch in diesem Kapitel erwähnt zu werden verdienen. Am Ende seines Werkes über die Statik der Gewächse (*Vegetable staticks*, 1727) untersuchte *Hales* den Mengenanteil der von Pflanzen „eingeatmeten" Luft mit Hilfe der Wasserverdrängung in einem Glaskolben, der mit der Öffnung nach unten in ein mit Wasser gefülltes größeres Gefäß gebracht wurde (später als *pneumatische Wanne* bezeichnet). Außerdem suchte er durch „chemisch-statische" (*chymio statical*) Experimente die mit pflanzlichen, tierischen und mineralischen Substanzen verbundene Luft (damals noch als einheitliches Element vorgestellt) zu analysieren, um ihren Einfluß auf die „Elastizität" der Substanzen zu prüfen (Kap. VI, p. 155 ff). An diese Versuche von *Hales* knüpfte später J. *Priestley* methodisch an, als er die verschiedenen „Luftarten" (Sauerstoff, Stickstoff) und ihren Einfluß auf die Lebenstätigkeit von Pflanzen und Tieren analysierte (vgl. 7.3.2.).

6.3. Die Mikroskopie und ihre biologischen Entdeckungen

Nächst den anatomisch-physiologischen Erkenntnissen ist die Entwicklung der Mikroskopie das herausragende Ereignis im 17. Jh., Frucht der physikalischen Interessen und Ergebnis wirtschaftlicher Belange. Besonders in England und Holland entwickelten sich mechanische Werkstätten für nautische Geräte und für Lupenherstellung, die der Textilhandel (Fadenzählung!) benötigte. Von dort erhielt auch *Galilei* konvex und konkav ge-

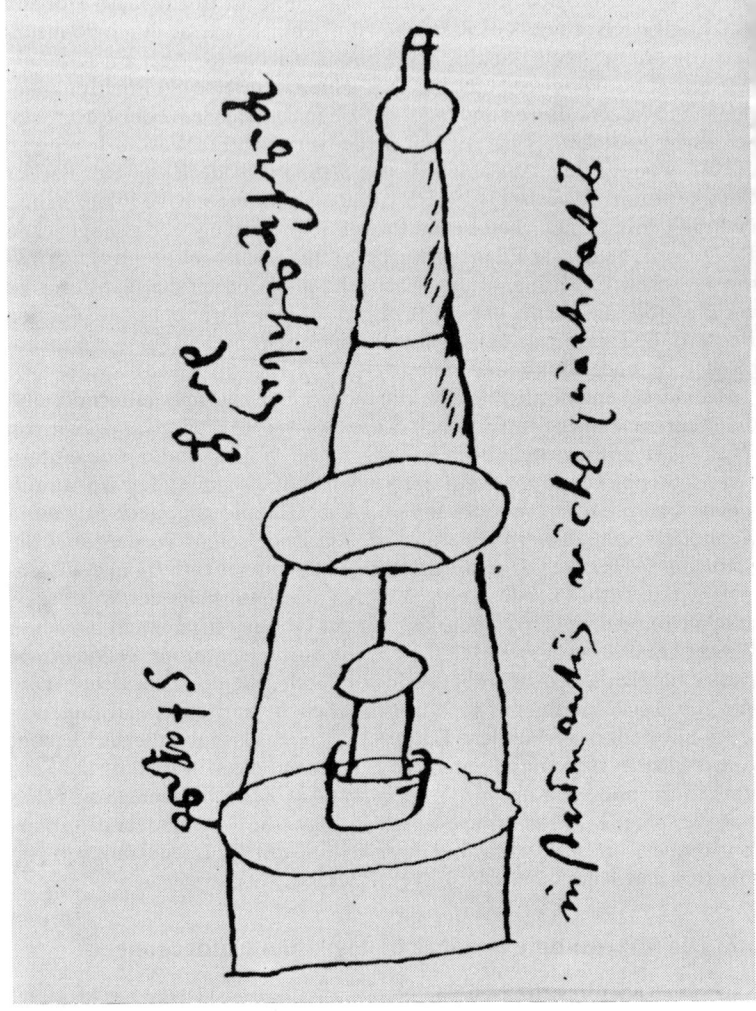

Abb. 32. Älteste bekannte Skizze eines Mikroskops von C. Drebbel aus dem Tagebuch des Holländers I. Beeckmann (1631). Aus Gloede, W., Vom Lesestein zum Elektronenmikroskop. Berlin 1986.

schliffene Linsen, durch deren Zusammensetzung er nach Mitteilungen aus Holland um 1609 selbst Teleskope konstruierte und durch Linsenkombinationen 1614 den Vergrößerungseffekt für biologische Objekte entdeckt haben soll. Doch liegt die eigentliche Urheberschaft eines Mikroskops im Dunkel (Die weit verbreiteten Angaben über Hans und Zacharias *Janssen* als „Erfinder" stellten sich als Fälschung heraus; Waard 1906). Die erste sichere Nachricht stammt von dem Holländer Constantijn *Huygens* (1596–1687), der in der Londoner Werkstatt des „Hoferfinders" Cornelis *Drebbel* (1572–1633) aus Holland 1621 zuerst das Instrument sah (Abb.32), das in Rom durch Mitglieder der *Accademia dei Lincei* 1625 den Namen *microscopium* erhielt (Rooseboom 1956). Dort erschien auch die erste mit Hilfe dieses „Mikroskops" erarbeitete Insektenabbildung über **die Biene** (Abb. 33), (*Apiarium*, 1625) von Francesco *Stelluti* (1577–1646) und mikroskopische Abbildungen von Pflanzenteilen (*Tabulae phytosophicae*), Bruchstücke des von dem Akademiegründer Federigo *Cesi* (1585–1630) geplanten *Theatrum totius naturae*, in dessen Manuskript (S. 415–549) sich biologische Notizen und ein Bestimmungsschlüssel für Bienenrassen finden [9]. Die eigentlichen Pionierarbeiten der Mikroskopie entstanden aber erst in der zweiten Hälfte des 17. Jh. im wesentlichen durch **fünf Gelehrte** in Italien, England und Holland.

Der Bologneser Anatom Marcello *Malpighi* (1628–1694) legte schon 1661 – als Mitglied der *Accademia del Cimento* (vgl. 6.1.2.) – in zwei Briefen an *Borelli* seine mikroskopischen Untersuchungen über **die Lunge** (*De pulmonibus. Observationes Anatomicae*, 1661; Belloni 1958) vor, in denen erstmals die Lungenbläschen, die Verzweigungen der Bronchien und – beim Studium der Froschlunge – das Kapillarsystem der Venen und Arterien und ihre Verbindungen beschrieben werden, wodurch *Harveys* Lehre vom Blutkreislauf endgültig bewiesen wurde (vgl. 6.2.1.).

Er sah die Blutkörperchen (1665), die er als Fetttröpfchen beschrieb, und Gehirnzellen, die er für Drüsen hielt, die das „Nervenfluidum" ausscheiden. Es folgten mikroskopische Untersuchungen der **Leber**, der **Nieren**struktur mit Harnkanälchen und den Nierenkörperchen, deren Filterfunktion erkannt wurde, und der **Milz** mit den Lymphfollikeln (*Malpighische Körperchen*). In seiner Monographie über die Feinstruktur der **Zunge** wurden die Geschmackspapillen mit den Nerven und bei vergleichenden Studien über die **Haut** die Tastkörperchen (*corpusculi tactilii*) entdeckt. So fügte *Malpighi* zu den Fortschritten der vergleichenden Organanatomie (vgl. 6.2.1.) die Kenntnisse über die Feinstruktur der Organe hinzu und begründete damit die **mikroskopische Anatomie**. Die physiologische Deutung der Feinstrukturen war größtenteil von den Lehrmeinungen zeitgenössischer Anatomen abgeleitet und blieb teilweise spekulativ. Das gilt vor allem für die vergleichende Interpretation seiner pflanzenanatomischen Befunde (s. u.). Die Untersu-

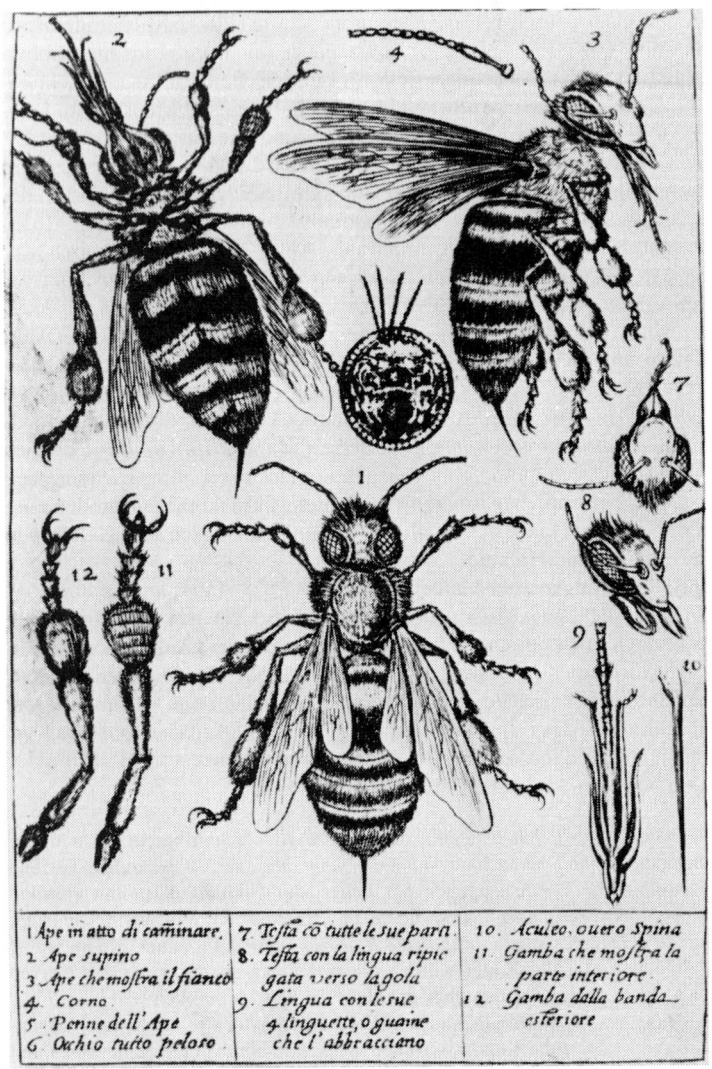

Abb. 33. Erste mikroskopische Darstellung einer Biene von F. Stelluti. Einblatt-druck 1625.

;hungsergebnisse erschienen nach Gründung der *Royal Society* in deren Zeitschrift (später zusammengefaßt als *Opera omnia*, 2. Bde., London 1668).

Im Auftrag dieser Londoner Gesellschaft entstandt auch die erste mikroskopisch-anatomische Untersuchung eines Insekts, des **Seidenspinners** (*De Bombyce*, 1669), wonach die Exkretionsorgane der Insekten nach ihrem Entdecker als *Malpighische Gefäße* benannt wurden. Eine Fülle weiterer Studien über Insekten, ihre Entwicklungsstadien sowie über parasitische Insekten (1688) sind nur in Tagebüchern *Malpighis* festgehalten (Bodenheimer 1931).

Die bedeutendste Pionierleistung *Malpighis* auf biologischem Gebiet war eine systematische Darstellung der **Pflanzenanatomie** (*Anatome plantarum*, 2 Bde., 1675, 1679), die ihn 10 Jahre beanspruchte (Forni 1954). Er schildert den Bau der Rinde und des Holzes mit ihren verschiedenen Gewebeschichten und -elementen (Epidermis, Bast, Fasern, Gefäßbündel), unterscheidet den Stengelbau von einkeim- und zweikeimblättrigen Pflanzen, verglich verschiedene Wurzelsysteme und erkannte, daß Rhizome und Knollen keine „Wurzeln" sind (wobei er die „Wurzelknöllchen" entdeckte, ohne ihre Herkunft deuten zu können). Ausführliche Studien widmete er den Keimlingen, der Struktur der Blätter, Blüten und Früchte (Abb.34), deren Funktion er jedoch unrichtig interpretierte, indem er falsche Analogien zur tierischen Organisation zog. Der Feinbau pflanzlicher Organe, in denen er die sie aufbauenden „Bläschen" (*utriculi*) erkannte, veranlaßte ihn, analog zur tierischen Anatomie (vgl. 6.2.1.) ihnen entsprechende physiologische Bedeutung zuzuordnen, indem er von der **Einheitlichkeit der Lebensprozesse** (Ernährung, Atmung, Fortpflanzung) ausging. So bezeichnete er die Leitungsröhren als *Gefäße,* die spiralförmig verdickten aber als *Tracheen*, analog zu den Insekten, und schrieb ihnen wie bei diesen eine Atmungsfunktion zu; diese Deutung beschäftigte die Botaniker bis zum Beginn des 19. Jh. (vgl. 7.3.1.).

Malpighi knüpfte daran vergleichende Betrachtungen über Atmungsorgane aller Organismen und stellte eine Stufenfolge der Entwicklungshöhe auf. Die Atmung spielt auch in seiner **Ernährungstheorie** eine Rolle, indem sie die „Gärung" der Nahrungssäfte fördere, die er im Blattgewebe lokalisiert; dazu stellte er einfache Versuche an. Die Vergleiche weiblicher Sexualorgane (Ovarium, Uterus, Amnion) mit Pflanzenknospen und Samenteilen zeigen die spekulative Zuspitzung seiner Analogiebildung. Diese ist – wie schon bei *Cesalpino* (vgl. 5.3.), der das **Pflanzenmark als Herz** und Sitz der Seele auffaßte – daraus zu erklären, daß diese Mediziner zugleich Anatomie und Botanik vertraten, die damals meist in einer Professur verbunden waren, und sich primär als Humananatomen verstanden. *Malpighi* motivierte z. B. selbst seine pflanzenanatomischen Studien mit dem Grundsatz von F. *Bacon* (vgl. 6.1.1.), von einfachen Erscheinungen auszugehen. Er habe zuerst

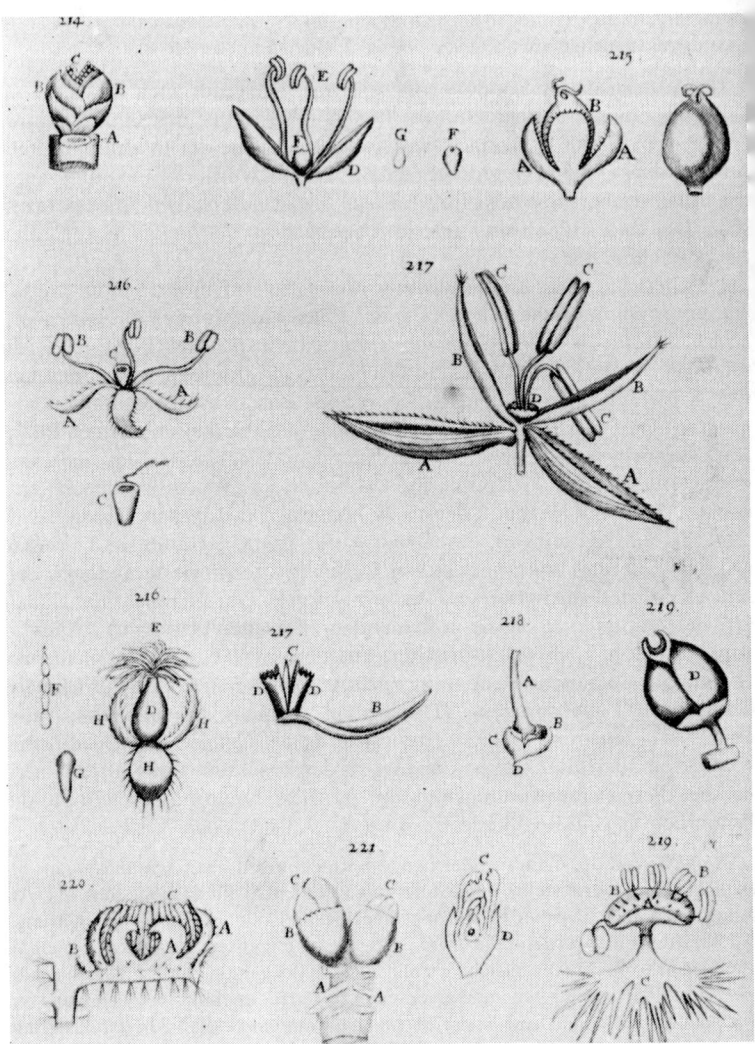

Abb. 34. Mikroskopische Darstellung pflanzlicher Blütenorgane. Aus M. Malpighi, *Anatome plantarum* 1675.

die Anatomie der höheren Tiere studiert, da sie aber „von eigentümlichem Dunkel
umhüllt" sei, bedürfe sie „der Vergleichung mit einfacheren Verhältnissen", und
so habe er dann die Insekten untersucht; da aber „auch diese ihre Schwierigkeiten"
boten, habe er sich schließlich „auf die Erforschung der Pflanzen gelegt, um nach
langer Beschäftigung mit diesem Reich ... über die Stufe der Pflanzenwelt den Weg
zu den früheren Studien zu gewinnen" (Die Anatomie der Pflanzen. Hrsg. M. Möbius. Leipzig 1901, S. 3).

Wie hoch die mikroskopischen Studien *Malpighis* schon zu seiner Zeit
bewertet wurden, zeigt die Anteilnahme, mit der sie von der *Royal Society*
London veröffentlicht wurden, die schon 1686 auch eine Gesamtausgabe
druckte. Das ist zweifellos dem vielseitigen Sekretär dieser Gesellschaft,
Robert *Hooke* (1635–1703), mitzuverdanken, der ab 1664 Kurator der
physikalischen Geräte und selbst ein Meister der Mikroskopie war. In seiner *Micrographia* (1665, 1667[2]; Nachdr. New York 1961) veröffentlichte er
erstmals die Abbildung eines doppellinsigen (zusammengesetzten) Mikroskops mit einer Beleuchtungseinrichtung und zahlreiche damit angestellte Beobachtungen. *Hooke* war in erster Linie Physiker und an den optischen Leistungen des neuen Instruments interessiert; diesem Zwecke
dienten auch die interessanten Untersuchungen biologischer Objekte, an
denen er grundlegende Entdeckungen machte. An dünnen Schnitten des
Flaschenkorks sah er die Zellwände und gab diesen Gebilden den Namen
cellula (Kämmerchen). Er beschrieb diese **Zellen** auch in Blättern von Farnen und Sonnentau und in Pflanzenstengeln (Abb. 35).
Diese ersten Beschreibungen beeinflußten fast 200 Jahre lang die **Konzeption von der Pflanzenzelle** als eines von Wänden umschlossenen Hohlrau-
mes, in dem der Pflanzensaft (nach *Malpighi*) bereitet wird (vgl. 8.1.1.). In
Hookes Micrographia beeindruckt die Exaktheit der Darstellung der mikroskopischen Bilder, oft mit Angabe des Maßstabes wie z. B. bei Abbildung der Struktur einer Vogelfeder mit Häkchen am Hakenstrahl und dem
Mechanismus der Verzahnung der Fahne.
Ebenfalls durch die *Royal Society* wurden die mikroskopischen Pflanzenstudien des praktischen Arztes Nehemia *Grew* (1641–1712) gefördert,
der (ab 1672 in London ansässig) dort darüber Vorlesungen hielt. Sie erschienen 1682 mit dem Titel *The anatomy of plants with an idea of a philosophical history of plants ...* (Die Anatomie der Pflanzen mit einem Plan
für eine philosophische Pflanzengeschichte) und enthalten eine systematische vergleichende Darstellung des mikroskopischen Baues von Wurzeln,
Stengeln, Knospen, Blättern mit Spaltöffnungen, Blütenteilen und Früchten mit Samen. Für Pflanzenfasern führte er die Bezeichnung *Gewebe* – in
Analogie zur mikroskopischen Struktur von Textilgewebe – ein und übertrug den von *Erasistratos* geprägten Begriff *Parenchym* (vgl. 3.4.3.) in die
Pflanzenanatomie für den Zellverband. Im übrigen vermied er weiterge-

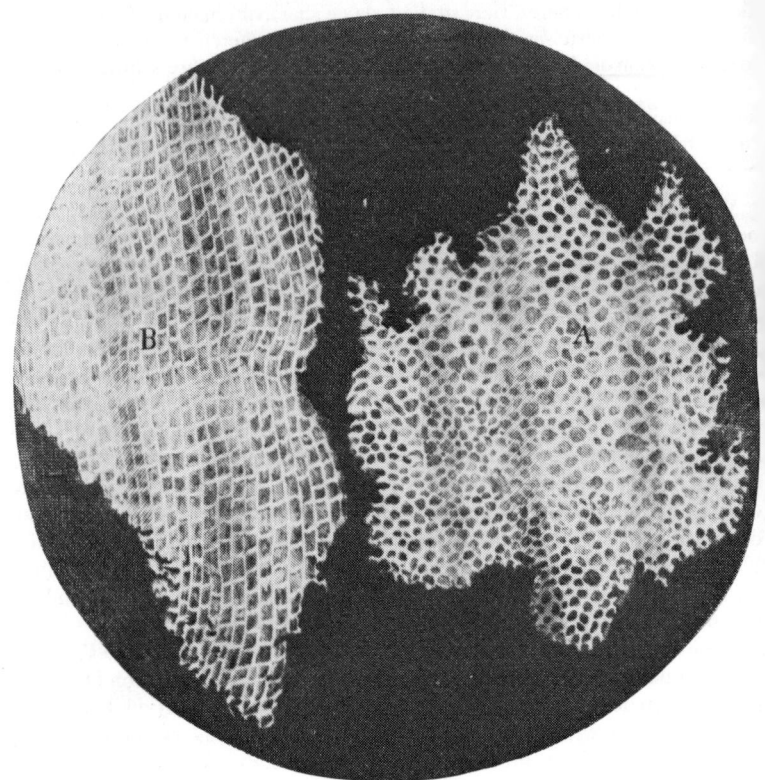

Abb. 35. Mikroskopische Darstellung der „Zellen" des Flaschenkorks von
R. Hooke, *Micrographia* 1665.

hende Analogien zur tierischen Anatomie, wenngleich er auch diese als
„vergleichende" Wissenschaft pflegte (vgl. 6.2.1.) und als einer der ersten
überhaupt diesen Begriff in seiner **vergleichenden Anatomie der Stämme**
(*The comparative Anatomy of Trunks*, 1675) auf das Pflanzenreich anwandte. Diese Studie enthält eindrucksvolle Querschnittdarstellungen mit
charakteristischen **Gefäßbündelstrukturen** verschiedener Hölzer. In
Grews Anatomie der Pflanzen (die übrigens schon 1678 und 1680 in der
Zeitschrift der deutschen Akademie der Naturforscher [*Leopoldina*], noch
vor der englischen Ausgabe, in Lateinisch erschien) wurden erstmals die

Staubgefäße als männliche, die Stempel als weibliche Sexualorgane bezeichnet, unter Berufung auf Versuche des Oxforder Botanikers Jakob *Bobart* (1599–1680) mit Lichtnelken *(Lychnis dioica)* (vgl. 6.4.1.).

Zwei weitere bedeutende Mikroskopiker, die ihre Forschungen mehr den zoologischen Objekten zuwandten, wirkten in Holland, dem Ursprungsland des optischen Gerätebaues neben England.

Der Amsterdamer Arzt Jan *Swammerdam* (1637–1680),, wissenschaftlich beeinflußt von Fr. *Sylvius* in Leiden, befreundet mit Niels *Stensen* (vgl. 6.2.1.) und M. *Thévenot* (1620–1692) in Paris, widmete sich besonders dem Studium der Insekten, ihrer Entwicklung und dem Bau und der Funktion ihrer inneren Organe, wozu er spezielle Präparationstechniken und -instrumente erfand (Abb. 36).

In seiner **Allgemeinen Naturgeschichte der Insekten** *(Historia insectorium generalis ofte Algemeene Verhandeling von de Bloodelosen Dierkens,* 1669) beschrieb er das Tracheen- und Nervensystem der Eintagsfliegen (*Palingenia*), Facettenauge, Verdauungsapparat und Fortpflanzungsorgane der Honigbiene, verglich die Larvenstadien verschiedener Insektengruppen und ihre Weiterentwicklung, wonach er sie in vier Gruppen einteilte (vgl. 6.4.1.). Doch glaubte er an keine vollkommene „Verwandlung" mit Neubildungen, sondern nur an das Wachstum schon vor-

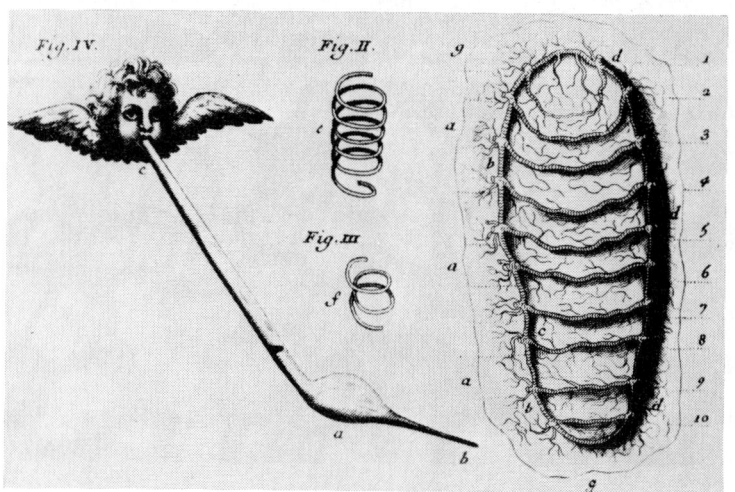

Abb. 36. Sichtbarmachung des Blutgefäß- und Tracheensystems von Insekten mit Hilfe von Glaskanülen und Injektionsspritzen durch J. Swammerdam 1669.

gebildeter Teile gemäß der Präformationstheorie (vgl. 6.4.2.). Auch entwickelte er erstmals klare Vorstellungen über das Wesen **parasitischer Insekten** (Bodenheimer 1931).

Seine ausgedehnten Untersuchungen, auch über andere wirbellose Tiere (Schnecken, Würmer, Spinnen) und Wirbeltiere (Gefäßsystem, Harn- und Genitalorgane des Frosches) wurden erst aus den nachgelassenen und von *Boerhaave* erworbenen Manuskripten als „Bibel der Natur" (*Bybel der natuure/Biblia naturae,* holl. und lat.) 1737 veröffentlicht und weiter bekannt.

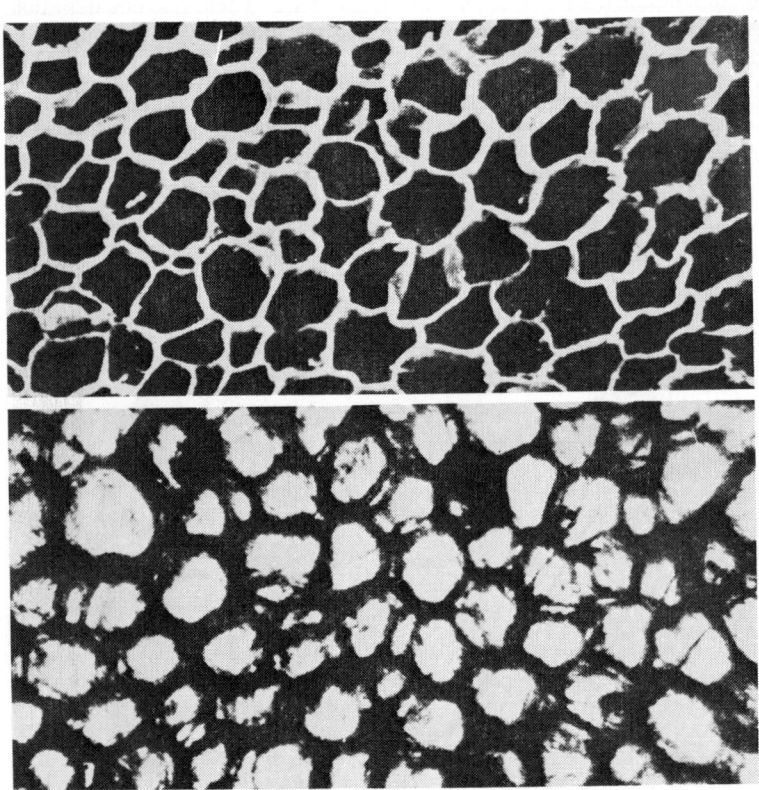

Abb. 37. Beobachtungen A. Leeuwenhoeks mit seinem Einlinsenmikroskop (ca. 266fache Vergr.) an Zellen des Flaschenkorks (unten), im Vergleich mit Aufnahmen des gleichen Objekts mit dem Scanning-Mikroskop (oben) aus: *Ford* 1981.

Darin wurden auch seine Untersuchungstechniken, z. B. die Injektion farbiger Flüssigkeiten mit feinsten Glaskanülen beschrieben.

Den fünften großen Mikroskopiker, Antony van *Leeuwenhoek* (1632 bis 1723) in Delft, veranlaßten weder naturwissenschaftliche Ausbildung noch akademisches Amt zu seinen aufsehenerregenden Entdeckungen. Er war vielmehr Tuchhändler und als Textilkaufmann ausgebildet, wozu neben Mathematik und Werkzeugkunde auch „Durchsichtkunde" (Dioptrik) gehörte; der Umgang mit Lupen und ihren Herstellern (Glasbläsern und Lupenschleifern) war ihm vertraut, und manuelles Geschick befähigte ihn zu Verbesserungen und Erfindungen, so daß für ihn biologische Objekte nach dem Vorbild von *Hookes Micrographia* zunächst nur Mittel zur Prüfung der Vergrößerungslinsen waren (Abb. 37).

Weitere systematische Studien regte sein Landsmann, der Arzt Reignier *de Graaf* (vgl. 6.2.1.), an, der ihn fachlich beriet und seine ersten biologischen Entdeckungen (Schimmelpilze und Infusorien) der *Royal Society* 1673 mitteilte. Diese Gesellschaft, die Korrespondenz mit ihren Sekretären *Oldenburg, Grew* und *Hooke* (s.o.), förderte (neben Constantijn und Christian *Huygens*) maßgeblich *Leeuwenhoeks* weitere Untersuchungen, die schon ab 1674 in ihrer Zeitschrift (*Philosophical Transactions*) veröffentlicht wurden, bevor der erste holländische Sammelband der Briefe 28 bis 36, **Erfindungen und Entdeckungen von lebenden Tierchen** ... (*Ontledingen en Ontdekkingen van levende Dierkens* ... 1686), erschien. Die Ergebnisse seiner 50jährigen Forschungen nannte *Leeuwenhoek* in der lateinischen Ausgabe seiner gesamten Werke „Geheimnisse der Natur" (*Opera omnia, seu Arcana Naturae* ... 1722). Damit dürfte vor allem die Entdeckung der „Samentierchen", der Spermatozoen, gemeint gewesen sein, über die erstmals 1677 berichtet worden war, denn *Leeuwenhoek* war sich klar, daß damit Grundfragen der Biologie berührt worden waren (vgl. 6.4.2.).

Im Gegensatz zu den übrigen Mikroskopikern benutzte *Leeuwenhoek* kein zusammengesetztes Mikroskop, sondern nur einlinsige Lupen, deren Linsen er selbst herstellte, vermutlich mit einer speziellen Glasbläsertechnik (Zuylen 1981). Diese **Einlinsen-Mikroskope** mit Objekthaltern zur Betrachtung der Objekte im durchfallenden Licht konnten etwa 270fach vergrößern und besaßen ein Auflösungsvermögen von $1-1,4$ μm. Schon die ersten der *Royal Society* gesandten Beobachtungen über Schimmelpilze (1673) zeigen die große Leistungsfähigkeit, denn er beschreibt die Freisetzung der Sporangiosporen, während *Hooke* nur die Sporangien sah (Abb. 38). Auch beherrschte *Leeuwenhoek* die Technik feiner Handschnitte für Pflanzenpräparate, an denen er wie *Hooke* die Zellen sah (Ford 1981), Keimlinge und den Unterschied von Mono- und Dikotylen untersuchte.

Seine vielfältigen Beobachtungen sind in den Einzelbriefen verstreut und in

einer neuen Gesamtausgabe zugänglich (ab 1939). Nur einige Beispiele seien genannt. So beschrieb er aus Gewässern bei Delft Kleinlebewesen, die sich als *Protozoen, Ciliaten, Flagellaten* (1674), als Moos- und Rädertierchen (1694) identifizieren ließen (Dobell 1932). Er entdeckte und zeichnete Mund- und Darmbakterien
(1683, 1684), parasitische Einzeller und Fadenwürmer (1683), die Vermehrung der
Essigälchen (1676), quergestreifte Muskelfasern (1674) und rote Blutkörperchen
mit Kern (1682, 1700), studierte die Entwicklung von Krebsen und Insekten
(z. B. Ameisen vom Ei bis zur Puppe, wobei er bisherige Irrtümer korrigierte),
von Fischen und Fröschen. Zur mikroskopischen Beobachtung der **Blutbewegung
in lebenden Aallarven** konstruierte er ein sinnreiches Instrument, den Aal-
kijker (1689), und beschrieb den Blutumlauf in den Kapillargefäßen (1682, 1688,
1689).

Abb. 38. Mikroskopische Darstellung von Schimmelpilzen mit Sporangien von
R. Hooke in *Micrographia* 1665.

Seine wichtigste Entdeckung mit weitreichenden theoretischen Folgen war die der sogenannten „Samentierchen" (vgl. 6.4.2.).

Doch *Leeuwenhoek* war nicht der erste Mikroskopiker, der die Aufmerksamkeit auf Mikroorganismen lenkte. Der vielseitige naturforschende Fuldaer Priester Athanasius *Kircher* (1602–1680), der sich als Professor für Mathematik und Philosophie in Rom auch mikroskopischen Studien widmete und schon 1646 ein doppellinsiges Mikroskop abbildete (*Ars magna lucis et umbrae,* 1646), hatte „durch häufige, viele Jahre hindurch wiederholte Versuche" die Überzeugung gewonnen, „daß die Luft, das Wasser und die Erde von unzählbaren Insecten wimmeln ..." Er folgerte, damit die Seuchenüberträger als *Contagium animatum* „mit Hilfe des bewaffneten Auges entdeckt" und nachgewiesen zu haben. Seine Schrift (*Scrutinium physico-medicum contagiosae luis ...,* 1671) war in Leipzig herausgegeben worden [29].

Mikroskopische Untersuchungen fanden um 1700 auch an deutschen Universitäten Eingang, vor allem durch jene Professoren, die in England und Holland studierten, wie G. Chr. *Schelhammer* (vgl. 6.2.2.), der *Leeuwenhoek* als Lehrer nennt, J. L. *Frisch* (1666–1743), der ein Mikroskop von *Leeuwenhoek* erhielt, oder Joh. Adolph *Wedel* (1675–1747), der 1720 *Leeuwenhoeks* Schriften für die Jenaer Universität erwarb. Auch sind die Universität Leipzig, wo der Anatom Chr. *Lange* dafür eintrat, und die aufgeklärte Universität Halle zu nennen, wo Chr. *v. Wolff* in Lehrveranstaltungen über Experimentalphysik und Optik schon **Mikroskopierübungen** mit pflanzenanatomischen Beobachtungen durchführte (1723) und die „Bläschen"- oder Zellstrukturen (auf der Grundlage von *Leibniz'* Monadenlehre, vgl. 6.1.1.) mit der Neubildung von Pflanzenteilen in Verbindung brachte (Goetz 1974).

Die mikroskopischen Entdeckungen wirkten sich auf die Theorienbildung im 18. Jahrhundert nachhaltig aus (vgl. 6.4.2., 7.1.).

6.4. Die Systematik der drei Naturreiche und andere theoretische Konzeptionen

Während unter dem Einfluß der neuen, mechanischen Betrachtungsweise auch neue theoretische Konzeptionen über die Lebensfunktionen der Organismen entstanden, blieb in der Darstellung der organismischen Vielfalt und bei der beginnenden globalen **Artenbestandsaufnahme** noch lange das Aristotelische Grundkonzept von Wesen und Struktur der „drei Naturreiche" (Mineral-, Pflanzen- und Tierreich) in Gebrauch, wonach die Reiche durch unterschiedliche Seelenqualitäten charakterisiert waren (vgl. 3.3.2.

und 4.4.3.). Nach dieser dreifachen Großgliederung der Naturobjekte hatte sich die Heilmittellehre (*Materia medica*) der Mediziner gerichtet, die auch in den neuzeitlichen Pharmakopöen benutzt wurde.

So gliederte der englische Apotheker und Arzt Samuel *Dale* (1659–1739) seine *Pharmacologia*, seu *Manuductio ad Materiam medicam* (1693) in die Teile Mineralogia, Phytologia (= Botanologia und Dendrologia), Zoologia (der noch eine „Anthropologia" angefügt ist). Nach ähnlichem Grundkonzept orientierten sich die meisten **Lehrbücher über Naturgeschichte,** die Universitätsdisziplinen (Lehrstühle für „Naturgeschichte") und die **Naturalienkabinette** vom 17. bis zum 19 Jh., wenn auch mit zunehmender Artenfülle, wie sie die neuzeitliche Erschließung der Naturressourcen und Kontinente mit sich brachte, manche Naturforscher – ohne das philosophische Gesamtkonzept aufzugeben – einzelne Naturreiche besonders bevorzugten. Bei Sammlern waren es oft die Mineralogie oder Teile der Zoologie (Conchylien, Insekten), bei Medizinern meist die Botanik, zumal wenn ein Garten die Forschungsgrundlage bot. Sammlungen und Gärten regten zur Publikation von **Katalogen** an, die die Einzelbeschreibung, Identifizierung, Benennung von Objekten und Arten erforderte und sich somit den übrigen empirisch-analytischen Bestrebungen an die Seite stellte.

Doch sah eben das 17. Jh. sein Ideal nicht mehr in der bloßen Beschreibung und Bestandsaufnahme der Naturerscheinungen „um ihrer selbst willen" (wie *Bacon* die Naturgeschichte charakterisiert hatte [vgl. 6.1.1.]), sondern in der erfahrungsmäßigen Erkenntnis ihres Wesens und ihrer Beherrschung, was ihre Klassifizierung mitbedingte. Diese Ziele waren nur durch den **Übergang von der deskriptiven zur vergleichenden Methode** erreichbar und setzten die ständige und gleichzeitige Verfügbarkeit aller Naturobjekte voraus. Dieses Ideal zeichnete schon Johann Valentin *Andreae* (1586 – 1654) in seiner Utopie *Christianopolis* (1619), als er eine Apothekensammlung (*pharmacopolium*) wie ein „Kompendium der ganzen Natur" – auch zur Unterweisung – beschrieb, denn „wer vermag die Anordnung menschlicher Dinge besser zu erfassen als einer, der sich die mit höchster Überlegung festgestellten Klassen bewußt macht, die so verschiedene Arten aufweisen! Dies ist ... eine edle und von der Allgemeinbildung unabtrennbare Wissenschaft".

In der Realität des 17. Jh. waren tatsächlich die Apothekersammlungen die Vorläufer naturhistorischer Kabinette, die eine der Voraussetzungen zur **Anlage von Vergleichssammlungen** schufen, nämlich die Entwicklung von Konservierungstechniken und Aufbewahrungsmethoden (Abb. 39). Überhaupt kam die Experimentierfreude auf chemischem und physikalischem Gebiet auch der Entwicklung neuer Konservierungsmethoden für Naturobjekte zugute und förderte mittelbar die Fortschritte in der vergleichenden Methode und damit in der botanischen und zoologischen Syste-

Abb. 39. Tierkonservierung und Aufbewahrung in Alkohol in der Sammlung von Frederick Ruysch. Aus *Thesaurus animalium* 1710.

matik. So hatte R. *Boyle* ab 1663 die Konservierung tierischer Präparate in Alkohol erfolgreich für die Naturaliensammlung der *Royal Society* (Gresham College) in London erprobt, wie N. *Grew* 18 Jahre später in seinem Katalog (*Musaeum Regalis Societatis* ..., 1681) feststellte. Die Sammlungen des englischen Apothekers James *Petiver* (1663–1718), der außer Alkoholsammlungen ein Herbarium mit rund 5 000 Blatt und eine Insektensammlung besaß, die John *Ray* nutzte (s. u.), waren nicht weniger durch ihre Kataloge berühmt (*Musei Petiveriani Centuria I–X*, 1695–1703; *Gazophylacium* 1702–1709) als die seines holländischen Kollegen Albert *Seba* (1665–1736), die *Linné* benutzte (vgl. 7.2.3.), oder diejenigen von Athanasius *Kircher (Arca Noe*, 1675). Auch die Mumifizierungsmethoden der alten Ägypter wurden im 17. Jh. zur Konservierung von Tiersammlungen empfohlen und neu erprobt; so wurde schon 1676 von dem Pariser Anatomen J. B. *du Hamel* (1623–1706) in den französischen Akademieschriften das alte Verfahren mitgeteilt, und *Grew* schlug 1682 (*Journ. des savans*, S. 132) eine modifizierte Methode vor, nachdem er ägyptische Mumien in der Londoner Sammlung untersucht hatte.

6.4.1. Vom Universalienstreit zum Natursystem

Solange die Artenkenntnis die Zahl der aus Antike und Mittelalter überlieferten Pflanzen- und Tierformen nicht wesentlich überstieg, genügte die katalogartige Aufzählung oder Abbildung der Einzelformen innerhalb der großen von *Theophrast* und *Aristoteles* begründeten Gruppen zur Orientierung und Identifizierung. Bereits die neuen Kräuter- und Tierbücher des 16. Jh. (vgl. 5.3.-4.) aber hatten die Grenze der auf diese Weise erfaßbaren Formenfülle erreicht. So faßten schon *Brunfels* und *Fuchs* „ähnliche" Arten unter einem Hauptbegriff zusammen, gingen *Bock* und *Tabaernaemontanus* von der alphabetischen Folge der Gattungsnamen zugunsten einer nach Ähnlichkeiten gewonnenen Reihung ab, suchte *Lobelius* bewußt nach einer „neuen Ordnung" durch Gruppenbildung, wie auch in den Tierbüchern von *Gesner* oder *Rondelet* schon natürliche Gruppen in den einzelnen Kapiteln zusammengefaßt wurden. Doch strebten letztlich alle primär nach dem Erfassen der Unterschiede (*differentiae*) entsprechend der Platonschen Begriffslogik, die in der Scholastik ausgebaut und „geübt" worden war (vgl. 4.4.3.) d. h. sie klassifizierten vom Allgemeinen zum Besonderen durch Teilung (*Diairese*).

Mit der bewußten Formulierung von **Grundsätzen zur Klassifizierung,** zur Zusammenfassung von Organismengruppen mit definierten gemeinsamen Charakteristika, die von den Naturobjekten selbst abgeleitet (nicht a priori anthropozentrisch gedacht) waren, begannen im 17. Jh. die Klassi-

ierung von unten her (vom Speziellen ausgehend) und die theoretische
Auseinandersetzung um ein Natursystem. Ihr war zunächst auch die Wiederanknüpfung an die aristotelische Methodik vorausgegangen. Für die
Botanik ist das durch A. *Cesalpino* (vgl. 5.3.) repräsentiert, der die (teils
von *Theophrast* übernommenen) Einteilungsprinzipien teleologisch erklärte: die Zweckmäßigkeit der Wurzeln und Stämme für die **Ernährungs-
funktion** der „Bäume und Sträucher" als der einen Großgruppe, der Stengel und Blätter für „Stauden und Kräuter" als der zweiten Großgruppe. Da
diese Grobklassifizierung aber nicht genügte, fand *Cesalpino* zur Zusammenfassung weiterer Untergruppen nach dem gleichen Prinzip die **Fort-
pflanzungsfunktion** („nämlich, sich selbst Gleiches zu erzeugen") als weiteres „wesentliches" Kriterium.

Cesalpino gruppierte – wie seit der Antike üblich – die Vielfalt der Pflanzenformen „von oben her", von den nach den Ernährungsorganen unterschiedenen
Großgruppen (15 „Bücher", in Kapitel gegliedert, die etwa den Klassen und Ordnungen späterer Systematiker entsprechen), dann innerhalb der Kapitel die Untergruppen nach Zahl, Lage und Gestalt der Früchte und Samen, womit er letztlich
rund 1 500 Arten erfaßte, sowie – unter Mitberücksichtigung „akzidentieller" Unterschiede an Stengeln, Blättern, Wurzeln etc. – auch Varietäten. Mit der Entscheidung für ein Spezifisches Merkmal als Ausdruck des „Wesens" der Arten induzierte *Cesalpino* die über 200 Jahre währenden Auseinandersetzungen über
„wesentliche" und „unwesentliche" Merkmale, die den Realismus-Nominalismus-
Streit der Scholastik (vgl. 4.4.3.) auf naturwissenschaftlicher Ebene weiterleben
ließen und Ernst *Mayr* veranlaßten, die gesamte vorphylogenetische Richtung der
Systematik als „Essentialismus" zu kennzeichnen [27].

Ein anderes Klassifikationsprinzip hatte der Baseler Arzt Gaspard *Bauhin* (1560–1624) gefunden, der schon 6000 Arten zu ordnen hatte. Auch er
lehrte Anatomie neben Botanik, schrieb – wie *Cesalpino* – anatomische
Lehrbücher und beherrschte die vergleichende Anatomie und Morphologie von Tieren und Pflanzen. Auch er ersetzte die alphabetische Aufzählung der Pflanzenformen durch ein Ordnungssystem, aber er bildete seine
Gruppen nicht durch die Auswahl e i n e s Wesensmerkmals, sondern
durch Berücksichtigung der Gesamtgestalt, wodurch eine Reihenfolge natürlicher Gruppen (z. B. Gräser, Liliengewächse) entstand, allerdings
ohne sie als Gruppe zu benennen. Doch verwendete er die Begriffe *Gattung* und *Art* nicht mehr als logische Ordnungsbegriffe relativ zueinander,
sondern als **taxonomische Kategorien** mit konstanten Eigennamen. In seinem Verzeichnis des botanischen Theaters *(Pinax theatri botanici,* 1623)
sind morphologisch „verwandte" Arten mit dem gleichen substantivischen
Gattungsnamen bezeichnet, die Arten (oder Varietäten) durch mehrere
charakterisierende Adjektive unterschieden. Schon in dem „Vorläufer"

dieses Werkes (*Prodromus theatri botanici*, 1620) hatte *Bauhin* die Arte
durch knappe, regelhafte Kurzbeschreibungen der Unterscheidungsmerk
male, von der Wurzel beginnend bis zu Blüte und Frucht, gekennzeichne
und damit die *Artdiagnosen* eingeführt (Hoppe 1978).

Mit *Cesalpino* und *Bauhin* existieren somit schon zu Beginn des 17. Jh
zwei gegensätzliche Methoden für ein Klassifikationssystem, die später -
im 18. und 19. Jh. – als „künstlich" und „natürlich" einander gegenüberge
stellt wurden (vgl. 7.2.1.).

Mit der Formulierung von methodischen Prinzipien setzte auch bald Kritik an der einen oder anderen „Methode" und an der Wahl dieses oder jenes „wesentlichen" Merkmals ein (Engfer 1981). Die zunehmende Zahl
botanischer Gärten und das damit verbundene Bedürfnis zur Publikation
von Gartenkatalogen förderte nicht nur die empirische Beschäftigung mit
der Pflanzenwelt, sondern forderte die Auseinandersetzung mit Methoden
zur Determination und Klassifikation heraus.

So kritisierte der englische Botaniker (Vorsteher des Oxforder Gartens)
Robert *Morison* (1620–1683) 1669 (*Praeludium Botanicum*) sowohl *Bauhins* als auch John *Rays* (s. u.) Methode und wählte für seine allgemeine
Naturgeschichte der Pflanzen (*Plantarum historia universalis*, 1680) wie
schon für seine Monographie der Doldengewächse (*Plantarum umbellife-
rarum distributio*, 1672), nach *Cesalpino* die Samenanlagen und Früchte als
Klassifizkationsmerkmal.

Dagegen lehnte der Vorsteher des Gartens von Montpellier, Pierre *Magnol* (1638 – 1715), solche formalen Grundsätze ab, suchte die Pflanzen
(ähnlich wie *Bauhin*) nach ihrem als Verwandtschaft gedeuteten Gesamt-
eindruck zu gruppieren (*Prodromus historiae generalis plantarum*, 1689)
und verwendete erstmals den genealogisch definierten Begriff *Familie*
(„vergleichbar den Familien bei den Menschen" [a.a.O.] für eine Ver-
wandtschaftsgruppe, wobei er „Hauptmerkmale" verschiedener Pflan-
zenteile (Wurzeln, Stengel, Blüten und Samenkörner) verglich [26].

Ein wichtiges Fundament für **neue Bestimmungsmethoden** hatte der Lü-
becker Humanist und Pädagoge Joachim *Jungius* (1587–1657) – gemäß seines für die Rostocker ereunetische Gesellschaft (vgl. 6.1.2.) formulierten
Bekenntnisses zu *Bacons* induktiver Methode – geschaffen. In zwei während seiner Lehrtätigkeit am Hamburger Gymnasium (ab 1629) entstandenen botanischen Manuskripten (postum von Schülern herausgegeben)
hatte er Prinzipien für ein Pflanzensystem formuliert und – ähnlich wie der
von ihm verehrte *Cesalpino* – „wesentliche" und „unwesentliche Unterscheidungsmerkmale" (*differentiae accidentales)* zur Artcharakteristik genau definiert (*De plantis doxoscopiae*, 1662). Von nachhaltigem Einfluß
war vor allem der Inhalt der zweiten Schrift, betitelt Einführung in die

Pflanzenbetrachtung (*Isagoge phytoscopiae,* 1678), die eine einheitliche Terminologie aller Pflanzenorgane und -teile als Voraussetzung für exakte Diagnosen lehrte und den Blick für morphologische Details und Homologien schärfte. Vor allem die Bezeichnungen der Blumenkrone und der Blütenstandsformen, die der Zahlen- und Symmetriebeziehungen und der Blattstellungen sind eingehend erörtert und haben sich durchgesetzt. Die zahlreichen Beispiele und präzisen Beschreibungen zeigen eine neue Qualität der Beobachtung und Beherrschung der **vergleichend-morphologischen Methode.**

Auf *Jungius'* Methodik fußen John *Ray* (s. u.) und der Leipziger Botaniker August Quirin *Bachmann* (auch *Rivinus;* 1652–1725). Dieser gab wie *Jungius* die antike Klassifizierung in Bäume, Sträucher, Stauden und Kräuter auf und geriet darüber mit *Ray* in eine Kontroverse (s. u.). In seiner Allgemeinen Einführung in die Pflanzenkunde (*Introductio generalis in rem herbariam,* 1690) formulierte er sogar Grundsätze für eine binäre Nomenklatur, wandte sie aber selbst nicht an und schuf ein Pflanzensystem nur mit den (nach *Jungius* benannten) Merkmalen der Blütenhülle, das sonst keinen Fortschritt brachte und umstritten war [26].

Einflußreicher wurde das ebenfalls auf die Blumenkrone gegründete Pflanzensystem des Pariser Gartenvorstehers Joseph Pitton *de Tournefort* (1656–1708), das dem jungen *Linnaeus* (7.2.1.) als Vorbild diente. In seinem Hauptwerk Elemente der Botanik oder Methode zum Erkennen der Pflanzen (*Elémens de Botanique ou méthode pour connaître les plantes,* 1694) erörtert er seine Klassifikationsgrundsätze, die die Gestalt der Blütenhülle (Verwachsungsgrad der Blumenblätter) als Hauptmerkmal bezeichnen; mit der verbreiteten lateinischen Ausgabe (*Institutiones rei herbariae,* 1700, 1719) wurden die entsprechenden Namen wie lippenförmig, kreuzförmig, doldenförmig, schmetterlingsartig (*labiati, cruciformes, umbellati, papilionacei* usw.) bleibend in die botanische Systematik eingeführt. Detaillierte Illustrationen des Blütenbaues, **präzise Gattungsdiagnosen** (nach dem Vorbild von John *Ray*) und eine übersichtliche hierarchische Gliederung des Systems mit Bezeichnung der Großgruppen als *Klasse, Sektion, Gattung* und *Art* bedingten den Erfolg von *Tourneforts* System, das 22 Klassen und rund 700 Gattungen enthielt. Seine Kritik an *Rays* Methode veranlaßte diesen zu wiederholter genauer Formulierung seiner theoretischen Grundsätze.

Wenn nun der Engländer John *Ray* (*Rajus,* 1628–1705) – obwohl älter als *Bachmann* und *Tournefort* – als letzter Botaniker des 17. Jh. dargestellt wird, so nicht nur deshalb, weil er in der *theoretischen Behandlung der Klassifikation* einen Höhepunkt erreichte, sondern weil er auch eine Brücke zur zoologischen Systematik bildet. Sein erstes botanisches Werk war ein während seines Theologiestudiums in Cambridge erarbeiteter Pflanzenkatalog (*Catalogus plantarum Cantabrigiam*, 1660), dem bald eine Regionalflora Englands folgte (*Catalogus Angliae*, 1670). Diese Frühwerke sind von den Schriften Gaspard *Bauhins* (s. o.) und seines Bruders Johannes *Bauhin* (1541–1612) – dessen *Historia plantarum universalis* erst 1650–51 (postum) erschienen war – beeinflußt, sowie auch schon von *Jungius'* Methode, dessen *Isagoge phytoscopia* (s. o.) er im Manuskript kennenlernte (Raven 1986, S. 105 f.). Auf sie bezieht er sich in seiner ersten Fassung taxonomischer Prinzipien (*Methodus plantarum nova*, 1682), die die „neue Methode" in Form von Bestimmungstabellen brachte, und vor allem in seiner allgemeinen Naturgeschichte der Pflanzen (*Historia generalis plantarum*, 1686), in deren erstem Teil die Grundsätze der vergleichenden Morphologie und der Terminologie nach *Jungius* sowie Physiologie (Saftbewegung, Ernährung, Atmung) und Anatomie nach *Grew* und *Malpighi* (vgl. 6.3.) behandelt werden. Hier werden neben regelhaften Art-Diagnosen (wie sie *Bauhin* verwandte, s. o.) erstmals auch Kurzcharakteristiken jeder Gattung – unabhängig von *Tournefort* – eingeführt und der **Artbegriff eindeutig genealogisch definiert,** nämlich als Gruppe von Pflanzen, „die vom gleichen Samen abstammen und ihre Eigenart durch Aussaat weiter fortpflanzen" [26].

Im Zusammenhang damit und mit den etwa gleichzeitig entstehenden *Präformationstheorien* (vgl. 6.4.2.) bekam der Gedanke der **Artkonstanz** philosophische Bedeutung. Die Variabilität von Artmerkmalen bewege sich innerhalb einer bestimmten Norm, so daß standortbedingte oder durch Züchtung erreichte individuelle Merkmalsunterschiede als *accidentell* nicht zur Artbestimmung taugen; *Ray* bezeichnete die Kulturformen z. B. von Zierblumen, Obst und Gemüsen als Varietäten (*varietas*) im taxonomischen Sinne und schloß sie „vom Grad und der Würde der Arten aus", da die Artenzahl durch Gottes 6-Tage-Schöpfung „festgelegt" sei [50, S. 140]. Im speziellen Teil seiner *Historia generalis plantarum* (Buch 2 bis 32), der etwa 18 500 Formen (etwa 6 100 Arten im heutigen Sinne) enthält, wurden „verwandte Pflanzen" (*cognatae et congeneres plantae*) zu größeren Gruppen zusammengefaßt, die als nächsthöhere Gattung (*genus subalternum*) oder Ordnung (*ordo*) und als höchste Gattung (*genus summum*) bezeichnet sind. Da *Ray* wie *Bauhin* und *Jungius* nicht einzelne Merkmale sondern Merkmalskomplexe zugrunde legte und sein Pflanzensystem „von unten her" durch empirische Artanalysen aufbaute, fand er zahlreiche natürliche Gruppen, obwohl er an der antiken Großgliederung in Kräuter, Sträucher und Bäume festhielt [26].

Die besonders daran ansetzenden Kritiken von *Bachmann* und *Tournefort* (s. o.) bewirkten eingehende Auseinandersetzungen *Rays* mit den theoretischen Grundlagen der Klassifikation und führten zur Neufassung seiner „Methode"; diese **verbesserte und erweiterte Methode** (*Methodus emendata et aucta*, 1703) enthält den neu gefaßten Bestimmungsschlüssel, in dem die Einteilung in Kräuter und Bäume wegfällt, blütenlose (Algen, Pilze, Moose, Farne) den Blütenpflanzen gegenübergestellt und letztere in *Mono-* und *Dikotylen* (Ein- und Zweikeimblättrige Pflanzen) gegliedert sind; darüber hinaus sind alle Gattungen mit treffenden Diagnosen (2–3 charakteristische Merkmale, Hinweis auf Verwandtschaft und auf zweifelhafte Merkmale oder Arten) versehen. In sechs Regeln sind seine Klassifikationsgrundsätze zusammengefaßt, die das Wirken von *Linné* (7.2.1.), vor allem aber von *Jussieu* und *Decandolle* (vgl. 7.2.2.) vorbereiteten:

– Namen dürfen so wenig wie möglich verändert werden,
– Gruppenmerkmale müssen klar definiert, auf Vergleich beruhende vermieden werden (wie z. B. größer, kürzer usw.),
– Charakteristiken müssen augenfällig und leicht beobachtbar sein,
– Allgemein bewährte Gruppen sollten beibehalten werden: sie sind wirklich natürlich, haben viele gemeinsame Eigenschaften außer denen, nach denen sie benannt sind,
– Es ist darauf zu achten, daß verwandte Pflanzen nicht getrennt, fremde nicht vereinigt werden; in dieser Hinsicht versagt die Methode von *Rivinus*, so schätzenswert sie zum Lehren ist,
– Charakteristiken dürfen nicht unnötig vermehrt werden und sollten nicht mehr umfassen, als zur Bestimmung der Gruppe nötig ist.
(Nach Raven 1986, S. 292).

Nicht nur für die Botanik, sondern auch für die Zoologie ist John *Ray* die zentrale Gestalt am Ausgang des 17. Jh.

Für die Tierwelt hatte zu Beginn des 17. Jh. Ulysse *Aldrovandi* (1522 bis 1605) neue, über *Aristoteles* hinauszielende Klassifizierungsversuche unternommen und insbesondere für die Vögel (1599–1603) und für die Insekten (1602), bzw. alle Gliederfüßler, nach Gruppierungsmerkmalen für eine systematische Gliederung gesucht (vgl. 5.4.). Die Kritik an *Aristoteles* und die Erörterung neuer Prinzipien lösten weitere Impulse zur Untersuchung solcher eingehend behandelter Tiergruppen aus.

So schlossen sich einige Spezialwerke über Insekten und andere wirbellose Tiere der Klassifikation von *Aldrovandi* an, der eine Bestimmungsmethode mit Kurzcharakteristiken für 7 Hauptgruppen gegeben und die Entwicklung aus Larven und Puppen beschrieben hatte: Bienen (= Hautflügler), Schmetterlinge, Fliegen (Zweiflügler), Käfer (Coleoptera), Flügellose, Würmer (einschließlich Tausendfüßler und Nacktschnecken) und „Wasserinsekten" (=Krebse). Dazu gehören vor allem: das dreibändige Werk über die natürliche Verwandlung der Insekten *Metamorphosis naturalis insectorum*, 1662–1669) des holländischen Malers Jan *Goedart* (1620–1668) mit rund 140 nach dem Leben illustrierter Artbeschreibungen, besonders die verbesserte und erweiterte englische Ausgabe des Arztes Martin *Lister* (1639–1712) – eines Freundes von John *Ray* –, der auch eine Naturgeschichte der Schnecken und Muscheln verfaßte (*Historia ... Conchyliorum*, 1685–1692) (Abb. 40);

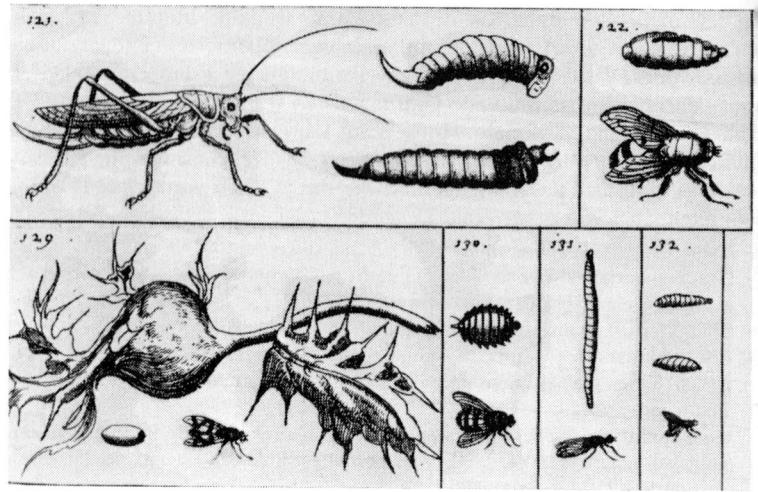

Abb. 40. Darstellung der Insektenentwicklung von J. Goedart. Aus *De Insectis* ... 1685.

das reichhaltige *Theatrum insectorum Belgiae* von Stephan *Blankaart* (1650–1704) und die Verwandlung der Surinamesischen Insekten (*Metamorphosis Insectorum Surinamensium*, 1705) von Maria Sybilla *Merian* (1647–1717) wegen der Erkenntnisse über Entwicklngsstadien, die bald zur Klassifizierung herangezogen wurden.

Einen ersten bedeutenden Beitrag dazu hatte der Mikroskopiker Jan *Swammerdam* (vgl. 6.3.) in seiner lateinisch-holländischen Naturgeschichte der Insekten (*Historia insectorium generalis*, 1669) geleistet, indem er die Gliederfüßer nach der Individualentwicklung in **vier Großgruppen** einteilte:

1. Skorpione, Spinnen, Krebstiere, die fertig gebildet schlüpfen,
2. Grillen, Zikaden, Schaben, die vollkommen, aber flügellos schlüpfen,
3. Ameisen, Bienen, Käfer, Schmetterlinge, die als „Maden" schlüpfen und nach Häutungen sich verpuppen,
4. Insekten mit abweichender Entwicklung (z. B. fußlose Maden, die sich ohne Häutung verpuppen.

John *Ray* nannte *Swammerdams* Werk das beste Buch, das über diesen Gegenstand geschrieben worden sei, als er sich ab 1690 um ein Insektensystem nach der Metamorphose bemühte (Raven 1986, S. 392). Schon während einer botanischen Studien in Cambridge hatte *Ray* um 1660 zusammen mit einem Schüler und Freund Francis *Willughby* (1635 bis 1772) begonnen, Insekten zu beobachten, hauptsächlich Schmetterlinge, dieses Gebiet dann aber dem hauptsächlich zoologisch interessierten *Willughby* überlassen. Ihrem gemeinsamen Plan, ein umfassendes *Natursystem* zu schaffen, entsprang ein **neues zoologisches Klassifikationssystem**, mit Vögeln und Fischen (den schon im 16. Jh. monographisch behandelten Gruppen, vgl. 5.4.) von *Willughby* begonnen, in letzter Hand aber von *Ray* geschaffen.

Die Partnerschaft zwischen *Ray* und *Willughby* hatte bereits auf Exkursionen in England (1660–62) begonnen. *Willughbys* Wohlhabenheit ermöglichte eine gemeinsame Studien- und Sammelreise (1663–66 durch Holland, Österreich, Italien, Schweiz und Frankreich) und nach der Rückkehr auch *Rays* ausschließliche Beschäftigung mit Naturstudien.

Die drei Bücher über **Vogelkunde** (*Ornithologiae libri tres*, 1676, engl. 1678) von F. *Willughby* leiteten nun nach 2000jähriger antiker Tradition die Reform der zoologischen Systematik ein, der sich John *Ray* bis zu seinem Tode widmete. Erstmals wurden darin konsequent nur morphologische Merkmale der Klassifikation zugrunde gelegt, Schnabelform und Fußbau, Befiederung, Körpergröße und bei Bedarf weitere Habitusmerkmale als Einteilungsprinzip gewählt und durch Ergänzung der Ernährungsform (Insekten-, Fleisch- oder Körnerfresser) und Lebensweise (Nacht- oder Tagvögel) der erkannte Zusammenhang zwischen Form und Funktion mitberücksichtigt. Aus dieser Erkenntnis resultierte auch die wieder aufgenommene Großeinteilung in Land- und Wasservögel trotz prinzipieller Ablehnung des Lebensraumes als Gliederungsprinzip seiner Vorgänger. Durch einen dicho- oder trichotomen Bestimmungsschlüssel ergaben sich dadurch für rund 230 Arten natürlichere Gruppen wahrer Verwandtschaft als in dem späteren Linnéschen System (Abb. 41).

In der ebenfalls unter *Willughbys* Namen erschienenen Naturgeschichte der **Fische** (*De historia piscium*, 1686) lösten sich die Autoren noch entschiedener von dem herkömmlichen Einteilungsprinzip nach Lebensraum und Lebensweise und wählten **anatomische Kriterien** (Bau des Herzens und der Atemorgane, des Knorpel- oder Knochenskeletts, Zahl und Lage der Flossen) neben Körperform und Beschuppung. Zur Klärung anatomischer Fragen erbat *Ray* die Hilfe englischer Kollegen wie M. *Lister*, E. *Tyson* (vgl. 6.2.1.), Hans *Sloane* und anderer Mitglieder der *Royal Society*, die ihn auch bei der Beschaffung von Objekten und Abbildungen unterstützten (Raven 1986, S. 357 f.). Wie in der Ornithologie sind die Einleitungskapitel dem allgemeinen Körperbau und der Anatomie der inneren Organe (Bau des Auges, der Seitenlinie, des Gehirns nach Th. *Willis*, vgl. 6.2.1., der Kiemen und Schwimmblase, des Herzens und der Nieren, der

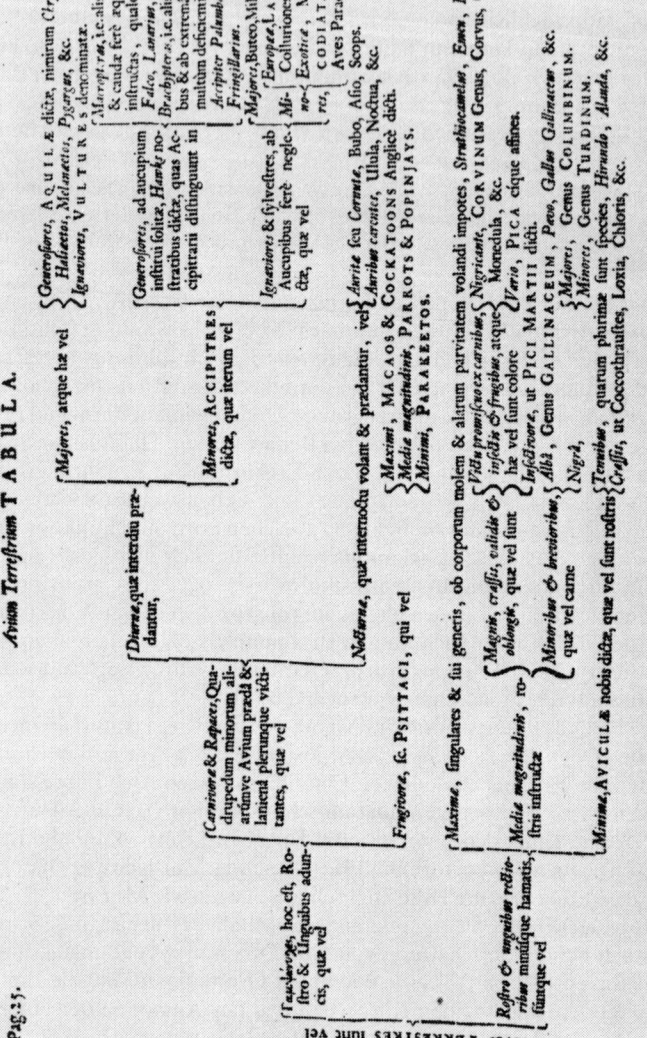

Abb. 41. Bestimmungsschlüssel für Landvögel. Aus F. Willughby, *Ornithologia* 1676.

Verdauungs- und Reproduktionsorgane aufgrund eigener Sektionen) gewidmet. Sie beginnen mit einer **neuen Definition und Charakteristik der Fische** als „Tiergruppe mit Blut, einkammerigem Herzen, Kiemenatmung und nackter oder beschuppter Haut".

Damit wurden erstmals die eigentlichen *Fische* morphologisch-taxonomisch von den übrigen, bisher ökologisch definierten Wassertieren (Robben, Schildkröten und sog. blutlosen wie Krebsen, Weichtieren) getrennt; allein die Wale blieben vereint (obwohl sie „augenscheinlich" morphologische Merkmale wie „lebendgebärende Vierfüßer" hätten), weil sie „haarlos, fußlos und gänzlich wasserlebend" seien. In der 1694 verfaßten, aber erst 1713 (postum) gedruckten *Synopsis* der Vögel und Fische, die sehr kurze und präzise Artdiagnosen, Ergänzungen und Korrekturen enthält, bestätigt *Ray*, daß er Wale nicht für „Fische" im streng philosophischen Sinne hält, da sie in keinem Merkmal außer dem Lebensraum mit ihnen übereinstimmen; er wolle aber einen zu heftigen Bruch mit der Konvention vermeiden. Auch das Festhalten an den traditionellen Großgruppen „Bluttiere–blutlose Tiere" oder „lebendgebärende" und „eierlegende" Vierfüßer entsprang vermutlich dieser 1703 formulierten Grundregel einer möglichst stabilen Nomenklatur (s. o.) unter Hintansetzung „philosophisch" richtigerer Erkenntnisse, wie er sie 1693 dargelegt hatte (s. u.)

In seiner Synopsis der **Vierfüßer** und **Schlangen** (*Synopsis animalium quadrupedum et serpentium*, 1693) hatte er bei der Untergliederung der Großgruppen schon Reformen aufgrund eigener anatomischer Kenntnisse, die er im Winter 1663–64 in Padua erworben hatte, durchgeführt, z. B. erstmals die Schlangen mit allen Kriechtieren gemeinsam charakterisiert als „Tiere mit Blut, Lungenatmung, einkammerigem Herzen und eierlegend" wobei er die Merkmale „vierfüßig" oder „amphibisch" als sekundär betrachtete. Die Klassifizierung nach dem Lebensraum (Wasser, Luft, Erde) verwarf er gänzlich und gruppierte die Fledermäuse definitiv unter die lebendgebärenden Vierfüßer ein.

Diese Synopsis (1693) enthält aber über das spezielle Anliegen hinaus grunsätzliche Aussagen über die **Klassifikation des gesamten Tierreichs**, mit kurzen Charakteristiken der Großgruppen. Außerdem äußert er sich in zehn einleitenden Kapiteln über weitere Grundprobleme und gibt einen Überblick über die damals aktuellen **biologisch-theoretischen Streitfragen** wie Urzeugung, Präformation und Sexualität:

– Die *Urzeugung* lehnte er mit mehreren Argumente ab. Den wichtigsten Gegenbeweis sah er in *Redis* und *Malpighis* Experimenten (vgl. 6.4.2.).
– Die *Präformation* der Keime seit Erschaffung der Welt verneinte *Ray* ebenfalls und vermutete ihren Ursprung durch die (von Gott einst verliehene) Zeugungskraft der Eltern selbst.
– Ein drittes, heftig umstrittenes Problem betraf die Rolle der Geschlechter und

das Wesen der „Samentierchen" (*animalculi*), denen ihr Entdecker *Leeuwenhoek* die eigentliche Zeugungskraft zuschrieb (vgl. 6.4.2.). In diesem erst am Anfang befindlichen Streit zwischen *Animalkulisten* und *Ovulisten* stand *Ray* mehr auf Seiten derer, die – wie *Malpighi*, *de Graaf* und *Swammerdam* – dem weiblichen Ei die Hauptfunktion bei der Bildung des Keimlings zuschrieben, ließ aber die Möglichkeit offen, daß Spermien mit Eiern verschmelzen und sie irgendwie „imprägnieren".

Bemerkenswerterweise war *Ray* schon von der Bisexualität auch der Pflanzen überzeugt, als er in der *Historia plantarum* (1685) sagte, die Pollenkörner glichen in der Art dem männlichen Sperma und seien bestrebt, den Samen zu befruchten; so habe ein großer Teil der Pflanzen an beiden Geschlechtern teil. Obwohl der Nachweis für diese Erkenntnis erst durch gezielte Experimente von Rudolf Jacob *Camerarius* (1694) erbracht wurde, konnte sich *Ray* schon auf die Darlegung von *Grew* (1682) nach Berichten von *Bobart*, wahrscheinlicher aber auf direkte Kenntnis der Bestäubungsversuche von Jacob *Bobart* (Vater und Sohn) im Oxforder Medizinergarten stützen, deren Kreuzungsergebnisse seine Klassifizierung berührten. Diese wurde vom 18. Jh. ab zu einem philosophisch-methodischen Problem.

Einen Höhepunkt und gewissen Abschluß dieser Entwicklung bildete im 18. Jh. das Wirken von Carolus *Linnaeus* (1707–1778), der die klassifikatorischen Bestrebungen des 16.–17. Jh. zusammenfaßte, systematisierte und regelhaft fixierte. Die Prinzipien der mathematisch-mechanischen Wissenschaften übertrug er insofern in die Klassifikation der 3 Naturreiche, als er – wie *Ray* – **Axiome** aufstellte und vor allem sein botanisches Ordnungssystem auf Zahlenverhältnisse und Lagebeziehungen gründete. Mit *Linnés* künstlichem Pflanzensystem erreichte auf diesem Gebiet der biologischen Taxonomie die mechanische Betrachtungsweise einen Gipfelpunkt, der auch schon vielfältigen Widerspruch in sich barg und in der Biologie zu neuen Lösungen drängte, wie sie *Linné* selbst bereits in seinem Entwurf eines „natürlichen Systems" angebahnt hatte. Gleichzeitig baute er in Anlehnung an „Cartesius' Principien", auf die er sich in dem Werk über die Gattungen der Pflanzen (*Genera plantarum*, 1737) ausdrücklich beruft, seine „Methode" genauestens aus (*Philosophia botanica*, 1750), sicherte ihr durch äußerste Regelhaftigkeit breite Anwendbarkeit und weite Verbreitung, regte auch zu Verbesserungen und weiterem Ausbau an und förderte – zumindest auf dem Gebiet der Botanik – alsbald die Herausbildung eines Spezialistentums, so daß *Linnés* Wirken nicht nur einen Abschluß darstellt, sondern auch den Ausgangspunkt neuer Entwicklungen in der Biologie bildet und in Kap. 7 ausführlich behandelt werden muß (vgl. 7.2.1.).

6.4.2. Embryologische Streitfragen

John *Ray* hatte in seiner *Synopsis* (1693) nicht nur die in 30 Jahren erarbeiteten neuen Prinzipien und Methoden für ein Tiersystem niedergelegt, sondern auch die theoretisch-biologischen Fragestellungen zusammengefaßt, die die Naturforscher am Ende des 17. Jh. bewegten und die theoretischen Grundlagen der Klassifikation berührten: Zeugung, Keimes- und Individualentwicklung. Der von *Ray* formulierte Artbegriff (1686), der in gleicher Weise für die Tierwelt galt, beruhte ja auf dem Kriterium der Fortpflanzung und der konstanten Weitergabe in der Generationenfolge; außerdem war die Identifizierung der Artzugehörigkeit von Individuen ohne Kenntnis der Unterschiede in den Geschlechtern und in den Jugendstadien nicht möglich, besonders bei Tieren mit andersgestaltigen Larvenstadien. Alle neuen empirischen Erkenntnisse auf diesen Gebieten wurden von Systematikern aufgegriffen, wie *Rays* Literaturzitate und Briefwechsel zeigen (Raven 1986).

Für den im Verlauf des 17. Jh. gewonnenen Kenntniszuwachs waren besonders drei Impulse maßgebend:

- Einmal wurden bei Tiersektionen alle inneren Organe systematisch in die vergleichende Anatomie einbezogen (vgl. 6.2.1.) und männliche wie weibliche Geschlechtsorgane einschließlich der Embryonen untersucht.
- Zum anderen bot die Mikroskopie einen Anreiz zu gleichartigen Untersuchungen an kleinen Objekten (Insekten, Würmer, Larven, Pflanzenkeimen) (vgl. 6.3.).
- Drittens forderten die antiken Lehren über Zeugung, Geschlechtsbestimmung, Vererbung, Embryobildung die empirische Nachprüfung heraus, zumal *Aristoteles* diesem Thema eine eigene Schrift (*De generatione*) gewidmet hatte (vgl. 3.3.2.).

Folgende wesentliche Ergebnisse waren dadurch gewonnen worden: Abgesehen von Einzelbeobachtungen im 16. Jh. an dem schon von *Aristoteles* benutzten klassischen Objekt, dem Hühnerembryo, durch *Aldrovandi* und *Coiter*, an Embryonen von Knorpelfischen und Walen durch *Rondelet*, an Säugetierembryonen durch *Falloppio* (vgl. 5.4.) war zu Beginn des 17. Jh. zunächst in Padua die Grundlage für eine vergleichende Embryologie der Wirbeltiere geschaffen worden, als *Fabricio ab Aquapendente* (vgl. 6.2.1.) die ersten illustrierten Abhandlungen über Säugetier-, Reptil- und Hai-Embryonen (*De formatione foetu*, 1600) und über die Bildung des Eies und Kückens (*De formatione ovi et pulli*, 1621) vorgelegt hatte.

Sein Schüler W. *Harvey* beschrieb in seinen Untersuchungen über die Erzeugung der Tiere (*Exercitatio de generatione animalium*, 1651) eben-

falls verschiedene Entwicklungsschritte des Hühnerembryos, wobei er sich
nicht mit der deskriptiven Darstellung einzelner Stadien begnügte, sonder
seit 1625 Beobachtungen über Atmung, Ernährung, Wachstum (auch anderer Wirbeltierembryonen) anstellte, eine homogene Ausgangssubstanz
(*primordium*) für die erst nach und nach sich herausdifferenzierenden Organe feststellte und zu einer *epigenetischen* Auffassung (*„per epigenesin"*)
kam, die auch die Möglichkeit einer „Urzeugung" einschloß. In diesem
Sinne bezeichnete er alle noch ungestalteten Grundsubstanzen im übertra-
genen Sinne als „Ei" (auch Pflanzensamen) nach dem Vorbild antiker kos-
mologischer Modelle, wie die Titelvignette mit dem oft mißverstandenen
Ausspruch *„ex ovo omnium"* (alles stammt aus dem Ei) zeigt (Abb. 42).
Die Ursache der embryonalen Gestaltbildung schrieb er einem allgegenwärtigen formenden Prinzip zu, einem „göttlichen Architekten", ob „Gott,
Natur oder Seele genannt", und er vertrat auch hier wie bei der Erklärung
des Befruchtungsvorganges Aristotelische Theorien. Die verzögerte Ent-

Abb. 42. Titelvignette zu W. Harvey … *de generatione animalium* 1651 mit dem berühmten Ausspruch *„ex ovo omnia"* (Ausschnitt).

wicklung von Hirschembryonen bestärkte ihn in der Annahme eines nur geistigen Wirkprinzips im Samen (*aura seminalis*) als Entwicklungsursache.

Gegen die Einwirkung geistig-seelischer Schöpferkräfte und die mit dieser Vorstellung oft verknüpfte traditionelle Urzeugungslehre hatte sich Giuseppe *Aromatari* (1587–1660) in Venedig gewandt, der in seinem Brief über Entstehung der Pflanzen aus Samen (... *epistola de generatione plantarum ex seminibus ...*, 1625) an die antike Präformationslehre anknüpfte (vgl. 3.2.3.) und aus den Beobachtungen über die im Samen vorgebildeten Pflänzchen die Überzeugung abgeleitet hatte, daß jede Pflanze nur aus Samen ihrer Art und analog auch Tiere nur aus Eiern ihrer Art entstehen.

Ebenfalls nach materiell faßbaren Ursachen der Formbildung des Embryo suchten drei englische Gelehrte, Mitglieder der *Royal Society*. Der Kammerherr Kenelm *Digby* (1603–1665), Anhänger der antiken *Pangenesislehre*, beobachtete Entwicklungsstadien des Hühnerembryos, vermutete aber physikalische und chemische, bzw. komplexe Ursachenketten in der Embryogenese und eröffnete in seinen zwei Abhandlungen *Über die Natur der Körper und die Natur der menschlichen Seele* (1644) durch gezielte Fragen die **Auseinandersetzung über Epigenese oder Präformation**.

Der Arzt Thomas *Browne* (1605–1682), Freund und Berater von J. *Ray*, führte **Experimente** an Vogel-, Frosch- und Schlangenembryonen durch, indem er die Eier der Einwirkung verschiedener Substanzen (Öl, Essig, Salze) und Bedingungen (Hitze, Kälte) aussetzte (Notizen in *Commonplace Books*, hrsg. Wilkins 1836), und stellte alle ungelösten Probleme zusammen (*Pseudodoxia Epidemica*, 1646). Der Chemiker Robert *Boyle* (1627–1691) schließlich erörterte schon in seiner Reformschrift (*The sceptical Chymist*, 1661) die Frage, ob aus chemischen Strukturen Aufschlüsse über den Bildungsmodus der Kücken zu gewinnen seien und beschreibt tägliche Untersuchungen und eine Konservierungsmethode von Vogelembryonen in Alkohol zu ständigem Vergleich (*A way of preserving birds taken out of the egg and other small foetus's*, 1666). Er begründete damit – zusammen mit Thomas *Browne* – eine „qualitative chemische Embryologie" (Needham 1934, Kap. 3).

Die mikroskopische Forschung entschied im letzten Drittel des 17. Jh. die Frage zunächst zugunsten der Präformationstheorie, indem sie in zweierlei Hinsicht scheinbare Bestätigungen dafür lieferte, zugleich aber die Kontroversen in eine neue Richtung führte. M. *Malpighi* (vgl. 6.3.) beschrieb in zwei Arbeiten über die Bildung des Hühnchens im Ei (*De formatione pulli in ovo*, 1673) und über das bebrütete Ei (*De ovo incubato*, 1675) seine Beobachtungen der Augenanlage, des Nerven- und Gefäßsystems, der Gliedmaßenanlagen schon in frühen Stadien der Eientwicklung und schloß daraus, daß der Organismus schon im unbefruchteten Ei vorgebildet, *präformiert,* ist, und auch, daß das weibliche Ei mithin der Haupttrager der Bildung der Embryonen ist. Da *R. de Graaf* (vgl. 6.2.1.) fast zur gleichen Zeit bei seinen vergleichend-anatomischen Untersuchungen der Eierstöcke von Vögeln und Säugetieren, der „Zeugungsorgane der Weibchen" (*De mulierum organis generationi inservientibus*, 1672) auch die Eifollikel der letzteren entdeckt und sie den Vogeleiern gleichgesetzt hatte, schien die Allgemeingültigkeit dieses Entwicklungsmodus erwiesen zu sein.

Dazu trugen auch entsprechende Beobachtungen an wirbellosen Tieren bei, vor allem die ebenfalls gegen die Urzeugungslehre gerichteten **Experimente** Francesco *Redis* (vgl. 6.2.1.) **über die Entstehung der Insekten** (*Esperienze alla generazione degli insetti*, 1668), in denen er die gesamte Entwicklung von Fliegen aus Eiern, Maden, Puppen bis zum geflügelten Insekt feststellte, dabei Ovar, Legeapparat und Eier mikroskopisch untersuchte (Belloni 1958) und seine Erkenntnis in dem seitdem berühmten Satz zusammenfaßte: *Omne vivum ex ovo* (alles Lebende entsteht aus einem Ei – **Redisches Prinzip**).

Auch sein späteres Werk über parasitische Würmer und andere Endoparasiten (1684; vgl. 6.2.1.) enthält Beobachtungen über Entwicklungsstadien, z. B. die Eier des Spulwurmes (*Ascaris lumbricoides*), während er die Herkunft der Gallinsekten aus Eiern nicht erkannte. Das gelang erst 1700 seinem Schüler Antonio *Vallisnieri* (1661–1730), der dann eine neue Klassifikation der tierischen Parasiten nach ih-

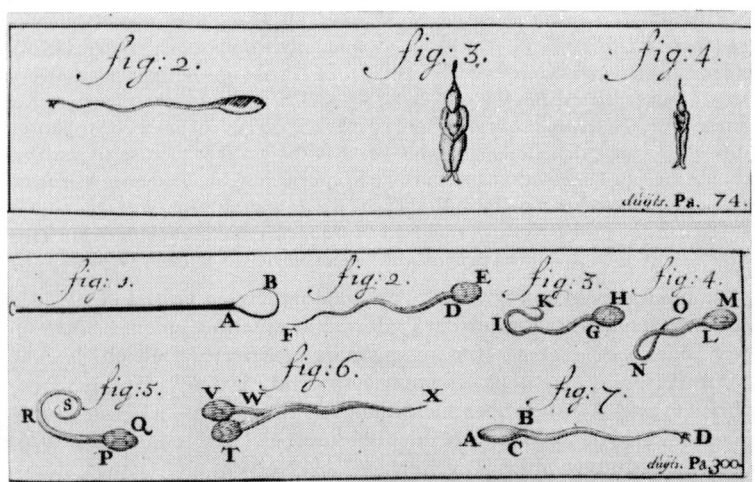

Abb. 43. Darstellung menschlicher (oben) und tierischer Spermatozoen (des Schafes, unten) von A. van Leeuwenhock und Ham 1677. Aus *Opera omnia* 1722.

rem Entwicklungsmedium (in Pflanzen, Wasser, Erde, Tieren) vorschlug (*Nuove ideo d'una divisione generale degl' Insetti*, 1712).

Weitere Beiträge zur Kenntnis der Fortpflanzung bei Wirbellosen leistete *Rays* Freund, der englische Arzt Martin *Lister* (1638–1712), durch Beschreibung der Sexualorgane von Schnecken, von denen er 1694 (bei *Helix pomatia*) den Hermaphroditismus entdeckte, und Muscheln (1696, 1697), deren Embryonen (bei *Anodonta*) er beschrieb.

Die Verwendung des Mikroskops führte die Diskussionen über Zeugung und Keimesentwicklung in ein neues Stadium und bestärkte einerseits die Ansichten über eine Präformation des Keimlings im Ei durch Beobachtungen, wie sie *Malpighi* (s. o.), *Swammerdam* an Frosch- und Insektenmetamorphosen (vgl. 6.3.) und *Vallisnieri* an Parasiteneiern (s. o.) machten. Dafür hatte der Baseler Anatom Johann Conrad *Peyer* (1653–1712) in seiner *Merycologia* (1685) eine theologische Argumentation geliefert, die noch im 18. Jh. einflußreich war:

Danach enthalte seit Schöpfungsbeginn jedes Ei, aus dem ein Weibchen entstehe, das wesentliche Prinzip (*idea realis*) für alle Nachkommen; denn da Gott der einzige Weltenschöpfer sei, könne weder den Geschöpfen selbst eine Schöpferkraft, noch einem anorganischen Substrat ein Bildungsprinzip, noch gar der zufälligen Kombination von Atomen die Fähigkeit zur Keimesentwicklung zugeschrieben werden.

Zum anderen hatte die *Entdeckung der Spermatozoen* beim Menschen durch *Ham* und *Hartsoeker* und bei vielen anderen Tieren durch *Leeuwenhoek*, ihre Vielgestaltigkeit und die Deutung mikroskopischer Strukturen als innere Organe (Abb. 43) die Idee der *Präformation* ebenfalls gefestigt, sie aber auf das männliche Sperma als Hauptträger der artspezifischen Fortpflanzung gelenkt. Auch dafür gab es philosophische Argumente, wie sie etwa von Nicole *Malebranche* (1638–1715), einem Vertreter der Gegenreformation in Frankreich, in seiner Untersuchung über die Wahrheit (*Recherche de la vérité*, 1672) oder von *Leibniz* (vgl. 6.1.1.) ausgesprochen wurden, die die auffällige Beweglichkeit der Spermatozoen als Beweis für die Dominanz des männlichen Prinzips (die auch der sozialen „Würde des Mannes" entspreche) geltend machten.

Die Entdeckung der „Samentierchen" im männlichen Sperma erfolgte fast gleichzeitig und am gleichen Ort – außerhalb akademischer Forschungszentren – wie die Entdeckung der Eifollikel durch Reignier *de Graaf* in Delft (s. o.) der *Leeuwenhoeks* mikroskopische Studien wissenschaftlich unterstützt hatte. *Graaf* vertrat die Präformation des Keimlings im Ei; die Entdeckung der Spermatozoen erlebte er nicht mehr. Sie erfolgte im August 1677 durch den holländischen Mediziner Jan *Ham* (1650 bis 1723), Neffen des damals in Leiden wirkenden Arztes und Cartesianers

Theodor *Craanen* (1620–1690), im menschlichen Sperma und wurde von *Leeuwenhoek* zusammen mit Beobachtungen ähnlicher Samentierchen *(animalculi)* des Schafes der *Royal Society* mitgeteilt und in ihrer Zeitschrift veröffentlicht (*Phil. Trans.* Nov. 1677).

In den darauffolgenden Jahren widmete *Leeuwenhoek* diesen Spermatozoen vielseitige, eingehende Studien, beschrieb und zeichnete nicht nur Spermatozoen von Hunden und anderen Haustieren, sondern auch von Fröschen und Fischen, wobei er z. B. im 28. Brief (25. 4. 1679) die ungeheure Menge von Samentierchen im Hoden eines Kabeljau beschreibt, deren Zahl er auf 150 Mrd. schätzte. Insektenspermien gewann er bei der Kopula von Libellen und Käfern (Nov. 1680) und untersuchte auch deren Entwicklung mikroskopisch, wobei er 1686 die Eiablage von Gallwespen auf Eichenblättern, die Bildung der Gallen und die Larven beobachten, 1689 die Entwicklung der Ameisen vom Ei bis zur Imago nachweisen und die bisherige Identifizierung der Puppe als Ei (die die Präformationslehre stützte) berichtigen konnte.

Wenige Monate nach *Leeuwenhoeks* Mitteilung hatte der holländische Physiker Nicolas *Hartsoeker* (1656–1725) ebenfalls menschliche Spermatozoen endeckt *(Journ. des Savans 30, 1678)*, in seinem Buch über *Dioptrie (Essai de dioptrique,* 1694) die Priorität in Anspruch genommen – was *Leeuwenhoek* im Brief vom 9. 12. 1698 widerlegte – und durch seine phantasievolle Darstellung der präformierten „Menschlein" die Richtung der *Animalkulisten* in Kontroverse zu den *Ovulisten* (oder *Ovisten*), die die Präformation im Ei annahmen, erst eigentlich begründet.

Im gesamten 18. Jh. beherrschte dieser Gegensatz zwischen *Ovulisten* und *Animalkulisten* die biologischen Diskussionen, regte Untersuchungen und Experimente an (vgl. 7.1.2.), während sich der Präformationsgedanke als Biologische Theorie am Ende des 17. Jh. gegen epigenetische Vorstellungen durchgesetzt hatte.

Da die **Präformationstheorie** besagte, daß Organismen nur aus Ei (oder Sperma) der gleichen Art entstehen und – da in ihnen vorgebildet – nur gleichartige Nachkommen erzeugen können, wurden zunächst solche metaphysischen Vorstellungen wie die Lehre von der Urzeugung (Entstehung von Organismen aus unbelebtem Substrat oder in Organen anderer Organismen) oder von der Umwandlung eines beliebigen Organismus in andere Arten zugunsten realistischerer Ansichten zurückgedrängt.

Anstelle des Begriffs *Präformation* wurde im 18. Jh. auch der Terminus *Evolution* gebraucht, da die Vorstellung bestand, daß die bereits vorgebildeten Organe nur durch Vergrößerung, Entfaltung oder „Auswicklung" *(evolutio)* ihre endgültige Gestalt erhalten. Dementsprechend bedeutete im 18. Jh. der Begriff *Evolutionstheorie* das Gegenteil von „Entwicklung" im heutigen Sinne. Der Pariser Arzt Nicolas *Andry* (1658–1742) führte 1710 auch den Terminus **Einschachtelung** (*em-*

boîtement) bzw. Einschachtelungstheorie ein, der sich mit der Vorstellung verband, daß bei konsequenter Anwendung des Präformationsgedankens die Keime aller künftigen Generationen schon „in den Körpern Adams und Evas" eingeschachtelt vorliegen müßten.

Unsicherheiten über den Modus der Einschachtelung, Präformation und Entfaltung sowie Zweifel an diesem Modus überhaupt und dem Anteil der Geschlechter am Erbgang verstärkten im Verlauf des 18. Jh. die embryologischen Beobachtungen und Experimente (Needham 1934), aber auch die Heftigkeit der Auseinandersetzungen um die richtige Theorie, und brachten in der zweiten Hälfte des 18. Jh. durch Caspar Friedrich *Wolff* (1734–1794) die alternative „Theorie der Epigenese" (vgl. 7.1.2.).

Zusammenfassung von Kap. 6

Im 17. Jh. traten diejenigen neuen Züge in den Wissenschaften deutlich in Erscheinung, die im Rückblick die „Neuzeit" kennzeichnen und im 15.–16. Jh. in vielfältiger Weise vorbereitet worden waren (vgl. Kap. 5).

Durch *Descartes* wurde die mathematisch-deduktive, durch *Galilei* die messende mechanische Methode in die Physik eingeführt und ein neues Verhältnis zu den Bewegungsvorgängen der Himmelskörper und der irdischen Körper gewonnen und philosophisch begründet. Diese neue Weltsicht strahlte auf die organischen Wissenschaften aus und ließ in der Medizin die Richtung der *Iatromechanik* bzw. *Iatrophysik* entstanden.

Durch Fr. *Bacon* wurde die induktive, sinnlich-empirische, auf Experimenten gegründete Methode verbreitet, mit der programmatischen Zielstellung, neue auf praktisch-wirtschaftliche Belange orientierte Rohstoffquellen zu erschließen. Von solchen Programmen abgeleitete „Utopien" wie Bacons Nova Atlantis waren keine Ausnahme (vgl. z. B. auch Valentin *Weigels Christianopolis*), wirkten in einzelnen Zügen ins soziale Leben hinein und bildeten einen Vorgriff auf die Sozialutopien im 19. Jh. Sie prägten teilweise auch die Ziele der neu entstehenden Gelehrtengesellschaften und -akademien mit ihren periodischen Publikationen als neuen Kommunikationsmitteln (*Accad. dei Lincei* Rom, *Royal Society* London, *Acad. des sciences* Paris, *Deutsche Akad. der Naturforscher Leopoldina*, *Preuß. Societät der Wiss.* Berlin).

Neue biologische Erkenntnisse wurden im Rahmen medizinischer, chemischer und physikalischer Forschungsrichtungen gewonnen, wobei physiologische Fragestellungen – zur kritischen Revision antiker Theorien – im Vordergrund standen. Die physiologischen Fragestellungen förderten die Entstehung einer „Vergleichenden Anatomie" (*Zootomie*) und den Erkenntniszuwachs über die Vielfalt tierischer Organismen und Organsysteme. Große Fortschritte verzeichnete das 17. Jh. auf dem Gebiet der Organanatomie und der funktionellen Anatomie, die wesentlich durch die Mikroskopie mitbestimmt waren, wobei die Entdeckung des großen

Blutkreislaufes durch W. *Harvey,* aber auch Erkenntnisse über Drüsenfunktionen, Verdauungssystem, Sexualorgane, Gehirn und Nervensystem hervorzuheben sind. Spezielle Fragestellungen (z. B. zur Embryologie) gliederten sich heraus. Physikalische und chemische Experimente wurden auf physiologische Fragestellungen (z. B. Atmung) und auf pharmazeutische Probleme – in Anknüpfung an paracelsische Traditionen – angewandt, förderten pflanzenphysiologische Experimente und die Herausbildung einer speziellen medizinischen Richtung, der *Iatrochemie,* die im Gegensatz zur Iatromechanik die dynamischen Aspekte der Physiologie in den Vordergrund rückte.

Ganz neue Möglichkeiten eröffnete die Entwicklung optischer Instrumente, die durch die Bedürfnisse der Astronomie und Seefahrt bewirkt worden war. Die Erfindung des Mikroskops im ersten Drittel des 17. Jh. erschloß zum einen die Feinstruktur der Pflanzenorgane (Zellen, Gewebe), die analog zur tierischen Organisation funktionell gedeutet und entsprechend benannt wurden (Gefäße, Tracheen, Adern), zum anderen die tierische Kleinbewelt und die innere Organisation der wirbellosen Tiere. Solche biologischen Entdeckungen sind für die Botanik an die Namen von *Grew, Hooke, Malpighi* (Pflanzenanatomie), für die Zoologie besonders an *Swammerdam* und *Leeuwenhoek* geknüpft.

In der Neuorientierung der naturwissenschaftlichen Forschung des 17. Jh. spielte die „Methode" eine zentrale Rolle, die philosophisch erarbeitet wurde (*Descartes, Newton, Leibniz*). Das kam auch in der Pflanzen- und Tiersystematik zur Geltung, die von der deskriptiven zur vergleichenden Methode überging, die Klassifikation statt wie bisher deduktiv logisch „von oben her" nun „induktiv" „von unten" – von der Analyse der Arten und Gattungen aus – in Angriff nahm (*Ray, Swammerdam, Tournefort*).

Literatur zu Kap. 6

Artelt, W.: Vom Akademiegedanken im 17. Jh. In: Nunquam otiosus.
    Acta historica Leopoldina, Nr. 10. Leipzig 1970, S. 9–22.
Belloni, L.: Francesco Redi biologo. Pisa 1958.
– Severinus als Vorläufer Malpighis. Nova Acta Leopoldina N. F., 27, Nr. 167 (1963):
    213–224 (= Festschrift R. Zaunick).
Berg, W.: Die frühen Schriften der Leopoldina – Spiegel zeitgenössischer Medizin. NTM.
    Schiftenr. Gesch. Naturw., Techn., Med., Leipzig *22* (1985) 1: 67–76.
Boas, M.: Die Renaissance der Naturwisssenschaften, 1450–1630. Das Zeitalter des Kopernikus. Gütersloh 1965.
Bodenheimer, F. S.: Zur Frühgeschichte des Insektenparasitismus.Arch. Gesch. Math., Nat. u. Technik *13* (1931): 402–416.
Brigges, R.: The scientific revolution of the seventeenth century. London 1973.
Buchenau, A., und Cassirer, E. (Hrsg.): G. F. Leibniz. Philosophische Werke, Bd. 2. Leipzig 1924.
Cole, F. J.: The early days of comparative anatomy. Transact. Liverpool Biol. Soc. *27* (1913): 143–176.
Disselhorst, R.: Die Medizinische Fakultät der Universität Wittenberg und ihre Vertreter von 1503–1816. In: Leopoldina *5* (1929).
Dobell, C.: Antony van Leeuwenhoek and his „little animals". London, Amsterdam 1932.

Engfer, H.-J.: Die Methode in der Geschichte. Rolzboog 1981,
Ford, B. J.: The van Leeuwenhoeks Specimen. Notes and Records of the Roy. Soc. London
    36, Nr. 1 (1981): 37–59.
Forni, G. G.: Marcello Malpighi. sperimentatore, biologo e medico. In: Studi Mem. Stor.
    Univ. Bologna, N. S. *1* (1954).
Galilei, G.: Unterredungen und mathematische Demonstrationen, 3 Bde. (Dt. Übers.
    E. Strauß), Leipzig 1890-1891 (Ostw. Klass. Bd. 11, 24–25).
Gerlach, W.: Johannes Kepler und die Copernicanische Wende. Nova Acta Leopoldina
    Nr. 210, Bd. 37/2. Halle 1973.
Gerlach, W., und List, M.: Johannes Kepler, Leben und Werk. München 1966.
Goetz, D.: Der Anteil der experimentellen Naturwissenschaften an der Herausbildung des
    Evolutionsgedankens im 18. Jahrhundert. In: Beitr. XIII. Int. Kongr. Gesch. d. Wiss.
    in Moskau 1971, Sekt. 9. Moskva 19774.
Hall, A. R.: The Scientific Revolution 1500–1800 ... London etc. 1954.
Haller, A. von: Bibliotheca anatomica. Bern 1774–1785.
Hamel, J. B. du: Regiae scientiarum academiae Historia. Paris 1696 ff.
Harig, Georg: Medizin und Renaissance in ihrem Verhältnis zum antiken Erbe. In: Acta
    historica Leopoldina Nr. 16 (1985): 55–64.
Harnack, A. von: Geschichte der Preuß. Akademie der Wissenschaften zu Berlin.
    Berlin 1900.
Heida, U.: Niels Stensen und seine Fachkollegen. Berlin 1986.
Holz, H. H.: Gottfried Wilhelm Leibniz. Eine Monographie. Leipzig 1983 (RUB 964).
Hoppe, B.: Biologie, Wissenschaft von der belebten Materie von der Antike zur Neuzeit.
    Biologische Methodologie und Lehren von der stofflichen Zusammensetzung der Organis-
    men. Sudhoffs Archiv, Beih. 17. Wiesbaden 1976.
– Der Ursprung der Diagnosen in der botanischen und zoologischen Systematik. Sudhoffs
    Archiv *62* (1978): 105–130.
Isler, H.: Thomas Willis. Ein Wegbereiter der modernen Medizin. Stuttgart 1965 (Große
    Naturforscher, Bd. 29).
Jahn, I.: Geschichte der Botanik in Jena von der Gründung der Universität bis zur Berufung
    Pringsheims (1558–1864). Diss. math.-nat. Jena 1963, S. 1–210 (= T. I: Die Periode der
    medizinischen Botanik)
James, P. J.: Stephan Hales' statical way. Hist. Philos. Life Sci. *7* (1985): 287–299.
Keynes, Geoffroy: A bibliography of Sir Thomas Browne. 2. ed. Oxford 1968.
Krafft, Fr.: Renaissance der Naturwissenschaft – Naturwissenschaft der Renaissance.
    Boppardt 1975.
Leeuwenhoek, A. van: The collected letters/Alle de brieven. (engl. und holl.) Amsterdam
    1939 ff.
Lindeboom, G. W.: Boerhaave and his time. Leiden 1970.
Mann, G.: Anatomische Sammlung Frederick Ruysch (1638–1731). Sudhoffs Archiv *45*
    (1961): 176–178.
Möbius, M. (Hrsg.): Marcellus Malpighi. Die Anatomie der Pflanzen. Leipzig 1901
    (Ostwalds Klassiker Nr. 120).
Neickel, J. C. (= J. Kanold): Museographia oder Anleitung zum rechten Begriff und nützli-
    cher Anlegung der Museorum oder Raritäten-Kammern. Leipzig, Breslau 1727.
Olschki, L.: Galilei und seine Zeit. Halle 1927 (Nachdr. Vaduz 1965).
Ornstein, M.: The role of scientific societies in the seventeenth century. London 1928.
Pagel, W.: J. Baptiste van Helmont. Einführung in die philosophische Medizin des Barock.
    Berlin 1930.
Poggendorf, J. C.: Geschichte der Physik. Leipzig 1879 (Nachdr. 1964).
Poulsen, J. E., und Snorrason, E. (Hrsg.): Nicolaus Steno, 1638–1686. Nordisk
    Insulinlaboratorium Gentofte 1986.

Raven, C. E.: John Ray, naturalist. His life and works. Cambridge Univ. Press, 2. ed. 1950 (Nachdr.: Cambridge Science Classic series 1986).
Rooseboom, M.: Microscopium, Leiden 1956 (Mededeling Rijksmus. Gesch. Naturwet., Nr. 95).
– The history of the microscope. Proc. Roy. Microscop. Soc. 2 (1967). (Hrsg): René Descartes. Über den Menschen. Heidelberg 1969.
Rothschuh, K. E. (Hrsg.): René Descartes. Über den Menschen. Heidelberg 1969.
Scherz, G.: Niels Stensen. Eine Biographie. 2 Bde. Neuausg. H. Hansen. Leipzig 1986–1987.
Schierbeck, A.: Jan Swammerdam. His life and works. Amsterdam 1967.
Sprat, Th.: The history of the Royal Society. London 1667.
Tieri, G.: Cornelis Drebbel. Amsterdam 1932.
Uschmann, G.: Das kaiserliche Privileg der Leopoldina vom 7. August 1687. Acta historica Leopoldina, Nr. 17. Halle 1987, S. 7–13.
Vavilov, S. I.: Isaac Newton (dt. Übers.). Berlin 1951.
Waard, C. de, jr.: De uitvinding der verrekijkers. 's Gravenhage 1906.
Wightman, W. P. D.: Science and the Renaissance. 2 Bde. Edingburgh 1962.
Wollgast, S.: Zur Stellung des Gelehrten in Deutschland im 17. Jahrhundert. SB Sächs. Akad. Wiss. Leipzig, philolog.-hist. Kl. 125 (1984) H. 2. Berlin 1984.
Wußing, H.: Die Mathematik der Zeit des Rationalismus (Überblick). In: Wußing, H., und Arnold, W.: Biographien bedeutender Mathematiker. Berlin 1975.
Zuylen, J. van: The microscopes of Antoni van Leeuwenhoek. J. Microscopy 121 (1981): 309–328.

7. Disziplinbildung in der Biologie (18.–19. Jh.)

Die neuen empirischen Erkenntnisse über Mensch, Tier- und Pflanzenwelt waren bisher hauptsächlich im Rahmen der Medizin, vorwiegend von Ärzten und Pharmazeuten, gewonnen worden und in den Medizinischen Fakultäten der Universitäten institutionalisiert, während im Rahmen der Philosophie und ihrer Vertretung an Universitäten meist deduktive Erörterungen oder philologische Studien über antike und mittelalterliche Schriftsteller und ihre Behandlung der „drei Naturreiche" weitergepflegt wurden. In einigen wenigen Fällen konnten sich finanziell unabhängige Persönlichkeiten privatim ausschließlich der Naturforschung ohne anderweitige Berufs- oder Lehrverpflichtung widmen, deren Bestrebungen und Ergebnisse gegen Ende des 17. Jh. auch in den Aktivitäten der Gelehrtenakademien und -gesellschaften zusammenflossen. Obwohl im Schrifttum des 17. Jh. vereinzelt schon für eine selbständige, von der Medizin getrennte *Zoologie* (*Sperling* 1661; vgl. 6.2.1.) und *Botanik* (G. Chr. *Schelhammer* 1691; vgl. 6.2.2.) geworben und ihre didaktische Gliederung in „allgemeine" und „spezielle" Teilbereiche vorgenommen worden war, beginnt doch erst gegen Ende des 18. Jh. ein Bedürfnis für eine relativ eigenständige Berufsentwicklung allgemeiner erkennbar zu werden.

Dieser Prozeß wurde durch verschiedenartige sowohl gesellschaftliche als auch innerdisziplinäre Faktoren gefördert:
Über die mit der industriellen Revolution verbundenen gesellschaftlichen Veränderungen – z. B. durch Entwicklung von Zentren der Textil-, Eisen-, Montan- oder Glasindustrie und dadurch bedingte Umwälzungen in der Landwirtschaft und Nahrungsmittelproduktion – berichtet eingehend *Bernal* (1961), der auch die Rolle von Physik und Chemie analysiert, über Biologie in dieser Zeit aber unzureichend informiert, weshalb sie hier vorrangig zu berücksichtigen ist. Im Zuge jener Veränderungen, in denen sich auch an die Mediziner neue Anforderungen an Spezialisierung stellten (vgl. 7.4.1), rückten die bisher empirisch betriebenen praktischen Bereiche der Land- und Forstwirtschaft in die Reihe der Hochschulstudien auf und eröffneten biologisch Interessierten neue Laufbahnaussichten, die eine Disziplinbildung außerhalb medizinischer Belange förderten. Als Reaktion gegen die Spezialisierungstendenzen der Spätaufklärung und gegen die vorrangige Pflege ökonomisch interessanter angewandter Richtungen der Biologie kam es um 1800 zu einer ersten Zusammenfassung der „Lebenswissenschaften" unter dem Begriff der *Biologie* (7.3.3.).
Nicht weniger maßgeblich waren die im Verlauf des 17. Jh. aufgeworfenen spezifisch biologischen Fragestellungen, die zur Lösung drängten und eine gewisse Spezialisierung erforderten oder bedingten. Dazu gehörte das Problem der **Erfassung und Ordnung der Artenfülle** an Organismen, deren Kenntnis sowohl durch die Reise- und Expeditionstätigkeit im 18. Jh. als auch durch die mikroskopischen Erkundung sukzessive im Umfang zunahm (7.2.1.). Die theoretischen Probleme, die mit den Kontroversen über Zeugung, Sexualität, Keimes- und Embryonalentwicklung zusammenhingen, erforderten Klärung, zumal sie auch Fragen des Artbegriffes, der Variabilität und Erblichkeit einschlossen, die wiederum die Klassifikation berührten (vgl. 7.3.1.). Schließlich bedurfte der Fragenkomplex des Zusammenhangs aller Lebensprozesse innerhalb des Organismus einer gesonderten Zuwendung in dem Maße, wie das mechanomorphe Modell des Organismus in Frage gestellt und neue (vitalistische) Konzeptionen angeboten wurden (vgl. 7.3.3.).
In der thematischen Behandlung der Forschungsprobleme gab es keinen signifikanten Einschnitt an der Jahrhundertwende vom 17. zum 18. Jh. Die von der Physik, Mechanik und Mathematik ausgehenden Impulse auf biologische Forschungen blieben weiterhin wirksam (*Boerhaave*, *Leeuwenhoek*, *Hales*, Chr. *v. Wolff*; vgl. 6.2.1.), und die von *Newton* und *Leibniz* ausgehenden Anregungen kamen erst im 18. Jh. voll zum Tragen. Im zweiten Drittel des 18. Jh. sind für die Entwicklung der Lehre vom lebenden Organismus wichtige neue Ansätze erkennbar. Die Gliederung und Perio-

disierung des 17. und 18. Jh. ist seit langem Diskussionsgegenstand der Medizin- und Wissenschaftsgeschichte mit unterschiedlichen Ergebnissen je nach kultur- oder fachgeschichtlicher Orientierung (Mann 1978).

Die hier vorgenommene Gliederung bezieht sich vorrangig auf die Herausbildung biologischer Disziplinen mit spezifischen theoretischen Konzeptionen und Programmen, die über die im 17. Jh. gelegten Fundamente hinausführten.

7.1. Statisches und dynamisches Weltbild in biologischen Konzeptionen

7.1.1. Die Rolle der Physikotheologie

Wie in Kapitel 6 gezeigt wurde, erfolgte die rationale Deutung von Lebenserscheinungen, die mit den methodisch neuen sinnlich-empirischen und experimentellen Forschungsweisen im 17. Jh. erkannt wurden, in verschiedener, oft gegensätzlicher Weise. Suchten die einen aus anatomischen Strukturen den „Mechanismus" physischer Prozesse zu erklären (Blutbewegung, Atmung, Verdauung, Muskelbewegung), analog zu physikalisch meßbaren Vorgängen in der anorganischen Natur alle Lebensvorgänge als „Bewegung" zu interpretieren, so meinten die anderen, im Modell chemischer Umwandlungsprozesse den Schlüssel zu den Lebensvorgängen zu finden. In der Embryologie entspann sich die Auseinandersetzung um *Präformation* oder *Epigenese*. Dabei siegte zunächst die Präformations- (oder Evolutions-) theorie, und die Frage nach der Rolle der Geschlechter im Zeugungsprozeß rückte in den Mittelpunkt (vgl. 6.4.2.).

Diese statische Auffassung vom bloßen Anwachsen vorgeprägter Strukturen war zunächst vereinbar mit mechanistischen Erklärungen der Wachstumsprozesse; sie entsprach auch Beobachtungen von Vererbung und Artkonstanz und schob den Urzeugungslehren einen Riegel vor. Sie deckte sich außerdem mit den nun allgemein zugänglichen, den katholischen wie evangelischen Christen vertrauten Bibelüberlieferungen, die in der Aufklärung deistisch interpretiert wurden und im 17. bis 18. Jh. – nach der Zurückdrängung scholastischer und antiker Theorien – vielfach als „Paradigma" wissenschaftlicher Konzeptionen wirkten (z. B. Altersbestimmung der Erde; Sintfluttheorien). Da der Deismus zwar einen Schöpfergott am Weltenanfang, nicht aber sein späteres Einwirken auf einmal geschaffene Naturgesetze anerkannte, hatte er den Weg zur Erforschung dieser Gesetze freigemacht, aber auch die Vorstellung von der **Unveränderlichkeit der Schöpfung**, ein statisches Weltbild, gefestigt, wobei Entwicklungsprozesse mit vorherbestimmter Ziel- und Zwecksetzung (*Teleologie*) erklärt wurden.

Auch im 18. Jh. rekrutierte sich eine Anzahl engagierter Naturforscher aus den Reihen praktischer Theologen (Pfarrer, Missionare), die gleich den Medizinern über die intellektuelle und philologische Ausbildung verfügten, um sowohl die antike als auch die zeitgenössische lateinische Fachliteratur zu verfolgen, und die wie die Ärzte eine beruflich sichere Lebensbasis hatten; außerdem kamen sie mit Problemen der Biologie – sei es in der einheimischen Landwirtschaft, sei es in neu erschlossenen fremdländischen Naturgebieten – in oft enge Berührung. Es ist kennzeichnend, daß noch im 19. Jh. der junge Ch. *Darwin* nach dem Medizinstudium das Theologiestudium mit dem Ziel eines Landpfarrers für geeignet hielt, seine Naturforschung zu pflegen (vgl. 9.1.1.). Diese Naturforschung hatte eine theologisch-philosophische Motivierung, die mit dem Begriff der *Physicotheologie* (Naturtheologie) zusammengefaßt wird. Diese Strömung zog sich über einen Zeitraum von fast 200 Jahren – mit wechselnden neuen Ansätzen und nicht begrenzt auf Theologen – durch die biologische Forschung der Neuzeit hindurch und hielt das statische Weltbild in der Theorienbildung aufrecht, wenngleich zur *Aufklärung* in der Theologie gehörig.

Sie hatte schon einen bemerkenswerten Ausdruck in der Pubklikation von Thomas *Browne* (vgl. 6.4.2.) über die Religion des Arztes (*Religio Medici*, 1642, 8. Aufl. 1682) gefunden, die viele Nachahmer fand (Keynes 1968). Ein bedeutendes und ebenfalls einflußreiches Werk widmete J. *Ray* (vgl. 6.4.1) der „Weisheit Gottes, offenbart in den Werken der Schöpfung" (*The Wisdom of God, manifested in the Works of the Creation*, 1691, [2]1692, [3]1701, [4]1704), das von seinem Freund und Nachlaßverwalter William *Derham* (1657–1735) fortgesetzt wurde in den **Vorlesungen über Physiko-Theologie** (1711–12), gedruckt 1713 (*Physico-Theology: or a Demonstration of the Being and Attributes of God from His Works of Creation*, London). *Derham* begründete damit und mit dem nachfolgenden Werk *Astro-Theology* (1714) eine Moderichtung, die mit ähnlichen Titeln das gleiche Anliegen verfolgte, durch Naturbeobachtung und Darstellung der Vielfalt und zweckmäßigen Anpassung der Organismen an ihre Lebensweise in allem die „göttliche Weisheit, Allmacht und Vorsehung" zu dokumentieren (*Lesser* 1735); das tat der Thüringer Pfarrer Friedrich Christian *Lesser* (1692–1754) mit seiner *Insecto-Theologia* (1738) oder *Testaceo-Theologia ... Betrachtung der Schnecken und Muscheln* (1744).

Die starke religiöse Motivation führte damals zur Ermittlung vieler faktischer Erkenntnisse von bleibendem Wert, wie sie sich z. B. in den Schriften des Züricher Arztes und Fossiliensammlers Johann Jacob *Scheuchzer* (1672–1733) niederschlugen, der zwar in seiner *Physica sacra* (1731) die Versteinerungen als Reste der in der „Sintflut" der Bibel umgekommenen Organismen deutete und einen fossilen Riesensalamander als menschlichen „Zeugen der Sintflut" interpretierte (*Homo diluvii testis*, 1726), aber eine Fülle bedeutender paläontologischer Beobachtungen und Sammlungen hinterließ.

Als Beispiele wären zu nennen: Joh. Leonh. *Frisch* (1666–1743) mit seinen Insekten- und Vogelstudien, der Maler Aug. Joh. *Roesel von Rosenhof* (1705–1759) mit seinen exakten Beobachtungen über Insektenbiologie (1740) und die Metamorphose der Froschlurche (1750), der Hamburger Theologe Hermann Samuel *Reimarus* (1694–1668) in seinnen *Allgemeinen Betrachtungen über die Triebe der Thiere* (1760) und sein Sohn Joh. Albert Hinrich (1729–1814), der diese noch 1773 und 1798 neu herausgab, sowie der Berliner Theologe Christian Konrad *Sprengel* (1750–1816), der in seiner erst spät gewürdigten Schrift über *Das entdeckte Geheimnis der Natur im Bau und in der Befruchtung der Blumen* (1793) seine sorgfältigen Studien über die sinnvolle Anpassung der Blütenorgane an die Insektenbestäubung vorlegte, um die „Weisheit des Blumenschöpfers" zu dokumentierten. (vgl. Jahn 1989)

In seiner philosophischen Ausprägung, wie sie sich neben den eingehenden physiologischen und mikroskopisch-anatomischen Beobachtungen über Pflanzen und Tiere bei Christian *v. Wolff* (1679–1754) auf mechanistischer Grundlage findet, wurde die „Zweckmäßigkeit" der Organisation nicht nur teleologisch interpretiert (*Vernünfftige Gedancken von dem Gebrauche der Theile in Menschen, Thieren und Pflantzen, den Liebhabern der Wahrheit mitgetheilet, 1725*, [2]1753), sondern als „Hauptabsicht" Gottes deklariert, „daß man aus ihrer Betrachtung Gründe ziehen kann, daraus sich seine Eigenschaften … mit Gewißheit schließen lassen" (a. a. O. 1753, § 13). (vgl. auch Krolzik 1980 und Waschkies 1988).

Trotz mannigfacher Kritiken wie etwa von G. *Buffon* (1749; vgl. 7.2.1.), von dem schottischen Philosophen David *Hume* (1711–1776) in seinen Dialogen über natürliche Religion (*Dialogues concerning Natural Religion*, 1755, [2]1779), von I. *Kant* (vgl. 7.4.2.) in seiner *Kritik der Urteilskraft* (1790) wurde zu Beginn des 19. Jh. durch den Theologen William *Paley (1743–1805)* in England die Natur-Theologie mit seiner Schrift *Natural Theology, or evidences of the Existence and Attributes of the Deity collected from the appearance of Nature* (1802: Zeugnisse für Dasein und Eigenschaften der Gottheit, gesammelt von den Naturerscheinungen) nochmals für Jahrzehnte neu begründet.

Dieser einflußreichen Strömung lag die Überzeugung zugrunde, daß der abgestuften Vielfalt der Organismenwelt, ihrer morphologischen Prägung und aufeinander abgestimmten Lebensformen ein **göttlicher Plan** – analog der menschlichen Vernunft – zugrunde liege, den zu erforschen ein Auftrag an die Menschen sei. Dabei war der tragende Grundgedanke die **Konstanz der Weltordnung** seit der Schöpfung, deren Artenzahl seitdem ebenfalls konstant geblieben sei. Ziel der Naturforschung – quasi als „Gottesdienst" aufgefaßt – war ein Ordnungssystem der Organismen (oder auch ein System der mechanischen Gesetze – analog zur Physik – die die Lebensprozesse bedingen), die diesen Schöpfungsplan widerspiegeln. Nur einem statischen Weltbild konnte diese umfassende Zielstellung entspringen. Unter diesem Motiv standen im 18. Jh. auch die weltweite Artenbestandsaufnahme – als endliche Aufgabe betrachtet – und die Klassifikation. Als „natürliches System" wurde die möglichst angenäherte Widerspiegelung der natürlichen, d. h. gottgeschaffenen Ordnung verstanden. Diesem Ziel sollten auch die nach Vollständigkeit strebenden Naturalienkabinette und Museen dienen. Um die geeignete *Methode* zum Auffinden der natürlichen Ordnung wurde heftig gestritten, zur Schließung der Kenntnislücken im Artenbestand keine Anstrengung opferreichen Expeditionen gescheut (vgl. 7.2.1.). Der Bibel wurde das „Buch der Natur" gleichwertig an die Seite gesetzt, wie der Titel *Biblia naturae* verrät, den *Boerhaave* seiner Edition der Schriften Jan *Swammerdams* (1737–1738) gab. Folgerichtig gehörte ein Naturalienkabinett zu den Erziehungs- und Bildungsmitteln der pietistischen Stiftung von August Hermann *Francke* (1663–1727) in Halle, von wo aus auch mächtige Impulse zur Erkundung fremder Länder und – neben der Missionstätigkeit – zur Anlage von Sammlungen ausgingen.

7.1.2. Spätaufklärung und Vitalismus

Diesem statischen Weltbild stellte sich eine **dynamische Welt- und Organismusauffassung** an die Seite, die den biologischen Erscheinungen theoretisch besser Rechnung zu tragen versuchte. Sie knüpfte teilweise auch an philosophische Konzepte von *Leibniz* an (vgl. 6.1.1.), entwickelte aber recht unterschiedliche und untereinander nicht verknüpfte Schulen und Strömungen. Im Zentrum dieser Auffassungen stand die Erkenntnis, daß Organismen in ihrem Individualleben ständigen Veränderungen, ja Umwandlungen (*Metamorphosen*) ausgesetzt sind und auf verschiedenste Einwirkungen von außen reagieren bzw. sich zweckmäßig anpassen können, ohne daß das schon von Geburt an vorherbestimmt ist. Prozesse der Keimesentwicklung und Gestaltbildung – deren Präformation aufgrund neuer Beobachtungen bezweifelt wurde – sowie der Regeneration und Entstehung von Mißbildungen – die auch experimentell erforscht wurden – wie auch Erkrankungs- und Heilungsprozesse wurden mit dem Wirken **inhärenter Kräfte** erklärt. Über die Art dieser Kräfte und ihrer Einwirkung gab es unterschiedliche Vorstellungen.

Ausgehend von dem Iatrochemiker G. E. *Stahl* (1659–1734), dessen *Phlogistontheorie* (1718) erstmals eine systematische Erklärung aller Verbrennungsprozesse anbot (vgl. 7.3.3.) und der in der Herrschaft einer selbstbewußten, die Lebensprozesse steuernden Seele (*Anima*) die immaterielle Ursache der Belebtheit des Organismus, seiner Veränderungen und zweckmäßigen Einheit sah (1708), entstand die Richtung des *Animismus* oder *Psychovitalismus*.

Sie wurde in Frankreich von Fr. *Boissier de Sauvages* (1706–1767) als antimechanistische Konzeption in die medizinische Schule von Montpellier übernommen, wo sie von den Ärzten Th. *Bordeu* (1722–1776), Paul Joseph *Barthez* (1734–1806) bis zu Xavier *Bichat* (1771–1802) weiterentwickelt wurde und in Modifikationen in der französischen Physiologie einflußreich blieb. Seelische Kräfte als „Lebensprinzip" nahmen auch John *Hunter* (1728–1793) in London oder Lazzaro *Spallanzani* (1729–1799) in Pavia für die Verdauungsprozesse – die Umwandlung der Nahrung in körpereigene Stoffe – an [44].

Einwänden von *Leibniz* oder A. *v. Haller* gegen den Animismus *Stahls*, daß die immaterielle Seele nicht unmittelbar auf materielle Vorgänge der Organismen einwirken könne, folgten vermittelnde Konzeptionen wie diejenigen von Friedrich Casimir *Medicus* (1736–1808) , der außer der vernünftigen Seele (des Menschen) und der „organisierten Materie" noch eine *Lebenskraft* annahm, die die „Triebfeder" des pflanzlichen und tierischen – mechanischen – Lebens bilde (1774). Diejenige Caspar Friedrich *Wolffs* (vgl. 7.3.1.), der zur Erklärung der epigenetischen Embryonalentwicklung eine „wesentliche Kraft" (*vis essentialis*) einführte (1759), sowie auch alle jene Konzeptionen, die ebenfalls Einwände gegen die Präformationstheorie vorbrachten (*Maupertuis*, *Buffon*, J.T. *Needham*: vgl. 7.3.1.), beriefen sich auf *Newtons* Gravitationskraft und vermuteten analoge „Kräfte", spezifische Anziehungs- und Abstoßungskräfte, die direkt mit der organischen Materie, „lebenden Atomen" oder „organisierten Molekülen" verbunden sind, aber als physikalische Kräfte verstanden werden könnten.

Ganz neue Aspekte hatte A. *V. Hallers* physiologische Konzeption eröffnet, der den organischen Geweben spezifische Eigenschaften der *Sensibilität* (Empfindungen) oder der *Irritabilität* (Reizbarkeit) zuschrieb (1752), die weiter ausgebaut von F. *Fontana* (1730–1805) zu „Gesetzen der Reizbarkeit" (1763) und zu einem „materialistischen Vitalismus" (*Vital materialism*; Lenoir 1982) von *Blumenbach* (1781), *Kielmeyer* (1793) oder *Reil* (1795) führten, der Annahme eines spezifischen *Bildungstriebes* oder einer *Lebenskraft*, die im lebenden Organismus den rein physikalischen oder chemischen Kräften entgegenwirkt, weder aus der chemischen Zusammensetzung der Organe, Säfte und Körper erklärbar noch diesen als ein seelisches Prinzip übergeordnet ist (vgl. 7.3.1.).

Eine weitere dynamische Weltanschauung, die bis zu Überlegungen einer erdgeschichtlichen Höherentwicklung der Organismen – anstelle des Konstanzgedankens – ging, resultierte aus dem sozialen Fortschrittsglauben der Aufklärungspädagogik und rechnete mit der Transformation von niederen in höhere Lebewesen und einer **dynamischen Stufenleiter** (*Diderot* 1754; *de Maillet* 1748; *Robinet* 1768; *Herder* 1784) [22]. Sowohl statische als auch dynamische Welt- und Lebensauffassungen standen in den verschiedenen Zweigen der Naturforschung (Anatomie, Physiologie, Systematik) nebeneinander und prägten die konkurrierenden theoretischen Konzepte, die der Disziplinbildung in der Biologie vorausgingen.

7.2. Von der Naturgeschichte zur botanischen und zoologischen Taxonomie

Die *Naturgeschichte* (*Historia naturalis*) hatte seit der Antike zunächst eine inhaltliche Bedeutung und begriff die Beschreibung und Unterscheidung der Naturkörper nach ihren äußerlich erkennbaren Merkmalen in sich, wobei die „Naturreiche" die Objekte der anorganischen wie der organischen Welt umfaßten, soweit sie in der Natur vorkamen und nicht vom Menschen hergestellt waren. In diesem deskriptiven Sinn wurde sie auch auf die Darstellung einzelner Gruppen angewandt, so daß von einer Naturgeschichte der Tiere (*Historia animalium*), der Vögel oder Fische (*Historia avium, piscium*) oder der Dattelpalme (*Historia palmae dactyliferae*) gesprochen wurde. Im 17. Jh. wurde (z. B. von Fr. *Bacon*, vgl. 6.1.1.) die „naturgeschichtliche Betrachtungsweise" der anatomischen, funktionell-physiologischen bzw. kausalen Naturforschung gegenübergestellt, und im 18. Jh. trifft man im englischen und französischen Sprachraum auch zwei unterschiedliche Berufsbezeichnungen dafür an: *Naturalist* (bzw. *naturaliste*) für die erstere, *physicist* (bzw. *physicien*) oder *scientist* für die letztere, wofür es keine äquivalente deutsche Bezeichnung gab.

Im 18. Jh. bekam der Begriff der *Naturgeschichte* auch einen disziplinären Aspekt, insofern Professuren für Naturgeschichte entstanden, die die Lehrverpflichtung für die klassischen „drei Naturreiche" – die Zoologie, Botanik und Mineralogie – enthielten und ihren Vorläufer in der Lehre von den „einfachen Heilmitteln" (*Simplicia*) der *Materia medica* (Heilmittelkunde) hatten. Aus jenen gingen im Zuge der Spezialisierung im 19. Jh. die Einzeldisziplinen hervor (vgl. 7.4.1.).

Diese disziplinäre Entwicklung war begleitet von einem auch inhaltlichen Wandel der *Naturgeschichte*, die einen spezifischen Ausdruck und ihre höchste Entfaltung im Verlauf des 18. Jh. erhielt.

7.2.1. Die Naturgeschichte

Sie umfaßte in ihrer klassischen Form eine integrative Betrachtung der geologisch-mineralogischen und geographischen (auch als *Geognosie* zusammengefaßt) und der biologischen Objekte, die nicht nur als Einzelobjekte beschrieben und klassifiziert wurden, sondern als Teil der Gesamtschöpfung und Ausdruck eines weisheitsvollen Weltenplanes auch in ihrem Zusammenhang und ihrer Beziehung aufeinander interessierten, sei es im Rahmen einer Stufenleiter-Ordnung, sei es in ihren räumlichen Beziehungen. Neue geographische Räume wurden im 18. Jh. systematisch hinsichtlich der Gesamtheit ihrer Naturressourcen erschlossen und ließen Abhängigkeiten zwischen Gesteinsformen, Pflanzenwuchs, Tierwelt und klimatischen Erscheinungen ahnen, so daß in der Mitte des 18. Jh. Erörterungen über den „Haushalt" der Natur zum Gegenstand der Naturgeschichte gehörten, besonders angeregt von den Physikotheologen (7.1.1.).

Solche erkenntnisfördernden Erkundungsreisen waren z. B.
- die Expeditionen des jungen *Linnaeus* nach **Lappland** (1832) und dem nordschwedischen Bergbaugebiet Dalarna (1833/34), wo neben botanischen und zoologischen Beobachtungen vor allem auch geologische, mineralogische und klimatische sowie ökologische Erscheinungen festgehalten wurden (Mierau 1977),
- weiterhin die von der Petersburger Akademie der Wissenschaften veranlaßten **Sibirienreisen** von D. G. *Messerschmidt* (1720–1727), J. G. *Gmelin* und G. W. *Steller* (1741–1742), S. G. *Gmelin* (1768–1774) und P. S. *Pallas* (1768–1775), (Winter/Figurovski/Uschmann 1962–1977, Posselt 1976;)
- die **Japanreise** von Engelbert *Kaempfer* (Muntschik 1987),
- die englischen Weltumseglungen von Kapitän F. *Cook* mit den Naturforschern J. *Banks* und D. *Solander* (1768–1771) und R. und G. *Forster* (1772–1775) mit ersten Erkundungen über **Australien** (Steiner 1965),
- die französische Weltumseglung durch L. A. *de Bougainville* (1766–1769) mit dem Naturforscher *Comerson* und ersten Berichten über die **Südseeinseln** (Dunmore 1965); die napoleonische Expedition nach **Ägyten** mit E. *Goeffroy St. Hilaire* (1798–1802),
- die von Spanien geförderte Expedition nach **Mittel- und Südamerika** von A. *v. Humboldt* und A. *Bonpland* (1799–1804), die beispielgebend für weitere Forschungsreisen im 19. Jh. wurde (Faak 1986).

Die umfassenden, alle Naturerscheinungen eines Gebietes berücksichtigenden Reiseberichte und Tagebücher waren zunächst die Grundlage für die „Naturgeschichte", die nicht nur auf Objektgruppen, sondern auch auf Landstriche und deren Naturausstattung bezogen wurde. Vorbilder dafür gab es schon im 17. Jh. wie die Naturgeschichte Brasiliens (*Historia Naturalis Brasiliae*, 1648) von Georg *Markgraf* (1610–1644).

Das klassische Vorbild für viele Generationen Naturforscher wurde die **Allgemeine und spezielle Naturgeschichte** (*Histoire naturelle générale et particulière*, 36 Bde. u. Suppl. 1749–1789) von Georges *Buffon* (1707 bis 1788), der Frankreich, Italien und England bereiste, in London Mathematik, Physik und Botanik studierte, die Werke von *Newton* und St. *Hales* (vgl. 6.2.1.) übersetzte und in Frankreich verbreitete und ab 1739 als Intendant des königlichen Gartens und Naturalienkabinettes (späteren *Museum d'histoire naturelle,* vgl. 7.4.1.) in Paris wirkte. Seine *Naturgeschichte* leitete er mit einer „Rede von der besten Art, die Naturgeschichte zu studieren und zu behandeln" ein, worin das Bestreben nach einheitlicher Naturbetrachtung auf der Grundlage der Stufenleiteridee zum Ausdruck kommt in den Worten, „daß man von dem vollkommensten Geschöpf bis zur unförmlichsten Materie, von dem aufs künstlichste gebaueten Thiere bis auf die roheste Bergart durch beynahe unmerkliche Stufen herab steigen kann" (dt. Übers. von F. *Martini* 1771, S. 20).

Der erste Teil (1749) enthält auch seine „Theorie der Erde", in der er seine Hypothesen über 7 aufeinderfolgende Erdepochen in einem längeren Zeitraum (78000 Jahre, statt der bisher aus der Bibel errechneten 6000 Jahre) darlegte, was er nochmals in einer Spezialabhandlung über die *Epochen der Natur* (*Epoques de la nature*, 1778; dt. 1781) detailliert ausführte. Danach erschienen die Organismen in der 3. Epoche (vor 37000 Jahren) zunächst im Meer, das die Erdoberfläche fast ganz bedeckte. Diese Schlußfolgerungen ergaben sich aus den Fossilfunden von Meeresorganismen an Fundstätten des Festlandes. Versteinerungen wurden als „Kettenglieder" zwischen dem Mineralreich und dem Pflanzenreich auf der Stufenleiter der Natur betrachtet, wie sie bereits *Leibniz* gedeutet hatte (*Protogaea*, postum 1748; vgl. 6.1.1.). Ausführlich setzt sich *Buffon* mit den Einflüssen von Klima, Nahrung und Lebensweise auf die Veränderungen der Organismen auseinander, die er als Ausartung (*dégénération*) beschreibt; so hält er den Esel für eine Ausartung des Pferdes, zu dessen Familie er gehöre, wie auch den Affen für eine Ausartung des Menschen, mit dem er eine gemeinsame Familie bilde (Teil 4, 1753). Diese Vorstellungen werden am Beispiel der variierenden Haustierrassen entwickelt, ohne daß sie etwa zu realhistorischen Abstammungsgedanken weitergeführt werden. Indem er als Artkriterium die Zeugung fruchtbarer Nachkommen (wie J. *Ray*, vgl. 6.4.1.) annimmt, begrenzt er die Verwandtschaft auf die miteinander kreuzbaren Formen, auch wenn er es für möglich hält, daß jede Familie „nur einen einzigen Stamm" habe (a. a. O.).

In dem speziellen Teil der Naturgeschichte werden einzelne Tiere (nur Säugetiere und Vögel) nicht nur nach ihrem Aussehen beschrieben, sondern umfassend sowohl morphologisch und anatomisch (von *Daubenton*), als auch mit ihren Lebens- und Verhaltensweisen und ihrem geographischen Vorkommen dargestellt (Abb. 44), wobei er die Beobachtungen Forschungsreisender (*Pallas, Forster*) einbezieht. Überdies enthält die *Na-*

Abb. 44. Darstellung des Pavian. Aus G. Buffons *Naturgeschichte* (deutsche Ausgabe 1772).

turgeschichte Hinweise auf geeignete Präparations- und Konservierungsmethoden, die eingebettet sind in die Beschreibung des kgl. Naturalienkabinetts. Aber während sich bisher die Naturalienbeschreibungenauf die
Sammlungsobjekte beschränkten, stellt die spezielle Naturgeschichte von
Buffon eine Sammlung von authentischen **Lebensgeschichten** einzelner
Arten dar. Darin lag ihr großer Einfluß und ihre Vorbildwirkung bis weit
ins 19. Jh. hinein.

In Deutschland wird diese Form der Naturgeschichte durch Johann
Friedrich *Blumenbach* (1752–1840) weitergeführt und auf die Menschenrassen ausgedehnt, die „naturgeschichtlich" dargestellt werden (1777, dt.
1798). Der Göttinger Anatom (Abb. 45) schließt sich in seinen allgemeinen
Ansichten über den Artbegriff, über die Einheit des Menschengeschlechts
und seine „Varietäten", über den Einfluß von Klima und Lebensweise auf
die Rassenbildung und über eine epigenetische Keimesentwicklung im wesentlichen an *Buffon* an, gibt aber in seinem *Handbuch der Naturgeschichte*
(1779–1780) und seinen, die Menschenrassen betreffenden *Beyträgen zur
Naturgeschichte* (1790) seiner ganzheitlichen Naturbetrachtung besonderen Ausdruck, indem er den Auffassungen von einer statischen („unverän-

Abb. 45. Porträt Johann
Friedrich Blumenbach.

derlichen") Weltordnung seine „Beweise von der großen Veränderlichkeit" entgegenstellt (1790, S.5) und auf die „immer tätige Kraft des Bildungstriebes" verweist (1790, Kap. 4). Er bezieht sich auf Fossilfunde nicht mehr existierender Meerestiere aus der Geschichte der Erde, deren Kontinuität durch Naturkatastrophen („Weltenbrand") unterbrochen wurde, aber dennoch ewige Gesetzmäßigkeiten und eine transzendente Ordnung eines allmächtigen und allweisen Schöpfers offenbart. Ihre Erkenntnis sei die **Aufgabe der Naturgeschichte**, die letztlich die Bedingungen erforscht, unter denen der *Bildungstrieb* in Richtung auf die jeweils zweckmäßige spezifische Lebensart eines Organismus wirksam wird. In dieser Zielsetzung verstand *Blumenbach* auch die Verbindung zwischen vergleichender Anatomie und Naturgeschichte, die er wohl als erster noch vor *Cuvier* (vgl. 7.2.3.) vollzog, und die ihm die Harmonie zwischen Organisation und Funktion, Lebensart und Lebensbedingung, sowie die Übereinstimmung im Bauplan verwandter Gattungen vermittelte (vgl. auch Dougherty 1986).

Wie *Buffons Histoire naturelle*, so erreichte auch *Blumenbachs Handbuch der Naturgeschichte* durch Übersetzung eine weite Verbreitung (dänisch 1793, russisch 1797, holländisch 1802, französisch 1803, englisch 1825, italienisch 1826) und 11 deutsche Auflagen. In 60jähriger Vorlesungstätigkeit an der Universität Göttingen (1776–1836) beeinflußte sein Konzept der Naturgeschichte viele später bedeutende Gelehrte.

So findet man viele verwandte Züge in Alexander *von Humboldts* Streben nach ursächlicher Zusammenschau aller Einzelerscheinungen von seinen Frühwerken bis zum *Kosmos* (1845–52) wieder, wo es heißt, die „Einheit der Anschauung" setze „eine Verkettung der Erscheinungen nach ihrem inneren Zusammenhange voraus" (1845, S. 170).

Schon 1793 hatte *Humboldt* (Abb. 46) in seiner Freiberger Flora (*Florae fribergensis specimen*) jenen umfassenden Gesamtaspekt einer allgemeinen Erdkunde (*Geognosie*) konzipiert, der die „Geographie" der Gesteine, der Pflanzen und Tiere, ihre Beziehung und Verwandschaft untereinander und zu den Landstrichen, die sie besiedeln, sowie ihre Einflüsse auf die Atmosphäre und auf die Bodenverhältnisse beinhaltet. Er unterscheidet sie von der bloßen Naturbeschreibung (*Physiographie*), die er auch von der *Naturgeschichte* abgrenzt und deren Inhalt er wie den der Erdgeschichte (*Historia telluris*) historisch interpretiert, wenn er sagt, daß also „die Geschichte der Tiere, die Geschichte der Pflanzen und die Geschichte der Steine ausschließlich den vergangenen Zustand der Erde aufzeigen" (dt. Übers. Jahn 1969, S. 165 f.). Gemäß seinem schon früh (vor 1791) konzipierten Forschungsplan – der dem Konzept der Naturgeschichte von *Buffon* und *Blumenbach* entspricht – schloß *Humboldt* dann im *Kosmos* „die Geographie des Organisch-Lebendigen (Geographie der Pflanzen und Thiere) an die Schilderung der anorgani-

Abb. 46. Schattenriß-Porträt Alexander von Humboldts in Philadelphia 1804. Aus Beck, H., Alexander von Humboldt, Bd. I. Wiesbaden 1959.

schen Naturerscheinungen des Erdkörpers" (einschließlich der fossilen Überlieferungen) an, ohne aber die „dunklen Anfänge einer Geschichte der Organismen", die „geheimnisvollen und ungelösten Probleme des Werdens" zu berühren (*Kosmos*, Bd. 1, S. 367 f.).

Gab es in der *Naturgeschichte* des 18. Jh. mithin Ansätze zu einer wirklich „historischen" Naturbetrachtung, so bezog sich diese vorerst auf die „Erdgeschichte", wobei durch Fossilfunde zwar ein Wandel in der Fauna und Flora konstatiert, dieser aber meist räumlich-geographisch durch Wanderungen erklärt wurde. Ein Markstein ist I. *Kants Physische Geographie* (1775), in der der neue Inhalt der Naturgeschichte – Veränderung der Erdgestalt – definiert wird (vgl. 7.4.2.).

Kennzeichnend sind hierfür die tiergeographischen Werke von E. A. Wilhelm *Zimmermann* (1743–1815), der ab 1766 als Professor für Naturgeschichte in Helmstedt und Braunschweig wirkte und in seiner *Geographischen Geschiche des Menschen und der allgemein verbreiteten vierfüßigen Thiere ...* (3 Bde. 1778–1783) die Fragen nach der Wanderung und Verbreitung von einem Schöpfungszentrum aus und der nachfolgenden Veränderungen unter dem Einfluß des Lebensraumes und Klimas untersuchte, also eine begrenzt historische Darstellung unter geographischem Aspekt gab und ebenfalls ein Vorbild für *Humboldts* Pflanzengeographie war.

Die Göttinger Konzeption der Naturgeschichte wirkte noch nach in den ganzheitlichen Darstellungen von Friedrich Siegmund *Voigt* (1781–1850) in Jena und dessen *Grundzügen einer Naturgeschichte, als Geschichte der Entstehung und weiteren Ausbildung der Naturkörper* 1817) sowie in gewisser Hinsicht auch noch in L. *Okens Lehrbuch der Naturgeschichte* (1812 bis 1826), obwohl zu dieser Zeit schon die klassische, geographisch-ökologisch orientierte Naturgeschichtsschreibung zugunsten einer spezialisierten, in Mineralogie, Botanik, Zoologie getrennten Systematik in den Hintergrund getreten war (Lepenies 1976).

7.2.2. Botanische Taxonomie

Der Übergang von der klassischen integrativen Naturgeschichte zur spezialwissenschaftlichen Taxonomie wurde wesentlich durch das Wirken von Carolus *Linnaeus* (1707–1778); ab 1762 Carl *von Linné*) mitbestimmt, dem ab 1741 an der Universität Uppsala wirkenden schwedischen Arzt. Einem evangelischen (pietistischen) Pfarrhaus entstammend, war er ein typischer Vertreter religiös motivierter Naturforschung (vgl. 7.1.1.), der sendungsbewußt die Erforschung des göttlichen „Schöpfungsplanes" als Lebensaufgabe ergriff und sein neues Natursystem – als Widerspiegelung göttlicher Naturordnung – konsequent und fast missionarisch zur Geltung brachte. Das verlieh seinen Werken und Lehren für eine Reform der Systematik neben der logischen Klarheit und prägnanten Regelhaftigkeit seiner Methodik eine autoritative Durchschlagskraft.

Obwohl sein Wirken hauptsächlich der **Sonderentwicklung der Botanik** zugute kam, hatte es sich bei *Linné* selbst keineswegs darauf beschränkt. Vielmehr behandelte er das Gesamtgebiet der Naturgeschichte sowohl bei der Erforschung schwedischer Landschaften als auch in der Lehre (Dissertationsthemen) und in akademischen Reden, wo wiederholt die Beziehungen und Abhängigkeiten zwischen Erde, Pflanzen, Insekten, Wirbeltieren und Mensch als „Plan Gottes", die Naturgeschichte als „göttliche Wissenschaft" von höchstem Rang proklamiert wurden (*De curiositate naturalis*, 1748) und den Einspruch der Schultheologen hervorriefen (Goerke 1966).

Er protokollierte z. B. Beobachtungen über tagesrhythmische Blütenbewegungen und über Anpassungen zwischen Insekten und Blütenpflanzen (1744–1750) oder über die Blühzeiten an verschiedenen Orten nach Beobachtungen seiner Studenten (*Afzelius* 1826, S. 126). Auf seinen Reisen nach Öland und Gotland (1741), nach Westgotland (1746) und Schonen (1749) machte er ökologische, geologische und paläontologische Studien, die in den Reiseberichten (1745, 1748, 1752) zu Erkenntnissen über erdgeschichtliche Schichtenfolgen und ihre Zusammenhänge mit der Organismenwelt verarbeitet wurden und zum Zweifel an der Sintflutlehre und der Altersberechnung der Bibel führten (Nathorst 1909). Auch in den akademischen Reden über „den Nutzen der Naturgeschichte" (1740) oder über „das Wachstum der bewohnten Erde" (1743) werden ebenso wie in den Dissertationen *Oeconomia naturae* (1749) oder *Politia naturae* (1750) vorrangig naturgesetzliche Verknüpfungen der „3 Reiche" behandelt (Jahn/Senglaub 1978).

Linnés Verdienste um die Entwicklung der Botanik resultierten aus seinen Lehrverpflichtungen über Arzneimittelkunde (*Materia medica*), in der die Pflanzen und die Methode zu ihrer Erkennung den größten Raum einnahmen. Er hatte zunächst bei den Pflanzendemonstrationen im Botanischen Garten zu Uppsala (1730) das System von *Tournefort* u. a. benutzt (vgl. 6.4.1.), war durch die Veröffentlichung dessen Schülers Sébastien *Vaillant* (1669–1722) auf „die Struktur der Blütenorgane" und ihre Bedeutung für die Befruchtung (*Sermo de structura florum* ... 1718) aufmerksam geworden und erhob diese für das Pflanzenleben „wesentlichsten" Merkmale zum generellen Gruppierungsprinzip der Klassen und Ordnungen. Den ersten Entwurf seiner neuen Bestimmungsmethode veröffentlichte er während seines Studienaufenthaltes in Holland zusammen mit dem Mineral- und Tiersystem als *Systema naturae* der drei Naturreiche (1735), das sein Hauptwerk blieb und in den 12 weiteren Auflagen ([12] 1767–68) zu seinen Lebzeiten detailliert ausgearbeitet wurde (vgl. auch 7.2.3.). Gleichzeitig erschienen aber noch in Amsterdam und Leiden in kurzer Zeitfolge 9 grundlegende rein botanische Arbeiten, in denen er seine Prinzipien und Regeln darlegte und sie – bis zur Artbeschreibung in Florenwerk und Gartenkatalog – selbst anwandte:

– Der *Methodus botanicus* (1736) als kurze Anleitung zur regelhaften monographischen Beschreibung neuer Arten,
– die *Bibliotheca botanica* (1736), eine Bibliographie aller einschlägigen Arbeiten zur botanischen Systematik,
– die *Fundamenta botanica* (1736), die die allgemeinen Grundsätze seiner Methode wie überhaupt der Botanik zusammenfaßt, die in der richtigen Anordnung und der Benennung (*Dispositio* und *Denominatio*) bestünden; wichtigstes Anliegen sei die „theoretische Eintheilung" (=Großgliederung in Klassen, Ordnungen, Gattungen) als Hauptaufgabe der „Systematiker", während die „praktische Eintheilung" die Subsummierung der Arten und Varietäten umfasse,
– Die *Critica botanica* (1737) enthalten gleichsam als Kommentar zu den Thesen der *Fundamenta* die allgemeinen Grundsätze für die Namensgebung der Gattungen, Regeln für eine feststehende **Nomenklatur der Genera**,
– Die *Genera plantarum* (1737), die *Linné* als seine Hauptleistung ansah, bringen die Anwendung dieser Regeln und die Grundsätze zur Auffindung der natürlichen Gattungen, die nur durch Beobachtung aller Merkmale der Blumenkrone festzustellen sind.
  Während also die Klassen und Ordnungen „künstlich" – als Notbehelf – nur mittels der Sexualorgane aufgestellt werden, sind Gattungen und Arten nicht will-

kürlich abzuleiten, sondern nach 26 Einzelcharakteren (an Kelch, Krone, Staub-fäden, Stempel, Frucht und Blütenboden), mit denen der Schöpfer die Pflanzen wie mit Buchstaben des Alphabets gezeichnet habe, zu analysieren. In diesem Werk stellte *Linné* alle ihm damals bekannten Gattungen neu zusammen und gab ihnen teilweise neue lateinische Namen nach einheitlichen Prinzipien ohne Rücksicht auf Prioritäten, was nicht nur auf Zustimmung stieß. Dennoch setzten sie sich durch.

– Die *Classes botanica* (1738) enthalten vergleichend 29 Systeme.

– Mit der *Flora Lapponica* (1738), dem Ertrag seiner Lapplandreise, und dem Amsterdamer Gartenkatalog *Hortus Cliffortianus* (1738) bewältigte er schließlich auch die „praktische Einteilung" der Arten und Varietäten eines Florengebietes wie auch heterogener exotischer Gewächse aus dem Garten seines Gönners *Clifford*.

So wurde er dann sogar zur Mitarbeit an den Vorhaben seiner holländischen Gast-geber aufgefordert, am *Thesaurus Zeylanicus* von Joh. *Burman* (1737), an der *Flora Virginica* von J. F. *Gronovius* (1739) und dem *Hortus Leydensis* von A. *van Royen* (1740), die schon nach seiner Methode entstanden.

Die Kennzeichnung von *Linnés* Pflanzensystem als „künstliches" Sexual-system bezieht sich auf die Gruppierung von 24 Klassen nach Zahl und Stellung der Staubgefäße und auf *Ordnungen*, die durch Anzahl und Lage-verhältnisse der „Staubwege", also Griffel oder Narben, bestimmt wurden (Abb. 47).

Vor allem in der Klassifikation der Gattungen wird deutlich, daß *Linnés* Methode nicht mehr nur auf qualitativer Charakteristik beruht, die nur noch in der modifizierten aristotelischen Kennzeichnung der *drei Reiche* anklingt („Minerale wachsen, Pflanzen wachsen und leben, Tiere wachsen, leben und fühlen"), sondern nach **„Prinzipien" der Mechanik** von *Galilei* und *Descartes* (auf die sich *Linné* in den *Genera plantarum* 1737 beruft) mit quantitativen Kriterien – Anzahl, Größenverhältnis, Lage der Teile zuein-ander – operierte, *Axiome* durch Zählen, Messen und Vergleichen aus der Naturbeobachtung ableitete.

In konsequenter Anwendung von fruchtbaren Ansätzen in den Syste-men seiner Vorgänger (besonders *Ray* und *Tournefort*) schuf er ein **hier-archisch-enkaptisches System** mit Gruppenkategorien von feststehender definierter Rangordnung: *Gattungen*, *Ordnungen*, *Klassen* mit konstanten Eigennamen und knappen, regelhaften Diagnosen, die die Zuordnung neuer *Arten* und die Identifizierung bereits bekannter Arten wesentlich schneller und sicherer als bisher ermöglichten.

Dazu kam als zweites großes Verdienst später die **Stabilisierung der No-menklatur der Arten** durch ihre Kennzeichnung mit einem feststehenden Doppelnamen, nämlich dem der Gattung und einem die Arteigenschaft charakterisierenden Beiwort („gleich dem menschlichen Familiennamen

CAROLI LINNÆI CLASSES S.LITERÆ.

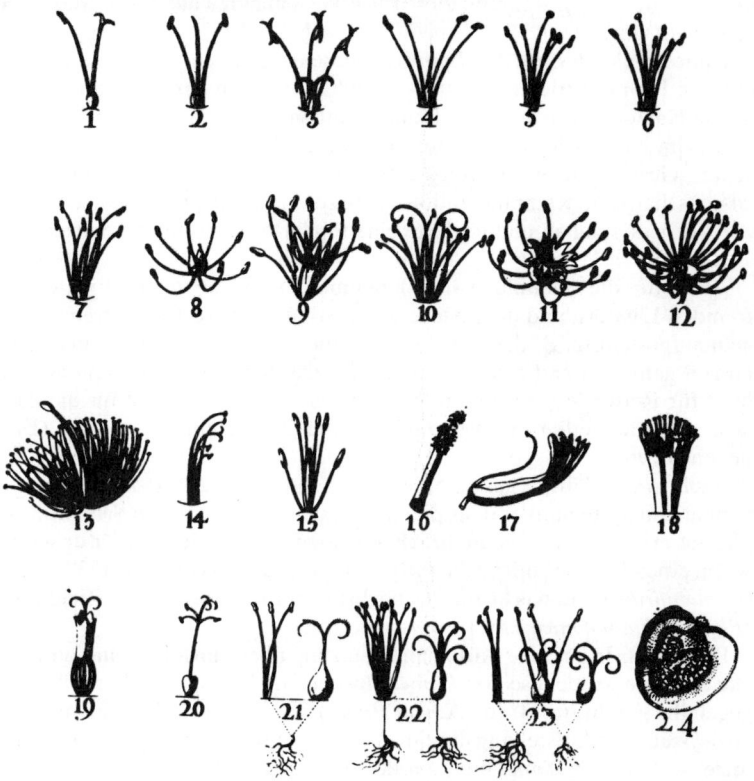

Abb. 47. Illustration zu Linnés Sexualsystem nach dem Einblattdruck des deutschen Malers G. D. Ehret (1708–1770), Leiden 1736.

und dem Vornamen des täglichen Lebens – *nomina trivialia*", *Linné* 1751). Diese **binäre Nomenklatur** – vorher sporadisch als Kurzbezeichnung zur Platzersparnis praktiziert – wurde erst in *Linnés* Lehrbuch *Philosophia botanica* (1751) zum Gesetz erhoben und in den *Species plantarum* (**1753**) für alle damals bekannten Pflanzenarten durchgeführt. Erstmals werden darin die *Varietäten* taxonomisch unterschieden, den *Arten* unterstellt. Für die Zoologie leistete *Linné* dasselbe erst in der 10. Auflage seines gesamten Natursystems (*Systema naturae,*, Bd. 1. **1758**), deren Erscheinungsdatum zur zeitlich frühesten Prioritätsgrenze für zoologische Nomenklaturfragen wurde (vgl. 7.2.3.), während diese für **Pflanzennamen auf den 1. Mai 1753 festgelegt** wurde (s. u.).

Unbeschadet dessen, daß *Linné* mit diesem rigorosen Vorgehen Gegner auf den Plan rief (denn er hatte – obwohl er viele in der Literatur vorliegende Namen übernahm – zahlreiche Umbenennungen z. B. zur Vermeidung von Namengleichheit unterschiedlicher Arten vorgenomen), wirkte seine „Gesetzgebung" doch als echter Fortschritt für die internationale wissenschaftliche Kommunikation, regte zur Mitarbeit, zur Ergänzung und zur Verbesserung an und förderte eine forcierte weltweite Artenbestandsaufnahme.

Auch für die Sammlung und Dokumentation von Naturobjekten in fremden Ländern und die Anlage von Herbarien hatte *Linné* strenge Regeln aufgestellt, z. B. die Angabe von Fundort und Datum bei Aufsammlungen gefordert und eine *Instruktion* für das Naturalien-Museum (1753) oder für Reisende (1759) verfaßt und neue Voraussetzungen für die Anlage von Kabinetten mit wissenschaftlicher Zielstellung geschaffen (Ennenbach 1966).

Nach *Linnés* Überzeugung brachte nur eine globale Artenbestandsaufnahme den Systematiker dem Ziel näher, den ursprünglichen Schöpfungsplan zu erkennen und ein **natürliches System** aufzustellen, wofür er selbst schon einen Entwurf mit 67 „natürlichen" *Ordnungen* vorlegte (1738: *Classes plantarum*) und das er für das höchste aber noch sehr ferne Ziel hielt. *(Philosophia botanica* 1751).

Die im 18. Jh. heftige Auseinandersetzung über **künstliche und natürliche Systeme** wurde also von *Linné* selbst eingeleitet, später aber teilweise gegen ihn geführt (z. B. von A. *von Haller*). Sie richtete sich gegen sein Sexualsystem zur Aufstellung der Großgruppen aufgrund nur **weniger Merkmale**, wobei auch *Linnés* humorvolle anthropomorphe Umschreibung der „pflanzlichen Hochzeiten" (z. B. für die Klasse *Polyandra*: „20 Männer und mehr in demselben Bett mit einer Frau") auf Ablehnung stieß und die Schrift auf den päpstlichen Index verbotener Bücher brachte.

Die Alternative war die Berücksichtigung möglichst **vieler Merkmale** auch für *Klassen* und *Ordnungen* zur konsequenteren Widerspiegelung der **natürlichen Ordnung** im System, die schon im 18. Jh. zu verschiedenen „Verwandtschaftssystemen" führte und im 19. Jh. zum Hauptanliegen wurde, noch bevor durch *Darwins* Theorie (vgl. 9.1.) die reale stammesgeschichtliche Verwandtschaft zum Erklärungsmodus wurde. Dabei waren Botaniker Frankreichs und der Schweiz führend, wo schon eine Tradition dafür bestand (*Bauhin, Magnol*, vgl. 6.4.1.). Auch Antoine *de Jussieu* (1686 bis 1758) und sein Bruder Bernard (1699–1777) in Paris, bei denen *Linné*

auf der Rückreise von Holland (1738) zu Gast war, hatten sich um ein „natürliches Pflanzensystem" bemüht, wie es dann von Bernard *de Jussieu* ab
1758 im königl. Garten von Trianon eingeführt wurde [26; 30].

Die erste maßgebliche Veröffentlichung, die sich auch theoretisch mit den Möglichkeiten und Problemen zur Schaffung eines natürlichen Systems auseinandersetzte, verfaßte Michael *Adanson* (1727–1806), der nach einer Forschungsreise
durch Senegal (1748–1754) als Privatgelehrter in Paris wirkte und nach der Beschreibung der Naturgeschichte von Senegal (1757), die ihn berühmt machte, ein
Werk über **die Pflanzenfamilien** herausgab (*Les familles des plantes*, 2. Bde. 1763
bis 1764). Es enthält erstmals **Diagnosen** für diese die Gattungen zusammenfassenden Großgruppen, die anstelle von Ordnungen und „künstlichen" Klassen zur
Gliederung eingeführt wurden und wie bei *Magnol* die genealogische Zusammen-
gehörigkeit der subsummierten Gattungen ausdrücken sollten. Es setzte sich aber
damals nicht durch.

Weiter verbreitet und wohl auch durch seine Autorität als Professor und
Direktor des *Jardin des Plantes* in Paris gestützt, war der Versuch von Antoine Laurent *de Jussieu* (1748–1836), die Gattungen der Pflanzen nach natürlichen Ordnungen aufzustellen (*Genera plantarum secundum ordines
naturales disposita*, 1789). Indem er die Ansätze seines Onkels Bernard
(s. o.) weiterführte, erhob er die Kategorie der *Ordnung* zur natürlichen
Gruppe, indem er sie durch **Merkmalskomplexe** (sowohl der Blüten und
Früchte, als auch der vegetativen Organe) charakterisierte und mit aus-
führlichen *Diagnosen* versah. Er gruppierte *100 Ordnungen* in *15 Klassen*
nach der Stellung der Staubblätter und der Blütenkrone, also letztlich
ebenfalls „künstlich" wie *Linné*, dessen methodische Grundsätze im übrigen übernommen wurden (enkaptisches System, regelhafte Diagnosen auf
der Grundlage der von *Linné* 1751 eingeführten, feststehenden morphologischen Terminologie [Abb. 48], binäre Nomenklatur der Arten). Wie
Linné, der in seinen 67 natürlichen Ordnungen 117 Gattungen nicht einzu-
ordnen vermochte, kennzeichnete auch *Jussieu* 137 Gattungen als „unsicher" [26].

Sowohl *Linnés* Sexualsystem als auch *Jussieus* natürliches System enthielten genügend ungelöste Probleme, deren Klärung auf der Basis von
Linnés präziser und leicht erlernbarer Methodik von Botanikern aller Länder in Angriff genommen wurde und die „deskriptive Botanik" – die in
Wirklichkeit eine **vergleichende und logisch ordnende Wissenschaft** geworden war – zu einem Hauptberuf machte.

Die Ergänzung und Verbesserung von *Linnés Species plantarum* (1753) begann
noch zu seinen Lebzeiten und wurde von ihm selbst mit den Worten vermerkt:
„Nun ist alle Welt besessen auf dem Gebiet der Botanik zu schreiben ... mir gelingt
es nicht, so schnell zu lesen, wie sie herausbringen; alles muß ich dann in mein Sy-

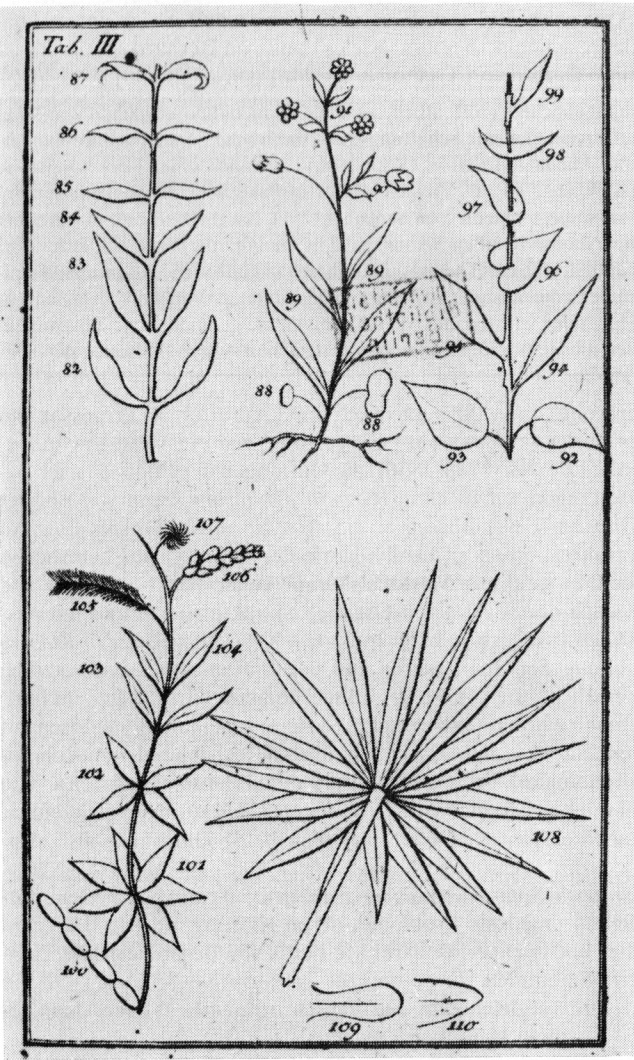

Abb. 48. Illustration zur Terminologie der Blattformen und -stellungen. Aus C. v. Linné, *Philosophia botanica* 1751.

stem einfügen" (nach Goerke 1966, S. 117). Der Herausgabe einer 4. Auflage widmete sich der Berliner Botaniker Carl Ludwig *Willdenow* (1765–1812), Direktor des Botanischen Gartens und erster Professor für Botanik der neu gegründeten Universität (1810), die fortgesetzt wurde von seinem Nachfolger Heinrich Friedrich *Link* (1767–1851) und dem Leipziger Botaniker Christian Friedrich *Schwägrichen* (1775–1853). Noch eine 6. Auflage erlebte *Linnés* Werk durch M. *Dietrich* und G. C. *Nauck* (1831–1833), doch stellen diese späten Auflagen schon ganz neue Werke dar.

Insbesondere hatte die **24. Klasse Linnés**, die alle blütenlosen Pflanzen enthielt und *Cryptogamia* (die mit verborgenem Geschlecht) genannt wurde, zu eingehender Untersuchung herausgefordert und die **Kryptogamenforschung** zu einem Spezialzweig gemacht.

Um ihre Analyse (zunächst vor allem der Pilze) bemühten sich Joh. Gottlieb *Gleditsch* (1714–1786) in Berlin (*Methodus fungorum* ... 1753) und Johannes *Hedwig* (1730–1799) in Leipzig, der das Mikroskop zur Erkennung der Fortpflanzungsorgane einsetzte und darauf eine Theorie der Zeugung und Befruchtung der Kryptogamen gründete (*Theoria generationis et fructificationis plantarum cryptogamicarum* Linnaei, 1784). Sein Hauptverdienst ist die Erkennung der *Antheridien* und *Archegonien* der Laubmoose als männliche und weibliche Sexualorgane (*Fundamentum historiae naturalis muscorum frondosorum,* 1782) und die Beschreibung der Laubmoosarten (*Species muscorum frondosorum,* 1801).

– Zum Spezialgebiet wählte Christian Hendrick *Persoon* (1761–1836) das Studium der Pilze, dessen „methodischer Überblick" (*Synopsis methodica fungorum,* 1801) zur nomenklatorischen Richtschnur für die Rost-, Brand- und Bauchpilze wurde,
– Sowie gleichfalls der schwedische Pilzforscher Elias *Fries* (1794–1878) in Uppsala, dessen Pilzsystem (*Systema mycologicarum,* 1821–1832) für die übrigen Gruppen zum Maßstab für die Benennung wurde.
– Ein Spezialist der Kryptogamenkunde war auch Christian Gottfried *Nees von Esenbeck* (1776–1858), Professor der Botanik in Bonn und Breslau und 40 Jahre lang Präsident der Leopoldina (1818–1858), der ein *System der Pilze und Schwämme* (2 Bde. 1816–1817) und eine *Naturgeschichte der europäischen Lebermoose* (1833–1838) – als erste Monographie dieser Gruppe – verfaßte, die allerdings nicht mehr in der Linnéschen, sondern in der naturphilosophischen Tradition stehen (vgl. 8.1.), der sich auch E. *Fries* (s.o.) angeschlossen hatte.
– Als Pilzforscher und Illustrator hat der tschechische Mikroskopiker Karl August Joseph *Corda* (1809–1849) mit seinem 6bändigen Werk *Icones fungorum* (1837-1854) zur genauen Kenntnis dieser Gruppe beigetragen, besonders der mikroskopischen Formen. (Förster 1988)

Auch A. L. *de Jussieus* natürliche Methode der Klassifikation, die höhere Anforderungen an vergleichende Untersuchungen und Abstraktion der komplexen Charakteristika stellte, fand Mitstreiter. Zunächst widmeten sich seine französischen Kollegen dem weiteren Ausbau des natürlichen Systems:
- René Louiche *Desfontaine* (1750–1833) in seiner morphologisch-systematischen Darstellung der algerischen Palmen,
- Louis-Claude *Richard* (1754–1821), der die Nadelhölzer und Cycadeen bearbeitete (1826 postum),
- oder L'*Heritier*, der *de Candolle* (s. u.) beeinflußte.

Auch deutsche Botaniker schlossen sich diesen Bemühungen an, wie
- Aug. Joh. Georg Carl *Batsch* (1761–1802), der schon in seiner Dissertation eine Anordnung der Pflanzengattungen nach *Linné* und nach natürlichen Familien vorlegte (1786), die Bepflanzung des Jenaer Botanischen Gartens nach dem natürlichen System vornahm (1795) und eine Verwandtschaftstafel des Pflanzenreichs (*Tabula affinitatum regni vegetabilis ...* 1802) entwarf, sein Nachfolger
- Friedrich Siegmund *Voigt* (1781–1850) in Jena, der eine *Darstellung des natürlichen Pflanzensystems von Jussieu nach seinen neuesten Verbesserungen* (1806) und ein eigenes *System der Botanik* (1808) – mit Anwendung von *Goethes* Metamorphosenlehre (vgl. 7.3.1.) – veröffentlichte.
- Auch der Berliner Botaniker Heinrich Friedrich *Link* (1767–1851), der Beobachtungen über die natürlichen Ordnungen der Pflanzen in den Schriften der Gesellschaft naturforschender Freunde mitteilte (*Observationes in ordines plantarum naturales*, 1809, 1816), vermittelte in den *Elementa philosophiae botanicae* (1824) eigene Grundsätze für eine natürliche Systematik anhand anatomisch-morphologischer Charaktere.

Während in Deutschland nach 1800 die romantische Naturphilosophie die Bestrebungen nach einem „natürlichen" System mehr oder weniger beeinflußte (vgl. 8.1.), führten die Schweizer Botaniker Augustin-Pyramus *de Candolle* (1778–1841) und sein Sohn Alphonse (1806–1893) die Konzeption von A. L. *de Jussieu* weiter und die botanische Systematik insgesamt auf eine neues Niveau.

Nach einem Studium in Paris, wo A.-P. *de Candolle* neben *Jussieu* auch von *Lamarck* beeinflußt wurde und die dritte Auflage von dessen Flora von Frankreich (*Flore françoise*, 1805) mit herausgab, wirkte er zunächst in Montpellier (1808 bis 1816) und verfaßte seine grundlegende *Théorie élémentaire de la Botanique*, 1813) mit dem programmatischen Untertitel einer „Darlegung der Grundsätze der natürlichen Klassifikation und der Kunst, die Pflanzen zu beschreiben und zu studieren". Darin hebt er die *Klassifikation* als **Taxonomie** gegen die Beschreibung (*Phytographie*) und Terminologie (*Glossologie*) theoretisch ab.

Die Taxonomie der Pflanzen praktizierte A.-P. *de Candolle* nach seiner Rückkehr nach Genf (1816), wo er einen Botanischen Garten gründete (1817) und als Professor der Botanik an der Akademie der Wissenschaften in seinem *System der Pflanzenwelt* (1818–1821) die Ergebnisse seiner auf anatomischen und morphologischen Studien gegründeten taxonomischen Neubearbeitung der *Familien* (als zusätzliche Kategrie neben *Ordnungen* und *Klassen*) und Gattungen darlegte. Zur Unterstützung der umfassenden Analyse natürlicher Gruppen verfaßte er eine anatomische und physiologische Beschreibung der Pflanzenorgane (*Organographie végétale*, 1827; *Physiologie végétale*, 1832) und begann 1824 sein größtes Werk, „Vorläufer" des natürlichen Systems des Pflanzenreichs betitelt (*Prodromus systematis naturalis regni vegetabilis*), von dem er selbst noch in sieben Bänden über 100 Familien der Blütenpflanzen beschrieb, das aber erst sein Sohn Alphonse mit 17 Bänden 1874 abschließen konnte.

Es enthielt dann insgesamt über 5 100 Gattungen der *Dikotyledonen* mit rund 59 000 Arten, die nicht nur nach Blütenbau, Früchten und Samen, sondern auch nach Form und Lage der Gefäße und Gefäßbündel, Stellung der Blätter am Stengel u. a. m. charakterisiert sind [26.]. Alphonse *de Candolle* erlebte während der Arbeit an diesem Monumentalwerk seines Vaters den Wechsel von der nur morphologischen zur **stammesgeschichtlichen Interpretation** des natürlichen Systems, auf den er durch eigene pflanzengeographische Studien vorbereitet war (*Géographie botanique raisonnée …*, 2 Bde. 1855–1856) und dem er sich nach *Darwin* (1859) sofort anschloß (vgl. 9.2.4.).

In der vorphylogenetischen Taxonomie unterschieden sich die „künstlichen" Methoden nach *Linné* und die „natürlichen" nach *Jussieu* durch die Anzahl der für die höheren taxonomischen Kategorien (Klasse, Ordnung) verwendeten *Merkmalskomplexe*, waren aber nicht prinzipiell gegensätzlich; bei beiden rechnete man mit konstanten und diskreten Arten, beide führten zu einem hierarchisch-enkaptischen System mit gleichrangigen Taxa. Doch während sich *Linné* noch bewußt war, mit der künstlichen Methode nur ein **Ordnungssystem als provisorische Bestimmungshilfe** für die schnelle Identifizierung der Gattungen und Arten zu schaffen, strebten die Nachahmer *Jussieus* eine völlig adäquate Widerspiegelung der Naturordnung in *allen* Gruppen des Gesamtsystems an und schufen Mischsysteme, ohne sich dessen immer bewußt zu sein. Daraus leiteten sich Meinungsverschiedenheiten über die Naturgemäßheit einzelner Gruppen oder der gesamten Methode ab.

Den Hauptgegensatz bildeten deshalb zwei fundamental unterschiedliche Richtungen, die beide nach der „natürlichen Ordnung" und ihrer Darstellung suchten. Die einen gruppierten nach morphologischer „Verwandtschaft" (= Ähnlichkeit) zu jeweils höheren, einander gleichwertigen Grup-

pen-Kategorien (s.o.), die anderen lehnten diskontinuierliche Gruppenbil-
dungen ab und betonten die **abgestufte Kontiniutät** aller Naturformen.
Diese **Stufenleiteridee** gab es seit der Antike (vgl. 3.3.2., 4.3.1., 4.4.3.),
und sie war von *Leibniz* mit neuem philosophischen Inhalt aktualisiert
worden (vgl. 6.1.1.).

Im 18. Jh. wurde die ursprünglich metaphysisch begründete Idee von der
Scala naturae, auf der die Naturkörper von den Gesteinen bis zum Menschen entsprechend dem Grad ihrer Vollkommenheit gekennzeichnet
sind, zum Prinzip eines natürlichen Systems, nach dem sich die Naturobjekte in kontinuierlichen Reihen nach dem Grad ihrer Komplexität anordnen ließen. Dem lag in Opposition zu *Linné* die Überzeugung zugrunde,
daß es in der Natur nur Individuen real gibt, daß aber diskreten *Arten* als
Gruppen von Individuen und erst recht allen **höheren Gruppenkategorien
keine Realität** zukomme. Deshalb wurden diese Formen der Klassifikation
(*enkaptische Hierarchie* von Kategorien) abgelehnt, eine lineare Aneinan-
derreihung ähnlicher, scheinbar geringfügig unterschiedener Formen bevorzugt und nach „Zwischengliedern" oder „Mittelformen" gesucht. Für
konsequente Vertreter einer **linearen Stufenleiterordnung** (dem Leibnizschen Ideal der Kontinuität, Fülle und graduellen Vollkommenheit folgend) waren Korallen oder versteinerte Pflanzen „Übergangsglieder" vom
Mineral- zum Pflanzenreich, oder der Süßwasserpolyp *Hydra* durch A.
Trembley (1744; vgl. 7.1.2.) ein „Zwischenglied" zwischen Pflanzen- und
Tierreich, das Schnabeltier zwischen Vögeln und Säugetieren (vgl. auch
7.2.3.), wobei eine nur oberflächliche Formenähnlichkeit zum Maßstab
wurde.

Ein entschiedener Vertreter dieser Richtung war der Schweizer Privatgelehrte Charles *Bonnet* (1720–1793), der die von ihm seit 1745 publizierte
Anschauung in seiner Schrift Betrachtung über die Natur (*Contemplation
de la nature*, 1764) grafisch darstellte (Abb. 49).

Auch G. *Buffon* hatte *Linnés* System und Nomenklatur abgelehnt, alle
Gruppierungen als künstliche Einteilungen aufgefaßt, die individualisie-
rende Einzelbeschreibung und -benennung bevorzugt („der Fuchs", „der
Esel") und eine lineare Stufenleiterordnung befürwortet, ohne allerdings
eine solche – wie *Bonnet* – zu konstruieren. Er beeinflußte Anhänger der
allgemeinen Naturgeschichte (vgl. 7.2.1.) in diesem Sinne; in naturhistori-
schen Schriften des 18. Jh., die sich der Gesamtbetrachtung widmeten, finden sich die Begriffe der Stufenleiterordnung häufig, o h n e daß mit Aussagen über die „niedere" oder „höhere" Stellung eines Naturobjektes auf der
Stufenleiter ein Entwicklungsvorgang gemeint war. Fast alle Befürworter
dieser Anordnung waren – außer *Buffon* – Anhänger der Präformationstheorie und des Gedankens der Erbkonstanz einmal geschaffener Grund-

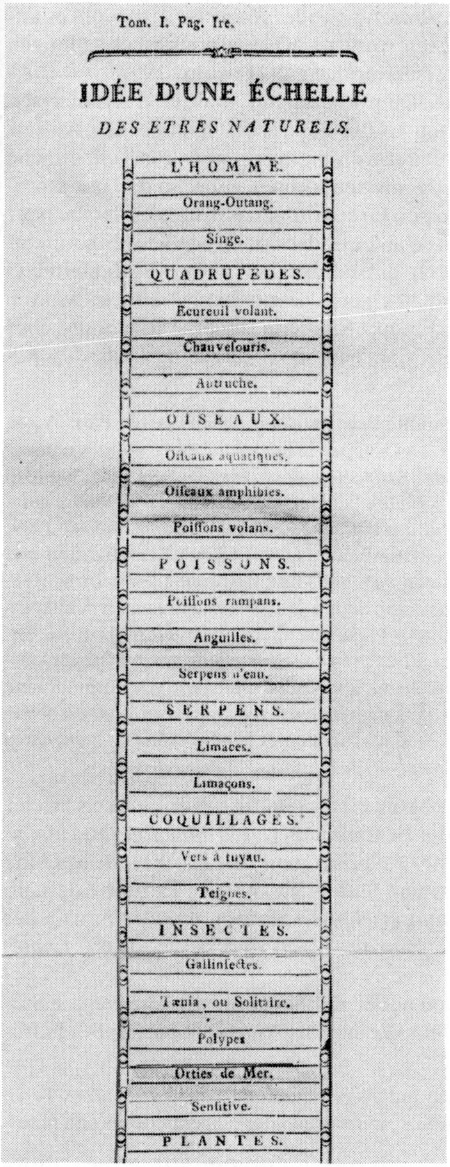

Abb. 49. Ausschnitt aus dem Entwurf einer Stufenleiter der Natur von Ch. Bonnet 1779.

formen (*Arten* oder *Gattungen*, *Prototypen* oder *Keimchen*), obwohl es unter den französischen Materialisten Ansätze zu Entwicklungsvorstellungen
im Zusammenhang mit der Stufenleiteridee gab (Lovejoy 1957).
Unter den Systematikern, die sich praktisch mit konkreten Artanalysen
beschäftigten, war in der zweiten Hälfte des 18. Jh. häufiger die Auffassung zu finden, daß die Stufenleiterordnung nur jeweils für Teilbereiche
der Natur oder innerhalb der Organismengruppen gelte, so daß nur innerhalb des Pflanzenreichs oder dessen Großgruppen eine lineare Reihe oder
„Serie" abgestufter Ähnlichkeiten aufzufinden ist, die stellenweise miteinander verbunden sind. Dadurch entstanden **verzweigte Stufenleitersysteme**, die – grafisch dargestellt – einem „Stammbaum" ähneln wie die
Verwandtschaftstafel von Joh. Philipp *Rüling* in seiner Abhandlung über
die natürlichen Ordnungen der Pflanzen (*Commentatio de Ordinibus naturalibus Plantarum*, 1766) [22, Abb. 88].

Auch A. L. *de Jussieu* (s.o.) bemühte sich, im Botanischen Garten Paris Arten
und Gattungen innerhalb der größeren Gruppen in linearen Reihen von zunehmender Komplexität vorzustellen (*Mém. l'Acad. Roy. Sc.* 1774: 175–194). Jean Baptiste
de Lamarck (vgl. 7.2.3.), der über 20 Jahre lang (etwa 1770–1794) dort vorwiegend
botanisch arbeitete – ab 1779 mit *Buffons* Hilfe in fester Anstellung (Landrieu 1909;
Kühner 1913) – folgte *Buffon* in seiner Ablehnung von *Linnés* Klassifikation und
Annahme der natürlichen Realität von Art- und Gattungsruppen. Er befürwortete
ein Stufenleitersystem, gab Beispiele für Serien graduell zunehmender Vollkommenheit in seiner weithin anerkannten Flora von Frankreich (*Flore françoise* [!],
3 Bde. 1778/79) und erläuterte diese Prinzipien bei Darstellung von 6 Pflanzenklassen (analog zu 6 Tierklassen) entsprechend dem Vollkommenheitsgrad ihrer Organe
(Mém. l'Acad. Roy. Sc. 1785: 437–453) auch in der *Encyclopédie méthodique* sowie
in einer Abhandlung über Systeme und Methoden der Botanik (*Sur les systèmes et
les méthodes de botanique, et sur l'analyse; J. d'hist. nat.* 1792).

Lamarck erkannte aber – wohl als erster – die Unvereinbarkeit zweier
Aufgaben in der Botanik: die der Bestimmung (*Determination*) und analytischen Unterscheidung einzelner Pflanzen, und die der Widerspiegelung
der „natürlichen Ordnung" in einem Stufenleitersystem. Er führte deshalb
den streng *dichotomen Bestimmungsschlüssel* als rein formales Prinzip der
analytischen Arbeit ein (*Flore françoise* 1778) und befürwortete *Linnés*
Nomenklaturregeln (1809).
Im Verlauf des 18. Jh. wurden neben der linearen und verzweigten Stufenleiter noch weitere Darstellungsformen als Aurdruck verwandtschaftli-
cher Beziehungen diskutiert:

– *Linné* gebrauchte den Vergleich mit einer **Landkarte**, auf der mehrere Territorien, teils voneinander abgegrenzt, teils ineinander eingeschlossen und unterschiedlich nahe sind (1751).

– Diese räumlich-geographische Denkweise entspricht der im 18. Jh. dominie-
renden Vorstellungsart. Sie wurde auch von Joseph *Gärtner* (1732–1791) bevorzugt, der mit seinen grundlegenden Untersuchungen über die Früchte und Samen der Pflanzen (*De fructibus et seminibus plantarum*, 1788–1791, Suppl. 1805 bis
1807 von K. F. *Gärtner*) eine solide Basis für alle natürlichen Systeme geschaffen
hatte und die Unmöglichkeit betonte, alle *Genera* in einer einzigen kontinuierlichen Reihe linear anzuordnen. Vielmehr müßten sie gleich Provinzen auf einer
Landkarte nebeneinander gesetzt werden (a.a.O.S.CLXXV).

– Ebenfalls räumlichen Vorstellungen entsprach das Bild eines *Netzes*, wie es der
italienische Botaniker Vitaliani *Donati* bei Beschreibung der adriatischen
Flora und Fauna (1750) entworfen hatte; dabei könnten die *Spezies* oder *Genera*
(Knoten) auf verschiedenste Weise durch Fäden mit anderen Knoten verbunden
sein (vgl. auch 7.2.3.).

– Dieses Bild griff P. S. *Pallas* auf, schlug aber dann als bessere Alternative zu der
linearen Stufenleiter 1766 das Bild eines „Baumes" mit getrennten Stämmen für
das Pflanzen- und das Tierreich vor (vgl. 7.2.3.).

– Zur gleichen Zeit begründete der französische Botaniker Antoine Nicolas
Duchesne (1747–1827) auch die Form des **Stammbaumes** (*arbre généalogique*) als
geeignetste Veranschaulichung der Verwandtschaft, da er die **genealogische
Ordnung** als einzig natürliche, „den Geist vollkommen befriedigende" auffaßte [50].

Allerdings bezieht sich diese Äußerung in seiner Naturgeschichte der Erdbeeren
(*Histoire naturelle des Fraisiers* …, 1766) nur auf die Darstellung e i n e r Gattung
und deren Arten oder Varietäten (um deren taxonomische Unterscheidung er sich
auch bemühte). In dieser engen Begrenzung waren genealogische Beziehungen
und erbkonstante morphologische Veränderungen auch schon von *Linné* anerkannt worden, als er die Möglichkeit der Entstehung neuer Arten durch Artbastie-
rung im Rahmen einer Gattung in seiner Petersburger Preisschrift (*Disquisitio de
sexu plantarum*, 1760) zugestand.

Daß die Stufenleitervorstellungen im 18. Jh. zunächst ebenso durch ein
statisches Weltbild gestützt wurden wie die Klassifikationsmodelle (s.o.)
und ebenso – motiviert durch die Suche nach den „Übergangsformen" und
„Zwischengliedern" – die Artenbestandsaufnahme beschleunigten, hin-
derte nicht, daß auch vereinzelt geäußerte, meist philosphisch begründete
Entwicklungskonzeptionen der Organismenreiche bis zum Menschen im
Bilde einer **dynamischen Stufenleiter** ausgedrückt wurden wie durch Jean-
Baptiste René *Robinet* (1735–1820), der seine philosophischen Betrachtungen über die natürliche Abstufung (*Considérations philosphiques de la
gradation naturelle*, 1768) ausschließlich dieser Frage widmete, oder später
J. G. *Herder* (1784), J. B. *de Lamarck* (1809) und die romantische Natur-
philosphie (vgl. 8.1.).

Sie berühren nicht nur die Botanik, sondern auch die Zoologie und sind
dort nochmals zu behandeln.

7.2.3. Zoologische Taxonomie

Die Auseinandersetzung um *künstliche* und *natürliche* Systeme spielte in der Zoologie zunächst noch keine vordergründige Rolle, einmal, weil die traditionellen Großgruppen, vor allem der Wirbeltiere, bereits als „natürlich" empfunden wurden, zum anderen, weil kein Bearbeiter mehr das Gesamtsystem zu überblicken vermochte. Schon U. *Aldrovandi* (vgl. 5.4.) und J. *Ray* (vgl. 6.4.1.), auf die sich *Linné* stützen mußte, haben die Klassifikation aller Tiergruppen nicht mehr selbst vollenden können. Für eine durchgängige Revision war auch nirgends jederzeit verfügbares Untersuchungsmaterial konzentriert, wie es für die Pflanzensystematik in den Botanischen Gärten vorlag, noch gab es ebenso viele hauptamtlich arbeitende Zoologen wie Botaniker, die ihre Zeit ausschließlich der Taxonomie hätten widmen können (vgtl. 7.4.1.).

Als *Linnaeus* seinen ersten Entwurf eines neuen *Systema naturae* (1735) vorlegte, hatte er Gruppen und Namen vorwiegend aus J. *Rays* Arbeiten übernommen und veränderte erst in späteren Auflagen Grundsätzliches, so daß er selbst an der Verbesserung des Tiersystems tiefgreifender arbeitete als an seinem Pflanzensystem. Dazu standen ihm wichtige Spezialarbeiten über einzelne Tiergruppen zur Verfügung, die sich auf Privatsammlungen und Felduntersuchungen stützten.

Bereits in Holland war *Linné* selbst genötigt, die Systematik der Fische zu bearbeiten, als er das Manuskript seines verunglückten Freundes Petrus *Artedi* (1705–1735) vollenden und herausgeben mußte, das u. a. auf den Fischsammlungen von H. *Sloane* und A. *Seba* beruhte (*Ichthyologia ...*, 1738, Nachdr. 1966) – eine bemerkenswerte Parallele zu J. *Ray*, der ebenfalls seine zoologischen Arbeiten mit der Drucklegung der Fisch- und Vogelmanuskripte von F. *Willughby* begann (vgl. 6.4.1.). Über das Vogelsystem gab es neuere Informationen nur durch die Reisebeschreibung von Hans *Sloane* (1660–1753) und dessen damals reichhaltigstes von *Linné* 1736 bewundertes Naturalienkabinett (*A Voyage to ... Jamaica*, 1707–25), das 1759 zum Grundstock des *British Museum* wurde. Über Insekten lag die *Beschreybung von allerley Insekten in Teutschland* (13 Bde., 1720–1738) vor, die der Berliner Gymnasialdirektor Johann Leonhard *Frisch* (1666–1743) von seiner großen Sammlung angefertigt hatte.

So umfaßte *Linnés* Tiersystem 1735 wie herkömmlich *6 Klassen*, (Vierfüßer, Vögel, Amphibien, Fische, Insekten, Würmer) mit kurzen Charakteristiken, wobei die Vierfüßer (*Quadrupedia*) mit der Kennzeichnung „Körper behaart, Füße vier, Weibchen lebendgebärend" in der ersten Ordnung *Anthropomorpha* die Gattung *Homo* (Mensch) mit dem Hinweis *Nosce te ipsum* (Erkenne dich selbst) enthielt. Den durch mehrere Merkmale charakterisierten *Ordnungen* (Zahl und Form der Zähne, Füße und Zehen) waren die *Gattungen* unterstellt, nach der gleichen **hierarchisch-enkapti-**

schen Methode wie beim Pflanzensystem, und erstmals mit fixiertem Namen und einer kurzen Diagnose versehen, also als konstante **taxonomische Kategorie** (nicht als variable logische Ordnungskategorie wie bisher) behandelt. Arten führte er 1735 zunächst nur exemplarisch auf.

Erst die Bearbeitung der schwedischen Fauna (*Fauna svecica*, 1746) veranlaßte *Linné* (ähnlich wie bei der Florenbeschreibung 1737 für die Botanik, vgl. 7.1.2.) zur Eingliederung der Arten in die Gattungen und zu exakten **Art-Diagnosen**, was in der 6. Auflage des *Systema naturae* (1748) verallgemeinert wurde. Während der erste Entwurf (1735) nur 549 Artbeispiele enthalten hatte, beschrieb *Linné* in der 10. Auflage (1758) schon rund 4390 und in der 12. (letzten von eigener Hand, 1766) rund 5890 Arten (Hofsten 1959).

Die 10. Auflage des *Systema naturae* (Bd. 1, Tiersystem, **1758**, Bd. 2, Insekten und Pflanzen, 1759) brachte nun auch für alle *Tierspezies* die **binäre Nomenklatur**, d. h. die Benennung einer Art durch einen festsstehenden, im Gesamtsystem nur einmal vorhandenen Doppelnamen – mit dem Gattungsnamen und einem charakterisierenden Beiwort – sowie weitere einschneidende Namensänderungen:

– die erste Klasse (*Quadrupeda*) wird in *Mammalia* (Säugetiere) umbenannt, weil ihr endlich auch die Wale (*Cetacea*) eingegliedert sind,

– die erste Ordnung heißt statt *Anthropomorpha* nun *Primates* (Herrentiere) einschließlich des Menschen, für den mehrere Varietäten (Rassen) angeführt werden.

Damit beginnt die „naturgeschichtliche" Beschreibung der Menschenrassen, für die die Expeditionen des 18. Jh. (vgl. 7.2.1.) reiches Material sammelten, zu einer Spezialaufgabe zu werden, die ihren zunächst wichtigsten Niederschlag in den anthropologischen Veröffentlichungen von Joh. Friedrich *Blumenbach* (1752–1840) fanden. Seine erste Arbeit *De generis humani varietate nativa* (1777; dt.: Über die natürlichen Verschiedenheiten im Menschengeschlechte, 1798) behandelt – ebenso wie seine *Beyträge zur Naturgeschichte* … (T. 1. 1790) – fünf gut durch morphologische Merkmale und durch Kultur unterscheidbare Rassen als *Varietäten* einer einzigen *Art*, die ihre Differenzierung dem Einfluß von Klima, Nahrung, Lebensbedingungen und Lebensweise verdanken (Abb. 50) (Mann et al. Bd. 6).

Die 10. Auflage von *Linnés* Tiersystem (1758–59), wurde nun für die Zoologie ebenso zur **methodischen Richtschnur** für Beschreibung und Benennung, wie die *Species plantarum* (1753) für die Botanik, und gleichzeitig ein Ansporn für die Verbesserung und Erweiterung des Systems, vor allem seiner zwei letzten Klassen (Insekten und Würmer).

Einer der ersten Zoologen, die *Linnés* Methoden mit Gewinn anwandten, war der Berliner Naturforscher Peter Simon *Pallas* (1741–1811), der schon während seines Medizinstudiums in Berlin, Halle und Göttingen die

Abb. 50. Vierte Menschenrasse (Brasilianer) nach J. F. Blumenbach 1790 von Daniel Chodowiecki.

parasitischen Würmer zum Gegenstand taxonomischer Spezialstudien machte und nach Benutzung auch holländischer Sammlungen (z. B. *Ruysch*, vgl. 6.2.1.) seine bedeutende Dissertation über feindliche Lebewesen in Organismen (*De infestis viventibus intra viventia*, 1760) verfaßte. Diese Arbeit war damals außergewöhnlich in der Anlage, Zielsetzung und Durchführung; sie behandelte die Parasiten nicht mehr unter praktisch-medizinischen Aspekten und klassifizierte sie deshalb nicht nach ihren Wirten oder deren Organen, sondern ausschließlich nach zoologisch-taxonomischen Prinzipien.

Vielmehr legte er seiner Klassifizierung anatomische und embryologische Beobachtungen zugrunde, kritisierte *Linnés* Klasse „Würmer" als unnatürlich und formal, wies die Annahme einer Entstehung von Parasiten aus Körpersäften des Wirtes (wie sie noch Leonh. *Frisch* hegte) zurück und vermutete die Aufnahme von Eiern, Larven oder Cysten, deren Entwicklung er beschrieb, mit der Nahrung. *Pallas* erstrebte ein natürliches System, suchte nach dem „Leitfaden der Verwandtschaft unter den Arten" und bildete 7 Gattungen unter Berücksichtigung der **Summe aller Ähnlichkeiten;** dafür hatte er Parasiten von Haus- und Wildsäugetieren, Vögeln, Fröschen und Fischen untersucht. Er setzte sich überhaupt mit der Charakteristik der Linnéschen *Klasse* der *Vermes* auseinander und strebte offenbar deren totale Revision an, die Absichten von *Lamarck* und *Cuvier* vorwegnehmend (s. u.), mit denen ihn ein Nachfolger, der Helminthologe Karl Asmund *Rudolphi* (1771–1832), in seinem Nekrolog verglich (*Rudolphi* 1812) [18].

Denn auch das zweite Jugendwerk behandelt eine Tiergruppe aus *Linnés* Klasse der Würmer, die sogenannten *Zoophyten*, die die Vertreter des Stufenleitersystems (s. o. 7.1.2.) für Übergangsformen zwischen Pflanzen und Tieren hielten. Deshalb setzt sich *Pallas* in seiner Schrift *Elenchus zoophytorum* (1766) mit jenen Vorgängern auseinander, die zwar die Schwämme und Korallen als Tiere erkannten, sie aber zwischen Pflanzen und Tieren einreihten (Joh. Andreas *Peyssonel* 1727, Abraham *Trembley* 1739, *Reaumur* 1741; vgl. 7.3.1.). *Pallas* lehnte nun eine einreihige kontinuierliche Stufenleiter von anorganischen zu organischen Körpern ab, stellte die anorganischen Körper (*bruta*) allen Organismen (*organica*) gegenüber, indem er sich jene als „Grund und Boden der Natur", diese „als das darauf wohnende Volk" denkt und als „bildliche Vorstellung des Systems der organischen Körper" einen **Baum** beschreibt, der „gleich von der Wurzel an einen doppelten ... also einen thierischen und vegetabilischen Stamm hätte"; für Insekten und Vögel denkt er sich „Seitenäste", für andere Verwandtschaftsgruppen „kleine Nebenäste", die sich verschiedentlich berühren (vgl. A. *Thienemann* 1924, der eine Grafik entwarf). Doch lehnte *Pallas* die alte Gliederung in „drei Reiche" generell ab und erfaßte **Pflanzen- und Tierreich als eine Einheit,** in der alle Pflanzen nur eine „letzte Klasse" der organischen Körper bilden und demnach nur in *Ordnungen* zu gliedern seien, nicht aber selbst in Klassen (zit. nach der dt. Übers. v. C. F. Wilkens 1787).

Auch zahlreiche Wirbeltiergruppen bearbeitete der junge *Pallas* auf vergleichend-anatomischer Grundlage, aber nach *Linnés* Methode (*Miscellanea zoologica* 1766, *Spicilegia zoologica* 1767–1774), der sich in Briefen lobend über ihn äußerte (Zaunick 1925), bevor *Pallas* seine Forschungsreisen durch Rußland und Sibirien durchführte, die ihn berühmt machten (vgl. 7.2.1.). Sein eigentliches Ziel, eine umfassende Fauna von Rußland, blieb Fragment (*Zoographia Rosso-Asiatica*, 3 Bde. 1811–1831).

Um den Ausbau des Tiersystems nach *Linnés* Methoden machten sich zwei dänische Forscher verdient, die sich ebenfalls den zwei letzten Klassen (Würmer, Insekten) widmeten – eine Parallele zu der aufblühenden Kryptogamenforschung in der Botanik (vgl. 7.2.2.):
– Der Theologe Otto Friedrich *Müller* (1730–1784) untersuchte als Privat-

gelehrter die *„Würmer des süßen und salzigen Wassers"* (1771), außerdem die „Würmer" des Landes und der Flüsse, wozu „Infusorien", Schnecken und Muscheln sowie freilebende Würmer gehörten (*Vermium terrestrium et fluviatilium, seu animalium infusorium, helminthicorum et testaceorum ... historia*, 2 Bde., 1773–1774). Er richtete sein Spezialinteresse auf mikroskopische Kleinlebewesen des Meeres und Süßwasser – von *Leeuwenhoek animalculi* genannt (vgl. 6.3.) und von Martin F. *Ledermüller* (1719–1769) 1763 als *Infusoria* bezeichnet – die er als eigene Gruppe taxonomisch abgrenzte *Animalcula infusoria fluviatilia et marina* ... 1786), Arbeiten, die neben seiner dänischen Fauna (*Zoologicae danicae Prodromus* ..., 1776–1780) für die Protozoenforschung des 19. Jh. grundlegende Bedeutung hatten.

– Der direkte Schüler *Linnés*, Johann Christian *Fabricius* (1745–1808), widmete sich als Professor der Kameralistik in Kiel speziell der **Klasse Insekten** und begründete sein Insektensystem auf der Morphologie der Mundwerkzeuge (*Systema entomolgiae*, 1775; *Betrachtung über die Systeme der Entomologie*, 1781), das – noch erweitert und verbessert (1792–94) – großen Einfluß auf deutsche Entomologen hatte.

– Es wurde z. B. übernommen von dem Braunschweiger Professor und Insektensammler Joh. Christian Ludwig *Hellwig* (1743–1831) und dessen begabten Schüler Karl *Illiger* (1775–1813), der nach dem Studium bei *Blumenbach* (vgl. 7.2.1.) ein eigenes, natürliches System anstrebte und unter Berufung auf *Batsch* (s.u.) die Kategorie *Familie* zur Zusammenfassung verwandter Arten (quasi als *Untergattung*) einführte; in seinem *Versuch einer systematischen vollständigen Terminologie für das Thierreich und Pflanzenreich* (1800) bestimmte er die Begriffe *Art* und *Gattung* unter genealogisch-biologischem Aspekt neu und erörterte in dem von ihm begründeten *Magazin für Insektenkunde* (Bd. 1–6, 1801–1807) weitere theoretische Fragen der Taxonomie (Muggelberg 1975–1976).
In diesem Organ wurden Diskussionen über künstliche und natürliche Systeme geführt.

Die zoologischen Spezialkenntnisse von K. *Illiger* bewirkten seine Berufung zum ersten Professor für Zoologie und Direktor des Zoologischen Museums der 1810 gegründeten Berliner Universität und damit die frühzeitige Institutionalisierung der **Zoologie als Spezialfach.**

Die Bemühungen um ein „natürliches" Tiersystem blieben im 18. Jh. unter deutschen Naturforschern vereinzelt. *Linnés Natursystem* wurde ins Deutsche übersetzt und kommentiert (Ph. L. Statius *Müller*, 1773) auch unter Laien weit verbreitet, so daß gewisse Ansätze unbeachtet blieben.

– Der Straßburger Mediziner Johann *Hermann* (1738–1800) hatte ein **netzförmiges Schema** für das Verwandtschaftssystem der Tierwelt entworfen (*Tabula affi-*

nitatum animalium, 1783), in dem *Linnés* Gruppenbezeichnungen (Ordnungen, Gattungen, Arten) verwendet, aber Verwandtschaftsreihen von Arten netzförmig miteinander verbunden sind (Abb. 51).

- Der Jenaer Botaniker August Johann Georg Carl *Batsch* (vgl. 7.2.2.) hatte die Kategorie *Familie* zwischen Klasse und Ordnung ins System eingeführt, um die natürliche Verwandtschaft auch der Großgruppen zum Ausdruck zu bringen, und er hatte die zwei letzten Linnéschen Klassen (Insekten und Würmer) als „knochenlose Tiere" den „Knochentieren" gegenübergestellt (*Versuch einer Anleitung zur Kenntnis und Geschichte der Thiere und Mineralien* [Bd.1, 1788]), noch bevor die Begriffe *Wirbellose* und *Wirbeltiere* durch die Pariser Zoologen zum Allgemeingut der zoologischen Systematik wurden (s.u.)

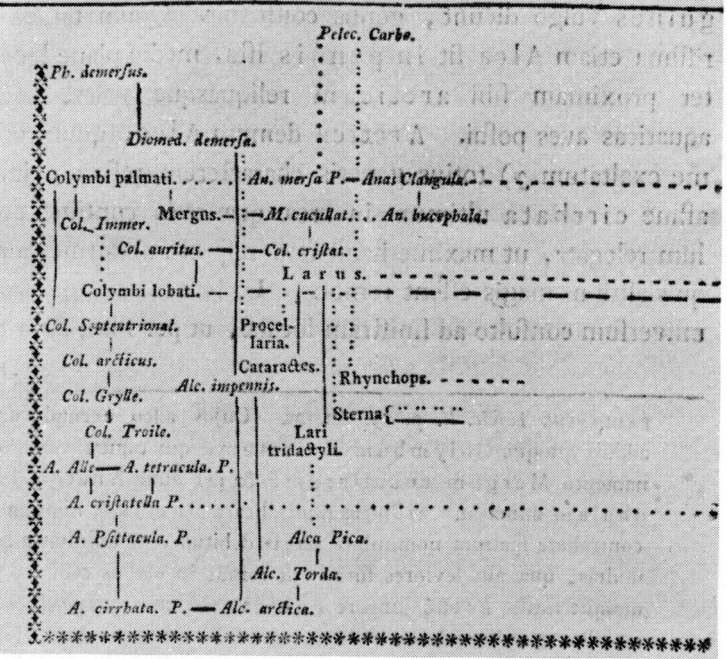

Abb. 51. Ausschnitt aus einer verzweigten Stufenleiter der Vögel von J. Hermann. Aus *Tabula affinitatum animalium* 1777.

Bald nach 1800 machte sich der Einfluß der romantischen Naturphilosophie geltend und veränderte den Begriff des „natürlichen Systems" (vgl. 8.1.1.). Einen eindrucksvollen **Überblick** über die verschiedenartigen Auffassungen und Systeme vermittelte der Konservator der Münchener zoologischen Sammlungen, Johann Baptist *Spix* (1781–1826), der selbst ein Tiersystem nach den Kopfbildungen aufstellte (*Cephalogenesis ...*, 1815), durch seine *Geschichte und Beurtheilung aller Systeme in der Zoologie nach ihrer Entwicklungsfolge ...* 1811).

Der bedeutendste Beitrag zur Entwicklung der zoologischen Taxonomie wurde am Pariser Nationalmuseum für Naturgeschichte geleistet, wo seit der Gründung (1794) nach der französischen Revolution nicht nur große botanische, sondern auch zoologische Sammlungen konzentriert wurden. Sie boten die Vergleichsbasis zur **Revision des gesamten Tiersystems**, nicht nur einzelner Gruppen wie bei den oft auch bedeutenden Privatsammlungen, z. B. der Vogelsammlung von Réaumur, aufgrund deren 1500 Arten M.-J. *Brisson* (1723–1806) *Linnés* Klasse Vögel revidieren konnte. (*Ornithologia ...* 1760) [47].

An dieser staatlichen Institution, zu der auch der Botanische Garten und das Herbarium gehörten, wirkten vier hauptamtlich angestellte Zoologen, teils kollegial gemeinsam, teils mit kontroversen taxonomischen Konzepten, die die Hauptströmungen der Zeit repräsentierten:

1. Jean-Baptiste *de Lamarck* (1744–1829), der zusammen mit *Daubenton* (vgl. 7.2.1.) die Pläne für eine Reorganisation des Königl. Gartens und Museums für den Nationalkonvent erarbeitet hatte (Landrieu 1909: 34–39), erhielt die Professur für „Würmer und Insekten", da die Botanikerstellen durch *Jussieu, Desfontaines* und *Thouin* gut besetzt waren und *Lamarck* schon über *Muscheln* (1792) publiziert hatte; er vertrat wie *Buffon* die **Stufenleiteridee.**

– Louis-Jean Marie *Daubenton* (1716–1800), einst Mitarbeiter von *Buffon* am *Cabinet du Roi* und von dessen *Naturgeschichte* (für die er die Skelettanatomie der Wirbeltiere bearbeitete), der als erster Inhaber eines Lehrstuhls für Naturgeschichte (1778 am *Collège de France*) für eine präzise Abgrenzung und Inhaltsbestimmung dieses Faches und Spezialisierung auf Teilbereiche eingetreten war (*Encycl. méth.*, 1782), lehnte die Stufenleiteridee wie auch *Linnés* künstliches System ab und suchte Alternativen; er arbeitete dann am Museum als Mineraloge.

2. *Daubentons* Schüler Etienne *Geoffroy St. Hilaire* (1772–1844) erhielt zunächst die Professur für alle Wirbeltiere, ab 1795 begrenzt auf Vögel und Säugetiere; er trat für ein natürliches System auf der Grundlage analoger (*homologer*) Organisationen und der **Einheit des Bauplans** ein.

3. Bernard-Germain-Etienne *Lacépède* (1756–1825) bekam 1795 durch

Teilung des Aufgabenbereichs von E. *Geoffroy St. Hilaire* die Professur für Fische und Kriechtiere; auch er beschäftigte sich mit dem **Formenwandel** und war gegen ein starres Klassifikationssystem.

– Pierre-André *Latreille* (1762–1833), ab 1799 Demonstrator der Insektensammlung und engster Mitarbeiter *Lamarcks*, der später sein Vertreter und 1830 sein Nachfolger wurde, bemühte sich um ein eklektisches **natürliches System** der Gliederfüßler.

4. Georges *Cuvier* (1769–1832), Schüler der Karlsschule Stuttgart und nach 8jähriger Hauslehrerstellung in der Normandie ab 1795 auf Empfehlung von E. *Geoffroy St. Hilaire* in Paris als Mitglied der *Société d'histoire naturelle*, Professor für Naturgeschichte an der Zentralschule (*Ecole centrale*), 1800 als Nachfolger *Daubentons* am *Collège de France* und ab 1802 Professor für vergleichende Anatomie am *Nationalmuseum*, war entschiedenster Vertreter Linnéscher Klassifikationsmethoden und der **Artkonstanz,** suchte aber nach *Jussieus* Vorbild nach natürlichen Gruppen.

Die Vorzüge dieser nach den Idealen der französischen Revolution (1789) eingerichteten Lehr- und Forschungsstätte, an der alle Professoren gleichberechtigt nebeneinander und ohne obrigkeitliche und kirchliche Reglementierung wirken konnten, kam einem so großen Unternehmen wie der taxonomischen Neuordnung des gesamten Tiersystems zugute. *Cuvier* selbst hebt in der Vorrede zu seinem Tierreich (*La Règne animal,* Bd. 1, 1817) den Vorteil der **neuen kollektiven Arbeitsformen** für das Zustandekommen des Werkes hervor, das die Basis der Zoologie im 19. Jh. bilden sollte. Dennoch waren die Einzelleistungen sehr spezifisch und zeitweilig überaus kontrovers.

Jean-Baptiste P. A. *de Monet*, Ritter *de Lamarck* (1744–1828) – wie sein eigentlicher Name lautete – hatte sich vor seiner Berufung zum Zoologen nur mit *Conchyliologie* befaßt, d.h., wie im 18. Jh. allgemein üblich, mit der Systematik der Muscheln und Schnecken nach der äußeren Form der Schalen, die allein in den Sammlungen der Kabinette vorlagen.

Als *Cuvier* nach Paris kam (s. o.), hatte er viele vergleichend-anatomische Studien an wirbellosen Meerestieren nach lebenden Organismen betrieben, schon in seinem ersten Vortrag vor der *Société d'Histoire naturelle* (1795) eine Revision der Linnéschen Klassen *Würmer* und *Insekten* („weißblütige Tiere") gefordert und ihre neue Gruppierung in 6 Klasen nach ihrem Zirkulations- und Nervensystem vorgeschlagen (Mollusken, Crustaceen, Insekten, Würmer, Echinodermen und Zoophyten). *Lamarck,* der schon zu Beginn seiner Vorlesungen (1794) d r e i Klassen aufgrund seiner Conchylienstudien demonstrierte (Mollusken, Insekten, Würmer), folgte ab 1796 dem Vorschlag *Cuviers,* der seinerseits in einer Besprechung von *Lamarcks* Vorlesungen (*Mag. encycl.*, 1801) dessen Einteilung in **Wirbeltiere und wirbellose Tiere** übernahm (Burckhardt jr. 1977, S. 120–122).

In seinem taxonomischen Hauptwerk, **Naturgeschichte der wirbellosen Tiere** (*Histoire naturelle des animaux sans vertèbres*, 7 Bde. 1815–1822) hatte *Lamarck* schießlich *10 Klassen Wirbellose* den 4 Klassen Wirbeltiere gegenübergestellt und nach ihren einzelnen Arten beschrieben. Es bildete ein Standardwerk der Taxonomie im 19. Jh. und wurde allgemein hoch bewertet, auch wenn seine Philosophie abgelehnt wurde (so z. B. von Ch. *Darwin*). Obwohl sich in der allgemeinen Einteilung des Tierreichs und der Reihenfolge der einzelnen Taxa auch in diesem Spätwerk *Lamarcks* Bekenntnis zur Stufenleiteridee niederschlug, nutzte er doch im Detail *Linnés* methodische Prinzipien, deren Nützlichkeit er schon 1809 betont hatte.

Die Großgliederung zeigt 14 Tierklassen in aufsteigender Reihenfolge nach der Höhe ihrer Nerven- und Sinnesleistungen, wobei er drei große Gruppen nennt: **unempfindliche Tiere** (*Animaux apathiques*: Infusorien, Polypen, Strahltiere, Würmer; ohne Gehirn, verlängertes Mark, Sinnesorgane und Gliederung), **empfindsame Tiere** (*Animaux sensibles*: Insekten, Spinnen, Krebstiere, Anneliden, Cirripedien, Mollusken; mit Gehirn und oft verlängertem Mark, differenzierten Sinnes- und Bewegungsorganen, Symmetrie paariger Organe), **intelligente Tiere** (*Animaux intelligens*: Fische, Reptilien, Vögel, Säugetiere; mit einer Wirbelreihe, Gehirn, Rückenmark; Sinnesorganen, Innenskelett). Im Supplementband dieses großen Werkes (1822, S. 437) gibt *Lamarck* in einer stammbaumähnlichen Grafik die vermuteten Zusammenhänge in drei getrennten „Serien" mit Verzweigungen wieder, die eine Modifizierung seiner Stufenleitervorstellung erkennen läßt (Abb. 52).

Bereits in seiner umstrittenen *Philosophie zoologique* (1809), in der *Lamarck* seine Theorie der Entstehung, Veränderung und Höherentwicklung der Organismen ausführlich darlegte, hatte er seine Vorstellungen über den „Ursprung der verschiedenen Tierklassen" grafisch dargestellt und eine zusammenhängende, verzweigte Reihe mit zweifachem Ursprung entworfen, in der die Mollusken einerseits mit den Fischen, andererseits mit den Rankenfüßern (*Cirripedia*) verbunden waren, da er damals offensichtlich die innere Organisation dieser Krebstiere noch nicht kannte. Seine **„Zoologische Philosophie"**, deren Grundgedanken er schon in seiner Vorlesung (1800) entwickelt hatte, ist nur teilweise hypothetisch, basiert auf seinen guten botanischen Kenntnissen, einem genauen Überblick über tierische Baupläne und Erfahrungen über die große Variabilität der Molluskenschalen, in denen er alle „Übergänge" sowohl bei rezenten als auch bei fossilen Formen gefunden hatte. Wie *Buffon* verband er deshalb die Stufenleiteridee mit dem dynamischen Prinzip der „Höherentwicklung" und lehnte eine permanente Beständigkeit der Arten wie auch die Realität jeder taxonomischen Gruppierung ab. Für ihn war die **Kontinuität der Stufenleiter** (als einer „verzweigten, unregelmäßig angeordneten Reihe") und die graduelle Ähnlichkeit der Organismen **durch Abstammung** begründet.

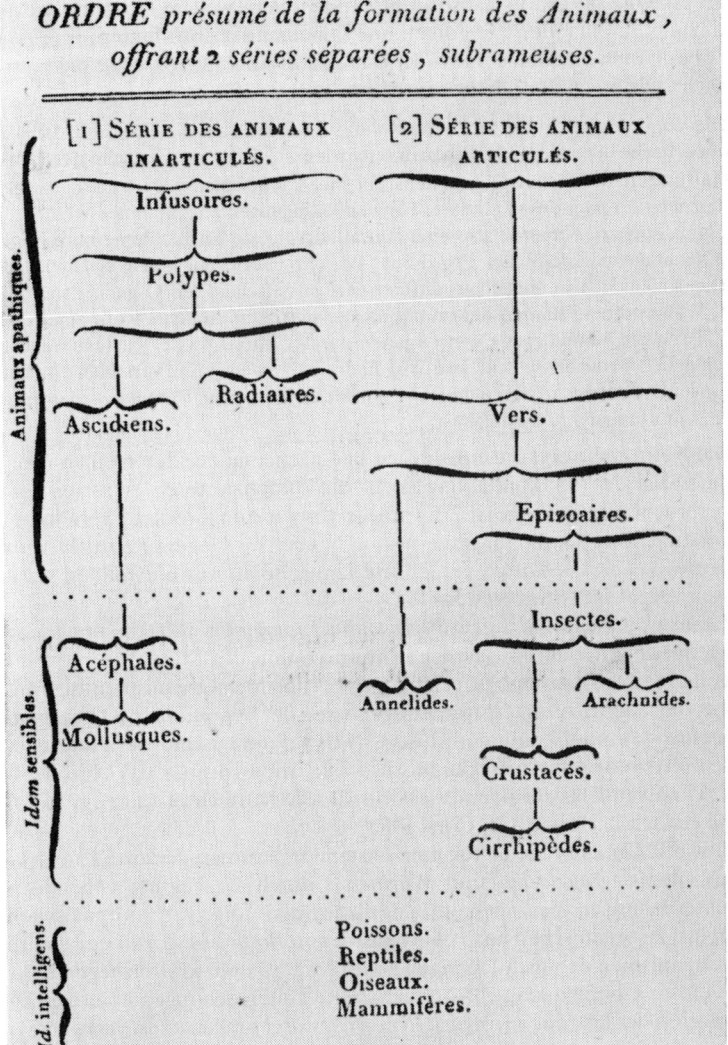

ORDRE présumé de la formation des Animaux, offrant 2 séries séparées, subrameuses.

Abb. 52. Stammbaumähnliche grafische Darstellung der Ableitung der Tiere von 2 bzw. 3 getrennten Serien von Infusorien, Würmern (und Wirbeltieren) von J. B. de Lamarck 1822.

denn es zeige die Natur „absolut nur Individuen, welche durch die Fortpflanzung aufeinander nachfolgen und voneinander abstammen; ihre Arten aber haben eine nur relative Konstanz und sind nur zeitweise unveränderlich" (zit. nach der Übers. von Lang 1876, S. 35).

Die Veränderung erfolgt für ihn notwendig und logisch aus der Tatsache, daß die
Erdoberfläche auch Veränderungen unterworfen ist, so daß als **Ursache der Umgestaltungen** der Lebewesen erstens ein ihnen innewohnender Vervollkommnungstrieb und zweitens veränderte Umweltbedingungen angenommen werden.
Erstmals entwarf *Lamarck* also eine kausal begründete Entwicklungslehre ohne
Zuhilfenahme teleologischer Prinzipien. Bei der Erörterung der Ursachen und
Wirkmechanismen im einzelnen differenziert er zwischen den Organismengruppen. Während bei Pflanzen der unmittelbare Umwelteinfluß eine Rolle spielt, ist
bei Tieren die Veränderung von Organen durch Gebrauch oder Nichtgebrauch,
durch neue „Bedürfnisse" auf dem Weg über das Nervensystem vermittelt, indem
ein „Nervenfluidum" zielgerichtet die stoffliche Um- oder Neubildung bewirke
(z. B. Giraffenhals), die erblich ist.

Die Natur habe erst die einfachsten und nacheinander durch einen innewohnenden „Vervollkommnungstrieb" die komplizierteren Tierarten hervorgebracht (a. a. O. S. 122 f.); diese Entwicklung verliefe geradlinig,
wenn die Umweltbedingungen konstant blieben (= Gegensatz zu *Darwins*
Theorie; vgl. 9.1.). Durch veränderte Umwelteinflüsse entstünden stattdessen verzweigte Stufenleitern.

Lamarck bot damit in seiner *Philosophie zoologique* (1809) erstmals eine
konsequent durchdachte **zeitliche Interpretation** des Stufenleitersystems
mit einer auf **Abstammungsbeziehungen** beruhenden Organismenfolge an,
wobei der Angriffspunkt durch Zeitgenossen der **hypothetische Ursachen-
komplex** – Vervollkommnungstrieb, Nervenfluidum und veraltete chemisch-physiologische Anschauungen – war, nicht primär das Argument
des Artenwandels, der damals schon mehrere Verfechter (auch in Paris)
hatte (Burckhardt jr. 1977; Corsi 1988).

Obwohl *Lamarck* die ersten einfachsten Organismen der zwei Entwicklungsreihen – *Infusorien* und *Würmer* – durch Urzeugung entstanden
glaubte, lehnte er aber eine kontinuierliche Stufenfolge von anorganischen
Körpern zu organischen nach dem Muster von *Bonnet* (s. o.) ab und stellte
die Organismen den nichtlebenden Naturkörpern und -kräften gegenüber.
Aus dieser Überzeugung entsprangen seine Untersuchungen über die Organisation der lebenden Körper (*Recherches sur l'organisation des corps vi-
vantes*, 1802), in deren Zusammenhang *Lamarck* den **Begriff „Biologie"**
für diesen Wissenszweig (unabhängig von Th. G. A. *Roose* 1794, *Burdach*
1800 und G. R. *Treviranus* 1802) prägte, möglicherweise auch von *Bichat*
beeinflußt (vgl. 7.3.3.).

Diese Untersuchungen standen indessen in Verbindung mit einem umfassenderen Projekt, einer „Physik der Erde", mit deren Teilbereichen – Ursprung der Minerale, der physikalischen Erscheinungen (Feuer, Wasser, Farben, Atmosphäre), chemischer Prozesse und Meteorologie – sich *Lamarck* im ersten Jahrzehnt seiner Professur fast ausschließlich beschäftigte, wobei er mit Entschiedenheit veraltete wissenschaftliche Konzepte (4-Elementenlehre, *Stahls* Phlogistontheorie) verteidigte (*Recherches sur les causes des principaux faits physiques ...* 2 Bde., 1794), gegen *Lavoisiers* Reform der Chemie und seine darauf gegründete Studie über die Atmung der Tiere (1789; vgl. 7.3.3.) heftig polemisierte (*Réfutation de la théorie pneumatique ...,* 1796), im *Journal de physique* über den Einfluß des Mondes (1798), über das Feuer (1799), den Schall (1799), über periodische Veränderungen der Atmosphäre (1801), des Himmels an Pol und Äquator (1802) und über statistische Fragen publizierte, eine *Hydrogéologie* (1802) und 11 Bände meteorologischer Jahrbücher (1800–1810) herausgab und physiologische Lebensprozesse (Atmung, Verdauung, Nervenleitung) nach alten, wenn auch modifizierten Theorien (Wirken bewegter *Fluida*) mechanistisch und deduktiv zu erklären versuchte.

Aus allen diesen Gründen befand er sich in Paris schon in einer Außenseiterrolle, noch bevor er die Zoologische Philosophie (1809) veröffentlichte und darin mit gleichen physiologischen Mechanismen die Entwicklungs- und Wandlungsprozesse hypothetisch begründete.

Sein allgemein geachtetes zoologisch-taxonomisches Hauptwerk über die wirbellosen Tiere enthält einleitend nochmals seine Theorie in vier Gesetze zusammengefaßt.

An *Lamarcks* Seite arbeitete ab 1798 als Assistent Pierre-André *Latreille* (1762–1833) an der Klassifikation der „Insekten" (= alle Gliedertiere).

Er hatte in seinem ersten *Abriß der Gattungscharaktere der Insekten* (1796) 14 Ordnungen aufgestellt, folgte aber später den Vorschlägen *Lamarcks* durch Abtrennung der Krebstiere von den Insekten (*Histoire naturelle générale et particulière des crustacés et des insects,* 15 Bde. 1802–1805), gruppierte ihre Gattungen in natürlichen *Familien* (4 Tle. 1806–1809), bildete in seiner „Betrachtung über die natürliche Ordnung der Tiere" auch für Spinnentiere eine separate Klasse (*Considération générale sur l'ordre naturel des animaux ...,* 1810) und trennte in seinem *Cours d'entomologie ...* (1831) die Tausendfüßler (*Myriapoda*) von den Insekten. Sein Beitrag *Familles naturelles du règne animal,* (1825) erschien auch deutsch (Natürliche Familien des Thierreichs, v. A. A. *Bertholdt,* 1827) und ergänzte seine Bearbeitung der Insekten für *Cuviers Règne animal* (1817).

Latreilles Klassifikation nach Flügelstruktur, Metamorphoseart und Beinzahl blieb im wesentlichen die Basis der Insekten-Taxonomie im 19. Jh. und verdrängte das System von *Fabricius* (s. o.). Seiner Spezialisierung wurde nach *Lamarcks* Tod durch Verleihung einer **Professur für Entomologie** (1830) Rechnung getragen.

Der noch sehr junge Etienne *Geoffroy St. Hilaire* (1772–1844), der die Wirbeltiere am *Muséum d'Histoire naturelle* übernommen hatte, kam durch vergleichend-anatomische Studien zu Einsichten in die verwandte Struktur der Baupläne aller Wirbeltiere und ihre funktionell erklärbaren Abwandlungen, leitete daraus Theorien von allgemeiner Bedeutung und schließlich die Überzeugung vom Artenwandel ab, den er durch direkten Einfluß von Umweltfaktoren („direkte Bewirkung", später als *Geoffroyismus* im Unterschied zum *Lamarckismus* bezeichnet) erklärte.

Nach seinem Studium bei *Brisson* (s. o.), *Daubenton* und dem Mineralogen *Haüy* war er Assistent an den mineralogischen Sammlungen des Museums, als er auf *Daubentons* Vorschlag zum Zoologen berufen wurde. Durch Begleitung der napoleonischen Armee nach Ägypten erforschte er 1798–1804 die Fauna des Nils und erwarb wertvolle Sammlungen, die er danach auch als wissenschaftlicher Kommmmissar der Pyrenäenhalbinsel (1808) vermehren konnte. Er reorganisierte im *Jardin des Plantes* eine **Ménagérie** ausländischer Tiere, die zu wissenschaftlichen Beobachtungen und Akklimatisationsversuchen genutzt wurden. 1809 erhielt er einen **Lehrstuhl für Zoologie** an der Pariser Universität und setzte sich für die Einführung einer „allgemeinen Zoologie" neben der bisher auf Klassifikation und Artbeschreibung beschränkten „speziellen Zoologie" ein (*Philosophie anatomique*, 1818).

Auch *Geoffroy St. Hilaire* suchte die Kriterien für die natürliche Verwandtschaft der Wirbeltiere in vergleichend-anatomischen Studien. Er wies damit bei den Vertretern verschiedener Wirbeltierklassen identische Organe und deren Bauelemente nach und leitete von diesen Erkenntnissen wichtige Theorien ab.

So besagte die **Theorie von den Analogien**, daß gleiche („analoge") Organe im Körper die gleiche Lage haben und aus gleichen Bauelemente bestehen, die nur bei verschiedenen Tierarten ihren unterschiedlichen Funktionen gemäß abgewandelt sind. Da nach der Lehre des Pariser Physiologen X. *Bichat* (vgl. 7.3.3.) von den *Bauelementen* alle Organe so miteinander in Wechselbeziehung stehen, daß Veränderungen eines Elementes entsprechende Umwandlung eines anderen bewirken, ermittelte *Geoffroy* auch „verborgene Analogien" (= *Homologien*) und fand damit einen wichtigen Schlüssel für eine Klassifikation nach „natürlichen Gruppen", z. B. der Beuteltiere und eierlegenden Säuger. Die Erkenntnis, daß sich die Knorpelelemente des Kehlkopfes höherer Wirbeltiere vom knorpeligen Kiemenskelett der Fische ableiten ließen, führte ihn zur **Theorie von der Einheit des Bauplans** (*unité de plan*), die er auf fossile Wirbeltiere ausdehnte und dabei die Überzeugung gewann, daß sie durch Generationenfolgen mit den heute lebenden verbunden sind (*Sur le principe de l'unité de composition organique*, 1822. *Sur les Téléosauriens* …, Mém. Acad. Sc. 12, 1833). Die Verschiedenheit heute lebender Tierarten von ausgestorbenen Vorfahren erklärte er durch eine Reihe von Umwandlungsprozessen (*transformismus*), vergleichbar den Stadien der Embryonalentwicklung, wie er sie beim Studium des Kopfskelettes der Wirbeltiere beobachtet hatte.

In spekulativer Verallgemeinerung der Lehre von der Einheit des Bauplanes auf das gesamte Tierreich geriet er in öffentliche Kontroversen mit *Cuvier*, die im „Pariser Akademiestreit 1830–1832" gipfelten, in dem es primär um Prinzipien der Klassifikation und ihre morphologisch-typologischen Methoden ging (Uschmann 1964). Anhand zweier Arbeiten (*Laurencet* und *Meyranx*) über Analogien im Bauplan von Wirbeltieren und Wirbellosen (Kopffüßer), mit denen *Geoffroy* die Einheit des Planes demonstrierte, kam es zu Auseinandersetzungen über grunsätzliche Fragen der Interpretation „natürlicher" Gruppen und morphologischer Bildungen, zu denen *Cuvier* alternative Ansichten hatte (s. u.).

G. *Cuvier* (1769–1832) faßte – im Gegensatz zu *Geoffroy St. Hilaire* und *Lamarck* – die Arten und Gattungen als reale, natürlich unterschiedene (diskrete) Einheiten auf wie *Linné*, suchte aber in der Klassifikation der höheren Kategorien nach dem Vorbild von *Jussieu* nach natürlichen Gruppierungen durch umfassenden morphologischen wie auch anatomischen Merkmalsvergleich. *Cuvier* erkannte die Notwendigkeit, das gesamte Tiersystem „von unten her" durch konsequente Artanalysen zu revidieren, d.h. „sämmtliche Species durchzugehen, um zu prüfen, ob sie wirklich zu den Geschlechtern gehören, zu denen man sie gebracht" (1817, Vorrede). Zu diesem Zweck führte er zwei bisher getrennt ausgeübte Arbeitsrichtungen zusammen: die Anatomie und die Klassifikation, die er wechselweise durchführte, um aus der gegenseitigen „Befruchtung zweier Wissenschaften ein zoologisches System hervorgehen zu lassen," das sowohl richtungweisend für weitere vergleichend-anatomische Studien sei, als auch für die zoologische Taxonomie eine anatomische Grundlage böte (a. a. O. S. XVIII). Ein solches System legte *Cuvier* mit dem *Règne animal* (1817; dt. von F. S. *Voigt* 1831) vor. Er hob mit seiner Untersuchungsmethode (in die er schon existierende Teilversuche von *Pallas*, *Daubenton* oder P. *Camper* einbezog) die zoologische Taxonomie auf ein theoretisches Niveau, das später auch für eine deszendenztheoretische Interpretation eine sichere Ausgangsbasis darstellte (vgl. 9.2.1.). Darüber hinaus begründete er die **Vergleichende Anatomie als zoologische Disziplin** (*Leçons d'anatomie comparée*, 5 Bde. 1798–1805) (Abb. 53).

Durch systematische Einbeziehung fossiler Tiere in die vergleichende Anatomie begründete er auch die **Paläontologie** als Spezialdisziplin, allerdings begrenzt auf die tierischen Fossilien, in seinen **Untersuchungen über fossile Knochen** (*Recherches sur les ossemens fossiles*, 1812), zu denen er durch die sibirischen Mammutfunde und ihre detaillierte Beschreibung durch D. G. *Messerschmidt* (publiziert durch J. Ph. *Breyne*, *Phil. Trans. Roy . Soc.* 1741) angeregt worden war (Uschmann 1969, 1982), während fossile Pflanzen von dem Kollegen *Cuviers*, dem Mineralogen Alexandre *Brogniart* (1770–1847), bearbeitet wurden [26].

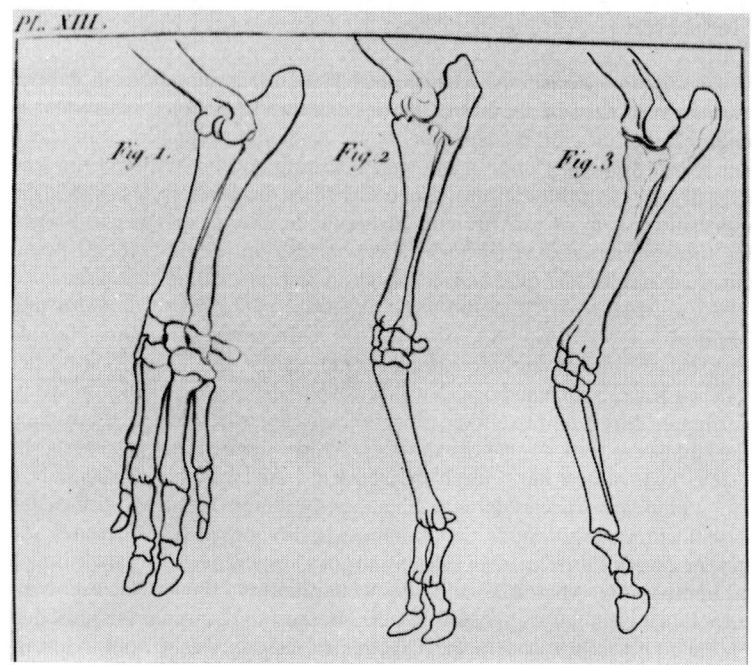

Abb. 53. Vergleichende Skelettanatomie der Vorderextremitäten von Schwein, Schaf und Pferd. Aus G. Cuvier, *Leçons d'anatomie comparée* 1805.

Aufbauend auf Erkenntnissen des Pariser Anatomen Felix *Vicq d'Azyr* (1748–1794) und der Lehre von den Bauelementen von X. *Bichat* (vgl. 7.3.2.), stellte *Cuvier* ein **Gesetz der Korrelation der Organe** auf, mit dessen Hilfe ihm die Rekonstruktion fossiler Skelette nach wenigen Fragmenten gelang.

Die Fossilfunde in den gut abgegrenzten geologischen Schichten des Pariser Beckens bestärkten *Cuvier* in seiner Überzeugung von der **Diskontinuität der organismischen Formen**, die er nicht in linearen Reihen, sondern nach scharf getrennten **4 Bauplan-Typen**, völlig eigenständigen „Zweigen" (*embranchements*), gruppierte, zwischen denen er ebensowenig Verwandtschafts- oder Abstammungsbeziehung voraussetzte wie zwischen Art- oder Gattungsgruppen, die er aufgrund der genealogischen Erbfolge für unwandelbar und konstant und ursprünglich erschaffen hielt.

Den Formenwandel in der geologischen Schichtenfolge erklärte er wie *Buffon* mit wiederholten Erdrevolution, aber geographisch begrenzten Überschwemmungskatastrophen (*Kataklysmen*), nach denen neue Tierformen aus den anderen Erdgegenden einwanderten; er behauptete nicht eine „neue Schöpfung" (Cuvier 1812, s. 81).

In dieser Form hat *Cuviers* Katastrophen- oder Kataklysmen-Theorie erst durch seine Schüler und Mitarbeiter am *Muséum d'histoire naturelle*, Henry de *Blainville* (1771–1850), der auch experimentell-physiologisch arbeitete (vgl. 7.3.2.), und Alcide Dessaline *d'Orbigny* (1802–1857), der vor Ch. *Darwin* paläontologische Ausgrabungen in Südamerika (1826–1834) vornahm, Eingang in die Literatur gefunden.

Die vier Hauptzweige in *Cuviers* Tiersystem waren:
- Wirbeltiere (Säugetiere, Vögel, Reptilien, Fische)
- Gliedertiere (Insekten, Spinnen, Krebse, Ringelwürmer)
- Weichtiere (Kopffüßer, Flossenfüßer, Schnecken, Muscheln, Rankenfüßer, Armfüßer)
- Strahltiere (Stachelhäuter, Würmer, Hohltiere).

Er lehnte also später auch die Zweiteilung des Tierreichs in Wirbeltiere und Wirbellose wegen der Ungleichwertigkeit beider Gruppen ab; denn die Weichtiere entsprächen in ihrer Verschiedenartigkeit der gesamten Gruppe Wirbeltiere und müßten in mehrere Klassen geteilt werden, wie *Cuvier* schon 1795 (s.o. S. 255) ausführte.

Diese Anschauungen standen in unvereinbarem Gegensatz zu *Geoffroy St. Hilaires* Einheit des Bauplanes und wurden mit vielen Argumenten auf beiden Seiten vor der Pariser Akademie 1830–1832 öffentlich behandelt. *Cuvier* führte mit zwei Zeichnungen *Geoffroys* Hypothese ad absurdum (Abb. 54), und *Geoffroy St. Hilaire* verteidigte seine „Prinzipien der zoologischen Philosophie" (*Principes de philosophie zoologique*, 1830).

Der **Pariser Akademiestreit** gewann durch J. W. *von Goethes* Anteilnahme an der Problematik und seine Veröffentlichungen darüber (*Jahrb. für wiss. Kritik* 1830, Bd. 2, Nr. 52–53, 1832, Bd. 1, Nr. 51–53) internationale Dimensionen. Er nahm eine vermittelnde Stellung ein, charakterisierte den Streit als „Conflict zwischen zwei Denkweisen", der einen, die vom Einzelnen ausgehend das Ganze ahnt, und der anderen, die vom allgemeinen Ganzen das besondere Einzelne abzuleiten sucht (vgl. D. Kuhn 1967). *Goethe* kennzeichnete damit die Problematik einseitiger wissenschaftlicher Methoden der Induktion und Deduktion, wie sie damals wie heute die biologische Taxonomie durchzieht, und strebte die Wechselbeziehung beider an, wie er sie in seinen morphologischen Studien und bei Begründung der „genetischen Methode" der Morphologie praktiziert hatte (vgl. 7.3.2.).

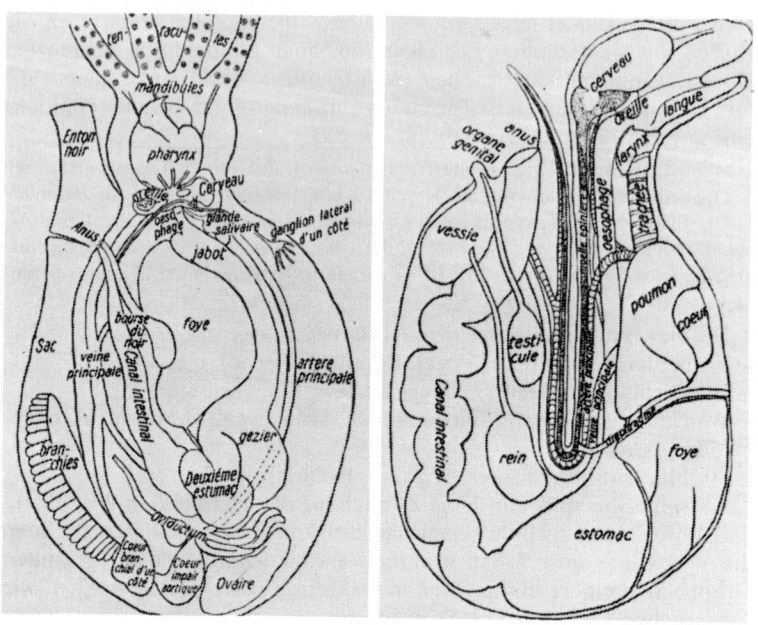

Abb. 54. Vergleich der Organisation eines wirbellosen Tieres (Kopffüßers, links) mit der eines Wirbeltieres (Ente, rechts) von G. Cuvier zur Widerlegung der Idee von der „Einheit des Bauplanes" von E. Geoffroy St. Hilaire. Aus Kohlbrugge 1913.

7.3. Vom „mechanomorphen" zum „biomorphen" Modell des Organismus in der Physiologie

Gegenüber den großen Aktivitäten auf den Gebieten der Naturgeschichte, der botanischen und zoologischen Taxonomie, die dem 18. Jh. den Beinamen des Jahrhunderts der Systeme eintrug (was übrigens auch für die Klassifikation anderer Seinsbereiche wie Krankheiten, Berufsgruppen, Wissenschaften, Heilmethoden gilt), fielen die Fortschritte auf dem Gebiet physiologischer Erkenntnisse zunächst weniger ins Gewicht für die biologische Disziplinbildung. Ein Umschwung im Denken über Lebensprozesse und entsprechende Forschungsaktivitäten erfolgten vorrangig auf den Gebieten der Medizin und Chemie und kamen deren Anwendungsbereichen zugute. Um so mehr beeinflußten sie aber die Theorienbildung und bewirkten gegen Ende des 18. Jh. einen Paradigmenwechsel in der Lehre über die Lebewesen, so daß nach Rothschuh [44] das aus dem 17. Jh. überkommene, an der Mechanik entwickelte „mechanomorphe" Modell des Organismus zunächst von einem „psychomorphen" und in der 2. Hälfte des 18. Jh. von einem „biomorphen" Modell abgelöst wurde. Damit war erst der Weg zu spezifisch biologischen Fragestellungen und Interpretationen frei geworden.

7.3.1. Mikroskopische und experimentelle Erforschung der Lebensprozesse

Um die Mitte des 18. Jh. wurde die mikroskopische Forschung, die auch in der ersten Hälfte des 18. Jh. nicht eingeschränkt worden war, vermehrt mit experimentellen Methoden verbunden und gezielt zur Lösung biologisch-physiologischer Fragen eingesetzt. A. *van Leeuwenhoeks* deskriptiv vermittelte Entdeckungen (vgl. 6.3. und 6.4.2.) waren durch die zusammenfassende lateinische Edition in den *Opera omnia* … (1715–1722) aktuell zugänglich. Auch durch Hermann *Boerhaaves* Herausgabe von J. *Swammerdams Biblia naturae* (1737–1738), die 1752 deutsch, 1758 englisch und französisch erschien und neben hervorragenden Beobachtungen auch mikroskopische Techniken vermittelte, gingen permanent Anregungen zur Nachahmung, Ergänzung, Verbesserung oder Widerlegung aus. Allerdings barg die Verwendung nicht-achromatischer zusammengesetzter Mikroskope die Gefahr optischer Täuschungen in sich (was übrigens *Newton* für unvermeidbar gehalten hatte), und die Täuschungsbilder die Möglichkeit heterogener theoretischer Interpretationen, so daß im Verlauf des 18. Jh. die Skepsis gegenüber Theorien, die auf mikroskopischen Beweisen aufgebaut waren, zunahm. Auch gegenwärtig ist die wissenschaftshistorische Bewertung solcher Arbeiten, die Netz- und Bläschenstrukturen beschreiben, schwierig und oft nur durch Wiederholung der historischen Beobachtung und ihren Vergleich mit modernen Hilfsmitteln sicher möglich, wie dies z. B. am medizinhistorischen Institut in Mailand durchgeführt wurde (Belloni 1965). So sind manche der Kontroversen des 18. Jh. auf Fehldeutungen und auf nicht immer unberechtigte Skepsis zurückzuführen, die beide oft auch in den Dienst vorgefaßter ideologischer Überzeugungen gestellt wurden.

Ein solches Feld der Auseinandersetzungen war die aus dem 17. Jh. überkommene **Präformationstheorie** mit ihren Spielarten des *Ovulismus* (*Malpighi*, *Swammerdam*) und *Animalculismus* (*Malebranche*, *Leeuwenhoek*), die in den beiden o. g. klassischen Werkausgaben ihren Niederschlag gefunden hatten (vgl. 6.4.2.) und weiterhin zu Argumentationen herausforderten. Der einflußreiche Leidener Physiologe Hermann *Boer-*

haave, der auf Seiten der Ovulisten stand, vermittelte seine Ansicht an viele Schüler weiter wie an Albrecht *von Haller* (1708–1778), der seinerseits in Göttingen großen Einfluß auf deutsche Studenten hatte. *Haller* hatte die Streitfrage, ob der Embryo im Ei schon vorgebildet sei, experimentell und mikroskopisch an bebrüteten und unbebrüteten Hühnereiern geprüft und zu erkennen geglaubt, daß die Embryonalhäute schon im unbefruchteten Ei vorhanden seien. In seiner Arbeit über die Bildung des Herzens im Hühnchen (*Sur la formation du cœr dans le poulet*, 1758) bekennt er sich nach vorangegangenem Zweifel zur Präformationstheorie (Roe 1981); sie entsprach auch seinen übrigen physiologischen Theorien, nach denen den tierischen Geweben zwar die spezifischen Eigenschaften der Reizbarkeit und Empfindsamkeit innewohnen, nicht aber die Fähigkeit zur Bildung und Neugestaltung.

Diese Erkenntnisse, die A. v. *Haller* durch jahrelange differenzierte Experimente an tierischen Organen etwa ab 1739 gewonnen hatte, leiteten einen neuen Abschnitt in der Tierphysiologie mit einem neuen Paradigma ein, nämlich die Lehre von den spezifisch biologischen Eigenschaften der einfachsten Strukturelemente belebter Körper. Die Experimente *Hallers* galten der medizinisch-biologischen Streitfrage seiner Zeit über den Einfluß der Seele auf die Körperfunktionen, die der Iatrochemiker Georg Ernst *Stahl* (1660–1734) während seiner Lehrtätigkeit in Halle in seinem Lehrbuch *Theoria medica vera* (1708) aufgrund von Beobachtungen in seiner medizinischen Praxis nachgewiesen und vitalistisch erklärt hatte.

Stahl lehnte es ab, die „Gesetze von Maschinen pneumatischer, hydraulischer, chemischer, mechanischer oder optischer Wirkweise" auf den lebenden Körper anzuwenden. Zwar hätten alle Teile (Fasern, Bänder, Gelenke, Pumpen, Kanäle, Katarakte, Klappen usw.) eine „mechanische Disposition"; aber wie die Bewegungen einer Maschine von einem „intelligenten Prinzip" auf ihren nützlichen „Endzweck" hin dirigiert werden, so würden die „vitalen Bewegungen" – auch wenn sie die „Folge eines mechanischen Effektes" seien – n i c h t durch „innere physikomechanische Notwendigkeit" determiniert sein, sondern „aktiv und von der Seele selbst gesteuert" werden. Die Seele nutze die körperlichen Werkzeuge, um spezifische, nicht nur artgemäße, sondern auch an veränderliche, zufällige äußere Ursachen genau angepaßte Wirkungen hervorzubringen [44].

Die Grundsätze seiner als *Animismus* bezeichneten antimechanistischen Lehre, die auch die Keimesentwicklung einschloß, waren bereits 1695 in dem Satz zusammengefaßt: „Die Seele selbst baut sich den Körper, bewahrt ihn und handelt in allem in ihm und mit ihm auf ein bestimmtes Ziel hin ..." („psychomorphes Modell"; [44; S. 152]).

Schon *Leibniz* hatte gegen *Stahls* Theorie argumentiert, daß etwas Unkörperliches wie die Seele nicht körperliche Prozesse bewirken und die mechanischen Gesetze der Körperwelt verletzen könne, oder dies heiße, „die Seele in Körperliches zu verwandeln".

Diese Konsequenz hatte der französische Arzt und Materialist Julien-Offray *de La Mettrie* (1709–1751) gezogen, der wie *Haller* ein Schüler *Boerhaaves* war und dessen mechanistische Physiologie (vgl. 6.2.1.) bis zur Seelentätigkeit des Menschen fortführte. In seinen Schriften über die Naturgeschichte der Seele (*Histoire naturelle de l'âme*, 1745) und „der Mensch – eine Maschine" (*L'homme – machine*, 1748), derentwegen er Frankreich und Holland verlassen und nach Berlin flüchten mußte, vertritt er die Ansicht, daß alle Eigenschaften der Seele von der spezifischen Organisation des Gehirns und des Körpers abhängen und jeder kleinen Faser eine Kraft, ein Bewegungsprinzip, „angeboren" sei, das er der Seele gleichsetzte.

Hallers Experimente an lebenden Tieren führten zur Ablehnung beider Extreme. *Stahls Animismus* (seelischer Einfluß auf alle physiologischen Bewegungsvorgänge über die Nervenbahnen) widerlegte *Haller* durch Nachweis der Kontraktionsfähigkeit von Muskelfasern (Herzmuskel) nach Abtrennung vom lebenden Körper und dessen Seele. Gleichzeitig war damit auch gegen *La Mettries* Ansicht entschieden, daß die der Faser eingeborene „Kraft" zur Bewegungsreaktion mit der Seele identisch sei (Toellner 1967).

In seinen Vorträgen vor der von ihm gegründeten und geleiteten *Societät der Wissenschaften* in Göttingen legte *Haller* 1752 seine neue Lehre über die empfindsamen und reizbaren Teile des menschlichen Körpers vor (*De partibus corporis humani sensibilibus et irritabilibus.* Comment. Reg. Soc. Sci. 1753), die dann durch sein Lehrbuch Anfangsgründe der Physiologie des menschlichen Körpers (*Elementa physiologiae corporis humani*, 8 Bde., 1757–1766; dt. 1776) weit verbreitet und sehr einflußreich wurde; denn sie gab erstmals die Möglichkeit zur Sonderbehandlung biologischer Objekte, ohne den Glauben an eine unsterbliche menschliche Seele einerseits und die Prinzipien der Mechanik andererseits aufzugeben. Insofern war *Haller* Dualist wie *Descartes*; auch für ihn ist die „gesamte Physiologie ... eine Darstellung der Bewegungen", nur daß er es verwirft, die „mechanischen, hydrostatischen und hydraulischen Gesetze ... bei belebten Maschinen anzuwenden, sofern die Versuche nicht damit übereinstimmen" [44].

Durch Experimente hatte *Haller* – in Kombination mit mikroskopischen Studien – Elementarteile der Organismen mit zwei verschiedenen, voneinander abgrenzbaren Eigenschaften gefunden: „reizbare", die sich bei Berührung verkürzen, ohne Empfindungen auszulösen (Muskeln, Adern, Darm usw.), und „sensible", die bei Berührung seelische Empfindungen hervorrufen (z. B. Nerven). Welche Organe zu den reizbaren, welche zu den sensiblen gehören, sei nur experimentell feststellbar. Die Reizbarkeit

(*Irritabilität*) hielt *Haller* für eine Eigenschaft der organischen Materie analog der Gravitation *Newtons*, lehnte aber eine Vitalkraft als besonderes immaterielles „Lebensprinzip" ab.

So entwicklelte A. *v. Haller* eine **eigenständige Lehre vom Leben,** ohne prinzipiell die Mechanik aufzugeben, und setzte neben die „allgemeine Mechanik der unbelebten Natur" eine spezielle „tierische Mechanik", die er auch belebte Anatomie (*Anatomia animata*) nannte (*Elementa* ... Bd. 1, Einleitung) (vgl. Toellner 1967).

Da *Haller* mithin kein übergeordnetes Lebensprinzip, sondern nur eine den organischen Strukturen innewohnende (*insita*), eingeborene (*innata*) Qualität, Fähigkeit, Eigenschaft (*qualitas, facultas, proprietas*) ohne Vermögen zur Neugestaltung annahm, hielt er an der Präformationstheorie fest. Er wurde darin durch die Untersuchungen seines Schweizer Landsmannes Charles *Bonnet* (1720–1793) bestärkt, mit dem er korrespondierte. *Bonnet* war durch die *Bibel der Natur* von *Swammerdam* (s.o.) und die Arbeiten von *Réaumur* zu mikroskopischen und experimentellen Insektenstudien angeregt worden.

René-Antoine Ferchault *de Réaumur* (1683–1757) hatte als Privatgelehrter nicht nur große zoologische Sammlungen angelegt und die Taxonomie gefördert (vgl. 7.2.3.), sondern selbst vor allem vielseitige experimentelle physiologische und mikroskopische Studien über die Regeneration von Organen an Krebstieren (*Mém. Acad. Roy. Sci.* 1712) und die Entwicklung von Insekten durchgeführt (*Mémoires pour servir à l'histoire naturelle des insectes*, 6 Bde., 1734–1742). Dabei hatte er die Vermehrung weiblicher Blattläuse ohne Begattung beobachtet, ohne es sicher beweisen zu können (a.a.O. Bd. 3, S. 329 ff).

An diese offene Frage hatte Charles *Bonnet* (1720–1793) angeknüpft. Er konnte durch Isolierung frisch geschlüpfter Weibchen die parthenogenetische Vermehrung in etwa neun aufeinanderfolgenden Weibchengenerationen nachweisen (1740), womit die Präformationstheorie experimentell und mikroskopisch-optisch bestätigt schien.

Dafür wurde der junge *Bonnet* auf Empfehlung seines Lehrmeisters *Réaumur* 1740 korr. Mitglied der Pariser Akademie und 1743 der *Royal Society* London, was ihm Autorität verlieh. Die Entdeckung wurde zusammen mit weiteren Versuchsergebnissen über die Regeneration von Ringelwürmern u. a. in seiner Abhandlung über Insektenkunde (*Traité d'Insectologie*, 1745, dt. 1773) veröffentlicht, die durch *Trembleys* Experimente mit *Hydra* (s. u.) angeregt waren und auch für diese Erscheinungen Argumente im Sinne der Präformation enthielten. Das Phänomen der Wiederentstehung ganzer Tiere aus abgeschnittenen Teilen erklärte *Bonnet* mit der Existenz präformierter „Keime" (*germes*) im gesamten Organismus. Damit interpretierte *Bonnet* nicht nur Keimesentwicklung und Regeneration, sondern auch das Auftreten von Mißbildungen und Bastarden – wichtigste Einwände gegen die Präformationstheorie – und faßte seine Hypothesen in seiner gegen *Buffon* und *Needham* (s. u.) gerichteten Schrift *Betrachtungen über die organisierten Körper* (*Considérations sur les corps organisés*, 2 Bde., 1762; dt. 1773) zusammen.

Die Anstrengungen *Bonnets* zur Rettung der Präformationstheorie und damit des Schöpfungsglaubens hatten sich vor allem gegen die experimentellen Befunde *Trembleys* gerichtet, dessen **Entdeckung des Süßwasserpolypen Hydra** (*Chlorohydra viridissima*) um 1740 und seiner unglaublichen Regenerationsfähigkeit nicht nur *Leibniz'* Vorhersage möglicher „Übergangsformen" zwischen Pflanzen- und Tierreich zu bestätigen schien (zumal die Vermehrung durch Knospung an Pflanzen erinnerte), sondern (besonders die Regeneration von Teilen zu ganzen Individuen) sowohl die mechanistischen als auch religiösen Grundlagen der Präformationstheorie erschütterte (Roger 1963).

Der Genfer Naturforscher Abraham *Trembley* (1710–1784) hatte ab 1733 als Hauslehrer in Den Haag, Leiden und London gewirkt und sich mikroskopischen Studien gewidmet (ab 1743 als Mitglied der *Royal Society*, die dort Tradition hatten; vgl. 6.3.). Seine Entdeckung der *Hydra* in Süßwasserproben war sensationell. Nach der Korrespondenz mit *Réaumur* (hrsg. M. Trembley 1902, [2]1943) unterwarf er das Tier verschiedensten Ex-

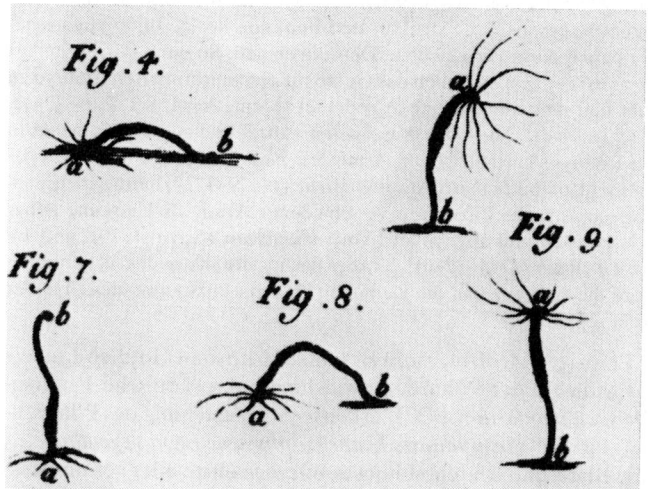

Abb. 55. Versuche mit dem Süßwasserpolypen *Hydra* von A. Trembley 1744.

perimenten über partielle Regeneration nach Abschneiden kleiner Teile und Zerschneiden ganzer Tiere, deren Einzelteile neue vollständige Individuen bildeten, und über Reizbarkeit, wobei er die Veränderung des Gewebes bei Zusammenziehung und Ausdehnung des Körpers und der Tentakel protokollierte und zeichnete (Abb. 55; *Mémoires pour servir à l'histoire d'un genre des polypes d'eau douce*, 1744). Nach seiner Rückkehr nach Genf (1757) verband ihn mit *Bonnet* enge wissenschaftliche und politische Freundschaft und die gemeinsame Leitung der Stadtbibliothek (Baker 1952).

Seine Entdeckung wurde vielfältig interpretiert und philosophisch zur Erhärtung spekulativer Entwicklungstheorien (*Diderot, La Mettrie, Buffon*) genutzt. Unter ihrem Eindruck wurde A. *v. Haller* zeitweilig an der Präformationsstheorie schwankend (Roe 1981), und diverse epigenetische Theorien entstanden (*Maupertuis, Buffon, Needham*, s. u.).

Der englische Theologe John Toberville *Needham* (1713–1781) führte erste mikroskopische Untersuchungen während seiner Lehrtätigkeit in Twyford (bei Winchester) zwischen 1740 und 1744 an Pollenkörnern von Lilien und Weizen durch. Nach Aufschwemmung in Wasser sah er eine Masse feinster Körnchen austreten, auch Fasern oder „Würmchen" (*Phil. Trans. Roy. Soc.* 42, 1743: 634–641).

Mikroskopische Studien an pflanzlichen Sexualorganen wurden in der Nachfolge von *Grew* und *Malpighi* (vgl. 6.3.), besonders aber nach *Linnés* Sexualsystem (vgl. 7.2.2.) zum Nachweis ihrer Struktur und Funktion im 18. Jh. häufig ausgeführt, zumal es auch darin verschiedene Deutungen gab. So hatte der Botaniker E. F. *Geoffroy* (1672–1731) im Pollen das Gefäß für den präformierten Embryo zu sehen geglaubt und ihn animalkulistisch gedeutet (Mém. Acad. Sci. Paris 1711), wogegen A. *de Jussieu* (1686–1758) entschieden auftrat und auf dem Samenkorn als Träger des Embryos bestand (*Mém. Acad. Sci. Paris* 1739) (vgl. auch 8.2.1.).

Der Florentiner Botaniker Pietri Antonio *Micheli* (1679–1737) hatte experimentell und mikroskopisch die Pilzsporen verschiedener Arten als Ursprung neuer Pflanzen nachgewiesen und abgebildet (*Nova plantarum genera*, 1729), und Johann Gottlieb *Gleditsch* (1714–1786), der dies nachprüfte, hatte das nicht nur bestätigt, sondern die Existenz und die Keimfähigkeit von Pilzsporen überall in der Luft festgestellt [2].

Auch der Leipziger Mediziner und Botaniker Christian Gottlieb *Ludwig* (1709–1773) widmete der Pflanzenentwicklung mikroskopische Untersuchungen (*De sexu plantarum*, 1737), erklärte die Entstehung des Pflanzengewebes aus „Fibern" (*Institutiones historico-physicae regni vegetabilis ...*, 1742) und die Blatt- und Blütenbildung durch vermehrte oder verminderte Zufuhr von Nahrungssäften (*Anleitung zur Pflanzenkunde*, 1742), wie vorher schon Chr. *v. Wolff* (1723) und später C. F. *Wolff* (s.u.).

Der englische Mikroskopiker Henry *Baker* (1698–1749) förderte mit seiner Schrift über „das zum Gebrauch leicht gemachte Mikroskop" (*The microscope made easy*, 1742; dt. 1753) auch außerhalb der Fachkreise mikroskopische Studien und zeigte die Anwendung des Mikroskops (*Employment of the microscope*, 1745) an pflanzlichen und tierischen Mikroorganismen in Pflanzenaufgüssen (*Natural history of the polyp insect*, 1744).

Needhams Beobachtungen an Pollenaufschwemmungen erhielten erst im Vergleich mit zoologischen Studien für seine **neue Theorie der Epigenese** Bedeutung. Angeregt von *Trembleys* Regenerationsversuchen mit *Hydra*, suchte er nach analogen makroskopischen Meeresorganismen, um das Phänomen leichter studieren zu können; denn er nahm an, daß den vielgestaltigen Mikroorganismen gleiche Lebewesen auf der makroskopischen Ebene entsprächen (Mazzolini 1986). Während einer Lehrtätigkeit in Lissabon (1744–1745) entdeckte er bei meereszoologischen Studien die *Spermatophoren* an geschlechtsreifen Kalmaren, aus denen bewegliche Spermatozoen ausgestoßen wurden. Ähnlichkeit mit seinen Beobachtungen an Pollen führte ihn zu der Überzeugung, daß sie ebensowenig wie *Leeuwenhoeks* Samentierchen „wahre Tiere" seien, sondern nur „winzige Maschinen", Träger der eigentlichen Zeugungssubstanz, aus der durch eine „Vegetationskraft" die lebenden Keime und ihr Formenwandel bewirkt werden. Die zielgerichtete, artspezifische Ausbildung eines Organismus sei ebenso wie Regenerationsprozesse von spezifischen Naturkräften verursacht, die in der Wechselwirkung von Anziehung und Abstoßung, vergleichbar den physikalischen Kräften, bestünden. (*An account of some new microscopical discoveries*, 1745). Bei einem Aufenthalt in Paris (1746–1747) führte er seine Beobachtungen *Buffon* und *Réaumur* vor und experimentierte mit *Buffon* und *Daubenton* über Mikroorganismen und die Wirkung elektrischer Reize. In seinen „Beobachtungen über Erzeugung, Zusammenfügung und Zersetzung tierischer und pflanzlicher Substanzen" (*Observations upon the generation, composition and decomposition of animal and vegetable substances*, 1749) faßte *Needham* seine Theorie über die Entstehung von Organismen aus zerfallenen organischen Resten, die durch die Vegetationskraft zu neuen Lebewesen verbunden werden, zusammen, wobei er sich entschieden gegen die Urzeugung (*generatio aequivoca*) aus anorganischen Stoffen im Sinne des 17. Jh. abgrenzt.

Georges *Buffon* (vgl. 7.2.1.) verfaßte zu dieser Zeit die ersten Bände seiner *Naturgeschichte* (1749), in denen sich die gemeinsamen Studien mit *Needham* und seine eigene antipräformistische Überzeugung widerspiegeln (Bd. 2). Er hatte eine andere Theorie über die epigenetische Embryogenese entwickelt, die gleichzeitig, auf die Erdgeschichte projiziert, das zeitliche Nacheinander von einfachen zu komplizierten Lebewesen erklä-

ren sollte. Auch er nahm eine alles Lebendige „durchdringende Kraft"
(*force pénétrante*) analog zur Schwerkraft an, die aus „organischen Molekülen" nach einem „inneren Modell" (*moules intérieures*) sowohl die
Keime in den Geschlechtsorganen und Infusorien in Heuaufgüssen gestaltet, als auch in langen Zeiträumen – von Erdrevolutionen unterbrochen –
die Organismenwelt hervorgebracht habe. Da nach *Buffons* Hypothese jeder organische Keim für sich geschaffen und nur zu unterschiedlicher Zeit
zur Entwicklung angeregt wurde, lagen ihr keine stammesgeschichtlichen
Vorstellungen zugrunde, sondern eher die antike *Panspermie*-Idee (vgl.
3.2.3.).

  Eine dritte epigenetische Hypothese, die nach der Entdeckung der rege-
nerationsfähigen *Hydra* entstand, entwickelte der Mathematiker Pierre
Louis *Moreau de Maupertuis* (1698–1759), der ebenso wie *Buffon* und
Needham, ein Anhänger *Newtons* war und gravitationsähnliche Kräfte für
die organische Entwicklung annahm. Seine Aufmerksamkeit galt der Ent-
stehung von Bastarden und Mißbildungen, die gegen die Präformations-
theorie sprachen. Durch Kreuzungsversuche mit Hunden, Hühnern und
Papageien erhärtete er die Auffassung von der gleichen Wirksamkeit der
Männchen und Weibchen bei Erzeugung der Nachkommen, die er mit der
Existenz von zwei Samenflüssigkeiten erklärte. Seine anonyme Disserta-

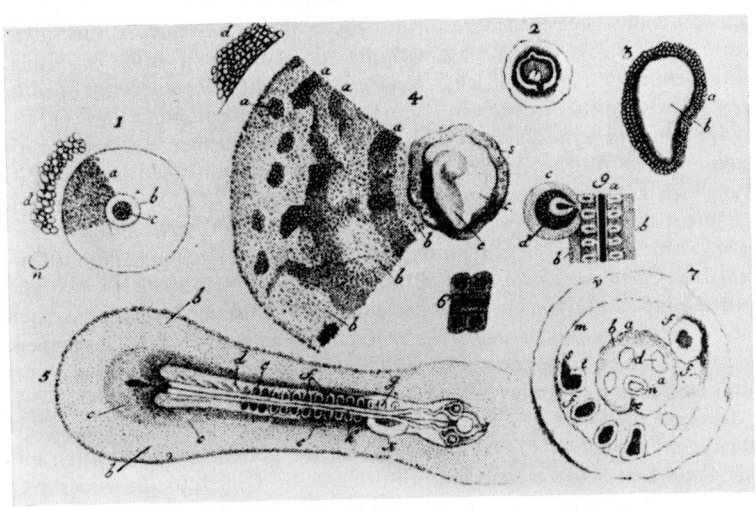

Abb. 56. Epigenese des Hühnerembryos. Ausschnitt aus Tafel II von C. F. Wolff
1759.

tion über den „weißen Neger" (*Diss. physique à l'occasion du nègre blanc*, 1744), einen Albino, den er irrtümlich auf weiße Vorfahren zurückführte, erschien ein Jahr später unter seinem Namen (*Venus physique*, 1745). Den Angriffen von *Voltaire* vor der Berliner Akademie der Wissenschaften, der beide seit 1746 angehörten, und die sich gegen *Needhams*, *Buffons* und *Maupertuis'* Vorstellungen richteten, setzte *Maupertuis* eine Reihe von Abhandlungen (1750–1754) entgegen, in denen er seine Vorstellung über Bastarderzeugung, Keimesentwicklung und Entstehung von Mißbildungen mit einer an *Anaxagoras* und *Demokrit* angelehnten *Pangenesis-Theorie* (vgl. 3.2.3.), der Existenz organischer Partikel aus allen Körperteilen im Samen und dem Wirken von Kräften der Anziehung und Abstoßung erörtert, die er als Zu- oder Abneigung, Begierde und Gedächtnis interpretiert (*Œuvres*, Bd. 2., 1756: 146 ff.).

Das war der Stand der Kontroversen für und gegen die Präformations-theorie, die eng verknüpft waren mit Fragen über die Urzeugung, die Bastarderzeugung und die Rolle der Geschlechter, als Caspar Friedrich *Wolff* (1734–1794) sein Medizinstudium 1755 in Berlin begann und 1757 in Halle fortsetzte. Mit seiner bedeutungsvollen Dissertation *Theoria generationis* (1759) legte er das Ergebnis gründlicher mikroskopischer und experimenteller Untersuchungen über die schwebenden Fragen vor, die sich durch Exaktheit der Beobachtungen und Folgerichtigkeit der Schlußfolgerungen gegen die bisherigen meist spekulativen Argumente abhob.

Wolffs Arbeit bestand aus zwei Teilen. Zuerst behandelt er die Pflanzen als die einfacheren Organismen – ähnlich wie *Malpighi* (vgl. 6.3.) – und erläutert ihren Ernährungsprozeß als die Grundlage für Wachstum und Entwicklung der Organe. Hierbei lehnte er sich offensichtlich an Lehrbuchwissen an, wie er es in Halle von Chr. *von Wolff* (1753; vgl. 6.3.) oder von seinem Berliner Lehrer J. G. *Gleditsch* (*De methodo botanica* …,1742) und dessen Leipziger Studienkollegen Chr. G. *Ludwig* 1742 (s. o.) vorfand. Wie diese beschrieb er Fibern, Zellen und Gefäße und die in ihnen fließenden Säfte, wobei er die Saftbewegung und ihre formbildende Erstarrung einer „wesentlichen Kraft" (*Vis essentialis*) zuschrieb. Sie spielt auch in der epigenetischen Theorie der Keimesentwicklung die maßgebliche Rolle, wird von *Wolff* aber nicht als metaphysisches Prinzip analog zu G. E. *Stahls* Seelenkräften verstanden, sondern als physikalische Kraft wie die Gravitation (*Von der eigentümlichen und wesentlichen Kraft*, 1789). Beim Studium des Knospenwachstums an Stengeln, Blättern und Blüten sah *Wolff* den „Vegetationspunkt" (*punctum sive superficies vegetationis*) als homogene Masse ohne jede präformierte Struktur und verfolgte mikroskopisch die allmähliche Entwicklung von Blatt- und Blütenstrukturen (Gaissinovitch 1961).

Im zweiten Teil führte *Wolff* entsprechende Untersuchungen an unbebrüteten und bebrüteten Hühnereiern durch und konnte aus unstrukturierten Anfängen des „Keimflecks" die allmähliche Bildung von Blutinseln und Blutgefäßen sowie des Herzens, der embryonalen Urnieren (heute als *Wolffsche Körper* bezeichnet) und der Extremitätenanlagen verfolgen (Abb. 56). Auch diese tierische Embryobildung führte *Wolff* auf Ernährungs- und Wachstumsprozesse (Organbildung als Ausscheidungsprozeß) mit Hilfe der „wesentlichen Kraft" zurück.

Während der Jahre 1763–67 lehrte *Wolff* in Berlin seine Theorie der Epigenese in Privatvorlesungen vor begeisterten Studenten, für die das deutsche Lehrbuch *Theorie von der Generation* (1764) entstand. Es enthält in polemischem Stil eine Absage an die Präformisten und ihre „leblose" Natur anstelle einer Natur, „die sich selbst destruierte und sich von Neuem wieder schuf, um dadurch unendliche Veränderungen herfürzubringen …" In Berlin wurden die Untersuchungen über Hühnerembryonen fortgesetzt und gipfelten in der Arbeit über die Bildung des Darmkanals im bebrüteten Hühnchen (*De formatione intestinorum … Novi Comm. Acad. Petrop.* 12 (1768), 15 (1769); dt. v. *Meckel* 1812), die noch 60 Jahre später der Embryologe Karl Ernst *von Baer* (vgl. 8.3.1.) als die „größte Meisterarbeit" bezeichnete, „die wir aus dem Felde der beobachtenden Naturwissenschaften kennen" (Uschmann 1955). Sie enthält die genaue Beschreibung und Abbildung der einzelnen Entwicklungsstadien des Darmes von einfachen flachen Schichten (*membranae*), die er mit „Blättern" verglich, bis zu den zusammengefalteten Hohlräumen des künftigen Organismus, wobei ihm die rhythmische Wiederholung der Gestaltungsprozesse im Wechsel von blattartiger Ausdehnung und röhrenartiger Zusammenlegung auffiel.

Die minutiösen Beobachtungen, die hier nicht mit Hypothesen belastet sind, wohl aber entschieden die Präformation von Organen in fertiger, vom „Schöpfer geschaffener" Form widerlegten, beeindruckten später auch *Goethe*, der in *Wolff* einen Vorläufer seiner eigenen Metamorphoselehre sah (vgl. 7.3.2.).

Da *Wolff* am Berliner *Collegium medico-chirurgicum* keine Professur erhalten und wie sein Landsmann P. S. *Pallas* (vgl. 7.2.3.) 1767 eine Berufung an die Petersburger Akademie der Wissenschaften angenommen hatte, änderte sich sein Arbeitsgebiet und konzentrierte sich – neben der zeitweiligen Verwaltung von Botanischem Garten und chemischem Labor – auf die von ihm verwalteten anatomischen Sammlungen der Kunstkammer und der Akademie mit ihren umfangreichen Beständen an **Mißbildungen**, die laufend durch Neuzugänge erweitert wurden. Bei ihrer Bearbeitung (über die in den Akademieschriften berichtet wird) reiften Erkenntnisse theoretischer Art, die nur in einem Manuskript (*Objecta meditationum pro theoria monstrorum*) überliefert sind und zeigen, daß *Wolff* zu

Fragen der Erblichkeit von plötzlich auftretenden Mißbildungen (z. B. *Polydactylie*), also Veränderungen der Artspezifik, des Unterschiedes zwischen diesen und nur zeitweilig beständigen Veränderungen unter lokalen Einflüssen (z. B. bei Pflanzen) sowie der physischen Ursachen beider zu weitreichenden Schlußfolgerungen kam, die über seine Zeit hinausreichen (Raijkov 1965). Er vermutete, daß die Vererbung spezifischer Eigenschaften, die die Konstanz der Arten (*constantia*) und in der Embryonalentwicklung die artgemäße Bildung des Organismus gewährleisten, von einer durch die *Vis essentialis* „organisierten Substanz", einer *materia qualificata,* abhängen, die nicht in einer Struktur, sondern in Kräften, in physiologisch-chemischen Eigenschaften (Qualitäten) bestehen (wohl entsprechend den schon 1759 beschriebenen Ernährungs- und Wachstumskräften, die eine zentrale Rolle spielen). Eine Veränderung (*mutabilia*) sei nur erblich, wenn Einflüsse bis zur *materia qualificata* vordringen (*penetrare*) und den Modus der Organisation (*modus vegetationis*), nicht nur den „Grad" wandeln.

Es ist nicht verwunderlich, daß das Manuskript *Objecta* ... auch eine „Theorie der Bildung von Arten und Gattungen" und eine „Theorie der natürlichen Klassifikation" (*theoria ordinationis naturalis*) enthält, in denen ausgesprochen wird, daß nicht die „äußere Form" die wahren Arten und Gattungen bestimme, sondern die verborgene *materia qualificata,* die das Fundament jeder Klassifikation sei (§ 36; Raijkov 1965). Das unvollendete Manuskript enthält keine Hypothesen über die Wirkungsweise „der äußeren, verändernden Ursachen" (*causae externae determinantes et mutantes*), aber ein weiteres Fragment (*Distributio operis*) skizziert diese Fragen als Forschungsprogramm, während sich *Wolff* in den letzten Jahren anhand der Mißbildungen mit Fragen der Beziehung zwischen Körper und Seele befaßte, die nicht von *Stahls Animismus* (s. o.) beeinflußt sind (Lukina 1975).

Das Lebenswerk *Wolffs* (Abb. 57) berührte Grundfragen der Biologie, die noch nach 200 Jahren aktuell sind, an deren Erforschung sich das ausgehende 18. Jh. erst herantastete. Auf der Suche nach geeigneten Forschungsmethoden bildete sich um 1800 die „Biologie" zunächst als Forschungsprogramm mit der Zielsetzung einer eigenen Disziplin heraus (vgl. 7.4.). Spezifische Forschungsaufgaben außerhalb etablierter Universitätsdisziplinen wurden damals häufig von Akademien und Gesellschaften als **Preisaufgaben** gestellt. Daran war *Wolff* in der Petersburger Akademie maßgeblich beteiligt, so z. B. 1782, als er das Thema vorschlug: „Wie ist die Natur der *vis nutriatrix* zu erklären?" Seine eigene Antwort (*Von der eigenthümlichen und wesentlichen Kraft* ...,1789, s. o.) wurde zusammen mit den Einsendungen von J. *Blumenbach* (*Über die Nutritionskraft* ...) und K. F. *Born* aufgrund seines Gutachtens gedruckt (Lukina 1975), was darauf hindeutet, daß diese Auffassungen der seinen nahekamen.

Abb. 57. Silhouette von Caspar Friedrich Wolff, einzige authentische Porträtdarstellung.

Johann Friedrich *Blumenbach* (1752–1840; vgl. auch 7.2.1.) gehörte zu den frühen Verfechtern einer Epigenese in Göttingen, wo noch wenige Jahrzehnte vorher A. *v. Haller* die Präformationstheorie verteidigt hatte. In seiner ersten Veröffentlichung *über den Bildungstrieb und das Zeugungsgeschäfte* (1781) legte er eigene mikroskopische Beobachtungen über die Entwicklung der Fadenalge (*Conferva*) und die Regeneration und Neubildung von *Hydra*, über experimentell erzeugte Mißbildungen und Bastarde sowie das Auftreten von Mischlingen menschlicher Rassen als Beweise gegen die Präformation dar (damals auch als *Evolution* = Auswicklung, Entfaltung bezeichnet). Als neuen Faktor für die Herausbildung, Erhaltung und Wiederherstellung einer „bestimmten Gestalt" führte *Blumenbach* einen „Bildungstrieb" (*nisus formativus*) als „eine der ersten Ursachen aller Generation, Nutrition und Reproduktion" ein, der jedoch (im Gegensatz zu *Hallers*, *Needhams*, *Maupertuis'* und auch *Wolffs* Auffassungen) sowohl von den allgemeinen Eigenschaften der Körper (Anziehung, Abstoßung) als auch von den „übrigen eigenthümlichen Kräften der organisierten Körper ... gänzlich verschieden" sei (1781, S. 12; vgl. Gaissinovitch, in [22]).

Blumenbach verband das Wirken dieser spezifischen Gestaltungskraft im Organismus nicht – wie fast alle Epigenetiker bisher – mit der Anerkennung einer Urzeugung, sondern erörterte sie ebenso kritisch wie die Präformationstheorie, die auch nach *Wolffs* Veröffentlichungen noch Verteidiger fand.

Einer derselben, der italienische Priester und Abbé Lazzaro *Spallanzani* (1729–1799), hatte – als Professor für Naturgeschichte in Modena und Pavia – *Buffons* und *Needhams* Vorstellungen von einer *Generatio spontanea* (s. o.) zweifelsfrei widerlegt, zunächst mikroskopisch (*Saggio di osservazione microscopiche* ..., 1765), dann aber mit einer neuen Qualität wohldurchdachter Experimente.

Als er trotz Auskochen der Gefäße und ihrer Versiegelung nach Einfüllen der Pflanzen- und Fleischsaftproben – wie *Needham* – zahlreiche Infusorien entdeckte, folgerte er, von der Präformation überzeugt, daß ihre „Eier" mit der Luft in die Gefäße gekommen seien und veränderte die Experimente. Er gab Proben mit 19 verschiedenen Kleinlebewesen in 19 hermetisch versiegelte Flaschen und erhitzte sie erst danach eine Stunde lang im Wasserbad. Die anschließende mikroskopische Untersuchung ergab keinerlei Spuren von Mikroorganismen und bestärkte *Spallanzani* und andere Präformisten, daß auch die Infusorien ihren Ursprung in präformierten Eiern haben, die durch die Luft verbreitet werden. Er beschrieb auch zahlreiche Spermatozoen sowie die Teilung von Infusorien, die er bei der Suche nach ihren „Eiern" beobachtet hatte, in seinen kleinen Schriften über die tierische und pflanzliche Natur (*Opuscoli di fisica animale e vegetabile*, 2 Bde., 1776; französ. 1777, dt. mit Zusätzen von Chr. Michaelis, 1780).

Er führte Befruchtungsexperimente an Pflanzen und Tieren (Fröschen, Kröten, Hunden) durch, um die Rolle der männlichen Spermien bei der Embryogenese zu ergründen. Dabei gelang ihm die künstliche Besamung von Kröteneiern und sogar die einer Hündin (*Versuche über die Erzeugung der Thiere und Pflanzen*, a. d. Französ. von Christian Michaelis, Leipzig 1786).

Hatte *Spallanzani* somit als hervorragender Experimentator die Urzeugungsfrage korrekt negativ entschieden, was erst 60 Jahre später durch Th. *Schwann* bestätigt wurde (vgl. 8.4.2.), so hatte ihn sein vorgefaßter Glaube an Schöpfung und Präformation die Befruchtungsversuche falsch deuten lassen. Den **Durchbruch** zum experimentellen Nachweis der gleichrangigen Rolle männlicher und weiblicher Geschlechtsprodukte bei Erzeugung der Nachkommenschaft und ihres Anteils an der Gestaltbildung der Keimlinge erzielte erst der Botaniker Joseph Gottlieb *Koelreuter* (1733–1806). Während eines 5jährigen Aufenthaltes als Adjunkt der Akademie der Wissenschaften in Petersburg (1755–1761) hatte er 1759 mit Versuchen begonnen und sie nach seiner Rückkehr nach Württemberg (ab 1763 in Karlsruhe) bis etwa 1776 weitergeführt.

Er setzte in gewisser Weise die Tübinger Tradition fort, wo 1694 Rudolph Jacob *Camerarius* (1665–1721) erstmals in systematischen Kreuzungsversuchen die Zweigeschlechtlichkeit der Pflanzen nachgewiesen und in einem Brief an M. B. *Valentini* mitgeteilt hatte (*De sexu plantarum epistola* ...). Diese wichtige Schrift hatte 1749 *Koelreuters* Doktorvater in Tübingen, Johann Georg *Gmelin* jr. (1709–1755), neu herausgegeben und allgemein zugänglich gemacht, vermutlich dadurch und durch persönlichen Einfluß *Koelreuters* Experimente initiiert (E. Mayr 1986).

Auch *Koelreuter* nutzte mikroskopische Studien zur Untersuchung von Pollenkörnern von über 1000 Pflanzenarten, deren Form, Farbe und Größe er analysierte. Ihre befruchtende Wirkung schrieb er einer öligen Ausscheidung zu, die sich mit einer gleichartigen Flüssigkeit auf der Narbe der weiblichen Blüte vermischen und dadurch intermediäre Bastarde erzeugen sollte. Durch mehr als 500 künstliche Befruchtungsversuche, wobei er mit 138 Arten experimentierte und viele Mittelformen erhielt, wies er die Streitfragen zwischen Animalkulisten und Ovulisten als gegenstandslos zurück. Seine klassischen Abhandlungen (*Vorläufige Nachricht von einigen das Geschlecht der Pflanzen betreffenden Versuchen und Beobachtungen,* 1761–1766; neu hrsg. *Ostw. Klass.* 41, 1893) enthalten vielfältig variierte Kreuzungsversuche mit Nelken-, Königskerzen-, Tabak- und Akeleiarten, wobei auch Rückkreuzung mit Hybridpollen und Kontrollversuche sowie Bestäubung mit Pollengemischen durchgeführt, die Methoden und Ergebnisse genauestens beschrieben wurden. Viele weitere Mitteilungen über **intermediäre Bastardformen** sowie Experimente mit Kryptogamen erschienen in subtilen lateinischen Darstellungen zwischen 1770 und 1796 in den Petersburger Akademieschriften und harren noch einer eingehenden Auswertung (Mayr 1986).

Koelreuter war von der epigenetischen Keimesentwicklung *a priori* überzeugt und wandte seine mikroskopischen Studien auf das postulierte homogene Keimmaterial beider Geschlechter, das er in Pollenkorn und Narbe suchte. Wie *Maupertuis* (s. o.) kehrte er zu der antiken Vorstellung von zwei Samenflüssigkeiten zurück, die sich gleichmäßig mischen und nach Einsaugung durch die Narbe in Griffel und Fruchtknoten ein wiederum homogenes Ausgangsmaterial für den Embryo im Samen bilden.

Die experimentell erkundete Tatsache, daß vorzugsweise arteigener, also „verwandter" Pollen einen Befruchtungeffekt erzielt, erklärte er mit Anziehungskräften einer chemischen Affinität und verstand den Befruchtungsprozeß als chemischen Vorgang, analog der Salzbildung beim Zusammentreffen von Säuren und Basen, also als Naturgesetze, wie sie in Physik und Chemie beobachtet werden. In einer erst postum erschienenen Monographie über den Staub der Antheren (*De antherarum pulvere*, 1806–1811) sind seine subtilen pollenanalytischen Untersuchungen separat festgehalten.

7.3.2. Die Begründung der Morphologie

So war gegen Ende des 18. Jh. die **Gestaltbildung der Lebewesen** in allen ihren Aspekten (Embryogenese, Regeneration, Miß- und Bastardbildung, Urzeugung) experimentell und mikroskopisch untersucht, als spezifisches Phänomen lebender Körper erkannt und zu einem eigenständigen Forschungsgegenstand erhoben worden. Die Studien waren meist morphologischer Art und betrafen – auch bei „exprimentellen" Eingriffen und künstlich geschaffenen Bedingungen – Beobachtungen über Gestaltbildung und -veränderung, wobei speziell die Reproduktion der artspezifischen Gestalt, wie auch die Formveränderung als Reaktion auf äußere Einflüsse, als Spezifik der Organismenwelt den mechanischen Gesetzen der anorganischen Welt gegenübergestellt wurden.

Dieser Wandel fand einen besonderen Ausdruck in der **Begründung der Morphologie** durch Johann Wolfgang *von Goethe* (1749–1832) als einer „genetischen", der Dynamik der Lebewesen entsprechenden Wissenschaft, die er der Anatomie gegenüberstellte. Zunächst war er von der letzteren ausgegangen, als er ab 1780 mit Unterstützung des Anatomen J. Chr. *Loder* in Jena vergleichend osteologische Studien betrieb und auf der Suche nach dem allgemeinen „Typus" der Wirbeltiere den postulierten Zwischenkieferknochen auch am menschlichen Schädel entdeckte. Mit reger Anteilnahme verfolgte er aber auch die zeitgenössischen Auseinandersetzungen über Präformation und Epignese sowie über künstliche und natürliche Pflanzensysteme, wobei er in dem Jenaer Botaniker J. G. A. K. *Batsch* (vgl. 7.2.2.) einen guten Berater hatte. Eigene Beobachtungen an keimenden Pflanzen führten ihn bald auf Gesetze der „Bildung und Umbildung" der Gestalt, zu denen er parallel auch mikroskopische Studien durchführte. So beschreibt er die „feine Materie" des Pollenstaubes und die „Staubkügelchen" als Gefäße für den noch feineren „Saft", der nach Einsaugung durch die Pistillen die Befruchtung bewirke (*Die Metamorphose der Pflanzen*, 1790, § 64), in Bestätigung zeitgenössischer „Meinungen" (vgl. *Koelreuter*; 7.3.1.). Besonders beeindruckte ihn die Vielgestaltigkeit der Mikroorganismen, wobei der Gestaltwandel der Infusorien bei den 1785–1786 protokollierten Studien wohl bei der Herausbildung der Metamorphosenlehre und der Morphologie eine Rolle spielte (Dahl 1927).

Die mikroskopischen Infusorienstudien *Goethes* waren angeregt und geleitet von den reich illustrierten Werken des Wilhelm Friedrich *von Gleichen-Rußwurm* (1717–1783), der schon in seiner Schrift *Das Neueste aus dem Reiche der Pflanzen* (1764) sein selbstkonstruiertes „Sonnenmikroskop" (= Universalmikroskop) nebst anderen optischen Hilfsmitteln und Methoden beschreibt und für die *Epigenese* eintritt. *Goethe* hatte zwei seiner zahlreichen Werke erworben: *Auserlesene mikroskopische Entdeckungen bey den Pflanzen, Blumen und Blüthen, Insekten und anderen Merkwürdigkeiten* (1777) und vor allem die *Abhandlung über die Samen- und Infusionsthierchen und über die Erzeugung* (1778), in der *Rußwurm* 21 verschiedene Mikroorganismen beschreibt und differenziert benennt, die Zubereitung der Pflanzenaufgüsse, die Zeitdauer bis zu ihrer „Gärung" und die allmähliche Entwicklung der „Tierchen" unter dem Einfluß von Wärme und Luft darstellt. *Goethe* übernahm die Methoden und Bezeichnungen; seine Freude an den optischen Instrumenten und an der durch sie neu erschlossenen Welt der Mikroorganismen belegen viele Briefstellen dieser Jahre (Germann, Knöll und Otto 1975).

Die damals nicht publizierten Beobachtungen *Goethes* über die „Infusions-Tiere" (Schriften zur Naturwissenschaft, Leopoldina-Ausgabe von D. Kuhn, Abt. 1, Bd. 10, S. 25–40) enthalten keinen theoretischen Kommentar. Auch in den „Vorarbeiten zur Morphologie" (a. a. O. S. 55) entschied sich *Goethe* nicht für *Epigenese o d e r Präformation (Evolution)*, sondern hielt beide Vorstellungsarten für „kompatibel" und beschloß, die Hypothesen der „Evolutionisten so gut als der Epigenesisten ... bloß als Wort und Mittel" zu gebrauchen, da beide Vorstellungsarten für sich genommen einseitig, „roh und grob gegen die Zartheit des unergründlichen Gegenstandes" seien. In seinem 1790 publizierten „*Versuch, die Metamorphose der Pflanzen zu erklären*", unterscheidet er eine „regelmäßige, unregelmäßige und zufällige" Metamorphose und beschreibt die „Stufenfolge des Pflanzen-Wachstums" vom Samenkorn an bis zur Ausbildung der „Geschlechtsteile der Pflanzen" als einen **Entwicklungsvorgang**, bei dem sich sukzessive ein Organ aus dem vorhergehenden bildet und seine Verwandtschaft mit e i n e r Grundform, dem Blatt, erkennen läßt („Alles ist Blatt") (Abb. 58). Diese entwicklungsgeschichtlichen Studien schärften seinen Blick für „die Erscheinungen des Wandelns und Umwandelns organischer Geschöpfe", wie sie ihm „auf Reisen, bei veränderter geographischer Breite, barometrischer Höhe und sonstigen Bedingungen" und besonders in der üppigen, variationsreichen Vegetation Italiens begegneten (a. a. O.

Bd. 9, S. 21), wo sich ihm der *Typus* („Begriff oder Idee") des Pflanzenwesens als die gesuchte „**Urpflanze**" aufdrängte.

Für das geringe Echo seiner Schrift und des Metamorphose-Gedankens bei ihrem Erscheinen machte *Goethe* die durch *Bonnet* (7.3.1.) neu belebte und wieder vorherrschende Präformationstheorie verantwortlich und war glücklich über die „Entdeckung eines trefflichen Vorarbeiters" C. F. *Wolff*, „der längst auf der Spur gewesen, die ich nun auch verfolgte" (a. a. O. S. 72–73). Damit meinte *Goethe* die Zurückführung aller Pflanzenorgane auf die Form des Blattes und die Ableitung der komplizierteren Teile von einfachen Anfängen. Gleichzeitig kritisierte er *Wolffs* Maxime, nur optisch Sichtbares gelten zu lassen, da vielmehr „die Geistes-Augen mit den Augen des Leibes in stetem lebendigen Bunde zu wirken haben, weil man sonst in Gefahr gerät, zu sehen und doch vorbeizusehen" (a. a. O. S.78) Insbesondere äußerte er sich kritisch zu *Wolffs* Annahme einer *Vis essentialis* als einer physischen Kraft als ohne ausreichenden Erklärungswert für die *Epigenese* und – durch Hinweise in *Kants Kritik der Urteilskraft* (1790) – ebenso über *Blumenbachs Bildungstrieb* (a. a. O. S. 99 f.).

Goethes abermalige Schlußfolgerung, daß – philosophisch betrachtet – „Evolution und Epigenese" lediglich „Worte" seien, „womit wir uns nur Hinhalten", und wenn auch „Präformation" undenkbar sei, dann doch „eine Prädelineation, Prädetermination" oder „ein Prästabilieren" vorausgehen müsse, ehe man etwas gewahr werden könne, zeigt *Goethes* Fähigkeit, die Ursache gegensätzlicher Standpunkte in der Dialektik des Entwicklungsvorganges selbst zu sehen.

Vom gegenwärtigen Erkenntnisstand der Genetik aus ist dieser doppelte Blickpunkt *Goethes* wieder verständlich und die naive epigenetische Interpretation der Keimesentwicklung des 18. Jh. ebensowenig akzeptabel wie die primitive Präformations- oder Einschachtelungslehre. Nach *Goethes* Meinung ist das Wirken des „Bildungstriebes ohne den Begriff der Metamorphose nicht zu fassen". Ohne sich deutlicher zu akzentuieren, gibt er ein Schema zu „weiterem Nachdenken", das alte und neue Begriffe zur Erklärung des Formbildungsprozesses in den Begriff „Leben" zusammenfaßt:

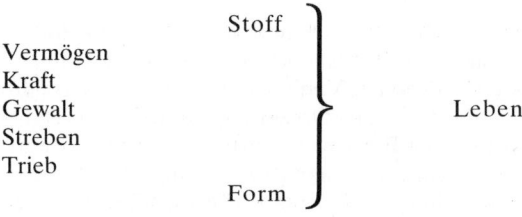

Abb. 58. Skizzen Goethes zur Metamorphose der Pflanzen. Aus D. Kuhn 1984.

Als *Goethe* viel später die Drucklegung dieser 1796 verfaßten Skizzen *Zur Morphologie* (1817–1822) unter dem Motto „Bildung und Umbildung organischer Naturen" vorbereitete, betont er einleitend, daß die Lehre, die er begründen und *Morphologie* nennen wolle, nicht abgeschlossene Gestalten und ihre Einzelteile (die die Anatomie und Chemie erforsche) behandele, sondern die lebendigen Bildungen im Zusammenhang und in ihrer steten Bewegung begrifflich zu erfassen suche. „Bildung" meine doppelsinnig zugleich Hervorgebrachtes und Hervorgebrachtwerden. Er wollte das „bewegliche Leben der Natur" darstellen (1807), indem er „durch den empirischen Befund hindurch auf das ideale Bild" hinwies (Kuhn 1980).

Die Morphologie, als „Gestalt- und Verwandlungslehre" begründet, ist mit dem Entwicklungs- und Vervollkommnungsgedanken aufs engste verbunden (Uschmann 1939), trat als Erkenntnismethode für das Phänomen des Lebens in Erscheinung und kennzeichnet den Wandel vom „mechanomorphen" zum „biomorphen" Organismusmodell am Ende des 18. Jh. Sie fand ihren disziplinären Niederschlag in der *vergleichenden Embryologie* des 19. Jh., wie sie Karl Ernst *von Baer*, Johannes *Müller* oder Ernst *Haekkel*, der botanischen *Organographie* und *Entwicklungsgeschichte*, wie sie A.-P. *de Candolle*, Alexander *Braun* oder Karl *von Goebel* begründeten (vgl. 8.3.1. und 8.4.1.).

7.3.3. Erkundung der Lebensleistungen als chemische und elektrische Prozesse und der Begriff des „Lebens"

Der im vorigen Abschnitt geschilderte Problemkreis der Gestaltbildung als Ergebnis der Zeugung und Reproduktion oder der Reaktion der Organismen auf Außeneinflüsse (Verletzung, Verpflanzung) ist nur ein Teilproblem der gesamten Lebensleistung eines Organismus. Seine Interpretation stand im Zusammenhang mit der Erforschung und Erklärung so allgemeiner Lebensprozesse wie Ernährung, Atmung, Bewegung oder Sinnesleistung und ihrer Wechselbeziehungen, die vom 17. bis zur Mitte des 18. Jh.

nach mechanischen Gesetzen interpretiert wurden (vgl. 6.2.) Als der Mediziner G. E. *Stahl* (vgl. 7.3.1.) auf der Basis seiner Chemiatrie die *vitalen Bewegungen* lebender Körper gegen *mechanische Bewegungen* von Maschinen abgrenzte und theoretisch auf das Wirken einer immateriellen Seele zurückführte (1708), richteten sich die Untersuchungen beider gegensätzlicher Schulen – der mechanistischen Physiologie nach *Boerhaave* und der animistischen Physiologie nach *Stahl* – von den Strukturen der Organe vermehrt hin zu den Lebenserscheinungen selbst. Als Problem der Medizin standen dabei zunächst die Lebensprozesse des menschlischen Körpers und ihre Verbindung mit dem Nervensystem im Mittelpunkt, zumal die französischen Materialisten, besonders *La Mettrie*, die Seele als materielle Kraft mit dem Bewegungsvorgang identifizierten und als Produkt physiologischer Prozesse betrachteten (vgl. 7.3.1.). Aus diesem nicht nur wissenschaftlichen, sondern auch weltanschaulichen Konflikt war A. *v. Hallers* neue Lehre von der Sensibilität und Irritabilität der Elementarorgane hervorgegangen (vgl. 7.3.1), die im ausgehenden 18. Jh. neue Ansatzpunkte für eine Experimentalphysiologie *aller Organismen bot.*

Nachdem *Haller* in zahllosen Reizversuchen an lebenden Tieren unterschiedlicher Organisationshöhe sensible und irritable Gewebeelemente ermittelt und dabei in gewisser Weise an die Arbeiten des Cartesianers Giorgio *Baglivi* (1668 bis 1707) über die bewegliche und krankhafte Faser (... *de fibra motrice et morbosa,* 1701) angeknüpft hatte [44], gehörten „Reizversuche" mittels mechanischer, thermischer oder chemischer, ab 1745 auch elektrischer Reize, zu den häufig angewandten Methoden. Auch wirbellose Tiere und Pflanzen wurden künstlich ausgelösten Bewegungsreaktionen unterzogen (*Réaumur, Hales, Trembley, Nollet, Bonnet*) (Abb. 59).

Nach der Entdeckung der atmosphärischen Elektrizität durch Benjamin *Franklin* (1752) sprach der Stahl-Schüler François *Boissier de Sauvage* (1706–1767) erstmals den Gedanken aus, das elektrische Fluidum sei offensichtlich die wahre „Nervenflüssigkeit", wovon die vitalen Verrichtungen abhängen, und werde durch die Luft vermittelt [44]. In anderer Weise hatte dann auch der tschechische Anatom Georg *Prochaska* (1749–1820) – ein früher Anhänger der Epigenesistheorie – in einer Abhandlung über die Funktion des Nervensystems (*Commentatio de functionibus systematicis nervosi,* 1784) die hypothetische „Flüssigkeit" durch eine **Nervenkraft** ersetzt, die er analog zur Gravitationskraft als Wirkprinzip annahm. Es lag nahe, solche Vorstellungen mit *Galvanis* Entdeckung zu verbinden.

Der Mediziner und Anatom Luigi *Galvani* (1737–1798) hatte in Bologna bei seinen durch *Haller* angeregten Reizversuchen an Froschschenkeln zufällig autonome Zuckungen beobachtet und als Wirkung eines vom Gehirn

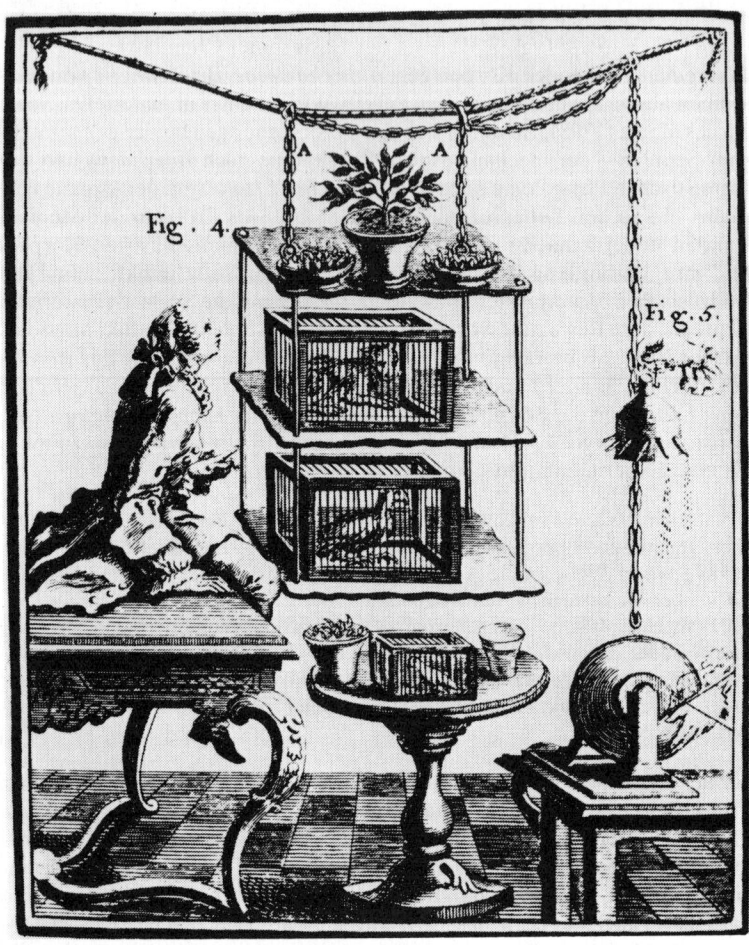

Abb. 59. Experimente über die Wirkung elektrischer Reize auf Pflanzenwachstum und Atmung der Tiere. Aus J.-A. Nollet, *Recherches sur les causes particulière des phénomènes éléctriques*, 1749.

ausgehenden elektrischen Fluidums, einer **tierischen Elektrizität**, interpretiert, die den *Spiritus animales* entsprechen sollten, und diese Deutung als Kommentar über die elektrischen Kräfte in der Muskelbewegung (*De viribus electricitatis in motu musculari commentarius*, 1791) veröffentlicht. Darin widersprach ihm der Physiker Alessandro *Volta* (1745–1827) in Pavia und wies in *Briefen über thierische Elektrizität* ab 1792 nach, daß auch zwischen verschiedenartigen Metallen elektrischer Strom entstehe und *Galvanis* Froschschenkel (mit Messinghaken an Eisengitter aufgehängt) nur als Leiter fungiert und durch Zuckungen den Strom nur angezeigt hätten (dt. von A. J. v. Oettingen, Ostw. Klass. Bd. 114, 1900).

Diese gegensätzlichen Ansichten führten – da sie die aktuellen Fragen nach einer „Lebenskraft" berührten – zu weiteren intensiven Versuchsserien und Publikationen auf beiden Seiten, wobei es einerseits *Galvani* gelang, unter Vermeidung von Metallkontakten auch Muskelzuckungen nur durch Berührung von Nerven und Muskeln zu erreichen, andererseits *Volta* die Erzeugung von Strom durch heterogene, mit feuchter Pappe verbundene Metallplatten (*Voltasche Säule*) zu beweisen (1796).

Wie oft in der Wissenschaft, regten die Kontroversen generell zur Durchführung ähnlicher Experimente und zur Stellungnahme über die Bedeutung zur Erklärung eines Lebensprinzips an. So wurde der Mediziner Christoph Heinrich *Pfaff* (1773–1852) von seinem Lehrer Karl Friedrich *Kielmeyer* (1765–1844) zu einer Arbeit *über thierische Elektricität und Reizbarkeit* (1795) angeregt, die neben Reizversuchen an Nerven auch Experimente über die Wirksamkeit von Chemikalien enthält und deren Ergebnisse denen A. *v. Humboldts* so ähnlich waren, daß sich dieser – seit 1793 mit gleichen Versuchsserien beschäftigt – zur Umarbeitung seines Manuskriptes (s. u.) veranlaßt sah.

Als 1793 die Königl. medizinische Gesellschaft zu Edingburgh eine Preisaufgabe für eine Erklärung der Natur der von *Galvani* entdeckten sogenannten tierischen Elektrizität gestellt hatte, wandten sich eine Reihe von Medizinern verstärkt verschiedensten Experimenten und spekulativen Deutungen zu. Der englische Arzt Richard *Fowler* (1765–1863) veröffentlichte sie unter dem Titel *Experiments and observations relating to the influence lately discovered by M. Galvani* (1793); sie enthält Selbstversuche über die Wirkung elektrischen Stromes auf die Sehnerven. Die preisgekrönte Schrift des Mainzer Arztes Carl Caspar *Crève* (1769–1853), *Beiträge zu Galvanis Versuchen über die Kräfte der thierischen Elektrizität auf die Bewegung der Muskeln* (1793) erklärt die Entstehung elektrischer Ströme durch Zersetzung von Wasser im Gewebe. Mainz wurde in diesen Jahren „zum Zentrum elektrophysiologischer Forschung in Deutschland" (Mann 1977); denn die Entdeckung *Galvanis* war dort zuerst von seinem Kollegen Jakob Fidelis *Ackermann* (1765–1815) nach einer Italienreise (1791) aufgegriffen worden, und seit 1778 hatte sich ihrer beider Lehrer Samuel Thomas *Soemmering* (1755–1830) mit elektrischer Reizen beschäftigt. *Soemmerings* Forschungsrichtung betraf aber hauptsächlich die Gehirn- und Nervenanatomie und fand in dem Werk *Über das Organ der Seele* (1796) einen charakteristischen Niederschlag.

Während diese elektrophysiologischen Experimente vorwiegend mit einer medizinischen Zielstellung – zum Nachweis von Scheintod, als Mittel zur Wiederbelebung oder zu therapeutischen Zwecken – durchgeführt wurden, dienten die aufschlußreichen Experimentaluntersuchungen Alexander *von Humboldts* (1769–1859) der biologischen Grundlagenforschung und trugen die Tendenz zu eigener Disziplinbildung in sich. Er verband die galvanischen Experimente, von denen er schon 1792 in Wien Kenntnis erhielt, mit den Ergebnissen der neuen, durch *Lavoisier* reformierten Chemie (s. u.), mit der er als Bergbaustudent in Berührung kam. Schon im Anhang zu seiner Freiberger Flora (1793) suchte er in den *Aphorismen aus der chemischen Physiologie der Pflanzen* (dt. Übers. 1794) durch Mitteilung von Reizversuchen an Pflanzengeweben mit Chemikalien einen Beitrag zur Lösung der zeitgenössischen Streitfragen nach dem Lebensprinzip zu leisten, der durch seinen ehemaligen Göttinger Kollegen *Girtanner* angeregt worden war.

Der in England lebende Schweizer Arzt Christoph *Girtanner* (1760 bis 1800) war der Irritabilitätslehre des Edinburgher Mediziners John *Brown* gefolgt und hatte sie mit einer chemischen Lebens- und Krankheitslehre verbunden. In seiner Schrift *Anfangsgründe der antiphlogistischen Chemie* (1792) hatte er das „Leben" mit Oxidations- und Reduktionsvorgängen identifiziert, die Erregbarkeit (*Irritabilität*) der tierischen wie der pflanzlichen „Faser" auf diese chemischen Reaktionen bezogen und versucht, die Lebensprozesse generell auf die bekannten chemischen Vorgänge zu reduzieren. Das wurde von den Zeitgenossen als mechanistisch abgelehnt, half aber die neue Chemie verbreiten, die sich damals nur zögernd gegen die alte Phlogistontheorie G. E. *Stahls* durchsetzte, deren Prinzipien verbunden mit seinem System des *Animismus* (vgl. 7.1.2.) bei Medizinern und Zoologen (z. B. *Lamarck*, vgl. 7.2.3.) verbreitet waren. Diese Theorie hatte auf der Grundlage der Korpuskulartheorie von *Boyle* und *Lemery* (vgl. 6.2.2.) den Verbrennungsprozeß und die bei Erhitzung von Metallen auftretenden Farb- und Umwandlungsvorgänge erklären können und erwies sich für viele chemische Gewerbe (Brauerei, Färberei, Glas- und Porzellanmanufaktur) hilfreich, deutete aber auch biologische Vorgänge wie tierische Wärme, Fäulnis- und Gärungsprozesse, die der Inhalt der ersten Veröffentlichung darüber war (*Zymotechnia fundamentalis*, 1697; dt. Grunderkenntnis der Gärungskunst, 1734).

Dieses theoretische System umfaßte den korpuskulären Aufbau aller Stoffe aus nicht wahrnehmbaren Elementareinheiten (*principia*) und ihren einfachen Verbindungen (*mixta*; z. B. Schwefel, Quecksilber), die bei komplexerer Vereinigung Stoffe ergeben (*composita*, z. B. Quecksilbersulfid; oder *decomposita*, z. B. Mineralien), die sich chemisch trennen und wieder verbinden lassen. Alle brennbaren Stoffe (*mixta* oder *composita*) enthalten ein besonderes *principium*, das *Stahl Phlogiston* nannte, das sich bei Erhitzen aus den Stoffen löse, unter Wirbelbewegungen in die Luft übergehe und aus dieser wieder mit den *Mixta* verbunden werden könne. Damit erklärte *Stahl* nicht nur die Umkehrbarkeit chemischer Vorgänge – vor allem Verbrennung und Reduktion – , sondern die Erscheinung des Feuers, der Wärme, des „Geistes" der alkoholischen Erzeugnisse usw. aus der Wirbelbewegung des *Phlogiston*. Er erklärte damit auch die Gärung, als Sonderfall des Fäulnisprozesses, und die beschleunigende Wirkung von „Fermenten" und Erhitzung (Strube 1984).

Da in der Iatrochemie (vgl. 6.2.2. und 6.3.) die biologischen Vorgänge der Ernährung und Verdauung als Gärungs- und Fermentationsprozesse interpretiert wurden, hatte *Stahls* Phlogistontheorie im 18. Jh. weitreichenden Einfluß auf Medizin und Biologie und bestimmte entsprechende Experimente. Die chemische Erklärung des „Feuers" hatte diesem auch die noch aus der antiken 4-Elemente-Lehre anhaftende einheitliche Charakteristik genommen, die der „Erde" schon längst abhanden gekommen war, während „Luft" und „Wasser" noch immer als Einheiten angesehen wurden. Als aber nach der Mitte des 18. Jh. von englischen Praktikern die chemische Natur der Gase bzw. die unterschiedlichen Eigenschaften verschiedener Luftarten nachgewiesen worden waren („Kohlensäure" durch J. *Black*, Wasserstoff durch *Cavendish*, Stickstoff, Sauerstoff, Ammoniak u. a. durch *Priestley*), wurden Tier- und Pflanzenexperimente vermehrt zu analytischen Arbeiten herangezogen. Besonders Joseph *Priestley* (1733 bis 1804) verdankte der Beobachtung biologischer Phänomene einen Teil seiner Entdeckungen.

Der schottische Theologe, zunächst mit elektrischen Experimenten und einer Geschichte der Elektrizitätslehre (1767) als Mitglied der *Royal Society* wissenschaftlich anerkannt, begann 1769 Versuche von J. *Black* und St. *Hales* (vgl. 6.2.2.) zu wiederholen, prüfte mit *Hales'* Methode (*pneumatische Wanne*) die Wirkung von sogenannter „verdorbener Luft" in abgeschlossenen Gefäßen auf Pflanzen und Tiere und stellte fest, daß eine Pflanze (Minze) diese Luft wieder verbessert. In Gegenversuchen mit Tieren (Mäuse, Ratten) beobachtete er, daß ihre Atmung (ebenso wie das Brennen einer Kerze) die Luft in den Gefäßen verschlechtert und sie nicht mehr darin leben konnten, während die Beigabe einer Pflanze ihr Leben weiterhin ermöglichte. Er führte vielfältig variierte Versuche aus und wandte auch das Mittel von **Kontrollversuchen** an, indem er in gleiche „verdorbene Luft" (durch Abbrennen von Kerzen, Alkohol oder Schwefel) parallel Tiere mit Pflanze und ohne Pflanze setzte. Durch Austausch der Pflanze mit abgeschnittenen Blättern ermittelte er auch, daß die luftverbessernde Wirkung allein durch das Wachstum der

Abb. 60. Porträt-Silhouette von Jan
Ingenhousz. Aus Wiesner, J., Jan Ingenhousz, Wien 1905.

Pflanze zustandekam. Als er später reinen Sauerstoff isolieren konnte, prüfte er
seine Qualität wieder im Tierversuch und nannte ihn „dephlogistisierte Luft", da er
alle Ergebnisse nach der Phlogistontheorie interpretierte (*Versuche und Beobachtungen über verschiedene Gattungen der Luft,* 3 Bde. 1778–1779; engl. 1775–1777).

An Priestleys Versuche knüpfte der holländische Arzt Jan *Ingenhousz*
(1730–1799) (Abb. 60) nach seiner Begegnung mit *Priestley* in England
eine Versuchsreihe über den Stoffwechsel der Pflanzen an und stellte fest,
daß nur die grünen Blätter im Sonnenlicht die „dephlogistisierte Luft" erzeugen, während Blüten, Früchte, Wurzeln oder die Pflanze bei Nacht nur
die „tödliche Luft" wie Tiere beim Atmen hervorbringen. In seiner Schrift
Experimente über Pflanzen (*Experiments upon vegetables* …, 1779) teilte
er auch eine neue Methode zur exakten Prüfung der atmosphärischen Luft
auf ihre Bestandteile mit, eine Fragestellung, der sich auch A. v. *Humboldt*
viele Jahre lang widmete.

Seine interessanten Ergebnisse mit einem selbst konstruierten „Kohlensäure-
Messer" teilte dieser neben eigenen pflanzenphysiologischen Studien (u. a. über
die Funktion der Spaltöffnungen an der Blattunterseite und deren Schließzellen) in
seiner „Einleitung über einige Gegenstände der Pflanzenphysiologie" zu *Ingenhousz'* Werk *über die Ernährung der Pflanzen und Fruchtbarkeit des Bodens* (1798)
mit. Er hebt darin die Bedeutung der neuen, „antiphlogistischen Chemie" für Ma-

nufaktur und Landwirtschaft hervor. In diesem Zusammenhang meint er damit die Möglichkeiten, mehr über den „großen Lebensprozeß" zu erfahren, „durch den alle vitalen Erscheinungen im Thier- und Pflanzenkörper bewirkt werden", um dadurch „die schnellere Entwicklung der Organe und die Veredelung ihrer Säfte" zu fördern.

Hier kommen die für die Aufklärungsepoche typischen utilitaristischen Ziele als Motiv experimentalphysiologischer Forschung zur Sprache, die ihren schnellen Fortschritt mitbedingten.

Die Untersuchung der pflanzlichen Leistungen bei der Produktion des Sauerstoffs stand erst im Anfang. Der Schweizer Pfarrer Jean *Senebier* (1742–1809) widmete sich auf Anregung von Ch. *Bonnet*, der selbst Versuche über den Gebrauch der Blätter im Pflanzenreich (*Recherches sur l'usage des feuilles dans les plantes*, 1754; dt. 1803) angestellt hatte (Abb. 61) in zahlreichen Versuchen der Wirkungsweise des Sonnenlichts auf die Pflanzenwelt (*Expériences sur l'action de la lumière solaire dans la vegetation*, 1788), deren Erklärung aber noch nach der Phlogistontheorie erfolgte.

Die erste Anwendung quantitativer Methoden nach dem Vorbild von *Lavoisier* (s. u.) auf das Studium der Pflanzenernährung legte der Genfer Mineraloge und Geologe Nicolas Théodore *de Saussure* (1767–1845) seinen chemischen Untersuchungen über die Vegetation (*Recherches chimiques sur la végétation*, 1804) zugrunde, in denen er eine Mineraltheorie der Ernährung entwickelte und nachwies, daß die Assimilation nicht nur an das Blattgrün gebunden sei, da „rote Blätter" die gleiche Fähigkeit besaßen.

Aus den geschickten Versuchen *Priestleys* hatte der französische Geologe und Chemiker Antoine Laurent Lavoisier (1743–1794), verbunden mit seinen eigenen Experimenten über den Verbrennungsprozeß und seinem Zweifel an der Existenz eines Phlogiston, neue Erkenntnisse über die Zusammensetzung der Luft gewonnen, deren wichtiges, für Verbrennung wie für Atmung nötiges Fünftel nicht – wie *Priestley* und der schwedische Apotheker Wilhelm *Scheele* annahmen – das gesuchte *Phlogiston* war, sondern ein Elementarbestandteil, den er *Oxygène* (Sauerstoff) nannte. Durch Tierexperimente erkannte er mit Hilfe **quantitativer Methoden**, daß im Körper der Sauerstoff gegen Kohlensäure ausgetauscht wird und kennzeichnete die **Atmung und die tierische Wärme als chemische Prozesse** (*Mémoire sur la respiration des animaux*, 1789). Er löste sich ganz von der hypothetischen Phlogistontheorie *Stahls* und stellte ein neues, auf Messung und Wägung gegründetes Lehrsystem mit 23 echten chemischen „Elementen" und einer neuen Theorie über ihre Verbindungen auf, dessen Erklärungswert *Stahls* Theorie weit überstieg und sich praktisch bewährte. Eine neue, der Theorie angepaßte, chemische Nomenklatur leitete mit seinem *System der antiphlogistischen Chemie* (*Traité élémentaire de chimie*, 1789;

Abb. 61. Experimente über den Einfluß von Licht und Schwerkraft auf die Stellung der Blätter von Ch. Bonnet. Aus *Œuvres d'histoire naturelle et de philosophie*, T. 2, 1753.

dt. 1792) eine neue Epoche nicht nur der Chemie, sondern auch der Physiologie ein, wenngleich sich sein System nicht sofort durchsetzte. A. von Humboldt gehörte mit zu den ersten Gelehrten, die ihre biologischen Versuche darauf gründeten und versuchten, sie quantitativ auszuwerten.

Mit dem ehrgeizigen Ziel, zur Lösung der Frage nach dem Lebensprinzip oder der Lebenskraft experimentell beitragen zu können, stellte *Humboldt* ab 1792 in 5 Jahren rund 4000 Experimente an 300 Tierarten, dazu an vielen Pflanzen sowie Selbstversuche an und legte seine Ergebnisse in dem zweibändigen Werk *Versuche über die gereizte Muskel- und Nervenfaser, nebst Vermuthungen über den chemischen Process des Lebens in der Thier- und Pflanzenwelt* (1797) vor. So umfassend wie der Titel, so umfangreich und vielseitig sind auch die dargestellten Experimente, die teilweise in Jena unter Teilnahme von *Loder, Ritter, Goethe* und Wilhelm *von Humboldt* durchgeführt wurden. Sie ergaben neue Erkenntnisse darüber, daß die Reizbarkeit von Organen, die Stärke und Dauer ihrer Reaktionen, durch Chemikalien beeinflußbar sind, daß bei Muskelkontraktionen Sauerstoff verbraucht wird, daß es spezifische tierische Elektrizität in Nerv und Muskel geben muß und daß die Annahme einer besonderen „Lebenskraft" vermutlich unnötig sei. Denn da nach seinen Erfahrungen die Tätigkeit der Organe durch Behandlung mit Chemikalien willkürlich herabgestimmt oder gehoben werden könne, wage er nicht mehr, „eine eigene Kraft zu nennen, was vielleicht bloß durch das Zusammenwirken der im einzelnen längst bekannten materiellen Kräfte bewirkt" werde (a.a.O., Bd. 2, S. 432 f.). Doch seien zu ihrer Erforschung genaue **quantitative Ergebnisse** durch Variieren und Messen der einzelnen Stoffe, ihrer Einwirkung und Reaktion der Organe nötig, was kein einzelner allein durchführen könne. *Humboldt* entwarf hier ein Forschungsprogramm für eine vergleichende „Experimentalphysiologie" oder **„Vitale Chemie" als einer biologischen Disziplin.**

Aus Mangel an ausreichend empfindlichen Meßinstrumenten konnte *Humboldt* damals die Vermutungen über „tierische Elektrizität" noch nicht verifizieren; das blieb 50 Jahre später *Du Bois-Reymond* vorbehalten (vgl. 8.4.2.).

Eine **alternative Lebenslehre** zwischen Vitalismus und Mechanizismus war ebenfalls noch immer zu suchen. Inzwischen hatte sich gegen Ende des 18. Jh. die Frage- und Ausdrucksform gewandelt. Es wurde nicht mehr nur von „belebten Körpern" oder lebenden Strukturen (Fasern) sondern vom „*Leben*" als dem zu erforschenden Einzelfaktor gesprochen (vgl. 7.4.2.).

Wenn auch der Organismus als „chemische Werkstatt" betrachtet wurde, wie es später H.-M. *de Blainville* (vgl. 7.2.3.) in seinen physiologischen Vorlesungen (*Cours de physiologie*, 1829–31) darstellte, so wurde

doch deutlich unterschieden zwischen dem Wirken chemischer „Zieh-
kräfte", die die Verbindung und Trennung von Elementen der anorganischen Welt nach dem Grad ihrer chemischen „Affinität" bedingen, und
dem spezifischen „Mischungszustand der organischen Materie" in einem
Lebewesen, der sich nach seinem Tod auflöst.

Nach dem Hallenser Physiologen Johann Christian *Reil* (1759–1813),
der sich selbst eingehend (gemeinsam mit dem Pharmakologen Carl Friedrich *Gren* (1760–1798) mit pharmazeutischer Chemie befaßte, ist die lebendige Organisation eine Folge der spezifischen „Mischung und Form"
der jeweiligen Materie. Als er die Gründung seiner *Zeitschrift für Physiologie* mit der Abhandlung *Von der Lebenskraft* (1795) einleitete, war dies
ein Programm, diesem zu allgemein und vitalistisch gebrauchten Begriff
einen neuen, naturwissenschaftlich vertretbaren Inhalt zu geben und teleologische Spekulationen auszuschließen (Eulner, in Zaunick 1960, S. 18).
„Kraft" bezeichnet für ihn nur die „Form, nach welcher wir uns die Verbindung zwischen Ursache und Wirkung denken", ist von der Materie unzer-
trennlich, eine Eigenschaft von ihr, durch die sie Erscheinungen hervor-
bringt. Die Materie aber sei nichts anderes als eine Kraft; ihre Akzidenzen
sind ihre Wirkungen, ihr Dasein ist Wirken und ihr bestimmtes Dasein ist
ihre bestimmte Art zu wirken.

Reil unterscheidet demzufolge vielerlei „Kräfte", je nach den differenzierten Er-
scheinungformen:
– *Physische Kraft* bedeute allgemeinere Erscheinungen der Materie und ihr
  Verhältnis zu ihren allgemeineren Eigenschaften, sowohl in der toten wie leben-
  den Natur,
– *Lebenskraft:* mehr individualisierte Erscheinungen einer spezifischen Art der
  Materie, die in der Pflanzen- und Tierwelt vorkommen, mit dem Attribut „einer
  besonderen Art von Kristallisierung",
– *Vegetative Kraft:* eine Eigenschaft der spezifischen pflanzlichen Materie,
– *Animalische Kraft:* Eigenschaft einer individualisierten Materie, die speziell
  durch die Muskelbewegung gekennzeichnet ist, differenziert nach Empfindungs-
  kraft (Nerven) und Bewegungskraft (Muskeln),
– *Vernunftvermögen:* nur dem Menschen eigene „Eigenschaften seiner Materie".
Bei weitergehender Unterscheidung komme man auf Eigenschaften, die zuletzt
nur einzelnen Körpern oder Teilen desselben eigentümlich sind (z. B. Gehirn, Nerven) [44].

Der Begriff *Lebenskraft* zeige also nur das Verhältnis besonderer Erscheinungen zu einer besonders gebildeten und gemischten Materie an,
wodurch sich die lebende Natur von der toten unterscheide. Sie könne erst
dann exakt von den übrigen Naturkräften unterschieden werden, wenn
man durch chemische Untersuchungen die Mischung der lebendigen tierischen Materie kennengelernt habe (a.a.O. S. 172).

Vermutlich sollte die Gründung eines *Archivs für tierische Chemie* (1800) durch *Reils* Schüler und Kollegen Johannes *Horkel* (1769–1846) der Realisierung eines solchen Forschungsprogrammes dienen; doch ging die Zeitschrift bald wieder ein.

Die von *Reil* ausgesprochene Forderung nach analytischem Vorgehen in der Untersuchung der spezifischen „individualisierten" Materie (die er selbst, wohl unter dem Einfluß naturphilosophischer Ideen, nicht weiterverfolgte) wurde auf andere Weise von dem französischen Physiologen François Xavier *Bichat* (1771–1802) realisiert. Er war zwar aus der „Schule von Montpellier" hervorgegangen, in der durch *Sauvage* (s.o.), *Bordeu* und *Barthez* (vgl. 7.1.2.) *Stahls Animismus* weitergepflegt wurde; dessen ausgesprochener „Psychovitalismus" war aber schon durch *Barthez*, den Lehrer *Bichats*, durch Verknüpfung mit A. *v. Hallers Irritabilitätslehre* (vgl. 7.3.1.) weitgehend modifiziert worden [44].

Auch *Bichat* vertrat die Ansicht, daß man nicht von einem „allgemeinen" Prinzip ausgehen dürfe, um Phänomene zu erklären. Er rückte von dem ursprünglichen Stahlschen *Animismus* ebenso deutlich ab wie *Reil* von der traditionellen *Lebenskraft* und meinte, man müsse vom Studium der spezifischen Eigenarten der Organe aus erst später zu einer allgemeinen Theorie aufsteigen (*Recherches physiologiques sur la vie et la mort*, [2]1800; dt.: *Physiologische Untersuchungen über [das Leben und] den Tod*, Sudh. *Klass. d. Med. Bd. 16. 1912*).

Dieser Grundsatz entsprach fast genau der zur gleichen Zeit in Paris von G. *Cuvier* entwickelten Methode, bei der Klassifizierung des Tierreichs von „unten nach oben", von der Artanalyse aufsteigend, die höheren systematischen Einheiten und Grundsätze zu finden (vgl. 7.2.3.).

In seiner *Allgemeinen Anatomie, angewandt auf die Physiologie und Arzneiwissenschaft* (*Anatomie générale* ... 4 Bde., 1801; dt. von C. H. *Pfaff*, 1802), begründete *Bichat* ein Lehrsystem über die „Bauelemente" des menschlichen Körpers, das lange Zeit im 19. Jh. nicht nur den tierphysiologischen Fragestellungen, sondern auch der zoologischen Taxonomie zugrundegelegt wurde (vgl. 7.2.3.).

Er gliederte die „Bauelemente" in hierarchische Gruppen unterschiedlicher Funktionalität:
– sogenannte homogene Elemente nannte er *Gewebe* und verstand darunter Knorpel, Knochen, Muskeln usw. Er grenzte erstmals **21 verschiedenartige Gewebe** des menschlichen Körpers ab und charakterisierte ihre Funktionen;
– heterogene Teile, die *Organe*, die aus verschiedenen homogenen Elementen aufgebaut sind;
– und *Organsysteme*, in denen verschiedene Organe für spezielle Funktionen zusammenwirken.

Die gewählten Funktionsgruppen (s. u.) entsprachen traditionellen Einteilungen, die auch an antike Unterscheidungen erinnern; *Bichat* ordnete sie entsprechenden Organ-Funktions-Systemen zu:

- *Vegetative Funktionen* (Ernährung und Wachstum) entsprachen dem Verdauungs-, Zirkulations- und Atmungssystem;
- *animalische Funktionen* (Empfindung und Bewegung) waren von Muskel- und Nervensystem abhängig;
- *Verstandesfunktionen* (des Menschen) mit dem Gehirn verbunden.

„Um die physiologischen Wissenschaften auf gleiche Höhe mit den physischen zu bringen," hält es *Bichat* für nötig, sich von den „vitalen Eigenschaften" eine richtige Vorstellung zu bilden; er unterscheidet und charakterisiert davon vier und ordnet sie bestimmten Lebensprozessen zu: *Organische Sensibilität* und *Kontraktilität*, sowie *animalische Sensibilität* und *Kontraktilität*.

Gegenüber den „physischen" Gesetzen und Erscheinungen (der anorganischen Natur), die konstant unveränderlich, deshalb voraussagbar und berechenbar seien, sind alle „vitalen Verrichtungen" ständigen Veränderungen unterworfen und unberechenbar. Diese haben außerdem nur eine bestimmte Existenzgrenze, jene keine außer dem Zufall.

Die physischen Wissenschaften auf die physiologischen anwenden zu wollen, heiße, die Erscheinungen der lebenden Körper durch die Gesetze der toten erklären, was offenkundig falsch sei. Zur Physiologie gehören nur die Sensibilität und Kontraktilität (mit Ausnahme derjenigen Fälle, wo ein Organ zugleich vitale und physische Erscheinungen zeige wie Auge und Ohr). Mit dieser disziplinären Abgrenzung des Gegenstandes ist die bemerkenswerte Schlußfolgerung für die **Gegenüberstellung zweier getrennter Disziplinen** (bzw. Wissenschaftszweige) verbunden: „Eben, weil die Erscheinungen und Gesetze in den physischen und physiologischen Wissenschaften so verschieden sind, so müssen diese selbst sich auch wesentlich voneinander unterscheiden;" die Art, Tatsachen aufzustellen, Ursachen aufzusuchen, die gesamte Experimentierkunst usw. müssen ein verschiedenartiges Gepräge haben.

Deshalb sei der allgemeine Stil seines Werkes in dieser Betrachtungsart „gänzlich verschieden von den gewöhnlichen physiologischen Werken," selbst des berühmten *Haller* [44, s. 161].

Es sei daran erinnert, daß sich zur gleichen Zeit *Lamarck* mit seinem großen Projekt einer *Physik der Erde* beschäftigte, die Lebensprozesse wie *Bichat* systemtheoretisch und, beeinflußt von Pierre *Cabanis* (1757–1808) und *Condillac,* „naturgesetzlich" zu erklären suchte und in seinen Vorlesungen (1802) den Teil der „irdischen Naturlehre", der sich „auf lebende Körper bezieht", mit der Bezeichnung **„Biologie"** belegte. Dieser

Begriff beinhaltete das Gleiche, was *Bichat* mit **physiologischen Wissenschaften** meinte. Die wechselseitigen Einflüsse der Pariser Gelehrten um 1800 sind offensichtlich. Das gilt auch für *Bichat* und E. *Geoffroy St. Hilaire* sowie *Cuvier* und ihre *Theorien über die Korrelation der Organe* (vgl. 7.2.3.).

Zur Charakteristik dieses Zeitabschnittes der „Spätaufklärung", der bürgerlichen französischen Revolution und der beginnenden Industrialisierung, in der sich zum einen die botanische und zoologische Taxonomie zu autonomen Disziplinen entwickelten, zum anderen die Physiologie mit Hilfe des Tier- und Pflanzenexperiments zur „Lebenswissenschaft" und zur Anerkennung der Epigenese kam, gehören schließlich noch zwei Gelehrte, die der Verknüpfung von Leben und Entwicklung einen besonderen Akzent gaben.

Der eine, ein geschickter Experimentator und kühner Forscher, den neuen Erkenntnissen in Physik, Chemie und Technik aufgeschlossen, war der englische Arzt Erasmus *Darwin* (1731–1802), der mit James *Watt* und Joseph *Black* befreundet und an der industriellen Nutzung neuer Erkenntnisse und Erfindungen aktiv beteiligt war. Schon seine erste biologische Schrift, das Lehrgedicht *The botanic garden* (1789–1791), spiegelt sein Eintreten für die angewandten Naturwissenschaften in den Industriezweigen seines Landes wider, enthält zugleich erste Ideen über die organische Entwicklung vom Niederen zu Höherem und über soziale Fragen. In seinem verbreiteten Werk *Zoonomie oder Gesetze des organischen Lebens* (*Zoonomia or the laws of organic life*, 1794–1976; dt. 1795–1797) erläutert er die physischen und psychischen Prozesse der gesamten Organismenwelt aus den Kräften der *Sensibilität* und *Irritabilität* nach *Haller*, betrachtet die Keimesentwicklung epigenetisch und schildert die allmähliche Entstehung des Organismus aus einem einfachen „lebenden Filament" und die in den Tiergruppen zunehmend komplizierter werdende Embryonalentwicklung nach eigenen Beobachtungen. Aus der Formwandlung in der Keimesentwicklung leitete er Analogien über die **Wandlung der Tier- und Pflanzengenerationen** in der Erdgeschichte aus einem ursprünglich einfachen Filament ab. Die Höherentwicklung und Artenvielfalt erklärt er durch Umweltreize, Triebe und Bastardierung.

In seiner *Phytologia, or the philosophy of agriculture and gardening* (1800; dt. 1801) versuchte *Darwin*, für die landwirtschaftliche Praxis eine „wahre Theorie der Vegetation" durch Anwendung der „modernen Fortschritte in der Chemie" (nach *Lavoisier*) zu geben und den **Entwicklungsgedanken** auf die Pflanzenwelt auszudehnen, den er in seinem letzten Werk *The temple of nature – the origin of society* (1803; dt. 1808) in einem dichterisch grandiosen Gemälde vom Beginn des Lebens aus einem „Urfilament" im Meer durch „stufenweise Bildung und Veredelung" **bis**

zum Menschen weiterführt. Diese Gedankengänge wurden als *Darwinizing* bezeichnet.

Der zweite universelle Gelehrte, der ähnliche Folgerungen aus der Individualentwicklung der Tiere ableitete, war vorwiegend als Lehrerpersönlichkeit einflußreich. Carl Friedrich *Kielmeyer* (1765–1844) studierte an der Karlsschule in Stuttgart (gleichzeitig mit G. *Cuvier*) und in Göttingen bei *Blumenbach*, lehrte dann in Stuttgart und Tübingen Naturgeschichte, Zoologie, Chemie, Botanik und Pharmazie, führte neben anatomischen Untersuchungen auch chemische und elektrische Tierversuche durch und leitete entsprechende Dissertationen an (Balss 1930). Aus diesen und aus seiner berühmten akademischen Rede *Über die Verhältnisse der organischen Kräfte untereinander in der Reihe der verschiedenen Organisationen, die Gesetze und Folgerungen dieser Verhältnisse* (1793) gehen seine Ansichten über die „Ursachen und Kräfte" der Lebenstätigkeit und der organismischen Veränderungen hervor, die er 5 Kräftewirkungen differenziert zuschreibt:

− *Sensibilität*: der Fähigkeit, Nerveneindrücke und Vorstellungen zu haben,
− *Irritabilität*: Fähigkeit, sich auf Reize zusammenzuziehen und Bewegungen zu erzeugen,
− *Reproduktionskraft*: Fähigkeit, seiner selbst ähnliche Wesen hervorzubringen,
− *Sekretionskraft*: Fähigkeit, aus den Körpersäften diesen selbst unähnliche Substanzen von bestimmter Qualität wiederholt an definierten Orten abzusondern,
− *Propulsionskraft*: Fähigkeit, Flüssigkeiten in bestimmter Ordnung und Richtung zu bewegen und zu verteilen.

Mit dem spezifischen Verhältnis dieser fünf Kräfte zueinander und dem Vorherrschen einer davon erklärte *Kielmeyer* das verschiedene Organisationsniveau der Tiergruppen von den Wirbellosen bis zum Menschen, von denen er Parallelen zu den Phasen der Individualentwicklung zieht. Es seien mithin nach gleichen Gesetzen die Kräfte auf die verschiedenen Organismen, auf die Individuen der gleichen Gattung und auf dasselbe Individuum „in seinen verschiedenen Entwicklungsperioden" verteilt (1793, S. 36 f.).

„Leben" deutete *Kielmeyer* als „das System der Wirkungen" und das „System von Organen" eines Organismus, die sich „in jedem Punkt" der Zeitbahn ändern, wobei „eins aus dem anderen wie aus der Ursache" hervorgehe. Ebenso schreite auch das „Leben der Gattung" als größeres System von Wirkungen „langsam in größeren Zeitepochen in einer Entwicklungsbahn" fort, und die Kraft, die die „Reihe der Gattungen" hervorbrachte, sei ihren Gesetzen nach identisch mit der, die die individuellen Entwicklungszustände bewirke. Man könne durch vorsichtige Analogien wirklich zeigen, daß die gleiche „materielle Ursache" die Individualent-

wicklung erkläre, die man sich „bei der ersten Hervorbringung der Organisation auf unserer Erde wirkend" vorstellen könne (s.s.O. S.39).
Kielmeyer bezog also erstmals neben dem Faktor *Raum*, der in der Naturgeschichtsschreibung bisher dominierte (vgl. 7.2.1.), den Faktor *Zeit* in die Betrachtung der Lebewesen ein (Lepenies 1976), als er begrifflich klar formulierte, man müsse außer der räumlich gleichzeitigen Vielfalt auch die zeitlichen Veränderungen der Organe in Wechselbeziehung zum Gesamtorganismus und dessen Abwandlungen berücksichtigen.

Leider hat *Kielmeyer* seinen Plan zu einer *Geschichte und Theorie der Organisation* nicht verwirklicht; er schrieb lediglich auf *Goethes* Wunsch – der zu dieser Zeit seine „Morphologie" konzipierte (7.3.2.) – seine Vorlesungen *über allgemeine Physiologie* (1790–1793) nieder und sandte sie ihm mit Erläuterungen zu; aber *Kielmeyers* Schüler, der Hallesche Anatom Gustav Wilhelm *Münter* (1804–1870), veröffentlichte seine Vorlesungsnachschriften unter dem Titel *Allgemeine Zoologie oder Physik der organischen Körper* (1840), die aber einige Abweichungen gegenüber 1793 zeigt (Balss 1930).

Auch *Kielmeyer* brachte 1793 zum Ausdruck, daß zwischen anorganischen und organischen Körpern und Erscheinungen eine tiefe Kluft bestehe und die Erscheinungen „der belebten Natur" **abgesondert zusammenzufassen** sind, wie es *Kant* kurz zuvor ausgesprochen hatte (vgl. 7.4.2.).
Während in den Forschungen zur Taxonomie (vgl. 7.2) die disziplinäre **Sonderentwicklung von Botanik und Zoologie** charakteristisch ist, vollzog sich auf den Gebieten der Physiologie eine engere Zusammenfassung botanischer und zoologischer Lebensphänomene bzw. das Bestreben, durch ihren Vergleich – experimentell oder begrifflich – das **Prinzip des Lebens** selbst zu erfassen. *Humboldt* hatte deshalb das Studium von Tieren und Pflanzen als Objekt einer *allgemeinen vergleichenden Physiologie und Anatomie* betrachtet und eine neue Disziplin *Vitale Chemie* begründen wollen. Grundzüge dazu sah er schon in *Reils Archiv für Physiologie* (s. o.) und durch John *Hunter* (1728–1793) in London verwirklicht. Erasmus *Darwin* behandelte unter dem Titel *Zoonomie* die Tier- und Pflanzenphysiologie, *Goethe* suchte die Bildungsgesetze beider durch das Erkenntnismittel der vergleichenden *Morphologie* zu erfassen, und *Horkel* – 1810 als Professor für *vergleichende Physiologie* in die Medizinische Fakultät der neuen Berliner Universität berufen – sprach 1800 von *tierischer Chemie* (s. o.). Das unzureichende Disziplingefüge und die damit verbundenen Begriffsbestimmungen zur Erforschung der Lebenserscheinungen kritisierte der Kantianer Carl Christian Erhard *Schmid* (vgl. 7.4.2.) und schlug 1796 die Bezeichnung *Zoonomie* vor.

Bereits zu dieser Zeit hatte der Braunschweiger Arzt Theodor Gustav August *Roose* (1771–1803), der bis 1793 in Göttingen studierte und *Blumenbachs* Konzeptionen (vgl. 7.3.1.) kannte, in seiner Abhandlung *Grundzüge der Lehre von der Lebenskraft* (1797) den neuen Begriff **Biologie** wie etwas bereits Bekanntes verwendet, obwohl drei weitere bekannte Gelehrte wenig später ohne Bezug darauf oder aufeinander die gleiche Bezeichnung prägten und Neues zu sagen meinten:

– der Leipziger Mediziner und Anthropologe Karl Friedrich *Burdach* (1776–1846) bezeichnet in seinem Leitfaden für akademische Vorlesungen, *Propädeutik zum Studium der gesamten Heilkunst* (1800; S. 62), die Summe der Kenntnisse über die Lebenserscheinungen des Menschen (Morphologie, Physiologie, Psychologie) als **Biologie oder Lebenslehre des Menschen.**

– In umfassenderem und mehr disziplinärem Sinne bezeichnete *Lamarck* (s. o.) in seinen Untersuchungen über die Organisation der lebenden Körper (*Recherches sur l'organisation des corps vivants ...*, 1802, S. 202) **Biologie** als einen der drei Teile der *Physik der Erde*, der alles enthält, was sich auf lebende Körper bezieht.

– Unabhängig davon widmete der Bremer Arzt Gottfried Reinhold *Treviranus* (1776–1837) – wie *Burdach* Medizinstudent in Leipzig – ein sechsbändiges umfassendes Werk mit dem Titel *Biologie oder Philosophie der lebenden Natur für Naturforscher und Aerzte* (1802–1806) einer „Wissenschaft", deren Gegenstände „die verschiedenen Formen und Erscheinungen des Lebens, ... die Bedingungen und Gesetze, unter welchen dieser Zustand stattfindet, und die Urschen, wodurch derselbe bewirkt wird," sind, und die er mit dem **Namen Biologie oder Lebenslehre** bezeichnet (Bd. 1, 1802, S. 4).

Damit wurde im Verlauf von 50 Jahren – wenn man A. *v. Hallers* Irritabilitätslehre als Ausgangspunkt (1752) annimmt – die Wandlung des „mechanomorphen" Modells der Physiologie zu einem „biomorphen" Modell vollzogen und gleichzeitig – im Widerstreit verschiedenster Konzeptionen um einen naturwissenschaftlich faßbaren Begriff der *Lebenskraft* – eine neue **Forschungsdisziplin Biologie** geboren, die aber von Anfang an eine *Wissenschaftsgruppe*, eine Summe von Einzeldisziplinen der Anthropologie, Botanik und Zoologie sowie der Medizin und Pharmazie umfaßte und deshalb als Lehrdisziplin im eigentlichen Sinne vorerst nicht in Erscheinung trat.

7.4. Formen der Disziplinbildung und ihre philosophische Reflexion

7.4.1. Die Neuordnung biologischer Lehrinhalte an Universitäten und andere Formen der Institutionalisierung

Viele Gelehrte, die die oben geschilderten Erkenntnisse über die Lebensprozesse forschend erarbeiteten, waren Privatgelehrte, Praktiker verschiedenster Richtungen und Mitglieder von Akademien und Gesellschaften, die diese Richtung ohne einen Lehrauftrag verfolgten. Die Nominalprofessuren und Lehrstühle an den europäischen Universitäten waren von traditionellen gesellschaftlichen Belangen geprägt und behandelten biologische Inhalte sowohl im Rahmen der Medizin (Heilmittellehre, Anatomie, Physiologie) als auch der Philosophischen Fakultät (Naturlehre). Das änderte sich im 18. Jh.

Zunächst schlugen sich neue Bedürfnisse der medizinischen Praxis (Krankenhausmedizin, Militärmedizin, Veterinärmedizin) auf neue Ansprüche an die Medizinerausbildung nieder, die ihren Ausdruck in der Einbeziehung geburtshilflicher, chirurgischer und klinischer Fächer in das Hochschulstudium bedingten, eine Interessenverlagerung und Spezialisierung der Mediziner bewirkten und zunehmend weniger Raum für eine intensive Zuwendung etwa zur Botanik ließen, die ihrerseits nun ein Spezialstudium erforderte (s. u.). Diesen Belangen wurde teilweise schon im Rahmen der Medizinischen Fakultäten dadurch Rechnung getragen, daß es spezielle Vertreter der Botanik gab, die sich ausschließlich der Verwaltung des Medizinergartens, der damit verbundenen Pflanzenkultur und Taxonomie widmeten, und nicht mehr den Wechsel – das „Aufrücken" – in die übrigen medizinischen Ordinariate vollzogen (z. B. in Heidelberg, Jena, Halle, Leipzig, Tübingen, wie am *Collegium medico-chirurgicum Berlin*). Nach dem Vorbild von *Linné* in Upsala erhielt so die Botanik als erstes Teilgebiet der Lebenswissenschaften spezialwissenschaftlichen Charakter und bewirkte die Heranbildung von Spezialisten, die schon um 1800 nach Emanzipierung von medizinischen Aufgaben und nach einer selbständigen Disziplin (nicht ohne Widerstand der Mediziner) strebten. In der Botanik stellte die **Institution des Botanischen Gartens**, dessen Aufgaben schon bald über die Heilpflanzenkultur und -demonstration hinausgingen, diejenigen gesellschaftlichen Forderungen, die eine **Disziplinbildung der Botanik** bewirkten, hauptsächlich der taxonomischen Richtung, wenngleich der Pflanzenanbau stets auch die Beschäftigung mit physiologischen Fragen der Vermehrung, Keimesentwicklung, Ernährung und Wachstum einschloß.

Eine Aufgabenteilung erfolgte nur in Paris schon vor 1800, wo neben dem Taxonomen A. L. *de Jussieu* noch R.-L. *Desfontaines* als Pflanzenanatom (vgl. 7.2.1.)

und André *Thouin* (1747–1823) als Spezialist für Pflanzenkultur wirkten. Die Ent-
eignung des *Jardin du Roy*, des königlischen Gartens in Paris, durch die bürgerliche
Revolution wirkte entweder als Vorbild oder als Warnsignal auf andere europäische Fürstenhäuser und bedingte um 1800 fast in allen Universitätsstädten die
Überlassung von großen Fürstengärten mit meist exotischen Pflanzenbeständen
zur Nutzung im Hochschulunterricht und die Einsetzung botanisch gebildeter Vorsteher, die Botanik als Hauptberuf ausüben mußten.

In den Philosophischen Fakultäten hatte sich ebenfalls im 18. Jh. ein
Wandel vollzogen. Die bürgerlich-humanistischen Bestrebungen zur Verbesserung der Jugenderziehung und die Bildungsideale der Aufklärungs-
zeit hatten zur Gründung von Privatschulen und Gymnasien geführt, die
schon vom Ende des 17. Jh. ab die Vorbereitung auf die Hochschulreife
übernahmen, so daß der propädeutische Charakter der philosophischen
und philologischen Fächer im Verlauf des 18. Jh. verschwand und spezialwissenschaftlichen Disziplinen Platz machte. So vertraten die Ordinarien
des alten Faches *Physik*, das ursprünglich die gesamte Naturlehre einschließlich Botanik, Zoologie, Mineralogie (neben Kosmologie und Geometrie, Mathematik und Physik) umfaßt hatte, unter dem Einfluß der Entwicklung der klassischen Mechanik bald nur noch die mathematisch-physikalische Naturlehre, also *Physik im engeren Sinne*, wobei allenfalls in der
Experimentalphysik noch Tiere und Pflanzen als Versuchsobjekte benutzt
wurden wie bei Chr. *v. Wolff* in Halle. An Stelle der alten Naturlehre trat
in der zweiten Hälfte des 18. Jh. neben die neue Physik als zusätzlich neues
Lehrfach die *Naturgeschichte*, wofür Ordinariate sowohl in den Medizinischen als auch den Philosophischen Fakultäten eingerichtet wurden. Diese
hatten *die drei Naturreiche* Mineralogie, Botanik, Zoologie zu lehren, wobei Botanik dem Sommersemester, Mineralogie und Zoologie dem Win-
tersemester vorbehalten waren. Je nach Spezialinteressen der Ordinarien
lag das Schwergewicht oft nur auf einem der drei Fachgebiete; war ein Botanischer Garten mitzuverwalten, war es meist die Botanik. Diese wurde
aus ökonomischen Gründen auch noch in einer weiteren Disziplin gepflegt, die ihre Entstehung den wirtschaftlichen, vor allem land- und forstwirtschaftlichen Interessen der Feudalstaaten verdankte, der *Kameralwis-
senschaft* oder *Kameralistik*, die in den Philosophischen Fakultäten ange-
siedelt wurde. Mit dem Ende ihrer propädeutischen Funktion wurden die
in ihr vereinten Lehrfächer zu echten Einzelwissenschaften aufgewertet,
denen der anderen Fakultäten nahezu gleichgestellt, und waren zur Erweiterung durch neue Fachgebiete geeignet. Die Kameralistik war der Boden
für vielfältige naturwissenschaftliche Spezialisierung mit der Zielstellung
wirtschaftlicher Nutzung. Das Beispiel A. *von Humboldts*, der sich als Ka-
meralist ausgebildet hatte, mag das beweisen.

Neben dieser Entwicklung der Hochschulfächer spielte ein weiterer Faktor eine wichtige Rolle bei der Disziplinbildung, der oft auch mit jenen verknüpft war: **die Gründung von Sammlungen und Naturalienkabinetten.** Gegen Ende des 18. Jh. gab es bereits beachtliche Sammlungen von Mineralien, zoologischen und anatomischen Präparaten an Fürstenhöfen, Akademien und Gesellschaften, die der fachkundigen Betreuung bedurften, zur Systematisierung und Publikation von Katalogen anregten und für manchen Naturforscher eine Berufsaussicht boten. So sind die Leistungen eines *Artedi*, *Brisson*, *Buffon* oder C. F. *Wolff*, eines *Cuvier*, *Geoffroy St. Hilaire*, *Lamarck* oder *Latreille* für die Zoologie (vgl. 7.2.3.) nicht denkbar ohne die großen Sammlungen, die ihnen die gesellschaftlichen Aufgaben stellten. Die Expeditionen, die, zur wirtschaftlichen Erkundung und Erschließung subventioniert, manchem jungen Naturforscher die Arbeits- und Lebensgrundlage gaben (z. B. *Pallas*, *Forster*), hatten stets auch die Anlage von Sammlungen zum Ziel.

Das Gleiche gilt natürlich von geowissenschaftlichen Sammlungen, die dem durch Einsatz der Dampfkraft zunehmend intensiver gewordenen Bergbau ihr Anwachsen verdankten und das Interesse auf die tierischen und pflanzlichen Fossilien lenkten. Die Herausbildung der *Paläontologie* in Paris (*Cuvier, Brogniart*), in Moskau (*Fischer von Waldheim*), in Gotha (Ernst Friedrich *von Schlotheim*, 1765 bis 1832) ist mit der montanistischen Erschließung dort ebenso verbunden, wie es die lebensgeschichtlichen Konzeptionen von Erasmus *Darwin* mit den Fossilfunden in Lagerstätten bei Castleton oder diejenigen von *Kielmeyer* mit den paläozoologischen Sammlungen im Stuttgarter Naturalienkabinett aus Württemberger Abbaugebieten waren (vgl. 7.3.3.).

Die Verwaltung zoologischer Sammlungen bot in Verbindung mit Lehraufgaben nach 1800 den gleichen Anlaß für die Entwicklung der *Zoologie* zur selbständigen Disziplin wie die Botanischen Gärten für die Botanik. Das Beispiel des Pariser *Muséum d'Histoire naturelle* mit seinen 4 Professuren für Zoologie wurde zum Vorbild für andere Lehrstätten: Berlin bekam mit der Universität zugleich mit einem Zoologischen Museum ein selbständiges Ordinariat (1810) für Hinrich *Lichtenstein* (1780–1857); Georg August *Goldfuß* erhielt 1818 ein gleiches Ordinariat in Bonn mit einem Zoologischen Museum und einer paläozoologischen Sammlung.

Eine nicht unbedeutende Rolle bei der Pflege biologischer Spezialrichtungen, die als Vorbereitung zur Disziplinbildung gelten können, spielte die Gründung **naturhistorischer Lokalgesellschaften** im letzten Drittel des 18. Jh. Sie bot Privatgelehrten und -sammlern, die nur ein Teilgebiet (*Entomologie*, *Ornithologie*, *Conchyliologie*, *Herpetologie*, *Ichthyologie*) eingehend pflegen konnten, die Möglichkeit zu Erfahrungsaustausch, Leistungsvergleich, interdisziplinärer und internationaler Kommunikation, war gleichzeitig Bildungsstätte für junge Zoologen und Botaniker, aus denen sich bei Bedarf die Hochschullehrer der neuen Disziplinen rekrutier-

ten (Beispiel: Berliner Universität, wo 1810 die Zoologen aus der 1773 gegründeten *Gesellschaft naturforschender Freunde* in den Hochschuldienst
berufen wurden). Nahezu zur gleichen Zeit entstanden die naturhistori-
schen Gesellschaften in Amsterdam, Paris und Wien, in Nürnberg, Göttingen und Halle, in Jena, Görlitz und Dresden. Die Gesellschaften sowie die
im 18. Jh. begründeten Akademien (z. B. in Petersburg) richteten nicht
nur Bibliotheken, sondern auch Sammlungen und Botanische Gärten ein
(McClellan 1985) und trugen zur Institutionalisierung biologischer Disziplinen bei.

7.4.2. Philosophische Reflexionen über die Lebenswissenschaften

Die Auseinandersetzung der Naturforscher und der mit Organismen ope-
rierenden Mediziner mit *Mechanizismus, Animismus* und *Vitalismus*, mit
Kausalität und *Teleologie* (Finalität) im Bereich lebender Körper, fand
vielfältige Widerspiegelung in philosophischen Systemen, die sich erkennt-
nistheoretisch mit Möglichkeiten und Grenzen des Rationalismus und Sensualismus (vgl. 6.1.1.) befaßten. Hatte der schottische Philosoph David
Hume (1711–1776) seine Kritik vornehmlich gegen den Rationalismus
(1748) und gegen den christlichen Glauben zugunsten einer „natürlichen
Religion" (1755) gerichtet und damit einem Agnostizismus – auch in der
Naturforschung – den Boden bereitet, so suchte Immanuel *Kant* (1724 bis
1804) in Opposition zu *Humes* Skeptizismus die objektiven Bedingungen
wissenschaftlicher Erkenntnistätigkeit und -möglichkeit zu ergründen. Indem er einerseits Erfahrung und Empfindung als Quelle naturwissenschaftlicher Erkenntnisse anerkannte, andererseits aber die Begrenztheit
und Relativität menschlicher Erkenntnis als subjektiv kennzeichnete, Verstand und Vernunft als qualitativ verschiedene Kategorien analysierte
(1781), entwickelte er ein neues, alternatives philosophisches System gegen den französischen Materialismus, das Tendenzen zu zwei Entwick-
lungsrichtungen in sich barg, sowohl nach der Seite materialistischer als
auch idealistisch-metaphysischer Interpretationen der Naturforschung Anregungen gab. Beide Wege wurden in der Folgezeit beschritten.

Stark beeinflußt von *Newtons* dynamistischer Mechanik und *Buffons* „Naturgeschichte", hatte *Kant* in seinem ersten Werk die *Allgemeine Naturgeschichte und
Theorie des Himmels* (1755) als eine Entwicklung des Planetensystems dargestellt, in seiner Schrift *Metaphysische Anfangsgründe der Naturwissenschaft* (1786)
u.a. die Vorstellung eines atomistischen, korpuskulären Aufbaues der Materie
(wie sie *Descartes, Boyle, Stahl* vertraten; vgl. 6.1.1., 7.3.3.) durch die
Annahme kontinuierlich wirkender „Kräfte" ersetzt und die Physiologie methodisch mitbeeinflußt. Der Grundgedanke, der damals viele biologische Schriften

durchzieht, nämlich der der Wechselwirkung gegensätzlicher „Kräfte", von „At-traktion und Repulsion" als einheitliche Ursache materieller wie auch organismi-scher Erscheinungen, wurde von *Kant* (1786) formuliert.

Besonders einflußreich erwies sich aber erst seine *Kritik der Urteilskraft* (1790), die scharf zwischen anorganischer und organischer Natur unter-schied und danach die Naturlehre einteilte in Naturbeschreibung (*Physio-graphie*), Physiologie und *Naturgeschichte (Historia naturalis)*, historisch aufgefaßt als Einbeziehung ausgestorbener Tierformen in die Betrachtung eines „Systems", das „dem Erzeugungsprinzip nach" aufgestellt wird. Denn nach *Kant* lasse „die Übereinkunft so vieler Thiergattungen in einem … gemeinsamen Schema … die wirkliche Verwandtschaft von einer ge-meinschaftlichen Urmutter vermuten" (1792, S. 363 ff.). Daß hier schon die Geschichtlichkeit der Tier-*Familien* analog zur menschlichen „Ge-schichte" gemeint war, zeigt die Bemerkung *Kants* vom „Archäologen der Natur", der aus den übriggebliebenen Spuren jene entspringen lassen müsse. Dabei knüpfte *Kant* an *Blumenbachs* Konzeption eines *Bildungs-triebes* (vgl. 7.3.1.) an, mit dem *Kant* eine kausale Erklärung der „Zweck-mäßigkeit" organischer Bildungen ohne die herkömmlichen teleologischen und physikotheologischen Deutungen, zu geben suchte (vgl. 7.1.1.).

Aus der Beobachtung der Keimesentwicklung fand *Kant* bestätigt, daß Organis-men nicht durch rein mechanische Ursachen (chemische Affinitätsgesetze) erzeugt werden können, sondern etwas wie eine Zweckursache (Endursache) mitwirke. *Kant* interpretiert aber die „Naturzwecke" nicht auf Einzelorgane bezogen, son-dern sieht in jedem Teil des Gesamtorganismus gleichzeitig Zweck und Ursache der übrigen Teile und des Ganzen, die Entwicklung und Veränderung eines Lebe-wesens also als ständige Wechselwirkung seiner Teile bzw. Organsysteme. *Kant* verteidigte auch die Epigenesistheorie und verstand unter dem *System der Epige-nese* ein „produktives Vermögen der Zeugenden", die nach inneren zweckmäßigen Anlagen („Keimen") spezifische Produkte zeugen und entwickeln können. *Kants* dialektische Deutung der Zweckmäßigkeit wirkte als „heuristische Kraft" auf die zeitgenössische Naturforschung zurück, aus der er seine faktischen Befunde ge-wann. Er konnte auf die entstehenden biologischen Disziplinen Einfluß gewinnen, weil er die metaphysisch belasteten Begriffe der Zweckmäßigkeit und Lebenskraft letztlich auf „Naturmechanismen" zurückführte und eine Form des „Vitalmateria-lismus" wie auch *Blumenbach*, *Reil* oder *Kielmeyer* vertrat (Lenoir 1982).

Als einer der ersten Hochschullehrer übernahm der Jenaer Theologe Carl Christian Erhard *Schmid* (1761–1812) ab 1785 die Philosophie *Kants*, machte die *Critik der reinen Vernunft im Grundrisse …* (1786) durch ein Lehrbuch zugänglich und wandte seine Prinzipien (nach dem Vorbild sei-nes bedeutenden Kollegen K. L. *Reinhold*) auf seine *Empirische Psycholo-gie* (1791) an, die erste Grundlagen für eine pädagogische Psychologie legte, sowie auf eine philosophische Naturlehre. Aus seiner ab 1796 gehaltenen Vorlesung über *Zoonomie oder Philosophie über die Gesetze der organischen und tierischen Natur* (*Zoonomia sive naturae organicae et animali*) entstand sein dreibändiges Lehrbuch *Physiologie, philosophisch betrachtet* (1798–1801; vgl. 7.3.2.), das sich auch gegen *Fichtes* Wissenschaftslehre und gegen aufkommende metaphysische naturphilosophische Tendenzen richtete. Die Ablehnung der romantischen Naturphilosophie kam auch noch in seinem Handbuch *Allgemeine Enzyclopädie und Methodologie der Wissenschaften* (1810) zu Wort. *Schmid* schlug in gewissem Sinne die Brücke zum Wirken von Jakob Friedrich *Fries* (1773–1843), der später durch seine *Mathematische Naturphilosophie, nach philosophischer Methode bearbeitet* (1822) und sein *Handbuch der Psychischen Anthropologie* (1820–1821) das methodologische Programm von M. J. *Schleiden* entscheidend beeinflußte (vgl. 8.3.).

Vorerst gewann aber für Jahrzehnte die aus *Fichtes* Transzendentalphilosophie hervorgegangene spekulative, romantische Naturphilosophie von Friedrich Wilhelm Joseph *Schelling* (1775–1854) überragenden Einfluß auf biologische Anschauungen. *Schelling* setzte anstelle des Primats der Philosophie in *Fichtes* Wissenschaftslehre (1794) die *Naturphilosophie* als die „Wissenschaft der Wissenschaften" ein und suchte den Gegensatz von *Fichtes* transzendentaler Erkenntnistheorie zur Naturwissenschaft durch seine *Identitätsphilosophie* zu überwinden.

In Anknüpfung an *Spinozas* Substanzlehre (vgl. 6.1.1.) entwickelte *Schelling* in seinen Frühschriften *Ideen zu einer Philosophie der Natur* (1797) und *Von der Weltseele* (1798) die Vorstellung von der Identität von Denken und Sein, Subjekt und Objekt, Geist und Materie, wonach die Naturerscheinungen Formen des differenzierten Seins des Weltgeistes sind. Den Entwicklungsprozeß der Natur von niederen zu höheren Stufen (= *Potenzierung*) bis zum Menschen deutete er dialektisch als Selbstentwicklung des Weltgeistes, dessen ursprüngliche Dualität sich im Wesen aller Naturprozesse (Magnetismus, Elektrizität) widerspiegelt. Aus der **Geschichte des Geistes** ergibt sich für *Schelling* auch die **Geschichtlichkeit der Natur**. Von seinem *Ersten Entwurf eines Systems der Naturphilosophie* (1799) bis zur *Darstellung meines Systems der Philosophie* (1801) assimilierte *Schelling* (der neben *Schmid* in Jena wirkte) ebenfalls alle die zeitgenössischen Erkenntnisse der Physik (Elektrizitätslehre), Chemie (chemische Verbindungen nach Verwandtschaft) und Physiologie, besonders die der epigenetischen Keimesentwicklung, die Mediziner und Biologen damals bewegten (vgl. 7.3.1.). Er hielt Vorlesungen über „organische Physik nach den Prinzipien der Naturphilosophie" (1799), nahm Anteil an A. *v. Humboldts* galvanischen Versuchen in Jena (vgl. 7.3.3.) und an den galvanischen Entdeckungen des Physikers Johann Wilhelm *Ritter* (1771–1810), dessen – *Humboldt* und *Volta* gewidmete – Schrift *Beweis, daß ein beständiger Galvanismus den*

Lebensprozeß im Tierreich begleite (1798) damals in Jena entstand, und erfreute sich der Sympathie *Goethes* und der Freundschaft des Romantikerkreises.

Problematisch erwies sich für die Weiterentwicklung der Biologie *Schellings* Abstraktion eines allgemeinen Begriffes des „Lebens" und seine Überzeugung von der Allgemeingültigkeit deduktiver Vernunftschlüsse, die er aus dem gemeinsamen Ursprung der Naturerscheinungen und der menschlichen Erkenntnisfähigkeit aus dem „Allorganismus" ableitete (vgl. 8.1.1.). Ernste Kritik an seiner Tendenz zum Mystizismus erwuchs *Schelling* durch seinen Freund und Nachfolger in Jena, Georg Wilhelm Friedrich *Hegel* (1770–1831), dessen definitive Umwandlung der klassischen (formalen) Logik in die *Dialektik* als neues methodisches Instrument der Erkenntnis mit dem *System der Wissenschaft* (Teil 1: *Phänomenologie des Geistes*, 1807) begann (*Gesch. d. Univ. Jena*, 1958).

In Frankreich widerspiegelten sich die bis zur Geschichtlichkeit vordringende dynamische Auffassung der Organismen und der Lebensprozesse und die Erfolge der vergleichenden Anatomie und Physiologie im Lebenswerk des Philosophen und Schülers von *Blainville* (vgl. 7.3.3.), Auguste *Comte* (1798–1857). Indem er die naturwissenschaftliche Methodik der Sinneserfahrung zum einzigen Erkenntnis- und Denkprinzip erhob, begründete er eine „positive Philosphie" (*Cours de Philosophie Positive*, 1830–1842), in der die *Realia* den theologischen und metaphysischen Gegenständen als einzig nützliche Inhalte der Philosophie gegenübergestellt wurden. In seiner Geschichtsphilosophie vergleicht er die Geistesgeschichte der Menschheit mit der Entwicklung des Individuums und gliederte sie in drei Perioden: eine theologische, metaphysische und positivistische, wobei er die Sozialgeschichte naturwissenschaftlich interpretierte. Entsprechend seines Positivismus gab es für *Comte* nur eine Universalwissenschaft, die die Fragen über Natur und Gesellschaft nach einer gleichen Methodik zu erfassen hat. Er gliederte sie nach dem Modell zeitgenössischer Klassifikationen (vgl. 7.2.) in Form einer Stufenleiter in **Disziplinen mit zunehmender Komplexität**, wobei er die Reihe *Mathematik – Astronomie – Physik – Chemie – Biologie – Soziologie* aufstellte, wenngleich es damals *Biologie* als geschlossene Disziplin im Gegensatz zu den übrigen Gliedern der Kette noch gar nicht gab (vgl. 7.4.1.). In der weiteren Untergliederung der Biologie verwendete er die zwei nebeneinander existierenden Formen der statischen und dynamischen Interpretation der Natur (vgl. 7.1.) schematisch und disziplinär und teilte die Biologie in eine **statische Disziplin** (*Anatomie*) und eine **dynamische Disziplin** (*Physiologie*), wobei er nach *Blainville* den Organismus als harmonische Ganzheit und seine Beziehung zur Umwelt als harmonische Einheit auffaßte. Diese disziplinären Gliederungsprinzipien reichten mit ihrem Einfluß bis zu E. *Haeckels Gene-*

reller Morphologie (1866), in der die Biologie in eine **Biostatik** (= organische Morphologie) und eine **Biodynamik** (= Physiologie) geteilt wird (Bd. 1, S. 21), die aber jeweils den eigentlichen Disziplinen Botanik, Zoologie, Prostistik eingegliedert werden (vgl. 9.2.1.).

Zusammenfassung von Kap. 7

Vom zweiten Drittel des 18. Jh. an gliederten sich aus den medizinischen und philosophischen Fachbereichen, in deren Rahmen biologische Fragestellungen bisher behandelt wurden, biologische Teilbereiche als Forschungsprobleme heraus und erlangten im Verlauf des 18. Jh. und zu Beginn des 19. Jh. Selbständigkeit als Lehrdisziplinen. Das erfolgte zum einen durch neue Anforderungen an die Medizin selbst, die eine stärkere Spezialisierung ihrer Fachvertreter notwenig machte, zum anderen durch die zunehmende Bedeutung der Geowissenschaften (Bergbau) sowie der Land- und Forstwirtschaft durch die Industrialisierung, was eine wissenschaftliche Fundierung der relevanten Fachgebiete und größere Spezialisierung ihrer Fachvertreter der in der traditionellen Naturgeschichte vereinten drei Teilgebiete bedingte.

Forschungsreisen zur wirtschaftlichen Erschließung fremder Länder vermehrten die Kenntnisse der Naturausstattung, veränderten das Profil der **Naturgeschichte**, in die die Menschenrassen einbezogen wurden, und erforderten neue Methoden zur Bestimmung und Wiedererkennung der Naturobjekte. Anhand großer Sammlungen, die im Verlauf des 18. Jh. aus Privatbesitz in gesellschaftliches Eigentum (Akademien, Gesellschaften, Universitäten) übergingen, – wie vorher schon botanische Gärten – entstanden Pflanzen-, Tier- und Mineralsysteme.

Die **Systematik (Taxonomie)** erforderte Spezialisierung und wurde konstituierend für Botanik und Zoologie als Disziplinen. Maßgeblich war dafür das Wirken von C. v. *Linné*, der verbindliche Regeln für Nomenklatur und Terminologie, für die Form von Art- und Gattungsdiagnosen und für die Kennzeichnung von Sammelobjekten (Sammel- und Musealtechnik) einführte und die *binäre Nomenklatur* der Arten durchsetzte (für Pflanzen 1753, für Tiere 1758). Sein *hierarchisch-enkaptisches Ordnungssystem* (1735) mit feststehenden Kategorien von Klassen, Ordnungen, Gattungen und Arten schloß sich an ältere Vorbilder (*Ray, Willughby*) an, wurde aber im Verlauf von 6 Auflagen verändert. Umstritten war sein Sexualsystem mit 24 Pflanzenklassen, dessen Klassen und Ordnungen „künstlich" aufgrund der Sexualmerkmale gebildet wurden. Sein Tiersystem mit nur 4 herkömmlichen Klassen beruhte auf mehr Merkmalsgruppen und führte den zutreffenden Begriff *Säugetiere* (*Mammalia*) ein. Neben dem Sexualsystem entwarf *Linné* selbst ein **„natürliches" Pflanzensystem** mit 67 *Familien*. Außer den künstlichen entstanden mehrere alternative Pflanzensysteme nach „natürlichen Methoden" besonders durch die französischen Botaniker (*Jussieu, Adanson, de Candolle*), wobei die 24. Klasse der *Kryptogamen* bald untergliedert wurde und eigene Forschungsrichtungen (Pilze, Moose) hervorrief. Während diese nur eine Modifikation der Linnéschen Systematik darstellten, bildeten die **Stufenleitersysteme** eine echte Alternative, die auf einem unterschiedlichen Artbegriff beruhte und eine lineare Hierarchie der Gestalttypen anstrebte. Neben linearen Stufenleitern wurden verzweigte aufgestellt mit linearen „Serien" für jeden Zweig (*Bonnet, Buffon, Hermann, Lamarck*), die als Verwandtschaft gedeutet und später als Abstammungsreihen uminterpretiert wurden (*Lamarck* 1809).

Tiefgreifende Änderung erfuhr das Tiersystem durch die Verbindung der bisher noch separat betriebenen **Vergleichenden Anatomie** mit der Taxonomie, wobei das Pariser Museum für Naturgeschichte führend wurde (*Vicq d'Azyr, Cuvier, Geoffroy St. Hilaire*). Die neue Gegenüberstellung von Wirbeltieren und Wirbellosen führte zur Auflösung bisheriger Tierklassen und einem grundlegenden neuen System der Wirbellosen (*Lamarck, Latreille*). Es entstanden erste Konzeptionen einer Abstammungs- und Entwicklungslehre im Zusammenhang mit einer Erdgeschichte (*Lamarck, Geoffroy St. Hilaire*, E. *Darwin*).

Auch für die **Physiologie** ergaben sich neue Paradigmen, teils durch die Weiterentwicklung mikroskopischer und experimenteller Studien und ihrer Verknüpfung, teils durch philosophische Konzeptionen und gegen Ende des 18. Jh. durch Neuentdeckungen der Physik (*Galvanismus*) und Chemie (*Lavoisier*). Eine zentrale biologische Fragestellung blieb weiterhin die nach der Gültigkeit der **Präformationstheorie** in der Embryologie mit ihren beiden Varianten (*Ovulismus, Animalkulismus*), die aufgrund neuer mikroskopischer und experimenteller Befunde angegriffen (*Needham, Trembley, Buffon*) und verteidigt wurde (*Spallanzani, Bonnet, Haller*), bis sie durch C. F. *Wolff* beweiskräftig widerlegt wurde (1759). Seine neue **Epigenesistheorie** erhielt schon im 18. Jh. Befürworter (*Blumenbach, Kielmeyer*, E. *Darwin*, J. F. *Meckel, Goethe, Oken*), erweckte aber auch die schon im 17. Jh. widerlegte **Urzeugungshypothese** zu neuem Leben. Um 1800 stand die Individualentwicklung der Organismen im Mittelpunkt der Interessen und wurde schon als Modell für erdgeschichtliche Entwicklungshypothesen verwendet (E. *Darwin, Kielmeyer*). Die artspezifische Gestaltbildung war Gegenstand von Kreuzungsexperimenten, die zu Vererbungsgesetzen hinleiteten und die Sexualität der Pflanzen bewiesen (*Koelreuter*). Sie führte auch zur Formulierung der **Metamorphosenlehre** und der Begründung der **Morphologie** als Gestaltbildungslehre durch *Goethe*.

Ein Umschwung in der bisher mechanistischen Interpretation von Lebensprozessen, der schon durch den Animismus *Stahls* angestrebt worden war, vollzog sich durch die *Irritabilitäts-Sensibiliätslehre Hallers*, der der „lebenden Faser" spezifische Eigenschaften zuschrieb. Fast alle tier- und pflanzenphysiologischen Versuche des 18. Jh. wurden unter diesem Paradigma durchgeführt, die Lehre im einzelnen modifiziert. In Analogie zur Gravitationslehre *Newtons* wurden nun Lebensprozesse durch eine der lebenden Substanz innewohnende „Kraft" erklärt (*Ernährungskraft, Lebenskraft, wesentliche Kraft*) und mehr oder weniger mit physikalischen Erscheinungen (Magnetismus, Gravitation, Elektrizität) analogisiert, der Galvanismus als **Spezifik des Lebens** aufgefaßt (*Pfaff, Humboldt*). Die Gegenüberstellung der organisierten Körper zur anorganischen Natur führte um 1800 zur Bildung des **Begriffs Biologie** (*Roose, Burdach, Lamarck, Treviranus*), jedoch noch nicht zu einer Disziplin trotz deren philosophischer Definition (*Comte*).

308   7. Disziplinbildung in der Biologie (18.–19. Jh.)

Literatur zu Kap. 7

Afzelius, A.: Linnés eigenhändige Aufzeichnungen über sich selbst mit Anmerkungen und Zusätzen. Übers. K. Lappe. Berlin 1826.

Amlinskij, I. E.: Žoffrua Sent-Iler i ego borba protiv Kjuve. Moskva 1955.

Anderson, L.: Charles Bonnet and the order of the known. Dordrecht, Boston, London 1982 (Studies in the history of modern science Bd. 11).

Appel, T. A.: The Cuvier – Geoffroy debate. French biology in the decades before Darwin. New York, Oxford 1987.

Arnoldt, K.: Die Geschichte der französischen Physiologie zwischen 1750 und 1850. Münster 1959 (Diss. med.).

Balss, H.: Eine Rede Friedrich Kielmeyers. Sudhoffs Arch. Gesch. Med. *23* (1930): 248–267.

– Kielmeyer als Biologe. Ebda 268–288

Belloni, L.: Micrografia illusoria e „animalcula". Physis *4* (1962): 65–73.

– Zur Geschichte der tierforschenden Mikroskopie. Nova Acta Leopoldina, N. F. 30, Nr. 173. Leipzig 1965, S. 443–458.

Bougainville, L. A.: Reise um die Welt 1766–1769. Leipzig 1972.

Brazier, Mary A. B.: Felice Fontana. Milano 1963.

Burckhardt, jr., R. W.: The Spirit of System. Lamarck and evolutionary biology. Cambridge/Mass. London 1977.

Cahn, Th.: La vie et l'œuvre d'Etienne Geoffroy St. Hilaire. Paris 1962.

Corsi, P.: The age of Lamarck (aus dem Ital. übers. v. J. Mandelbaum) California Univ. Press 1988.

Dahl, Maria: Goethes mikroskopische Studien an niederen Tieren und Pflanzen im Hinblick auf seine Morphologie. Jahrb. Goethe-Ges. *13*, (1927): 172–183.

Daudin, H.: De Linné à Jussieu: Méthodes de classification et l'idée de série en botanique et en zoologie (1740–1790). Paris (1926).

– Cuvier et Lamarck: Les classes zoologiques et l'idée de série animale (1790–1830). 2 Bde. Paris 1926.

Dougherty, F. W. P.: Commercium epistolicum J. F. Blumenbachii. Aus einem Briefwechsel des klassischen Zeitalters der Naturgeschichte. Göttingen 1984.

Dougherty, F. W. P.: Buffon's Gnoseological Principle, in: Z. allg. Wissenschaftstheorie 11 (1980) 2.

– Der Begriff der Naturgeschichte nach J. F. Blumenbach anhand seiner Korrespondenz mit Jean-André DeLuc. Ber. Wiss. Gesch. *9* (1986): 82–107.

Dunmore, J.: French explorers in the pacific, Bd. 1: The eighteenth century. Oxford 1965.

Faak, M. (Hrsg.): Alexander von Humboldt. Reise auf dem Rio Magdalena durch die Anden und Mexico. Teil I. Berlin 1986.

Foerster, K.; in: Sudhoffs Archiv 72 (1988): 199–211 (aus einem Manuskript über A. J. Corda).

Gaissinovitch, A. E.: K. F. Wolff i učenie o rasvitii organizmov ... Moskva 1961.

Germann, D., Knöll, H. u. Otto, L.: Über Goethes Mikroskope. In: Uschmann-Festschrift. Acta hist. Leopoldina *9* (975): 361–401.

Goerke, H.: Carl von Linné, Arzt, Naturforscher, Systematiker. Stuttgart 1966 (Große Naturforscher, Bd. 31). 2. Aufl. 1989.

Haller, A. von: Bibliotheca anatomica. Halle 1774, 1777.

Heinecke, H.: Die Anfänge der Gnotobiotechnik, in: Z. Versuchstierkd. 33 (1990): 19–22.

Hofsten, N. von: Linnés sjursystem. Svenska Linné-sällskapets årsskrift *42* (1959): 9–49.

Jahn, I.: Dem Leben auf der Spur. Die biologischen Forschungen Alexander von Humboldts. Leipzig, Jena, Berlin 1969.

– und Senglaub, K.: Carl von Linné. Leipzig 1978 (Biogr. hervorragender Naturwiss., Techniker u. Mediziner, Bd. 35).

Jahn, I.: Der Beitrag deutscher Physikotheologen zum Erkenntniszuwachs in der Biologie des 18. Jh. In: Bäumer, Ä., Büttner, M. (Hrsg.): Science and Religion. Bochum 1989.

Kremer, R. L.: Defending Lavoisier: The French Academy's Prize Competition of 1821, in: Hist. Phil. Life Sci. 8 (1986): 41–65.

Krolcik, U.: Das physikotheologische Naturverständnis und sein Einfluß auf das naturwissenschaftliche Denken im 18. Jahrhundert, in: Medizinhist. J. 15 (1980): 92–102.

Kruta, V.: Georgius Prochaska (1749–1820). Brünn 1949.

Kühner, G. F.: Lamarck, die Lehre vom Leben. Jena 1913.

Kuhn, D.: Empirische und ideelle Wirklichkeit. Studien über Goethes Kritik des französischen Akademiestreites. Graz, Wien, Köln 1967.

– Goethes Engagement für die Morphologie. Acta hist. Leopoldina 13 (1980).

Landrieu, M.: Larmarck, le fondateur du transformism. Mém. Soc. Zool. de France 21 (1909).

Lenoir, Th.: The Göttingen school and the development of transcendental Naturphilosophy in the romantic era. Dordrecht 1981, Studies in History of Biology, Bd. 5, S. 111–205.

– The strategy of life. Dordrecht 1982. Studies in the history of modern science, Bd. 13.

Lepenies, W.: Das Ende der Naturgeschichte. Wandel kultureller Selbstverständlichkeiten in den Wissenschaften des 18. und 19. Jahrhunderts. München, Wien 1976.

Löther, R.: Die Beherrschung der Mannigfaltigkeit. Jena 1972.

Mann, G.: Wissenschaftsgeschichte und das achtzehnte Jahrhundert. Probleme der Periodisierung und der Historiographie. In: Studien zum 18. Jahrhundert, Bd. 1. Nendeln 1978, S. 105–125.

Mann, G., Benedum, J. und Kümmel, W. F. (Hrsg.): Soemmering-Forschungen, Bd. 1–6. Stuttgart, New York 1985 bis 1990.

Mayr, E.: J. G. Kölreuter's Contributions to Biology. Osiris 2 sér. (1986): 135 ff.

Mazzolini, R.: Il carteggio tra Charles Bonnet e Felice Fontana, in: Physis 14 (1972): 69–103.

Mazzolini, R. G. und Shirley, A. R.: Science against the unbelievers: the correspondence of Bonnet and Needham, 1760–1780. Oxford 1986.

Meier-Lemgo, K.: Die Reisetagebücher Engelbert Kaempfers. Wiesbaden 1968 (Erdwiss. Forschungen Bd. 2).

Mierau, S. (Hrsg.): Carl von Linné, Lappländische Reise und andere Schriften. Leipzig 1977 (RUB 696).

Mikulinskij, S. R., Markova, L. A. und Starostin, B. A.: Alphonse de Candolle. Jena 1980.

Montalenti, G.: Lazzaro Spallanzani. Milano 1928.

Muggelberg, H.: Leben und Wirken Johann Karl Wilhelm Illigers (1775–1813) als Entomologe, Wirbeltierforscher und Gründer des Zoologischen Museums der Humboldt-Universität zu Berlin. Mitt. Zool. Mus. Berlin 51 (1975): 275–303; 52 (1976): 137–174.

Muntschik, W. (Hrsg.): Engelbert Kaempfer, Phoenix persicus. Die Geschichte der Dattelpalme. Marburg (Basiliskenpresse) 1987.

Nathorst, A. G.: Carl von Linné als Geolog. In: Linnés Bedeutung als Naturforscher und Arzt. Jena 1909.

Piveteau, J. (Hrsg.): Œvres complète de Buffon. Paris 1954.

Posselt, D.: Forschungsreisen in Rußland im 18. Jh. ... Wiss. Z. Univ. Jena, Math.-nat. R. 25 (1976): 181–212.

Rajkov, B. E.: Caspar Friedrich Wolff. Zool. Jahrb. Syst. 91 (1965):

Randelli, G.: Ripetizione degli esperimenti di Michele Troja sulla rigenerazione delle ossa. Physis 6 (1964): 45–64.

Roe, Sh. A.: Matter, life and generation: eighteenth century embryology and the Halle-Wolff debate. Cambridge, New York 1981.

310   8. Neuorientierung im 19. Jh.

Roger, J.: Les sciences de la vie dans la pensée française du XVIII. siècle. Paris 1963, ²1971.
Rooseboom, M.: Some Dutch contributions to the development of physiology. Leiden 1962.
Rostand, J.: Les origines de la biologie experimentale et L'Abbé Spallanzani. Paris 1951.
Rudolphi, K.: Peter Simon Pallas. Ein biographischer Versuch. In: Beitr. zur Anthropol. und allg. Naturgesch. Berlin 1812, S. 1–78.
Schiller, J. (Hrsg.): Colloque International Lamarck Paris 1971.
Stafleu, F. A.: Einleitung zu A. L. de Jussieu: Genera plantarum ... Neudruck in Historiae naturalis classica, T. 35. Weinheim und New York 196.
– Linnaeus and the Linnaeans · The spreading of their ideas in systematic botany, 1735–1789. Utreccht 1971.
Steiner, G.: Georg Forster. Reise um die Welt. Teil 1–2. Berlin 1965–1966.
Strube, I.: Georg Ernst Stahl. Leipzig 1984 (Biogr. hervorr. Nat. 76).
Szyfman, L.: Jean-Baptiste Lamarck et son époque. Paris 1982.
Thienemann, A.: Die Stufenfolge der Dinge, der Versuch eines natürlichen Systems der Naturkörper aus dem 18. Jahrhundert. Zool. Annalen, Würzburg 3 (1910): 185–274.
Toellner, R.: Anima et Irritabilitas. Hallers Abwehr von Aninmusmus und Materialismus. Sudh. Arch. Gesch. Med. 51 (1967): 130–144.
– Die Bedeutung des physico-theologischen Gottesbeweises für die nachcartesianische Physiologie im 18. Jahrhundert, in: Ber. z. Wissenschaftsgesch. 5 (1982): 75–82.
Tschulok, S.: Lamarck. Zürich/Leipzig (1937).
Uschmann, G.: Der morphobiologische Vervollkommnungsbegriff bei Goethe und seine problemgeschichtlichen Zusammenhänge. Jena 1939.
– Caspar Friedrich Wolff. Ein Pionier der modernen Embryologie. Jena 1955.
– Goethe und der Pariser Akademiestreit. Beih. zur Schriftenr. Gesch. Naturwiss., Techn., Med. 1964, S. 180–193.
– Die Begründung der modernen Wirbeltierpaläontologie. Leopoldina (R. 3) 28 (1985): 171–175.
Voigt, W.: Homologie und Typus in der Biologie. Jena 1973.
Waschkies, H.–J.: Die Physikotheologie als Gegenstand historischer Forschung. In: Abh. Gesch. Geowiss. und Religion/Umwelt-Forschung 1 (1988): 163–181 (mit Bibliogr.).
Zaunick, R.: Peter Simon Pallas (1741–1811), der Begründer der paläarktischen Wirbeltierkunde. Pallasia 3 (1925): 1–37.
– (Hrsg.): Johann Christian Reil (1759–1813). Nova Acta Leopoldina N. F. 22 (1960): 1–159.

8. Die methodologische und theoretische Neuorientierung biologischer Disziplinen und der Durchbruch naturwissenschaftlich-materialistischer Anschauungen (19. Jh.)

Die notwendigerweise sukzessive Darstellung historischer Ereignisse sollte nicht zu der Vorstellung verleiten, als folge die Entwicklung einer geradlinigen „Stufenleiter", auf der die geschilderten Vorgänge unmittelbar aus den zuvor dargestellten hervorgehen. Vielmehr ereignet sich der Erkenntnisfortschritt meist parallel in verschiedenen Ebenen und Disziplinen in oft zufälliger Wechselwirkung, die sich aus persönlichen Begegnungen und sozialen Einflüssen ergibt. So ist die in den Kapiteln 7.2. und 7.3. vermittelte Disziplingenese zeitlich parallel verlaufen und personell nicht immer scharf getrennt zu denken.

Das gilt auch für die folgenden Darstellungen, obwohl sich im Verlauf des 19. Jh. eine stärkere Spezialisierung abzeichnet und schon im letzten Drittel des 19. Jh. auch Spezialdisziplinen mit einer vorwiegend innerdisziplinären Entwicklungstendenz entstehen. So erfolgte in der botanischen und zoologischen **Taxonomie** ein weiterer Ausbau der natürlichen Systeme unter konsequenter Anwendung der vergleichenden Methode und der fortlaufenden Einbeziehung neuer Erkenntnisse aus vergleichend-anatomischen, -histologischen, -embryologischen oder -physiologischen Spezialuntersuchungen, die zu weitgehender Aufgliederung und Umordnung des Linnéschen Klassifikationssystems führten. Es wurden auch weiterhin experimentelle Untersuchungen nach 1800 unter Einbeziehung neuer physikalischer und chemischer Erkenntnisse und Methoden durchgeführt und an der technischen Verbesserung der Mikroskopie gearbeitet, wobei vor allem in Frankreich, England und Italien Fortschritte erzielt wurden.

Aber parallel zu diesen induktiven Forschungsaktivitäten zur Analyse der Lebensprozesse und -strukturen beherrschte im ersten Drittel des 19. Jh. die von *Schelling* ausgehende **spekulative Naturphilosophie** vor allem in Deutschland die biologischen Forschungsrichtungen. Die Bevorzugung der deduktiven Methodik, die Anwendung der vergleichenden Methode auf eine oft oberflächliche Analogiebildung und die metaphysischen a-priori-Konzeptionen über die Organismenreiche führten zu überspitzten künstlichen Konstruktionen von Systemen, die den schon bekannten Realitäten widersprachen und Gegenreaktionen hervorriefen. Andererseits enthielt die Naturphilosophie durch die Betonung des Entwicklungsmomentes und der Geschichtlichkeit der Lebenserscheinungen manchen heuristischen Erklärungswert, so daß viele bedeutende Biologen Teilaspekte des naturphilosphischen Systems in ihre Theorien übernahmen, auch wenn sie ihm nicht in allen Konsequenzen zustimmten. Auf die eine oder andere Weise war die romantische deutsche Naturphilosophie aufs engste mit der nachfolgenden Neuorientierung der biologischen Disziplinen verbunden und muß zunächst behandelt werden.

8.1. Positive und negative Ergebnisse naturphilosophischer Strömungen

8.1.1. Die „genetische" Methode und die Anfänge historischer Konzepte in der Biologie

Bereits kurz nach 1800 erfuhr *Schellings* System der Naturphilosophie (vgl. 7.4.2.) eine grundlegende Anwendung auf biologische Sachverhalte durch

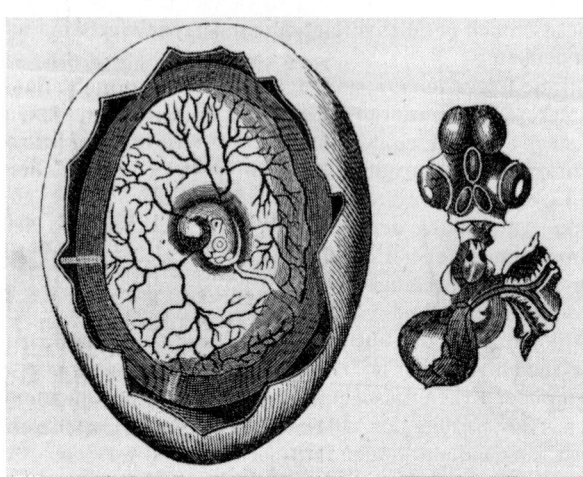

Abb. 62. Darstellung eines Hühnereies und Embryos am vierten Tag der Bebrütung, mit Gehirnanlagen. Aus Okens *Allgemeiner Naturgeschichte* ... Bd. 11, 1843.

den Mediziner Lorenz *Oken* (eigentlich *Okenfuß*, 1779–1851), der während seines Studiums in Freiburg(Br.) mit *Schellings Weltseele* und Schriften des Naturphilosophen und Mediziners Franz *Baader* (1765–1841) bekannt wurde (z. B. *Beyträge zur Elementar-Phisiologie*, 1797, die A. v.
Humboldt als Mischung von „kritischer Philosophie, mystischer Phantasie
und Symbolik des Mittelalters" charakterisierte). Während seiner Lehrtätigkeit in Göttingen führte *Oken* aber exakte empirische Untersuchungen
(zusammen mit dem Kollegen D. G. *Kieser*, s. u.) über die Keimesentwicklung des Hühnchens (Abb. 62) und andere vergleichend-morphologische
Studien durch (*Beiträge zur vergleichenden Zoologie, Anatomie und Physiologie*, 1806–1807), aus denen bedeutende Einzelergebnisse hervorgingen. So
beschrieb er die Homologie des Dottersacks der Vögel mit dem Nabelbläs-
chen der Säugetiere, entdeckte unabhängig von *Goethe* (vgl. 7.3.2.) den
Zwischenkieferknochen beim Menschen und die „Wirbeltheorie des Schädels" (Abb. 63), beschrieb bei meereszoologischen mikroskopischen Studien einzellige Wirbellose („Infusorien") und bei entwicklungsgeschichtlichen Untersuchungen den Aufbau der Organismen aus „Zellen" und Zellgewebe (*Telacellulosa*). Diese Beobachtungen gingen aber aus seinem naturphilosphischen Grundkonzept, der *Einheit* der organischen Welt und
des Zusammenhanges aller Erscheinungen des Weltganzen, hervor.

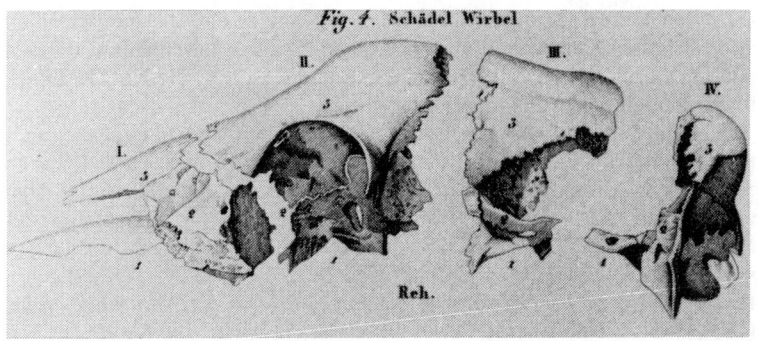

Abb. 63. Illustration zu Okens Wirbeltheorie des Schädels in seiner *Allgemeinen Naturgeschichte* Bd. 11, 1843.

Die Erkenntnisse der epigenetischen Individualentwicklung, wie sie auch von *Blumenbach* in Göttingen gefördert wurden (vgl. 7.3.1.), gewannen für *Oken* Modellcharakter, nach dem er eine **Entwicklungstheorie der gesamten Erde und ihrer Lebewesen** konzipierte. Eine grundlegende Rolle spielte dabei die Vorstellung, daß die Erde als Ganzes von inhärenten „Lebenskräften" (wie ein „Mutterschoß") durchsetzt ist und deshalb fortgesetzt auch Lebewesen erzeugen könne (*Die Zeugung*, 1805). Angeregt von seinen meeresbiologischen Studien an der Nordsee sah *Oken* den Ursprung allen Lebens im „Meeresschleim" mit seinen vielfältigen einfachen Lebensformen. Aus einem entsprechenden „Urschleim" sollten durch kosmische Einflüsse zunächst einfachste zellenähnliche Organismen, *Infusorien*, entstanden sein, die sich zu Aggregaten oder „Kolonien" zusammenfügten und unter Aufgabe ihres Eigenlebens einen Organismus höherer Ordnung bildeten. Dieser Prozeß sollte auch in der Gegenwart noch stattfinden.

Oken nahm an, daß „höhere" Organismen durch Entstehung neuer Organe oder Organsysteme zustandekommen, so daß die Komplexität eines Lebewesens Ausdruck für dessen Entwicklungshöhe sei. Der Mensch schließlich repräsentiere die Zusammenfassung des gesamten Tierreichs, denn in ihm sind die Einzelfähigkeiten harmonisch ausgewogen. In diesen Konzeptionen der Naturphilosophen wiederholt sich die in der Antike gewohnte Vorstellung von einer *Mikrokosmos-Makrokosmos-Parallele*, nun aber ergänzt durch einen Entwicklungsgedanken, der *Okens* naturphilosophisches System durchzieht. Ihm entsprang als weiteres Ergebnis die erstmals genau umrissene *Rekapitulationstheorie*, die *Oken* aus seinen embryo-

logischen Untersuchungen ableitete. Sie besagte, daß die menschlichen
und tierischen Embryonen morphologische Stadien durchlaufen, die den
adulten Formen niederer Organismen ähneln, woraus die Entwicklungsfolge abzuleiten ist (Gould 1977, S. 40–45).

Entsprechend dieser Konzeption entwickelte *Oken* neue Klassifika-
tionssysteme für Tiere und Pflanzen, die wiederum nach einer linearen
Stufenleiter von niederen zu höheren Organismen aufgebaut sind. Dabei
entsprechen die einzelnen Tiergruppen einzelnen Organsystemen des
Menschen nach *Okens* Grundsatz, daß es so viele „einseitige Ausbildungen
von Organen" gäbe, „als überhaupt Organe in die Idee der Tierheit gehören" (1806, S.X), oder wie es in seinem *Lehrbuch der Naturphilosophie*
(1809–1811, 3 Bde.) heißt, „der Mensch ist die Spitze, die Krone der Na-
turentwicklungen und muß alles umfassen, was vor ihm dagewesen, wie die
Frucht alle früheren Teile der Pflanze in sich begreift" (Bd. 1, § 66).

Im einzelnen sind verschiedene Versionen seiner Tier- und Pflanzensysteme in seinem *Lehrbuch der Naturgeschichte* (Mineralogie 1812, Zoologie 1816, Botanik 1825–26) und in seiner 11bändigen *Allgemeinen Naturgeschichte für alle Stände* (1833–1843) ausgeführt. Die äußerst künstlich konstruiert anmutenden Klassifikationen sind mehr Modelle einer Idee als die
Ergebnisse empirischer Untersuchungen. Bemerkenswert daran ist der
Umstand, daß *Oken* und andere Naturphilosophen diese Klassifikationsversuche als „natürliches System" bezeichneten und als Kriterium **die Entstehungsgeschichte** nannten, so z.B. wenn es vom Pflanzensystem heißt,
„die Anordnung der Pflanzen nach deren Verwandtschaften und ihre Stufenfolge, so daß man eine Einsicht in ihren Zusammenhang oder in die Gesetze ihrer Entstehung erhält, heißt natürlich" (1825, Bd. 1, Abt. 1. S. 6 bis
7); oder vom Tierreich, es sei „die allmähliche Entwicklung und selbständige Darstellung der Organe des höchsten Thiers oder des Menschen," und
es zerfalle daher „in so viele Stufen, Classen, Ordnungen, Zünfte und Geschlechter, als im Menschen anatomische Systeme, Organe und Abstufungen vorhanden sind" (1835, Bd. 5, Abt. 1, S. 3). So finden wir z.B. Bezeichnungen wie *Magentiere, Hauttiere, Knochentiere* (Fische), *Muskel-
tiere* (Reptilien), *Nerventiere* (Vögel), *Sinnestiere* (Säuger).

In der Betonung des „genetischen" Aspektes, der geschichtlichen Entwicklung, lag das anregende Motiv für die neuen Ordnungsprinzipien, aber
in der vorwiegend metaphysischen Interpretation der Entwicklungsfaktoren zugleich ihre abschreckende Wirkung für empirisch eingestellte Naturforscher.

Manche Biologen suchten einen Mittelweg zwischen Empirie und deduktiver Naturphilosophie, der um so berechtigter schien, als *Oken* selbst
in seiner allerersten programmatischen *Übersicht des Grundrisses des Sy-*

stems der Naturphilosophie und der damit entstehenden Theorie der Sinne
(1804) sich die Aussöhnung von Empirie und Spekulation zum Ziel gesetzt
hatte und mit seinen exakten vergleichend-embryologischen Studien
(Hund, Schwein, Huhn) Beispiele schuf, die die Anerkennung K. E. *von
Baers* hervorriefen (vgl. 8.3.1.).

Der Naturforscher und Schellingschüler Johann Baptiste *Spix* (1781 bis
1826), der in seiner *Geschichte und Beurtheilung aller Systeme in der Zoologie nach ihrer Entwicklungsfolge* ... (1811) ebenfalls die naturphilosophischen Grundsätze für ein „natürliches System" dargestellt hatte, bediente
sich des Bildes konzentrischer Kreise zur Wiedergabe des Zusammenhanges zwischen den hierarchischen Gruppen der Klassen, Ordnungen, Familien, Gattungen und Abarten; er widmete ausgedehnte vergleichend-
osteologische Studien der Herausbildung des Kopfskelettes durch alle
Tierklassen (*Cephalogenesis* ..., 1815) und bearbeitete die auf seiner Forschungsreise mit *Martius* in Brasilien gesammelten Wirbeltiere (1823 bis
1825).

Die Darstellung des Tiersystems in Form von **Kreisdiagrammen** oder anderen harmonischen geometrischen Figuren entsprach dem naturphilosophischen Streben nach Ableitung mathematischer Gesetzmäßigkeiten, das
jedoch teilweise in pythagoräischer Zahlenmystik gipfelte. So wurden auch
Kreis (und Kugel) – wie in der Antike – als „Urformen" betrachtet, aus denen sich die Vielfalt der Gestalten durch Polarisierung und Differenzierung entwickelt hat.

Unter dem Einfluß naturphilosophischer Einheitskonzeptionen entwik-
kelten sich die Methoden der vergleichenden Anatomie und Morphologie
schon in der ersten Hälfte des 19. Jh. zu hoher Perfektion und erzielten beachtliche faktische Ergebnisse, unabhängig von ihrer naturphilosphischen
Deutung. So führte der Mediziner Carl Gustav *Carus* (1789–1869) vergleichend-anatomische Untersuchungen nach seinen „genetischen Grundsätzen" durch alle Tiergruppen hindurch und kam zu der Schlußfolgerung,
daß „die Mannigfaltigkeit der Formen" in den Tierklassen mit der Enfer-
nung vom Menschen zunimmt. Das stellte er in seinem *Lehrbuch der vergleichenden Zootomie* (1834) ebenfalls in einem Kreisdiagramm dar (Abb.
64). Aus seiner vergleichenden Anatomie des Nervensystems ging eine
Tierpsychologie hervor, aus empirischen Studien über Wirbellose seine
Arbeiten über die innere Organisation der Insekten und Aszidien (*Lehrbuch der Zootomie mit stäter Hinsicht auf Physiologie*, 1818).

Auch Gottfried Reinhold *Treviranus* (1776–1837), der in seiner *Biologie
oder Philosophie der lebenden Natur für Naturforscher und Aerzte* (6 Bde.,
1802–1822) den inneren Zusammenhang aller die Organismen betreffenden Naturerscheinungen darzustellen suchte und aus dieser Einheit der Le-

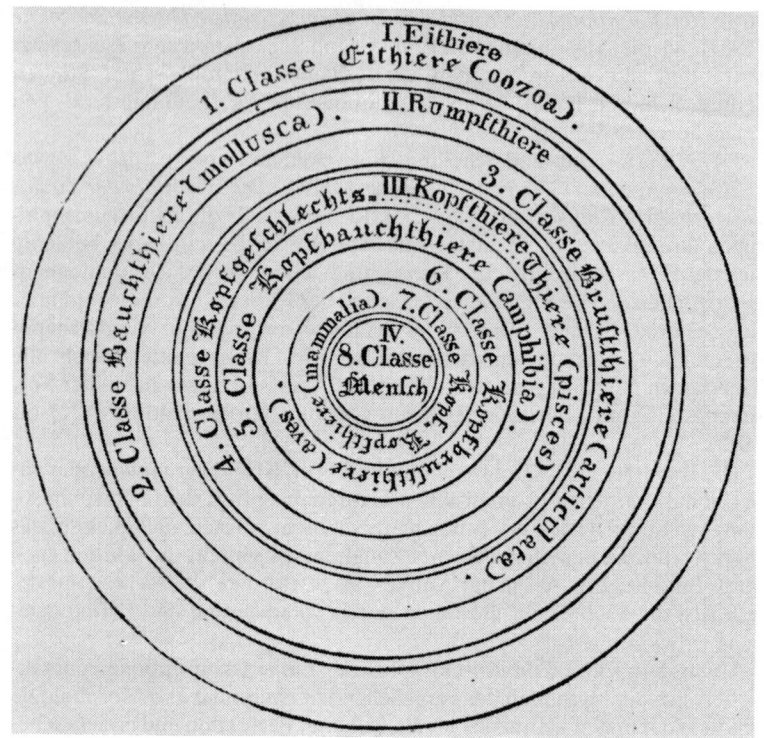

Abb. 64. Kreisdiagramm zur Darstellung aller Tierklassen, beginnend mit den ein-
fachsten aber „mannigfaltigen" Mikroorganismen bis zum Menschen mit nur einer
Art, nach dem Okenschen (antiken) Viererschema in 4 Großgruppen gegliedert.
Aus C. G. Carus 1834.

bensprozesse den physiologisch definierten Begriff der „Biologie" oder Lebenslehre abgeleitet hatte (vgl. 7.3.3.), knüpfte an *Schellings* naturphilosophische Grundsätze an, ohne sie im extremen Sinne anzuwenden. Auch er
suchte verbindende Gesetzmäßigkeiten für ein Klassifikationssystem aller
Lebewesen aus der **Geschichte des physischen Lebens** abzuleiten und die
Organisationshöhe – aus vergleichend-physiologischen Studien ermittelt
– als Kriterium für eine Stufenleiterordnung anzuwenden. Im Unterschied
zu unbelebten Naturkörpern, die von der *Schwerkraft* beherrscht werden,
werden Lebewesen und Lebensvorgänge von einer *Lebenskraft*, Gefühls-

und Verstandesprozesse von einer nicht-materiellen *Seelenkraft* gelenkt. Mit dieser Differenzierung unterscheidet sich *Treviranus* von den entschiedeneren Naturphilosophen, die eher umgekehrt auch im Planetensystem Merkmale des Lebendigen sahen, das Universum als Allorganismus beschrieben und wie der Mediziner Karl Friedrich *Burdach* (1776–1846) die Materie als Produkt, als Folge des Lebens auffaßten. (*Die Physiologie als Erfahrungswissenschaft* ... 6 Bde., 1826–1840). In dessen *Anthropologie* (1837) bezeichnet er die **Periodizität als allgemeinen Charakter des Lebens**, die sich (analog zum Planetensystem) als Beobachtungstatsache ergibt (S. 124 f.), und begründet daraus die *Mikrokosmos-Makrokosmos-Parallele.*

Ein Charakteristikum naturphilosophischer Klassifikationsversuche war – neben dem „genetischen Prinzip" der Entstehungsfolge – das Zugrundelegen von Zahlengesetzen. So wie *Oken* und *Carus* die Vierzahl, entsprechend der vier Organsysteme des Menschen (Eingeweide, Knochen, Muskeln, Nerven) als Basis für die Gruppierung des Tierreichs annahmen, so folgten dieser Regel auch der Dresdner Naturforscher und Inspektor des kgl. Naturalienkabinetts, Friedrich August Ludwig *Thienemann* (1793–1858), als er in seinem *Lehrbuch der Zoologie* (1828) eine tabellarische Übersicht über das gesamte Tierreich gab und später auf Anregung von *Carus* nach diesen Prinzipien ein Vogelsystem entwarf (*Rhea* 1849), sowie vor allem der Dresdner Botaniker und Zoologe Ludwig *Reichenbach* (1793–1879). Auch er faßte das Tiersystem als Spiegel der historischen Entstehungsfolge der Tierarten auf, die er sich in vier parallelen Entwicklungsreihen (4 Wirbeltierklassen) denkt. [47]

In seinem Vogelsystem suchte er in jeder taxonomischen Kategorie zunächst nach dem *Urtypus und dann nach den Zwischenformen* der niederen oder höheren Stufen (als Variation des schon Dagewesenen), wobei er durch morphologischen Vergleich die vorangegangenen und nachfolgenden Gattungen ermittelte und sie hypothetisch der Erdgeschichte zuordnete. Danach betrachtete er die Pinguine gleichsam als noch nicht flügge gewordene „Fisch-Vögel" und Vorversuche der Vogelnatur, denen „im Verlauf der alten Flötzzeit große Sumpfvögel" folgten und erst „mit der sich entwickelnden Vegetation die Baumvögel"; als letzte Stufe der „Urahnen" des Vogeltypus betrachtete er die wieder flugunfähig gewordenen terrestrischen Straußenvögel. Jüngere, näher verwandte Zwischenformen hielt er für Kreuzungsprodukte „einzelner Urahnenpaare" (*J. f. Ornith.* 1853). *Reichenbach* hielt es für möglich, durch **algebraische Gleichungen** den Anteil einer jeden Gattung an den Eigenschaften vorausgegangener oder nachfolgender Gattungen und damit ihren Platz im System aufgrund des „relatorischen Verwandtschaftsgesetzes" bestimmen zu können (*Das natürliche System der Vögel*, 1852).

Wie *Reichenbach* die historische Stufenfolge der Vogelklassen mit den Entwicklungsphasen vom Jugend- zum Greisenalter analogisierte, so hatte er auch sein Pflanzensystem nach dem Modell der Individualentwicklung vom Keim bis zur Fruchtbildung aufgebaut. In seiner Übersicht über das Pflanzenreich (*Conspectus regni vegetabilis*, 1828) hatte er danach die Großgruppen der *Faserpflanzen* (Pilze, Flechten, Algen), *Stock- und Scheidenpflanzen* (Kryptogamen und Cycadeen) und *Blätter- und Fruchtpflanzen* (Apetalae und Sympetalae) gebildet. Als Hauptfaktor der Entstehung von Arten betrachtete er neben der Urzeugung die Bastardierung und betonte auf der 14. Versammlung der Gesellschaft deutscher Naturforscher und Ärzte (1836), daß ihr Einfluß „auf Hervorbringung bestehender Formen noch lange nicht gehörig genug beachtet sei ..." (*Amtl. Bericht* 1837).

Reichenbachs Schüler an der medizinisch-chirurgischen Akademie in Dresden, Jonathan Carl *Zenker* (1799–1837), folgte in seiner von *Kieser* (s. u.) geförderten Lehrtätigkeit an der Universität Jena (ab 1826) im wesentlichen *Reichenbachs* Pflanzensystem und bezog ebenfalls die „Geschichte der Pflanzenwelt" in seine Darstellung ein. In Anlehnung an die paläobotanischen Werke von Ernst Friedrich Frh. *von Schlotheim* (1764–1832), *Beschreibung merkwürdiger Kräuterabdrücke* (1804), und Caspar Graf *von Sternberg* (1761–1838) und dessen *Flora der Vorzeit* (1820–1838) stellte auch *Zenker* die Entwicklung der Pflanzen von den unvollkommenen zu den vollkommeneren Formen als historische Abfolge dar, wobei er aber nur bedingt an eine „Umwandlung der Körper", sondern eher an Urzeugung und Bastardbildung dachte. Aus einer Vorlesungsnachschrift (1836) geht ebenso wie aus seinem Lehrbuch *Die Pflanze und ihr wissenschaftliches Studium überhaupt* (1830) die dominierende Rolle der **Physiologie** als Grundlage der Botanik hervor, worauf schon L. *Oken* seine Lehrtätigkeit begründete (vgl. 8.1.2.).

Neben den auf die Vierzahl gegründeten (*quaternären*) Systemen wurden auch andere, auf der Drei- oder Fünfzahl beruhende Klassifikationen entwickelt, wie die des Darmstädter Museumsdirektors Johann Jacob *Kaup* (1803–1873), der nach Reisen nach Leiden, Paris, London und Dänemark in seiner *Classification der Säugethiere und Vögel* (1844) wie seine englischen Kollegen die Fünfzahl als Gruppierungsprinzip wählte, es mit den fünf menschlichen Sinnesorganen (Haut, Zunge, Nase, Ohr und Auge) begründete und zur grafischen Darstellung Pentagramme als geometrische Figuren wählte (1854).

In England hatte der Entomologe William Sharp *Macleay* (1792–1865) ein **quinäres Tiersystem** entwickelt und als grafische Darstellung fünf regelmäßige, einander berührende „Verwandtschaftskreise" gewählt, die an den Berührungsstellen jeweils Übergangsformen von einer Klasse zur anderen enthielten (*Zoanthida, Tunicata, Cephalopoda, Annelida, Cirripedia*), die später Ch. *Darwins* Cirripedien-

Untersuchungen anregten (vgl. 9.1.). Die in den *Horae entomologicae* ... (1819 bis 1821) konzipierte Methode zur Wiedergabe der natürlichen Affinitäten wurde auch in England mehrfach aufgegriffen, so z. B. in komplizierten Modifikationen durch Willian *Swainson* (1789–1855) in einer Abhandlung über die Geographie und Klassifikation der Tiere (*A treatise on the geography and classification of animals*, 1835) und in seiner Naturgeschichte der Vögel (1836). Daraus erhellt, daß er von der tatsächlichen „kreisförmigen Entwicklung der Formen-Abänderung in der tierischen und pflanzlichen Schöpfung" überzeugt war, wenn auch das Ergebnis seiner Analogienbildung innerhalb und zwischen den streng an der Fünfzahl orientierten Verwandtschaftsgruppen kurios anmutet [47, S. 178–181].

Es war insbesondere die Methode der Analogienbildung neben der deduktiven Anwendung geometrischer und mathematischer Prinzipien, die die negativen Auswirkung naturphilosophischer Strömungen und die Opposition der Empiriker hervorriefen.

Der mögliche Einfluß von „Geheimlehren" (an die manche Inhalte der Naturphilosophie erinnern) aus den im 18. Jh. entstandenen Logen und Geheimbünden bedarf noch weiterer Untersuchung (vgl. Steiner, G. 1985).

8.1.2. Die Methode der Analogienbildung in Anwendung auf Morphologie und Physiologie

Das Vertrauen in die Zuverlässigkeit deduktiver Analogieschlüsse resultierte aus *Schellings* Identitätsphilosophie (vgl. 7.4.2.), die unter dem Aspekt der Identität von Geist und Materie, von Weltseele und Erscheinungswelt, gedanklichen Experimenten die gleiche Überzeugungskraft verlieh wie sinnenfälligen Versuchen und Beobachtungen. Sie verleitete manchen Naturforscher und Mediziner zur Überschätzung des spekulativen Elementes und zur Hintansetzung kritischer empirischer Forschung. Aus dem Versuch des frühen *Schelling*, durch metaphysische Definition des Organismus den gegen Ende des 18. Jh. deutlich formulierten Gegensatz zwischen vitalen und physikalisch-chemischen Prinzipien wieder aufzuheben, die Extreme von Materialismus und Vitalismus durch ein metaphysisches Verständnis der Gesamtnatur zu überbrücken, entstanden vielfältige erneute Gleichsetzungen zwischen organischen Funktionen und anorganischen Erscheinungen. So wurden die in Magnetismus und Elektrizität erkannte **Polarität** als Ursache von Anziehung und Abstoßung (z. B. der Geschlechter) oder die wärmeabhängigen Phänomene der **Ausdehnung und Zusammenziehung** mit Lebenserscheinungen und Entwicklungsvorgängen spekulativ analogisiert und manche schon gesicherten Erkenntnisse wieder in Frage gestellt. Die Analogienbildung spielte bei Aufstellung der naturphilosophischen Tier- und Pflanzensysteme eine maßgebliche Rolle und läßt sie als überaus künstliche Konstruktionen erscheinen. So stellte z. B. *Okens* Gliederung des menschlichen Organismus in vier Organsysteme, von dem sein quarternäres Tiersystem abgeleitet war, eine Entsprechung zu den vier antiken „Elementen" dar (Erde– Eingeweide, Wasser–Gefäßsystem, Luft–Atmungssystem, Feueräther–Nerven–Muskel-System). Besonders wurde die Physiologie von naturphilosophischer Spekulation beeinflußt, sofern sie vorrangig auf vergleichende Morphologie und Phänomenologie gegründet war. Zu einem häufig verwendeten Prinzip wurde auch die Metamorphose-Idee, die in verschiedensten Varianten für biologische Umwandlungsprozesse zur Erklärung herangezogen und dabei erheblich von *Goethes* ursprünglicher Lehre abgewandelt wurde (vgl. 7.3.2.). Überhaupt hatte die Physiologie nicht nur für die biologischen Disziplinen im engeren Sinne, sondern für die gesamte Naturlehre grundlegende Bedeutung. Der Berliner Mediziner Friedrich Ludwig *Augustin* (1776–1854) definierte zum Beispiel in seinem *Lehrbuch der Physiologie des Menschen mit vorzüglicher Rücksicht auf neuere Naturphilosophie und comparative Physiologie* (2 Bd. 1809) die Physiologie des Menschen als Teil der *Zoonomie* (= Wissenschaft „vom Offenbarwerden des Lebens an der tierischen Natur"), diese als Teil der *Organonomie* (= Wissenschaft „von der Manifestation des Lebens an den Organismen") und diese wiederum als „Teil der Biologie, der Wissenschaft vom Leben überhaupt und seinem Offenbarwerden an jenem großen Organismus, den wir Natur nennen ..." (S. 1–5).

Von der allgemeinen „Idee des Lebens" ausgehend, wurden dessen Manifestationen im einzelnen recht verschieden gedeutet, indem die Einzelfunktionen von unterschiedlichen naturphilosophischen Grundsätzen aus deduziert wurden.

So leitete der Württembergische Mediziner und Ophthalmologe Philipp Franz *von Walther* (1782–1849) in seiner *Physiologie des Menschen mit durchgängiger Rücksicht auf die comparative Physiologie der Tiere* (2 Bde., 1807–1808) in Analogie zum Gesetz des Umlaufs der Planeten" den Kreislauf des Blutes aus dessen eigener „Beseelung" (statt aus der mechanischen Kraft des Herzmuskels) ab, da „das Kreisige ... die Darstellung der vollkommenen Immanenz der Idee" sei (Bd. 2, S. 3–5), während der Gießener Anatom und Physiologe Johann Bernhard *Wilbrand* (1779–1846) die Kreisbewegung des Blutes wieder negierte, weil er mit Prinzipien der Polarität und Metamorphose die Blutbewegung dahingehend deutete, daß das Blut nur vom Herzen zur Körperperipherie ströme, wo es sich in lebendes Gewebe verwandle und umgekehrt dieses sich verflüssige und zum Herzen zurückströme (*Erläuterungen der Lehre vom Kreislauf ...* 1825). Diese beiden Bewegungen verhalten sich wie positive und negative Elektrisierung und machen die Bewegung erst möglich. Eine dritte Version deduzierte J. Heinrich *Oesterreicher* in seinem *Versuch einer Darstellung der Lehre vom Kreislauf des Blutes* (1826), in-

dem er nicht das Blut, sondern das Nervensystem als Bestimmendes für die Kreisbewegung ansah und diese Meinung aus der Analogie des Rückenmarks mit der
Sonne als „Zentralorgan" gewann.

Von *Wilbrand* wurde auch die Atmung als Metamorphoseprozeß gedeutet, durch den das Blut zu Lungengewebe und dieses wieder zu Blut umgewandelt werde, wogegen Sauerstoffaufnahme und Kohlensäureabgabe nur
unwesentliche Begleiterscheinungen seien. Schon 1807 hatte er in seiner
Abhandlung *Über das Verhalten der Luft zur Organisation* ... die „eigentliche Bedeutung des Respirationsprozesses" dargestellt und seiner Skepsis
über den Erklärungswert der Chemie und der chemischen Analyse für das
Wesen des Lebens noch 20 Jahre später in seiner Arbeit *Was ist Physiologie*
... (1827) Ausdruck verliehen.

Auch in der Pflanzenphysiologie, in der nach *Oken* die Botanik „ihre
Vollendung erreichen" müsse, wurden gesicherte Erkenntnisse in Frage
gestellt. Nicht nur wurde von *Schelling*, *Oken*, *Spix* und anderen die schon
im 17. Jh. von *Redi* (vgl. 6.4.2.) und im 18. Jh. von *Spallanzani* (vgl. 7.3.1.)
experimentell widerlegte Urzeugung wieder generell angenommen und
speziell die Entstehung von Algen und Pilzen auch von dem Hallenser Botaniker Kurt *Sprengel* (1766–1833) aus „organisierbarem Schleim" für
wahrscheinlich gehalten (*Neue Entdeckungen im ganzen Umfang der
Pflanzenkunde*, 3 Bde., 1820–1822), sondern durch Franz Joseph *Schelver*
(1778–1832) wurde für das ganze Pflanzenreich jegliche bisexuelle Vermehrung als mit dem Wesen der Pflanzennatur unvereinbar bezweifelt, in
seiner *Kritik der Lehre von den Geschlechtern der Pflanze* (1812), die sich
gegen *Linnés* Sexualsystem richtete, die Pollenbildung im Sinne der Metamorphosenlehre als „Verstäubung", als letzte Verfeinerung der Umwandlungsprozesse des Blattes und Analogie zur Verwandlung von Aggregatzu-
ständen gedeutet. Sein Schüler, der Breslauer Arzt August Wilhelm *Hen-
schel* (1790–1856), unterstützte diese Ansicht in einem 600 Seiten umfassenden Werk *Von der Sexualität der Pflanzen* (1820), in dem allen bisherigen Experimenten von *Camerarius*, *Kölreuter*, *Gleditsch*, Chr. K. *Sprengel*
das Argument entgegengehalten wurde, die Narbenbestäubung sei kein
ausreichender Beweis für einen Befruchtungsprozeß; es bedürfe neuer
Versuche und Beobachtungen (*Isis* 1829). Der in Bonn, später in Breslau
wirkende Botaniker und verdienstvolle Kryptogamenforscher Christian
Gottfried *Nees von Esenbeck* (1776–1858), der als Student in Jena (1796 bis
1799) Anhänger *Schellings* geworden war, stimmte ebenfalls solchen Ansichten zu, baute in seinem *Handbuch der Botanik* (1821) eine modifizierte
Metamorphosenlehre aus und analogisierte die Pflanzenwelt als Ganzes
mit einem Blattorganismus. Sein spezielles Interesse galt der Entstehung
und Funktion der sogenannten *Spiralgefäße*, ein damals aktuelles Thema,

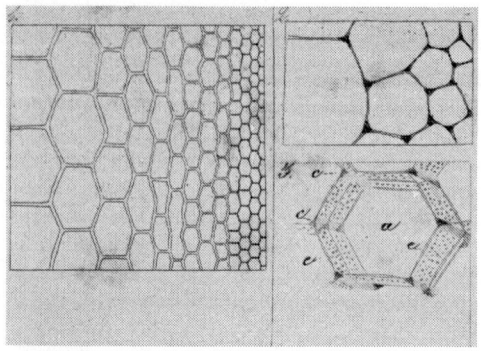

Abb. 65. Darstellung sechseckiger Pflanzenzellen nach D. G. Kieser (1818) im Kürbisstengel (Fig. 1: Längsschnitt, Fig. 2: Querschnitt, mit saftgefüllten Interzellulargängen, Fig. 3: *Parenchym*-Gewebe). Aus Oken, *Allgemeine Naturgeschichte für alle Stände*, Atlas, 1843, Tafel I.

das auch Gegenstand akademischer Preisschriften war, das aber erst im Zuge der Schleidenschen Zellenlehre (vgl. 8.2.1.) eine Lösung fand.

Im Rahmen von *Okens* Konzeption der Pflanzenphysiologie lag die Darstellung der **Zellen als Grundorgan**, gleichsam als selbständige kleine Pflänzchen, aus denen sich der Pflanzenkörper aufbaut, so, wie er die ganze organische Welt aus „Urbläschen" oder „Infusorien" entstanden dachte. (Abb. 65) Der Frage nach der Entstehung der Zellen selbst widmete *Okens* Jenaer Kollege, der Mediziner Dietrich Georg *Kieser* (1779 bis 1862), spezielle Untersuchungen, die ebenso wie seine *Aphorismen aus der Physiologie der Pflanzen* (1808) und seine *Grundzüge der Anatomie der Pflanzen* (1815) eine Mischung aus subtiler Beobachtung und naturphilosophischer Interpretation sind.

In den *Aphorismen* verknüpfte *Kieser* mikroskopisch-anatomische Studien mit experimentellen Untersuchungen über Blatt-, Stengel- und Blütenbildung, die er nach Prinzipien von *Goethes* Metamorphosenlehre beschreibt. Die Kürbisranken deutete er als Mittelform zwischen Blatt und Blume, ihre „Expansion und Contraction" als „Analogon des Entfaltens der Blume und der Blätter" (S. 50), bezeichnet sie auch in einer weiteren Analogisierung als „die ohne Geschlecht wachsende Pflanze wie das Arbeitstier die ohne Geschlecht sterbende Biene", Deduktionen, wie sie *Goethes* „gegenständlichem Denken" selbst nach 1800 fremd blieben (vgl. auch Kuhn 1984).

Eine bemerkenswerte Studie ist *Kiesers* Abhandlung *Über die ursprüngliche und eigenthümliche Form der Pflanzenzelle* (1818), die von einer Kritik an der herkömmlichen Definition der „Zelle" durch *Hooke*, *Malpighi*, *Wolff* oder *Mirbel* als Höhlungen im gleichförmigen Parenchym ausgeht und seine Auffassung von der Zelle „als vollkommen organisierter und individualisierter Körper" dagegensetzt. Aus diesem damals neuartigen Begriff von der Zelle leitete sich die Fragestellung nach der ursächlichen Entstehung der typischen Zellenform aus dem ursprünglich kugeligen Urbläschen ab, für die *Oken* (1809) aus philosophischen Gründen das Rhombendodekaeder postuliert hatte. *Kieser* weist nach, daß nach „mathematischen Gesetzen" eben diese Form mit den meisten Flächen (12) und meisten Ekken (14) sowie dem größten Inhalt und geringsten Umfang durch wechselseitigen Druck im Zellenverband entstehen müsse, daß sich aber diese „Urform" später nach der „Grundidee der Pflanze" (die von der Erde zum Licht wachse) in vertikaler Richtung verändere und durch *Metamorphosen* in Holz-, Bast-, Mark- und Rindenzellen umgewandelt werde, während sich tierische Zellen – entsprechend dem Wesen der Grundidee des Tieres – in horizontaler Richtung verändern.

Wie ein Halbjahrhundert später Friedrich *Engels* bei Konzeption der *Dialektik der Natur* zutreffend konstatierte, wurden durch diese Naturphilosophen die Fragen der Zellbildung, -umwandlung und des Protoplasmas lange vor *Schleidens*, *Schwanns* und M. *Schultzes* Arbeiten philosophisch erörtert, ohne daß es damals jemandem einfiel, „die Sache naturwissenschaftlich zu verfolgen". Die pythagoräische Zahlenmystik und andere Symbolik im Stil solcher Abhandlungen stieß die Empiriker unter den Biologen eher ab. Trotzdem wirkten manche Denkformen auch unter diesen nach und bestimmten – vielleicht unbewußt – die Theorienbildung mit (vgl. 8.2.2.).

Die Anregungen der Schelling-Okenschen Naturphilosophie, deren Grundprinzipien nicht nur bei deutschen Biologen einflußreich waren, sondern – vielleicht parallel entstandene – Entsprechungen auch in Frankreich, Holland und England, in Rußland und den skandinavischen Ländern hatten, sind darauf zurückzuführen, daß sie ein erster Versuch waren, die in den ersten drei Jahrhunderten neuzeitlicher Forschung empirisch ermittelten Tatsachen über Lebensformen und -prozesse philosophisch, in einem in sich konsequenten Konzept, zu ordnen. Anliegen dieses ganzheitstheoretischen Konzepts war es, die Einzelphänomene aus Allgemeinprinzipien zu verstehen und zu charakterisieren (vgl. V. Carus 1872, Löther 1972; Ruben 1975; v. Engelhardt 1979, 1981, 1985) [25; 44].

Daraus ergab sich auch wissenschaftsorganisatorisch ein Widerstand gegen Tendenzen der Spezialisierung, utilitaristischen Einengung und disziplinären Zersplitterung, der sich z. B. in *Kiesers* Einwand gegen eine nur „medizinische Botanik" und in seinem Vorschlag zur Gründung einer „naturwissenschaftlichen Fakultät" (1856) oder in der Begründung der *Versammlungen Deutscher Naturforscher und Ärzte* durch L. *Oken* 1822 in Leipzig manifestierte. Diese bis zur Gegenwart erhalten gebliebene Einrichtung war zu ihrer Gründungszeit ein großartiger Ausdruck gemeinsamen wissenschaftlichen Strebens und spiegelte in den jährlichen Zusammenkünften die „Einheit der Naturforschung" wider, wie sie noch M. J. *Schleiden* (1846) jenseits disziplinärer und politischer Zersplitterung verstand [39].

8.2. Die Entwicklung der Zellentheorie

Aus den Fragestellungen, die durch die romantische deutsche Naturphilosophie aufgeworfen, aber mit metaphysischen Erklärungen nur unbefriedigend gelöst worden waren, erwuchsen neue Ansätze zu empirischer Einzelforschung, die in der zweiten Hälfte des 19. Jh. zu neuen tragfähigeren Paradigmen wurden.

Dazu gehörte zunächst die mit den Namen von *Schleiden* und *Schwann* verknüpfte, die biologische Forschung entscheidend umgestaltende *Zellentheorie*. Sie hatte aber ihre Vorgeschichte in der Epoche der naturphilosophischen Physiologie.

Seit der Erstbeschreibung pflanzlicher Zellen durch R. *Hooke* (vgl. 6.3.) war der zellige Aufbau von Pflanzenorganen immer wieder festgestellt worden, nur wurden unterschiedliche Bezeichnungen verwendet wie Poren, Bläschen, Kügelchen und Körnchen je nach den Untersuchungsobjekten. Auch im 18. Jh. wurden von Mikroskopikern Zellen nicht nur beschrieben, sondern auch mit der Neubildung von Pflanzenteilen in Verbindung gebracht, wie von Chr. *v. Wolff* (1723), von Chr. G. *Ludwig* (1742), von C. F. *Wolff* (1759) (vgl. 7.3.1.); selbst für Grundelemente des tierischen Körpers wurde unter funktionellem Aspekt von A. *v. Haller* auch „Zellgewebe" (*tela cellulosa*) neben Muskel- und Nervenfasern erwähnt, abgesehen von der Darstellung der Blutkörperchen (mit Kern!), der Bakterien und der Spermatozoen durch *Leeuwenhoek*, die aber nicht als „Zellen" identifiziert wurden, ebensowenig wie die Eier von Wirbellosen, Fischen, Amphibien und Vögeln. Vielfach wurden auch Körnchen, Kügelchen und Bläschen aus mikroskopischen Beobachtungen beschrieben und – unter dem Eindruck von *Leibniz'* Monadologie oder *Buffons* Keimchenhypothese – mit der Entstehung von Organismen in Verbindung gebracht, die jedoch (wie von *Belloni* betont) mit Skepsis bewertet werden müssen, da es sich oft um optische Artefakte handelte (vgl. 7.3.1.).

8.2.1. Die Zellbildungstheorie von Schleiden und ihre Voraussetzungen

In Erkenntnis der technischen Mängel zusammengesetzter Mikroskope stagnierte um 1800 die mikroskopisch-anatomische Forschung, und man begnügte sich in den ersten 30 Jahren des 19. Jh. mit den Vergrößerungen, die mit einfachen Mikroskopen (Lupen) erreicht werden konnten (Abb. 66). Dennoch gehörte die Kenntnis von zelligem Pflanzengewebe schon zum allgemeinen Wissensgut, wie nicht nur die Arbeiten von *Kieser* oder *Oken* zeigen, der seine Vorlesung über Physiologie mit der „Zelle" begann (vgl. 8.1.2.). Aber das Hauptinteresse galt physiologischen Fragen, und die Zuordnung von Organen und Grundelementen zu ihrer Funktion in den Lebensprozessen stand im Mittelpunkt der Untersuchungen. Man suchte auch im Pflanzenorganismus für verschiedene Funktionen unterschiedliche Strukturelemente, und die Auseinandersetzungen bewegten sich vor allem um die Funktion der von Joh. *Hedwig* (1797) entdeckten „Spaltgefäße" (Spaltöffnungen und Schließzellen) sowie der seit langem bekannten „Spiral- und Tüpfelgefäße". Ihre vermeintlichen Aufgaben beim Wasser- und Stofftransport, bei Saftbewegung und Atmung, bei Ernährung und Ausscheidung waren kurz nach 1800 Gegenstand von Preisfragen der Akademien in Göttingen, Haarlem und der *Leopoldina*, so daß eine Reihe bedeutender pflanzenphysiologischer und -anatomischer Arbeiten entstanden, die sich alle auch mit der Rolle der Zellen und Zellgewebe und ihrer Bedeutung im Pflanzenhaushalt befaßten. So sprach sich

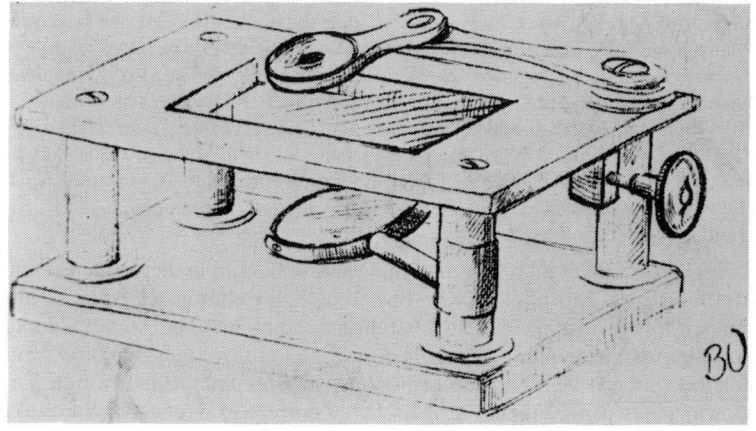

Abb. 66. Einfaches „Mikroskop" (Lupe) von Robert Brown (1837).

der Anatom Karl Asmund *Rudolphi* (1771–1832) in seiner Göttinger Preisschrift (1807) gegen die Ableitung der „Spiralgefäße" aus Zellgewebe aus,
während Heinrich Friedrich *Link* (1767–1851) von der Entstehung der Fasern und Gefäße aus dem Zellgewebe überzeugt war, ohne aber ihre Entwicklung beobachten zu können (*Grundlehren der Anatomie und Physiologie der Pflanzen*, 1807), und Ludolf Christian *Treviranus* (1779–1864),
Botaniker in Rostock, Breslau und Bonn, in seiner Preisschrift *Vom inwendigen Bau der Gewächse* (1806) den Ursprung der Tüpfelgefäße aus Zellen
beschreiben konnte.

   Wie sehr in den pflanzenanatomischen Arbeiten die physiologischen Fragestellungen dominierten und die Deutung der Zellenstruktur und -entstehung beeinflußten, hatte schon *Kiesers* Lehrbuch der *Grundzüge der Anatomie der Pflanzen*
(1815) – ein Auszug aus seiner Haarlemer Preisschrift (*Mémoire sur l'organisation
des plantes ... 1814*) – gezeigt (vgl. 8.1.2.). Das gilt auch für die *Beiträge zur Anatomie der Pflanzen* (1812) von Paul *Moldenhauer* (1766–1827), Mediziner in Kiel, in
denen ein aus „Fasern" gebildetes „Gewebe" von einer zelligen Substanz, dem *Parenchym*, unterschieden wird, auch die Epidermiszellen mit Spaltöffnungen und
isolierte Einzelzellen dargestellt werden, insgesamt aber die „Gefäße" und ihre
Funktionen im Mittelpunkt stehen. Der Pariser Botaniker Chrétien-François *Mirbel* (1776–1854) differenzierte 5 Arten von „Gefäßen" und leitete in seiner *Theorie
der pflanzlichen Organisation* (1808) alle Gewebearten aus jungem Zellgewebe ab,
setzte sich auch mit der Entstehung der Zellen auseinander und konnte sie 1831 in
den Brutknospen von *Marchantia* beobachten, wobei er **drei Formen der Zellbildung** (*superzellulär*, *intrazellulär* und *interzellulär*) unterschied. Sein Pariser Kollege, der Physiologe Henry *Dutrochet* (1776–1847), stellte in vergleichenden, anatomisch-physiologischen Untersuchungen über die innere Struktur der Tiere und
Pflanzen und ihre Erregbarkeit (*Recherches anatomiques et physiologiques sur la
structure intime des animaux et des végétaux, et sur leur motilité*, 1824) eine neue
Theorie über den Aufbau tierischer und pflanzlicher Gewebe aus unzähligen
„Bläschen" auf, wobei er Muskel-, Nerven- und Gehirnzellen mit dem zelligen Gewebe von Pflanzen und Wirbellosen verglichen hatte. Physiologische Aspekte lagen auch dem von Schleiden negierten Lehrbuch von Francois-Vincent *Raspail*
(1794–1878), *Nouveau système de physiologie végétale et de botanique 1837*, zugrunde (Weiner 1968.)

   Vergegenwärtigt man sich, daß in diesen Jahrzehnten die vergleichende
Methode in der Morphologie und Physiologie zu vielfältigsten Analogiebil-
dungen führte (vgl. 8.1.2.), so versteht man aber auch die Zurückhaltung
und Skepsis gegenüber solchen Theorien, die aufgrund der unzureichenden mikroskopischen Technik nicht ohne weiteres nachprüfbar waren. Paris war eines der wenigen europäischen Zentren, in denen sich zu dieser
Zeit die zwei mechanisch-optischen Werkstätten von Jaques-Louis *Chevalier* (1770–1841) und dessen Sohn Charles-Louis *Chevalier* (1804–1859) so-

wie von Georg *Oberhäuser* (1798–1868) um die Herstellung besserer Mikroskope bemühten. Der Physiker Giovanni Battista *Amici* (1786–1863) begründete erst 1831 seine eigene Werkstatt in Florenz und suchte Verbesserungen durch Konstruktion von Spiegelmikroskopen, und dem Londoner Optiker Joseph Jackson *Lister* (1786–1869) gelang erst zusammen mit dem Mechaniker Andrew *Ross* (1798–1859) um 1827 die Herstellung des ersten korrigierten, achromatischen Mehrlinsenmikroskops. In Deutschland konkurrierten Simon *Ploessl* (1794–1868) in Wien mit Karl Philipp Heinrich *Pistor* (1778–1847) und seinem Schüler Friedrich Wilhelm *Schieck* (1790–1876) in Berlin, so daß noch Ende der 30er Jahre gute Instrumente nur vereinzelt zur Verfügung standen und kaum vergleichbare Untersuchungen ermöglichten (Gloede 1986).

In Berlin, wo der Hamburger Arztsohn Matthias Jacob *Schleiden* (1804 bis 1881) ab 1835 sein Medizinstudium fortsetzte, gab es vielfältiges Interesse an mikroskopischen, pflanzenanatomischen und physiologischen Studien.

Dort wirkten zwei der Göttinger Preisträger als Ordinarien, K. A. *Rudolphi* und H. F. *Link* (s. o.), ferner der naturphilosophisch orientierte Botaniker Karl Heinrich *Schultz-Schultzenstein* (1798–1871), der sich in seinem Lehrbuch *Die Natur der lebendigen Pflanze* (1823–1825) auch mit dem Entstehungsprozeß der Pflanzen im Okenschen Sinne aus Urbläschen beschäftigte und die Bildung einfachster Lebensformen mit Kristallisationsprozessen analogisierte (1824). Auch *Linck* stand der Naturphilosophie nahe, widmete sich der Metamorphosenlehre, die er in den *Grundlehren der Kräuterkunde* (1837) anwandte, vertrat (wie *Moldenhauer*, s. o.) die Auffassung von der Selbständigkeit und Geschlossenheit der einzelnen Zelle wie D. G. *Kieser* (vgl. 8.1.2.) und setzte sich kritisch mit der Vorstellung Kurt *Sprengels* auseinander, der die Zellen im traditionellen Sinne als Höhlen aufgefaßt, die „Gefäße" daraus abgeleitet (*Anleitung zur Kenntnis der Gewächse*, 1802) und die in Zellen beobachteten Stärkekörner für Jugendstadien neuer Zellen gehalten hatte (1812). Mit der Stärkebildung in Zellen befaßte sich auch *Schleiden* eingehend.

Den umfangreichsten Beitrag zur mikroskopischen Pflanzenanatomie und -physiologie leistete der Berliner Botaniker Franz Julius Ferdinand *Meyen* (1804–1840), der mit den *Anatomisch-physiologischen Untersuchungen über den Inhalt der Pflanzenzellen* (1828), seinem Lehrbuch *Die Phytotomie* (1830) und dem Werk *Neues System der Pflanzen-Physiologie* (3 Bde., 1837–1839) bereits eine botanische Zellenlehre vorgelegt hatte. Seine nach tieranatomischen Vorbildern vorgenommene Einteilung pflanzlicher Gewebearten nach der Zellenform und ihren mutmaßlichen Funktionen spiegelt ebenfalls die überwiegend physiologischen Gesichtspunkte wieder. Danach unterschied er *Merenchym* und *Parenchym*, *Prosenchym* und *Pleurenchym* neben Harz-, Schleim- und Luftgängen, Drüsen

und Milchröhren, die er mit dem Gefäßsystem der Tiere analogisierte. Er
stellte auch Überlegungen über die differenzierte Entstehung dieser anatomischen Strukturen an, die er funktionell erklärte. Darüber gab es im Kreis
der Berliner Botaniker und Physiologen kontroverse Diskussionen, an denen *Schleiden* teilnahm. Doch gingen dessen Untersuchungen von ganz anderen Fragestellungen aus.

Die von naturphilosophisch orientierten Botanikern in Zweifel gezo-
gene geschlechtliche Vermehrung der Pflanzen (vgl. 8.1.2.), die in der
Aufforderung zu genauerem Studium des Befruchtungsprozesses gipfelte,
hatten entsprechende mikroskopische Untersuchungen angeregt. Zwar
hatte der italienische Physiker G. B. *Amici* (s. o.) schon 1823 aus dem Pollenkorn den Pollenschlauch wachsen sehen, Adolphe-Théodore *Brogniart*
(1801–1876) in Paris 1827 das Eindringen des Pollenschlauchs in den Griffel und schließlich *Amici* 1830 auch seinen Eintritt in die *Mikropyle* beob-

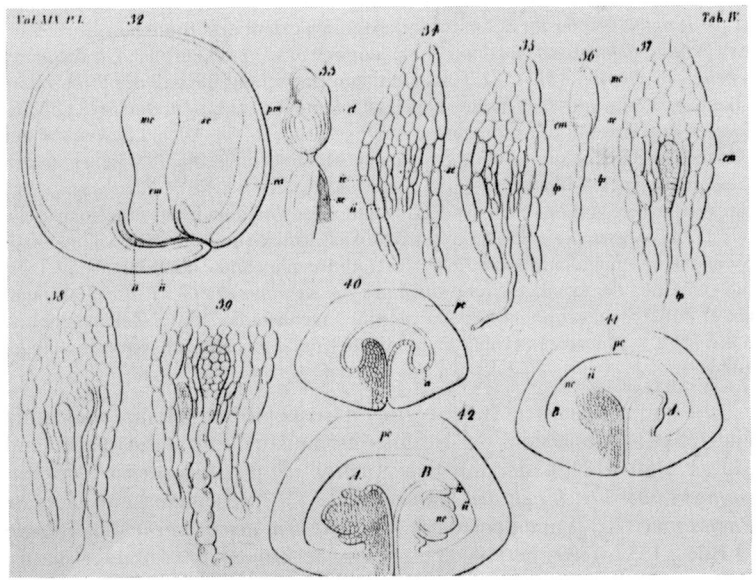

Abb. 67. Illustration zur Horkel-Schleidenschen Befruchtungstheorie. Aus Schleiden, M. J., in Nova Acta Leopoldina 19, P. 1 (1839), Tafel VI (Spitze des Pollenschlauchs nach dem Eindringen in die Mikropyle mit Zellen des Embryo, die irrtümlich innerhalb desselben dargestellt wurden).

achten können. Aber *Link* berichtete in Berlin 1836 von Beobachtungen, die einer älteren Auffassung (z. B. von *Koelreuter*, vgl. 7.3.1.) entsprachen, wonach die Pollen auf den Narbenpapillen zerplatzen und ihr Inhalt (kleine Körnchen) durch Öffnungen in den Papillen zu den Samenanlagen gelangen sollten. Diese Version widerlegte Anfang 1836 der Berliner Physiologe Johannes *Horkel* (1769–1846; vgl. 7.3.3.) durch seine Studien über Befruchtung an Mono- und Dikotylen, wo er das Eindringen der Pollenschläuche durch den Kanal des Griffels bis zu den Samenanlagen und die Mikropyle beobachtet hatte.

Den gleichen Forschungsfragen widmete sich unter *Horkels* Anleitung sein Neffe M. J. *Schleiden* und kam zu der irrigen Feststellung, daß sich der Embryo selbst innerhalb der Spitze des Pollenschlauches entwickele und deshalb der Pollen das weibliche Geschlecht repräsentiere (1837, 1839) (Abb. 67). Damit stand er damals keineswegs allein. Außer seinem Onkel *Horkel* neigten auch die Wiener Botaniker Stephan *Endlicher* (1805–1849) und Franz *Unger* (1800–1870) sowie die Mediziner Gabriel Gustav *Valentin* (1810–1883) und Heinrich *Wydler* (1800–1883) in Bern, die sich alle mit embryologischen Studien befaßten, dieser Ansicht zu, die erst 10 Jahre später beweiskräftig korrigiert werden konnte (vgl. 8.3.1.).

Für *Schleiden* führten aber diese Studien über Befruchtung und Embryobildung bei Blütenpflanzen gleichsam nebenbei zu Beobachtungen über Zellbildung, auf die ihn der englische Botaniker Robert *Brown* (1773 bis 1858) anläßlich seiner Europareise im Herbst 1836 aufmerksam gemacht hatte. Auch *Brown* beschäftigte sich mit der Entwicklungsgeschichte der Pflanzen und hatte in Orchideenzellen den **Zellkern entdeckt** (1831) und als *nucleus cellulae* beschrieben (1833). Nachdem er *Schleiden* an seinen mikroskopischen Präparaten diese Entdeckung in jungem Zellgewebe demonstriert hatte und dieser auch kleinere Kerne (*nucleolus*)als obligaten Bestandteil junger Zellen beobachtete, die er ebenso wie den Zellkern als Anfänge neuer Zellen deutete, entwickelte *Schleiden* in seiner klassischen Arbeit *Beiträge zur Phytogenesis* (*Müllers Archiv*, 1838) eine Hypothese über die **Bildung neuer Zellen in Zellen** (Abb. 68). Seine Abbildungen lassen vermuten, daß *Schleiden* den Sonderfall der „freien Zellbildung" beobachtet hatte, da er seine Befunde am Embryosack und Endosperm von Blütenpflanzen gewann. Er hielt diese Form der Zellbildung für den allgemeinen Modus der Entstehung neuer Pflanzen und knüpfte daran die Schlußfolgerung, daß überhaupt das Studium der **Entstehung und Weiterentwicklung der Zelle** der Schlüssel für das Verständnis der Planzenanatomie und die Gestaltbildung aller Pflanzen ist. Daraus ergaben sich auch neue Aspekte für die Erkenntnis der noch immer rätselhaften „Spiralgefäße", mit denen sich *Schleidens* Arbeit eingehend auseinandersetzt.

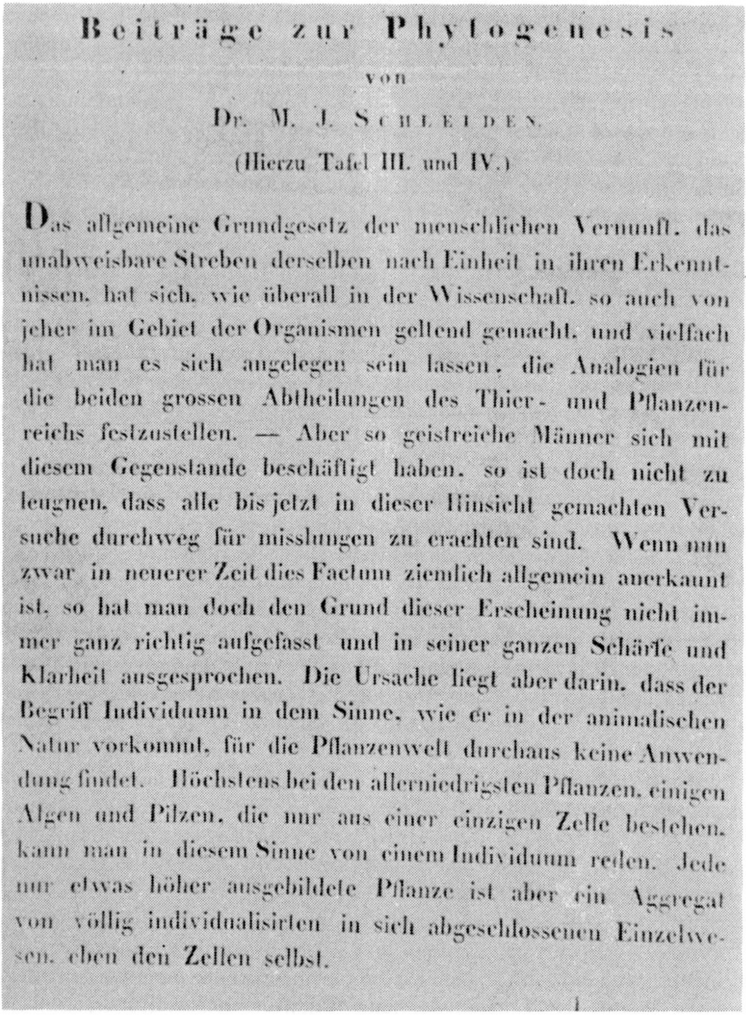

Beiträge zur Phylogenesis

von

Dr. M. J. Schleiden.

(Hierzu Tafel III. und IV.)

Das allgemeine Grundgesetz der menschlichen Vernunft, das unabweisbare Streben derselben nach Einheit in ihren Erkenntnissen, hat sich, wie überall in der Wissenschaft, so auch von jeher im Gebiet der Organismen geltend gemacht, und vielfach hat man es sich angelegen sein lassen, die Analogien für die beiden grossen Abtheilungen des Thier- und Pflanzenreichs festzustellen. — Aber so geistreiche Männer sich mit diesem Gegenstande beschäftigt haben, so ist doch nicht zu leugnen, dass alle bis jetzt in dieser Hinsicht gemachten Versuche durchweg für misslungen zu erachten sind. Wenn nun zwar in neuerer Zeit dies Factum ziemlich allgemein anerkannt ist, so hat man doch den Grund dieser Erscheinung nicht immer ganz richtig aufgefasst und in seiner ganzen Schärfe und Klarheit ausgesprochen. Die Ursache liegt aber darin, dass der Begriff Individuum in dem Sinne, wie er in der animalischen Natur vorkommt, für die Pflanzenwelt durchaus keine Anwendung findet. Höchstens bei den allerniedrigsten Pflanzen, einigen Algen und Pilzen, die nur aus einer einzigen Zelle bestehen, kann man in diesem Sinne von einem Individuum reden. Jede nur etwas höher ausgebildete Pflanze ist aber ein Aggregat von völlig individualisirten in sich abgeschlossenen Einzelwesen, eben den Zellen selbst.

Abb. 68. Erste Seite von Schleidens Arbeit über die Zellenbildung. Aus Arch. Anat. Physiol. und wiss. Med. 5 (1838).

Der neue Gesichtpunkt – das neue *Paradigma* – in *Schleidens* Arbeit war der Hinweis auf die **morphogenetische Bedeutung der Zelle und ihres Kerns,** wodurch eine neue Zellenlehre begründet wurde, unbeschadet der Tatsache, daß die Kenntnis der Zellen als Strukturelement und teilweise auch als Ursprung der „Gefäße" seit langem vorlag und daß der von *Schleiden* beschriebene Vorgang der Zellbildung – die Entstehung neuer Zellen innerhalb der Zellflüssigkeit aus dem Kern (den *Schleiden* deshalb *Cytoblast,* Zellenbildner, nannte) – falsch war.

8.2.2. Die Zellentheorie von Th. Schwann und ihre Wirkung

Eben diese falsche Version bildete den Ausgangspunkt für die so einflußreiche **Zellentheorie,** die Theodor *Schwann* parallel und in Kommunikation mit *Schleiden* entwickelte.

Der Mediziner und Physiologe Theodor *Schwann* (1810–1882) arbeitete als Assistent bei Johannes *Müller* (vgl. 8.4.1.–8.4.2.), der selbst schon 1834 bei embryologischen Untersuchungen in der *Chorda dorsalis* von Fischembryonen „dicht aneinanderstehende Zellen" beschrieben und sie mit Pflanzenzellen analogisiert hatte.

In diesen 30er Jahren lagen auch in der Tieranatomie eine Reihe ähnlicher Einzelbeobachtungen vor, so von dem Pariser Arzt Alfred *Donné* (1801–1878), der aus der Scheidenschleimhaut „organisierte Bläschen" beschrieb, die von dem Botaniker Pierre-Jean-François *Turpin* (1775–1840) dem pflanzlichen Zellgewebe gleichgesetzt wurden, von dem Brüsseler Naturforscher Barthélemy-Charles *Dumortier* (1797–1878), der in Schneckenembryonen die Bildung von Lebergewebe aus Zellen der Eier verfolgt hatte, aber einen einheitlichen Ursprung für alle Gewebearten bezweifelte. Der Breslauer Physiologe Jan Evangelista *Purkyně* (vgl. 8.4.1.) hatte auf einer Versammlung Deutscher Naturforscher und Ärzte in Prag (1837) über Drüsenkanälchen berichtet, deren Gewebeschicht aus mikroskopisch kleinen „Körperchen" mit Kernen bestehe, die er *Enchyma* nannte und mit den „Elementarteilen der Pflanzen" verglich, Beobachtungen, die auch der Berliner Anatom Jacob *Henle* (1809–1885) von Epithelgewebe, Gallen-, Harn- und Speichelkanälchen bestätigen und ergänzen konnte. Der Purkyněschüler G. G. *Valentin* (s. o.) hatte bei embryologischen Studien ebenfalls seit 1835 in Knorpel- und Knochengewebe, im Nervengewebe und in der Netzhaut solche Körperchen und Körnchen gesehen, in einer Preisschrift der Pariser Akademie der Wissenschaften (1835) und in seinem *Handbuch der Entwicklungsgeschichte* (1835) die Entwicklung tierischer und pflanzlicher Gewebe und die Entstehung der „Körperchen" aus einer Urmasse des Keimes dargestellt.

Alle diese Beobachtungen waren *Schwann* bekannt, er zitierte sie in seiner Schrift ebenso, wie sie Joh. *Müller* in seinem *Archiv* (1838) referierte. Aber keine jener Arbeiten zeigte Ansätze zu einer Verallgemeinerung, womit empirische Forscher um so zurückhaltender waren, je kühner zur gleichen Zeit die naturphilosophische Analogienbildung verfuhr (vgl. 8.1.2.). Außerdem waren die Einzelbeobachtungen in all diesen Arbeiten Nebenbefunde im Rahmen einer übergeordneten physiologischen Fragestellung, bei der – wie in der Botanik – die Differenzierung der Gewebe- und Organstrukturen und ihre unterschiedliche Entstehungsweise wichtiger erschienen. Vereinheitlichende Hypothesen waren philosophisch belastet; der Bonner Anatom und Histologe August Franz Joseph Carl *Mayer* (1787–1865) hatte zum Beispiel der Körnchenstruktur der Gewebe Erklärungen aus der Leibnizschen *Monadologie* zugrundegelegt; doch boten solche Hypothesen der Forschung keine weiterführenden Ansatzpunkte.

Erst das Werk von Theodor *Schwann*, *Mikroskopische Untersuchungen über die Übereinstimmung in der Struktur und im Wachstum der Thiere und Pflanzen* (1839), gab entscheidend neue Impulse. Angeregt durch die Bedeutung, die *Schleiden* den Zellkernen für die Zellentstehung und -vermehrung zuschrieb, und die Berliner Diskussionen darüber, die durch die Ablehnung dieser Rolle durch *Meyen* entfacht wurden, ließ *Schwann* die analoge Beobachtung von Kernen im embryonalen Knorpelgewebe von Froschlarven in neuem Lichte sehen, ihr gesetzmäßiges Auftreten bei der Bildung neuer Zellen auch in anderen Objekten erkennen (Abb. 69) und den Vorgang der Zellbildung systematisch zunächst mit pflanzlichen Objekten und dann mit den verschiedenartigen Gewebeelementen tierischer Körper vergleichen. Die Schlußfolgerung, daß sich alle Elementarteile der Pflanzen wie der Tiere nach dem gleichen Modus aus Zellen entwickeln, unabhängig von ihren späteren physiologischen Funktionen im Organismus, die man bisher glaubte berücksichtigen zu müssen, führte *Schwann* zu einer **Zellentheorie**, die besagte, „daß es ein allgemeines Bildungsprinzip für alle organischen Produktionen gibt und daß die Zellenbildung dieses Bildungsprinzip ist" (S. 197).

Die Abhandlung von *Schwann* ging von den auf 190 Seiten dargestellten mikroskopischen Spezialuntersuchungen aus und leitete davon im letzten Kapitel auf rund 65 Seiten seine **Theorie der Zellen** ab, die den Zellbildungsprozeß im Detail erörtert. In Anlehnung an *Schleidens* Vorstellung, daß sich in der Zucker- oder Gummilösung des Zellsaftes zunächst ein Kern ausscheidet, um den herum sich die neue Zelle bildet, entwickelte *Schwann* sehr detaillierte Vorstellungen über diesen Prozeß, den er mit dem Kristallisationsvorgang in der anorganischen Natur analogisierte, bei dem in übersättigten Lösungen sich Kristallkeime ausscheiden und anwachsen können.

Diese Modellvorstellung lag damals in Berlin besonders nahe. Nicht nur wurde in Vorlesungen und Vorträgen von *Schultz-Schultzenstein* (s. o.) die naturphiloso-

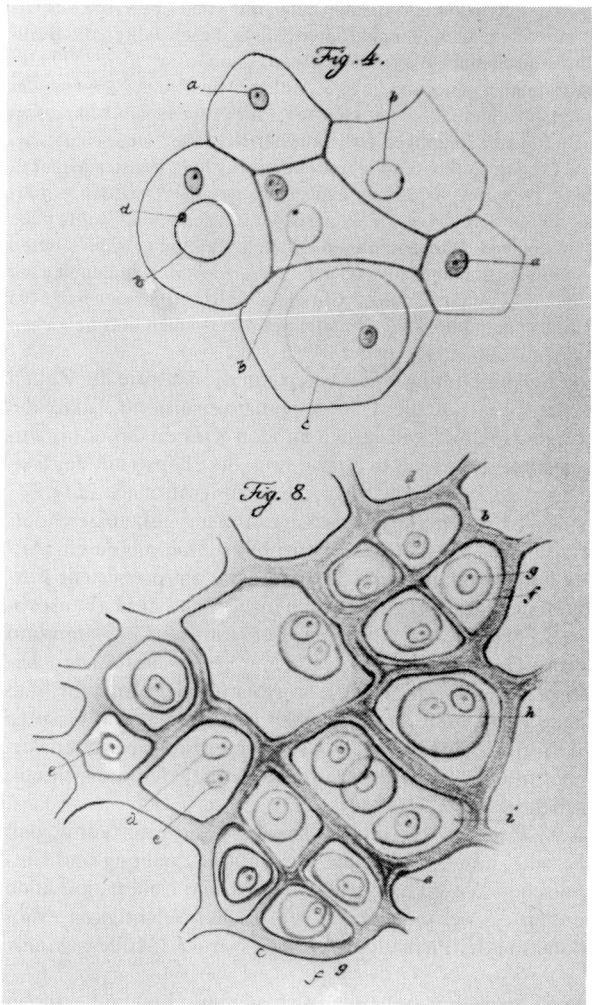

Abb. 69. Illustration zu Th. Schwanns Zellentheorie 1839, Abb. 27: Gewebe aus dem Kiemenknorpel einer Froschlarve (*Rana esculenta*) mit extra- und intrazellulärer Zellbildung.

phische Analogie zwischen Kristallbildung und Erzeugung von Lebewesen aus Urschleim vertreten, sondern vor allem beschäftigten sich in diesen Jahren die Berliner Mineralogen Christian Samuel *Weiss* (1780–1856) und Gustav *Rose* (1798 bis 1873) intensiv mit Kristallographie; die zweite Auflage von *Roses Elemente der Krystallographie* (1833) erschien 1838, im gleichen Jahr hatte er ein Mikroskop zum Studium der „Bildungsbedingungen polymorpher Kristalle" angeschafft, arbeitete experimentell an der „mikroskopischen Unterscheidung feinster Mineralbildung aus Lösungen" (worüber 1836 erste Ergebnisse publiziert worden waren) im gleichen Gebäudeteil, in dem *Schwann* als Assistent fungierte, und stellte neue Erkenntnisse in Vorträgen vor. Interdisziplinäre Kommunikation gewährleisteten die Sitzungen der *Gesellschaft naturforschender Freunde zu Berlin*, in denen auch der Botaniker *Link* (s. o.) und der Zoologe Christian Gottfried *Ehrenberg* (1795 bis 1876) ihre Beobachtungen über Kristallbildung in pflanzlichen und tierischen Körpern vortrugen (Protokollband IX) (Jahn 1987).

Die **Analogie zur Kristallbildung** war insofern für die Theorie der Zellen entscheidend, als sie *Schwann* die Überzeugung vermittelte, „daß die Grundkräfte der Organismen ... wesentlich mit den Kräften der anorganischen Natur übereinstimmen ... daß es Kräfte sind, die ebenso mit der Existenz der Materie gesetzt sind wie die physikalischen Kräfte" (S. 221).

Mit dieser Aussage ist der materialistische Einschlag gekennzeichnet, der nach der Periode der spekulativen Naturphilosophie allgemein Anklang fand und von den 40er Jahren des 19. Jh. an die physiologische Forschung zu bestimmen begann. Vermutete man bisher, daß die Lebensprozesse im Einzelorgan ihre Spezifik vom Gesamtorganismus erhalten und der lebende organismische Verband die Kräfte und Eigenschaften der chemischen Elemente verändere (vgl. 7.3.3.), so glaubte man nunmehr, daß die in der Einzelzelle wirkenden physikalischen und chemischen Gesetze Aufschluß über die Bildungsprozesse des Gesamtorganismus zu geben vermögen, wenn sie definitiv erkannt sein würden. Darauf richtete sich nun das Erkenntnisstreben.

Das zeitgenössische Urteil (z. B. Joh. *Müllers*) verstand ganz richtig, daß *Schleiden* und *Schwann* „eine Theorie der Vegetation, Zeugung und Entwicklung der organischen Wesen möglich" machten, die Zellen „mit allen darin vorsichgehenden ... Veränderungen" zu solcher Wichtigkeit erhoben, daß die Fundamente der Physiologie berührt wurden (Müllers Archiv 1838, S. XCVI).

Die Bedeutung von *Schwanns* Arbeit lag also nicht nur in dem histologischen Befund übereinstimmender Zellstrukturen bei Pflanzen und Tieren, wie der Titel angibt, sondern in der materialistischen Theorie der Individualentwicklung der Organismen, ungeachtet der falschen Zellbildungshypothese, die durch die intensivierte Zellforschung und mit Hilfe verbesserter optischer Hilfsmittel schon bald berichtigt wurde:

- in der **Botanik** beschrieb Carl *von Naegeli*(1817–1891) in der Abhandlung über *Zellkern, Zellbildung und Zellenwachstum* (Z. wiss. Bot. 1844) die **Zellteilung** als generelles Bildungsprinzip
- Hugo *v. Mohl* (1805–1872) in Tübingen, der schon 1836 bei *Characeen* die Zellteilung als Vermehrungsform beschrieben hatte, verfaßte mit den *Grundzügen der Anatomie und Physiologie der vegetabilischen Zelle* (1851) die erste Monographie der Pflanzenzelle,
- in der **Zoologie** beschrieb der Würzburger Anatom Albert *v. Koelliker* (1817 bis 1905) die Zellteilung an Sepia-Eiern (1844)
- der Berliner Mediziner Robert *Remak* (1815–1865), der schon 1841 die Zellteilung von Blutkörperchen beschrieben hatte, konstatierte in der Abhandlung *Über extracelluläre Entstehung thierischer Zellen und über Vermehrung derselben durch Theilung* (Müllers Archiv 1852: 47–57), daß der Zellteilung eine Kernteilung vorausgeht,
- der Berliner Pathologe Rudolf *Virchow* (1821–1902) bestätigte und verallgemeinerte *Remaks* Erkenntnis mit der Formulierung (1855) *omnis cellula e cellula* (Jede Zelle aus einer Zelle) und einer Vorlesungsreihe über *Cellularpathologie* ... (1858), in der er die von H. *von Mohl* 1844 geprägte Bezeichnung *Protoplasma* für den Zelleninhalt verallgemeinerte.

In der neuen Definition des Zellenbegriffes, den der in Greifswald, Halle und Bonn wirkende Anatom Max *Schultze* (1825–1874) gab, spiegelt sich ein über 50 Jahre während Umdenkprozeß wider, dessen erste Ansätze schon in den Oken-Kieserschen Zellenstudien lagen (vgl. 8.1.2.) und die Schwann-Schleidensche Zellentheorie – auch durch ihre Methodik der Analogienbildung – eng an die naturphilosophische Periode anschließen. In seiner Abhandlung *Über Muskelkörperchen und das, was man eine Zelle zu nennen habe* (Müllers Archiv 1861), formulierte Max *Schultze* den von da ab gültigen Satz:
„Die Zelle ist ein Klümpchen Protoplasma, in dessen Innerem ein Kern liegt" (S. 11), wobei die Zellwand ganz ignoriert war.
Er verweist dabei auf die ähnliche Definition im *Handbuch der Histologie* von Franz *von Leydig* (1821–1908), was zeigt, daß dieser neue, über *Schleiden* und *Schwann* hinausführende Zellenbegriff schon zum Lehrstoff geworden war. Durch den Nachweis des Anatomen Carl *Gegenbaur* (1826–1903), daß alle Eier – auch die dotterreichen der Vögel, Reptilien und Knorpelfische – nur eine Einzelzelle darstellen (*Über den Bau und die Entwicklung der Wirbelthier-Eier mit partieller Dottertheilung* (Müllers Archiv 1861: 491–529), und die Erkenntnis von Max *Schultze*, daß Protozoen mit einer Einzelzelle zu identifizieren sind (*Das Protoplasma der Rhizopoden und der Pflanzenzellen*, 1863), wurde die Entwicklung der **Zellentheorie als einer Theorie der Individualentwicklung** abgerundet und in die neue Ära zur Herausbildung einer Spezialdisziplin – **der Zytologie** – übergeführt (Cremer 1985). In deren Weiterentwicklung wurde auch M. *Schultzes* Definition wieder korrigiert und die Bedeutung der Zellmembran neu nachgewiesen (9.2.3.).

8.3. Die induktive Botanik und die Entwicklung von Pflanzenanatomie und -physiologie

Das Übergewicht deduktiver Verfahren der naturphilosophisch orientierten Pflanzenmorphologie und -physiologie und stark spezialisierter deskriptiver Methoden in der Pflanzensystematik der empirischen Botanik wurde im zweiten Drittel des 19. Jh. als unbefriedigend empfunden, je mehr in Nachbardisziplinen wie Mineralogie und Geologie, Chemie und Physik durch analytische und experimentelle Methoden Erkenntnisfortschritte erzielt wurden, die sich in technischen Erfindungen, Entwicklungen in Industrie und Landwirtschaft und dadurch im Wohlstand der Länder niederschlugen. Diese Zusammenhänge – in der Aufklärung des 18. Jh. rational erkannt und besonders in England und Frankreich allgemein verbreitet – wurden auch von Alexander *von Humboldt* nach seiner Übersiedlung von Paris nach Berlin (1827) in seinen Kosmos-Vorlesungen immer wieder als Aufforderung zu kausaler Naturforschung und zur Verbreitung naturwissenschaftlicher Erkenntnisse betont (*Kosmos* Bd. 1, 1845). Mit dieser Zielstellung förderte er kraft seiner internationalen Verbindungen (z. B. zur Pariser Akademie) und seiner einflußreichen Stellung am preußischen Hofe junge Naturwissenschaftler mit besonderer Bevorzugung der Botanik und Chemie, der Geowissenschaften und auch der Mathematik (Biermann 1983, 1985; Jahn 1972); seine Vorbildwirkung bestand in der Verknüpfung von exakter Kausal- und Spezialforschung mit dem in der Aufklärung des 18. Jh. wurzelnden Universalismus; nach seinen Worten lehnte er „Naturphilosophie" zwar nicht ab, wollte aber dem Worte „durch bessere Anwendung der Vernunft zu Ehren verhelfen" und verstand darunter „das Anordnen des Empirischen nach Ideen", wie er seinem Reisegefährten Christian Gottfried *Ehrenberg* (1795–1876), einem engagierten Gegner der spekulativen Naturphilosophie, 1838 schrieb (Jahn 1969, S. 148). Auch M. J. *Schleiden* gehörte zu seinen Verehrern, wurde von ihm gefördert und für eine Professur an der Universität Jena empfohlen, wo er (nach der Mitbegründung der Zellentheorie) ab 1839 sein vielseitiges, 20jähriges Wirken für eine *induktive Botanik* begann, das ebenfalls auf der Ablehnung spekulativer, deduktiver Methoden (wie sie zu dieser Zeit dort noch von D. G. *Kieser*, vom Emil *Huschke*, auch von dem Botaniker F. S. *Voigt*, vgl. 7.2.1., vertreten wurden), basierte. Er hatte sich vielmehr dem Kantianer Jacob Friedrich *Fries* (vgl. 7.4.2. und Gregory 1983) angeschlossen, dessen *Mathematische Naturphilosophie* (1822) er schon 1832/33 durch seinen Bruder Heinrich *Schleiden* (1809–1890) und den Mathematiker Carl Friedrich *Gauß* (1777–1855) in Göttingen kennengelernt und schon dort auf seine Wissenschaft anwenden gelernt hatte (Jahn 1963; Charpa 1989).

8.3.1. Anatomie und Entwicklungsgeschichte der Pflanzen

Mit seinem Lehrbuch *Grundzüge der wissenschaftlichen Botanik* (2 Tle., 1842–1843) – von der zweiten Auflage ab mit dem Titel *Die Botanik als inductive Wissenschaft behandelt* (1845–1846) (Abb. 70) – forderte *Schleiden* die Reform der gesamten Botanik nach den induktiven Prinzipien von Francis *Bacon*, wie sie schon in Berlin konzipiert war.

Die „methodologische Einleitung" beruht auf der Erkenntnistheorie von *Fries* und behandelt u. a. auf der Grundlage von dessen *Psychischer Anthropologie* (die auch Gegenstand einer Vorlesung *Schleidens* war) die sinnes- und nervenphysiologischen Prozesse der Forschungstätigkeit und die mikroskopische Untersuchungstechnik. Indem er davon ausgeht, daß der Forschungsgegenstand die Methodik bestimmen muß (was schon *Hegel* 1807 äußerte) und daß es „nur Eine Natur und Eine Wissenschaft von derselben" gäbe, fordert er für die Botanik gleiche analytische und experimentelle Methoden wie für Chemie und Physik und auch die Anwendung von deren theoretischen Erkenntnissen auf den Lebensprozeß der Organismen. Denn man habe „so lange noch gar nichts vom Leben der Pflanze erklärt ..." so lange man nicht „die physikalischen und chemischen Vorgänge nachgewiesen" habe, auf denen dasselbe beruhe (S. 103).

Unter „wissenschaftlicher Botanik" verstand *Schleiden* nicht die Artbeschreibung und Klassifikation eines damals noch oft „trivialen Empirismus" und ebenso wenig die von allgemeinen Lehrsätzen ausgehende „speculative Naturwissenschaft" (S. VI), wie sie fast zur gleichen Zeit noch Chr. G. *Nees von Esenbeck* in seiner „*Naturphilosophie* (1841) vertrat, sondern das **Studium der Entwicklungsgesetze** der Pflanze, von der Einzelanalyse ausgehend wie in Chemie und Physik. Folgerichtig beginnt *Schleiden* die inhaltliche Darstellung seiner Botanik mit einer „vegetabilischen Stofflehre", auf die dann „die Lehre von der Pflanzenzelle" folgt, in die er (über seine erste Veröffentlichung 1838 hinausgehend, vgl. Jahn 1987) auch die Theorie der Zellen von *Schwann* mit dessen ausführlicher Analogie der Zellbildung zur Kristallisation und seine Terminologie aufnahm.

Indem *Schleiden* drei mögliche Aspekte der Pflanzenbetrachtung beschreibt:

1. als Resultat vorangegangener Veränderungen, als Produkt einer Lebenstätigkeit, die zum gegebenen Zeitpunkt nicht mehr existiert,
2. als Komplex in lebendiger Wechselwirkung begriffener Kräfte, einer Verbindung aufeinander wirkender Organe, „die zu ihrer Erhaltung sich gegenseitig Zweck und Mittel sind",
3. als Prozeß zur Vorbereitung und Herbeiführung eines zukünftigen, noch nicht vorhandenen Zustandes durch Auflösung des gegenwärtigen (Teil 1, S. 99),

Die

Botanik

als

inductive Wissenschaft

bearbeitet

von

M. J. Schleiden, Dr.

Ausserordentlichem Professor zu Jena.

———

Erster Theil:

Methodologische Grundlage. Vegetabilische Stofflehre. Die Lehre von der Pflanzenzelle.

Dritte verbesserte Auflage.

Mit 105 eingedruckten Holzschnitten und einer Kupfertafel.

———

Leipzig,

Verlag von Wilhelm Engelmann.

———

1 8 4 9.

Abb. 70. Titelblatt zu M. J. Schleidens Hauptwerk, das von der 2. Auflage ab den Untertitel „Botanik als inductive Wissenschaft bearbeitet" erhielt.

konzipierte er ein umfassendes Forschungsprogramm zugleich mit einer er-
kenntnistheoretisch-methodologischen Richtschnur, die Elemente der aus
dem Entwicklungsgedanken abgeleiteten Dialektik enthielt, wie sie bereits
in *Hegels* Begriffsdialektik vorlag, die *Schleiden* aber in ihrer idealistischen
Ausprägung ablehnte (Straaß 1963).

Schleidens Werk wirkte programmatisch im Sinne einer wissenschaftlichen Schule und zog manchen Studenten nach Jena, wo *Schleiden* zusammen mit Medizinern und dem Mineralogen Ernst Erhard *Schmid* (1815 bis
1885) ein **Physiologisches Institut** gründete, um Studenten auch praktisch
im Sinne seines Programmes zu unterrichten, vor allem in die mikroskopische Technik einzuführen. Von hier gingen die Anregungen auf den Me-
chanikus Carl *Zeiss* zum wissenschaftlichen Mikroskopebau aus.

Die Anregungen, die *Schleiden* gab, waren bedeutender als seine eigenen Beiträge zum Erkenntnisgewinn, wenngleich auch seine in Jena entstandenen zur mikroskopischen Analyse der Chinarindenarten (*Beiträge
zur Kenntnis der Sassaparille*, 1847) und sein *Handbuch der medicinisch-
pharmaceutischen Botanik und botanischen Pharmacognosie* (2 Bde.,
1852) auch diese Disziplin methodisch und faktisch neu begründete. Er
selbst urteilte rückblickend über den Wert seiner *„Grundzüge …"* (4. Aufl.
1861, S. VI), daß „die Methode eine ungleich weiter greifende Bedeutung"
gehabt habe, „als der Stoff selbst", und er seinen Gegnern damit „die Waf-
fen geschliffen" habe, mit denen sie ihn bekämpften.

Diese Gegnerschaften beruhten größtenteils auf dem polemischen Stil
seiner Schriften, in denen er irrtümliche Ansichten wie seine falsche Zellentheorie oder seine falsche Befruchtungshypothese vortrug, die mit Hilfe
der von ihm verbreiteten exakten Untersuchungsmethodik widerlegt werden mußten.

So wurde der Schweizer Botaniker Carl Wilhelm *von Naegeli* (1817 bis
1891), ursprünglich (als Schüler von *Oken* in Zürich und von *Schelling* in
Berlin) der Naturphilosophie zugeneigt, 1842 in Jena *Schleidens* Anhänger, arbeitete über die Entwicklungsgeschichte des Pollens und berichtigte
Schleidens Befruchtungsversion im ersten Heft der mit *Schleiden* zusammen begründeten *Zeitschrift für wissenschaftliche Botanik* (1844). *Naegelis*
weitere Forschungen in Zürich, Freiburg und ab 1857 in München galten
hauptsächlich der mikroskopischen Pflanzenanatomie auf entwicklungsgeschichtlicher Grundlage. Er entwickelte die **Theorie der Scheitelzelle**, aus
der sich die Gewebeschichten der Pflanze (Epidermis, Rinde, Zentralzylinder) differenzierten (1848), und klassifizierte die Gewebe nach ihrem
Ursprung (1858). Besondere Studien widmete er dem Feinbau der Zell-
membranen, deren Struktur aus sogenannten *Micellen* (1877) – kristallinen
Molekülgruppen – und ihrer Funktion in seiner **Micellarhypothese**, die

auch seiner Vererbungslehre zugrunde lag, dargestellt wurden (*Mechanisch-physiologische Theorie der Abstammungslehre*, 1884; vgl. 9.3.1.).

Schleidens methodologischem Programm ist in gewisser Hinsicht auch *Naegelis* Werk *Das Mikroskop, Theorie und Anwendung desselben* (2 Bde,. 1865–1867), verpflichtet. Doch stand er damals mit einem solchen Lehr- und Handbuch nicht mehr allein.

Schleidens Schüler und unentwegter Anhänger seiner pollinistischen Embryogenese (s. o.), Hermann *Schacht* (1814–1864), hatte in Berlin seine Lehrschrift *Das Mikroskop und seine Anwendung* (1851) verfaßt und A. *von Humboldt* gewidmet, der in seinem 83. Lebensjahr bei ihm noch *privatissime* einen mikroskopischen Kurs in Pflanzenanatomie nahm (Jahn 1972). *Schachts* Lehrbuch über die *Pflanzenzelle, der innere Bau und das Leben der Gewächse* (1852) – eigentlich ein Lehrbuch über Anatomie und Physiologie [30] – enthält neben der Darstellung der Zell- und Gewebebildung, der Entstehung und Funktion der Gefäße und Zellinhaltskörper auch eine Geschichte der Zytologie. Während er hierin die Zellteilung nach damaligen Erkenntnissen klar darstellte (was *Schleiden* bereits in der 2. Auflage seiner *Grundzüge* 1845 auch getan hatte), verfocht er *Schleidens* Ansicht von der Embryobildung im Pollenschlauch (vgl. 8.1.3.) noch in seiner Amsterdamer Preisschrift über die *Entwicklungsgeschichte des Pflanzenembryos* (1850), obwohl inzwischen berichtigende Untersuchungen von *Naegeli* (1844), *Amici* (1846), *Hofmeister* (1849) vorlagen.

Erst die Präparate von *Schleidens* Schüler Ludwig *Radlkofer* (1829–1927), der in München die mikroskopisch-anatomische Methode in die botanische Systematik einführte, hatten *Schleiden* selbst von seinem Irrtum hinsichtlich der Rolle des Pollens überzeugt, als *Radlkofer* in seiner Schrift *Die Befruchtung der Phanerogamen* (1856) *Hofmeisters* Befunde bestätigte und zeigen konnte, daß bereits im Embryosack „Keimbläschen" vorhanden sind, deren eines vom Pollenschlauch befruchtet werde. Über den Modus des Befruchtungsprozesses selbst herrschte noch bis zu E. *Strasburgers* Untersuchungen (1884; s. u.) Unklarheit.

Grundlegende Fortschritte in der Erkenntnis der Entwicklungsgeschichte (Individualentwicklung) der Pflanzen erzielte der durch *Schleidens* Schriften und das Vorbild Hugo *von Mohls* (s. u.) geprägte Leipziger Autodidakt Wilhelm *Hofmeister* (1824–1877), der an fast 40 Blütenpflanzenarten die Embryobildung aufklärte. In seiner klassischen Schrift *Die Entstehung des Embryo der Phanerogamen* (1849) beschrieb er den Embryosack und die Bildung der Eizelle mit Synergiden und Antipoden sowie die Entwicklung der Staubbeutel und Pollen bis zum Durchwachsen des Pollenschlauches durch den Fruchtknoten zur Eizelle und den Beginn der Entwicklung des Embryo nach der Befruchtung der Eizelle, über die er jedoch nur Hypothesen anstellen konnte (Übertritt von Flüssigkeit aus dem Pollenschlauchende in den Embryosack).

Außerdem hatte *Hofmeister* vergleichende Untersuchungen über die Entwicklung der Angiospermen mit den Gymnospermen sowie den Moosen und Farnen angestellt, nachdem der polnische Graf Jerome *Leszczyc-Suminski* (1820–1898) bei dem Physiologen Julius *Münter* (1815–1885) in Greifswald mit einer Arbeit *Zur Entwicklungsgeschichte der Farrnkräuter* (1848) außer den schon bekannten Sporen der Farne auch die *Archegonien* und *Antheridien* auf dem Vorkeim entdeckte und sie als weibliche und männliche Geschlechtsorgane indentifizierte. Diese Deutung wurde bestritten, insbesondere von Vertretern der „Pollinisten", die (wie *Schleiden*) die Entwicklung des Embryo im Pollenschlauch annahmen und darüber hinaus diese Vermehrungsweise der Blütenpflanzen – durch bloßes „Einpflanzen" des Embryo in den Fruchtknoten – für ungeschlechtlich hielten und die Pollenkörner mit den Sporen der Moose und Farne analogisierten (vgl. Eisnerova 1982).

Das Studium der Lebenszyklen von Moosen, Farnen, Schachtelhalmen, Bärlappgewächsen und Nadelhölzern führte *Hofmeister* zu der Entdeckung der sexuellen Stadien aller Gruppen und des regelmäßigen Wechsels zwischen geschlechtlicher und ungeschlechtlicher Vermehrung, **dem Generationswechsel**, als generellem Gesetz der Individualentwicklung, wie er schon aus dem Tierreich bekannt war (vgl. 8.4.1.). Seine Arbeit über *Vergleichende Untersuchungen der Keimung, Entfaltung und Furchenbildung höherer Kryptogamen … und der Samenbildung der Coniferen* (1851) ließ die stammesgeschichtlichen Zusammenhänge zwischen den unterschiedlichen Pflanzengruppen ahnen, gab neue Grundlagen für ein natürliches System und bereitete das Verständnis für *Darwins* Theorie vor (vgl. 9.1.).

Sie stimulierte die weitere Aufklärung von Lebenszyklen auch der niederen Kryptogamen, wie sie insbesondere von Nathanael *Pringsheim* (1823–1894) an Algen (1857–1873), von Louis-René *Tulasne* (1815–1885) an Pilzen (*Selecta Fungorum carpologia*, 3 Bde., 1861–1865), von Anton *de Bary* (1831–1888) an Brand- und Rostpilzen, Flechten und Bakterien (1866, 1884) oder durch dessen Schüler Michail Stepanovič *Voronin* (1838–1903) in Petersburg (Leningrad) an Pilzen und Knöllchenbakterien (1865, 1866) gelang. Die Natur der Flechten konnte der Schweizer Naegeli-Schüler Simon *Schwendener* (1829–1919) aus ihrer Entwicklungsgeschichte – der Entstehung durch Symbiose zwischen Pilzen und einzelligen Algen – aufklären (*Die Algentypen der Flechtengonidien*, 1869) (Hoppe 1987).

Die zytologische Aufklärung des Befruchtungsvorganges bei Angiospermen, die zu Beginn von *Schleidens* mikroskopischen Arbeiten (1837) nicht nur dunkel, sondern gänzlich in Frage gestellt war (vgl. 8.1.2.), zog sich noch bis zum Ende des 19. Jh. hin. An ihr waren viele Botaniker beteiligt und nicht zuletzt auch die wissenschaftliche und industrielle Entwicklung des optischen Gerätebaues. Marksteine auf diesem Wege waren die Erkenntnisse des Haeckel-Schülers Eduard *Strasburger* (1844–1912), daß der

Zellteilung eine Kernteilung vorausgeht (*Zellbildung und Zelltheilung*, 1875) und die Kernteilung durch Verschmelzung des männlichen mit dem weiblichen Kern ausgelöst wird (1884). Diese Beobachtung wurde gestützt durch gleichartige Ergebnisse der russischen Botaniker Ivan Nikolaevič *Gorozankin* (1848–1904) an Gymnospermen (1880, 1883) und seines Schülers Vladimir *Beljaev* (1855–1911), der erstmals an *Taxus* die Kernverschmelzung sah. Die doppelte Befruchtung, durch die im Embryosack außer der Embryobildung auch noch die Entstehung des Nährgewebes (*Endosperms*) bewirkt wird, entdeckten der Moskauer Botaniker Sergej Gavrilovic *Navašin* (1857–1930) bei *Lilium Martagon* (1898) und der Pariser Botaniker Léon *Guignard* (1852–1928) bei anderen Blütenpflanzen (1899) (Eisnerova 1982).

Die weiteren Erkenntnisse der pflanzlichen Zellforschung verschmolzen mit der Genetik nach 1900 und leiteten ein neues Kapitel der Entwicklungsgeschichte ein (vgl. 9.3.).

Als bedeutendster Förderer der neuen entwicklungsgeschichtlich orientierten Pflanzenanatomie muß der mit *Schleiden* fast gleichaltrige Tübinger Botaniker Hugo *von Mohl* (1805–1872) gelten, der schon vor Beginn von *Schleidens* Arbeiten in einer monographischen Darstellung der Anatomie und Physiologie des Palmenstammes (*De palmarum structura*, 1831) die Entstehung der Gefäße aus Zellen beschrieb, die Gewebe nach ihrer Entwicklung in Hautgewebe (Epidermis, Kork, Borke), Parenchym und Gefäßbündel gliederte und den Zusammenhang letzterer vom Stamm zum Blatt erkannte. Aufgrund seiner Feststellung an Armleuchteralgen (*Characeae*), daß die Vermehrung der Zellen durch Teilung erfolgt (1836), konnte er sich unmittelbar nach der Veröffentlichung der Schleiden-Schwannschen Zelltheorie an ihrer Berichtigung beteiligen. Mit seinem Lehrbuch *Grundzüge der Anatomie und Physiologie der vegetabilischen Zelle* (1851) realisierte er als erster die Schleiden-Schwannsche Forderung, die Lebensprozesse der Pflanze analytisch zunächst am Zellorganismus zu untersuchen. Er erkannte die Bedeutung des zähkörnigen Zellinhaltes, den er als *Protoplasma* bezeichnete (was von Max *Schultze* übernommen wurde, vgl. 8.2.2.), widmete sich der „*Saftbewegung im Innern der Zellen* (Bot. Ztg. *4*, 1846), dem *Bau des Chlorophyll* (Bot. Ztg. *13*, 1855) und der Bildung der Stärke.

Die Bildung der Gewebsschichten von der Scheitelzelle an verfolgte auch der Berliner Botaniker Johannes *Hanstein* (1822–1880) und stellte in der Arbeit *Untersuchungen über die Anordnung der Zellen in den Vegetationspunkten der Pflanzen* (1868) eine „Histogentheorie" auf, wonach aus drei Gewebeschichten der Scheitelzone (*Dermatogen, Periblem, Plerom*) Epidermis, Rinde und Zentralzylinder entstehen. Das wurde ergänzt durch die *Stelartheorie* von Philippe *van Tieghem* (1839–1914), der bewies, daß der Zentralzylinder von Gefäßpflanzen trotz morphologischer Vielfalt auf wenige Grundtypen zurückführbar ist und Aufschluß über Verwandtschaftsverhältnisse taxonomischer Gruppen geben kann (1870–1872).

Die Zellentheorie beeinflußte selbst die Vertreter vergleichend-morphologischer Richtungen, die das Prinzip von *Goethes* Metamorphosenlehre mit den neuen Aspekten zu verknüpfen suchten, wie der in Karlsruhe, später in Freiburg/Br., Gießen und Berlin wirkende Botaniker Alexander *Braun* (1805–1877), der die Anregungen des genialen Karl *Schimper* (1803–1867) zu einer Blattstellungstheorie weiterführte. Ohne *Schleidens* kausalanalytischer, auf Reduzierung der Lebenserscheinungen zu physikalisch-chemischen Gesetzen zielender Methode zu folgen, ging auch er in seinen *Betrachtungen über die Erscheinung der Verjüngung in der Natur, insbesondere in der Lebens- und Bildungsgeschichte der Pflanze* (1851) von der Zellbildung aus, deren Metamorphosen er durch die Gestaltbildung des Sprosses, der Blatt- und Blütenformen verfolgte, wobei er durch Einbeziehung mikroskopischer Untersuchungen an niederen Kryptogamen

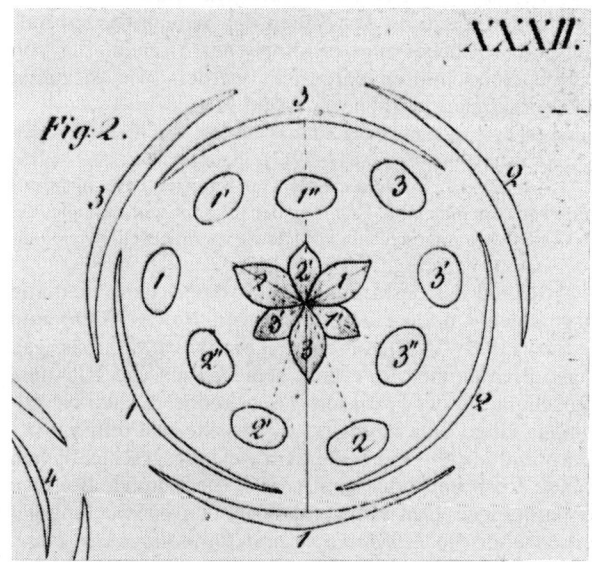

Abb. 71. Blütendiagramm (*Ranunculus*) von Alexander Braun aus Nova Acta Leopoldina (1831).

die Zellenlehre direkt förderte. Er sah aber in einem inneren „Trieb nach Vollendung" einen grundsätzlichen Unterschied organischer Gestaltbildungen zur anorganischen, ein Gesichtspunkt, der unter der Erkenntnis genetischer Information wieder berechtigt erscheint [26].

In gewissem Sinne kam in dieser vergleichend-morphologischen Forschungsrichtung – aus deren Methodik übrigens auch *Brauns* Darstellungen der sogenannten Tierpflanzen (*Zoophyten*) und ihrer Entwicklungsgeschichte in Vorlesungen resultierte, die Ernst *Haeckel* nachhaltig beeinflußten – der dritte programmatische Aspekt *Schleidens* (s. o.) zum Tragen, der weniger aus kausalen als aus finalen Fragestellungen resultierte, in der Untersuchungsmethode aber durchaus induktiv blieb.

So sorgfältige morphologisch-entwicklungsgeschichtliche Beobachtungen über Keimung und Bewurzelung, Knollen- und Zwiebelbildung, Sproß- und Blattfolgen bei einkeimblättrigen Pflanzen legte der Gymnasiallehrer in Sondershausen, Thilo *Irmisch* (1816–1879), mit seinen *Beiträgen zur vergleichenden Morphologie der Pflanzen* (5 Tle., 1854–1874) vor (Geiger 1988). Sie fanden ihre Fortsetzung in den langjährigen blütenmorphologischen Arbeiten von August Wilhelm *Eichler* (1839–1887) und ihren Niederschlag in dem zweibändigen Werk *Blütendiagramme (1875–1878);* es behandelt den Bau der Blüten der Samenpflanzen aufgrund entwicklungsgeschichtlicher und histologischer Studien, die von *Eichler* mit über 400 Holzschnitten dargestellt wurden, wie es zuerst von A. *Braun* (1831) praktiziert worden war (Abb. 71).

Mägdefrau geht in diesem Zusammenhang auf das Wirken von Fredrick Open *Bower* (1855–1948), Hermann *Vöchting* (1847–1917), Georg *Klebs* (1857–1918) und Karl *Goebel* (1855–1932) ein [26]. Diese Gelehrten repräsentieren nicht nur eine neue Generation, sondern eine neue Richtung der Pflanzenmorphologie, die neben Anatomie und Entwicklungsgeschichte vor allem experimentell-physiologische und ökologische Aspekte einbezog.

Einen gewissen Abschluß der deskriptiven mikroskopischen Anatomie und Entwicklungsgeschichte bildete der Lehrer von *Bower*, *Klebs* und *Goebel*, Anton *de Bary* (1831–1888), aus einer in Frankfurt/M. ansässigen französischen Hugenottenfamilie. Er erhielt seine botanische Richtung (Algen- und Pilzforschung) in der Frankfurter Senckenbergischen Gesellschaft und als Schüler Hugo *von Mohls* (s. o.), wirkte in Freiburg/Br., Halle und Straßburg und leistete mit seinen entwicklungsgeschichtlichen Arbeiten über Brand-, Rost- und Schleimpilze (s. o.) bedeutende Beiträge auch zur Pflanzenpathologie. Den zwei grundlegenden entwicklungsgeschichtlichen Werken über die *Morphologie und Physiologie der Pilze, Flechten und Myxomyceten,* 1866) und *Vergleichende Morphologie und Biologie der Pilze, Mycetozoen und Bacterien,* 1884) steht sein auch die mikroskopisch-anatomischen Ergebnisse einer 40jährigen Entwicklung zusammenfassendes Werk über die *Vergleichende Anatomie der Vegetations-organe der Phanerogamen und Farne* (1877) zur Seite, das er für W. *Hofmeisters Handbuch der physiologischen Botanik* (Bd. 3) verfaßte. Wilhelm *Hofmeister* selbst hatte für dieses Handbuch (Bd. 2) bereits die *Allgemeine Morphologie der Gewächse* (1868) auf entwicklungsgeschichtlicher Grundlage vorgelegt und Julius *Sachs* als Bd. 4 das *Handbuch der Experimental-Physiologie der Pflanzen* 1865 (vgl. 8.3.2.), während die von Thilo *Irmisch* vorgesehene vergleichend-morphologische *Lehre von der Sproßfolge* nicht erschien [26].

8.3.2. Die Entwicklung der Pflanzenphysiologie und -ökologie

Die unmittelbar an chemische (und physikalische) Erkenntnisse anknüpfende experimentelle Pflanzenphysiologie wurde wesentlich in Verbindung mit landwirtschaftlichen Belangen stimuliert, sofern sie nicht direkt von Chemikern und aus chemischen Fragestellungen heraus in Angriff genommen wurde wie im 18. Jh. (vgl. 7.3.3.). Der Genfer Mineraloge und Chemiker Nicolas Théodore *de Saussure* (1767–1845) hatte mit seinen chemischen Untersuchungen über die Vegetation (*Recherches chimiques sur la végétation*, 1804; dt. Ostw. Klass. 15–16, 1890) Pionierarbeit bei Anwendung der neuen Chemie nach *Lavoisier* auf das Studium der Pflanzenernährung geleistet und festgestellt, daß der Kohlenstoff der Pflanzen aus dem Kohlendioxid der Luft und nicht, wie bisher angenommen, aus dem Humus des Bodens stammt; er ersetzte diese Humustheorie durch eine Mineraltheorie und wies später auch die Umwandlung von Stärke in Zucker nach (1833). Nachdem die Rolle der Blätter und des Blattgrüns bei den Ernährungsprozessen von *Senebier* und *Ingenhousz* vermutet worden (vgl. 7.3.3.), von den französischen Chemikern und Pharmazeuten Josephe *Pelletier* (1788–1842) und Jean Baptiste *Caventou* (1795–1878) der grüne Farbstoff untersucht und *Chlorophyll* genannt (1817) und dieses Chlorophyll von dem schwedischen Chemiker Jakob *Berzelius* (1779–1848) isoliert worden waren (1836), konnte der Pariser Mediziner René Henri J. *Dutrochet* (1776–1847) nachweisen, daß nur von den chlorophyllhaltigen Pflanzenteilen im Sonnenlicht Kohlendioxid absorbiert wird (*Mémoire pour servir à l'histoire anatomique et physiologique des végétaux et des animaux*, 2 Bd., 1837). Bei Untersuchungen über den Wasserhaushalt (seit 1826) hatte *Dutrochet* auch die Osmose und die Veränderungen des Zellturgors bei Bewegungen, das Ausbleiben von Reizbewegungen bei Sauerstoffmangel u.a.m. entdeckt.

Der Pariser Chemiker Jean-Baptiste *Boussingault* (1802–1887) stellte durch quantitative Analysen und Vergleiche zwischen Pflanzenertrag und Düngermenge in Feldversuchen die Aufnahme von Stickstoff und Mineralsalzen aus dem Boden und die Fähigkeit der Schmetterlingsblütler zur Aufnahme von Luftstickstoff fest (*Économie rurale*, 2 Bde., 1843–1844), während der in Paris ausgebildete deutsche Chemiker Justus *von Liebig* (1803 bis 1873) die Ansicht vertrat, daß Stickstoff wie Kohlenstoff generell von den Pflanzen aus der Luft gewonnen und deshalb dem Boden nur Mineraldünger zugeführt zu werden brauche. Mit dieser neuen *Mineraltheorie* stand *Liebig* in Gegensatz zu der noch von Albrecht Daniel *Thaer* (1752–1828), dem erfolgreichen ersten Hochschullehrer der Landwirtschaft in Berlin, vertretenen *Humustheorie*. Liebigs Lehrbuch *Die organische Chemie in ihrer Anwendung auf Agrikulturchemie und Physiologie* (1840) war wegen mancher Irrtümer zwar auch Angriffen von Botanikern (u. a. auch von *Schleiden*) ausgesetzt, wirkte aber in ähnlicher Weise wie *Schleidens Grundzüge der wissenschaftlichen Botanik* (vgl. 8.3.1.) programmatisch und stimulierend auf die weitere pflanzenphysiologische Forschung.

Die Pflanzenphysiologie als **Spezialdisziplin der Botanik** erhielt ihr Fundament durch Einführung neuer experimenteller Methoden von Julius *Sachs* (1832–1897), dessen Begabung von dem Mediziner und Physiologen Jan Evangelista *Purkyně* in Breslau (Wrocław) entdeckt und durch Studium und Assistentenzeit in Prag gefördert worden war. Wie *Purkyně* für die Tierphysiologie, so erfand *Sachs* für die pflanzenphysiologischen Experimente sinnreiche Geräte und Versuchsanordnungen, wie bereits in Prag (1857) einen Apparat zur Regulierung der Temperatur für Keimversuche und die Pflanzenzucht in **Wasserkultur** zur Beobachtung der Bewurzelung und zur Analyse der Nährstoffaufnahme (Abb. 72). Hatten diese neuen Methoden seine Berufung an das landwirtschaftliche Laboratorium der Forstakademie in Tharandt (1859–1861) und an die landwirtschaftliche Akademie in Bonn-Poppelsdorf (1861–1867) bewirkt, so beeinflußte die Aufgabenstellung dieser Institutionen seine weitere Arbeitsrichtung, die er als Hochschullehrer in Freiburg/Br. und Würzburg fortsetzte.

Seiner Erfindungsgabe entstammt eine **Blasenzählmethode** zur Messung der Sauerstoffabgabe von Wasserpflanzen in Abhängigkeit vom Licht, ein Potometer zur Messung der Wasseraufnahme und -abgabe (des Wurzeldruckes), ein **Klinostat** in verschiedenen Ausführungen zur Untersuchung der Schwerkraft und anderer Wachstums- und Bewegungsreize, ein **Wurzelkasten** zur Beobachtung des Wurzelwachstums in Erdkultur, die „**Glocken**" (- doppelwandige, mit Farblösungen zu füllende Glasflaschen) zur Untersuchung von wellenlängenabhängiger Photosynthese, das **Auxanometer** zur Anzeige, Messung und Selbstregistrierung des Längenzuwachses an Pflanzen, die **Jodprobe** zur Bestimmung der Stärkeproduktion in belichteten Blättern und die **Blatthälftenmethode** zur Wägung der Stoffproduktion u.a.m. (*Handbuch der Experimentalphysiologie der Pflanzen*, 1865; *Arbeiten des Bot. Inst. in Würzburg* Bd. 1, 1871–1874) (Gimmler, Hrsg., 1984).

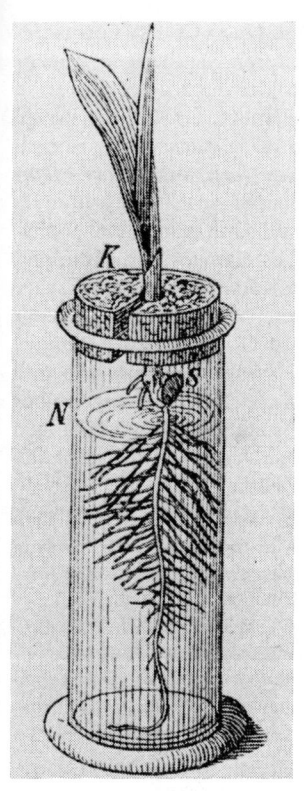

Abb. 72. Kulturversuch für Pflanzen in
künstlicher Nährlösung nach J. Sachs 1865:
Maispflanze in Wasserkultur.

Die Methoden der Wasserkultur und der exakt bestimmten Nährlösungen – über die zur gleichen Zeit wie *Sachs* auch der Agrikulturchemiker Wilhelm *Knop* (1817–1901) in Leipzig arbeitete – ermöglichten in der Folgezeit den Erkenntniszuwachs über Bedeutung und Menge der lebensnotwendigen Nährsubstanzen und Spurenelemente.

Von großer Bedeutung waren die Erkenntnisse von *Sachs* über die Entstehung des Chlorophylls und die Erzeugung von Stärke durch Chlorophyll unter Lichteinfluß, ihre Umwandlung aus Zucker und die Rolle des Lichtes im gesamten Assimilationsprozeß, dessen Intensität bei verschiedenen Wellenlängen er mit der Blasenzählmethode und den doppelwandigen Gläsern (s. o.) ermittelte. Den chemischen Prozeß der Kohlensäureassimilation klärte der Chemiker Adolf *von Baeyer* (1835–1917) durch seine Formaldehyd-Hypothese, die nach der Formel $CO + H_2 \rightarrow COH_2$ (Formaldehyd) als erstes Zwischenprodukt vor der weiteren Synthese in Zucker ($C_6H_{12}O_6$) und Stärke forderte (1870). Eine Aufklärung des komplizierten Photosynthesemechanismus und seiner Einzelelemente erfolgte erst im 20. Jh. (vgl. 10.2.) und dauert noch an (Hoffmann 1975). *Sachs* gab in seinem *Lehrbuch der Botanik* (1868, 1874) und in seinen *Vorlesungen über Pflanzenphysiologie* (1872) eine Fülle von Anregungen. Seine Schüler griffen sie nach den verschiedensten Richtungen hin auf und bauten die Pflanzenphysiologie (unter Einbeziehung ökologischer Fragestellungen und pathologischer Aspekte) als selbständige Teildisziplin der Botanik weiter aus (s. u.).

Unmittelbar in seine Fußtapfen trat Wilhelm *Pfeffer* (1845–1920), der nach einem Pharmazie- und Chemiestudium in Göttingen (bei *Wöhler*) und Marburg noch pflanzenphysiologisch bei *Pringsheim* in Berlin und *Sachs* in Würzburg arbeitete. Dort entstanden die Untersuchungen über den Einfluß von Licht und Schwerkraft, in Bonn, Basel und Tübingen (1873–1886) die berühmten *Osmotischen Untersuchungen* (1877) mit Hilfe eines künstlichen Zellenmodells (**Pfeffersche Zelle**).

Dabei wurden in Anknüpfung an die Beobachtungen von *Dutrochet* (s. o.), Thomas *Graham* (1805–1869) in London (1862) und Moritz *Traube* (1826–1894) in Breslau (Wrocław), der 1876 eine künstliche „Zelle" konstruierte, die Rolle der semipermeablen Zellwände im Stoffwechsel und die Plasmolyse aufgeklärt. In Leipzig gründete *Pfeffer* ein Physiologisches Institut (1887), was maßgeblich zur Institutionalisierung der Pflanzenphysiologie in Deutschland, zur Entwicklung und Verbreitung neuer Methoden beitrug, die in seinem *Handbuch der Pflanzenphysiologie* (2 Bde., 1881; 1897–1904) – neben der Fülle behandelter Themen und Fragen (z. B. nach der „Selbstregulation") – dargestellt worden waren (Sucker 1988).

Eine andere Richtung der Pflanzenphysiologie, die von der mikroskopischen, funktionellen Histologie ausging, begründete der Schweizer Botaniker Simon *Schwendener* (1829–1919). Als Schüler von *Naegeli* (vgl. 8.2.1.) entdeckte er bei entwicklungsgeschichtlichen Studien die Natur der Flechten als Doppelorganismen aus Algen und Pilzen (1869, s. o.) und wandte sich dann in seiner Lehrtätigkeit in Basel, Tübingen und ab 1878 in Berlin dem Ziel zu, die **Physiologie der Gewebe** durch Untersuchung der Beziehung zwischen Bau und Funktion zu klären. In seinen Hauptwerken *Das mechanische Prinzip im Bau der Monocotylen* (1874) und *Mechanische Theorie der Blattstellungen* (1878) wandte er seine neue, mathematisch-physikalische Betrachtungsweise auf die Ermittlung kausaler Gesetzmäßigkeiten für die Gestaltbildung der Pflanzen an. Sie stieß zunächst auf den Widerstand der chemisch orientierten Pflanzenphysiologen, setzte sich aber – vor allem auch im Zusammenhang mit ökologischen und taxonomischen Fragestellungen – durch (vgl. E. Richter 1982).

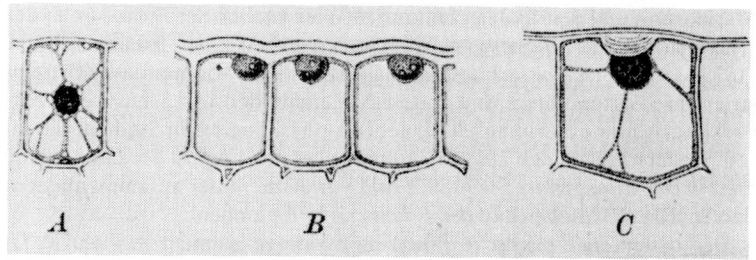

Abb. 73. Physiologische Pflanzenanatomie (Lage des Zellkernes zur Zellwand) nach G. Haberlandt 1887.

Sein Schüler und späterer Nachfolger in Berlin, Gottlieb *Haberlandt* (1854–1945), der seine Laufbahn auch im landwirtschaftlichen Pflanzenanbau an der Wiener Hochschule für Bodenkultur begann (wo sein Vater wirkte), schloß sich dieser „mechanisch-genetischen" Richtung *Schwendeners* an (die z. B. durch die vergleichend-morphologische Spiral-Theorie die Blattstellungslehre Alexander *Brauns* ablöste; vgl. 8.3.1.) und verknüpfte sie unter verbesserten labortechnischen Bedingungen mit experimentellen, reiz- und wachstumsphysiologischen Arbeiten.

Sein Grundriß über *Physiologische Pflanzenanatomie* (1884) vermittelt sein umfangreiches Forschungs- und Lehrprogramm, das in den Spezialstudien *Über die Beziehungen zwischen Funktion und Lage des Zellkerns bei den Pflanzen* (1887) (Abb. 73) oder über *Sinnesorgane im Pflanzenreich zur Perzeption mechanischer Reize* (1901) neue kausalmechanische Lösungen für alte Fragestellungen (vgl. 7.3.3.) anbot. Seine Experimente zum Nachweis von hormoninduzierten Zellteilungen (ab 1912) führten zu seiner Theorie der „Wund- und Nekrohormone", die den Ausgangspunkt für die Suche nach Pflanzenhormonen bildete (*Über Zellteilungshormone und ihre Beziehungen zur Wundheilung, Befruchtung, Parthenogenesis und Adventivembryonie*; Biol. Zbl. *42*, 1922: 145–172).

Die engen Beziehungen der Pflanzenphysiologie zu praktischen wirtschaftlichen Fragen bewirkten in der zweiten Hälfte des 19. Jh. die Gründung von entsprechenden Instituten und Lehrstühlen bevorzugt an Technischen, Land- und Forstwirtschaftlichen Hochschulen mit chemischen und physikalischen Laboratorien. Diesem „Zusammenwirken von Pflanzenphysiologie und Agrikulturchemie" und der Organisation landwirtschaftlicher Lehranstalten hatte schon J. *Sachs* (1859–1860) einige Abhandlungen gewidmet. Auch der aus Mähren stammende Schleidenschüler Julius *von Wiesner* (1838–1916) fand seine Wirkungsstätte an der Forstlehranstalt

Mariabrunn und dem Polytechnikum in Wien (neben der Professur an der Universität). Er widmete sich Untersuchungen über Heliotropismus (1875–1880), den Wasserhaushalt, das Wachstum (wofür er das selbstregistrierende Auxanometer und andere Meßmethoden von *Sachs* weiterentwickelte) sowie experimentell ökologisch-physiologischen Studien, die ihren Niederschlag in den *Untersuchungen über den Einfluß der Lage auf die Gestalt der Pflanzenorgane* (1892) und vor allem in der zusammenfassenden Schrift *Der Lichtgenuß der Pflanzen* (1907) fanden.

Der bedeutende russische Pflanzenphysiologe Kliment Arkadevič *Timirjazev* (1843–1920) wirkte nach seinem Studium in Petersburg, Deutschland und Frankreich zunächst (1870–1892) an der Land- und Forstwirtschaftlichen Akademie in Moskau (ab 1878 neben einer Universitätsprofessur), wo er u. a. die Methoden der Spektralanalyse zur Ermittlung der durch das Chlorophyll genutzten Lichtintensität anwandte *(Spektralnyi analiz clorofilla*, 1871).

Er untersuchte das Verhältnis zwischen der absorbierten Menge Sonnenenergie und des von der Pflanze genutzten Kohlendioxids, wies auf die Zusammenhänge zwischen der pflanzlichen Photosynthese und anderer Energieumwandlungen auf der Erde und auf die zentrale Bedeutung der grünen Pflanzen im Stoff- und Energiekreislauf hin. Untersuchungen über anatomische und ernährungsphysiologische Bedingungen bei der Transpiration in den trockenen Steppengebieten Rußlands brachten grundsätzliche ökologische und wirtschaftliche Erkenntnisse (*Sočinenija* [Werke] T. 1–10, 1937–1940). In einem historischen Rückblick zog *Timirjazev* 1901 eine Bilanz über 100 Jahre Pflanzenphysiologie (*Stoletnie itogi fizologii rastenij*).

Zu den experimentell-physiologisch arbeitenden, ökologisch orientierten Botanikern in Deutschland gehören u. a. auch zwei Schüler von *Sachs*:
– Gregor *Kraus* (1841–1915), Assistent von *Pfeffer* und – nach Stationen in Halle (1872–96) und Tübingen – 1898 Nachfolger von *Sachs* in Würzburg, der außer seinen Chlorophyll- und Photosynthesestudien ein grundlegendes ökophysiologisches Werk über *Klima und Boden auf kleinstem Raum* (1911) verfaßte, das über ein halbes Jahrhundert für mikroklimatische Standortanalysen ein Standardwerk war und die physikalischen Bedingungen vorrangig einbezog,
– sowie der Elsässer Botaniker Ernst *Stahl* (1848–1919), Schüler von *de Bary* und Assistent von *Sachs,* der ebenfalls von experimentell-physiologischen Studien über die Stellung von Chloroplasten in Abhängigkeit vom Lichteinfall und über die Funktion der Spaltöffnungen für Photosynthese und Transpiration ausging, als Nachfolger von E. *Strasburger* in Jena (1878) aber zu ökologischen Fragen wechselte, Standortfragen und ihren Einfluß auf die Blattbildung untersuchte, „Sonnen- und Schatten-

blätter" in Beziehung zu ihrer histologischen Struktur unterschied, die Rolle der *Mykorrhiza* (Symbiose von Pilz- und Wurzelgewebe) bei Waldbäumen klärte und blütenökologische Arbeiten anregte (vgl. auch 9.3.2.). Im Lebenswerk zahlreicher Botaniker des 19. Jh. wird deutlich, wie eng die einzelnen Forschungsrichtungen in der Botanik – trotz deutlich unterscheidbarer „Schulen" – ineinandergreifen und sich gegenseitig befruchteten.

Karl *Goebel* (1855–1932), von *Schleidens* „induktiver Botanik" und seiner „poetischen", populären Schrift *„Die Pflanze und ihr Leben"* (1848) begeistert, durch *Hofmeister* und *de Bary* geschult, behandelte zuerst die *Vergleichende Entwicklungsgeschichte der Pflanzenorgane* (1883) in vergleichend-morphologischer Weise. Nach einer Tropenreise folgten *Pflanzenbiologische Schilderungen* (1889 bis 1893), in denen der Zusammenhang zwischen Gestalt und Funktion der Organe unter extremen ökologischen Bedingungen (z.B. bei Sukkulenten, Epiphyten, Mangrovepflanzen) dargestellt wird. Schließlich wandte sich *Goebel* auch der experimentellen Entwicklungsphysiologie in seiner *Einleitung in die experimentelle Morphologie der Pflanzen* (1908) zu, nachdem er bereits in seiner *Organographie der Pflanzen* (3 Bde., 1898–1901) eine Synthese der Ergebnisse aus vergleichend-morphologischen und -entwicklungsgeschichtlichen, ökologischen und experimentell-physiologischen Untersuchungen des 19. Jh. gegeben hatte; sie wurde in folgenden Auflagen weitergeführt (24 Bde. 1920–1924; 35 Bde. 1928–1933) [26].

8.3.3. Die Entstehung der Bakteriologie und Mikrobiologie als Spezialrichtung

Mit dem Aufschwung der mikroskopischen Technik (einschließlich der Färbetechnik) und mit der entwicklungsgeschichtlichen und zytologischen Orientierung ist die Entstehung einer neuen Spezialdisziplin verbunden, die zunächst als *Bakteriologie* in Erscheinung trat und später zur *Mikrobiologie* erweitert wurde. Ihre Basis lag bereits in dem verstärkten mikroskopisch-taxonomischen Studium der letzten Klassen von *Linnés* Tier- und Pflanzensystem, z. B. seiner Gattung *Microcosmus* unter den *Zoophyta*, die O. F. *Müller* 1786 in die *Animalcula infusoria* auflöste (vgl. 7.2.3.), oder den niederen Formen in seiner Klasse *Cryptogamia*, denen die Botaniker *Hedwig, Persoon, Fries, Willdenow* u. a. eingehende Untersuchungen widmeten (vgl. 7.2.2.). Diese wurden in der ersten Hälfte des 19. Jh. verstärkt auf die Vermehrungsweise und auf ihre morphologisch-taxonomische Unterscheidung konzentriert, vor allem, nachdem die naturphilosophischen Strömungen die Vermehrung der Pilze durch Sporen in Frage gestellt, ihre Entstehung durch Urzeugung aus amorphem organischem Substrat behauptet und die Analogie der Bezeichnung *Infusorium* mit dem indifferenten *Urbläschen* aller Organismen eingeführt hatten (vgl. 8.1.).

Die Bakteriologie hatte demzufolge ihre Wurzeln in verschiedenen biologischen Fragestellungen:

- der taxonomischen Unterscheidung und Benennung morphologisch definierter, abgrenzbarer Gruppen niederer Organismen
- der Entscheidung über Urzeugung oder sexuelle Vermehrung
- der Aufklärung des Gärungsprozesses
- der Aufklärung epidemischer Krankheiten,

die parallel und in verschiedenen Fachdisziplinen in Angriff genommen worden waren und gegen Ende des 19. Jh. zu einer Synthese führten.

Taxonomische Grundlagen und das Problem der Urzeugung

Waren die von *Leeuwenhoek* beschriebenen Mikroorganismen (vgl. 6.3.) fast das ganze 18. Jh. hindurch unterschiedslos als *animalcula* beschrieben und wegen ihrer Beweglichkeit – wie die „Samentierchen" (*Spermatozoa*) – als tierische Formen aufgefaßt, von *Linné* als „Chaos" bezeichnet in die Klasse Würmer (*Vermes*) eingegliedert worden, so hatte auch O. F. *Müller* 1773 von Infusionstieren (*animalium infusorium*) gesprochen (vgl. 7.2.3.). Als er sich in einem speziellen Werk (*Animalcula infusoria fluviatilia et marina*, 1786) erstmals um die morphologisch genaue Unterscheidung, Beschreibung und Benennung von Gattungen und Arten nach Linnéschen Regeln bemühte, kennzeichnete er „die Schwierigkeiten, unter welchen die Erforschung der mikroskopischen Thierchen leidet," als „zahllos", denn die sichere und scharfe Bestimmung erfordere so viel Zeit, Schärfe der Augen und des Urteils, wie kaum etwas anderes (dt. Übersetzung nach *Löffler* 1887, S. 15). Diese Probleme erschwerten noch 100 Jahre lang die taxonomische Behandlung der Kleinlebewesen, unter denen O. F. *Müller* Gattungen wie *Monas*, *Proteus*, *Volvox*, *Vibrio* und Arten wie *Vibrio bacillus* oder *spirillum* beschrieben, aber ganz heterogene pflanzliche (Algen, Pilze, Sporen) und tierische (Radiolarien, Rotatorien) Organismen subsummiert hatte. Demgegenüber hatten unter den Botanikern die Kryptogamen- und Pilzforscher (s. o.) auch schon mikroskopische Formen wie die Brand- und Rostpilze oder die Schimmelpilze mit erfaßt. Aber die Unkenntnis ihrer Vermehrungsweise gab vor allem in der Blütezeit der Naturphilosophie zu Spekulationen Anlaß. So wurde die Entdeckung von *Zoosporen* bei Algen (*Vaucheria* und *Saprolegnia*) ab 1807 als „Tierwerdung der Pflanze" gedeutet (Dittrich 1959) und die Entstehung von Algen und Pilzen (wie von Infusorien) allgemein einer Urzeugung aus organischem unspezifischem Substrat oder einer Transmutation zugeschrieben (vgl. 8.1.2.).

Als Beweis gegen diese Hypothesen hatte Christian Gottfried *Ehrenberg*

(1795–1876) in Berlin rund 250 Pilzarten der Berliner Umgebung und ihre Vermehrung aus Sporen zum Nachweis ihrer Konstanz beschrieben (*Sylvae mycologicae Berolinensis*, 1818) und erstmals auch die Konjugation bei Schimmelpilzen beobachtet und die sexuelle Vermehrung der Pilze in der Abhandlung über die Pilzerzeugung (*De mycetogenesis epistola*, 1821) nachgewiesen.

Seine weiteren mikroskopischen Studien galten den „Infusorien" O. F. *Müllers*, die er systematisch weiter klassifizierte. Nach „Fütterung" mit Karmin- und Indigolösung glaubte er, innere Organe zu erkennen, und behandelte auch die einzelligen Mikroorganismen als „vollkommene", wie höhere Lebewesen kompliziert organisierte Tiere (*Die Infusionsthierchen als vollkommene Organismen*, 1838), die eine durch Fortpflanzung (Eier oder Teilung) bedingte Artkonstanz zeigen. Da *Ehrenberg* bald als bester Kenner und zuverlässiger Determinator mikroskopischer Formen international bekannt war, erhielt er viele Staub-, Erd-, Luft-, Wasser- und Pflanzenproben zur Bestimmung zugeschickt (z. B. von H. v. *Mohl* die den „roten Schnee" verursachende Alge (*Sphaerella nivalis*), 1834 als *Protococcus nivalis* beschrieben, von G. *Valentin* „Conferven" von „Meteorpapier" aus Solothurn (1840), von Ch. *Darwin* 1844–1845 über 100 Sendungen mit Staubproben aus der Luft beim Überqueren des Atlantik und aus tertiären Schichten der Pampas (Jahn 1982). Auch Mikroorganismen aus Staubproben von Krankenhäusern Berlins und von der Cholera-Epidemie in Hamburg (1848) wurden beschrieben und in den Schriften der Preußischen Akademie der Wissenschaften und der Gesellschaft naturforschender Freunde zu Berlin publiziert. *Ehrenberg* bereicherte damit die Formenkenntnis, erweckte breites Interesse und auch Widerspruch gegen seine Auffassungen über Biologie und Systematik, die nach der Verbreitung der Zellentheorie und der daran geknüpften entwicklungsgeschichtlichen Forderungen (mit allen Konsequenzen auch für die Systematik, die *Ehrenberg* konsequent ablehnte) zur Verstärkung mikrobiologischer Forschungen führte.

Im Zuge der auf die Zellentheorie gestützten Untersuchungen wurden viele der „Infusorien" als pflanzliche Formen und als einzellige Tiere identifiziert und neu benannt. Nachdem im Zusammenhang mit den Beobachtungen über Zellbildung von Th. *Schwann* schon 1837 entdeckt wurde, daß Hefe aus pflanzenähnlichen Organismen besteht, die die Alkoholgärung verursachen (s. u.), hatten L. R. *Tulasne* (1851) und *de Bary* (1852, 1853) verschiedengestaltige Entwicklungsstadien parasitischer Pilze festgestellt, L. R. und Charles *Tulasne* die Formenfülle der „Früchte und Samen" von Pilzen und ihre Ähnlichkeiten und Unterschiede bildlich demonstriert (*Selecta fungorum carpologia* … 3 Bde., 1861–1865).

Gegen *Ehrenbergs* System hatte Felix *Dujardin* (1801–1860) in Rennes in seiner Naturgeschichte der Zoophyten (*Histoire naturelle des Zoophytes*, 1841) Alternativen entwickelt, indem er alle *Vibrionia*, zu einer Familie zusammengefaßt, unter seine erste Ordnung (Tiere ohne sichtbare Bewegungsorgane) stellte und ihnen eine Sonderstellung gegenüber den „Infusorien" einräumte. Er gruppierte sie in drei (statt in vier) Gattungen: *Bacterium* (stäbchenförmige, gerade, langsam sich bewegende), *Vibrio* (gegliederte, sich schlängelnde Formen), *Spirillium* (fädige, schrauben- oder korkzieherförmige Gebilde mit schneller Drehung um die Axe); wie *Ehrenberg* legte auch *Dujardin* Maßangaben der Artbestimmung zugrunde, die wegen der großen Variationsbreite ebensowenig hilfreich waren; aber schon *Dujardin* zweifelte außerdem an der tierischen Natur vieler Arten (Löffler 1887, S. 35–38).

Da inzwischen durch Botaniker wie Carl *Naegeli* (vgl. 8.2.1.) auf der Basis von *Schleidens* Programm die Entwicklungsgeschichte der Algen untersucht, einzellige Formen morphologisch beschrieben (*Gattungen einzelliger Algen, physiologisch und systematisch bearbeitet*, 1849), durch Nathanael *Pringsheim* (1823–1894) die geschlechtliche Vermehrung von Algen und ein Generationswechsel beobachtet worden waren (*Untersuchungen über Befruchtung und Generationswechsel der Algen*, 1855) drängte sich ein Vergleich mit den „Infusorien"-Formen auf, zumal auch von zoologischer Seite darunter Einzeller erkannt wurden (Albrecht *Koelliker*: *Die Lehre von der thierischen Zelle ...*, Z. wiss. Bot. *2*, 1845; Carl Theodor *von Siebold*: *Über einzellige Pflanzen und Thiere*, Z. wiss. Zool. *1*, 1849).

Das machte zunehmend eine taxonomische Revision der ganzen Gruppe nötig, eine Konsequenz, die erstmals Maximilian *Perty* (1804–1884) in Bern zog, als er tierische und pflanzliche Mikroorganismen und Pflanzentierchen (*Phytozoida*) mit den Familien *Spirillina* und *Bacterina* unterschied (*Zur Kenntnis kleinster Lebensformen*, 1852).

Einen gewissen Abschluß fanden diese ersten Versuche zur taxonomischen Erfassung der Mikroorganismen durch die *Untersuchungen über die Entwicklungsgeschichte der mikroskopischen Algen und Pilze* (Nova Acta Leopoldina *24*, 1854) des Breslauer Botanikers Ferdinand *Cohn* (1828 bis 1898), der die *Vibrionidae* dem Pflanzenreich zuordnete und mit ihrer morphologischen, entwicklungsgeschichtlichen und biologischen Analyse begann. Ihm kommt für die Grundlagenforschung der Bakteriologie eine entscheidende Bedeutung zu (B. Hoppe 1983).

Cohn war als Schüler der Botaniker Heinrich Robert *Göppert* (1800–1884) in Breslau und Karl Sigismund *Kunth* (1788–1850) sowie des Mikroskopikers Chr. G. *Ehrenberg* in Berlin mit mikroskopisch-anatomischen wie taxonomischen Arbeiten vertraut, von *Göppert* und *Ehrenberg* in die Algen- und Infusorienkunde eingeführt, lehnte aber dessen Interpretation (s. o.) ab. In zytologischen Studien befaßte er sich zunächst mit Eigenschaften der Membran und des Protoplasmas (1849–51) sowie der Vermehrung der Zellen durch Teilung, die er in den *Beiträgen zur Entwicklungsgeschichte der Infusorien* (Z. wiss. Zool. 1851–1853) auf Einzeller aus-

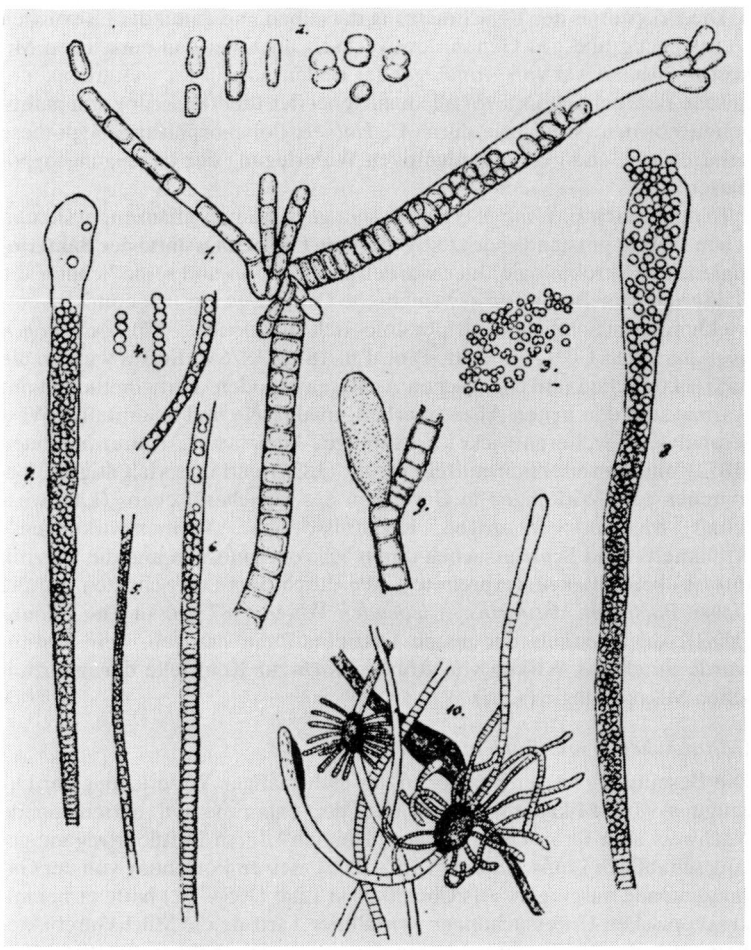

Abb. 74. Entwicklungsgeschichte der Algen (Gonidienbildung bei *Crenotrix polyspora*). Aus F. Cohn 1875.

dehnte und in *Untersuchungen* … (s. o.) weiterführte. Hierbei gelang ihm die Beobachtung von „Schwärmzellen", die er in den folgenden Jahren (parallel mit N. *Pringsheim*, s. o.) als Geschlechtszellen identifizieren konnte (Abb. 74).

Die Erkenntnis der Verschmelzung derselben und damit der bisexuellen Vermehrung und des Generationswechsels auch bei den einzelligen Mikroorganismen war von grundlegender Bedeutung für die weitere taxonomische Bearbeitung und vor allem auch bei der Identifizierung von pathogenen Formen (s. u.), die durch E. *Halliers* Polymorphismus-Hypothese belastet war, und bei der endgültigen Widerlegung der Urzeugungshypothesen.

In dem durch F. *Cohn* 1866 in Breslau gegründeten pflanzenphysiologischen Institut entstand gleichzeitig die **erste Forschungsstätte der Bakteriologie** und Mikrobiologie; hier wurden durch *Cohn* und seine Schüler die Bakterien als selbständige systematische Gruppe weiter taxonomisch, entwicklungsgeschichtlich und physiologisch untersucht (*Untersuchungen über Bacterien* I–IV, in: Beitr. Biol. Pfl. 1872–1876). Hierfür wurden die mikroskopischen und chemischen Analysemethoden, Färbemethoden mit Karmin und den neuen Alizarinfarben, qualitative und quantitative Wasseranalysen weiterentwickelt, Anfänge künstlicher Kulturmethoden (1872) und Desinfektionsmittel erprobt (1894) und ihre vielfältigen Vorkommen und Wirkungen in Bereichen des täglichen Lebens (Landwirtschaft, Medizin) einbezogen. Kenntnisse über „Fermentwirkungen", Krankheits- und Schadursachen durch Mikroorganismen und die Spezifik ihrer Lebenstätigkeit verbreitete *Cohn* durch populäre Schriften wie die *Ueber Bacterien, die kleinsten lebenden Wesen* (1872) oder *Die Pflanze* (1882), die ebenfalls der neuen Disziplin Bahn brachen. Sein Institut wurde durch das Wirken von Robert *Koch* zur Keimzelle der medizinischen Mikrobiologie (s. u.).

Gärungschemie und Epidemiologie

Die Beseitigung letzter Zweifel an der mehrmaligen Widerlegung der Urzeugung von Mikroorganismen und der experimentell entscheidende Nachweis über ihren Ursprung aus „Keimen" durch Luftübertragung gelang schließlich Louis *Pasteur* (1822–1895), dessen Forschung von der Gärungschemie ausgingen. Als Chemiker in Lille (1854–57) hatte er bei mikroskopischen Untersuchungen kristalliner Tartrate die Milchsäurebakterien entdeckt (1857) und bald darauf auch die Alkoholgärung (1858–607) auf Lebensprozesse von Mikroorganismen zurückführen können, indem er die auf Fruchtschalen entdeckten hefeartigen Pilze isolierte und damit Gärung experimentell erzeugte. Sinnreiche Experimentalmethoden (Luftfilter, Schwanenhalskolben, mikroskopische Chemie) (Abb. 75) ermöglichten die Unterscheidung spezifischer Erreger und die Klärung von sogenannten Wein-Krankheiten; seine Untersuchungen über den Wein, seine Krankheiten und Ursachen ... (*Etudes sur le vin, ses maladies* ..., 1866)

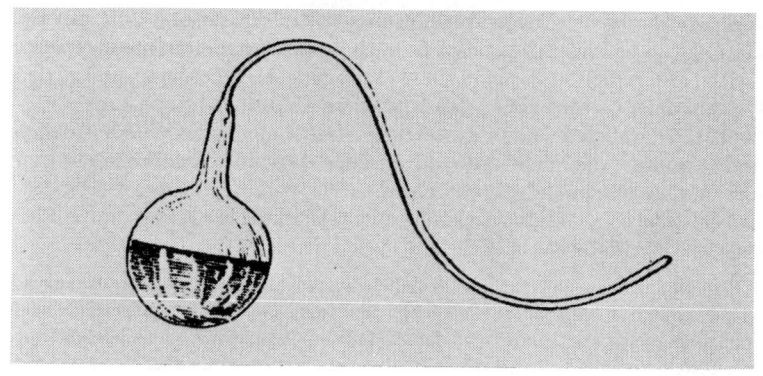

Abb. 75. Versuchsanordnung zur Widerlegung der Urzeugung von Louis Pasteur 1861.

eröffneten der **angewandten Mikrobiologie** in den Hefe- und Spiritus-fabriken ein erstes Feld biologischer Industrieforschung, wie sie sich noch im letzten Drittel des 19. Jh. durch Emil Christian *Hansen* (1842–1909) in Kopenhagen oder Martinus Willem *Beijerinck* (1851–1931) in Delft ent-wickelte (Kluyver 1940; Pedersen 1956). *Pasteurs* Entdeckung über die Rolle von Mikroorganismen in Gärungs- und Fäulnisprozessen widerlegte vor allem auch *Liebigs* Deutung (vgl. 8.2.2.) dieser Vorgänge als Zerfalls- und Sterbeprozesse und gab den Anstoß für neue agrochemische und land-wirtschaftliche Forschungsrichtungen, die wiederum auf den Erkenntnis-zuwachs der Physiologie und Taxonomie der Mikroorganismen zurück-wirkten.

So konnte *Pasteurs* und *de Barys* Schüler Sergej Nikolaevič *Vinogradskij* (1856 bis 1953) aus Kiew die unterschiedlichen Assimilationsformen von Schwefelbakte-rien (1887), Eisenbakterien (1888), Stickstoffbakterien (1889) feststellen, den Stickstoffzyklus in der Natur aufklären (1890), nachdem der Agrochemiker Her-mann *Hellriegel* (1831–1895) mit H. *Wilfarth* den Zusammenhang zwischen Knöll-chenbakterien (der Leguminosen) und deren Verwertung des Luftstickstoffs (1888) erkannt hatte. Sie ermittelten den Energiehaushalt verschiedener autotro-pher Bakterienformen und ihre ökologische Rolle im Naturhaushalt (Collard 1976), wenn auch die chemischen Vorgänge dieser Ernährungs- und Atmungspro-zesse erst im 20. Jh. untersucht wurden.

Aus den gärungsbiologischen Erkenntnissen von *Pasteur* erwuchsen außerdem neue Einsichten in medizinische Bereiche, wo noch die Lehre

von den *Miasmen*, giftigen Ausdünstungen von Wasser und Luft, zur Erklärung von Fäulnisprozessen (z. B. nach Wundinfektionen) herangezogen
wurde. Die Arbeiten *Pasteurs* zur Widerlegung der Urzeugung und zu den
Ursachen der Gärung ließen den englischen Mediziner Joseph *Lister* (1827
bis 1912) Parallelen zu den Zersetzungserscheinungen an Wunden ziehen
und vermuten, daß nicht „giftige Luft oder Dämpfe", sondern die in Luft
und Wasser lebenden Mikroorganismen die Wundfäulnis hervorbringen,
und daß man diese verhindern könne durch Abtötung der Keime mittels Kar-
bolsäure (1867, 1868).

Damit begann die antiseptische Wundbehandlung, Instrumenten- und Kranken-
hausdesinfektion (von *Semmelweis* schon 1847 in die Geburtshilfe eingeführt, aber
noch wenig verbreitet), noch ehe die infektiösen Organismen selbst bekannt waren. *Lister* beteiligte sich an ihrer Auffindung mit den Arbeiten über Verursachung
von Fäulnis und Fermentation (*On the causation of putrefaction and fermentation*,
1869) und über Ursprung und Verbreitung von Bakterien in Wasser (*On the origin
and distribution of microzymes* [*Bacteria*] *in water*, 1871), die auch *Cohns* Wasseranalysen (s.o.) unterstützten, neben zahlreichen weiteren Einzelbeiträgen zur
„Naturgeschichte der Bakterien" (1873) (gesammelt in *The collected papers* ..., 2
Bde., 1909). Einer der wichtigsten Beiträge ist seine Methode zur Reingewinnung
der Milchsäurebakterien (1877, 1882), mit der er die noch in den ersten Arbeiten
vorgebrachten Ansichten über den Einfluß des Mediums auf Polymorphie wider-
rief.

Auch Edwin *Klebs* (1834–1913) widmete sich ab 1870 u. a. der Erforschung der Wundinfektionen und führte sie auf pilzliche *Mikrokokken*
(wie damals viele Mediziner, s.o.) zurück, zu deren Studium er einen speziellen Apparat konstruieren ließ (Abb. 76).

Von den zahlreichen Untersuchungen über Wundinfektionen (die neben
den epidemischen Krankheiten durch die ebenfalls massenhaft zu behan-
delnden Kriegsverwundungen die Aufmerksamkeit besonders bean-
spruchten) sei nur noch die Aufklärung des Wundstarrkrampfes durch
Nachweis eines *Tetanusbacillus* im Hygiene-Institut der Universität Göttingen erwähnt, die gleichzeitig ein früher Beitrag zur Bodenbiologie war.
Sie gelang durch sorgfältige Versuchsmethoden 1884 dem Mediziner Ar-
thur *Nicolaier* (1862–1942), dessen Dissertation *Beiträge zur Aetiologie des
Wundstarrkrampfes* (1885) seine besonders herausragende Arbeit war (ab
1901 als Arzt und Privatdozent, 1921 als a.o. Professor in Berlin, wurde
er 1933 vom Lehramt suspendiert und 1942 Opfer faschistischer Juden-
verfolgung). Die erfolgreiche Isolierung des anaeroben Bacillus, seine
Bestätigung im Tierexperiment und seine Reinkultur auf Agarplatten mit
Wasserstoffzuleitung gelang 1889 dem Japaner Shibasaburo *Kitasato*
(1852–1931) bei seinem Arbeitsaufenthalt in *Kochs* Berliner Laborato-

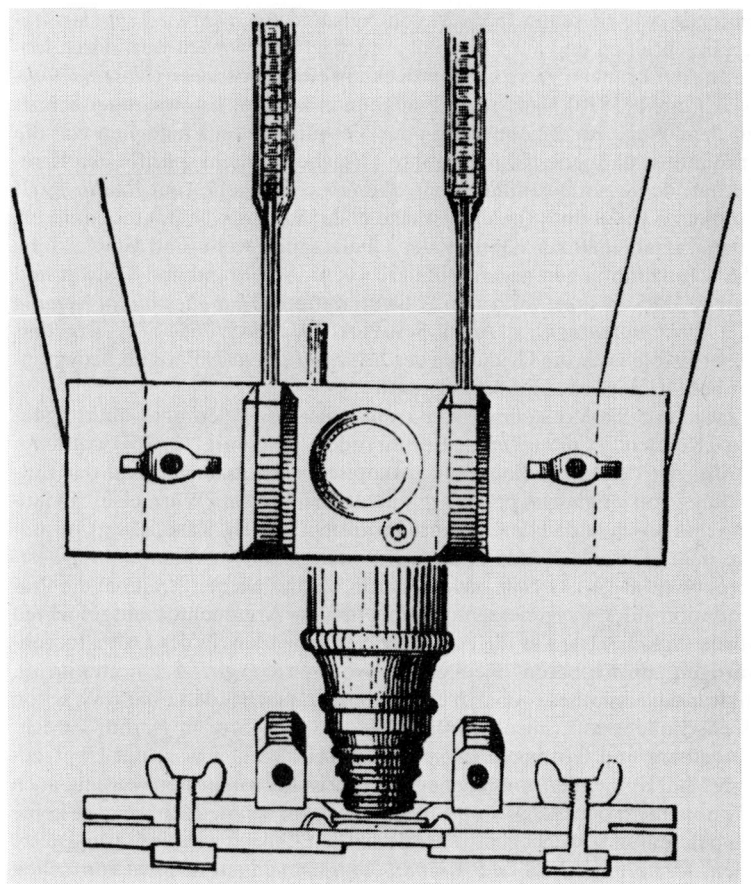

Abb. 76. Apparat zur Beobachtung von *Mikrokokken*, konstruiert von H. Geissler. Aus G. Klebs 1873.

rium (1887–1892), während dessen *Kitasato* auch die Giftbildung des Erregers studierte und mit Emil *Behring* (1854–1917) die **Serumtherapie** entwikkelte (*Ueber das Zustandekommen der Diphtherie-Immunität und der Tetanus-Immunität bei Thieren*, 1890) [29].

Pasteur hatte selbst auch die neue Ära der medizinischen Mikrobiologie mit eingeleitet, als er (seit 1857 als Chemiker in Paris) eine Seidenraupenepidemie, wie sie schon 1835–36 von Agostino *Bassi* (1773–1856) aus Italien beschrieben und auf Pilzbefall zurückgeführt worden war, durch Isolierung der kranken Tiere und Entdeckung eines Protozoon (*Nosema bombycis Pasteur* 1870) als Erreger eindämmen konnte. Ein wichtiger Schritt auf dem Wege zur Bekämpfung oder Verhütung von Epidemien war die Erkenntnis, daß jede Krankheit ihre Ursache in einem spezifischen Erreger hat, den es zu bestimmen galt. *Pasteur* entwickelte (mit *Raulin* 1869) parallel zu *Cohn* und *Koch* künstliche Nährlösungen für Bakterienkultur, nutzte sie ab 1880 zur Klärung der Übertragungsweise und Entwicklung von Schutzimpfungen gegen Hühnercholera, Milzbrand und Tollwut und erzielte 1885 die erste wirksame Tollwutimpfung (*Méthode pour prévenir la rage après morsure*, C. r. Acad. Sci. Paris *101*, 1885: 765–774). Ergebnis dieser Erfolge war die Gründung des *Instituts Pasteur* in Paris als bedeutender bakteriologischer Forschungsstätte.

Zwar war die Vorstellung von krankheitserregenden und -übertragenden „Keimen" (*Contagium* = Berührendes) schon alt [12, 16], wurde im 17. Jh. mit der Entwicklung mikroskopischer Forschungen und der Entdeckung von *animalculi* präzisiert; analog der kleinen „Würmchen" in faulendem Fleisch und anderen Nahrungsmitteln (Milch, Käse, Essig) vermutete man „lebende Keime" (*Contagium animatum*) in Wunden der Pestkranken (z. B. A. *Kircher*, vgl. 6.3.). Im 18. Jh., als der Streit um die Präformation oder Epigenese mit immer neuen Argumenten ausgefochten wurde (vgl. 7.3.1.), war die Annahme von lebenden, in der Luft allgegenwärtigen „unsichtbaren" Keimen weit verbreitet (vgl. 7.3.1.), und im 19. Jh. war die Hypothese von den epidemienverursachenden *Contagien* schon Hochschullehrstoff. Jacob *Henle* (1809–1885) lehrte in Berlin, Zürich, Heidelberg und Göttingen (wo R. *Koch* sein Schüler war) mit Überzeugung, daß Epidemien von lebenden Erregern hervorgerufen würden, auch wenn sie nicht oder schwer optisch nachweisbar seien; denn wenn es keine der bekannten beweglichen Infusorien oder Pflanzen wie die Gärungspilze seien, sondern nur Eier oder Keime, dann könne man sie nicht von Zellen oder Kernen der Gewebe unterscheiden. Nur ein dreifach gesicherter empirischer Nachweis, nämlich einer konstanten Anwesenheit gleichartiger Mikroorganismen bei gleichen Krankheitserscheinungen, ihre Isolierung und die experimentell erzielte gleichartige Wirkung dieser isolierten Proben, könne diese Hypothese bestätigen (*Von den Miasmen und Kontagien und von den miasmatisch-kontagiösen Krankheiten*, in: *Patholog. Untersuchungen*, 1840) [29].

Dieses Postulat wurde von Robert *Koch* (1843–1910) erfüllt, als er in seiner Landarztpraxis bei Poznan (1872–1879) die Mikroorganismen im Blut milzbrandkranker Tiere zu untersuchen begann.

Abb. 77. Kulturapparat für Bakterien von E. Hallier 1867. Aus F. Loeffler 1887.

Die Suche nach dem Milzbranderreger hatte – wie diejenige nach einem Cholera-Contagium – eine 20–50jährige Vorgeschichte und ist mit vielen Namen verknüpft [29], u. a. mit dem des französischen Arztes Casimir Josef *Davaine* (1811–1882), der die fadenförmigen Mikroorganismen *bactéridies* nannte, oder dem des Würzburger Arztes Carl Joseph *Eberth* (1835 bis 1926), der sie durch Filtern isolieren konnte, und dem des Münchener Pathologen Otto *Bollinger* (1843–1909), der diese Bakterien in seiner Monographie *Zur Pathologie des Milzbrandes* (1872) abgebildet und als *Bacillus Anthracis* nach der Systematik *Cohns* (s. o.) den *Schizophyten* (Algen) zugeordnet hatte [29].

Eben diese eindeutige Bestimmung des Erregers als eine *Art* im Linnéschen Sinne nach morphologischen Kriterien war zu dieser Zeit ein Streitpunkt. Denn der Jenaer Botaniker und Pharmakologe, M. J. *Schleidens* Neffe Ernst *Hallier* (1831–1904), der sich erfolgreich mit Pflanzenkrankheiten befaßte, pathogene Pilze als Erreger festgestellt hatte und zu ihrem Nachweis mit Hilfe eines Kultur- und Isolierapparates (Abb. 77) ihre Entwicklung – auch unter Anwendung von Kontrollversuchen – studierte (*Gärungserscheinungen*, 1867), war zu irreführenden Hypothesen gelangt. Unter dem Eindruck der Mitteilungen von *Tulasne* (1851), *de Bary* (1853, 1854, vgl. 8.2.2.) und anderen über Polymorphismus von Entwicklungsstadien bei niederen Pilzen und *Darwins* Deszendenztheorie, die einige der Anhänger nach Abstammungsbeziehungen zwischen Spalt- und Schimmelpilzen, Bakterien und „Monaden" suchen ließen (*Löffler* 1887, S. 77–82), deutete *Hallier* (wohl aufgrund verunreinigter Kulturen) die bisher verschieden definierten Pilzgattungen zugehörigen Arten von *Mucor, Penicillium, Aspergillus, Ustilago* etc. nur als Entwicklungsstadien oder aber als ökologisch bedingte, vom Nährsubstrat geprägte Morphen.

Er dehnte die Polymorphie-Hypothese dann auch auf bakterielle Erreger menschlicher Infektionskrankheiten (Cholera, Typhus, Masern, Pocken) aus, nachdem er aus Proben von Cholera-, Typhus-, Diphtheriekranken etc. im Kulturversuch scheinbar Pilzformen gewonnen hatte (*Parasitologische Untersuchungen bezüglich auf die pflanzlichen Organismen bei Masern, Hungertyphus, Darmtyphus, Blattern, Kuhpocken, Schafpocken, Cholera* etc. 1868). Diese scheinbar experimentell gesicherten Befunde, durch die die Formenvielfalt der Mikroorganismen eine quasi vereinheitlichende entwicklungsgeschichtliche Erklärung bekam, fand viele Anhänger, aber Opponenten in A. *de Bary* (1867) und dem Gießener Botaniker Hermann *Hoffmann* (1819–1891), der Polymorphismus zwar bei Pilzen, nicht aber zwischen Bakterien zugab (1869). Der Streitfrage folgten forcierte Bemühungen um Aufklärung und nicht zuletzt die Entdeckung weiterer Krankheitserreger (vgl. *Löffler* 1887).

Auf dem Hintergrund dieser Unsicherheiten in der Experimental- und Mikroskopiertechnik sind die klärenden Arbeiten von *Cohn* (s. o.) und *Koch* zu bewerten, die wesentliche Grundlagen für die weiterführenden Entwicklungen der experimentellen Mikrobiologie schufen. *Kochs* klassische Arbeit *Die Aetiologie der Milzbrandkrankheit, begründet auf die Entwicklungsgeschichte des Bacillus Anthracis* (Beitr. Biol. Pfl. 1876) enthielt nicht nur die vollständige Aufklärung der Entwicklungsvorgänge einschließlich der Bildung von Dauersporen und des experimentellen Nachweises, daß diese die Ansteckung bedingen, sondern auch die Beschreibung der Kulturmethode, die die Lebendbeobachtung ermöglichte, und ein **Programm** zur „vergleichenden Aetiologie der Infectionskrankheiten", wie er sie ab 1880 mit seinen Mitarbeitern in den Berliner Laboratorien realisieren konnte (Kathe 1961; Möllers 1951; Thom/Steinbrück 1982). Dazu gehörten die *Ätiologie der Tuberkulose* (1882), kurz darauf auch der Cholera (1884), und ihre Bekämpfung, Hand in Hand mit der Verbesserung der spezifischen Labortechnik (feste Nährböden aus Gelatine 1881 und Agar-Agar 1882, flache Petri-Schalen 1887) zur Isolierung der Bakterienkulturen, Erprobung selektiver Färbetechniken und die Einführung der Mikrophotographie (*Verfahren zur Untersuchung, zum Conserviren und Photographiren der Bacterien.* Beitr. Biol. Pfl. 1877).

Nicht zu vergessen ist, daß in diesen Jahrzehnten der wissenschaftliche Gerätebau, besonders die optische Industrie durch *Zeiss* und *Abbe* in Jena, hochwertige

Geräte in Serie fertigte, 1880 den von *Koch* gerühmten „Beleuchtungsapparat" herstellte, und daß die chemische Industrie die Anilinfarben lieferte, mit deren Hilfe die Kontrastfärbung von Gewebeschnitten möglich wurde, wie sie der dänische Pharmakologe Hans Christian *Gram* (1853–1938) 1884 einführte.

Nachdem die Artspezifik der Krankheitserreger erwiesen, ihre morphologische Charakterisierung und ihre exakte Bestimmung für Diagnose und Therapie nötig, ihre Reinkultur auf festen Nährböden möglich geworden waren, entstanden Vergleichssammlungen von Bakterien- und Pilzkulturen, sowohl in Berlin als auch ab 1885 nach dem Vorbild *Cohns* durch den Professor für Bakteriologie, Mykologie und mikrobiologische Technik Fr. *Král* (1846–1911) an der Technischen Universität Prag, der weitere nationale und globale Kollektionen folgten (1906 Utrecht, 1911 Washington, 1920 London und Paris) [1].

R. *Kochs* erster Assistent am Reichsgesundheitsamt in Berlin war Friedrich *Loeffler* (1852–1915), der nach 6jähriger Assistentenzeit seine Lehrtätigkeit an der Universität mit den bemerkenswerten *Vorlesungen über die geschichtliche Entwicklung der Lehre von den Bacterien* (1887) begann. Sie vermitteln einen Einblick in die zeitgenössischen Fragestellungen, Probleme und Erfolge und zeigen gleichzeitig an, daß die Bakteriologie schon im 19. Jh. zu einer Fachdisziplin geworden war, zu deren Entwicklung zahlreiche Forscher aus Medizin und Veterinärmedizin, Botanik und Zoologie, Landwirtschaft und Pharmazie sowie Chemie beigetragen haben. Sie können hier nicht weiter behandelt werden, besonders nicht die Ergebnisse der *Epidemiologie*, die ausführlich von Mochmann und Köhler (1984) mit umfassenden Literaturhinweisen dargestellt ist [29]. Als Professor für Hygiene in Greifswald (ab 1888) fand *Loeffler* den Infektionsmodus der Maul- und Klauenseuche und klärte (zusammen mit Paul *Frosch* (1860–1928) die Ätiologie durch den Nachweis auf, daß der Erreger ein filtrierbares *Virus* ist (1898), wie es kurz vorher bei der Tabakmosaikkrankheit durch den russischen Botaniker Dimitri Iosifovič *Ivanovski* (1864–1920) entdeckt (1892) und durch M. W. *Beijerinck* eingehend beschrieben worden war (1898). *Loeffler* entwickelte auch die Schutzimpfung und erhielt eigens für diese neue Forschungsrichtung eine Versuchsanstalt auf der Insel Riems (1908), das als Akademieinstitut später seinen Namen erhielt (Dittrich 1963).

Auch unter den tierischen Einzellern, von Th. *v. Siebold* (1845) *Protozoa* genannt, waren parasitische und pathogene Arten entdeckt und von Rudolf *Leuckart* (1822–1898) in seinem Werk *Die Parasiten des Menschen und die von ihnen herrührenden Krankheiten* (1863–1876) in einer speziellen Klasse *Sporozoa* vereinigt worden. Ihre genaue taxonomische und entwicklungsgeschichtliche Erforschung war ebenfalls unabdingbar für Diagnose und Therapie und im Gefolge der Zellentheorie als Spezialrichtung gefördert worden. Unter medizinischen Aspekten arbeiteten auch Protozoenforscher in *Kochs* Institut wie Fritz *Schaudinn* (1871–1906), der auf Anregung von F. E. Schulze (1840–1921) ein System der *Heliozoa* schuf (1897) und den Generationswechsel der Wirbeltier-Parasiten *Coccidia* (Ordnung der *Sporozoa*) aufklärte (Zool. Jb. Anat. *15*. 1900), oder Max *Hartmann* (1876–1962), der u. a. über parasitische Amöben arbeitete [22].

So wurde aus der zunächst aus taxonomischen Gründen botanischen *Bakteriologie* unter medizinischen und methodischen Aspekten die interdisziplinäre *Mikrobiologie*, die im 20. Jh. auch für Genetik und Evolutionstheorie zentrale Bedeutung erhielt (vgl. 10.2.) [22].

8.4. Die „wissenschaftliche Zoologie"

Für die Zoologie vollzog sich die Entwicklung zur Kausalforschung in etwas anderer Weise als in der Botanik, wenngleich auch dort die Zellentheorie neue Ansätze zu einer kausalmechanischen und materialistischen Interpretation bewirkte. Doch war z.b. die zoologische Embryologie (Entwicklungsgeschichte) bereits im ersten Drittel des 19. Jh. zu einer Spezialdisziplin entwickelt, auf die die Zellentheorie *Schwanns* aufbauen konnte, der „Generationswechsel" als Vermehrungsform war seit 1819 bekannt, und die Tierphysiologie verfügte – zumindest bei den französischen und italienischen Physiologen – über differenzierte Experimentalmethoden und -techniken. Dabei war die tierphysiologische Lehre und Forschung noch lange Zeit im 19. Jh. in der Medizin integriert und von der institutionellen Zoologie getrennt, die sich vorwiegend der zoologischen Systematik auf vergleichend-morphologischer Grundlage widmete. Grenzüberschreitungen zogen oft harte Kompetenzstreitigkeiten zwischen Fakultäten und Ordinarien nach sich, vor allem an deutschen Universitäten.

Wie *Schleidens* Orientierung für eine „wissenschaftliche Botanik" (vgl. 8.3.1.), so bedeutete die Begründung der *Zeitschrift für wissenschaftliche Zoologie* (1847) durch A. *v. Kölliker* und K. Th. *v. Siebold* ebenfalls ein **Programm**, das die induktive Forschung betonte und sich sowohl gegen deduktive (vor allem spekulativ-naturphilosophische) als auch bloß empirisch-deskriptive Richtungen abgrenzte. Wenn die neuen Bestrebungen auch allgemein als Ursachenforschung umschrieben werden können, so umfaßten sie doch nicht nur experimentell- oder chemisch-physiologische Untersuchungen wie gegen Ende des 19. Jh., sondern zunächst in erheblichem Umfange mikroskopische, vergleichend-histologische, -entwicklungsgeschichtliche, -morphologische Studien. Ihr gemeinsames Ziel war es, auf streng empirischer Grundlage, kausal interpretierend, die natürlichen Zusammenhänge zwischen Organismen und ihren Lebensleistungen zu erschließen. Dabei waren oft auch Fragen der zoologischen Systematik sowohl Ausgangspunkt als auch Ergebnis der Untersuchungen. Das trifft besonders auf entwicklungsgeschichtliche Arbeiten zu.

8.4.1. Von der morphologisch-histologischen zur experimentellen Entwicklungsgeschichte der Tiere

Wie in den vorigen Kapiteln gezeigt wurde, war die Entwicklungsgeschichte seit dem 17. Jh. unter verschiedenen Fragestellungen immer wieder Forschungsgegenstand von Anatomen und Mikroskopikern (vgl. 6.4.2., 7.3.1., 8.1.1.). Für L. *Oken* und seine naturphilosophischen Freunde war die Individualentwicklung des Hühnchens im Ei das Modell für die Lebensgeschichte der Tierwelt insgesamt. So beeindruckte an den Dorpater Vorlesungen des Physiologen Karl Friedrich *Burdach* (1776 bis 1847) am meisten „seine *Geschichte des Lebens*, eine Art Entwicklungsgeschichte"; ihr gab er auch später in seinem sechsbändigen Handbuch *Die Physiologie als Erfahrungswissenschaft* (1826–1840) breiten Raum, als sein Schüler Karl Ernst *von Baer* (1792–1876) die Embryologie zu seinem Spezialfach gewählt hatte (Raikov 1968, S. 24 und 93 ff).

Die Entscheidung für diese Forschungsrichtung hatte *Baer* aber erst unter dem Einfluß vergleichend-anatomischer Studien bei Ignaz *Döllinger* (1770–1841) in Würzburg 1815–16 getroffen, dessen *Grundriß der Naturlehre des menschlichen Organismus* (1805) eine vergleichende Entwicklungsgeschichte des Menschen mit niederen Tierformen darstellt. Nachdem *Baer* in Königsberg (Kaliningrad) 1819 neben *Burdach* zum Professor für Zoologie berufen worden war, sich deshalb ausschließlich zoologischen Studien und dem Aufbau eines Zoologischen Museums widmen konnte, griff er die Anregung *Döllingers auf* und wiederholte die an dem klassischen Objekt der Embryologie, dem bebrüteten Hühnerei, von seinem Studienfreund Christian Heinrich *Pander* (1794–1865) durchgeführten Untersuchungen (*Beiträge zur Entwicklungsgeschichte des Hühnchens im Eye*, 1817). Dabei bediente er sich der von *Döllinger* und *Pander* angewandten Methode der künstlichen Bebrütung in einem Inkubator, wobei er viele Eier (rd. 2000) verfügbar hatte und sie anfangs in 15minütigem Abstand öffnete. So ergänzte und korrigierte *Baer* die Darstellungen von *Pander* wie auch von C. F. *Wolff* (vgl. 7.3.1.), der zu dieser Zeit durch die deutsche Übersetzung seiner Arbeit *Über die Bildung des Darmkanals im bebrüteten Hühnchen* (1812) und die Würdigung durch den Hallenser Anatomen Joh. Friedrich *Meckel* d. J. (1781–1833) allgemein bekannt war.

In mehrjährigen Untersuchungen verfolgte *Baer* die Entwicklung aller Organe des Hühnerembryos vom strukturlosen „Keimbläschen" an und unterschied drei Perioden:

1. Anlage der Blutgefäße und des Zentralnervensystems (1.–2. Tag),
2. Entwicklung der Eihüllen, des Herzens und Blutgefäßsystems, des Darmes und durch dessen „Ausstülpungen" die Anlage von Lungen und Leber (3.–5. Tag),
3. Ausbildung zum voll funktionsfähigen Organismus (6.–21. Tag).

Dabei werden zunächst der allgemeine Typus des Wirbeltieres erkennbar (2. Periode), dann sukzessive die spezifischen Merkmale des Vogels, des Landvogels, schließlich des Hühnervogels. Diese chronologische Darstellung mit kolorierten Abbildungen ist im ersten Teil seines Hauptwerkes *Über Entwickelungsgeschichte der Thiere* (1828) veröffentlicht, während der zweite Teil (1837) diese Beobachtungen nochmals nach Organsystemen geordnet und in vier weiteren Kapiteln den Vergleich mit der Embryogenese der Reptilien und Säugetiere (einschließlich des Menschen), der Amphibien und Fische enthält.

Die Bemühungen *Baers*, die aufeinanderfolgende Umbildung der frühen Keimschichten – von *Pander* als *seröses Blatt, Gefäßblatt, Schleimblatt* bezeichnet – in die Organsysteme zu verfolgen und diese Vorgänge in den verschiedenen Wirbeltiergruppen zu homologisieren, führte zu der die gesamte Embryologie des 19. Jh. prägenden **Lehre von den Keimblättern**. *Baer* unterschied (1828) ein *animalisches Hauptblatt* und ein *vegetatives Hauptblatt* mit je zwei Schichten, die später durch Robert *Remak* (1815 bis 1865) zu einem oberen (*sensoriellen*), einem mittleren (*motorisch-germinativen*) und einem unteren (*trophischen*) Keimblatt zusammengefaßt wurden (*Untersuchungen über die Entwicklungsgeschichte der Wirbeltiere*, 1855). Mit der Bezeichnung *Ektoderm, Mesoderm* und *Entoderm* (*Allmann* 1853) hat sich das Prinzip der Keimblätterlehre als tragfähiges Grundkonzept für die Entwicklungsgeschichte des gesamten Tierreichs bis zur Gegenwart bewährt, wenn auch im einzelnen die Ableitung der Organsysteme durch Verbesserung der Mikroskopie und Einführung selektiver histologischer Färbe- und Markierungsmethoden mehrfach modifiziert wurde.

Bei Darstellung seiner Untersuchungen interpretierte *Baer* seine Beobachtungen im Vergleich mit Vorgängern und Zeitgenossen kritisch und vorsichtig, identifizierte erstmals die *Chorda dorsalis* (Rückensaite) als Vorstadium der Wirbelsäule bei allen Wirbeltierkeimen (im Gegensatz zu *Pander*, der sie für die Anlage des Rückenmarks hielt) und grenzte seine theoretischen Überlegungen in den, beiden Teilen angefügten, *Scholien und Corollarien* gegen die faktischen Beobachtungen ab. Die in ihnen dargelegte **Theorie der Individualentwicklung**, sein „Glaubensbekenntnis" (S. XVI), bestimmte maßgeblich die wissenschaftliche Zoologie bis zu *Darwin* und darüber hinaus.

Sie enthält u. a. das Gesetz von der Herausbildung der allgemeinen Charaktere des *Typus* vor den spezifischen („Baersches Gesetz"), im Widerspruch zu *Okens* Rekapitulationsgesetz (vgl. 8.1.1.), und von der regelhaften Aufeinanderfolge von Stadien zunehmender Differenzierung bis zur endgültigen artspezifischen Gestalt. Diese sei also nicht vorgeprägt wie nach der Präformationstheorie, aber auch keine

völlige Neuentstehung, sondern werde vom „Wesen des Typus" bis zur ausgebilde-
ten Form „geleitet". *Baer* interpretierte die Embryonalentwicklung als einen zwar
zielorientierten, aber kausalmechanisch ablaufenden Vorgang (von Lenoir 1982 als
Teleomechanism bezeichnet). Aufgrund embryologischer Kriterien entwickelte
Baer – unabhängig von *Cuvier* – eine Lehre von vier „Grundtypen" des Tierreichs.
Unter Typus verstand er „das Lageverhältnis der Teile", das durch das jeweilige
Bildungsschema bedingt ist. Danach unterschied er vier Entwicklungsschemata
(1828, Scholion V):

– die strahlenförmige Entwicklung (*evolutio radiata*),
– die gewundene Form der Entwicklung (*evolutio contorta*),
– die symmetrische Entwicklung (*evolutio gemina*); Gliedertiere,
– die doppelt symmetrische Entwicklung (*evolutio bigemina*): Wirbeltiere.

Baers Methoden und Theorien beeinflußten bald auch die zoologische
Systematik und die Bildung natürlicher Gruppen nach embryologischen
Kriterien, die an die Stelle deduktiv-naturphilosophischer Systeme (vgl.
8.1.1.) traten. *Baer* selbst hat seine in den ersten Jahren der zoologischen
Lehrtätigkeit begonnenen Arbeiten für ein Verwandtschaftssystem, in de-

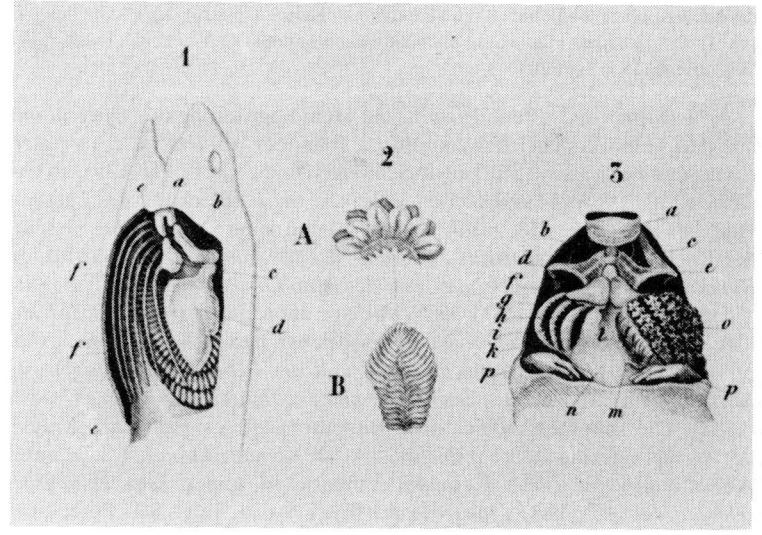

Abb. 78. Entwicklung der Kiemenregion eines Haies. Aus H. Rathkes klassischem
Werk *Über den Kiemenapparat und das Zungenbein der Wirbeltiere*, Bd. 2 (1833).

nen er sich kritisch mit der Stufenleideridee und den naturphilosophischen Systemen auseinandersetzte (*Über die Verwandtschaft der Thiere*, Vortragsmanuskript 1825), nicht gedruckt und nicht weitergeführt (Raikov 1968). Er vermutete aber – trotz zunehmender Skepsis gegen eine Transformation – aufgrund der Ähnlichkeit embryonaler Frühstadien, daß „die einfache Blasenform" (wohl die *Blastula*) die „gemeinschaftliche Grundform" sei, aus der sich alle Tiere nicht nur der Idee nach, sondern historisch entwickeln" (1828, S. 223–224). Sowohl der Nachweis der *Chorda dorsalis* (s. o.) als auch der *Kiemenspalten der Säugethier-Embryonen* (Arch. Anat. 1828) bestärkten diese Vermutung.

Baers Dorpater Kollege und späterer Nachfolger in Königsberg, Heinrich *Rathke* (1793–1860), untersuchte speziell zu diesem Problemkreis die embryonale Bildung und Umwandlung des Kiemenskeletts in allen Wirbeltierklassen und erarbeitete monographisch die Embryologie von Reptilien (*Abhandlungen zur Bildungs- und Entwicklungsgeschichte der Menschen und der Thiere*, 2 Bde., 1832–1833) (Abb. 78).

Dieses Thema hatte bereits die Pariser Zoologen bei der vergleichenden Anatomie des Wirbeltierkopfes beschäftigt, besonders E. *Geoffroy St. Hilaire* auch zur experimentellen Beeinflussung der Embryonalentwicklung veranlaßt, die Ableitung des Kehlkopfes höherer Wirbeltiere vom Kiemenapparat der Fische bewirkt (1814) und zu seiner Hypothese über die Abstammung der Vögel von fossilen Teleosauriern (1833) geführt.

An Irrtümer und offene Fragen (die Homologisierung des *Operculums* mit den Gehörknöchelchen) knüpften Johannes *Müllers* (s. u.) vergleichend-embryologische Studien an Schlangen und Eidechsen (1839), an Cyclostomen, Knorpel- und Knochenfischen, die Entdeckung des „glatten Hai" des *Aristoteles* (1839–40); (Abb. 79) und seine Revision des Systems der Fische an (*Vergleichende Anatomie der Myxinoiden*, 1835–1840), an *Rathkes Bemerkungen über den Bau des Amphioxus lanceolatus* ... (1841) – den P. *Coste* (s. u.) 1834 als Wirbeltier aufgrund der *Chorda dorsalis* identifiziert und als *Branchiostoma* beschrieben hatte – *Müllers Mikroskopische Untersuchungen über den Bau und die Lebenserscheinungen des Branchiostoma lubricum Costa, Amphioxus lanceolatus Yarrell*, 1841 (1844). Die stammesgeschichtliche Bedeutung dieses Tieres am Anfang der Wirbeltierreihe stellte schließlich A. O. *Kovalevski* (vgl. 9.2.2.) unter Anwendung von *Baers* Keimblättertheorie in seiner *Entwicklungsgeschichte des Amphioxus lanceolatus* (Mém. Acad. Imp. Sci. Petersburg 1867) eingehend dar.

Weitreichende Folgen hatte auch *Baers* **Entdeckung des Säugetiereies** beim Studium des Ovars einer Hündin (1827), womit ein über 2000 Jahre

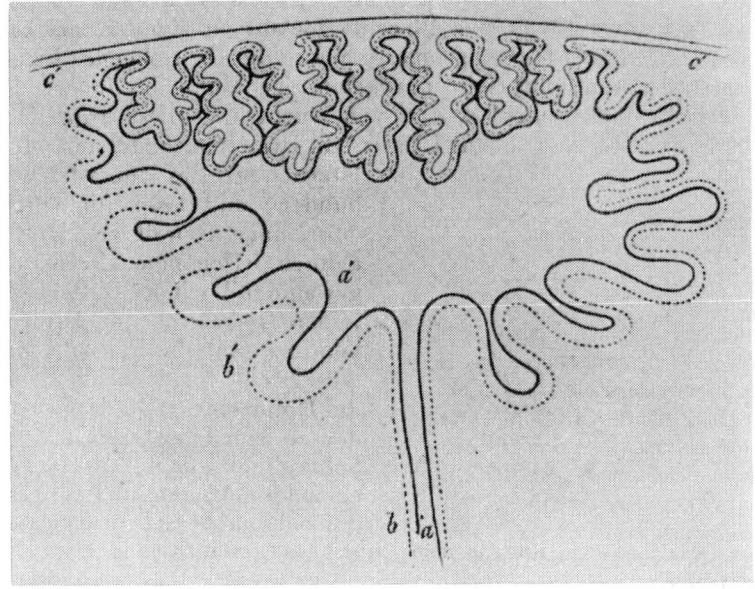

Abb. 79. J. Müllers Studie über die säugetierähnliche Plazenta des „glatten Hai" des Aristoteles (*Galeos leios*). Aus Müller, Bd. 2 (1840).

alter Irrtum definitiv aufgeklärt wurde. Trotz der Entdeckung der Eifollikel durch R. *de Graaf* im 17. Jh. (vgl. 6.4.2.) galt noch im 18. Jh. allgemein die Lehre von einer weiblichen „Samenflüssigkeit" der Säugetiere, aus der der Keim „gerinnt".

Diese Wortwahl findet sich noch bei *Baer*, sogar wenn er von der „Gerinnung" des Vogelkeims aus dem von *Purkyně* beschriebenen „Keimbläschen" (1825) im Ei spricht. Zu eigener Überraschung mußte er feststellen, daß sich auch der Säugetierkeim „aus dem Ei entwickelt, keineswegs aus bloßer Flüssigkeit" (*ex ovo evolvitur, nullum ex mero liquore formativo*). Da aber das Vogelei seit jeher als Prototyp des tierischen Eies betrachtet und zum Maßstab des Vergleichs genommen wurde, setzte *Baer* zunächst in seiner Arbeit über die Bildung des Eies der Säugetiere und des Menschen (*De ovi mammulium et hominis genesi* ... 1827; dt. 1927) das von ihm entdeckte Ei *Purkyněs* „Keimbläschen", dem Kern des Vogeleies, und diesem den Graafschen Follikel gleich. Die richtigen Homologien wurden durch gleichzeitige Suche nach dem Keimbläschen im unbefruchteten Säugetierei durch *Purkyněs* Schüler Adolph *Bernhardt* (1834) und Gabriel Gustav *Valentin* (*Hand-*

buch der Entwicklungsgeschichte des Menschen mit vergleichender Rücksicht der Entwicklung der Säugetiere und Vögel, 1835) sowie durch J. V. *Coste* (1834) erkannt.

Jean Victor *Coste* (1807–1873) vertrat als Kollege von E. *Geoffroy St. Hilaire* am Pariser Museum für Naturgeschichte seit 1834 die Entwicklungsgeschichte der Tiere als selbständiges Lehrfach, berichtigte (zusammen mit *Delpeche*) in seinen Untersuchungen über die Erzeugung der Säugetiere und die Bildung der Embryonen (*Recherches sur la génération des mammifères et la formation des embryons*, 1834) *Baers* Irrtum, veröffentlichte ein Lehrbuch über vergleichende Embryogenese (1837) und eine umfassende Überblicksdarstellung der allgemeinen und speziellen Entwicklungsgeschichte der Organismen (*Histoire générale et particulière du développement des corps organisées*, 1847–1859), nunmehr unter Berücksichtigung der Zellentheorie.

Die Zellentheorie von *Schwann* – als eine neue Theorie der Individualentwicklung – war aus den embryologischen Fragestellungen der Müller-Schule erwachsen (vgl. 8.2.2.), motivierte und beeinflußte nach 1839 die entwicklungsgeschichtliche Forschung in verschiedenen Richtungen, vor allem nachdem auch das Wirbeltierei als Einzelzelle erkannt worden war; denn *Schwann* war sich nur für die dotterarmen Säugetiereier darin sicher. K. *Vogt* (s. u.) wies es 1841 für Kröten und Fische, *Remak* für alle Amphibien (1852) und *Gegenbaur* endlich 1861 für alle Wirbeltiereier nach (vgl. 8.2.2.).

Während Karl Bogislav *Reichert* (1811–1883) die Entwicklungsgeschichte der Tiere im Sinne von *Müller* und R. *Virchow* in der Weise auf der Zellenlehre aufbaute, daß er die Zellen als morphogenetisches Zentrum und als bereits nach dem Modell des künftigen Organismus organisiertes System auffaßte (1855) und somit *v. Baers* „teleomechanische" Ganzheitskonzeption auf die Zellentheorie übertrug, wandte der Liebig-Schüler Karl *Vogt* (1817–1895) die Zellentheorie zu einer streng kausalmechanischen Erklärung der Embryogenese an, als er im unbefruchteten Fisch-ei (Lachs) drei Strukturelemente unterschied: die von einer Membran umgebene Nährsubstanz, das Keimbläschen und „Keimflecken" (*taches germinatives*), die *Vogt* für Kerne künftiger Zellen mit verschiedener funktioneller Konstitution hielt (*Histoire naturelle des poissons de l'eau douce*, 1838–1842).

Noch einflußreicher erwies sich die Zellentheorie auf die entwicklungsgeschichtliche (und taxonomische) Erforschung der Wirbellosen, die *Baer* selbst zunächst unbearbeitet ließ. Seine Rückkehr in die russische Heimat und die neuen Aufgaben als Zoologe der Petersburger Akademie der Wissenschaften hatten sein Arbeitsgebiet in zoogeographischer und anthropologischer Richtung verändert. Erst 1845–1847 griff er bei Aufenthalten in

Triest und Genua sein Thema wieder auf, führte künstliche Befruchtungen an Ascidien- und Seeigeleiern durch, konnte die Zellteilungen und ersten Larvenstadien beobachten, brach aber die Untersuchungen mangels geeigneter Arbeitsbedingungen ab, ohne mehr als einen kurzen Bericht (1847) zu veröffentlichen; er unterstützte deshalb nachdrücklich 1873 *Dohrns* Gründung einer Zoologischen Station in Neapel (Raikov 1968).

Inzwischen waren aber die ersten Arbeiten Joh. *Müllers* über Seesterne (*System der Asteriden*, mit H. *Troschel*, 1842) und über die Larven der Schlangensterne und Seeigel (1846) erschienen, die – jährlich fortgesetzt – bis 1855 die Entwicklungsgeschichte der Echinodermen vergleichend-morphologisch aufklärten, während Michael *Sars* (1805–1869) schon 1844 die Entwicklung zweier Seesternarten experimentell untersucht hatte. Der dänische Zoologe Joh. J. S. *Steenstrup* (1813–1897) beschrieb in seinem Werk *Über den Generationswechsel* ... (1842), in dem er auch die damals noch wenig bekannte Erstentdeckung dieser Vermehrungsform durch Adelbert *von Chamisso* (1781–1838) bei Salpen (*De Salpa* ... 1819) erwähnte, die „Fortpflanzung und Entwicklung durch abwechselnde Generationen" von Hohl- und Manteltieren. Kurz darauf begann Eduard *Grube* (1812–1880), ein Schüler von *Burdach* und *Baer*, als Zoologe in Dorpat (Tartu) seine Untersuchungen über die Entwicklung der Anneliden (H. 1, 1844) zu veröffentlichen, in denen erstmals „Strahlenfiguren" bei Zellteilungen beschrieben werden, und im gleichen Jahr beobachtete Albert *von Kölliker* (1817–1905), der seit 1840 mit *Remak* meereszoologische Studien auf Helgoland und in Neapel betrieb, an Eiern von *Sepia* (Kopffüßern) die Zellteilung nach Kernteilung. Eine zusammenfassende Darstellung der Entwicklungsgeschichte der Wirbellosen gab der Würzburger Zoologe Carl Theodor *von Siebold* (1804–1885), der als Ordinarius für Zoologie in Erlangen, Freiburg/Br. und München lehrte, in seinem *Lehrbuch der vergleichenden Anatomie der wirbellosen Thiere* (1848), in dem erstmals von der bis dahin heterogenen Gruppe *Infusoria* die einzelligen von den mehrzelligen Organismen geschieden und als Kreis der *Protozoa* (Urtiere) nach Entwicklungskriterien zusammengefaßt wurden.

Weiterhin untersuchte *Siebold* den *Generationswechsel der Cestoden* (Z. wiss. Zool. *2*, 1850) und generell die Entwicklungszyklen der „Band- und Blasenwürmer" (1854), deren Aufklärung jedoch F. H. *Küchenmeister* (1821–1890) erst durch Experimente gelang (1852–56). *Siebolds* und *Müllers* Lehrer in Berlin, Karl Asmund *Rudolphi* (1771–1832), hatte mit seiner Naturgeschichte der Eingeweidewürmer (*Entozoorum ... historia naturalis*, 2 Bde. 1808–1809, 1819) wichtige Grundlagen geschaffen. Bis zum Ende des 19. Jh. wurde dieses Spezialgebiet – *Helminthologie*: [18] – durch Rudolf *Leuckart* (1822–1898) mit den vergleichend-morphologischen Methoden K. E. v. *Baers* zu einem Höhepunkt geführt. Nach

Generationswechselstudien an *Siphonophoren* (1851), *Tunikaten* (1854) und *Insekten* (1858) untersuchte er *Bau und Entwicklungsgeschichte der Pentastomen* (1860) und den komplizierten Entwicklungszyklus der Trichinen (1860–1866) und klärte in *Helminthologischen Experimentaluntersuchungen* (ab 1862) die Entwicklungsgeschichte von *Trematoden*, *Nematoden* und *Ascariden* (Saug-, Faden- und Spulwürmern) auf, eine Voraussetzung für Prophylaxe und Therapie der menschlichen und tierischen Wurmkrankheiten (Wunderlich 1978). **Leuckarts** Lehrbuch über *Die Parasiten des Menschen* ... (1863–1873 ²1879–1901) hatte den Wert der vergleichend-morphologisch-entwicklungsgeschichtlichen Methoden für biologische Fragestellungen bewiesen, obwohl sein programmatisches Frühwerk *Über die Morphologie und die Verwandtschaftsverhältnisse der wirbellosen Thiere* (1848) heftige Kritik des Physiologen und späteren Leipziger Kollegen Karl *Ludwig* ausgelöst hatte (Lenoir 1978) (vgl. auch Nyhart 1987).

Die Verknüpfung von *Baers* embryologischen mit *Cuviers* funktionellen Ansichten und Methoden, wie sie *Leuckart* 1848 für die Verwandtschaftsforschung gefordert hatte, wurde auch in der nach *Darwin* entstehenden evolutionistischen Embryologie noch lange Zeit mit Erfolg angewandt, wenn auch mit neuen Fragestellungen, wie sie in E. *Haeckels Genereller Morphologie* ... (1866) zum Ausdruck gebracht wurden (vgl. 9.2.3.).

Aber in *Ludwigs* Kontroverse kam von der Jahrhundertmitte an eine Richtung der Physiologie zu Wort, die den kausalmechanischen Methoden und Interpretationen auch in der Biologie von neuem Geltung verschaffte, mit der Entwicklung von Physik, Chemie und Technik die organismischen Prozesse auf deren Gesetze zu reduzieren suchte und in der Begründung der *Entwicklungsmechanik* gipfelte (vgl. 9.2.3.).

8.4.2. Die experimentelle Tierphysiologie und Zytologie

Waren die morphologisch-histologischen entwicklungsgeschichtlichen Untersuchungen an gute optische Hilfsmittel, aber auch an subtile Präparationsmethoden gebunden, so erforderten tierphysiologische Experimente einen noch weitergehenden laborativen Aufwand, einen Bestand an wiederholt verwendbaren, möglichst genormten Untersuchungs- und Meßgeräten, Vorräte an Chemikalien und Einrichtungen zur Lebendtierhaltung. Erst im Verlauf des 19. Jh. wurden solche Bedingungen (neben der industriellen Produktion) durch die Gründung **Physiologischer Institute** – oft noch auf privater Basis – geschaffen, damit neue Möglichkeiten für den akademischen Unterricht und die Bildung wissenschaftlicher Schulen eröffnend. In den ersten Jahrzehnten dienten Anatomische Theater oder Museen oder auch die privaten Wohnhäuser der Hochschullehrer als Laboratorien.

Demzufolge blieben physiologische Experimentaluntersuchungen vereinzelt, die Ergebnisse meist nicht identisch reproduzierbar und wiederholbar sowie objektiv auswertbar. Außerdem setzte sich erst allmählich die Überzeugung durch, „daß das physikalische Messen oder die chemische Untersuchung die Größe und den Ablauf von Lebensvorgängen tatsächlich zutreffend erfassen" können, d. h. daß diese nach dem Modell physikalischer Vorgänge gesetzmäßig verlaufen (Rothschuh 1976). So hat sich die Form biologischer Versuche, der Begriff dessen, was als Tierexperiment bezeichnet wurde, selbst im Verlauf des Jahrhunderts erheblich gewandelt.

In Paris mit seinen dort nach der Französischen Revolution konzentrierten wissenschaftlichen Institutionen (*Muséum d'Histoire naturelle, École polytechnique, Institut de France*) wurden die durch die Aufklärung begründeten Traditionen weiterentwickelt, in der *Acedémie des Sciences* Mathematik, Physik, Chemie und ihre Anwendungsmöglichkeiten besonders gefördert, in den Sitzungen oder durch Kommissionen Experimente vorgeführt und gemeinschaftlich geprüft.

Für die Tierphysiologie hatte X. *Bichat* durch sein Lehrsystem über die Bauelemente des Körpers und ihre Funktionen (1800) eine Orientierung gegeben (vgl. 7.3.2.), die sein Schüler und Nachfolger François *Magendie* (1783–1855) aufgriff. Die von *Bichat* unterschiedenen Funktions- und Organsysteme wurden Gegenstand isolierter experimentell-physiologischer Untersuchungen, wofür *Magendie* in großem Ausmaß vivisektorische Methoden anwandte, die umstritten waren (Maehle 1986).

Er führte Ernährungsversuche zur Klärung der Resorption der Nährstoffe im Darm und zur Feststellung des Nährwertes einzelner Substanzen wie Zucker durch, stellte Experimente über die Elastizität des Gefäßsystems, die Entstehung der Herztöne und den Anteil von *Systole* und *Diastole* an der Blutbewegung an. Die Funktion einzelner Hirnabschnitte und -nerven ergründete er mittels Durchtrennung und Teilexstirpation. Er ermittelte dadurch viele neue Tatsachen, entdeckte z. B. die Cerebrospinalflüssigkeit und die Verbindung der Flüssigkeitsräume (*Foramen Magendie*) und verwendete vorwiegend Hunde als Versuchstiere. Seine Grundsätze und Ziele veröffentlichte er in seinem Grundriß der Physiologie (*Précis élémentaire de physiologie*, 1816–1817), die Darstellung einzelner Versuche und Ergebnisse in den Vorlesungen über die physische Erscheinungen des Lebens (*Leçons sur les phénomènes physiques de la vie*, 1839) und über die Funktionen und Krankheiten des Nervensystems (1839). Aus Abneigung gegen vitalistische Deutungen und spekulative Erklärungen enthielt sich *Magendie* aller verallgemeinernden theoretischen Äußerungen und „sammelte" nur „wie ein Lumpensammler" die Einzelphänomene. Diese seien keineswegs alle durch die Schwerkraft erklärbar oder durch Eigenschaften wie Sensibilität und Motilität. Man benötige präzise Einzelerkenntnisse [43].

Die Fragestellungen *Magendies* und seine Methode, anatomische und chemische Analysen nach durchgeführten Versuchsserien zu kombinieren, wurden aufgegriffen, manchmal auch kooperativ realisiert. Das hatte schon J. J. *Berzelius* in Stockholm praktiziert (*Tierchemie 1813*). So untersuchte der Genfer Mediziner Jean Louis *Prévost* (1790–1850) gemeinsam mit dem Chemiker Jean-Baptiste-Alais *Dumas* (1800–1884) die chemische Zusammensetzung des Blutes nach Entfernung der Nieren (1823) und die Embryogenese mit Beobachtung des Zellkerns (*Nouvelle théorie de la génération*, Ann. Sc. nat. *1*, 1824), chemisch-physiologische Phänomene bei Muskelkontraktion (1823) sowie die Zusammensetzung der Milch verschiedener Tierarten und ihre Veränderung nach Experimenten. Zusammenfassend stellte *Dumas* die Ergebnisse in seiner Abhandlung über den chemischen Zustand der Organismen (*Essai de la statique chimique des êtres organisés*, 1841) dar. In ähnlicher Zusammenarbeit führten der Heidelberger Mediziner und Chemiker Leopold *Gmelin* (1788–1853) mit dem Anatomen und Zoologen Friedrich *Tiedemann* (1781–1861) experimentelle, chemische und mikroskopisch-anatomische Untersuchungen über die Verdauung, die Aufnahme und Umwandlung von Nährstoffen durch (*Verdauung nach Versuchen*, 1826–1827). Gemeinsam erarbeitete auch der Mediziner Ernst Heinrich *Weber* (1795–1878) die Physik des Kreislaufs mit seinem Bruder, dem Physiker W. E. *Weber* (1804–1891).

In Paris bot die von E. *Geoffroy St. Hilaire* im *Jardin des Plantes* neu eingerichtete Menagerie (deren Vorläufer schon im 17. Jh. ausländisches Tiermaterial für vergleichend-anatomische Untersuchungen geliefert hatte; vgl. 6.2.1.) Möglichkeiten zur Tierhaltung für Experimente. Dort nahm A. *von Humboldt* zusammen mit dem Chemiker Joseph Louis *Gay-Lussac* (1778–1850) in Anwesenheit des Physikers François *Arago* (1783–1853) und der Zoologen *Cuvier* und *Geoffroy St. Hilaire* 1821 neue Experimente an elektrischen Fischen vor, war 1823 Berichterstatter der Akademie-Kommission zur Prüfung der galvanischen Versuche von *Prévost* und *Dumas* (s. o.), knüpfte als Mitglied solcher kooperativer Kommissionen in Paris (*SB Acad. Sc.* 1817–1824) an seine eigenen chemisch-physiologischen Experimente an (vgl. 7.3.3.) und beriet 1826 den Zoologen Henri *Milne-Edwards* (1800–1885) an der *École centrale* (später Nachfolger *Cuviers*) bei dessen Untersuchungen mit *Breschet* über das Nervensystem der Frösche.

Gehirn- und Nervenphysiologie verknüpft mit ihrer Anatomie war ein zentrales Thema der Physiologen und Zoologen (vgl. auch 7.3.3.), zumal es ein wichtiges Klassifikationsmerkmal in den Tiersystemen von *Cuvier*, *Lamarck* und auch K. A. *Rudolphi* (*Grundriß der Physiologie*, 1821–1828) war. So experimentierte *Cuvier* zusammen mit *Magendie* auch an Wirbellosen und untersuchte das Nervensystem von Echinodermen, Mollusken und Crustaceen reizphysiologisch. Sie prüften 1825 die damals Aufsehen erregenden Befunde des schottischen Mediziners Charles *Bell* (1774 bis 1842) nach, der die Beziehungen zwischen Spinalnerven und motorischen Funktionen festgestellt und in seiner Schrift *Idea of a new anatomy of the brain* (1811; dt.: Sudh. Klass. *13*, 1911) auch die zwischen Gehirn und Sinnesfunktionen konkret dargestellt hatte. Das wurde wiederholt an Tierexperimenten nachgeprüft und weiterentwickelt. Der seit 1807 in Paris lebende Mediziner, Schädel- und Hirnanatom Franz Joseph *Gall* (1758 bis 1828) hatte die graue und weiße Hirnsubstanz unterschieden (1811) und baute experimentell seine Lehre über die Lokalisation bestimmter psychischer Leistungen im Gehirn aus (*Anatomie et physiologie du systéme nerveux* ... 4 Bde. 1810–1819). Die spezifischen Eigenschaften, Verrichtungen, „bestimmten Rollen" der verschiedenen Teile des gesamten Nervensystems untersuchte Jean Pierre *Flourens* (1794–1867), vergleichender Anatom an der Pariser Universität.

Durch Entfernung einzelner Hirnabschnitte, Reizversuche und Durchtrennung von Nerven an lebenden Tieren ermittelte er durch subtile Analysen der Ausfallerscheinungen die Funktionsverteilung, z. B. die Funktion des Kleinhirns bei der Bewegungskoordination, das Rückenmark als Faktor der Muskelkontraktion, das Großhirn als Sitz der Sinnesempfindungen und intellektuellen Leistungen, und betonte das komplizierte Zusammenwirken der Einzelfunktionen in seinem zugleich französisch und deutsch erschienenen Werk *Versuche und Untersuchungen über die Eigenschaften und Verrichtungen des Nervensystems bei Thieren mit Rückenwirbeln* (*Recherches expérimentales* ... 1824). Seine bedeutendste Entdeckung betraf das „Atemzentrum" im verlängerten Mark (1837).

Die von *Flourens* und von *Magendie* eingeschlagene Richtung verfolgten ihre Schüler Etienne-Jules *Marey* (1830–1904) und Claude *Bernard* (1813 bis 1878) weiter. *Bernard* untersuchte die „Mechanismen" der „Organsysteme" im einzelnen und in ihrem inneren Zusammenhang, wobei er das „Grenzgebiet von Physiologie und Chemie erfolgreich bearbeitete" [44]. Er entdeckte den „physiologischen Mechanismus der tierischen Zuckerbildung in der Leber" (C. r. Acad. Sc. *44*, 1857) und die Störung im Zuckerhaushalt durch Nervenreize im vierten Gehirnventrikel („Zuckerstich"), die Rolle des Pankreassaftes und Speichels im Verdauungsprozeß, die Gefäßnerven und die Funktion einzelner Hirnnerven sowie die physikalischen und chemischen Eigenschaften des Blutes und die Rolle der Blutgase. Als Aufgabe des Physiologen bezeichnete *Bernard* die Bestimmung der elementaren Bedingungen der physiologischen Vorgänge und die Erkenntnis „der natürlichen Rangordnung", um im **Vergleich** die verschiedenartigen Verknüpfungen „in den vielgestaltigen tierischen Organismen zu verstehen ..." (*Introduction à la medecine expérimentale*, 1865). Die Systembeziehungen und vor allem die Rolle des Blutes gewährleisten im Körper

höherer Tiere ein konstantes „inneres Milieu", das sie von äußeren Bedingungen relativ unabhängig mache (*Leçons sur les phénomènes de la
vie* ... 1878–1879). *Marey* entwickelte u. a. zusammen mit Muybridge
die Laufbildphotographie zur Aufzeichnung von Bewegungsabläufen weiter.

Zwischen den französischen Forschungs- und Lehrstätten und den deutschen Physiologenschulen gab es vielfältige Einflüsse, in der ersten Hälfte
des 19. Jh. oftmals durch A. *v. Humboldt* vermittelt. Zu Beginn seiner
Laufbahn in Bonn besuchte Johannes *Müller* (1801–1858), der sich anfangs intensiv experimentell mit Nerven- und Sinnesphysiologie beschäftigte, 1831 Paris und beteiligte sich an der Prüfung von *Bells* Entdeckungen
an Froschversuchen. In seinem Frühwerk *Zur vergleichenden Physiologie
des Gesichtssinnes der Menschen und der Tiere* (1826) beschreibt er Selbstversuche über optische Sinneseindrücke, die das Interesse *Goethes* weck-
ten. Auch seine grundlegende Arbeit über Struktur und Funktion der Drüsen (1830) und sein *Handbuch der Physiologie des Menschen* (1837–1840)
– eine vergleichende Physiologie der Organsysteme aller Tiergruppen – begründete seinen Ruf als Physiologe (Koller 1958). Sein Wirken als Nachfolger *Rudolphis* in Berlin (1833), der ihm empirisch-induktive Methoden
vermittelt hatte, regte Schüler zu experimentellen Arbeiten in verschiedenen Richtungen an, wenngleich er selbst in den letzten 20 Jahren die vergleichend-anatomische   und   morphologisch-entwicklungsgeschichtliche
Methode beibehielt und die taxonomische Zoologie förderte (vgl. 8.4.1.).

Unter seinen Schülern entwickelte sich einesteils die „wissenschaftliche
Zoologie" zu einer selbständigen Disziplin an deutschen Universitäten, an-
dernteils die experimentelle chemische oder physikalische Richtung der
Tierphysiologie in der Medizin weiter.

Ein engagierter Verfechter **chemisch-physiologischer Methoden** wurde
Justus *von Liebig* (1803–1873), *Müllers* Schüler in Bonn, nach seinem Stu-
dienaufenthalt bei *Gay-Lussac* an der *École polytechnique* in Paris. In seinem nach Pariser Vorbild in Gießen errichteten „chemischen Laboratorium" führte er Arbeiten über Gärung und Fäulnis durch, die er als chemische Abbauprozesse deutete (1839), begründete eine Lehre vom **Stoff-
kreislauf** in der Natur und seine Bedeutung für die Agrikulturchemie
(1840; vgl. 8.3.2.) und faßte die Erkenntnis tierischer Stoffwechselprozesse
(Ernährung, Atmung, Wärmehaushalt) in seinem Werk *Die Tierchemie
oder die organische Chemie in ihrer Anwendung auf Physiologie und Pathologie* (1842) zusammen. Seine Interpretation rief Widersprüche hervor und
regte zahlreiche Einzeluntersuchungen mit erkenntnisfördernder Wirkung
an, da seine richtungweisenden Grundgedanken zutreffend waren; so vermutete er schon 1843 die Fettbildung aus Kohlenhydraten. Doch wurden

erst im letzten Drittel des 19. Jh. experimentelle Beweise für die Umwandlung der Grundnährstoffe im tierischen Stoffwechsel erbracht (B. Hoppe 1983), z. B. durch seinen Schüler, den Münchener Anthropologen Johannes *Ranke* (1836–1919), in den *Untersuchungen über die chemischen Bedingungen der Ermüdung* (1863) oder in der Arbeit *Tetanus* (1865) (Geus 1987).

Unter den Müller-Schülern in Berlin widmete sich vor allem Theodor *Schwann* (vgl. 8.2.2.) chemisch-experimentellen Arbeiten und entwickelte neue Methoden für ernährungsphysiologische Untersuchungen und ihre quantitative Auswertung (Watermann 1960). Bei seinen ersten Untersuchungen „*Über das Wesen des Verdauungsprozesses* (Müllers Archiv 1836) entdeckte er das *Pepsin* bei künstlichen Zersetzungsversuchen von Eiweiß durch Magensaft *in vitro*, eine Methode, die schon *Réaumur* (1752) bei Vögeln und *Spallanzani* (1776) auch an Säugetieren und durch Selbstversuche anwandten (vgl. 7.3.1.). Im gleichen Jahr bewies er die Nichtexistenz einer Urzeugung (vgl. 8.3.3.) und den Gärungsprozeß als Wirkung der Lebenstätigkeit von Mikroorganismen (*Ann. Phys. Chem. 41*, 1837) (Abb. 80).

In seiner späteren Lehrtätigkeit an den Universitäten Louvain und Liège baute er die Methoden für quantitative Untersuchungen der Stoffwechselprozesse aus,

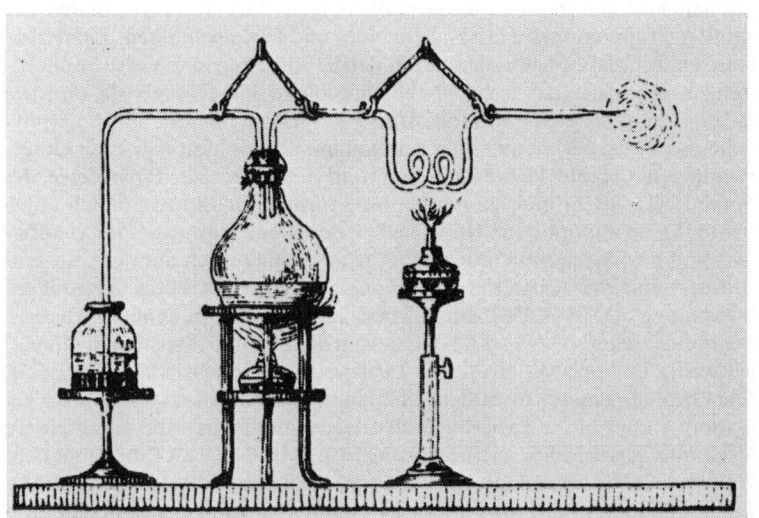

Abb. 80. Versuchsanordnung von Th. Schwann zur Ermittlung des Gärungsvorganges (1837).

analysierte den Gallensaft und seine Wirkungen durch Anlage von Gallenfisteln an Versuchstieren, untersuchte Atmungs- und Oxidationsprozesse und führte die psychischen Zustände der Tiere auf diese zurück (Florkin 1959). Wie in seiner Zellentheorie (vgl. 8.2.2.) lehnte er auch in den physiologischen Prozessen das Wirken einer „Lebenskraft" ab und suchte sie mit den Eigenschaften von „Atomen" und „Molekülen" nach damaligen Erkenntnissen zu erklären, während er dem Menschen immaterielle Seelenqualitäten zuschrieb (Florkin 1959).

Die Zellentheorie stimulierte in den nachfolgenden Jahrzehnten die chemische Analyse von Blut- und Lymphzellen, von Proteinen und Spermazellen, wie sie von Felix *Hoppe-Seyler* (1825–1895) und seinen Schülern, z.B. Friedrich *Miescher* (1844–1895), vorgenommen und ab 1877 in der von *Hoppe-Seyler* begründeten *Zeitschrift für Physiologische Chemie* veröffentlicht wurden.

In den ersten Physiologischen Labors und Instituten des 19. Jh., die zwischen 1839 und 1850 an den Med. Fakultäten gegründet wurden (Freiburg/Br., Breslau, Göttingen, Rostock, Jena), dominierten in Deutschland vergleichend-anatomisch-histologische Methoden und präparatorisch beobachtende Verfahren (auch bei Einbeziehung vivisektorischer Versuche) über kausalanalytische und quantitativ-chemische Untersuchungen. Die Fortschritte bestanden vorwiegend in der Verbesserung der mikroskopischen Technik und aller dafür notwendigen Vorbereitungsarbeiten wie subtiler Präparations-, Härte-, Schneide- und Färbetechniken. Pionierleistungen auf diesen Gebieten und in der Erfindung neuer Versuchsanordnungen erbrachte der tschechische Physiologe Jan Evangelista *Purkyně* (1787–1869), der sich – wie Joh. *Müller* – zunächst intensiv mit sinnesphysiologischen Experimenten und generell mit neurophysiologischen Untersuchungen befaßte (*Beobachtungen und Versuche zur Physiologie der Sinne*, 1823–1825) und bei nerven- und hirnanatomischen Studien (1836 bis 1845) die multipolaren Nervenzellen der Kleinhirnrinde (*Purkyně-Zellen*) und ihre Synapsen entdeckte. Auch er befaßte sich mit den „Magendrüsen" und der *Natur des Verdauungsprocesses* mit Hilfe „künstlicher Verdauung" (1831–1838) und ließ von seinen Schülern ähnliche Themen bearbeiten wie Joh. *Müller* (s. o.), dessen Schüler und Assistenten (*Henle*) zeitweilig in *Purkyněs* Breslauer Institut arbeiteten (Kruta 1961, 1971). Die Gründung dieses Institutes (1839) hatte Vorbildcharakter, denn es gestattete – über bloße Experimentalvorlesungen hinaus – die unmittelbare Verbindung von Lehre und Forschung, wie es in *Purkyněs* Programm konzipiert war (*Die physiologischen Institute, ein Bedürfnis unserer Zeit*, 1841). Die große Lebensleistung *Purkyněs* bestand demzufolge auch in den zahllosen Anregungen und Hilfen für seine Studenten, hinter denen eigene größere Arbeiten zurücktraten. Dazu gehört auch die Konstruktion des neuen Tellermikrotoms durch seinen Assistenten Adolphe *Oschatz* (1812 bis 1857) 1841 und weitere Verbesserungen der histologischen Untersuchungstechnik (Sajner 1961; Zaunick 1961)

Nach seinem Vorbild gründete sein Schüler, der Anatom und Zoologe Hermann *Stannius* (1808–1883), auch in Rostock ein Physiologisches Institut (1839) und führte u. a. neurophysiologische Studien an niederen Wirbeltieren durch (*Das periphere Nervensystem der Fische*, 1849). Die Erfahrungen in der Einrichtung nutzten vier Jahre später Jenaer Mediziner unter Führung *Schleidens* bei der Gründung eines Physiologischen Privatinstitutes; ihnen lag der Grundriß mit der Raumverteilung, die Aufstellung des Etats und der apparativen Ausstattung von *Purkyněs* Institut (1841–43) vor (*Purkyně-Symposium* 1959); sie bereiteten den Weg für das Wirken des *Du Bois-Reymond*-Schülers Albert *von Bezold* (1836–1868) und sein Universitätsinstitut (1859).

Auch der führende Göttinger Zoologe und Physiologe Rudolph *Wagner* (1805–1864) hatte sich 1841 an *Purkyněs* Konzeption orientiert; er führte in seinem Institut vor allem entwicklungsgeschichtliche und histologische Untersuchungen, u. a. über den Zusammenhang zwischen cerebralen Ganglienzellen und peripheren Nervenfasern durch (*Neurologische Untersuchungen*, 1853–1854). Zur Herausgabe seines *Handwörterbuchs der Physiologie* ... (1842–1853) vereinigte er alle in der ersten Jahrhunderthälfte führenden Physiologen der empirischen, induktiven Richtungen, während er selbst vorwiegend vergleichende, funktionell-morphologische Methoden bevorzugte und sie gegen Carl *Ludwigs* neue physikalisch-experimentelle Physiologie (s. u.) und Karl *Vogts* mechanisch-materialistische Interpretation verteidigte (*Über Wissen und Glauben*, 1854).

Eine gewisse Zwischenstellung, die den Konflikt in der Erforschung der Lebensprozesse in diesen Jahrzehnten widerspiegelte, nahm der in Leipzig und Göttingen wirkende Mediziner und Philosoph Hermann *Lotze* (1817 bis 1881) ein, der in seiner Einleitung über *Leben* und *Lebenskraft* zu R. *Wagners Handwörterbuch* ... (Bd. 1, 1842) nachdrücklich gegen jeden Vitalismus Stellung nahm und – ähnlich wie *Schwann* in seiner Zellentheorie – die Ansicht aussprach, biologische Organisation sei nichts anderes als eine spezielle Richtung und Kombination rein mechanischer Prozesse für einen natürlichen Zweck. Ihr Studium könne nur in der Untersuchung der einzelnen Wege bestehen, in denen die Natur diese Prozesse kombiniere und die Vielfalt divergierender Phänomene zu komplexen atomaren Vorgängen vereine (S. XXII). Die Anwendung dieser Postulate auf die Medizin zeigte *Lotze* in seinem Lehrbuch *Allgemeine Pathologie und Therapie als mechanische Naturwissenschaften* (1842) und auf die gesamte Biologie in seiner Schrift *Allgemeine Physiologie des körperlichen Lebens* (1851), suchte jedoch in seiner *Metaphysik* (1841) und in dem Werk *Mikrokosmos* (3 Bde., 1856–1864) die Erkenntnisse der experimentellen Physiologie mit einer Interpretation der organismischen Zweckmäßigkeit zu vereinen, die er als „teleologischen Idealismus" bezeichnete.

Den eigentlichen Einschnitt zwischen der älteren, teilweise noch vitalistischen oder auch nur *teleomechanischen* Physiologie (nach Lenoir 1982), die die Organisiertheit und Zweckmäßigkeit der Einzelprozesse von der spezifischen Lebenstätigkeit des Gesamtorganismus ableitete, und den streng *kausalmechanischen*, nach meßbaren Einzelprozessen urteilenden Strömungen bildete das *Lehrbuch der Physiologie des Menschen* (2 Bde., 1852–1856) des damals in Zürich lehrenden Carl *Ludwig* (1816–1895). Bereits der Aufbau (Bd. 1: *Physiologie der Atome, der Aggregatzustände, der Nerven und Muskeln*, Bd. 2: *Aufbau und Verfall der Säfte und Gewebe. Thierische Wärme*) kennzeichnete das Anliegen der pysikalisch-chemischen Richtungen, die die zweite Jahrhunderthälfte beherrschten und auch dem reduktionistischen Denken in der Biologie wieder zum Durchbruch verhalfen.

Nach zehnjähriger Tätigkeit am Josephinum in Wien (1855–1865), in enger Nachbarschaft zur Lehrstätte von Ernst *Brücke* (s. u.), begann *Ludwig* sein überaus fruchtbares Wirken in Leipzig; nun wurden die 1869 gegründete „Neue physiologische Anstalt" und seine Lehr- und Forschungsmethoden zum Vorbild. *Ludwig* zeigte, wie mit technischen Hilfsmitteln – die von ihm erfundenen Meßgeräte und Registrierapparate (*Kymographion* 1846) – und den Erkenntnissen aus Physik und Chemie die „separate Untersuchung von separaten Funktionen" zu objektivierbaren, wiederholbaren und vergleichbaren, das hieß auch berechenbaren Resultaten führte.

Er entwickelte die bis zur Gegenwart gebräuchlichen graphischen Methoden zur gleichzeitigen Aufzeichnung verschiedener Prozesse wie Atmung und Blutdruck, arbeitete über Diffusion, Endosmose und Sekretion, entdeckte die sekretorischen Nerven der Speicheldrüsen (1850), die Innervation des Herzens und der Gefäße, untersuchte generell das vegetative Nervensystem und entwickelte die Quecksilber-Blutgaspumpe [43]. Sein großer Schülerkreis, zu dem u. a. H. *Kronecker* (1868), Fr. *Miescher* (1870), I. P. *Pavlov* (1884–1885), E. *v. Cyon* (1843–1912), H. P. *Bowditch* (1840–1911) gehörten, wurde individuell angeregt und angeleitet (Drischel 1965) und verbreitete seine Methoden in ganz Europa und den USA. Meistens besuchten die Studenten außer *Ludwigs* Institut auch die mit ihm befreundeten Physiologen E. *Du Bois-Reymond* und H. *Helmholtz* in Berlin, E. *Brücke* in Wien, H. *Kronecker* in Bern, E. *Pflüger* in Bonn, die wie *Ludwig* die physikalische Richtung der Physiologie verfolgten.

Aus der wissenschaftlichen Schule J. *Müllers* in Berlin gingen viele Vertreter einer **physikalisch-mechanischen Physiologie** hervor. Der Nachfolger *Müllers* und erste Inhaber eines speziellen Lehrstuhls für Physiologie in Berlin wurde Emil *Du Bois-Reymond* (1818–1896), der dort 1877 ein Physiologisches Institut gründete und seinerseits eine „Schule" entwickelte. Er selbst hatte ein Doppelstudium (Physik, Medizin) absolviert und sich seine neuen Versuchs- und Meßinstrumente selbst gebaut, mit denen er erstmals die Existenz tierischer Elektrizität und die Entbehrlichkeit einer „Lebenskraft" exakt nachwies (*Untersuchungen über thierische Elektricität* (2 Bde., 1848–1860).

Der Ausspruch A. *v. Humboldts* – der diese Arbeiten durch Übermittlung eines *Essai* über elektrophysiologische Experimente (1840) des italienischen Physikers Carlo *Matteucci* (1811–1865) ausgelöst und damit seine eigenen Intentionen (vgl. 7.3.3.) an die Müller-Schule weitergegeben hatte – bei seiner Empfehlung an die Pariser Akademie ist außerordentlich aufschlußreich für die gesamte mit diesen Erfolgen eingeleitete Richtung, indem er betonte, damit sei „ein Phänomen des Lebens durch ein physikalisches Instrument wiedergegeben" und gleichsam meßbar geworden (*C. r. 29*, 1849, S. 8–9). Die Methoden und Ergebnisse der *Elektrophysiologie*, die zu einer wichtigen medizinischen Spezialdisziplin wurde, sind in Du Bois-Reymonds Institut weiterentwickelt und in Studien über Polarisation, Endosmose, Kataphorese, Thermoströme u. a. variiert worden. Sein Spezialgebiet blieb die Muskel- und Nervenphysiologie der Tiere (*Gesammelte Abhandlungen zur allgemeinen Muskel- und Nervenphysik*, 1875–1877). Zusammen mit seinem Kollegen H. *Helmholtz* begründete *Du Bois-Reymond* in Berlin die *Physikalische Gesellschaft*.

In gleicher Weise doppelt begabt und ausgebildet trug der Arzt und Physiker Hermann *von Helmholtz* (1821–1894) entscheidend zur Methoden- und Theorienbildung der neuen Physiologie bei. Der Schüler J. *Müllers*, der von 1849–1871 als Physiologe in Königsberg (Kaliningrad), Bonn und Heidelberg, dann als Physiker in Berlin wirkte, arbeitete ebenfalls über Nerven- und Muskelphysiologie, über den Zusammenhang von Muskelarbeit und Wärme und die Umwandlung von Energieformen (*Über die Erhaltung der Kraft*, 1847). Der **Wärmehaushalt der Tiere** war damals ein aktuelles Thema, dem auch Carl *Bergmann* (1814–1865) in Göttingen und Rostock vor allem chemisch-physiologische Studien widmete (*Über die Verhältnisse der Wärmeökonomie der Thiere zu ihrer Größe*, 1847) und sie in das mit *Leuckart* herausgegebene Lehrbuch (1852) einfließen ließ. *Helmholtz* ermittelte aber quantitative Zusammenhänge und formulierte **grundlegende Gesetze der Energetik**, wie sie später nochmals in den Arbeiten zur Thermodynamik, Elektro- und Aerodynamik behandelt wurden. Er entwickelte Instrumente zur Messung der Nervenleitung (Abb. 81), erfand den Augenspiegel und weitere Geräte für sinnesphysiologische Untersuchungen, die stets von der physikalisch-mathematischen Analyse ausgehend zur Theorienbildung führten (*Handbuch der physiologischen Optik*, 1856–1866; *Die Lehre von den Tonempfindungen als Grundlage für die Theorie der Musik*, 1862).

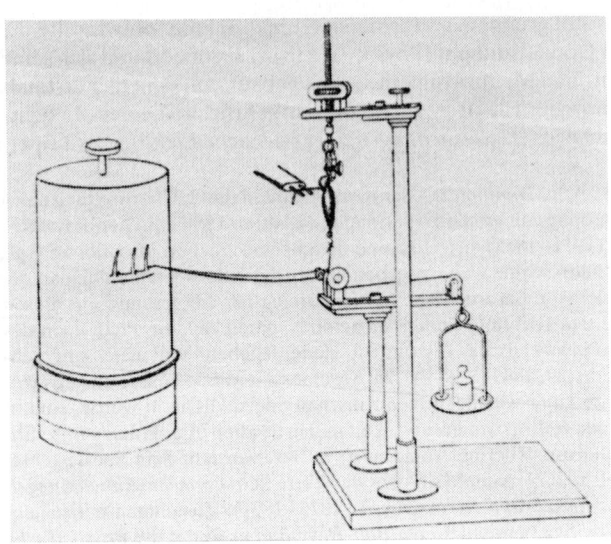

Abb. 81. Gerät zur Messung und Aufzeichnung physiologischer Prozesse von H. Helmholtz und E. Du Bois-Reymond. Aus Verworn, M., *Allgemeine Physiologie*, 1895.

Der gleichen Generation der *Müller*-Schüler gehörte Ernst *Brücke* (1819–1892) an, vor *Helmholtz* in Königsberg (Kaliningrad), ab 1849 in Wien die physikalisch-chemische Physiologie einführend, der zunächst auch die Sinnesphysiologie, später vor allem Fragen der Verdauungsphysiologie durch quantitativ-experimentelle Untersuchungen förderte (*Vorlesungen über Physiologie*, 2 Bde., 1873–1874). Auf diesem Gebiet arbeitete sein Schüler Willy *Kühne* (1837–1900) – als Nachfolger von *Helmholtz* ab 1871 in Heidelberg – besonders erfolgreich weiter, der auch Anregungen von *Du Bois-Reymond* und *Ludwig* für die Nerven- und Muskelphysiologie aufnahm. Einer der letzten *Müller*-Schüler, der vielseitige Eduard *Pflüger* (1829–1910), war von *Du Bois-Reymond* zu den erfolgreichen *Untersuchungen über die Physiologie des Elektrotonus* (1858) angeregt, klärte ab 1859 in Bonn die Frage der Blutgase und die Gesetze der Oxidationsprozesse in tierischen Organismen (1872) und formulierte in seinem *Archiv für die gesamte Physiologie des Menschen und der Thiere* (ab 1868) seine Leitgedanken über die organische „Zweckmäßigkeit" als **physiologischen Regelmechanismus** („teleologische Mechanik"; *Pflügers Archiv 15*, 1877), Gedanken von großer Tragweite für die Biologie des 20. Jahrhunderts.

Die Zuwendung zur induktiven und experimentellen Biologie vom zweiten Drittel des 19. Jh. ab war verbunden mit materialistischen Interpretationen („**naturwissenschaftlicher Materialismus**") und einer Absage an naturphilosophische Konzeptionen, wie sie sich in engagierten Reden auf den Versammlungen Deutscher Naturforscher und Ärzte von der Jahrhundertmitte ab spiegelte [39].

Das fand nach zwei verschiedenen Richtungen einen Niederschlag in der zeitgenössischen Philosophie. So leitete Ludwig *Feuerbach* (1804–1872) mit der *Kritik der Hegelschen Philosophie* (1839) einen anthropologischen Materialismus ein und formulierte in seinen *Grundsätzen der Philosophie der Zukunft* (1868) die Prinzipien des **mechanischen Materialismus**. Sie wurden von dem Zoologen Karl *Vogt* (vgl. 8.4.1.) mit der Schrift *Köhlerglaube und Wissenschaft* (1855), dem holländischen Physiologen Jacob *Moleschott* (1822–1893) in den Vorlesungen *Der Kreislauf des Lebens* (1852) und *Die Einheit des Lebens* (1864) und dem Mediziner Ludwig *Büchner* (1824–1899) mit *Kraft und Stoff* (1855) in aller Konsequenz in Biologie und Anthropologie übertragen. Dieser „Vulgärmaterialismus" wurde von Karl *Marx* (*Thesen über Feuerbach*, 1844; *Das Kapital*, Bd. 1, 1867) und Friedrich *Engels* (1820–1895) scharf kritisiert, die *Hegels* Dialektik (vgl. 7.4.2.) zum **dialektischen Materialismus** uminterpretierten (*Anti-Dühring*, 1871; *Ludwig Feuerbach und der Ausgang der klassischen deutschen Philosophie*, 1886). *Engels* entwarf ab 1873 (bzw. 1878) die Grundsätze der materialistischen Dialektik in Anknüpfung an die Ergebnisse der Naturwissenschaften (besonders an *Helmholtz*' Umwandlung der Energie, *Schleidens* Zellenlehre, *Haeckels* „Schöpfungsgeschichte"), in denen häufig dialektische Methoden spontan angewandt worden waren. *Engels* baute sie zu einem geschlossenen materialistisch-philosophischen System aus, wonach die Entwicklungsprozesse in der Natur zu der ihnen „adäquaten Erkenntnismethode" in Beziehung gesetzt wurden. Die damals unvollendete ₁*Dialektik der Natur* wurde erst 1925 in Moskau gedruckt, wobei der Haeckel-Schüler J. *Schaxel* mitwirkte (Mittlg. E. Krauße 1986; vgl. auch 10.2.).

Zusammenfassung von Kap. 8

Die französische Aufklärung und die bürgerliche Revolution hatten im 18. Jh. zu einer Lösung von traditionellen religiösen Dogmen und einem unvoreingenommeneren Herangehen an biologische Fragen geführt, in Frankreich (mit Ausstrahlung in andere Länder) die Verstaatlichung von Forschungsgrundlagen (Gärten, Menagerien, Kabinetten) und damit die **Institutionalisierung** biologischer Disziplinen bewirkt. Die Fülle der Aufgaben bei Bewältigung der Mannigfaltigkeit der Naturobjekte und -erscheinungen sowie die von ökonomischem Nützlichkeitsdenken beeinflußte utilitaristische Behandlung der Botanik und Zoologie hatte zwar ihre Disziplingenese gefördert, aber auch einen **Empirismus** erzeugt, der Widerspruch hervorrief. Die philosophischen Systeme von *Kant* und *Fries*, von *Schelling* und *Hegel* boten mit *Kritizismus* und *Identitätsphilosophie* Alternativen zum französischen Materialismus an, die besonders von deutschen Naturforschern aufgegriffen und zur Interpretation biologischer Sachverhalte genutzt wurden.

So knüpfte die **Naturphilosophie** *Okens* einesteils an das im 18. Jh. entwickelte *biomorphe Modell* der Physiologie an, nutzte andernteils Erkenntnisse des Galvanismus und Chemismus sowie der Embryologie zu einer allumfassenden Theorienbildung, deren Geschlossenheit großen Einfluß auf Mediziner und Biologen ausübte. In ihr wurden der menschliche Organismus als Modell der Gesamtnatur, in der Systematik speziell des Tierreichs, aufgefaßt, aus seiner Organisation die Lebensprozesse generell abgeleitet, diese wiederum auf kosmische Gesetze zurückgeführt (*Makrokosmos-Mikrokosmos-Analogie*). Die Embryonalentwicklung wurde modellhaft der Entwicklung der Naturreiche von einfachen zu komplexen Organismen zugrunde gelegt und damit der allgemein üblichen vergleichend-typologischen Betrachtung der Gestalten ein historischer Aspekt verliehen (*Ontogenese-Phylogenese-Parallelismus*). Triebkräfte der Entwicklung wurden aus Physik und Chemie deduziert (*Polarität, Affinität, Steigerung*). Die Hintansetzung experimenteller und die Bevorzugung deduktiver Methoden führte teilweise zu überspitzten spekulativen Interpretationen der Lebenserscheinungen und zur Konstruktion von regelhaften Pflanzen- und Tiersystemen nach Zahlengesetzen (*quaternäres, quinäres System*), obwohl ihnen auch der Gedanke der Entstehungsweise (*genetisches Prinzip*) zugrunde lag und als „natürlich" betrachtet wurde. Es war der erste, wenn auch noch ganz spekulative Versuch, der Systematik der Organismen ihre Entstehungsgeschichte zugrunde zu legen. Da die Entwicklung der Organismen aus einfachen Bausteinen angenommen wurde, wurden Zellen und ihre Entstehung bereits eingehend untersucht (*Oken, Kieser*).

Gleichzeitig wurden in der medizinischen Physiologie empirische und experimentelle Untersuchungen weitergeführt, die mikroskopischen Hilfsmittel weiterentwickelt und naturphilosophische Spekulationen zurückgedrängt, so daß es im zweiten Drittel des 19. Jh. zu einem neuen Aufschwung induktiver und experimenteller Forschungen auch zu biologischen Fragen kam. In Anknüpfung an entwicklungsphysiologische Untersuchungen (Befruchtung und Keimesentwicklung) an Blütenpflanzen und Beobachtungen von R. *Brown* (Zellkern) erkannte *Schleiden* die fundamentale morphogenetische Bedeutung der Zelle für die Gestaltentwicklung der Pflanze. Darauf aufbauend entwickelte *Schwann* nach Bestätigung des Prinzips auch für die tierische Embryogenes eine **Zelltheorie**, in der der Zellbildungsprozeß mit dem Kristallisationsprozeß in anorganischen Substanzen verglichen und die Entwicklung der Organismen auf physikalische Gesetze zurückgeführt wurde. Obwohl die irrtümliche Verallgemeinerung der Entstehung von Zellen innerhalb von Zellen bald berichtigt und die Zellteilung als Grundprinzip der Vermehrung erkannt wurde, war die Zelltheorie der Ausgang für alle folgenden

embryologischen Untersuchungen und der Beginn ihrer materialistischen Interpretation. In der Folgezeit wurden – teils angeregt durch kontroverse theoretische Konzepte, teils durch die industrielle Entwicklung entsprechender Hilfsmittel (Mikroskopie, chemische Industrie für Farben und Fixiermittel, Glasindustrie) – die La-
boruntersuchungen für biologische Objekte forciert. Durch *Schleiden* wurden die
induktive **wissenschaftliche Botanik**, durch J. *Müller, Purkyně* und *Ludwig* und deren Schüler die **wissenschaftliche Zoologie** verbreitet, Physiologische Laboratorien
gegründet und wissenschaftliche Schulen entwickelt, die die Entwicklungsgeschichte der Pflanzen (*Naegeli, Amici, v. Mohl, Hofmeister*) und Tiere (*Valentin,
Koelliker, v. Siebold*) sowie die Ernährungs- und Stoffwechselphysiologie der
Pflanzen (*Sachs, Pfeffer*) und *Tiere* (*Henle, Pflüger, Du Bois-Raymond, Brücke,
Helmholtz*) im einzelnen förderten. Unter diesen Begriffen waren sowohl **morphologische** (anatomische, histologische, zytologische) als auch **experimentelle Untersuchungen** gleichrangig verstanden worden. Zu ersteren gehören z. B. die embryologischen Arbeiten *v. Baers* (Entdeckung des Säugereies 1827), die pflanzenmor-
phologischen A. *Brauns* (Blütendiagramme 1831), zu letzteren die zellphysiologi-
schen von *Sachs* und *Pfeffer* oder die elektrophysiologischen von *Du Bois-Reymond* und die französische Schule von *Magendie* und *Bernard*.

Ein besonderer Schwerpunkt war im letzten Drittel des 19. Jh. die Entstehung
der **Bakteriologie** und **Mikrobiologie**, die sowohl von taxonomischen Problemen
ausging und vor allem von *Cohn* gefördert wurde, als auch durch brennende Aufgaben der Epidemiologie vorangetrieben wurde (*Koch, Loeffler, Pasteur, Lister*)
und zur Erkennung mikroorganismischer Krankheitserreger (Milzbrand, Tuberkulose, Cholera, Typhus, Diphtherie) und deren Entwicklungszyklen führte.
Diese Entdeckungen wurden begleitet von der Erarbeitung neuer Labortechniken
und -methoden (Kultur, Isolierung, Färbung von Bakterien, Mikroskopie und Mikrophotographie).

Die naturwissenschaftlichen Erkenntnisse spiegelten sich in den Philosophien
des mechanischen (*Feuerbach*) und dialektischen Materialismus (*Marx, Engels*) wider.

Literatur zu Kap. 8

Abbe, E.: Beiträge zur Theorie des Mikroskops und der mikroskopischen Wahrnehmung.
    Max Schultzes Archiv f. mikroskop. Anat. 9 (1873): 413–468.
Autorenkollektiv: Geschichte der Dialektik. Die klassische deutsche Philosophie. Berlin
    1980.
– Geschichte der marxistischen Dialektik. Berlin 1975–1976.
Baron, W., & Sticker, B.: Ansätze zur historischen Denkweise in der Naturforschung an der
    Wende vom 18. zum 19. Jahrhundert. Sudhoff's Archiv 47 (1963): 19–35.
Biermann, K.-R.: Alexander von Humboldt. Vier Jahrzehnte Wissenschaftsförderung. Ber-
    lin 1985 (Schriftenr. d. A. v. Humboldt-Forschungsstelle der Akad. Wiss. DDR, Berlin
    14).

Bljacher, L. Ja.: Istorija embriologii v Rossii (18.–19. veka) Moskva 1955

Bracegirdle, B.: A history of microtechnique: the evolution of the microtome and the development of tissue preparation. London. 1978.

Brednow, W.: Dietrich Georg Kieser. Sein Leben und Werk. Sudhoff's Archiv, Beih. 12. Wiesbaden 1970.

Carus, V.: Geschichte der Zoologie, München 1872.

Charpa, U. (Hrsg.): Matthias Jakob Schleiden. Wissenschaftsphilosophische Schriften. Köln 1989.

Coleman, W.: Biology in the nineteenth century. New York 1971 (Wiley Hist. Science Ser.).

Cremer, Th.: Von der Zellenlehre zur Chromosomentheorie. Berlin 1985.

Dittrich, M.: Getreideumwandlung und Artproblem. Jena 1959.

– Friedrich Loeffler (1852–1915) und die Virusforschung.
In: Naturwissenschaft, Tradition, Fortschritt. Beih. zu NTM. Berlin 1963, S. 169–189.

– Progessive Elemente in den Lebensdefinitionen der romantischen Naturphilosophie. Comm. Hist. Artis Med., Budapest 73/74 (1974): 73–85.

Dougherty, F. W. P.: Nervenmorphologie und -physiologie in den 80er Jahren des 18. Jahrhunderts. In: Soemmering-Forschungen (hrsg. von G. Mann, J. Benedum und W. F. Kümmel) Bd. 3, Stuttgart, New York 1988. (Gehirn-Nerven-Seele)

Eisnerová, Vera: The anatomy of plants and its contribution to the origin of cellular theory in the early 19th century. Acta historica rerum naturalium nec non technicarum, spec. issue 5 (1971): 269–333.

– Die Entwicklung und Differenzierung botanischer Disziplinen. In: [22].

Emrich, W.: Der Universalismus der deutschen Romantik. Akad. Wisse. Lit. Mainz, Abh. Kl. Lit. Jg. 1964, Nr. 1, S. 3–22.

Engelhardt, D. v.: Historisches Bewußtsein in der Naturwissenschaft von der Aufklärung bis zum Positivismus. Freiburg i. Br. 1979.

– Die organische Natur und die Lebenswissenschaften in Schellings Naturphilosophie. In: Natur und Subjektivität. Hrsg. R. Heckmann u. a., Stuttgart – Bad Cannstadt 1985, S. 39–57.

Engels, F.: Über die Dialektik der Naturwissenschaft (Texte, hrsg. v. B. M. Kedrov.) Berlin 1979.

– Dialectics of nature (Hrsg. J. B. S. Haldane). New York 1940.

Eulner, H.-H.: Die Entwicklung der medizinischen Spezialfächer an den Universitäten des deutschen Sprachgebietes. Stuttgart 1970.

Florkin, M.: La „Théoria de Théodore Schwann". Rev. méd. Liège 14 (1959): 205–214.

Geiger, W.: Thilo Irmisch. Nordhausen 1988.

Geus, A.: Johannes Ranke (1836–1916). Physiologe … Marburg/Lahn 1987.

Gimmler, H. (Hrsg.): Julius Sachs und die Pflanzenphysiologie heute. Würzburg 1984 (Sonderband Ber. Physikal.-Med. Ges. Würzburg).

Glasmacher, Th.: Fries-Apelt-Schleiden. Verzeichnis der Primär- und Sekundärliteratur 1798–1988. Köln 1989.

Gloede, W.: Vom Lesestein zum Elektronenmikroskop. Berlin (DDR) 1986.

Gregory, F.: Die Kritik von J. F. Fries an Schelling's Naturphilosophie. Sudhoff's Archiv 67 (1983): 145–157.

– Scientific Materialism in Nineteenth Century Germany. Dordrecht, Boston 1977.

Hasler, L. (Hrsg): Schelling. Seine Bedeutung für eine Philosophie der Natur und der Geschichte. Stuttgart – Bad Cannstatt 1981.

Hense, H.: Geschichte der Mikroskopie. Frankfurt a. M. 1963.

Hörz, H., Löther, R., Wollgast, S. (Hrsg.): Naturphilosophie von der Spekulation zur Wissenschaft. Berlin 1969.

Hoffmann, P.: Photosynthese. WTB Bd. 158. Berlin 1975 (Geschichte S. 15–24).

Hoppe, B.: Die Geschichtlichkeit der Natur und des Menschen. Die Entwicklungstheorie Alexander Braun's. In: Medizingeschichte in unserer Zeit. Stuttgart 1971, S. 393–421.

– Die Biologie der Mikroorganismen von F. J. Cohn (1828–1898). Sufhoff's Archiv *67* (1983): 158–189.

– Chemophysiologie. Zwischen vitalistischer und mechanischer Biologie im 19. Jahrhundert. Medizinhist. J. *18* (1983): 163–183.

– Lichenologia Schwendeneriana. Ber. deutsch. Bot. Ges. 100 (1987): 305 bis 326.

Hughes, A.: A history of cytology. London, New York 1959.

Hughes, S. S.: The virus: a history of the concept. London 1977.

Jahn, I.: Geschichte der Botanik in Jena ... Diss. Math. Nat. Jena 1963.

– Dem Leben auf der Spur. Die biologischen Forschungen Humboldts. Leipzig, Jena, Berlin 1969

– Charles Darwin und die Berliner Museen. Neue Museumskunde (Berlin DDR) *25* (1982): 110–120.

– (Hrsg.): Klassische Schriften zur Zellenlehre. Leipzig 1987 (Ostw. Klass. 275)

Kathe, J.: Robert Koch und sein Werk. Berlin 1961.

Kluyver, A. J.: Beijerinck, the microbiologist. Martinus Willem Beijerinck, his life and his work. P. 3. The Hague 1940.

Koller, G.: Das Leben des Biologen Johannes Müller. Stuttgart 1958.

Krauße, E.: Hauptrichtungen der Entwicklung der Biologie in der Periode der industriellen Revolution. Beitr. Wissenschaftsgesch. Berlin 1982, S. 135–153.

Kruta, V.: J. E. Purkyně als Physiologe. In: Purkyně-Symposium (1959) 1961.

– (Hrsg.): Jan Evangelista Purkyně 1787–1869. Centenary-Symposium. Brno 1971.

Lenoir, T.: The strategy of life. Dordrecht/Boston/London 1982.

Lippmann, E. O. v.: Urzeugung und Lebenskraft. Zur Geschichte dieser Probleme von den ältesten Zeiten an bis zu den Anfängen des 20. Jahrhunderts. Berlin 1933.

Löffler, F.: Vorlesungen über die geschichtliche Entwicklung der Lehre von den Bacterien. Leipzig 1887 (Repr. 1983).

Löther, R.: Hegels Bild der lebenden Natur und die Biologie. In: Zum Hegelverständnis unserer Zeit. Berlin 1972.

Löw, R.: Die Pflanzenchemie von Lavoisier bis Liebig. Straubing, München 1977.

Maehle, A.-H.: Der Literat Christlob Mylius und seine Verteidigung des medizinischen Tierversuchs im 18. und 19. Jahrhundert, in: Medizinhist. J. 21 (1986): 269–287.

Maulitz, R. C.: Schwann's Way: Cells and crystals. J. Hist. Med. *26* (1871): 422–437.

Mochmann, H., und Köhler, W.: Meilensteine der Bakteriologie. Jena 1984.

Nicolle, J.: Louis Pasteur. Berlin 1959.

Nyhart, L.: The Disciplinary Breakdown of German Morphology 1870–1900, Isis 78 (1987): 365–389.

Pedersen, J.: The Carlsberg Foundation. Copenhagen 1956.

Pilz, H.: Louis Pasteur. Leipzig 1975.

Purkyně-Symposion. (1959). Nova Acta Leopoldina N. F. *24*, Nr. 151. 1961.

Querner, H.: Die Stufenfolge der Organismen in Hegels Philosophie der Natur. Hegel-Studien. Beiheft 11. Hrsg. H.-G. Gadamer. Bonn 1974, S. 153–163.

– Ordnungsprinzipien und Ordnungsmethoden in der Naturgeschichte der Romantik. In: Romantik in Deutschland (Sonderband Dt. Vierteljahresschr. Literaturwiss. u. Geistesgesch.) Stuttgart 1978.

Rajkov, B. E.: Karl Ernst von Baer 1792–1876. Sein Leben und sein Werk. Acta historica Leopoldina, 5. Leipzig 1968.

Richter, E.: Simon Schwendener (1829–1919). Gleditschia *9* (1982): 329–351.

Rothschuh, K. E.: Die Bedeutung apparativer Hilfsmittel für die Entwicklung der biologischen Wissenschaften im 19. Jh. In: Naturwiss., Technik und Wirtschaft im 19. Jh. (Hrsg. Treue, W., & Mauel, K.). Göttingen 1976, T. 1, S. 161–185.

Sajner, J.: J. E. Purkynes Beitrag zur Pharmakologie und zur Histologie. In: Purkyně-Symposion (1959) 1961 S. 77–104.

Steinbrück, P., und Thom, A.: Robert Koch (1843–1910). Leipzig 1982 (Sudhoffs Klassiker der Medizin, N. F. 2).

Steiner, G.: Freimaurer und Rosenkreuzer. Georg Forsters Weg durch Geheimbünde. Berlin 1985.

Straaß, G.: Matthias Jacob Schleidens Beitrag zur Methodologie der biologischen Wissenschaften. In: Naturwiss., Tradition, Fortschritt. Beih. zu NTM, 1963, S. 73–80.

Struck, E.: Ignaz Döllinger 1770–1841. Ein Physiologe der Goethe-Zeit und der Entwicklungsgedanke in seinem Leben und Werk. Med. Diss. München 1977.

Sucker, U.: Wilhelm Pfeffer (1845–1920) und die Pflanzenphysiologie seiner Zeit. NTM 25 (1988) 2.

Toellner, R.: Der Entwicklungsbegriff bei Karl Ernst von Baer und seine Stellung in der Geschichte des Entwicklungsgedankens. Sudhoffs Archiv 59 (1975): 337–355.

Watermann, R.: Theodor Schwann. Leben und Werk. Düsseldorf 1960.

Weiling, F.: 17 Briefe des jungen Sachs aus dem Nachlaß des Wiener Pflanzenphysiologen Franz Unger. In: Gimmler, H. (Hrsg.) 1984.

Weiner, D. B.: Raspail Scientist and Reformer. New York und London Columbia Univ. Press 1968.

Zaunick, R.: Adolphe Oschatz. Leben und Wirken. In: Purkyně-Symposion (1959) 1961, S. 139–184.

Teil III. Die Biologie auf dem Weg zu ihrem Selbstverständnis

Die biologischen Disziplinen und Forschungsrichtungen hatten sich vom 16. bis zum 19. Jh. zunächst unter dem Eindruck mathematischer und physikalischer Methoden und Denkweisen zu einer Naturwissenschaft entwickelt, die die Organismen und ihre Lebensäußerungen durch Sinnesbeobachtung, Vergleich oder Experiment mit denselben Untersuchungsmethoden zu erfassen und zu verstehen strebte wie die Objekte und Erscheinungen der anorganischen Natur. Die Interpretation der Ergebnisse wechselte dabei mehrfach je nach den vorherrschenden philosophischen oder religiösen Prämissen und dem Anwendungszweck, aber auch nach dem jeweils betrachteten Objekt (Pflanze, niederes oder höheres Tier, Mensch). Die Faszination physikalisch-mechanischer Untersuchungs- und Deutungsweisen, die sich auch in der „Methode" der „künstlichen" Klassifikation widerspiegelt, hatte um die Mitte des 18. Jh. einen Höhepunkt, während sich gegen dessen Ende die Frage nach der Spezifik der Lebewesen gegenüber der anorganischen Natur bis zur Frage nach dem Wesen des Lebens selbst als einer besonderen Kraft zuspitzte. Um 1800 schien die Notwendigkeit zur Abgrenzung einer sich nur diesem Problemkreis widmenden Disziplin oder Forschungsrichtung unabdingbar, und es wurde dafür der Begriff *Biologie* mehrfach unabhängig geprägt. Kurz vorher hatte die Chemie ein neues theoretisches Fundament erhalten, das auf verschiedene Weise die Lebenserscheinungen einerseits, physikalische Vorgänge andererseits berührte, ohne daß die Beziehungen analytisch genau erfaßt werden konnten. Es schien ein Spezifikum des Lebens, daß chemische Prozesse innerhalb lebender Organismen nach anderen Gesetzen verlaufen als außerhalb.

Zu diesem Zeitpunkt waren diejenigen Phänomene, die man als Eigentümlichkeit lebender Körper gegenüber nichtlebenden Naturkörpern erkannt hatte, teilweise bereits in biologischen Theorien erfaßt. Als Besonderheit der Organismen galt einmal ihre Fähigkeit zu identischer Reproduktion von Nachkommenschaft, was in den miteinander konkurrierenden Formen der *Präformationstheorie* (Ovulismus, Animalkulismus) und in der alternativen *Epigenesistheorie* ihren Ausdruck fand. Weiterhin galt die Zweckmäßigkeit oder Angepaßtheit der Organisation an bestimmte arteigene Funktionen und Lebensweisen als charakteristisches Attribut „organisierter Körper" (wie Lebewesen zusammenfassend bezeichnet wurden). Diese Feststellung hatte zur Ableitung von Gesetzen geführt wie dem *Korrelationsgesetz*, der *Theorie der Analogien* oder *Theorien der Baupläne*, die heuristischen Wert für die Umwandlung „künstlicher" Ordnungssysteme in „natürliche" Tier- und Pflanzensysteme hatten.

Für die Ursache der Zweckmäßigkeit gab es alternative Erklärungen: Hierin dominierten entweder physikotheologische oder aus der Antike entlehnte teleologische Deutungen neben Ansätzen zu *Entwicklungstheorien* mit dem Faktor Umwelt (Darwinizing, Geoffroyismus, Lamarckismus). Im allgemeinen wurde die Individualentwicklung des Embryo als Modell der gesamten Erdentwicklung betrachtet, dieser wie jenem inhärente determinierende *Kräfte* zugeschrieben, die auf ein Ziel hin wirken. Diese *teleomechanische Betrachtungsweise* war eine biologische Alternative zur kausalmechanischen der Physik. Unter dem Einfluß der Identitätsphilosophie wurden zeitweilig die bereits formulierten Grenzen zwischen organischer und anorganischer Natur wieder verwischt unter dem Paradigma von der *Einheit der Natur* und ihrer Kräfte, die ideell-spiritualistisch definiert wurde. Die vom Modell der Individualentwicklung abgeleitete Idee der Verwandlung (*Metamorphose*) und Entwicklung (*Transformation*) wurde zu Beginn des 19. Jh. generalisiert und unter Anwendung dialektischer Prinzipien auf die Gesamtnatur und die Geistesgeschichte der Menschheit ausgedehnt.

Die gleichzeitig weitergepflegten empirischen Forschungen der Mediziner und Naturforscher sowie der Chemiker und Physiker, unterstützt durch industrielle Entwicklungen zur Herstellung apparativer und optischer Hilfsmittel, der Ausbau und die Normierung von Meßgeräten, Erfolge in der analytischen, experimentellen Untersuchungstechnik der Chemiker und Physiker u. a. m. ermutigten – im Verein mit der bis zur Mitte des 19. Jh. zunehmenden Opposition gegen deduktive, in Spekulationen gipfelnde naturphilosophische Lehrsysteme – zu neuen Ansätzen induktiver und experimenteller Detailforschung auch in der Biologie. Die kausalmechanischen Fragestellungen und die nach dem Muster von Physik und Chemie entwickelten experimentellen, laborativen Untersuchungsverfahren führten zum endgültigen Durchbruch der als „naturwissenschaftlich" gekennzeichneten Methoden und materialistischen Interpretationen in der biologischen Grundlagenforschung. Dabei kam es zu einer Differenzierung der Lebenserscheinungen in solche Prozesse, die fraglos mit physikalischen oder chemischen Gesetzen erklärbar und isoliert erforschbar sind und die Annahme einer spezifischen Lebenskraft gänzlich überflüssig machten, und in solche Phänomene, die sich der kausalanalytischen, experimentellen Befragung, dem meßbaren quantitativen Nachweis entzogen. Dazu gehörten Fragen der Entstehung (Zeugung) und Formbildung (Embryogenese und Regeneration), der Ursprung der Zweckmäßigkeit und Anpassung von Gestalt und Verhalten, der psychischen und intellektuellen Leistungen und die Entstehung der Formen- und Artenvielfalt, Fragen also, die bereits im 18. Jh. als spezifisch und konstitutiv für eine *Biologie* erkannt worden waren (vgl. 7.3.3.).

Die Wege zu ihrer Lösung blieben dem 20. Jh. vorbehalten, das auch institutionell erst der Biologie als Disziplin ihre eigene Existenz gab. Die Voraussetzungen entstanden aber im 19. Jh. durch das Wirken von Ch. *Darwin*, der mit seiner Evolutions-(Selektions-) Theorie neue spezifisch biologische Untersuchungswege öffnete (Abb. 82).

9. Die Evolutionstheorie und ihre Konsequenzen (1859–1930)

Der Begriff der *Evolution* war ursprünglich (18. Jh.) nur für die Individualentwicklung verwendet worden, und als Evolutionstheorie verstand man nur die Entfaltung vorgeprägter Keimesanlagen im Verlauf der Embryogenese. Die Umwandlung von Organismen im Verlauf der Erdgeschichte bezeichnete man bis zur Mitte des 19. Jh. als *Transmutation*. Auch *Darwin* verwendete diese Bezeichnung für den Artenwandel. Erst der englische Philosoph Herbert *Spencer* (1820–1903), der zunächst Entwicklungsvorstellungen nach *Lamarcks* Theorien vertrat (vgl. 7.2.3.), gebrauchte den Begriff ab 1864 im Sinne von Höherentwicklung auch für die Phylogenese (*The principles of biology*, 1864). Er hatte sich vorher mit einer Bevölkerungstheorie, abgeleitet von einem „allgemeinen Gesetz tierischer Fruchtbarkeit", beschäftigt (*Theory of population deduced from animal fertility, 1852*), schloß sich dann *Darwins* Selektionstheorie an und prägte den – auch soziologisch mißbrauchten – Begriff vom „Überleben des Geeignetsten" (*survival of the fittest*; *The factors of organic evolution*, 1884). Im Gegensatz dazu hatte *Darwin* selbst seine rein biologisch konzipierte Theorie nicht auf die menschliche Gesellschaft bezogen.

9.1. Die Entstehung und Ausarbeitung der Selektionstheorie von *Darwin* und *Wallace*

9.1.1. Voraussetzung und Entwicklung der Theorie bis 1859

Durch Vater und Großvater (Erasmus *Darwin*, vgl. 7.3.3.) in der Tradition eines englischen Landarzthaushaltes aufgewachsen, war Charles *Darwin*

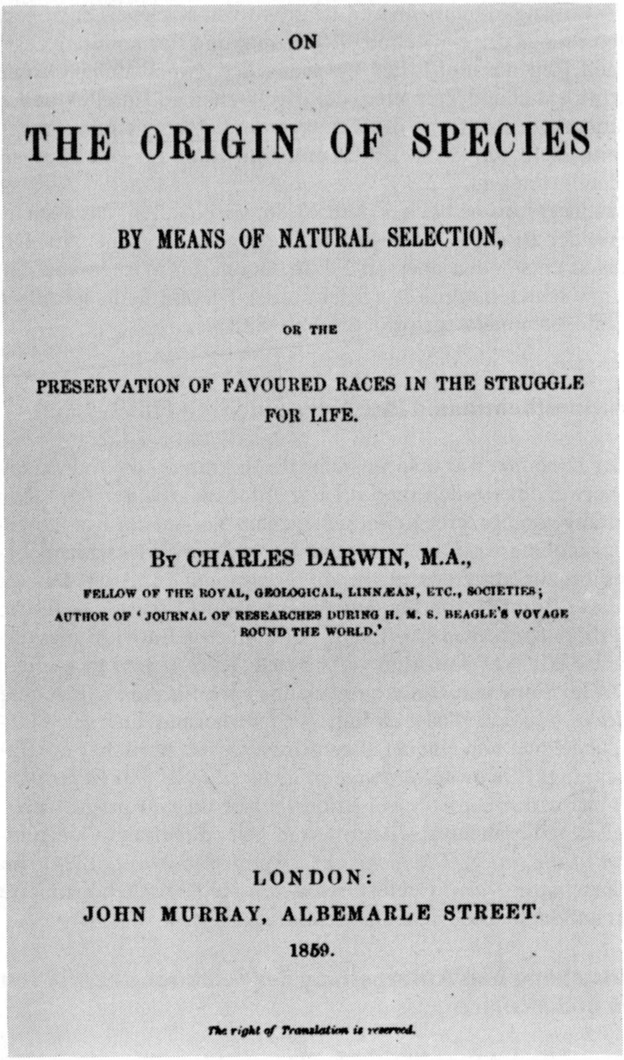

ON

THE ORIGIN OF SPECIES

BY MEANS OF NATURAL SELECTION,

OR THE

PRESERVATION OF FAVOURED RACES IN THE STRUGGLE FOR LIFE.

By CHARLES DARWIN, M.A.,

FELLOW OF THE ROYAL, GEOLOGICAL, LINNÆAN, ETC., SOCIETIES;
AUTHOR OF ' JOURNAL OF RESEARCHES DURING H. M. S. BEAGLE'S VOYAGE
ROUND THE WORLD.'

LONDON:

JOHN MURRAY, ALBEMARLE STREET.

1859.

The right of Translation is reserved.

Abb. 82. Titelblatt zu Ch. Darwins klassischem Werk 1859.

(1809–1882) frühzeitig mit naturwissenschaftlichem Denken konfrontiert und wollte Naturforscher werden. Während des Medizinstudiums in Edinburgh (1825–27) und des Theologiestudiums in Cambridge (1828–31) erwarb er sich Artenkenntnis und Sammelerfahrung in Entomologie und Botanik (durch J. St. *Henslow*), bei geologischer Geländekartierung den Blick für Zusammenhänge (durch A. *Sedgwick*), und hoffte, als Landpfarrer weiterhin naturhistorisch arbeiten zu können wie viele seiner Vorgänger und Studienkollegen. Sein Theologiestudium vermittelte ihm in dem Lehrsystem der *Natural theology* (1802, [20] 1820) von William *Paley* (1743 bis 1805) religiöse Erklärungen für die Zweckmäßigkeit und Angepaßtheit der Organismen an ihre Lebensbedingungen, die damals viele Naturforscher (auch den Botaniker *Henslow*, die Geologen *Sedgwick* und Ch. *Lyell*) beeindruckten. Nachdem sich sein – durch A. v. *Humboldts* Reisebeschreibung genährter – Jugendwunsch durch Teilnahme an der Weltumseglung der „Beagle" mit Kapitän Robert *Fitz Roy* (1805–1865) erfüllt hatte (1831–1836) (Abb. 83) und *Darwin* mit großen geologisch-paläontologischen, botanischen und zoologischen Sammlungen aus Südamerika und Australien, dem Pazifischen und Indischen Ozean zurückgekehrt war, wandelte sich sein Weltbild. Die Auswertung der Tagebücher und Sammlungen, deren taxonomische Bearbeitung und systematische Darstellung, konfrontierten ihn mit dem Artproblem, das er auf neue Weise durchdachte. Seine Theorie entwickelte sich im Verlauf weniger Jahre in drei „revolutionären" Erkenntnisschritten (Mayr 1972; Senglaub 1982):
– **Zuerst** verdrängte die Überzeugung von einer Umwandlung der Artcharaktere im Verlauf langer Zeiten, also eine Evolution mittels genealogischer, realhistorischer Deszendenz, den christlich-theologischen Glauben an eine Erschaffung der Arten.
   Dafür waren Beobachtungen über die Spezifik und Artendifferenzierung von Inselfaunen (Kapverden, Chonos- und Galapagos-Archipel) maßgebend, deren engste Verwandte sich auf dem nächstgelegenen Festland fanden. Auch der auffällige Unterschied zwischen den Faunenelementen Südamerikas, Südafrikas und Australiens trotz ähnlicher Klimabedingungen wies ebenso auf genealogische Ursachen hin, wie die Ähnlichkeit der fossilen, ausgestorbenen Tiere Südamerikas mit rezenten Formen des gleichen Territoriums (*Toxodon*, *Macrauchenia* mit dem Erdferkel, *Megatherium* mit dem Faultier). *Darwin* erkannte, daß die Ursachen der gegenwärtigen Charakterformen bestimmter Faunengebiete in der erdgeschichtlichen Vergangenheit liegen und nicht im unmittelbaren Einfluß von Klima und Lebensbedingungen, sondern im „organischen Band" der Vererbung (*Darwin* 1860, S. 356–407) (Abb. 84). Die Ursache der Veränderungen sah er damals noch in geologischen Umgestaltungen nach *Lyells* **Aktualitätstheorie**.
– In einem **zweiten** Gedankenschritt wurden die bisherigen Vorstellungen über Entwicklungsfaktoren wie z. B. ein den Organismen innewohnen-

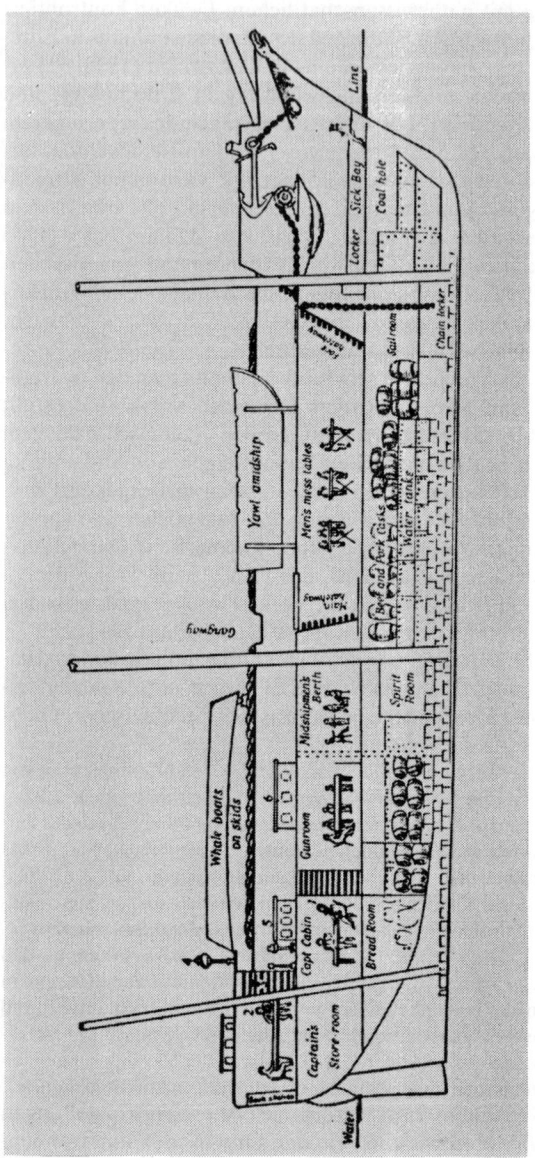

Abb. 83. Querschnitt der Schiffskabine mit Darwins Arbeitsplatz auf der „Beagle".

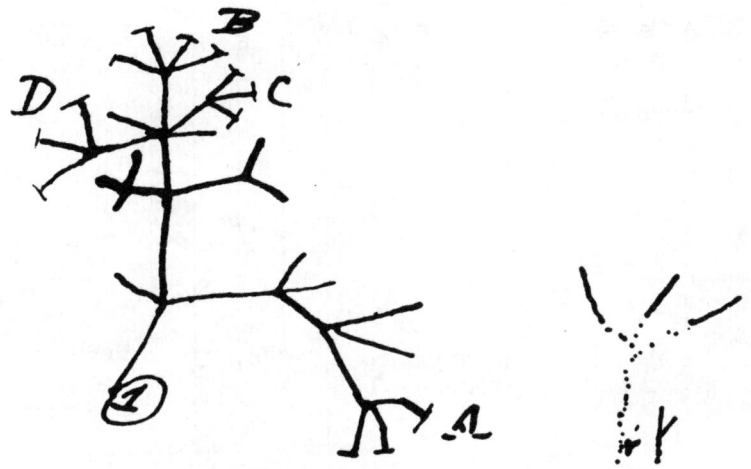

Abb. 84. Darwins erste „Stammbaum-Skizze" in einem Tagebuch (1837) nach dem Modell eines Korallenstocks. Aus Gruber 1974.

der „Trieb zur Vervollkommnung" (*Lamarck*) oder eine zielgerichtete Anpassung durch „direkte Bewirkung" der Umwelt (*Geoffroy St. Hilaire*) ersetzt durch eine Theorie der „natürlichen Selektion", die den Erfahrungen und einer kausalmechanischen Konzeption (wie sie zur gleichen Zeit in der Physiologie wieder bevorzugt wurde, vgl. 8.4.2.) näher kam.

In diese Theorie flossen Erkenntnisse über die Erfolge der Züchter ein, die seit Jahrhunderten durch gezielte und bewußte „Auslese" von Zuchtstämmen zweckdienliche Haustierformen und Nutzpflanzen mit großer Variabilität und erheblichen Unterschieden zu wilden Ausgangsformen schufen. In jahrelanger Korrespondenz mit englischen und ausländischen Züchtern, Literaturstudium und eigenen Beobachtungen informierte sich *Darwin* über Mechanismen und Ergebnisse der züchterischen Selektion, die bereits im 18. Jh. als Beispiel für Wandlungsprozesse angeführt wurde (*Linné, Buffon, Koelreuter*; vgl. 7.2.2., 7.3.1.).

In der Natur tritt nach *Darwin* an die Stelle der künstlichen Zuchtwahl (*human selection*) das „Ringen ums Dasein" im weitesten Sinne (*struggle for existence*) als Selektionsprinzip, das auf der Überproduktion an Nachkommenschaft beruht. Auch diese Erkenntnisse hatten Tradition; den „Kampf" in der Natur deutete die Physikotheologie als gottgewolltes Gesetz zur Aufrechterhaltung des harmonischen Gleichgewichts im Naturhaushalt (*Linné* 1760). Für die Umdeutung im Sinne seiner neuen

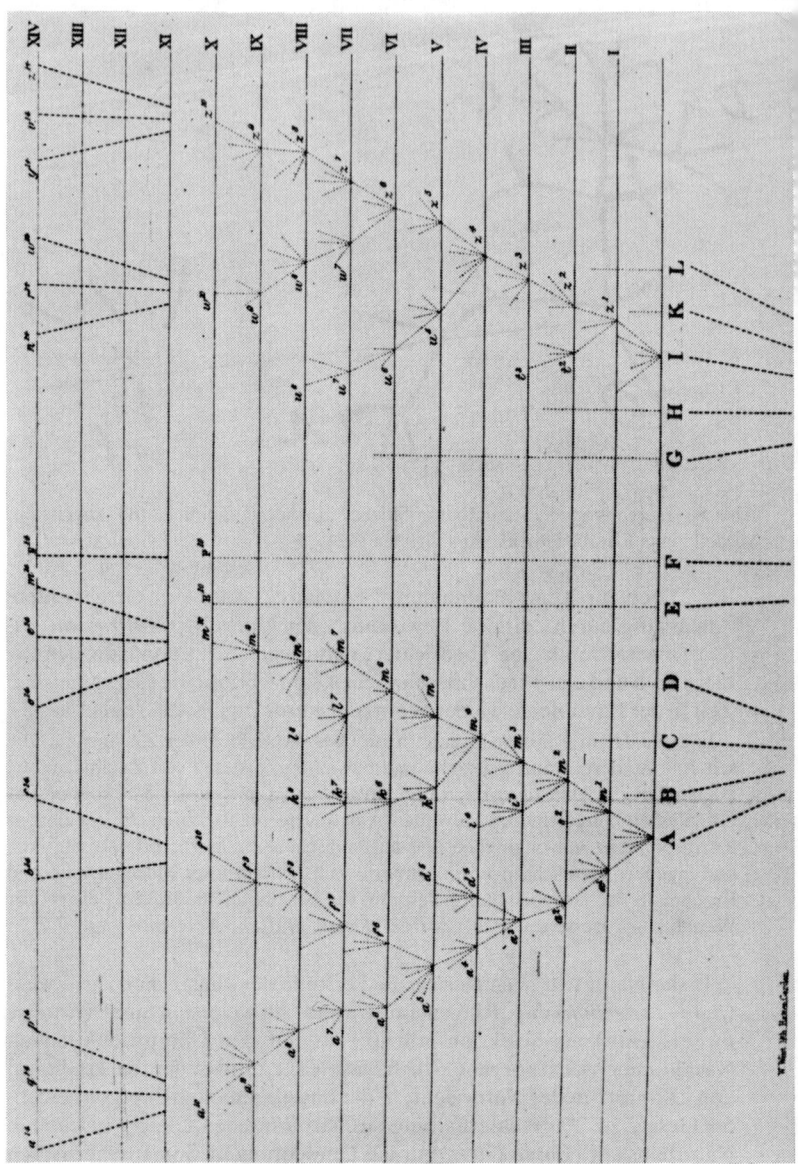

Theorie hatte die gleichzeitige Lektüre von Th. R. *Malthus'* soziologi-
schem *Essay on the principle of population* (1798, [6]1826) und Chr. G. *Ehrenbergs* Werk über *Die Infusionsthierchen* (1838), die beide durch statistische Berechnungen die hohe Zahl der Nachkommen bestimmter Tierarten belegen, eine Schlüsselfunktion. Sie erhellte für Darwin offenbar
die **Rolle der Population** (Fortpflanzungsgemeinschaft) im Selektions-
und Evolutionsprozeß und die Naturnotwendigkeit der „Auslese".

- Als **dritter** entscheidender Erkenntnisschritt reifte erst nach 1842 bei
Darwin die Überzeugung, daß Individuen einer Art (Population) natur-
gemäß variieren und durch Verschiedenheit im Bau, in organischen
Verrichtungen und der Lebensweise geeignet sind, „viele und sehr verschiedene Stellen im Naturhaushalt einzunehmen" und daß sie sich entsprechend zahlreich vermehren (a. a. O. S. 117 f.). *Darwin* nannte dieses
Prinzip die „Divergenz des Charakters" und stellte die Folge dieses Prinzips der individuellen erblichen **Variation** in einem Schema dar, das
die Deszendenz der gegenwärtig unterschiedlichen Arten, Gattungen
und höheren Verwandtschaftsgruppen von gemeinsamen Vorfahren
veranschaulicht und ausgestorbene Arten einbezieht (Abb. 85). *Darwin*
berührte damit die „Rolle zwischenartlicher Beziehungen" bzw. Konkurrenz im Evolutionsablauf (Senglaub 1982) und die Bedeutung der
Einnischung und „zweckmäßigen" Ausdifferenzierung im Selektionsprozeß als Ergebnis *biologischer* Interaktion, nicht bloß geologischer
Umweltveränderung. Erst diese Erkenntnis des schöpferischen (*teleono-
mischen*) Charakters der Selektion war neu (Lefèvre 1984).

Darwin hatte seine *Theorie der natürlichen Selektion* bereits 1842 kurz skizziert
und 1844 in einer Reinschrift von 230 Seiten fixiert, ohne sie zu publizieren. Er war
zu dieser Zeit noch mit der Publikation seiner Reiseergebnisse über *Korallenriffe*
(1842), *vulkanische Inseln* (1844), die *Geologie Südamerikas* (1846) und über fossile und rezente Rankenfüßer (1851–1854) beschäftigt, die ihm Erfahrungen über
die Variationsbreite von Arten vermittelten.

In diesem Jahrzehnt blieb *Darwin* mit seinen Überlegungen zu einer Evolutionstheorie nicht allein. Im gleichen Jahr, in dem er sie niederschrieb, war anonym die
populäre Schrift des schottischen Verlegers Robert *Chambers* (1802–1871) über
Spuren der natürlichen Schöpfungsgeschichte (*Vestiges of the natural history of
creation, 1844*) erschienen, die Aufsehen erregte und neue Forschungen auslöste. So
reisten 1848 der Kaufmann Henry *Bates* (1825–1892) und der Landvermesser
Alfred Russel *Wallace* (1823–1913) mit dem Ziel nach Südamerika, die Hypothesen von *Chambers* über den Ursprung der Arten nachzuprüfen. Wie *Darwin* führten

---

Abb. 85. Ch. Darwins grafische Darstellung der Artenbildung durch Divergenz
(1859).

sie Ch. *Lyells Principles of Geology* (1830–1833) neben *Darwins* Reisejournal (1839) mit sich. *Bates* fand während 11jähriger Schmetterlingsstudien am Amazonas erstaunliche Farbvariationen und Schutzanpassungen, die er *Mimikry* nannte und in seinen Beiträgen zur Insektenfauna des Amazonastales (*Contributions to the insect fauna of Amazon Valley,* 1861) schon mit *Darwins* Selektionstheorie erklärte.

Wallace hatte auf der Rückreise 1852 bei einem Schiffbruch alle Sammlungen verloren und reiste 1854–1862 nach dem Malayischen Archipel. Auf dieser Inselgruppe zog er schon 1855 aus Beobachtungen über Farbvariationen und Gestaltanpassungen, Spezifik der Inselfaunen sowie den Faunenzusammenhang geographisch benachbarter Gebiete und geologisch aufeinanderfolgender Schichten nach der Lektüre von *Malthus'* Werk (s.o.) die gleichen Schlußfolgerungen wie *Darwin* über den Artenwandel durch natürliche Selektion im Kampf um ihre Existenz. Seine Ergebnisse sandte er schließlich 1857 mit der Bitte um Publikation an *Darwin*, der zu dieser Zeit sein umfangreiches Manuskript über *Natural Selection* (Stauffer 1975) zur Hälfte niedergeschrieben hatte. Die Abhandlung von *Wallace* (zusammen mit einem Auszug aus *Darwins* Manuskript von *Lyell* und *Hooker* der *Linnean Society* vorgelegt und in deren Journal 1858 publiziert), beschleunigte nun *Darwins* Publikation. Sie erfolgte ein Jahr später (1859) als „Kurzfassung" unter dem Titel *On the origin of species by means of natural selection* (vgl. Abb. 83) und war sofort vergriffen. Schon 1860 erschien ihre deutsche Übersetzung *Über die Entstehung der Arten im Thier- und Pflanzenreich durch natürliche Züchtung oder die Erhaltung der vervollkommneten Rassen im Kampfe um's Daseyn* von Heinrich Georg *Bronn* (1800–1862). Dieser verdienstvolle Paläontologe und erste Ordinarius für Zoologie in Heidelberg (1837) hatte sich schon Jahre zuvor mit dem Artbegriff, der Entstehung und dem Untergang von Arten und mit morphologischen Bildungsgesetzen theoretisch befaßt, in einem *Handbuch der Geschichte der Natur* (1841–1849) nochmals ein ganzheitliches Bild von den „Entwicklungsgesetzen" vom Kosmos bis zur Menschheitsgeschichte (einschließlich fossiler Urkunden) zu geben versucht, *Darwins* Reisejournal und seine geologischen Schriften (s.o.) rezensiert und ein Jahr vor *Darwins Entstehung der Arten* seine Preisschrift *Untersuchungen über die Entwicklungs-Gesetze der organischen Welt während der Bildungs-Zeit unserer Erd-Oberfläche* (1858) veröffentlicht (Schumacher 1975).

Es gehört zu den bemerkenswerten Ereignissen dieses letzten Jahrzehnts vor Erscheinen von *Darwins* Werk, daß die Pariser Akademie der Wissenschaften 1850 eine Preisaufgabe zur Klärung der Beziehungen zwischen den gegenwärtig lebenden Arten und ihren früheren Formen stellte. Darin waren die Fragen (vermutlich von dem Zoologen E. *Milne-Edwards*) ausführlich formuliert, ob es zwischen fossilen und rezenten Arten eine „Identität" gebe, ob der Faunenwechsel in den geologischen Schichten auf Neuschöpfung oder Artenwandel beruhe, ob sich in der Abfolge fossiler Urkunden ein allmählicher Artenwandel nachweisen ließe und ob er spontan oder „gesetzmäßig" (in Zusammenhang mit erkennbaren Umweltveränderungen), global oder territorial begrenzt aufgetreten sei. Der Genfer Zoologe Louis *Agassiz* (1807–1873) hatte in seinen Untersuchungen über fossile Fische (*Recherches sur les poissons fossiles 1833–1842*) eine solche Abfolge aufgezeigt, aber kreationistisch gedeutet.

Bis 1853 waren keine preiswürdigen Arbeiten in Paris eingegangen. *Bronns* preisgekrönte Antwort erfolgte erst auf die Wiederholung der Aufgabe (1854) und enthält eine Fülle wertvollen paläontologischen Beweismaterials für die Verbreitung und Aufeinanderfolge ausgestorbener Tierarten mit grafischen Darstellungen (Uschmann 1967). Aufgrund geologischer und morphologischer Studien (Fehlen von Übergangsformen) entschied sich *Bronn* für ununterbrochene Neuschöpfungen von Arten anstelle ausgestorbener, und zwar in Form einer sukzessiven Vervollkommnung der Organismen, die sich in zunehmender Differenziertheit der Organisation ausdrückt und in zunehmender Mannigfaltigkeit entsprechend den Veränderungen der Existenzbedingungen äußert. In den Zusammenhängen zwischen dem Auftreten bestimmter Lebensformtypen, ihrer Organisation und den Lebensbedingungen sah *Bronn* eine „Planmäßigkeit" walten, die er an vielen Beispielen belegt (Schuhmacher 1975).

Aus diesen Überzeugungen heraus sind *Bronns* Einwände gegen *Darwins* Selektionstheorie zu verstehen, die er in seinem Nachwort zu *Darwins* Übersetzung (von diesem als „kritische Zusätze" ausdrücklich erbeten) begründete. Sein Hauptargument gegen die Selektion zufällig entstandener Abänderungen war die Unmöglichkeit, den „Nutzen" solcher Variationen für das Individuum zu erkennen, der die Auslese im Ringen um die Existenz bedingen könnte.

Bronn stand mit diesen Argumenten gegen die natürliche Selektion als Evolutionsfaktor damals nicht allein, und *Darwin* antwortete in späteren Auflagen der *Entstehung der Arten* mit dem Gesetz der Korrelation von Merkmalen und Eigenschaften, die einen Nutzen nicht immer äußerlich erkennen lassen.

Im Grunde lagen die Mißverständnisse vieler Zeitgenossen über *Darwins* Variabilitäts-Selektionstheorie in dessen völlig neuem Denkansatz, der darin bestand, daß *Darwin* von der gesamten Fortpflanzungsgemeinschaft (*Population*) ausging, wenn er von *Art* und ihrer Variabilität sprach, während *Bronn* und die meisten Systematiker die Morphologie des Einzelindividuums meinten (von der der *Typus* der Art abgeleitet wurde), wenn die Konstanz oder Veränderung zur Diskussion stand. Nach *Darwin* erzeugen erfolgreiche Varietäten wieder „Gruppen abändernder Nachkom-

men", und „aus diesem Prinzip fortschreitender Vererbung mit Abänderung ergibt sich" die Beschränkung gewisser Sippen auf bestimmte geographische Gebiete (*Darwin 1860, S. 357*).

Darwin beruft sich in seinem Werk auf viele Fakten und Beispiele aus
der Tiergeographie und Ökologie, der Tier- und Pflanzenzüchtung, der
Embryologie und vergleichenden Anatomie zum Beweis der Abstammung, Abänderung und Auslese. Er war sich aber gleichzeitig bewußt, daß
auf allen diesen Gebieten noch Detailforschung nötig ist, um seine Theorie
zu erhärten. Besonders harrten die Faktoren der Variabilität und Vererbung, die in der Selektionstheorie eine so entscheidende Rolle spielten,
noch der Aufklärung. So widmete sich *Darwin* in den folgenden 20 Jahren
intensiven, auch experimentellen, Untersuchungen auf diesen Gebieten,
während *Wallace* grundlegende Beiträge zur Biogeographie leistete.

9.1.2. Die weiteren Forschungen von *Wallace* und *Darwin* zum Ausbau der Evolutionstheorie

A. R. *Wallace* war von geographischen und geologischen Aspekten ausgegangen und hatte festgestellt, daß das Auftreten einer neuen Art in der
Erdgeschichte räumlich wie zeitlich mit der Existenz einer ähnlichen unmittelbar vorausgegangenen Art zusammenhängt. Er hatte es aber für die
schwierigste wie interessante Aufgabe gehalten zu ermitteln, auf welche
Weise ausgestorbene Arten durch neue ersetzt werden und wie ihr genealogischer Zusammenhang bis zu den rezenten Arten zu denken sei. Das
Auftreten höher entwickelter, besser angepaßter Varietäten betrachtete er
als Hauptursache für das Verschwinden ursprünglicher Arten. (Mc Kinney
1972).

Besondere Aufmerksamkeit schenkte *Wallace* den Faunenunterschie-
den in den von ihm besuchten Verbreitungsgebieten (Abb. 86). Er beobachtete charakteristische Unterschiede zwischen der südamerikanischen
(neuweltlichen) und malaiischen (altweltlichen) Tierwelt, aber auch auffallende Differenzen zwischen den Inseln Bali und Lombok östlich von Java
mit einer stärker verschiedenartigen Säugetier- und Vogelfauna als England und Japan. *Wallace* entdeckte damals die Trennungslinie zwischen
zwei zoogeographischen Regionen (später als *Wallace-Linie* bezeichnet),
die er erdgeschichtlich interpretierte. In seiner populären Reisebeschreibung *Der Malayische Archipel* (1869 engl. und dt.) gibt er viele Beispiele
für auffällige Anpassungen der Tierwelt in Farben, Gestalt und Lebensweise an die ökologischen Bedingungen und die vielfältige Art der Nutzung in verschiedenen Territorien, die er konsequent nach der Selektionstheorie historisch interpretierte. Besonders durch den Ausbau seiner bio-

Abb. 86. Das Untersuchungsgebiet von A. R. Wallace in der von ihm benannten „Australischen Region" (Aru-Inseln südwestlich Neuseelands). Aus *Der Malayische Archipel*, 1869.

402   9. Die Evolutionstheorie (1859–1930)

geographischen Theorie, nach der er die Verbreitung der Tiere in definierten geographischen Regionen evolutionstheoretisch begründete (*Geogra-
phical distribution of animals*, 1876), gab er der zoogeographischen Forschung in Verbindung mit der taxonomischen Verwandtschaftsforschung
der Systematiker neue Impulse.

Bis dahin war auch diese Problematik theologisch belastet, denn seit E.A.W.
Zimmermanns Tiergeographie (vgl. 7.2.1.) bewegten sich die Auseinandersetzungen vorwiegend um die Frage, ob die Verbreitung der Tiere und Menschenrassen
von einem einzigen Schöpfungszentrum aus (nach der Bibel-Auslegung) durch
große Wanderzüge erfolgt sei, oder ob die Tierarten in ihrem gegenwärtigen Ver-
breitungsgebiet gleichzeitig oder nach und nach erschaffen worden seien. Zum
Nachweis der letzteren Version hatte der englische Ornithologe Philip Lutley *Scla-
ter* (1829–1913) die Landgebiete in sechs zoogeographische Regionen (die mit dem
Vorkommen der Menschenrassen korrespondierten) gegliedert (1858).

Dagegen hatte *Wallace* schon 1855 betont, daß die geographische Verbreitung der Arten die natürliche Folge ihrer Verwandtschaft sei. Seine
1876 vorgeschlagene Gliederung (vorwiegend auf säugetierkundliche Studien gestützt) in eine Paläarktische, Nearktische, Äthiopische, Orientali-
sche, Australische und Neotropische Region blieb im wesentlichen gültig
und wurde nur weiter in Subregionen untergliedert. Nach der Durchführung großer Ozeanographischer Expeditionen mit Tiefseeforschung (*Chal-
lenger* 1872–1876, *Valdivia* 1898–1899) bewährte sich dieses Prinzip von
Wallace auch für die horizontale Gliederung der Meeresgebiete (ergänzt
durch vertikale Zonen). Aufgrund der Meeresfauna und -flora und der
physikalisch-ökologischen Bedingungen wandte es A. *Ortmann* in seinen
Grundzügen der maritimen Tiergeographie (1896) erstmals an.

In der Pflanzengeographie standen seit ihrer Begründung durch A. *v.*
Humboldts Ideen zu einer Geographie der Pflanzen (1805), die auch Heinrich *Berghaus* (1797–1884) den Verbreitungskarten in seinem Physikalischen Atlas (1845–1848) zugrundegelegt hatte [22], mehr die klimatisch-
ökologischen Aspekte als die erdgeschichtlichen Faktoren im Mittelpunkt
der Betrachtung. Sie legte auch der Genfer Botaniker Alphonse *de Candolle* (1806–1893) vorwiegend seiner „Darstellung der Hauptfaktoren und
Gesetze der gegenwärtigen geographischen Verbreitung der Pflanzen" zugrunde (Géographie botanique raisonnés... 2 Bd., 1856), die *Darwin* 1859
häufig zitierte. August *Grisebach* (1814–1879), der die Pflanzengeographie als Universitätsdisziplin in Göttingen (wo er seit 1841 wirkte) einführte, hatte in seinem vor *Wallace's* Schrift erschienenen Werk *Die Vegetation der Erde nach ihrer klimatischen Anordnung* (2. Bd., 1872) unter diesen Gesichtspunkten 24 Florengebiete abgegrenzt.

Diese Betrachtungsweise erhielt unter Botanikern größeres Gewicht, zumal die phytopaläontologischen Urkunden vor 1900 noch nicht in gleichem Ausmaß verfügbar waren wie die paläozoologischen; sie spiegelt sich noch im *Handbuch der Pflanzengeographie* (1890) von Oscar *Drude* (1852–1933), im *Lehrbuch der ökologischen Pflanzengeographie* (*Plantesamfund*, 1895; dt. 1896) des Kopenhagener Botanikers Johannes *Warming* 1841–1924) oder in Andreas *Schimpers* (1856–1901) *Pflanzengeographie auf physiologischer Grundlage* (1898) wider [26].

Während *Wallace* immer konsequent die natürliche Selektion als wichtigsten Evolutionsfaktor auffaßte und den „Darwinismus" gegen den aufkommenden „Neolamarckismus" verteidigte (*Darwinism – an exposition of the theory of natural selection …* 1889; dt. 1891), räumte *Darwin* in späteren Jahren dem Umwelteinfluß mehr Bedeutung ein. Das war durch Einwände bedingt, die manche Fachkollegen gegen die Wirksamkeit der Selektion als Evolutionsfaktor vorbrachten und *Darwin* zu speziellen Versuchs- und Beobachtungsreihen veranlaßten.

Ein ernstzunehmender Einwand ging von dem Forschungsreisenden Moritz *Wagner* (1813–1887) aus, der tiergeographische Faktoren geltend machte.

Er hatte im Zusammenhang mit den Diskussionen über das Ausmaß der Tierwanderungen (s.o.) seit 1836 auf Reisen nach Nordafrika, dem Kaukasus, dem Vorderen Orient, Nord- und Mittelamerika das Verbreitungsareal einzelner Tierarten, die natürlichen Verbreitungsschranken und die vikariierenden Arten benachbarter Gebiete untersucht und wollte einen Beitrag zur Erkenntnis der Gesetze über die Entstehung der Formenmannigfaltigkeit leisten, die Alphonse *de Candolle* (1856; s.o.) als „das größte naturgeschichtliche Problem des 19. Jh." bezeichnet hatte. Wie dieser für die Pflanzenwelt isolierte Areale als Schauplatz der Varietäten- und Artenbildung ansah, so betrachtete auch *Wagner* die geographische Isolation von Tierarten bzw. Varietäten als wichtigste Voraussetzung für die Artbildung.

Er begründete das mit der Notwendigkeit zur genetischen Trennung variierter Individuen „vom Standort der Stammart", ohne die „der Übergang von geringer individueller Variabilität zu einer bestimmt ausgeprägten Rasse" unmöglich sei. In seiner Schrift *Die Darwinsche Theorie und das Migrationsgesetz der Organismen* (1868) erörtert *Wagner*, daß die natürliche Selektion ohne Wanderung und längere Isolierung einzelner Individuen nicht wirksam werden könne; beide Erscheinungen stünden in Wechselbeziehung. Den „Wandertrieb" betrachtete *Wagner* aber als „Naturnotwendigkeit", um die „Lebenskonkurrenz" bestehen zu können, was das Selektionsprinzip überflüssig machte. Später präzisierte er seine Migrationstheorie und stellte sie als *Separationstheorie*, folgerichtig als alternative Artbildungskonzeption, *Darwins* Selektionstheorie gegenüber (*Über den Einfluß der geographischen Isolierung und Koloniebildung auf die morphologischen Veränderungen der Organismen*, 1870). Die meisten Zeitgenossen lehnten *Wagners* „geographische Entwicklungstheorie" (Babicz 1966) in der vorgetragenen traditionsbehafteten Form ab (*Haeckel, Schleiden, Weismann*). Ihre gewisse Berechtigung wurde erst durch populationsgenetische Erkenntnisse verstanden.

Wenn *Wagner* und andere Kritiker bei *Darwins* Theorie eine präzise Aussage darüber vermißten, welchen Ursachen eine gesteigerte Abänderung über die „gewöhnliche individuelle Variabilität" hinaus, und welchen Bedingungen die Erhaltung der neuen Merkmale durch Selektion zuzuschreiben sei, so hatten sie den schwächsten Punkt gekennzeichnet, der *Darwin* selbst bewußt war. *Darwin* hatte zwar in der „Variabilität" die Ursache der Evolution erkannt und in der innerartlichen Konkurrenz um die Überlebens- und Fortpflanzungschancen den richtenden Faktor, aber die Ursachen der Variabilität waren noch unbekannt, eine Unterscheidung der verschiedenen Formen der Variation noch nicht vollzogen und die Vorgänge der Vererbung noch nicht aufgeklärt. Wenn *Wagner* wie auch schon 1867 der englische Ingenieur Fleeming *Jenkin* (1833–1885) einwandten, daß eine individuelle neue Varietät durch „Vermischung" im Erbgang innerhalb der Fortpflanzungsgemeinschaft durch zunehmende „Verdünnung" der neuen Anlagen wieder verschwinden müsse (*swamping-effect*), so lag diesem Argument eine schon damals veraltete Vorstellung der sexuellen Reproduktion zugrunde: die Vermischung zweier Samenflüssigkeiten (vgl. 3.3.2., 3.4.2., 6.4.2., 7.3.1.,). An diesen Fragen setzten *Darwins* eigene Forschungen an.

Darwin hatte an einem großen Manuskript über *Natural Selection* gearbeitet, als durch *Wallace*'s Ergebnisse die Notwendigkeit zur Veröffentlichung eines Auszugs (1859) entstand (s. o.). Dabei war viel bereits vorliegendes Beweismaterial über das Variieren zunächst nicht mit verwendet worden. Nach Einsetzen der öffentlichen und brieflichen Diskussionen entschloß sich *Darwin* – der eigentlich schon seine Laufbahn für „vollendet" betrachtet hatte – zur intensiven weiteren Detailarbeit. Zur Drucklegung des ersten Teiles seines großen Manuskriptes wurden noch achtjährige Untersuchungen und Experimente durchgeführt, bis es 1868 unter dem Titel *The variation of plants and animals under domestication* (*Das Variieren der Tiere und Pflanzen im Zustande der Domestikation*, 1868) erschien.

Der erste Band enthält Beweise für die Abstammung, das Alter und die divergente Entwicklung der Tauben-, Hühner- und Entenrassen sowie der Haussäugetiere und ihre Beziehung zu Wildarten. Im zweiten Band behandelt *Darwin* alle Erscheinungen der Vererbung (Atavismus und Dominanz, geschlechtsgebundene

Vererbung von Krankheiten, Erblichkeit von Anomalien und Mißbildungen) und des Ausmaßes der erblichen Veränderungen durch die Kunst des Züchters.

Hier wird seine Suche nach den Gesetzen der Variabilität und Vererbung deutlich, die in Unkenntnis der Vorgänge bei Befruchtung und Weitergabe des Erbgutes (die erst ab 1875 bekannt wurden; vgl. 9.2.) nur aus der Merkmalanalyse der Nachkommenschaft erschlossen werden konnten. So entwickelte *Darwin* im vorletzten Kapitel eine *Provisorische Hypothese der Pangenesis*, wonach in jeder Körperzelle eine Art „Keimchen" (*gemmules*) als materielle Träger der Merkmale produziert, durch Zellteilung oder Permeabilität durch die Gewebe verteilt und auf dem Blutwege zu den Keimzellen transportiert werden sollen.

In komplizierten Gedankengängen erklärte *Darwin* damit auch Vorgänge der Regeneration, erblichen Weitergabe erworbener Eigenschaften (z. B. durch vermehrten oder verminderten Gebrauch von Organen), Atavismus oder Überspringen von Generationen im Erbgang (durch „latente" Keimchen). Eine ähnliche Hypothese hatten schon *Maupertuis* und *Buffon* in Anlehnung an antike Vorstellungen entwickelt (vgl. 3.2.3., 7.3.1.), aber *Darwin* stützte sich auch auf die zeitgenössische Zellentheorie (vgl. 8.2.) und ging in der Annahme „autonomer Einheiten" weiter, indem er „reproduktive Keimchen" voraussetzte, so daß „jede separate Zelle ... ihre Art" erzeuge, weil sie von jedem Teil des Gesamtorganismus Keimchen enthalte.

Diese Hypothese *Darwins* erzeugte nicht nur Einwände, sondern regte auf großer Breite sowohl neue Hypothesen als auch experimentelle Forschungen an, die letztlich zur Begründung der Genetik führten (vgl. 9.3.).

Weitere Untersuchungen mit ausgedehnten Experimenten widmete *Darwin* dem Befruchtungsvorgang bei Blütenpflanzen. Daraus entstand zunächst seine Schrift *Über die Einrichtungen zur Befruchtung der Orchideen durch Insekten* (1862) und dann das große Werk über *Die Wirkungen der Kreuz- und Selbstbefruchtung im Pflanzenreich* (1876). Hierzu führte er in seinem Warmhaus ab 1863 Versuchsreihen mit 57 Arten aus 52 Gattungen und 30 Familien durch, stellte 1076 Pflanzen von Selbstbefruchtern 1100 Pflanzen aus Kreuzbefruchtungen gegenüber, verglich Wuchshöhe und Anzahl der Früchte von Nachkommen und stellte fest, daß bisexuelle Vermehrung und Kreuzbefruchtung von Vorteil für die Lebenstüchtigkeit der Nachkommen ist und die verschiedensten Blütenformen allein diesen Zwecken dienen. Er bewunderte Chr. K. *Sprengels* Schrift *Das entdeckte Geheimnis der Natur...* (1793; vgl. 7.1.1.), die er durch Robert *Brown* 1841 kennengelernt hatte, meinte aber auch noch nach seinen eigenen Studien, der Schleier des Geheimnisses sei bei weitem noch nicht gelüftet. Mit seinem Werk über *Die verschiedenen Blüthenformen an Pflanzen der nämlichen Art* (dt. und engl. 1877), in dem er die morphologischen Einrichtun-

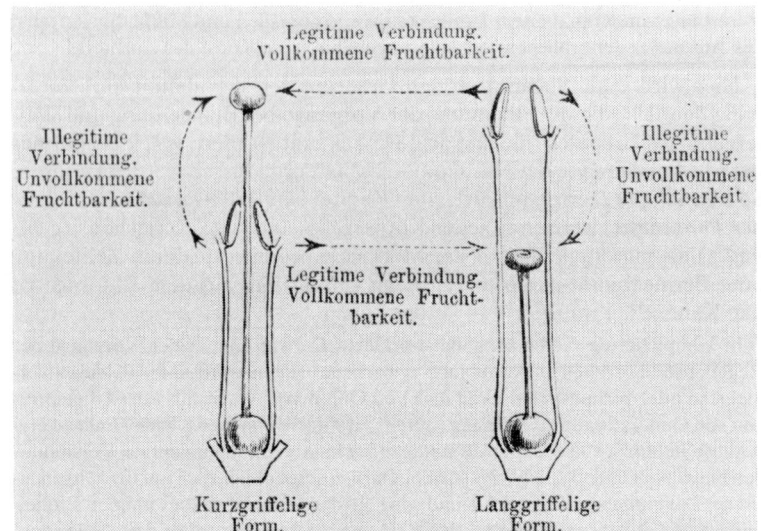

Abb. 87. Skizze zu Darwins blütenökologischen Beobachtungen (lang- und kurz-
griffelige Blüten der gleichen Art), 1877.

gen zur Verhinderung der Selbstbefruchtung darstellte, gab Darwin der
Blütenökologie neue Impulse (Abb. 87).

Ökologische Fragen behandelte *Darwin* während der ganzen Schaffens-
zeit von der Reise bis zur letzten Arbeit. Seine Studie über die Entstehung
der Korallenriffe (*The structure and distribution of Coral reefs*, 1842) hatte
zu neuen Erkenntnissen über die Bildung der Atolle im Indischen Ozean
geführt, weil er sie nicht – wie bisher üblich – von geologischen Faktoren,
sondern von den biologisch-ökologischen Ursachen ableitete, die die Le-
bensansprüche der Korallentiere (Licht, Sauerstoff, Temperatur) bedingen.

Beobachtungen und Experimente über insektenfressende Pflanzen
führte er 15 Jahre lang durch, bis er die Ergebnisse über den Fang- und Er-
nährungsmechanismus durch ein „Verdauungssekret" bei Sonnentau und
Venusfliegenfalle veröffentlichte (*Insectivorous plants*, 1875, dt. 1876). In
seinem späten größeren Werk über das Bewegungsvermögen der Pflanzen
(*The power of movements in plants*, 1880), mit dem er die Beobachtungen
über kletternde Pflanzen (1867) erweiterte, führte er – nach langen Versuchsreihen zusammen mit seinem Sohn Francis (1828–1925) über die Wirkung von Licht, Schwerkraft und Berührungsreizen – alle speziellen Bewe-

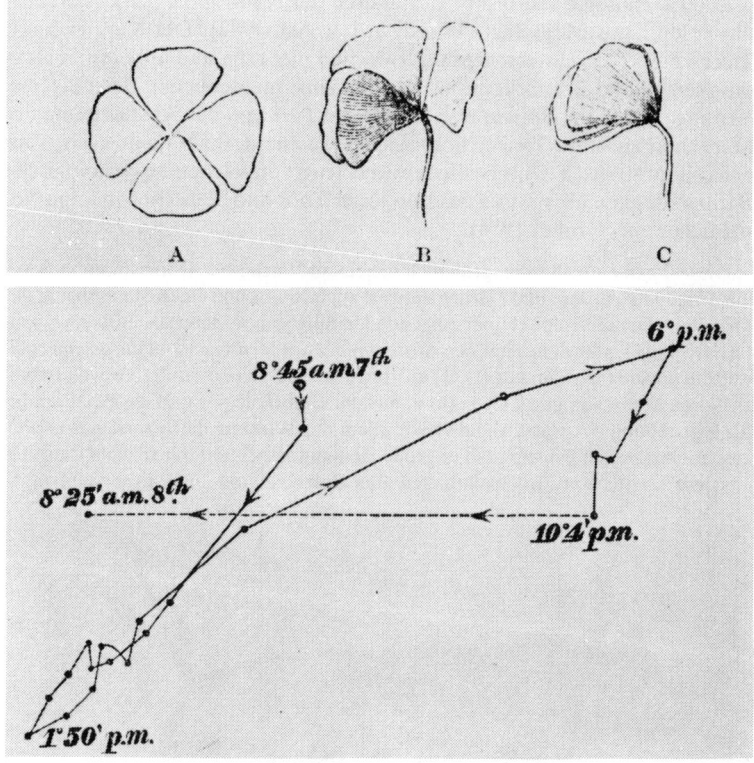

Abb. 88. Skizzen Darwins über die Schlafbewegungen der Pflanzen (1880). a) Blätter von *Marsilea quadrifolia* (B und C = Schlafbewegung); b) Aufzeichnung der Kreisbewegung eines Blättchens während eines 24-Stunden-Tages.

gungen auf eine gemeinsame Form (*Circumnutation*) zurück (Abb. 88). Sein letztes Buchmanuskript über *The formation of vegetable mould...*(1881; dt.: Die Bildung der Ackererde durch die Thätigkeit der Würmer, mit Beobachtung über deren Lebensweise, 1882) knüpfte an eine Jugendarbeit von 1840 an und befruchtete die eben erst entstehende **Bodenökologie**.

Fragen über Lebens- und Verhaltensweise der Tiere berühren stets auch tierpsychologische Probleme, für deren Lösung ebenfalls *Darwin* wissenschaftliche Wege wies.

Die **Psychologie** war bisher Bestandteil der Anthropologie oder Neurophysiologie des Menschen (Woodward & Ash 1982). Der Vergleich mit Tieren sollte der Unterscheidung zwischen niederen und höheren Seelentätigkeiten und der Erkenntnis der Spezifik menschlicher Bewußtseinsleistungen dienen. *Darwin* war bereits seit 1838 von der Abstammung des Menschen aus dem Tierreich überzeugt, suchte deshalb mehr nach Ähnlichkeiten als nach Unterschieden und trug vergleichend-psychologische Beobachtungen über Affen des Londoner Zoos und Menschen in seine Notizbücher ein (Gruber 1974).

Diese Themen sollten ursprünglich in seinem Werk über Domestikation (s.o.) mitbehandelt werden, und *Darwin* entwarf auch 1868 schon einen Stammbaum der Primaten. Der ein Kapitel übersteigende Umfang seines Materials füllte zwei weitere Bücher: Unter dem Titel *Die Abstammung des Menschen und die geschlechtliche Zuchtwahl* (engl. und dt. 1871) erörterte er die Beweise für die Verwandtschaft zwischen Menschen und Tieren (u. a. aus der Embryologie) und die Faktoren für die Entstehung der Rassen, die er vor allem der Wirkung der *sexuellen Selektion* zuschrieb. Diesem Prinzip maß er große Bedeutung bei und führte viele Beispiele aus dem Tierreich mit Beobachtungen über Balzverhalten und Partnerwahl an.

Abb. 89. Darwins Hund Polly, an dem er Verhaltensstudien durchführte (1872); hier: Ausdruck feindseliger Haltung.

Auch die Entwicklung seelischer und geistiger Fähigkeiten bei Tier und Mensch unterzog er subtilen Beobachtungen zum Beweis ihrer Verwandtschaft und legte dokumentarisches Bildmaterial über den Ausdruck der Gemütsbewegungen bei Mensch und Tier vor (Abb. 89). Mit diesem Werk *The expressions of emotions in man and animal* (1872) begann die wissenschaftliche **Verhaltensforschung** und Tierpsychologie.

Es waren also zentrale biologische Forschungsprojekte, die *Darwin* durch seine Theorie und seine eigenen Forschungen initiierte. Er hatte einmal an Charles *Lyell* (1797–1875) geschrieben – dessen Prinzip des Aktualismus (*Principles of geology*, 1830–1833) er für die biologische Entwicklung übernahm –, es sei schwieriger gewesen zu sehen, „welcher Art die Probleme waren, als dieselben lösen" (V. Carus 1887, Bd. 2, S. 165).

Ein Hauptproblem hatte *Darwin* offenbar nicht voll erkannt: die **Entstehung einer neuen Art** als Voraussetzung für eine divergente Stammesentwicklung und die präzise Formulierung des Artbegriffs. Dieser war bis dahin belastet mit typologischen Vorstellungen und dem Konstanzgedanken. Mit deren Zurückdrängung wurde auch das konturierte Artkonzept nach genealogischen Kriterien aufgegeben zugunsten der Varietätenfrage, die *Darwin* für das Kernproblem hielt. Er hatte in achtjähriger mühsamer Detailarbeit (1846–1854) das System der Rankenfußkrebse (*Cirripedia*) taxonomisch neu bearbeitet und die morphologische Variabilität jeden Merkmals konstatiert, so daß er gar nicht die Schwierigkeit zu lösen versuchte, „zu bestimmen, was Species und was Varietäten sind …" (a. a. O. S. 33). Er hielt die Abgrenzung taxonomischer Gruppen (wie *Lamarck*) für subjektiv und willkürlich, jede Varietät für eine „beginnende Art" und die Frage der Artbildung durch Besetzung neuer ökologischer Stellen im Naturhaushalt für beantwortet, da er der geographischen bzw. reproduktiven Isolation kein großes Gewicht beimaß.

Auch an dieser Frage entzündeten sich Kontroversen und neue Forschungen, deren Lösung fast ein Jahrhundert beanspruchte und zunächst lamarckistischen Versionen größeren Spielraum bot (Barth 1990).

9.2. Die Neugestaltung biologischer Disziplinen und ihrer theoretischen Konzeptionen unter dem Einfluß der Evolutionstheorie

Die Auswirkungen von *Darwins* Theorie erstrecken sich über die Fachdisziplinen hinaus in gesellschaftliche und weltanschauliche Bereiche, die hier nur gestreift werden können (vgl. Aveling 1887; Hull 1973; Vorzimmer 1970; Wichler 1963; Zirnstein 1985). Es sind vier Hauptgruppen bei der Rezeption des Darwinismus zu unterscheiden:

- Naturforscher, die sich zustimmend die neue Theorie aneigneten, mit ernstem Eifer Lücken in der Beweisführung und offene Fragen durch neue Untersuchungen zu schließen versuchten. Es waren diejenigen, denen – wie *Huxley* – die Einzeltatsachen (Variabilität, Existenzkampf, Anpassung) wohl vertraut waren und die nun *Darwins* Theorie als „leuchtenden Blitz" erlebten, der einen Weg weist,
- Naturforscher, die zwar die Schlußfolgerungen *Darwins* (Entwicklung und Abstammung der Arten) akzeptieren, aber seine Theorie oder einzelne Elemente (Selektion, Kampf ums Dasein, zufällige kleine Variationen) ablehnten, mißverstanden und deshalb nach anderen Faktoren der Evolution suchten,
- Naturforscher konfessioneller Richtungen, die der materialistischen Konsequenz der Deszendenztheorie in bezug auf den Menschen nicht folgen konnten,
- Gegner und Anhänger ohne naturwissenschaftliche Bildung und Erfahrung, die sich nur dem weltanschaulichen Aspekt zuwandten, ihn auf andere Wissens- und Lebensgebiete übertrugen und ihn philosophisch bekämpften oder verallgemeinerten (z. B. Sozialdarwinismus).

Gegen Ende des 19. Jh. wirkte der Darwinismus neugestaltend auf biologische Spezialdisziplinen und ihre Institutionalisierung, auch in Fachgesellschaften (Geus und Querner 1990), bis er im zweiten Drittel des 20. Jh. die theoretische Grundlage der Biologie als Ganzheit vorbereitete.

9.2.1. Evolutionistische Morphologie, Vergleichende Anatomie und Phylogenetische Systematik

Vergleichende Anatomie und Morphologie hatten eine lange Tradition, waren im 19. Jh. Bestandteil der taxonomischen Disziplinen (vgl. 6.2.1., 7.2.) und waren belastet durch typologische und teleologische Deutungen. Sie boten viel Faktenmaterial für die neue Theorie. Einen wichtigen Schritt in der vorphylogenetischen Theorienbildung zur Morphologie – die ihren Anfang als eigenständige Disziplin durch *Goethe* und E.*Geoffroy St. Hilaire* genommen hatte (vgl. 7.2.3., 7.3.2.) – bewirkte der englische Anatom und Paläozoologe Richard *Owen* (1804 – 1892) durch die präzise Trennung und Definition der Begriffe *Analogie* und *Homologie* in seinem *Report on the archetype and homologies of vertebrate skeleton* (1847) und dem gleichnamigen Werk über den Archetypus und über Homologien des Wirbeltierskeletts (*On the archetype ...* 1848). Er hatte darin drei Formen homologer Beziehungen unterschieden:
- die spezielle Homologie als Ähnlichkeit spezifisch umgebildeter homologer Organe verschiedenartiger rezenter Wirbeltiere,
- die allgemeine Homologie als Ähnlichkeit der Formen gegenüber dem sogenannten *Archetypus* (Urform oder Bauplantypus),
- die seriale Homologie als Ähnlichkeit einer Reihe von Teilen im gleichen Individuum, z. B. der Wirbel (heute als *Metamerie* von der Homologie abgegrenzt).

Daran hatte Ch. *Darwin* (1859, Kap. 14) in seiner Beweisführung aus dem Gebiet der Morphologie angeknüpft und festgestellt, daß das Zustandekommen dieser Homologien durch die Theorie der Selektion „bis zu einem gewissen Grade" erklärt werden könne. Die homologen Ähnlichkeiten seien die Folge der Abstammung von gemeinsamen Vorfahren, während die analogen Ähnlichkeiten (von ihm „analoge Modifikationen" genannt) als funktionelle Anpassungen an gleichartige Lebensbedingungen zu werten sind.

Owen wirkte als konservativer Vertreter der typologisch orientierten vergleichenden Anatomie und Systematik und wurde durch seine Kontroversen gegen Th. H. *Huxley* über die Verwandschaft des Menschen mit Menschenaffen über das Fachgebiet hinaus als Antidarwinist bekannt. Doch wollte er nach 1859 seine Homologiedefinition ebenfalls phylogenetisch verstanden wissen und geriet darüber mit *Darwin* in einen Prioritätsstreit (Voigt 1973).

Die nach *Darwin* einsetzenden großen wissenschaftlichen Schulen der evolutionistischen Morphologie bemühten sich um die weitergehende theoretische Fundierung der Methode der Homologisierung, wobei eine Vielzahl neuer Fassungen des Analogie- und Homologiebegriffes entstanden (Bljacher 1965) und sie auf das gesamte Tierreich und auf den entwicklungsgeschichtlichen Vergleich zwischen Wirbeltieren und Wirbellosen angewandt wurde (s. u.).

Eine führende Rolle bei der Neubegründung der Vergleichenden Anatomie spielte Carl *Gegenbaur* (1826–1903), Schüler von *Koelliker* und Joh. *Müller*, Ordinarius für Anatomie (und Zoologie) in Jena (1858) und Heidelberg (1873), dessen *Grundzüge der vergleichenden Anatomie* (1859, 1870) und vor allem die *Untersuchungen zur vergleichenden Anatomie der Wirbeltiere* (1864–1872) ein Vorbild konsequenter Anwendung darwinistischer Aspekte auf exakt wissenschaftlicher Basis wurden. Er entwickelte eines der beiden Hauptkriterien für die Homologie, die Entstehung der Organe aus gleichen embryonalen Anlagen (1870), während E. *Haeckel* (1866) das andere Hauptkriterium, die gleiche stammesgeschichtliche Herkunft von gemeinsamen Vorfahren, formulierte.

Auf dieser Grundlage hatte *Gegenbaur* das Kopfskelett der Selachier untersucht (1872) und einen Beitrag zur Klärung der von *Goethe* und *Oken* aufgestellten Wirbeltheorie des Schädels (vgl. 8.1.1.) geleistet. Die Forschungsgeschichte dieser Problematik, der stammesgeschichtlichen Entwicklung des Wirbeltierkopfes, deren vergleichend anatomische, embryologische und paläontologische Aufklärung bis in die Gegenwart reicht, bezeichnete Bljacher als Beispiel für eine Triade der Hegelschen Dialektik [22]. Denn *Darwins* Mitstreiter *Huxley* hatte 1858 *Okens* Theorie von der Bildung des Schädels aus Wirbeln zunächst völlig negiert, bis man später auf neuem Erklärungsniveau zumindest teilweise zur ersten Aussage zurückkehrte.

Der englische Mediziner und Zoologe Thomas Henry *Huxley* (1825 bis 1895), der wesentlich zur Veröffentlichung und wissenschaftlichen Durchsetzung von *Darwins* Theorie beitrug, hatte zunächst vergleichend-morphologische Untersuchungen über Kopffüßer (*Cephalopoda*) durchgeführt (1853), schon 1863 sein Buch über die Stellung des Menschen in der Natur (*Evidence as to man's place in nature*) veröffentlicht und mit den Handbüchern der Anatomie der Wirbeltiere (1871) und der Wirbellosen (1877) die Anwendung deszendenz-theoretischer Gesichtspunkte auf die vergleichende Anatomie realisiert. Die Schlußfolgerungen, die sich aus der evolutionistischen Morphologie für die zoologische Systematik ergeben, zeigte er in seiner Einführung in die Klassifikation der Tiere (*Introduction to the classification of animals*, 1869). Ausgehend von den zwei neuen Hauptkriterien der Homologisierung – dem stammes- und dem entwicklungsgeschichtlichen –, erschloß sich eine neue Dimension zur Erforschung der realen Verwandtschaftsbeziehungen zwischen den Organismen. Das Ringen um die Neugestaltung des „natürlichen Systems" zu einem phylogene-

Abb. 90. Porträt-Silhouette von Ernst Haeckel als Student in Würzburg (1853).

tischen und um die richtige Methode zur Anwendung der neuen Aspekte spiegelte sich in dem Briefwechsel zwischen *Huxley* und *Haeckel* wider, der schon bei der Erarbeitung seines Systems der Radiolarien ab 1860 eine stammesgeschichtliche Interpretation anstrebte und in seiner *Generellen Morphologie der Organismen* (2 Bde. 1866) wie in einem genialen Entwurf eine Neuordnung der gesamten Biologie unter dem Oberbegriff einer evolutionstheoretisch konzipierten *Morphologie* als einer „mechanischen" (d.h. kausalen) Wissenschaft verkündete.

Ernst *Haeckel* (1834–1919), Schüler *Koellikers, Virchows* und vor allem J. *Müllers* (Abb. 90), war von Jugend an Systematiker, besaß gründliche Kenntnisse in der botanischen Taxonomie und widmete sich als Forscher der Systematik wirbelloser Meerestiere. Auf diesem damals noch relativ unerschlossenen Gebiet erwarb sich *Haeckel* durch Monographien der *Radiolarien* (1862, 1887), *Kalkschwämme* (1872), *Medusen* (1879–1880) und *Siphonophoren* (1869, 1888) seinen Ruf als Zoologe und konnte als erster Ordinarius für Zoologie in Jena (1865) das Fach dort institutionalisieren (Uschmann 1959). Allerdings zog in erster Linie sein engagiertes Eintreten für *Darwins* Theorie die Studenten an und begeisterte sie für die evolutionistische Zoologie, wobei auch er – wie er von *Darwin* sagte – „das alte Material der Tatsachen in neuer genialer Weise benutzt" und die „Erscheinungen der organischen Natur aus einem einzigen einheitlichen Gesichtspunkte" erklärt hat (a. a. O.).

Aus der erfolgreichen Darwin-Vorlesung entstand sein weitverbreitetes Buch *Natürliche Schöpfungsgeschichte* (1868), das neben seinem eigenen empirisch erhärteten Material zwangsläufig auch viel Hypothetisches über entwicklungs- und stammesgeschichtliche Details, besonders in den grafischen Stammbaumentwürfen, enthält und neben philosophischen auch fachliche Kontroversen hervorrief (u. a. mit *Gegenbaur*). Umstritten blieb auch sein Versuch, ein natürliches System der gesamten Organismenreiche „auf Grund ihrer Stammesgeschichte" zu entwerfen (*Systematische Phylogenie*, Teil I–III, 1894–1896), wobei er Pflanzen und Tiere monophyletisch mit dem neugebildeten Reich der *Protisten* aus hypothetischen *Moneren* ableitete und die Urtiere (*Protozoa*) als Unterreich allen mehrzelligen Tieren (*Metazoa*) gegenüberstellte (Abb. 91). Obwohl diese und manche neue Gruppierung im wesentlichen erhalten blieb, waren doch zu diesem Zeitpunkt die botanische und zoologische Taxonomie schon zu weit spezialisiert, als daß ein einzelner eine solche Gesamtdarstellung mit den aktuellen Erkenntnissen auf allen Teilgebieten in Einklang bringen konnte.

Bereits der erste geniale Versuch von 1866, ein phylogenetisches System in Form von Stammbäumen (auf Anregung des Jenaer Linguisten A. *Schleicher*) grafisch darzustellen, zeigte das Vorgehen *Haeckels*, die bisherigen systematischen Großgruppen zu einem genealogischen, phyloge-

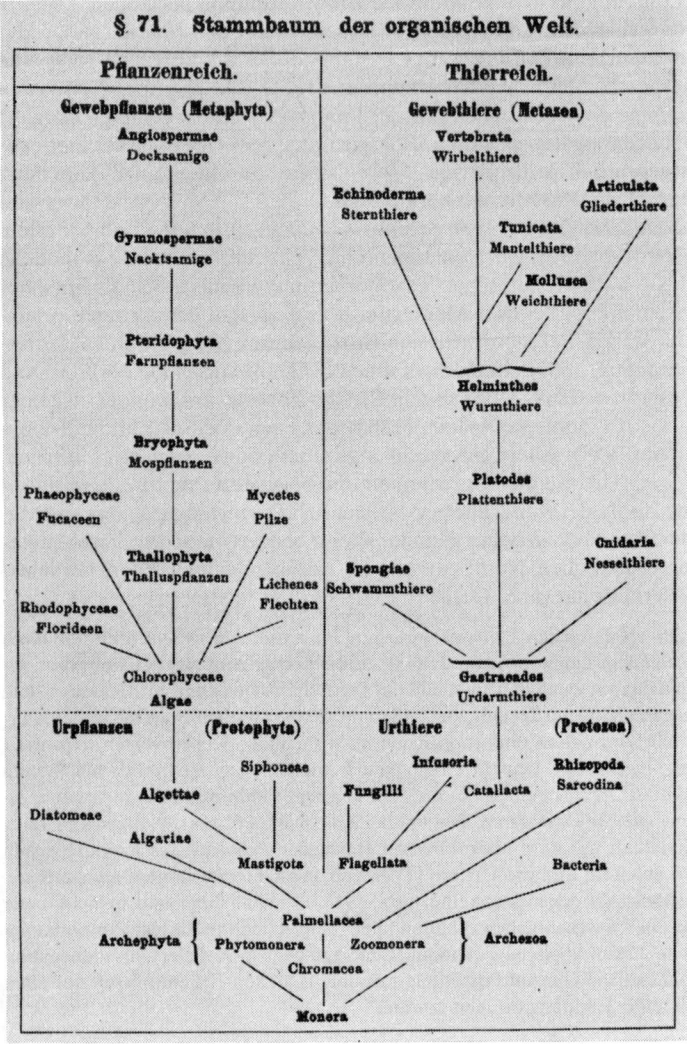

§ 71. Stammbaum der organischen Welt.

| Pflanzenreich. | Thierreich. |

Gewebpflanzen (Metaphyta)

Angiospermae
Decksamige

Gymnospermae
Nacktsamige

Pteridophyta
Farnpflanzen

Bryophyta
Mospflanzen

Phaeophyceae   Mycetes
Fucaceen   Pilze

Thallophyta
Thalluspflanzen
                            Lichenes
Rhodophyceae   Flechten
Florideen

Chlorophyceae
Algae

Urpflanzen   (Protophyta)

                Siphoneae

        Algettae
Diatomeae
        Algariae
                Mastigota

                Palmellacea
Archephyta { Phytomonera   Zoomonera
                Chromacea

                Monera

Gewebthiere (Metazoa)

Vertebrata
Wirbelthiere

Echinoderma   Articulata
Sternthiere   Gliederthiere
                    Tunicata
                    Mantelthiere
                      Mollusca
                     Weichthiere

                Helminthes
                .Wurmthiere

                Platodes
                Plattenthiere

                                Cnidaria
                               Nesselthiere
Spongiae
Schwammthiere

                Gastraeades
                Urdarmthiere

Urthiere   (Protozoa)

            Infusoria   Rhizopoda
    Fungilli   Catallacta   Sarcodina

            Flagellata

                                Bacteria

                          } Archezoa

Abb. 91. Stammbaum-Schema Haeckels der Organismenreiche mit der Gegenüberstellung von *Protozoa* und *Metazoa*, *Protophyta* und *Metaphyta*, aus Systematische Phylogenie, Bd. 1, 1894.

netischen System umzuordnen, wobei er – gemessen an den erst viel später tatsächlich ermittelten Verwandtschaftsbeziehungen – oftmals schon intuitiv richtige Entscheidungen traf.

Sein theoretisches Hauptwerk aber blieb die *Generelle Morphologie* … (1866), in der er das Gesamtgebiet der Biologie erstmals disziplinär aus seiner inneren Logik heraus gliederte, die Teildisziplinen nach Inhalt und Abgrenzung neu interpretierte und noch nicht existierende, aber aus der umfassenden Thematik der Evolutionstheorie sich ergebende neue Forschungsrichtungen erstmals charakterisierte und benannte, z.B. **Ökologie und Chorologie**, **Ontogenie und Phylogenie**. Die Großgruppe *Stamm* (*Phylon*) als eine genealogische Einheit hatte *Haeckel* für die „Summe aller Species, welche aus einer und derselben gemeinschaftlichen Stammform allmählig sich entwickelt haben," neu gebildet und hielt die Erforschung ihrer Entwicklung und der genealogischen Verwandtschaft aller Spezies, die zu einem Stamm gehören, „für die höchste und letzte besondere Aufgabe der organischen Morphologie" (Bd. 1, S. 28 f.). Für *Stamm* verwendet er synonym „*Typus*" und gab diesem Begriff der bisherigen Systematik und Morphologie einen neuen Sinn. Bei der Konstruktion seiner ersten Stammbäume legte er das System der rezenten Organismen zugrunde; so sind in seinen Stämmen die Bauplantypen (Zweige) von G. *Cuviers* Tierreich wiederzuerkennen (Uschmann 1967). Sogenannte „Übergangsformen" erschloß *Haeckel* aus Embryonalstadien, da er (ähnlich wie bereits E. *Darwin*, *Kielmeyer* oder *Oken*, vgl. 7.3.3. und 8.1.1.) die Embryonalentwicklung in Parallele zur Stammesentwicklung setzte.

Seinem Vorhaben gemäß, die organische Formenlehre in eine „Wissenschaft von den vollendeten Formen" (*Anatomie*) und eine „von den werdenden Formen" (*Morphogenie*) zu gliedern, behandelte *Haeckel* im ersten Band eine „Strukturlehre" (*Tectologie*) bzw. Lehre der einzelnen „Bauteile" (worunter er je nach Untersuchungsebene die Zytologie, Histologie, Organologie etc. zusammenfaßte) und eine „Grundformenlehre" (*Promorphologie*), in der er die äußeren Formen der jeweiligen Bauteile nach „mathematisch-philosophischen" Aspekten zu erfassen suchte und 40 „stereometrisch bestimmte Grundformen" in einem hierarchischen System nach Klassen, Unterklassen, Ordnungen, Familien etc. ordnete. Durch Subsummierung der inneren und äußeren Formenlehre unter *Anatomie* zeigte *Haeckel* die enge Beziehung zwischen den meist noch getrennten Universitäts-Disziplinen Anatomie und Systematik auf, die unter deszendenztheoretischen Zielsetzungen zur Synthese kommen mußten, da beide in gleichem Maße die „Verwandtschaft" widerspiegeln bzw. den „Stammbaum" repräsentieren sollten.

Vor allem aber suchte *Haeckel* damit nachzuweisen, daß „alle morphologischen Eigenschaften der Organismen" die notwendige Folge „mechanisch wirkender Ursachen" sind, wie sie sich aus den sie letztlich konstituierenden Atomen, Molekülen und chemischen Verbindungen ergeben. Als Modell für den gesetzmäßigen

Aufbau der Lebensformen diente *Haeckel* (wie *Schwann*, vgl. 8.2.2.) der Kristallisationsprozeß in der anorganischen Natur, deren „absolute Einheit" mit der organischen Natur zu seiner schon hier 1866 formulierten „monistischen Weltanschauung" gehörte. Daraus leitete er aber auch eine neue Hypothese über die Entstehung erster einfachster Lebensformen (*Moneren*) durch „Selbstzeugung" (*Autogonie*) aus „anorganischer Substanz" nach dem Vorbild von *Schwanns* Zellbildungs-
theorie ab (Bd.1, Kap.6). Die Versuche von *Schwann* und *Pasteur* zur Widerlegung
der Urzeugung in der Gegenwart (vgl. 8.3.3.) betrachtete er nicht als Gegenbeweis
gegen eine *Autogonie* in der Vergangenheit.

Sowohl die Einteilung der Struktur- und der Grundformenlehre nach sechs verschiedenen morphologischen „Individuen" von der Zelle (*Plastide*) bis zum Stock
(*Cormus*) als auch die Konzeption der geometrischen Grundformen (deren Zahl er
später reduzierte) zeigen deutlich, daß *Haeckel* sich vor allem an der subtilen Formenkenntnis seiner eigenen Wirbellosen-Forschungen orientierte, die bis dahin
nur die Radiolarien sowie einige Medusen und Siphonophoren umfaßte (vgl. auch
9.2.3.).

Die *Generelle Morphologie Haeckels*, deren zweiter Band der Entwicklungsgeschichte oder *Morphogenie* gewidmet ist (vgl. 9.2.3.), kann als erster Versuch zu
einer **evolutionstheoretischen Synthese** verschiedener Disziplinen (Taxonomie
und Vergleichende Anatomie, Zytologie, Embryologie und Paläontologie) gewer-
tet werden, deren Erkenntnisgehalt zu dieser Zeit aber noch wenig tragfähig war.
Die vielen Hypothesen, zu denen *Haeckel* infolgedessen seine Zuflucht nahm, forderten zu Widerspruch und neuen Untersuchungen heraus; die 241 „Thesen", in
die er seine Aussagen zusammenfaßte, waren mehr ein Programm als ein Ergebnis
der Forschung, die erst 70 Jahre später zu neuer Synthese gelangte.

Die **Evolutionsmorphologie** erfuhr einen spezifischen theoretischen Ausbau
durch den russischen Zoologen Aleksej Nikolaevič *Severcov* (1866–1936), der, im
Erscheinungsjahr der *Generellen Morphologie* geboren, nach zoologischen Studien

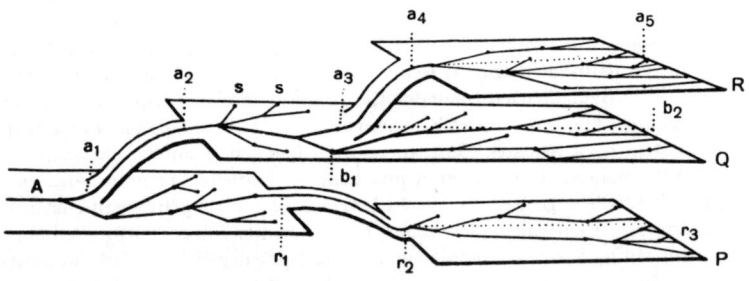

Abb. 92. Schema zur Veranschaulichung der *Aromorphose* von A. N. Severcov
(1831): Die Ebenen stellen die Erhöhung des Organisationsniveaus eines Tieres A
dar (Linie al–a2 und a3–a4) mit nachfolgender Entfaltung (s); rl–r2 = regressive
Entwicklung.

in Moskau, München und Villefranche-sur-Mer in Dorpat (Tartu) und Kiev Zoologie und vergleichende Anatomie lehrte und 1911 in Moskau ein Institut für Evolutionsmorphologie gründete. In seiner **Theorie der Phylembryogenese** erläuterte er die Beziehung zwischen Ontogenese und Phylogenese im umgekehrten Sinne wie *Haeckel*. Er stützte sich konsequent auf *Darwins* Selektionsprinzip; nach ihm führt die natürliche Auslese zu evolutiven Veränderungen im Bauplan der Organismen und dadurch zur Abänderung der Ontogenese in der Nachkommenschaft. Unter Ablehnung experimenteller Methoden hielt er die vergleichende Morphologie für die fundamentale Richtung evolutionsbiologischer Forschungen.

Auch *Severcov* leistete einen Beitrag zur Aufklärung der Schädelbildung (s. o.), indem er die Metamerie des Kopfes bei Fischen und Lurchen (Sterlet, Axolotl, Knoblauchkröte) verglich und daraus für die Phylogenese folgerte, daß sich im Verlauf der Evolution bei verschiedenen Wirbeltiergruppen eine unterschiedliche Anzahl von Rumpfsegmenten zum Kopf vereinigt habe (*Die Metamerie des Kopfes von Torpedo, Anat. Anz. 14, 1898*).

In seinem zusammenfassenden Werk *Die morphologischen Gesetzmäßigkeiten der Evolution* (1931) stellte er seine Theorie über den Prozeß der Höherentwicklung und Spezialisierung – wie er aus der Morphologie ablesbar ist – in einem dreidimensionalen Stammbaumschema dar. Nach seiner Evolutionstheorie verläuft die Entwicklung über ein Stadium der biologischen Progression (meist verbunden mit morpho-physiologischen Fortschritten), der *Aromorphose*, zu einer Phase der spezifischen Anpassung einzelner Organe an spezielle Gegebenheiten, zur *Idioadaptation*, die sich auf jeder Ebene in einer Vielzahl von Seitenzweigen äußert (Abb. 92).

In seine Theorie bezog *Severcov* sowohl die Mikro- als auch die Makroevolution ein (für die man lange Zeit unterschiedliche Faktoren angenommen hatte) und forderte noch in seiner letzten Arbeit (1935) von Genetikern, Embryologen, Ökologen und Paläontologen, durch Synthese ihrer Untersuchungen „eine komplette Theorie der Evolution" zu schaffen, was zwei Jahre später durch *Dobzhansky* erfolgte (vgl. 10.1.). Die Grundsätze der Evolutionsmorphologie waren in erster Linie für alle auf anatomisch-morphologischen Vergleich angewiesene biologische Disziplinen wie Systematik und Paläozoologie von Wert und wurden Bestandteil der neuen Systematik, die ab 1940 entwickelt wurde, besonders der **Phylogenetischen Systematik** von Willi *Hennig* (1950).

Obwohl *Haeckel* auch die **Botanik** in seine Stammbaumentwürfe einbezog, fanden diese Bestrebungen bei den Fachbotanikern wenig Echo – mit Ausnahme von Johannes *Hallier* (1868–1932) der sie für die *Dicotyledonen* (1908) aufgriff – wenngleich es unter ihnen zahlreiche Verfechter der Evolutionstheorie und Anhänger *Darwins* gab. Doch waren die Zweige in der Botanik noch nicht so stark spezialisiert, d. h. nicht ausschließlich auf Anatomie, Morphologie oder Systematik beschränkt. Der Einfluß *Dar-*

wins äußerte sich vor allem durch eine verstärkte Zuwendung zu ökologischen, ökomorphologischen oder ökogeographischen Themen, deren Ergebnisse in das natürliche System einflossen, z. B. bei Adolf *Engler* (1844–1930) in seinem Werk *Die natürlichen Pflanzenfamilien* (1889–1915, mit K. *Prantl*) (vgl. 8.3.1.; 8.3.2; 9.2.2.; 9.3.2.). Eine komplette Übersicht über die Rezeption des Darwinismus durch Botaniker bietet *Junker* (1989).

9.2.2. Die evolutionistische Paläontologie

Noch bis zur Mitte des 19. Jh. war die paläozoologische Forschung eng mit der vergleichenden Anatomie verbunden (oder mit der Geologie) und die Anatomen und Zoologen (*Cuvier*, L. *Agassiz*, J. *Müller*, R. *Owen*) bearbeiteten sowohl rezentes wie fossiles Material. H. G. *Bronn* versuchte erstmals, beides in einem System zu klassifizieren und auch die Beziehungen in einem Baumschema mit Seitenästen grafisch darzustellen; er interpretierte die Entwicklungsstufen aber als sukzessive Neubildungen (vgl. 9.1.1.) Es ist erstaunlich, daß gerade die führenden Paläozoologen wie H. G. *Bronn*, R. *Owen*, L. *Agassiz*, die über die zeitliche Abfolge von Vertretern der allmählich veränderten Bauplantypen Beweismaterial besaßen, die Deszendenztheorie ablehnten. Auch Ch. *Lyell*, der *Darwins* Bemühungen miterlebte und selbst durch den Vergleich fossiler und rezenter Muscheln und ihre allmählichen Übergänge zu seiner geologischen Aktualitätstheorie (der Ablehnung erdgeschichtlicher „Katastrophen") kam, schloß sich nur zögernd der Abstammungslehre an. Die pflanzlichen Fossilien wurden in das System der rezenten Pflanzen eingeordnet.

Um so markanter ist der Umschwung, den eine neue Generation von Paläontologen nach der Lektüre von *Darwins* Werken für die Paläontologie bewirkte. Einer der frühesten Geologen, die ihre Kenntnisse in den Dienst der Evolutionstheorie stellten, war Friedrich *Rolle* (1827–1887), u.a. Schüler von C. *Vogt* und dem Tübinger Geologen Friedrich August *Quenstedt* (1809–1889). Nach kurzer Kustodentätigkeit am Wiener Mineralienkabinett (wo er u. a. fossile Mollusken untersuchte), arbeitete *Rolle* vorwiegend als Gutachter und Landesgeologe in seiner Heimat Bad Homburg. Bereits kurz nach Erscheinen von *Darwins* Werk schloß er sich seiner Theorie an und veröffentlichte *Ch. Darwins Lehre von der Entstehung der Arten im Pflanzen- und Thierreich in ihrer Anwendung auf die Schöpfungsgeschichte dargestellt und erläutert* (1863), eine noch vor *Haeckels Natürlicher Schöpfungsgeschichte* (1868) verbreitete populäre Darstellung mit vielen Beweisen aus der rezenten und fossilen Organismenwelt, die *Darwin* in seinen nachfolgenden Schriften zitierte. Kurze Zeit später brachte er die ersten fossilen Zeugnisse zum Beweis für die Deszendenz des Menschen in seinem Werk *Der Mensch, seine Abstammung und Gesittung im Lichte der Darwinschen Lehre von der Art-Entstehung und auf der Grundlage der neuen geologischen Entdeckungen* (1866), was ebenfalls *Darwin* nutzte. Speziell zur Verbreitung des Darwinismus und zur Diskussion von „Einwänden und Gegeneinwänden" gründete *Rolle* eine (nur in zwei Heften erschienene) Zeitschrift *Hertha* (1867–1868), in der u.a. die Bedeutung des ersten Urvogel-Fundes (*Archaeopteryx*) für die Evolutionstheorie und die genealogische Verwandtschaft der Pferdearten erläutert werden. (Martin und Uschmann 1969).

Nur wenig später widmete sich der begabte russische Paläozoologe Vladimir Onufrievič *Kovalevski* (1842–1883) ganz speziell der Stammesgeschichte der Pferde und der tertiären Huftiere und formulierte allgemeingültige **Gesetze der Evolution** und der **Paläökologie**, die fester Bestandteil der evolutionistischen Paläontologie wurden.

Nach einem Jurastudium in Petersburg (Leningrad) bildete er sich mit Hilfe seines Bruders (vgl. 9.2.3.) und des Physiologen Ivan Michailovič *Sečenov* (1829 bis 1905) autodidaktisch naturwissenschaftlich weiter. Die wichtigsten Anregungen erhielt er bei seinem (durch die Scheinehe mit der später berühmten Mathematikerin Sofja *Kovalevskaja* veranlaßten) Auslandsaufenthalt. Durch Übersetzungen der Werke von *Agassiz, Brehm, Darwin, Huxley, Frey, Koelliker, Lyell* und C. *Vogt*, die er auf seinen ersten Europareisen (1862–1863, 1867) persönlich kennengelernt hatte, war ihm die neue Theorie neben zoologischen Kenntnissen vertraut. Durch eingehende Studien der Fossiliensammlungen in Stuttgart, London, München und Würzburg (1869–70), dann in Berlin und Paris (1870–71), erwarb er sich die Kenntnisse der Wirbeltieranatomie, die ihm die phylogenetische Bewertung des von *Cuvier* beschriebenen Pariser *Anchitherium*-Skelettes in der Vorfahrenreihe der Pferde ermöglichten.

Während seines abschließenden Studienaufenthaltes bei *Gegenbaur* und *Haeckel* in Jena entstand die überaus bedeutende Dissertation *Über das Anchitherium aurelianense Cuv. und die palaeontologische Geschichte des Pferdes* (1872, gedr. Mém. Acad. Sci. St. Petersburg *20*, 1873); sie enthält den Vergleich der Gliedmaßen, Kopf- und Zahnbildung von vier Vorfahrensformen der Pferde (*Palaeotherium, Anchitherium, Hipparion* und *Equus*). Außerdem untersuchte er dort für seine umfassende Monographie der Huftiere (s. u.) nicht nur Skelettmaterial, sondern die Muskelanatomie rezenter Formen nach Alkoholpräparaten (Uschmann 1955/56).

Wie in der Dissertation durch funktionell-morphologische Vergleiche unter gleichzeitiger Berücksichtigung der ökologischen Veränderungen der Lebensbedingungen in den relevanten erdgeschichtlichen Zeiten die Reduktion der Zehenzahl und die Veränderung der Zahnkronen durch selektive Anpassung erklärt wurde, so ist auch in der *Monographie der Gat-*

tung Anthracotherium Cuv. und Versuch einer natürlichen Classification der fossilen Hufthiere (1873–1874) konsequent eine evolutionstheoretische Interpretation angewandt.

Kovalevski führte die Begriffe *adaptive* und *nichtadaptive* Merkmalsveränderung als Ursachen für das Überleben bzw. das Aussterben ganzer Tiergruppen in die Terminologie der Paläontologie ein und bezeichnete den Höhe- oder Endpunkt einer Entwicklung als *Kulminationstyp* (z.B. Einhufer). *Kovalevski* ging also von einer Veränderung und anschließenden ökologischen Selektionen aus, nicht von einer umweltbedingten gerichteten Anpassung im Sinne des um diese Zeit aufkommenden Neolamarckismus, dem sich viele Paläontologen anschlossen.

Seine Vorstellung von den inadaptiven Merkmalen als Ursache des Aussterbens griffen die amerikanischen Paläontologen Edward *Cope* (1840 bis 1898) und sein Schüler Henry Fairfield *Osborn* (1857–1935) auf, die weitere phylogenetische Gesetze aus paläontologischen Fakten ableiteten.

So glaubte *Cope*, ein „Gesetz der sukzessiven Größenzunahme" zu erkennen und maß den Prinzipien der *Addition* und *Acceleration* evolutionäre Bedeutung zu, während er selektionstheoretische Mechanismen ablehnte (*The origin of the fittest*, 1887). Unbeirrter als *Haeckel* vertrat er die Auffassung eines direkten Parallelismus zwischen ontogenetischen und phylogenetischen Entwicklungsstadien (*Biogenetisches Grundgesetz*) und hielt Anpassungsmechanismen im Jugendstadium für die eigentlichen Evolutionsfaktoren (*The primary factors of organic evolution*, 1896).

Osborn untersuchte vergleichend-geographisch das Alter der Säugetiere (*The age of mammals in Europe, Asia and North America*, 1910) und schuf die analytischen Grundlagen zur Bestimmung fossiler Säuger aufgrund der Mahlzahnstrukturen; er betrachtete inadaptive Veränderungen als Hauptursache des Aussterbens, wobei er das Augenmerk auf Proportionsänderungen (*Alloiometrie*) legte. Sein Buch *The origin and evolution of life* (1917), in dem er eine „Theorie der Aktion, Reaktion und Interaktion der Kräfte" entwickelte und für Lebewesen grundsätzlich andere als chemische und physikalische Gesetze geltend machte, rief den massiven Widerspruch von Th. H. *Morgan* hervor, der zu dieser Zeit die Grundlagen der Gen-Theorie entwickelt hatte (vgl. 9.3.3.).

Der österreichische Paläontologe Melchior *Neumayr* (1845–1890), der sowohl das Prinzip der natürlichen Selektion als auch direkte Umwelteinflüsse annahm, stellte sich das Ziel, insgesamt die allmähliche Entwicklung der Organismen auf der Erde (so, wie er es am Beispiel der Evolutionsreihe der tertiären Sumpfschnecken *Paludina* demonstrierte) zu beschreiben und bezog in sein Werk über *Die Stämme des Tierreichs* (1889) die fossilen Formen mit ein.

Durch den Einfluß der Evolutionstheorie und die Bedeutung, die in diesem Zusammenhang die fossilen Urkunden als „historische Dokumente der Entwicklung des organischen Lebens auf der Erde" gewonnen hatten, erhielt im letzten Drittel des 19. Jh. die Paläontologie zunehmend ihre von der Geologie getrennte Eigengeltung.

Sie suchte Anschluß an die biologischen Disziplinen in einer übergreifenden biologischen Wissenschaft, die der Greifswalder Ordinarius Otto *Jaekel* (1863–1929) als *Biontologie* bezeichnete (*Wege und Ziele der Paläontologie;* Palaeont. Z. *1*, 1913). Diese Tendenz zu biologischen Konzeptionen spiegelten sich in neuen Spezialrichtungen wider, die der Brüsseler Paläontologe Louis *Dollo* (1857–1931) als *Paläoethologie* (1909), der Wiener Othenio *Abel* (1875–1946) als *Paläobiologie* (1912) bezeichnete. Beiden Richtungen lagen ökologische und lamarckistische Interpretationsformen der Phylogenese zugrunde.

Auch *Dollo* stellte 1893 ein „Gesetz" von der Nichtumkehrbarkeit oder Nichtwiederholbarkeit der stammesgeschichtlichen Entwicklung auf (*Dollosches Gesetz*) und zeigte dessen Gültigkeit an den Formveränderungen fossiler Kopffüßer (*Les Céphalopodes et l'irréversibilité de l'Evolution*, 1922).

Abel verfaßte nach der *Paläobiologie der Wirbeltiere* (1912) auch eine solche der *Cephalopoden* (1916) und suchte die Einflüsse von Lebensweise, Milieu und Klima auf Formveränderungen zu ergründen, betonte aber mit Nachdruck, daß sich anhand fossiler Funde keine Ahnenreihen, sondern nur Merkmalsreihen („Stufen- oder Organreihen") nachweisen lassen (*Paläobiologie und Stammesgeschichte*, 1929).

9.2.3. Die Neuorientierung der Embryologie (Ontogenie)

Die enge Verknüpfung von Stammesgeschichte und Individualgeschichte (*Ontogenese* seit *Haeckel* 1866), die *Darwins* Veröffentlichungen und besonders *Haeckels* Formulierung des *Biogenetischen Grundgesetzes* (vgl. 9.2.1.) induziert hatten, bewirkte einen signifikanten Bedeutungswandel der schon traditionsreichen Embryologie (vgl. 8.4.1.). Zwar lag bereits um die Mitte des 19. Jh. viel exakt beschriebenes Material über die Embryonalentwicklung der Wirbeltiere und über viele Einzelerkenntnisse der Keimesentwicklung von Wirbellosen vor, Eifurchung und Larvenentwicklung von Hohltieren, Würmern, Weichtieren und Stachelhäutern waren beobachtet, aber unter dem neuen Aspekt der stammesgeschichtlichen Verwandtschaft genügte nicht eine neue Interpretation der vorhandenen Darstellungen. Neue Originaluntersuchungen waren nötig und wurden durch die Entwicklung der Mikroskopier,- Färbe- und Fixierungstechniken erleichtert. Dazu kam die Gründung meeresbiologischer Forschungsstationen (s. u.) zum Studium von Lebendmaterial.

War unter dem Eindruck der Zellentheorie das Studium der Einzeller sowie der Eizellen und ihrer frühen Teilungsstadien gefördert worden, so setzte nunmehr die vergleichende Untersuchung der Keimlingsentwicklung verschiedener Tiergruppen ein. Als Pionier dieser **Vergleichenden Evolutionsembryologie** ist der ältere Bruder des Paläontologen Vladimir O. *Kovalevski* (vgl. 8.2.2.), Aleksander Onufrievič *Kovalevski* (1840 bis 1901), in mehrfacher Hinsicht führend geworden.

Nach Studien in Petersburg (Leningrad), Heidelberg und Tübingen, in Neapel und Messina wirkte er als Zoologe an den Universitäten Kasan, Kiev, Odessa und Petersburg und gründete 1871 eine Biologische Station in Sevastopol (Krim) am Schwarzen Meer.

Schon mit seiner ersten Arbeit über die Entwicklung des Lanzettfischchens (*Entwicklungsgeschichte des Amphioxus lanceolatus*, russ. 1865; dt. 1867) gelang es *Kovalevski*, die Ähnlichkeit der frühen Larvenstadien mit denen der Hohltiere (*Coelenterata*) zu zeigen und kurz danach auch die chordaähnliche Anlage in Ascidien-(Seescheiden-) Keimen zu beobachten; sie wurden bis dahin für Weichtiere gehalten. Damit war die verwandtschaftliche Beziehung zwischen Wirbeltieren und Wirbellosen erhärtet worden. Ein weiteres Anliegen war die Feststellung der Homologie der Keimblätter bei Wirbeltieren und Wirbellosen. Auch diese Streitfrage konnte *Kovalevski* durch *Embryologische Studien an Würmern und Arthropoden* (Mém. Acad. Sci. St. Petersburg *16*, 1871) und besonders durch die Untersuchung der Wasser- und Landoligochaeten klären, bei denen die Existenz dreier Keimblätter aufgezeigt wurde. Damit war die von *Pander* und *Baer* eingeführte Theorie der Keimblätter genealogisch und phylogenetisch interpretierbar geworden.

Manche embryologischen Untersuchungen führte *Kovalevski* gemeinsam mit Ilja Ilič *Mečnikov* (1845–1916) durch, der nach dem Studium in Charkov, bei *Henle* und *Leuckart* in Gießen, sowie auf Helgoland, in Neapel und Triest, zunächst als Zoologe in Odessa lehrte (1867–1882), bevor er nach weiteren meeresbiologischen Studien in Italien und Frankreich ab 1888 am *Institut Pasteur* in Paris wirkte. Nachdem er bei Landplanarien die intrazelluläre Verdauung entdeckt hatte (was später zu seiner *Phagozytentheorie* führte) und diese dann auch bei Schwämmen und Hohltieren feststellte, verallgemeinerte er seine Beobachtungen und vertrat die Hypothese, daß diese Form der Nahrungsaufnahme urtümlich sei und die Vorfahren der Vielzeller charakterisiere (*Zur Lehre über die intrazelluläre Verdauung niederer Tiere*; Zoll. Anz. *5*, 1882). Er widersprach damit *Haeckels* Gastraea-Theorie, die davon ausging, daß die Metazoen gastrulaähnliche Vorfahren hatten (Abb. 93).

Ernst *Haeckel* (vgl. 9.2.1.) hatte im ersten Band seiner *Generellen Mor-*

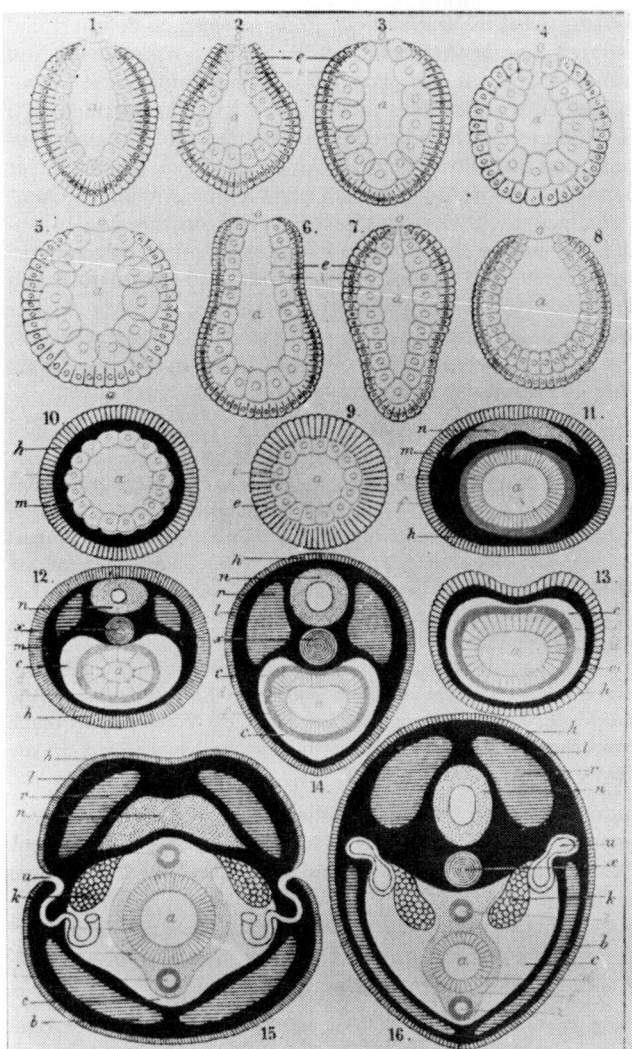

Abb. 93. Studien zur Gastraea-Theorie E. Haeckels: Gastrula-Stadien verschiedener Tierkeime (Fig. 1–8). Aus Biologische Studien 1877, H. 2, Tafel 1.

phologie (1866) zunächst die traditionelle *Embryologie* neu definiert und den umfassenderen Begriff *Ontogenie* für die gesamte Wissenschaft von den Formveränderungen, die die „Bionten oder physiologischen Individuen während der ganzen Zeit ihrer individuellen Existenz durchlaufen", eingeführt (S. 53 ff), um auch den vielfältigen Formen und Metamorphosen der Lebenszyklen wirbelloser Tiere Rechnung zu tragen. Dann schuf er im zweiten Band neue theoretische Grundlagen für eine „Generelle Ontogenie oder Allgemeine Entwicklungsgeschichte der organischen Individuen", indem er sie in **enge Beziehung** zur *Phylogenie* oder „Allgemeinen Entwicklungsgeschichte der organischen Stämme" und dem natürlichen System des Protisten-, Pflanzen- und Tierreichs sowie der *Oecologie* (der „Wissenschaft von den Beziehungen des Organismus zur umgebenden Außenwelt") und der *Chorologie* (der „Wissenschaft von der räumlichen Verbreitung der Organismen") setzte.

Nachdem *Haeckel* einen Überblick über alle Formen der Fortpflanzung gegeben hatte, setzte er sich eingehend mit den Funktionen von „Vererbung" und „Anpassung" auseinander, für die er „Gesetze" aufstellte; dabei interpretierte er Darwins „Divergenz-Gesetz" (vgl. 9.1.1.) als Ergebnis der ontogenetischen Differenzierung, die „unmittelbar aus der Wechselwirkung zwischen Vererbung und Anpassung" folge (S. 249 ff.). In einem speziellen Kapitel, in dem er auch „die Entwicklungsgeschichte der Deszendenz-Theorie" historisch schildert, grenzte er *Lamarcks* erste Pionierleistung als *Lamarckismus* gegen *Darwins* Selektionstheorie als *Darwinismus* ab, der erst „die mechanischen Ursachen", nämlich jene Wechselwirkung, aufzeige. In *Haeckels* Gegenüberstellung von Lamarckismus und Darwinismus liegt jedoch keine Unterscheidung hinsichtlich der Entwicklungsfaktoren, wie dies später erfolgte; vielmehr bezog *Haeckel* damals die **Vererbung** der durch Anpassung **erworbenen Merkmale** in sein Verständnis des Darwinismus ein wie damals viele der sogenannten „Darwinisten".

In seinen **ontogenetischen Thesen** formulierte er deshalb den Kausalnexus der ontogenetischen und phylogenetischen Entwicklung, den er sechs Jahre später als **Biogenetisches Grundgesetz** bezeichnete (1872), mit dem einprägsamen Satz:

Die Ontogenesis ist die kurze und schnelle Recapitulation der Phylogenesis, bedingt durch die physiologischen Functionen der Vererbung (Fortpflanzung) und Anpassung (Ernährung) (a.a.O. S. 300)

Der morphologische Parallelismus zwischen Embryonalstadien höherer Tiere und adulten Formen niederer Organismen war den älteren Embryologen (vgl. 8.4.1.) wohl bekannt und auch verschiedentlich schon zum Vergleich für die „Stufenleiter der Organismen" und ihre erdgeschichtliche Entstehung herangezogen worden (z. B. *Kielmeyer*, E. *Darwin*, Oken, J. F. *Meckel*; vgl. 7.3.3., 8.1.2.). Eine klare stammesgeschichtliche Begründung für dieses vielbeobachtete Phänomen

hatte bereits *Darwin* (1859) gegeben. Als eigentliche Rekapitulationstheorie der
Stammesgeschichte formulierte sie der in Brasilien lebende Zoologe Fritz *Müller*
(1821–1897) aufgrund vergleichend-embryologischer Untersuchungen an Krebsen
in seiner Schrift *Für Darwin* (1864), auf die sich *Haeckel* bezieht. Dort hatte F.
Müller festgestellt, daß sich in manchen Fällen „die geschichtliche Entwicklung der
Art ...in deren Entwicklungsgeschichte" abspiegeln könne, daß aber Unterschiede
an Embryonen verwandter Formen auf frühen und späten Stadien der Ontogenese
vorkommen, während die mittleren übereinstimmen oder umgekehrt. So werde
die in der individuellen Entwicklungsgeschichte erhaltene geschichtliche Urkunde
allmählich verwischt, je mehr sich die Jugendstadien an neue Lebensbedingungen
anpassen müssen.

Haeckel baute erst ab 1872 nach eigenen Untersuchungen diese Lehre
von der Rekapitulation aus und unterschied in der Ontogenese rezenter
Organismen zwei Merkmalstypen:
– die *Palingenese*, bei der die Ahnenmerkmale erhalten geblieben sind
  und die sich deshalb allein zur Klärung stammesgeschichtlicher Beziehungen eignet,
– und die *Zänogenese*, bei der durch neu hinzugekommene Merkmale die
  stammesgeschichtlichen Entwicklungsstufen entweder zeitlich (*Hetero-
  chronie*) oder räumlich (*Heterotopie*) verfälscht sind.
Gegen die vereinfachte Auslegung der komplizierten Beziehungen, deren
Vorhandensein aber kaum grundsätzlich in Frage gestellt wurde, gab es
manche Einwände, so durch Theodor Ludwig Wilhelm *von Bischoff*
(1807–1882) schon 1876, aber insgesamt wirkte die thesenhaft vorgetra-
gene Grundregel stimulierend. A. N. *Severcov* klassifizierte in seiner
Theorie der Phylembryogenese (1931) die verschiedenen Formen einer abweichenden Rekapitulation und unterschied drei Hauptgruppen (*Anabo-
lie, Deviation, Archallaxis*), von denen nur erstere dem „Gesetz" von *Müller* und *Haeckel* entspricht.

Eigene entwicklungsgeschichtliche Originaluntersuchungen führte
Haeckel erst bei Aufenthalten auf Lanzarote (Kanarische Inseln, 1866),
Lessina (Dalmatien, 1871) und am Roten Meer (1873) an Medusen, Sipho-
nophoren, Kalkschwämmen und Korallen durch.

Bei den Studien über die Entwicklung der vielgestaltigen Staatsquallen machte
er auch Experimente über die Regeneration von Teilstücken (*Zur Entwicklungsgeschichte der Siphonophoren*, 1869), setzte diese Versuche später aber nicht fort
(Krauße 1984). Die Weiterentwicklung seiner Theorien enthält die *Monographie
der Kalkschwämme* (3 Bde., 1872), in der er Beispiele für das „Biogenetische
Grundgesetz" in der Entwicklung der drei Kalkschwammtypen darstellt, in den
Entwicklungsstufen der einfachsten Schwämme die Urformen aller höheren Tiere
sah und den frühen Keimstadien die noch gültigen Namen (*Morula, Blastula, Gastrula*) gab. Er hatte die Einstülpung des Blasenkeims (*Blastula*) zum Becherkeim

Gastrula) und die Entstehung der zwei Zellschichten („Keimblätter") beobachtet und daraus seine *Gastraea-Theorie* abgeleitet. In seiner Abhandlung *Die Gastraeatheorie, die phylogenetische Classification des Thierreichs und die Homologie der Keimblätter* (Jenaische Z. Naturw. *8*, 1874) und den *Studien zur Gastraea-Theorie* (1877) bewies er durch den Vergleich früher Entwicklungsstadien anderer höherer Tiere, daß alle Metazoen ein solches zweischichtiges Gastrulastadium durchlaufen und deren Organe auf diese beiden „primären Keimblätter" zurückführbar sind. Während Schwämme und Coelenteraten auf diesem Gastraea-Stadium zurückgeblieben seien, bilde sich bei allen höheren Tieren eine sekundäre Leibeshöhle (*Coelom*), begrenzt von dem sich dann bildenden „mittleren Keimblatt" (*Mesoderm*), aus.

Haeckels Irrtum, daß die Gastrulabildung generell durch Einstülpung (*Invagination*) zustande kommt, berichtigten A. *Kovalevski* und I. I. *Mečnikov* (s. o.) durch den Nachweis, daß die Gastrulation auch durch Umwachsen (*Epibolie*), Einwanderung (*Immigration*) und Teilung (*Delamination*) von Zellen erfolgen kann.

An weiteren Erkenntnisfortschritten hatten Haeckel-Schüler einen herausragenden Anteil, wie Richard und Oscar *Hertwig* durch Weiterentwicklung der Keimblättertheorie oder Wilhelm *Roux*, August *Weismann* und Hans *Driesch* durch Entwicklung experimenteller Methoden (s. u.), während *Haeckel* die Anwendung vergleichend-embryologischer Studien für den Ausbau des phylogenetischen Systems mehr theoretisch bzw. hypothetisch weiterführte und in seiner *Anthropogenie oder Entwicklungsgeschichte des Menschen* (1874) als „schweres Geschütz im Kampf um den Entwicklungsgedanken" nutzte.

Entscheidende Initiativen für die entwicklungsgeschichtliche Forschung gingen von einem der ersten Schüler *Haeckels* in Jena aus, von Anton *Dohrn* (1840–1909), der ab 1862 durch *Haeckels* Vorlesungen „die wirklich bis ins Innerste gehende Erregung durch *Darwin*" vermittelt bekam, 1865 *Haeckels* erster Assistent wurde und sich 1868 mit *Studien zur Embryologie der Arthropoden* (1868) habilitierte. Er hielt bis 1871 Vorlesungen über Entwicklungsgeschichte der Ringelwürmer und Gliedertiere und erkannte die Notwendigkeit zur Einrichtung fester meeresbiologischer Stationen zur Lebendbeobachtung der Individualentwicklung, was er dann 1872 in Neapel mit internationaler Unterstützung realisierte. In seiner Schrift *Der gegenwärtige Stand der Zoologie und die Gründung zoologischer Stationen* (1872) gab er ein weitgespanntes Forschungsprogramm zum Studium der „Lebensweise der Tiere" und besonders der Entwicklungsgeschichte als Schlüssel für die Genealogie, die Verwandtschaft und Abstammung der Tiergruppen. Von großem heuristischem Wert für die Evolutionstheorie war *Dohrns* Hinweis auf die progressive Phylogenese von Organisationssystemen durch den **Funktionswechsel von Organen** (Uschmann 1959).

Die Neapler Zoologische Station wurde in den folgenden Jahren zum Vorbild für ähnliche Stationen in Wimereux (1873), Triest (1875), Roskoff (1876), Kristineberg (1877), Villefranche-sur-Mer (1880), Banyul-sur-Mer (1881), Santander (1886), Plymouth (1887) und schließlich auch auf Helgoland (1892) sowie im gleichen Jahr in Rovigno an der Adria (Kofoid 1910). Ein großer Teil der Pionierleistungen auf dem Gebiet der experimentellen Entwicklungsgeschichte und -physiologie wurde in diesen stationären und gut eingerichteten Laboratorien erbracht.

Den Plan Anton *Dohrns* hatte besonders Nicolai *Kleinenberg* (1842–1897) unterstützt, der – 1869–1870 *Haeckels* Assistent – die Entwicklung des Süßwasserpolypen *Hydra viridis* klärte (1872) und später als Assistent *Dohrns* in Neapel (1873–75) und Professor für Zoologie in Messina und Palermo über Anneliden arbeitete (I. Müller 1976).

Zusammen mit *Dohrn* waren zu Beginn der 70er Jahre zwei englische Embryologen mit gleichen darwinistischen Zielsetzungen in Neapel tätig und förderten durch ihre vergleichend-morphologisch embryologischen Untersuchungen das natürliche zoologische System. Francis Maitland *Balfour* (1851–1882), Leiter des Morphologischen Laboratoriums der Universität Cambridge, legte mit seinem *Handbuch über vergleichende Embryologie* (*Treatise on comparative embryology*, 2 Bde., 1880–1881) den empirischen Grund für die Revision taxonomischer Gruppen und der Verwandtschaftsforschung auf der Basis embryologischer Studien. Edwin Ray *Lankester* (1847–1929), der 1871 bei *Haeckel* in Jena studierte, dann mit *Balfour* nach Neapel ging und über Entwicklungsgeschichte der Mollusken arbeitete (1875, 1876), vertrat in zwei grundlegenden Publikationen ebenfalls die Bedeutung der Keimblätter-Theorie für die genealogische Klassifikation der Tiere (*On the primitive cell-layers of the embryo as the basis of genealogical classification of animals*, Ann. Mag. Nat. Hist. *11*, 1873) und *Notes on the Embryology and classification of the Animal Kingdom …* 1877) und klärte u. a. die systematische Stellung von Königskrabbe (*Limulus*) und Lanzettfischchen (*Branchiostoma*).

Als Professor für Zoologie und vergleichende Anatomie am University College London (1874–1890) gründete er mit Th. H. *Huxley* die englische Vereinigung für Meeresbiologie und die zoologische Station in Plymouth (s. o.). Nach kurzer Lehrtätigkeit in Oxford übernahm *Lankester* 1898 die Leitung des *British Museum* (*Natural History*) und popularisierte den Darwinismus auf der Basis vergleichend-morphologischer und -embryologischer Beweise (*Science from an easy chair*, 2 Bde., 1910–1912) zu einer Zeit, als neolamarckistische Vorstellungen gegen *Darwins* Selektionstheorie ausgespielt und darwinistische Hypothesen durch *Weismanns* Neo-Darwinismus (vgl. 9.3.1.) in Mißkredit bei Empirikern geraten waren, die sich der rein experimentellen Grundlagenforschung zuwandten, während in Rußland die evolutionsmorphologische Richtung durch *Severcov*, *Kolcov* u. a. weiterentwickelt und theoretisch ausgebaut wurde (Mirzojan 1963; Beurton 1987).

Die zunächst in der Haeckel-Schule vertretene Überbewertung der Kausalverbindung zwischen Ontogenese und Phylogenese, die zunehmenden Unsicherheiten über die Bewertung von Ontogenesestadien oder die Kontroversen über die phylogenetische Stellung von Formen wie z. B. des Axolotl, den *Lankester* und *Balfour* nicht als *Atavismus* sondern als eine (phylogenetisch progressive) *Superlarvation* interpretierten (heute als *Neotenie* bezeichnet), ließen gegen Ende des 19. Jh. Zweifel an der Zulänglichkeit vergleichend-morphologischer Methoden für die Klärung stammesgeschichtlicher Fragen aufkommen. Es genügte nicht mehr, für eine allgemeingültige Theorie der Individualentwicklung nur das „Urbild" in den Vorfahren der Abstammungsreihe zu suchen, wie man im 18. Jh. den *Typus* als Urbild und Ziel der artspezifischen Morphogenese gesehen hatte (Oppenheimer 1967). Die zeitgenössische physiologische und histologische Labortechnik provozierte vielmehr auch auf embryologischem Gebiet den Versuch zu kausalanalytischem experimentellem Vorgehen, wie es durch die Zellentheorie und die nachfolgende Zellforschung bereits eingeleitet worden war (vgl. 8.2.).

Der Baseler Anatom Wilhelm *His* (1831–1904), der sich ebenso wie der russische, in Rostock und Straßburg wirkende Embryologe Alexander *Goette* (1840–1922) gegen die Vererbungshypothesen von *Darwin* und *Haeckel* und das Biogenetische Grundgesetz wandte, vertrat die Ansicht, daß der Keimling bereits in der Keimscheibe in allen Details räumlich völlig determiniert sei und durch subtile histologische Untersuchungen durch „rückläufige Verfolgung" die morphologischen Strukturen des Keimlings bis zu ihren frühen Anlagen im Ei bestimmt werden könnten (*Unsere Körperform und das physiologische Problem ihrer Entstehung* ... 1874). Aus ähnlicher Überzeugung, nämlich daß die Substanz der Eizelle einen inneren „Bau" habe, in dem die „Grundlage der Entwicklungsprädestination" mit dem Mikroskop zu suchen sei, fand der Kieler Anatom Walther *Flemming* (1843–1905) durch Färbung mit basischen Anilinfarbstoffen die färbbaren Zellstrukturen, die er 1879 *Chromatin* nannte, und beschrieb ihre mit der Zellteilung in Verbindung stehende Längsteilung (*Mitose*) in seinem Werk *Zellsubstanz, Kern und Zellteilung* (1882), das neue Aussichten auf eine erfolgreiche Kausalforschung auf dem Gebiet der Embryologie eröffnete.

Das sprach kurz darauf Wilhelm *Roux* (1850–1924) aus, der bei *Gegenbaur*, *Haeckel* und William *Preyer* in Jena sowie bei *Goette* in Straßburg studiert und sowohl deren Darwinismus als auch embryologische Techniken aufgenommen hatte. Nach zwei hypothetischen Abhandlungen, *Der Kampf der Teile im Organismus* ... (1881), womit die Selektionstheorie in die Keimesentwicklung vorverlegt wurde, und *Über die Bedeutung der Kernteilungsfiguren* ... (1883), worin bereits die gleichmäßige Verteilung der Kernsubstanz auf die Tochterzellen zutreffend deduziert wurde, entwickelte *Roux* ganz neue experimentelle Methoden, um den realen Ablauf der Ontogenese ursächlich zu erfassen. Durch „Anstich" befruchteter Froscheier auf verschiedenen Entwicklungsstadien hatte er von halbierten Keimen nur halbe Embryonen *(Hemiembryonen)* erhalten und durch weitere gezielte Eingriffe die frühe Lokalisation der Determinationsfaktoren nachzuweisen versucht. Indem *Roux* vielfach variierte Experimentalmethoden (Einwirkung elektrischen Stroms, verschiedener Gifte, mechanischer Reize) aus der zeitgenössischen Physiologie (vgl. 8.4.2.) in die Embryologie übernahm, begründete er auch institutionell eine neue Disziplin. In Breslau gründete er 1888 das erste „Institut für Entwicklungsgeschichte und Entwicklungsmechanik" und gab mit seiner Innsbrucker Rede *(Die Entwicklungsmechanik der Organismen ...* 1889) – dann ab 1895 in Halle – programmatisch Wege und Ziele der neuen Disziplin an, mit deren Hilfe man experimentell auch dem kausalen „Mechanismus" der stammesgeschichtlichen Evolution näherzukommen hoffte.

Mit gleicher Motivation hatten schon die Haeckel-Schüler Oscar *Hertwig* (1849–1922) und sein Bruder Richard *Hertwig* (1850–1937) ihre entwicklungsgeschichtlichen Studien an der Zoologischen Station in Neapel durchgeführt. Am Seeigelkeim hatte Oscar *Hertwig* durch künstliche Befruchtung erstmals die Verschmelzung des Eikerns mit dem männlichen Kern als eigentlichen Befruchtungsvorgang und seinen Zusammenhang mit der nachfolgenden Zellteilung nachgewiesen *(Beiträge zur Kenntnis der Bildung, Befruchtung und Theilung des thierischen Eies*, 1875), parallel zu den gleichartigen Beobachtungen des Botanikers Eduard *Strasburger* (1844–1912) in Jena, dessen klassisches Werk *Zellbildung und Zelltheilung* (1875) den Befruchtungsprozeß bei Konifereneizellen beschrieb. Gemeinsam führten die Brüder *Hertwig* dann die *Studien zur Blättertheorie* (1–5, 1879–1883) an *Coelenteraten (Hohltieren)* und *Chaetognathen* (Pfeilwürmern) und die *Untersuchungen zur Morphologie und Physiologie der Zelle* (1884–1887) durch, wobei Befruchtungs-, Kern- und Zellteilungsvorgänge unter dem Einfluß chemischer und mechanischer Reize beobachtet wurden. Ein stimulierendes Programm für Protozoenforschung als Schlüssel für die Stammesgeschichte der Metazoen formulierte R. *Hertwig* (Arch. Protist. 1, 1902, 1–40), der auch Widerspruch erntete *(Richmond* 1989).

Es folgten nun jährlich neue Beobachtungen über Einzelheiten der Kern- und Zellteilungen und der durch Färbemethoden sichtbar gemachten Strukturen, wofür sich Eier und Sperma des Pferdespulwurmes *(Ascaris megalocephala)* als geeignete Experimentierobjekte erwiesen. Daran beschrieb ab 1883 der belgische Zoologe Eduard *van Beneden* (1846–1910) die Eireifung und Befruchtung, die Spermatogenese und die Teilung der Kernstrukturen (1884), die Wilhelm *Waldeyer* 1888

Chromosomen nannte. Zur gleichen Zeit untersuchte auch Theodor *Boveri (1862–1915)* in München (wo *Richard Hertwig* seit 1885 seine entwicklungsphysiologische Schule am zoologischen Institut begründet hatte) an *Ascaris*-Eiern die Befruchtungs- und Teilungsprozesse und entdeckte die *Centrosomen* (1888). Nachdem *van Beneden* 1887 bei der Mitose-Teilung die Konstanz der Chromosomenzahl festgestellt hatte, gelang es O. *Hertwig* ebenfalls durch *Vergleichende Untersuchungen der Ei- und Samenbildung bei Ascaris* (1890), die Vorgänge der „Reifeteilung" (1905 als *Meiosis* benannt) und die Gleichartigkeit der Teilungsschritte der Kernstrukturen bei Spermio- und Oogenese zu beobachten. In seinem Lehrbuch *Die Zelle und die Gewebe* (1893) faßte er die bis dahin erkannten zytologischen Ursachen der Keimlingsentwicklung und des Zusammenhanges zwischen der „Continuität der Kerngenerationen" und der Vererbung zusammen (Abb. 94).

An diesem Problem, das eine Schlüsselfrage des Darwinismus war, arbeiteten damals viele Anhänger *Darwins*, wie z. B. August *Weismann* (1834–1914), der sich frühzeitig spontan *Über die Berechtigung der Darwinschen Theorie* (1868) und in den *Studien zur Deszendenz-Theorie* (1875–1876) noch „lamarckistisch" äußerte wie viele frühe „Darwinisten". Bei entwicklungsgeschichtlichen Studien an Diptereneiern (Musciden, Cu-

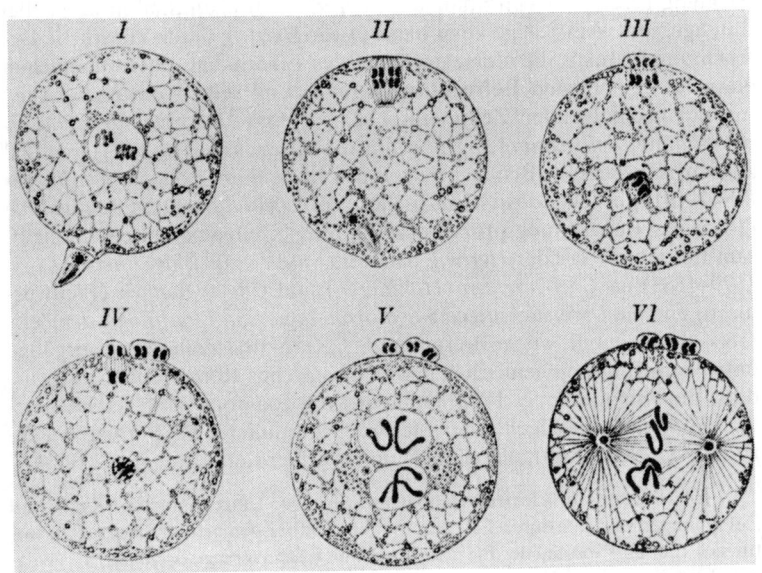

Abb. 94. Schematische Darstellung des Befruchtungsvorganges am *Ascaris*-Ei von O. Hertwig 1893.

liciden, Zuckmücken) entdeckte er die *Polzellen*, *Imaginalscheiben* und *Ringdrüsen*; er gewann also grundlegende Erkenntnisse über die Insektenentwicklung (Sander 1985), bevor er seine Hypothesen über Vererbung an Hydrozoenstudien in Neapel (1878–1880) und aus den Erkenntnissen der Zellforscher (s. o.) entwickelte (vgl. 9.3.1.).

Eine wichtige Rolle bei der Synthese und Weiterentwicklung der zytologisch-entwicklungsphysiologischen Problematik spielte der Schweizer Zoologe Edmund Beecher *Wilson* (1856–1939), Schüler *Boveris* und Nutzer der Neapler Station für Studien an Mollusken, Nemertinen und Insekten. Er war ab 1897 an der *Columbia University* in New York unmittelbar an der Einführung von *Drosophila*-Fliegen zu zytologischen Untersuchungen und der Begründung der Genetikforschung durch *Morgan* beteiligt. In seinem zusammenfassenden Werk über die Zelle in Entwicklung und Vererbung (*The cell in development and inheritance*, 1896) akzentuierte er weitblickend und programmatisch die Bedeutung der analytisch-zytologischen Methoden für die embryologische wie auch die Vererbungsforschung, die ja tatsächlich in der amerikanischen und westeuropäischen Biologie bald das Übergewicht über die stark hypothetisch gebliebene deszendenztheoretische Stammbaumforschung der Darwinisten bekam.

Eine weitere aus der ursprünglich evolutionistischen Embryologie methodisch bedingte Kontroverse entwickelte sich durch Hans *Driesch* (1867–1941), Schüler von *Weismann*, *Haeckel* und O. *Hertwig* – ab 1891 ebenfalls experimentierender Zoologe in Neapel – aus der Ablehnung kausalmechanischer Interpretationen des Entwicklungsgeschehens durch *Roux*.

Driesch untersuchte speziell die Regenerationsprozesse an Seeigelkeimen, Ascidienlarven, Medusen nach Defektsetzungen, wobei es ihm durch seine berühmt gewordenen „Schüttelversuche" gelang, die Blastomeren zu trennen. Da er nicht – wie *Roux* (s. o.) – *Hemiembryonen*, sondern aus jedem Teil Gesamtorganismen erhielt, stellte er eine Ganzheitstheorie auf und vermutete zunächst in seiner Schrift *Analytische Theorie der organischen Entwicklung* (1894) richtende Kräfte in Form elektrischer oder magnetischer Ströme. Später erklärte er in den Schriften *Die Lokalisation morphogenetischer Prozesse* (1899) und *Organische Regulation* (1901) die „ganzheitsbezogene Regeneration" mit spezifischen Lebenskräften (*Neovitalismus*), führte an Stelle von *Roux*' Begriff der *Determination* den Begriff der *Selbstdifferenzierung* ein und suchte mit seiner *Philosophie des Organischen* (1909; engl. 1908) die damals stark auseinanderstrebenden Theorien der Genetik, Abstammungslehre und Entwicklungsmechanik zu vereinen (Mocek 1974).

Die von *Driesch* eingeführte zutreffendere Bezeichnung *Entwicklungsphysiologie* setzte sich durch das Wirken von Hans *Spemann* (1869–1941) und seiner – konsequent auf dem von *Roux* gewiesenen analytisch experi mentellen Weg weiterarbeitenden – Schule durch und führte zu einer Synthese in der Erklärung der konträren Ergebnisse. Durch verfeinerte Experimentaltechnik, zunächst durch seine „Schnürversuche" an Amphibienkeimen, konnte *Spemann* schon ab 1897 klären, daß es tatsächlich unterschiedliche Eitypen mit verschieden früher „Determination" der künftigen Organbezirke gibt, die er *Mosaikeier* (z. B. *Roux'* Froscheier) und *Regulationseier* (*Drieschs* Seeigeleier) nannte und die für bestimmte Tiergruppen spezifisch sind. An den Universitäten Würzburg und Rostock, später in Berlin, wurden durch weiteren Ausbau der Transplantationstechnik und der Gewebekultur (wie sie *Harrison* in den USA eingeführt hatte; Oppenheimer 1967) die Fragen nach den determinierenden Keimbezirken in großer Breite untersucht und zur *Theorie der Organisationszentren* geführt (1918).

Mit Hilfe experimentell erzielter *Organisatoreffekte* wurden auch die Fragen der Spezifität der Keimblätter für bestimmte Organbezirke neu aufgegriffen (z. B. durch H. und O. *Mangold* 1922–1925) und durch *Spemann* später kausallineare Fragestellungen zugunsten systemtheoretischer Deutungen aufgegeben, indem die **Wechselwirkung** zwischen Aktionssystem und Reaktionssystem betont und insgesamt von einem *Induktionssystem* gesprochen wurde (*Experimentelle Beiträge zu einer Theorie der Entwicklung*, 1936) (Mangold 1982; Nakamura et al. 1978).

Ein scharfer Kritiker sowohl von *Drieschs* Vitalismus als auch von *Haekkels* Biogenetischem Grundgesetz (s. o.) und dessen nur „werbender Verkündigung" der Abstammungslehre wurde *Haeckels* und R. *Hertwigs* Schüler Julius *Schaxel* (1887–1943): Nach meereszoologischen Studien in Villefranche und Neapel entwarf er in Jena eine Theorie der „sukzessiven Akte", die besagt, daß die embryonalen Entwicklungsschritte nicht generell, sondern von den Bedingungen des jeweils vorhergehendem Stadiums determiniert, letztlich also auch auf Wechselbeziehungen zurückgeführt werden (*Namen und Wesen des harmonisch-äquipotentiellen Systems*, 1816). Nach Gründung einer „Anstalt für experimentelle Biologie" (1918) zur Erforschung der organischen Formbildung wandte sich *Schaxel* ebenfalls Regenerationsproblemen zu und begann mit Transplantationsversuchen am Axolotl, die nach seiner Emigration in die Sowjetunion nach 1933 am *Severcov-Institut für Evolutionsmorphologie* fortgesetzt wurden (Uschmann 1959, 1963; Krauße 1987). Doch führten seine Bemühungen noch nicht zu der postulierten Synthese zwischen Entwicklungsphysiologie, Phylogenetik und Genetik (*Grundzüge der Theorienbildung in der Biologie,* 1919, [2]1922).

9.3. Die Entwicklung der Genetik

So wie *Darwin* selbst die Notwendigkeit erkannt hatte, daß in Ergänzung zu seiner Variabilitäts-Selektions-Theorie noch eine Vererbungstheorie zur Kausalerklärung der stammesgeschichtlichen Entwicklungsprozesse erforderlich sei, sahen auch *Darwins* Anhänger darin ein Haupterfordernis. Da aber zunächst mit den Methoden der vergleichend-morphologischen Ontogeneseforschung kein Erkenntnisfortschritt zu sehen war, trennten sich vor 1900 die Wege der Evolutionsforscher in experimentell arbeitende Richtungen (*Experimentalisten*) und weiterhin vergleichend-morphologisch arbeitende Naturforscher (*Naturalisten*; Beurton 1987), die – wie *Haeckel* – die Labormethoden des Fixierens, Färbens, Schneidens oder der „Defektsetzung" ablehnten. Dafür gab es ein reichhaltiges Angebot an Hypothesen über die Prozesse der Vererbung und der Variabilität, die zur Stellungnahme oder zur Widerlegung herausforderten.

9.3.1. Vererbungshypothesen vor 1900

Eine der Grundvoraussetzungen für *Darwins* Selektionstheorie war die als naturgegeben angesehene Tatsache der individuellen Variabilität, die durch unterschiedliche Nutzung der Lebensbedingungen zur „Divergenz" und damit zur Artneubildung führen sollte. Wie nach den neuen Vorstellungen der Artbegriff definiert werden solle, hatte *Darwin* offengelassen bzw. als mehr oder weniger subjektive Kategorie der Systematiker betrachtet. Diese aber hatten bis dahin als Kriterium für die Realität der Artkategorie auch im „natürlichen" System die Vererbung von Merkmalskomplexen in den Geschlechterfolgen betrachtet, die Abgrenzung der Arten durch genealogische Barrieren begründet. Ein großer Teil der im 19. Jh. durchgeführten Kreuzungsexperimente durch Pflanzenzüchter zielte auf die Frage, inwieweit neue Arten durch Hybridisation entstehen bzw. wie „Rückschläge" neugezüchteter Rassen in die Elternformen vermeidbar seien [48].

Darwin hatte eine Fülle solcher Informationen gesammelt, zusammen mit den Ergebnissen seiner Taubenzüchtungen und Pflanzenkreuzungen 1868 und 1872 veröffentlicht und eine „Provisorische Hypothese der Pangenesis" aufgestellt (1868, Bd. 2, Kap. 27; vgl. 9.1.2.), in der er – nach dem damaligen Erkenntnisstand der Zellenlehre – in jeder Zelle „minutiöse Keimchen (*gemmules*)" von allen Körperteilen gleichsam als materielle Merkmalsträger annahm, die durch Permeabilität alle Gewebe durchdringen, in der Blutbahn auch die Keimzellen erreichen und sich durch Teilung – wie die Zellen – vermehren sollten. Mit dieser Hypothese erklärte *Darwin* die Variabilität durch zweierlei Ursachen:

1. durch Mangel, Überschuß, Verlagerung oder Neuaktivierung von Keimchen, die – selbst unverändert – in einem Ruhezustand im Körper gelegen haben,
2. durch modifizierte Keimchen, die aus den durch Umwelteinwirkung und veränderte Beanspruchung umgestalteten Körperteilen stammen, sich vervielfältigen und alte Keimchen ersetzen.

Darwins Hypothese erweckte Widerspruch und veranlaßte Nachprüfung. *Darwins* Vetter Francis *Galton* (1822–1911), Mediziner und Privatgelehrter in London, der sich mit der Vererbung geistiger Fähigkeiten in menschlichen Verwandtschaftsgruppen (*Populationen*) befaßte und die Variabilität statistisch untersuchte, prüfte *Darwins* Hypothese über den Keimchentransport durch Bluttransfusionen bei verschiedenen Kaninchenrassen. Die Unwirksamkeit dieses Experiments auf die Vererbung von Merkmalen veranlaßte ihn zu einer modifizierten Hypothese. Zwar rechnete er ebenfalls mit autonomen, physiologischen Einheiten zur Erbübertragung von Anlagen, die er *stirp* nannte; sie würden aber bei der Bildung von Körperzellen in der Ontogenese verbraucht, zirkulieren nicht im Körper und könnten nicht zu den Keimzellen zurückkehren (*Typical laws of heredity*, in *Nature 15*, 1877).

Ebenfalls aus dem Streben nach Verbesserung von *Darwins* Pangenesis-Hypothese resultierte die *Mechanisch-physiologische Theorie der Abstammungslehre* (1884) des Botanikers Carl *Naegeli* (vgl. 8.2.1.), der maßgeblichen Anteil an der Weiterentwicklung der botanischen Zellenforschung und Entwicklungsgeschichte hatte.

Er vermutete die Erbfaktoren in den „Anlagen" der Eizelle und stellte sich ihre Substanz (wie das gesamte Protoplasma) als „kristallinische Molekülgruppen" – *Micellen* – vor. *Naegeli* unterschied aber das allgemeine Protoplasma der Körperzellen (*Stereoplasma*) von dem eigentlichen „Anlageplasma" (*Idioplasma*), einer spezifischen Modifikation der *Micellen*, von dem die Vererbung und demzufolge alle Bildungen in der Ontogenese ausgehen und das eine konstante „Konfiguration" – stets gleiche molekulare Zusammensetzung der *Micellen* – besitze. Veränderungen der Merkmale in der phylogenetischen Entwicklung erfordere die Umbildung der Micellreihen. Die Lösung des Rätsels der Abstammungslehre bestünde deshalb in der Erkennung jener Konfiguration. *Naegeli* dachte sich alle Merkmale des Gesamtorganismus im *Idioplasma* in Elemente zerlegt, durch deren spezifische Zusammensetzung der Artcharakter entstehe. Seine Veränderung beruhe deshalb auf **inneren Ursachen** („innerer Entwicklungskraft"), die das *Idioplasma* umbilden, während äußere Einflüsse nur auf Teile des *Idioplasmas* einwirken.

Aufgrund seiner Theorie unterschied *Naegeli* als erster klar zwischen „dauernden", erblichen Variationen und vorübergehenden *Standortmodifikationen*, die nicht erblich und für die Stammesgeschichte irrelevant sind.

Auch E. *Haeckel* entwarf eine Vererbungshypothese unter Zugrundele-gung molekularer Strukturen der Zellen und ihrer Inhaltskörper. Schon in seiner *Generellen Morphologie* ... (1866; vgl. 9.2.1.) hatte er die Vermu-tung geäußert, daß der Zellkern „das hauptsächliche Organ der Verer-bung", das Plasma das der „Anpassung" sei, da es der Ernährung diene. Nachdem durch die zytologischen Ergebnisse von O. *Hertwig* (1875) und E. *Strasburger* (1875) der Zusammenhang zwischen Kernverschmelzung und Zellteilung ermittelt worden war, erhärtete sich auch experimentell die Vorstellung von der „reproduktiven" Rolle des Kerns.

Aber anders als *Naegeli* ging *Haeckel* wie *Darwin* von der Überzeugung aus, daß auch die im Individualleben erworbenen Eigenschaften vererbbar seien und den Keimzellen mitgeteilt werden müssen. In seiner Arbeit *Die Perigenesis der Plasti-dule* (1876) entwickelte er eine Hypothese, wonach äußere Einflüsse durch Verän-derung der wellenförmigen Molekularbewegung eine Art „Gedächtnis" der „Le-bensteilchen" (*Plastidule*) erzeugen, und zwar durch Umlagerung von Atomen. Die Plastidulbewegung werde bei der Zellteilung auf die Tochterzellen übertragen und demzufolge auch durch veränderte Körperzellen auf die Keimzellen und von diesen auf die Nachkommen. Deren „Plastidulbewegung" sei dann die „Resul-tante" der beiden elterlichen Bewegungsformen.

Anfang der 80er Jahre mehrten sich die Kenntnisse über die Zellbe-standteile (vgl. 9.2.3.), sowohl durch mikroskopische strukturelle Er-kenntnisse der Kernfärbung, als auch – auf Anregung von *His* – durch che-mische Untersuchung der Kernsubstanz durch *Miescher* (1844–1895). Die-ser hatte sie 1869 isoliert und *Nuclein* genannt sowie 1878 kristallisiert, so daß *Flemming* dieses *Nuclein* mit seinem *Chromatin* (1879) identifizierte (Olby 1974).

Auf der Grundlage eigener entwicklungsgeschichtlicher Studien an Hy-dromedusen und Einzellern und der zytologischen Erkenntnisse anderer Zoologen über Zellteilung und Kern widersprach *Weismann* sowohl den Hypothesen *Darwins* und *Haeckels* über Vererbung durch äußere Ein-flüsse erzielte Veränderungen, als auch *Naegelis* über die Wirkung einer in-neren Umgestaltungskraft auf das *Idioplasma*. Nach dem Modell der Vermehrung von Einzellern, die potentiell „unsterblich" seien, da sie die im Kern vorhandene Erbsubstanz unverändert auf die Tochterorganismen weitergeben, schloß *Weismann (1885)*, daß gleiches für die speziellen Keimzellen mehrzelliger Organismen gelte.

Es muß hier festgehalten werden, daß bis dahin die Bildung der Ei- und Sperma-zellen oder gar die Entwicklung von der Befruchtung einer Eizelle über die Bildung der Keimblätter bis zur Bildung der Ei- und Samenanlagen der Nachkommen noch kein empirisches Wissen war; erst Wilhelm *Waldeyer* (1836–1921) in seiner Ab-handlung *Karyokinesis* ... (1889–1890) und Th. *Boveri* in der Studie über *Befruch-*

tung (*Ergebnisse der Anatomie und Entwicklungsgeschichte*, 1891) konnten entsprechende Überblicke geben (Churchill 1985). *Weismann* hatte als letzte entwicklungsgeschichtliche Untersuchung (bevor ein Augenleiden weiteres Mikroskopieren unterband) seine Arbeit über *Die Entstehung der Sexualzellen bei den Hydromedusen* (1883) veröffentlicht, die gleichzeitig den Beginn seiner Vererbungshypothesen kennzeichnet.

Erstmals wies er in einem Vortrag *Über die Vererbung* (1883) lamarckistische Vorstellungen zurück und legte dann seine Vorstellungen über *Die Continuität des Keimplasmas als Grundlage einer Theorie der Vererbung* (1885) vor, worin er scharf zwischen *Keimplasma* und *Soma* unterschied und direkte Einflüsse von diesem auf jenes ablehnte.

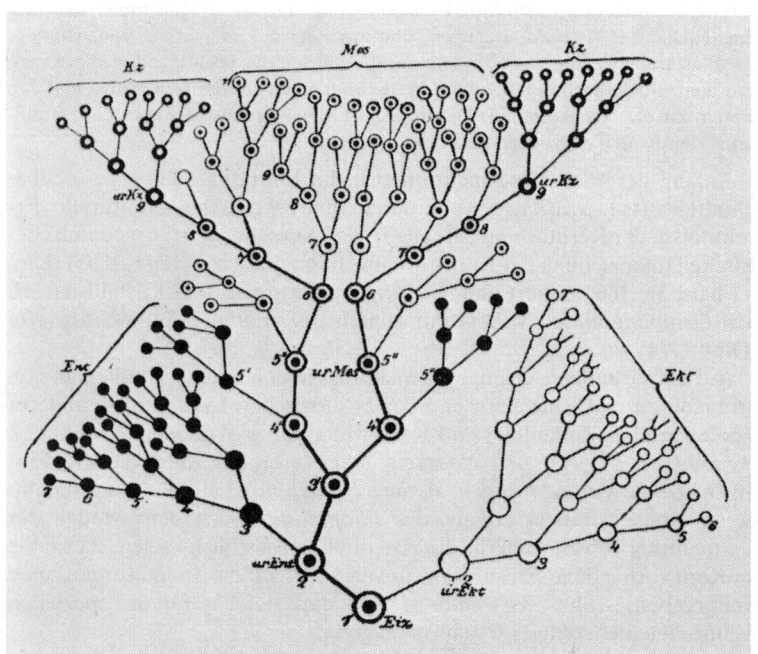

Abb. 95. Schematische Darstellung der „Keimbahn-Theorie" von A. Weismann (1892) am Beispiel des *Ascaris*-Keimes bis zum 12-Zell-Stadium (Kreis mit Punkt = Material der künftigen Keimzelle; Ent = Entoderm, Ekt = Ektoderm, Mes = Mesoderm).

Erbliche Variabilität sei nur durch *Amphimixis*, durch Verbindung zweier elter-
licher Keimplasmen bei bisexueller Vermehrung, möglich (*Die Bedeutung der sexuellen Fortpflanzung für die Selektionstheorie*, 1886; *Amphimixis oder: Die Vermischung der Individuen*, 1891). Zur Unterstützung seiner Vorstellungen konzipierte
Weismann eine komplizierte submikroskopische molekulare Organisation des
Keimplasmas mit einer hierarchischen Struktur immer kleinerer Teilchen (*Idant,
Id, Determinante, Biophoren*), wobei *Idanten* mit den 1888 von *Waldeyer* benannten *Chromosomen* gleichgesetzt wurden.

In seinem Werk *Das Keimplasma. Eine Theorie der Vererbung* (1892)
wird die „Keimbahn-Theorie" im einzelnen schematisch dargestellt
(Abb. 95). Danach hätte ein Teil des Keimplasmas die Substanz der Erbanlagen für die Erbfolge zu erhalten, ein anderer Teil dieser Anlagen beim
Aufbau des Organismus mit Hilfe der *Determinanten* zu realisieren. Durch
physiologische innerzelluläre Faktoren sollten die einzelnen Erbträger
einer inneren Selektion (*Germinalselektion*) unterliegen und Veränderungen der Zellen, Gewebe, Organe, d. h. eine „vom Keim ausgehende
erbliche individuelle Variation" der Organismen, bedingen. Die Darwinsche Selektion beruht nach *Weismann* letztlich „auf der unbewußten Auswahl von Keimesvariationen" (*Die Allmacht der Naturzüchtung* ... 1893).
Diese extreme Anwendung der Selektionstheorie wurde von Gegnern als
Neo-Darwinismus bekämpft (*Romanes* 1896). Seine Vererbungstheorie
erfuhr durch die neueren Erkenntnisse der Zytogenetik in der Gegenwart
wieder mehr Anerkennung als zu seiner Zeit (Löther 1963;
Sander u. a. 1985).
Besonders der englische Philosoph Herbert *Spencer* (1820–1903) als
Vertreter des **Neo-Lamarckismus** polemisierte gegen *Weismann* mit seinen
Beiträgen über Faktoren der organischen Evolution (*The factors of organic
evolution*, Kosmos 1886) und in Streitschriften gegen *Weismann* (1893;
Bljacher in: [22]). Er zog als Gegenbeweis Phänomene von *Telegonie*
heran, deren experimentelle Prüfung unter anderem zu forcierten Züch-
tungsversuchen und zur Wiederentdeckung der Mendelschen Vererbungsgesetze führte (s. u. 9.3.2.) (*Mann* 1988).

9.3.2. Die Arbeiten Gregor Johann *Mendels* und ihre Wiederentdeckung

Während *Darwin* seine Zuchtversuche an Tauben und Pflanzen durchführte und seine Pangenesis-Hypothese der Vererbung entwickelte, veröffentlichte der Augustinerpater Gregor Johann *Mendel* (1822–1884) bereits die Ergebnisse seiner aufschlußreichen Kreuzungsexperimente mit
Erbsen- und Bohnensorten unter dem unauffälligen Titel *Versuche über
Pflanzen-Hybriden* (Verh. Naturf. Vereins Brünn *4*, 1865 (1866);

Versuche über Pflanzen-Hybriden.

Von

Gregor Mendel.

(Vorgelegt in den Sitzungen vom 8. Februar und 8. März 1865.)

Einleitende Bemerkungen.

Künstliche Befruchtungen, welche an Zierpflanzen desshalb vorgenommen wurden, um neue Farben-Varianten zu erzielen, waren die Veranlassung zu den Versuchen, die her besprochen werden sollen. Die auffallende Regelmässigkeit, mit welcher dieselben Hybridformen immer wiederkehrten, so oft die Befruchtung zwischen gleichen Arten geschah, gab die Anregung zu weiteren Experimenten, deren Aufgabe es war, die Entwicklung der Hybriden in ihren Nachkommen zu verfolgen.

Dieser Aufgabe haben sorgfältige Beobachter, wie Kölreuter, Gärtner, Herbert, Lecocq, Wichura u. a. einen Theil ihres Lebens mit unermüdlicher Ausdauer geopfert. Namentlich hat Gärtner in seinem Werke „die Bastarderzeugung im Pflanzenreiche" sehr schätzbare Beobachtungen niedergelegt, und in neuester Zeit wurden von Wichura gründliche Untersuchungen über die Bastarde der Weiden veröffentlicht. Wenn es noch nicht gelungen ist, ein allgemein giltiges Gesetz für die Bildung und Entwicklung der Hybriden aufzustellen, so kann das Niemanden Wunder nehmen, der den Umfang der Aufgabe kennt und die Schwierigkeiten zu würdigen weiss, mit denen Versuche dieser Art zu kämpfen haben. Eine endgiltige Entscheidung kann erst dann erfolgen, bis DetailVersuche aus den verschiedensten Pflanzen-Familien vorliegen. Wer die Ar-

1ª

Abb. 96. Erste Seite von G. Mendels klassischer Arbeit über Vererbung (1866).

Abb. 96). Die gut vorbereiteten und wohldurchdachten Experimente waren 1856 mit dem Ziel begonnen worden, die große Variabilität der Kulturpflanzensorten und die Gesetzmäßigkeiten des Auftretens bestimmter Merkmale in der Nachkommenschaft bzw. den „Rückschlag" in eine Ausgangsform zu analysieren.

Mendel hatte in Wien botanischen, physikalischen und mathematischen Hochschulunterricht genossen, stand durch seine Mitgliedschaft in der österreichischen zoologisch-botanischen Gesellschaft und im Naturforschenden Verein in Brünn (Brno) in fachlichem Erfahrungsaustausch; über die anregende, *Mendels* Versuche motivierende und fördernde lokale und regionale Situation gibt es zahlreiche neue Untersuchungen (*Folia Mendeliana* Brno 1979–1982; spez. Nr. *21*, 1986).

Die neue Qualität von *Mendels* Versuchen bestand im Umfang des Materials (aus 355 künstlichen Befruchtungen an Erbsen zog er 12980 Bastardpflanzen), der statistischen Auswertung der Ergebnisse mehrerer Bastardgenerationen und der jeweils vollständigen Weiterzucht der erhaltenen Samen, sowie in der Beschränkung auf wenige einzelne Merkmale und ihre Analyse im Erbgang. Daraus resultierte die Erkenntnis von der **regelhaften Aufspaltung** (*Segregation*) der Merkmalsanlagen im Erbgang.

Es ist anzunehmen, daß *Mendel* bereits vor Beginn der Versuchsserien von der Vorstellung ausgegangen war, daß ein Organismus ein Merkmalsmosaik darstellt und den Einzelmerkmalen diskrete Erbfaktoren in den Keimzellen entsprechen, die sich bei Hybridisierung verschieden kombinieren und die Merkmalsvariationen der Nachkommen erzeugen. Zweifellos kannte er den damaligen Stand der Zellenlehre *Schleidens* und die Befruchtungsexperimente *Pringsheims* (vgl. 8.2.1.) (*Orel* 1986), denn er beruft sich am Ende seiner Arbeit auf die „Ansicht berühmter Physiologen", nach der sich zum Zwecke der Fortpflanzung „je eine Keim- und Pollenzelle zu einer einzigen Zelle" vereinen, die sich zu einem selbständigen Organismus weiterentwickele. *Mendel* folgerte (S. 42), daß die Entwicklung „nach einem constanten Gesetze" geschieht, das „in der materiellen Beschaffenheit und Anordnung der Elemente begründet ist, die in der Zelle zur lebensfähigen Vereinigung gelangen."

Mendel hatte 22 Erbsensorten gekreuzt, die sich nur in einem bis zu sieben Merkmalen unterschieden, wobei einige im Erbgang „dominierten", sowie Bohnen, die sich in der Blütenfarbe (weiß und rot) unterschieden. Seine statistisch erfaßten **Spaltungsgesetze der Bastarde** waren:
– die erste Generation hat stets ein gleichförmiges Aussehen (entweder nur das dominierende Merkmal oder eine Mittelform)
– in den nachfolgenden Generationen treten die elterlichen Merkmale bei Dominanz im Verhältnis 3:1 beim Unterschied eines Merkmales oder im Verhältnis 9:3:3:1 bei Unterschied zweier Merkmale wieder auf,
– bei Kreuzung mehrerer unterschiedlicher Merkmale entstehen so viele neue Formen, wie es Kombinationsmöglichkeiten gibt.

Daraus war zu schließen, daß jedes Merkmal unabhängig von den anderen auf die Nachkommen übertragen wird, ohne sich zu vermischen. Man werde also künftig mathematisch nach den Gesetzen der Kombinatorik vorherberechnen können, wieviele verschiedene Hybridformen man erhalten könne, was er bei den 7 Merkmalen der *Pisum*-Kreuzungen nachweisen konnte.

Damit hatte *Mendel* ein für die züchterische Praxis wichtiges Ergebnis erzielt und weiterführende Hinweise gegeben wie die, daß die Blütenfarbe vermutlich kein einheitliches Merkmal, sondern aus verschiedenen Komponenten zusammengesetzt sei, die sich im Erbgang trennen und neu kombinieren können, oder daß die große Variabilität der Kulturpflanzensorten in der Komplexität ihres Erbgutes begründet ist. Mit der Veröffentlichung suchte er weitere Kontrollversuche anzuregen, vor allem auch eine Analyse der „Befruchtungszellen", da er annahm, daß die „Keim- und Pollenzellen ihrer inneren Beschaffenheit nach den einzelnen Formen entsprechen." Aber seine Anregungen wurden zunächst nicht aufgegriffen, auch nicht von seinem berühmten Briefpartner *Naegeli*, der stattdessen seine Vererbungshypothese konzipierte (vgl. 9.3.1.).

Nach *Darwins* Veröffentlichungen und den unterschiedlichen, sich widersprechenden Hypothesen über Vererbung gab es vor allem unter Botanikern viele Bastardforscher, die mit Wildformen experimentierten, um das Variabilitäts- und das Artproblem zu klären oder um Anpassungserscheinungen zu studieren. Während sich Zoologen den embryologischen Studien widmeten (vgl. 9.2.3.), wandten sich die Botaniker als Reaktion auf *Darwins* Deszendenztheorie vielfach ökologischen, speziell blütenökologischen Studien zu wie der Darwinist Hermann *Müller* (1829–1883) in Lippstadt, der Bruder Fritz *Müllers*, mit seinem Werk *Die Befruchtung der Blumen durch Insekten und die gegenseitige Anpassung beider* (1873), oder die Jenaer Botaniker Ernst *Stahl* (1848–1919) und Karl *Detto* (1877–1909). Auch die österreichischen Botaniker Anton *Kerner von Marilaun* (1831–1898), dem *Mendel* seine Arbeit schickte, mit seinem ökologischen Werk *Das Pflanzenleben* (1888–91) und sein Nachfolger Richard *von Wettstein* (1863–1931) mit seinen *Grundzügen der geographisch-morphologischen Methode der Pflanzensystematik* (1898) folgten Anregungen *Darwins*, und Alphonse *de Candolle* (vgl. 7.2.2.) schuf mit seinem Werk über den Ursprung der Kulturpflanzen (*Origines des plantes cultivées*, 1882) für viele Züchter neue Grundlagen (vgl. Junker 1989).

Um einen Überblick über die zahlreichen Arbeiten und Methoden über künstliche und natürliche Pflanzenhybriden zu erhalten, schuf der Bremer Arzt und Studienfreund *Haeckels*, Wilhelm Olbers *Focke* (1834–1922), seine Kompilation *Pflanzen-Mischlinge* (1881) und zitierte *Mendels* Experimente als „besonders lehrreich". Viele Züchter benutzten dieses Werk, das um 1900 zur Entdeckung und Anerkennung von *Mendels* Arbeit durch diejenigen Forscher führte, die durch eigene Experimente zu ähnlichen Ergebnissen gekommen waren und *Mendels* Leistung zu würdigen wußten.

Als erster stieß der holländische Botaniker Hugo *de Vries* (1848–1935) – vermutlich durch Vermittlung von Martinus Willem *Beijerinck* (1851–1931) – auf Mendels Veröffentlichung (Stomps 1954; Jahn 1965). H. *de Vries* hatte schon ab 1876 Beobachtungen und Versuche über Variabilität angestellt, um *Darwins* Pangenesis-Hypothese nachzuprüfen, und sich deshalb vor allem mit zytologischen Studien befaßt. Er nahm an, daß die Organismenwelt „das Ergebnis unzähliger verschiedener Kombinationen" von relativ wenigen Faktoren sei. In seiner an *Darwin* orientierten Schrift *Intrazelluläre Pangenesis* (1889) griff er den Gedanken auf, daß die Grundelemente der Artcharaktere an materielle Träger gebunden seien und formulierte als **Hauptaufgabe einer Vererbungswissenschaft**, die „Selbständigkeit und Mischbarkeit ... der erblichen Anlagen" nachzuweisen. Damals standen sich zwei Auffassungen gebenüber:
– entweder enthält jeder stoffliche Träger den ganzen Artcharakter
– oder jedem Einzelcharakter entspricht eine besondere Form stofflicher Träger.

Wie *Mendel* ging *de Vries* von der zweiten Arbeitshypothese aus, als er Bohnensorten kreuzte und die Blütenfarbe der Hybriden im Erbgang analysierte. Er war zu gleichen Resultaten wie *Mendel* gelangt, hatte gesetzmäßige Zahlenverhältnisse der Bastardformen gefunden und die Aufspaltung der Merkmale auf die „Trennung der beiden antagonistischen Eigenschaften" bei Bildung des Pollens und der Eizellen zurückgeführt, als er *Mendels* Arbeit erhielt. In seiner Abhandlung *Das Spaltungsgesetz der Bastarde* (Ber. dtsch. bot. Ges. *18*, 1900) bestätigt *de Vries Mendels* Ergebnisse als allgemeingültig und kennzeichnet die Konsequenzen für Bastardforschung und Systematik.

Vor allem wurden durch diese Erkenntnisse die bisher unterschiedslos als *Varietäten* bezeichneten Hybriden als Ausgangsmaterial für neue Arten ausgeschieden.

Um so brennender wurde die Frage nach echten erblichen Varietäten, und *de Vries* glaubte sie unter Wildpopulationen der Nachtkerze (*Oenothera*) gefunden zu haben. Eine spontan aufgetretene Varietät, deren Erbkonstanz er durch Kreuzungsversuche geprüft hatte, bezeichnete er als *Mutation* und begründete mit seinem Werk *Mutationstheorie* (1901–1903) und den darin aufgezeigten Möglichkeiten zur Entstehung neuer Arten durch sprunghaft auftretende Erbänderungen eine Richtung der Genetik, die zunächst von der ursprünglichen Selektionstheorie *Darwins* wegführte (vgl. 9.3.3.).

Die weltweite Anerkennung der *Mendelschen Gesetze*, die die Begründung der neuen biologischen Disziplin *Genetik* einleitete, brachte erst ihre

gleichzeitige „Wiederentdeckung" durch weitere Forscher. Auch die beiden Botaniker *Correns* und *Tschermak* waren durch darwinistische Fragen
zu Kreuzungsexperimenten angeregt worden. Carl Erich *Correns*
(1864–1933), Schüler *Naegelis*, *Schwendeners* und *Pfeffers*, hatte seit 1894
im Tübinger Botanischen Garten Kreuzungsversuche mit Bohnen, Erbsen,
Mais und anderen Kulturpflanzen angestellt, um Angaben *Darwins* über
Veränderungen der Mutterpflanze nach hybriden Befruchtungen (von
Focke als *Xenien* bezeichnet) nachzuprüfen. Die statistische Auswertung
der Bastardgenerationen mit Beobachtungen über gesetzmäßiges Aufspalten der Merkmale erfolgte nur gleichsam nebenher, führte *Correns* aber
durch *Fockes* Bibliographie auch auf *Mendels* Arbeit, und er erkannte, daß
sie „zum Besten gehöre, was jemals über Hybride geschrieben wurde".
Auch er veröffentlichte seine Ergebnisse zusammen mit der Würdigung
des Vorgängers und wählte den Titel *G. Mendels Regel über das Verhalten
der Nachkommenschaft der Rassenbastarde* (Ber. dtsch. Bot. Ges. *18*,
1900).

Darüber hinaus erklärte er das Aufspalten der Merkmale bzw. ihrer „Anlagen"
(nach *Mendel*) durch die Verschmelzung der Kerne beider Sexualzellen und die
Kernteilung bei der „Reductionsteilung nach *Weismann*" (1887), der hypothetisch
die identische Halbierung des Keimplasmas durch eine zweite Kernteilung abgeleitet hatte. Den mikroskopischen Nachweis der tatsächlichen Reduktion des Chro-
mosomensatzes bei der Reifeteilung erbrachte erst *Boveri* (1903), der damit die
Brücke von der zytologischen Forschung zur Vererbungsforschung schlug (vgl.
9.3.3.).

Für Carl *Correns* blieb aber die Allgemeingültigkeit der „Regel" zeitlebens ein
Forschungsproblem [6].

Ebenfalls angeregt durch *Darwins* botanische Arbeiten, vor allem durch
seine Versuche über „Kreuz- und Selbstbefruchtung" (1876), hatte der
Österreicher Erich *von Tschermak-Seysenegg* (1871–1962) ab 1898 mit
Erbsensorten experimentiert. Er verglich mit statistischen Methoden die
Nachkommen aus Kreuzbefruchtung und Selbstbefruchtung hinsichtlich
der Samenzahl, -größe, -form und -farbe, um eventuelle Unterschiede in
der „Vitalität" festzustellen, stieß bei Literaturermittlungen durch *Fockes*
Standardwerk auf *Mendels* Erbsenarbeit und war ebenso von seinen klaren
Resultaten beeindruckt wie *Correns* und *de Vries*. So veröffentlichte auch
er im gleichen Band (Ber. dtsch. Bot. Ges. *18, 1900*) einen Auszug aus seiner Habilitationsschrift *Über künstliche Kreuzung bei Pisum sativum* mit
der Würdigung *Mendels* und der Übernahme seiner Termini *dominierend*
und *rezessiv*.

Diese gleichzeitige dreifache Bestätigung der **Mendelschen Vererbungsgesetze** zugleich mit der Anwendung der zytologischen Erkenntnisse auf

die Erscheinung der Merkmalsspaltung gab dem Jahr 1900 den Charakter eines Marksteines für die **Begründung der Genetik**, die sich von da an auf breiter Front zu einer exakten experimentellen biologischen Disziplin entwickelte, die zugleich neue theoretische Grundlagen wie praktische wirtschaftliche Anwendung versprach. (Vgl. auch W. *Stubbe* in: *Lorenzen* 1988, wo Zweifel an der „Wiederentdeckung" durch *de Vries* und *Tschermak* und die entsprechende Literatur referiert werden.)

Die Bekanntgabe der Spaltungsgesetze stieß auch bei Zoologen, die um 1900 zwar nicht *Mendels* Veröffentlichung, aber seine Resultate entdeckt hatten, auf vorbereitete Erkenntnisse.

So könnte der englische Embryologe William *Bateson* (1861–1926) zu den „Entdeckern" gerechnet werden, der zunächst bei entwicklungsgeschichtlichen und faunistischen Studien deszendenztheoretischen Fragen nachgegangen war, sich dann um 1890 der Darwinschen Schlüsselfrage nach dem Modus der Variabilität zuwandte und in Widerspruch zu *Darwins* Vorstellung von der Entstehung der Arten durch kleine, kontinuierliche Variationen geriet.

Schließlich veröffentlichte er die gesammelten rund 900 Beispiele für diskontinuierliche, „sprunghafte" Variationen (*Materials for the study of variation treated with especial regard to discontinuity in the origin of species*, 1894) und deklarierte, daß die Diskontinuität der Arten aus derjenigen der Variation resultiere und diese selbst „Evolution" sei, nicht erst durch Selektion entstehe. Die gefundenen Varietäten unterwarf *Bateson* Kreuzungsexperimenten (er arbeitete vorwiegend mit Pflanzen- und Hühnerrassen) nach einer ähnlich präzisen Methode wie *Mendel* und propagierte sie für wissenschaftliche Untersuchungen (1899):
– Kreuzung von Eltern mit gut unterschiedenen Merkmalspaaren
– vollständige Berücksichtigung aller Nachkommen
– große Individuenzahl
– statistische Erfassung der Merkmalsverteilung in der Nachkommenschaft.

Unmittelbar nach Bekanntwerden der Mendelschen Regeln in England prüfte sie *Bateson* auf ihre Gültigkeit in der Tierzüchtung (*Mendel's principles of heredity* ... 1900), schuf die noch gebräuchlichen Termini *heterozygot, homozygot, allelomorphe, dominant, F_1, F_2* etc. (1903) und schließlich die Bezeichnung *Genetik* (1907).

Als zweiter Zoologe bestätigte Lucien *Cuénot* (1866–1951), Professor für Zoologie in Nancy, *Mendels* Gesetze, der ab 1898 Kreuzungsversuche mit weißen und grauen Mäusen zur Widerlegung der von *Spencer* angeführten und bei Züchtern gefürchteten *Telegonie* (entspr. *Fockes Xenien*) anstellte. Dabei ergab sich eine auffällige Dominanz der grauen Mäuse, und *Cuénot* konnte in der Nachkommenschaft das Verhältnis 3:1 statistisch sichern (1902–1905). Er verwies dabei auch auf die entwicklungsphy-

siologischen Studien von Wilhelm *Haacke* (1855–1912), der Mäusekreu-
zungen zur Widerlegung von *Weismanns* Keimplasmatheorie (vgl. 9.3.1.)
durchgeführt und in seinem *Grundriß der Entwicklungsmechanik* (1897)
die Dominanz der grauen Farbe im Verhältnis der Spaltungsregeln konstatiert hatte [48].

Ursprünglich angeregt und überzeugt von *Darwins* Deszendenztheorie,
waren bis 1900 Erkenntnisse über Befruchtung und Ontogenese, über Variabilität und Vererbung gewonnen worden, die aber keinen Aufschluß
über stammesgeschichtliche Evolutionsprozesse gaben. So hatte *Bateson*
ausgesprochen, was viele dachten, als sie sich nun der experimentellen
Vererbungsforschung verstärkt zuwandten: „Wir benötigen jetzt keine *allgemeinen* Ideen über Evolution mehr, wir benötigen Einzelkenntnisse über
die Evolution *einzelner* Formen." (1899; zit. nach Křiženecký 1965).

9.3.3. Empirische und experimentelle Vererbungsforschung nach 1900

Das Interesse vieler Biologen, die sich um faktische Aufklärung der Evolutionsmechanismen bemüht hatten, konzentrierte sich nun auf die Konsequenzen, die die Entdeckung der Mendelschen Gesetze und ihre Verknüpfung mit den zytologischen Ergebnissen einerseits, mit der Mutationstheorie von *de Vries* andererseits ergaben, obwohl gerade diese Koppelung für
Jahrzehnte *Darwins* Selektionstheorie als Evolutionsmechanismus noch
mehr als bisher in den Hintergrund rückte bzw. in Mißkredit brachte (Mayr
1982; Beurton 1987).

Außer *Boveri* (vgl. 9.2.3.), der an befruchteten Seeigel-Eiern Chromo-
somenveränderungen in Verbindung mit Gestaltabweichungen beobachtet
und in seiner Schrift *Das Problem der Befruchtung* (1902) die Vermutung
ausgesprochen hatte, daß die einzelnen Chromosomen verschiedene Qualitäten besitzen, hatten auch amerikanische Entwicklungsphysiologen in
der meereszoologischen Station Woods Hole (Mass.) entscheidende zytologische Beobachtungen gemacht. So erkannte Thomas Harrison *Montgo-
mery* (1873–1912) beim Studium der Keimzellen von Schnurwürmern und
Insekten die morphologische Entsprechung bestimmter Chromosomen in
Ei- und Spermakernen und beobachtete ihre **Teilung bei der Meiose** (*A
study of the chromosomes of the germcells of Metazoa*; Trans. Amer. Phil.
Soc. *20*, 1902). Walter Stanborough *Sutton* (1876–1916), auch zeitweilig
Mitarbeiter von Jaques *Loeb* (1859–1924) in Woods Hole, fand bei Insek-
tenzellen (*Homoptera*) morphologisch unterschiedliche Chromosomen,
die jeweils paarweise vorkamen, vermutete ebenfalls einen Zusammenhang mit den Merkmalen des Organismus und ihrer Aufspaltung im Erbgang und entwickelte in der Abhandlung *The chromosomes in heredity*

(Biol. Bull. Marine biol. Labor. Woods Hole *4*, 1903) erste Gedanken zu einer **Chromosomentheorie der Vererbung**.

Aus all diesen Befunden, vor allem aus der „Verschiedenwertigkeit der Chromosomen eines und desselben Kernes", zog schließlich *Boveri* den Schluß für eine Theorie der **Chromosomenindividualität**, die im ruhenden Kern zwar unsichtbar sind wie die Komponenten Wasserstoff und Sauerstoff im Wasser, aber aus diesem immer wieder im gleichen Verhältnis *einzeln* gewonnen werden können. Er spricht deshalb von der „Paarung homologer Chromosomen", ihrem diskreten Vorhandensein in den Kernen von Hybriden und ihrer Trennung in den Geschlechtszellen, woraus sich Aufspaltung und Kombinationsmöglichkeit der Mendelschen Gesetze erklären (*Ergebnisse über die Konstitution der chromatischen Substanz des Zellkerns*, 1904).

Eine weitere Synthese zwischen Zellforschung und Züchtungsexperimenten zog der dänische Botaniker Wilhelm *Johannsen* (1857 bis 1927), der sich theoretisch und praktisch mit der Frage nach der Wirksamkeit von Selektion in Fortpflanzungsgemeinschaften beschäftigte und sich mit *Galtons* Populationsgesetzen (besonders seinem *Regressionsgesetz*) unter Anwendung seiner variationsstatistischen Methoden auseinandersetzte. Er definierte exakt den Gegenstand der **Populationsforschung**, die sich nicht mit Einzelindividuen, sondern mit „zusammengeordneten Geschwisterreihen und größeren Populationen" befasse und derartige Gruppen als Einheit behandele. Um das Verhältnis zwischen Eltern und Nachkommen am einfachsten Falle zu untersuchen, arbeitete er mit „absoluten Selbstbefruchtern" Bohne und Gerste, deren konstante Nachkommenschaft er als

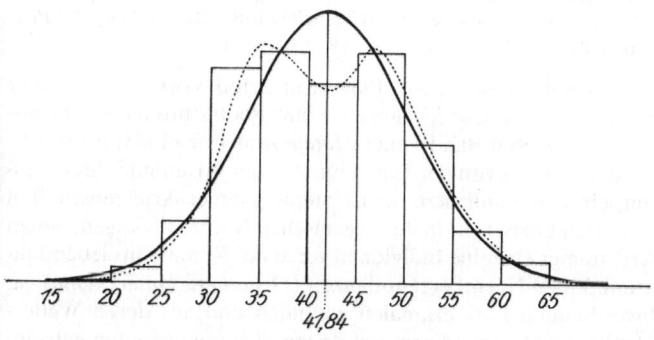

Abb. 97. Darstellung variationsstatistischer Gesetze von Johannsen (1907): Die klassische Galton-Kurve und die Ergebnisse der Maximalselektion von Getreide.

„reine Linien" bezeichnete. In einer solchen Paarungsgemeinschaft führte die Selektion zu keiner Variabilität und Veränderung des statistischen Mittelwertes des Gestalttypus, um den die individuellen Variationen nach Art der Galtonschen „idealen Variationskurve" fluktuieren (Abb. 97). In der als „reine Linie" bezeichneten genealogischen Einheit führt Selektion einzelner Elternpaare stets wieder zum gleichen „typischen" Mittelwert, bestätigt also *Galtons Regressionsgesetz* vollständig (*Ueber Erblichkeit in Populationen und in Reinen Linien*, 1903).

Obwohl *Johannsen* darauf hingewiesen hatte, daß man es bei den meisten Populationen, vor allem in der menschlichen Bevölkerung, gar nicht mit reinen Linien zu tun habe, stützten diese Ergebnisse, die der züchterischen Praxis wichtige Gesetzmäßigkeiten vermittelten, den damals verbreiteten Zweifel an *Darwins* Theorie von der Selektion kleiner individueller Variationen und ließen die Alternative von *de Vries'* Mutationstheorie wahrscheinlicher werden.

Johannsen beeinflußte dank seiner exakten Methodik die Entwicklung der klassischen Genetik nicht nur durch sein überzeugendes Versuchsergebnis, sondern auch durch die Einführung einer Terminologie als Ausdruck der theoretischen Konzeption, die zum festen Bestand der Genetik wurde. So führte er in seinem Lehrbuch *Elemente der exakten Erblichkeitslehre* (1909) für den hypothetischen materiellen Vererbungsträger (*Anlage*) die Bezeichnung *Gen* (als Abkürzung des von *Darwin* und *de Vries* verwendeten Terminus *Pangen*) ein. Für die Gesamtheit der Anlagen (*Veranlagungstypus*) prägte er den damals abstrakten Begriff *Genotypus* als Gegenstück zu dem immerhin statistisch erfaßbaren *Phänotypus*, dem realen Erscheinungstypus eines Individuums oder einer Variationsreihe, womit *Johannsen* das komplexe Ergebnis der Genwirkung und der Umwelteinflüsse meinte. In späteren Auflagen definierte *Johannsen* den wichtigen Begriff *Genotypus* unter dem Eindruck von *Morgans Gentheorie* als *Ursache* für die Realisierung des *Phänotypus* (Wanscher 1975; [22]).

Auch *de Vries* hatte seine schon 1889 geäußerten Vorstellungen über Erbfaktoren (vgl. 9.3.2.) nach Vorliegen seiner Beobachtungen an *Oenothera*-Kulturen im zweiten Band seiner *Mutationstheorie* (1903) präzisiert. Aus seiner Überzeugung von der Entstehung neuer Arten und ihrer Deszendenz kam sein Hauptanliegen, die Entstehung neuer Arteigenschaften zu klären, die „den Fortschritt in der organischen Natur" bedingen, wobei er unter „Art" immer einzelne Individuen verstand. Er hatte in sieben Jahren unter rund 50000 Nachtkerzenpflanzen (*Oenothera lamarckiana*) ca. 800 mit abweichenden Artmerkmalen gefunden und aus deren Weiterzucht eine erbkonstante neue Form mit drastisch neuen, spontan entstandenen Charakteren erhalten (*Oenothera gigas*), die nach seiner Meinung widerlegte, was Züchter bisher über Selektion gelehrt hatten. Erst später wurde sein Irrtum aufgeklärt, als u. a. *Castle* (1916) und *Renner* (1917) den heterozygoten Charakter mancher *Oenothera*-Arten erkannten.

Wesentlich war aber damals, daß *de Vries* die Erbänderung auf die Entstehung einer „neuen inneren Anlage" zurückführte, die er *Prämutation* nannte, aus deren „Aktivierung" dann erst das äußere Merkmal – die *Mutation* im eigentlichen Sinne – entstünde (*Mutationstheorie*, Bd. 2, S. 637). Diese Verwendung des Begriffes *Mutation* erfolgte noch im Sinne seines Ursprunges aus der Paläontologie, wo ihn Wilhelm *Waagen* (1841–1900) für sichtbare morphologische Veränderungen in der Formenreihe von Ammoniten 1869 geprägt hatte. Die später von *Johannsen* eingeführte Unterscheidung von *Genotyp* und *Phänotyp* (s. o.) veränderte den Gebrauch, indem sie ihm auf den *Genotyp* beschränkte.

H. *de Vries* hatte auf die eminent praktische züchterische Bedeutung der „Kenntnis der Gesetze des Mutierens" hingewiesen und vorausgesagt, daß wohl durch künstliche Mutationen bessere Kulturpflanzen und Tiere erzielt werden könnten. So lag es nahe, daß nach verschiedenen Richtungen die Mutationstheorie sowie die diese scheinbar stützende Theorie der „reinen Linien" *Johannsens* eingehend experimentell und empirisch nachgeprüft wurden.

Mit einer Übersichtsarbeit über *Experimentelle Untersuchungen über die Entstehung der Arten auf botanischem Gebiet* (1904) unterstützte C. *Correns* die Vorstellung von einem sprunghaften Auftreten „einer sofort erblichen neuen Eigenschaft" durch eine plötzliche Veränderung des Keimplasmas durch Um- oder Einlagerung vorhandener oder neuer „Moleküle", denn – nach der Atomtheorie – könne Änderung „nur durch einen Sprung" geschehen [6]. Hierzu vergegenwärtige man sich, daß zur gleichen Zeit die *Quantentheorie* von M. *Planck* (1900), die Atomstrukturhypothese von J. J. *Thomson* (1904) und die Atomumwandlung durch M. und P. *Curie* (1903) bekannt wurden, die nicht nur Physik und Chemie, sondern auch das Denken der Biologen beeinflußten, die nach den „materiellen Grundlagen" suchten.

Die Züchter interessierten sich vor allem für die Gültigkeit der Theorien *Johannsens* und *de Vries'* und den Geltungsbereich der Mendelschen Gesetze. E. *von Tschermak-Seysenegg*, der an der Wiener Hochschule für Bodenkultur an der praktischen Umsetzung der wissenschaftlichen Ergebnisse arbeitete, hatte eine *Theorie der Kryptomerie und des Kryptohybridismus* (Beih. Bot. Zentralbl. *16*, 1904) entwickelt und durch Anwendung der Mendelschen Gesetze neue Gemüse-, Getreide- und Blumensorten geschaffen.

Auch der schwedische Pflanzenzüchter Hermann *Nilsson-Ehle* (1873–1949) hatte durch Anwendung neuer Verfahren (Kombinationszüchtung) und nach *Johannsens* exakten Populationsmethoden in Lund (später in Svålöf) neue Hafer- und Weizensorten erzielt und bei der Analyse multipler Faktoren im Erbgang die *Polymerie* entdeckt (1909). Bei statistischen Auswertungen ermittelte er, daß schon 10 frei kombinierende Faktoren etwa 60000 verschiedene Formen – jede mit unterschiedlichem *Genotypus* – ergeben können, und erkannte die Bedeutung der bisexuellen Vermehrung für nahezu unbegrenzte Neukombinationen als Quelle allmählicher erheblicher Veränderungen einer Population. Da mithin die Selektion nicht auf ein (drastisch „mutiertes") Individuum, sondern auf eine lokale Fortpflanzungsgemeinschaft verändernd einwirken kann, sind *Mendels* Gesetze nicht unvereinbar mit *Darwins* Selektionstheorie.

Zu ähnlichen Ergebnissen gelangten auch amerikanische Pflanzen- und Tierzüchter schon im ersten Jahrzehnt nach 1900. Der Pflanzenzüchter und Biochemiker Edward Murray *East* (1879–1938) hatte an Landwirtschaftlichen Versuchsstationen in Illinois mit Getreide und in Connecticut mit Mais, Kartoffeln und Tabak experimentiert, bei Maishybriden den Selektionseffekt für veränderten Öl- und Eiweißgehalt festgestellt und den Erbgang multipler Faktoren nach *Mendel* interpretiert, wobei er die offensichtlich „kontinuierliche" Variation hervorhob (1910).

Durch Erfahrungsaustausch mit dem Tierzüchter William Ernest *Castle* (1867–1962), der Kreuzungsexperimente mit Ratten zur Prüfung der Theorien von *Johannsen* und *de Vries* und deren Anhänger in England (*Bateson*) und Amerika (*Morgan*) durchführte, kam *East* aufgrund seiner Beobachtungen ebenfalls zu der Überzeugung, daß die sexuelle Reproduktion genügend Kombinationsmöglichkeiten als Quelle evolutiver Veränderungen in Populationen ermögliche (*The role of reproduction in evolution*, in: Amer. Natural. *52*, 1918).

Castle hatte sich schon 1903 zu den Vererbungsgesetzen von *Galton* und *Mendel* in Bezug auf Selektionsmechanismen geäußert, 1907 mit *Mac Curdy* Ergebnisse über Vererbung von Fellfärbung und -zeichnung bei Ratten und Meerschweinchen veröffentlicht, die mit *Darwins* Theorie korrespondierten; schließlich widerlegte er die Gültigkeit der Mutationstheorie als Alternative zu *Darwins* Theorie und zeigte in seiner Schrift über Vererbung in Bezug auf Evolution und Tierzucht (*Heredity in relation to evolution and animal breeding*, 1911) die Bedeutung der sexuellen Reproduktion für die fluktuierenden Variationen in einer Population, bei denen Selektion wirksam werden kann (Provine 1971). Bei *Castle* arbeitete 1912–1915 auch der Tierzüchter Sewall *Wright* (1889–1988), der später maßgeblichen Anteil an der Synthese von Genetik und Evolutionsforschung hatte (vgl. 10.1.).

Während die Züchter mit statistischen Methoden nach dem Vorbild von F. *Galton* (*Natural Inheritance*, 1889) die **Merkmalsanalyse** in der Generationenfolge von Populationen anwandten, bemühten sich andere Forschergruppen um die Aufklärung der zytologischen **Faktoren der Vererbung**. Diese Aufgabe nahmen die mit Labormethoden vertrauten Entwicklungsphysiologen und Zellforscher in Angriff. Dazu gehörte W. *Bateson* (vgl. 9.3.2.), der schon 1902 auch für Faktoren entsprechende Termini geprägt hatte, für die „Einheiten", die in den Keimzellen den Merkmalspaaren entsprechen sollten, den Terminus *Allelomorphe* (abgekürzt zu *allele*), für die Zygote mit einem Paar gegensätzlicher allelomorpher Gameten die Bezeichnung *Heterozygote*, für diejenige mit gleichen allelomorphen Gameten *Homozygote* einführte. Davon leitete er Forschungsfragen für experimentelle zytologische Untersuchungen ab:

– ob Ei- und Samenzellen den gleichen Anteil und die gleiche Anzahl an Allelen enthalten,
– ob ein Organismus eine konstante Anzahl von „Einheiten" hat,
– ob Variation (bzw. Mutation) durch Addition oder durch Substitution von Allelen zustandekommt,
– welche Schlußfolgerungen sich aus den variationsstatistischen Merkmalsanalysen für das Verhalten der Allele in „gekreuzten" Keimzellen ergeben,
– ob die größere Vitalität mancher Kreuzungsprodukte durch unähnliche Allele bedingt sei und
– ob es eventuell Arten gibt, die nur aus Heterozygoten bestehen (nach Křiženecký 1965).

Schon 1905 wurde zusammen mit *Punnett, Hurst* und *Saunders* ein *Report* über experimentelle Untersuchungen aus der Physiologie der Vererbung vor der *Royal Society London* vorgelegt, in dem das Phänomen der Koppelung von Merkmalen erwähnt wird. *Bateson* führte nicht nur *Mendels* Prinzipien sofort nach Bekanntwerden in England ein; er gehörte auch zu den überzeugten Verfechtern der Mutationstheorie, die er als einzige Alternative gegen *Darwins* Selektionstheorie geltend machte. Durch diese enge Verknüpfung mit der Mendelgenetik beeinflußte *Bateson* die Abkehr von deszendenztheoretischen Interessen in der westeuropäischen Biologie und den scheinbaren Antagonismus zwischen *Mendelismus* und *Darwinismus* entscheidend mit.

Einen maßgeblichen Anteil an dem jahrzehntelangen Zurücktreten evolutionstheoretischer Fragen hatten die Erfolge der Forschergruppe um Thomas Hunt *Morgan* (1866–1945), die mit ihren experimentellen zytogenetischen Untersuchungen an der Taufliege (*Drosophila melanogaster*) (Abb. 98) Erkenntnisse über die materiellen Erbträger in den Kernstrukturen erbrachten, die die Phase der **klassischen Genetik** in den ersten 30 Jahren nach der Entdeckung der Mendelschen Gesetze beherrschten.

Morgan hatte zunächst in dem meeresbiologischen Labor in *Woods Hole (Mass.)* entwicklungsphysiologisch an wirbellosen Meerestieren gearbeitet, auf Studienrei-

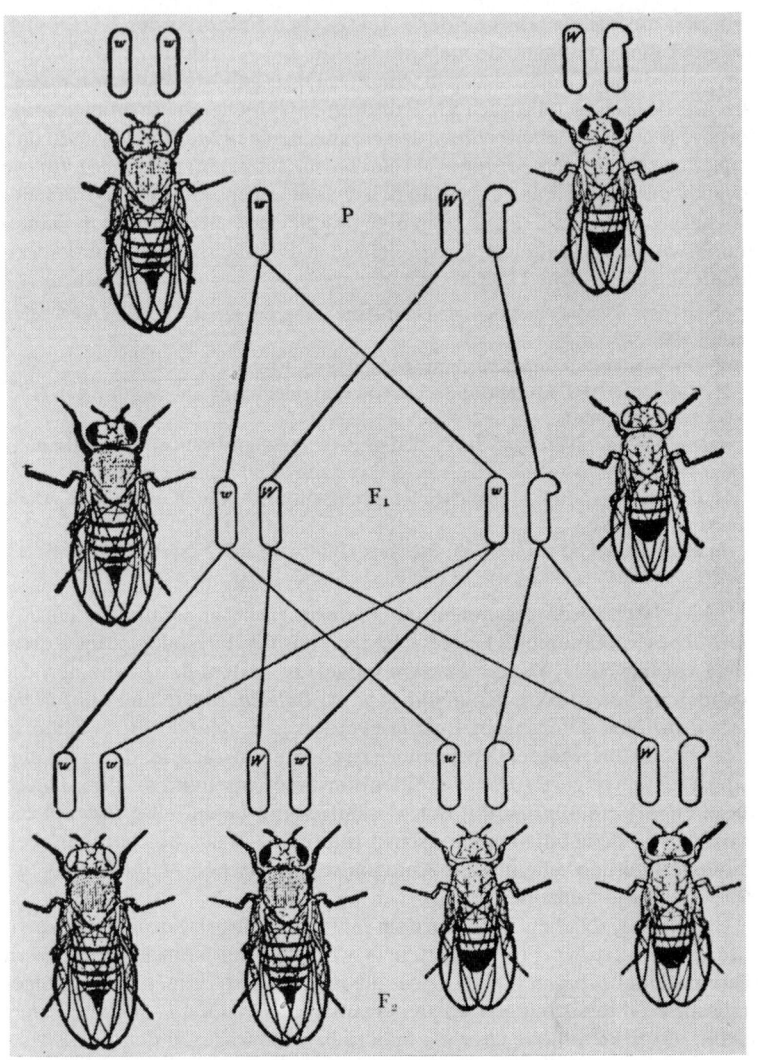

Abb. 98. Darstellung der *Drosophila*-Kreuzungen von Th. H. Morgan (Geschlechtsgebundene Vererbung der Weiß- und Rotäugigkeit).

sen in Europa 1894–1895 auch in Neapel – zu gleicher Zeit wie H. *Driesch* und Curt *Herbst* (1866–1946), zwei Schülern *Haeckels* – meereszoologische Studien betrieben und die Merkmalsausbildung in der Ontogenese sowie bei Regeneration und Adaption untersucht (*Regeneration*, 1901). Dabei erkannte er, daß die durch äußere Bedingungen in der Ontogenese verursachten Merkmalsveränderungen nicht erblich sind und traf (wie *Naegeli*) eine präzise Unterscheidung zwischen erblichen Variationen und nichterblichen Modifikationen: Da in einer Art-Gruppe stets eine gleichbleibende Anzahl von Variationen vorkomme und diese gleichartige Variabilität vererbt werde, könne sie nicht die Ursache für die Veränderung von Arten sein, wobei er die „Art" nicht als reale Einheit betrachtete, sondern nur Individuen.

In seinem Werk *Evolution and adaptation* (1903) wandte er sich kritisch gegen *Darwins* Variabilitäts-Selektionstheorie ebenso wie gegen die Vorstellung von der Erblichkeit erworbener Eigenschaften, wie auch gegen *Haeckels* Biogenetisches Grundgesetz als „Beweis" für die Abstammungslehre. Er schloß sich vielmehr voll der Mutationstheorie an und akzeptierte Selektion nur als „Test" für die Überlebensfähigkeit einer Mutante, jedoch die kleinen individuellen Variationen nicht als schöpferischen Faktor der Evolution.

Nachdem *Morgan* 1904 als Professor für experimentelle Zoologie an das von E. B. *Wilson* geleitete Institut der *Columbia Universität New York* gekommen war, wo *Wilson* mit *Drosophila* arbeitete (vgl. 9.2.3), begann er ab 1907 parallele zytologische und populationsgenetische Untersuchungen mit diesem günstigen Versuchsobjekt, an dem nicht nur bald die ersten wirklichen „Mutationen" entdeckt (1911, 1912), sondern *Die stofflichen Grundlagen der Vererbung* (*The physical basis of life*, 1919; dt. 1921) und die davon abgeleiteten **sechs Vererbungsgesetze** ermittelt werden konnten:
– Spaltung und freie Kombination, die zwei Mendelschen Prinzipien;
neu hinzukommen:
– das Prinzip der Koppelung,
– das des Faktorenaustausches,
– das der linearen Anordnung der Gene,
– das der begrenzten Zahl der Koppelungsgruppen.
Morgan betont, daß diese „fundamentalen Verallgemeinerungen" in dem gleichen Sinn als „Gesetze" zu bezeichnen seien wie die der Physik. Aus der Verbindung der Merkmalsanalyse mit Chromosomenstudien leitete *Morgan* ab, daß es viel mehr Merkmalspaare als Chromosomenpaare gibt und daß die Chromosomen wohl nicht die letzten Elemente darstellen; vielmehr sei ein *Gen* nur als sehr kleiner Teil des Chromosomenfadens vorzustellen.

Wichtige Aufschlüsse brachten die Experimente mit den 1912 von *Morgans* Mitarbeiter *Bridges* entdeckten weißäugigen Mutanten (vgl. Abb. 98). Bei deren Kreuzung mit rotäugigen Fliegen war die geschlechtsgebundene Vererbung festgestellt und von den vier bedeutendsten Forschern des Morgan-Teams – neben *Morgan* noch Alfred Harry *Sturtevant* (1891–1970), Calvin Blackmann *Bridges* (1898–1938) und Hermann Joseph *Muller* (1890–1967) – gemeinsam veröffentlicht worden (*The Mechanism of Mendelian Heredity*, 1915). Sie führten u. a. zu der Erkenntnis, daß verschiedene Eigenschaften von einem Gen und ein Merkmal von mehreren Genen beeinflußt werden können.

Die anhand der Merkmalsanalyse indirekt ermittelten Vorgänge in den Chromosomen wie *Genkoppelung*, Überkreuzung von Chromosomen (*crossing over*) mit Abbruch und Austausch von Chromosomenstücken im Verlauf der Meiose wurden als Quelle neuer Kombinationen und erblicher Variationen bei Rekombination in der Nachkommenschaft erkannt und schließlich auch von *Morgan* ab 1916 die Vereinbarkeit von *Mendels* Gesetzen und *Darwins* Variabilitäts-Selektions-Theorie akzeptiert (*Evolution and genetics*, 1925). Folgerichtig wurde die *Chromosomentheorie* (s. o.) zur *Gentheorie* weiterentwickelt und von *Morgan* in dem Werk *The theory of the gene* (1926) zusammenfassend formuliert. Sie sagt u. a. auch aus, daß die Häufigkeit des *crossing over* einen Beweis für die lineare Anordnung der Elemente in jeder Koppelungsgruppe und für die relative Lage der Elemente zueinander liefert.

Die **Theorie des Gens** ermöglichte, genetische Probleme auf streng zahlenmäßiger Basis zu behandeln und jede gegebene Situation vorherzusagen. Sie schuf auch die Grundlage zur Aufstellung der ersten *Genkarten*. Die Entdeckung von Riesenchromosomen in den Speicheldrüsen von *Drosophila* durch Emil *Heitz* (1933) und bei anderen Dipteren durch Th. S. *Painter* (1934) bestätigte die Theorie.

Als es H.-J. *Muller* 1925 gelang, durch Röntgenstrahlen erstmals künstliche Mutationen in *Drosophila*-Populationen zu schaffen (Abb. 99), äußerte er in seinem Werk *The gene as the basis of life* (1929) die Überzeugung, daß *Gene* die eigentliche Grundlage des Lebens seien, nicht – wie bisher angenommen – das *Protoplasma*, und daß sie den Grundstock der „ersten lebenden Materie gebildet" hätten, da nur sie die Fähigkeit der spezifischen Autokatalyse besitzen und diese auch nach Mutationen beibehielten, während *Gene* nicht durch Mutationen vom *Plasma* ableitbar seien [6].

Die Genetiker der Morganschule und die amerikanischen Züchter (s. o.) hatten ihre bedeutenden Forschungsergebnisse über den Mechanismus der Vererbung während der Jahre vorgelegt, als Europa in den ersten Welt-

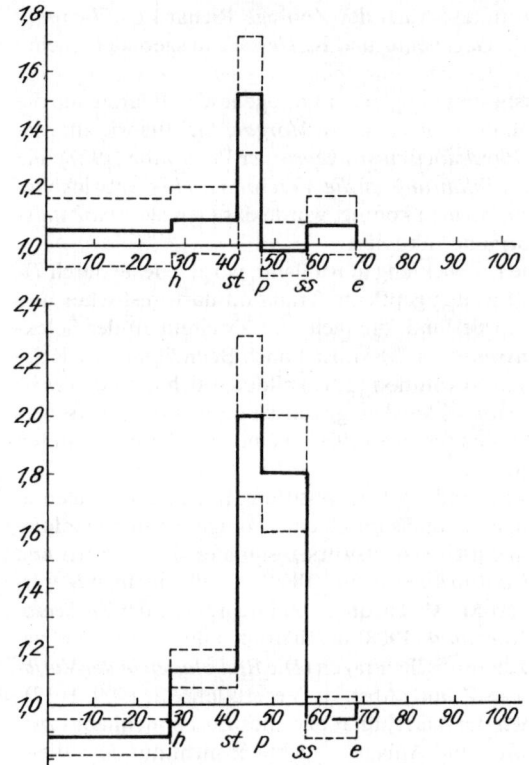

Abb. 99. Grafische Darstellung des Einflusses schwacher (oben) und starker (unten) Röntgenbestrahlung auf den Faktorenaustausch im III. Chromosom von *Drosophila melanogaster* von Muller 1925.

krieg verwickelt war und mit den Nachkriegsfolgen zu kämpfen hatte. Der Verlust an Menschen, der Mangel an Geld und nicht zuletzt die abgerissene wissenschaftliche Kommunikation erklären den viel späteren Einstieg auch vieler deutscher Biologen in die aktuelle Forschungsthematik, die erst im ersten Jahrzehnt dieses Jahrhunderts teilweise andere Richtungen eingeschlagen hatten, sie aber nicht zügig experimentell untermauern konnten. So hatten z. B. *Boveri*, *Correns* und *Tschermak* dem „Kernmonopol der Vererbung" [6] nicht zugestimmt, sondern spezifische Erbträger auch im Zytoplasma vermutet. Auch der Zoologe Richard *Goldschmidt* (1878–1958), bei *Bütschli, Gegenbaur* und R. *Hertwig* ausgebildet, suchte experimentell mit Larven des Schwammspinners (*Lymantria dispar*) – bei denen er die Geschlechtsbestimmung in der Ontogenese aufklären und die *Intersexe* beschreiben konnte – nach einer zu *Morgans* Gentheorie alternativen Hypothese. In der *Physiologischen Theorie der Vererbung* (1927), die er schon 1911 in seiner *Einführung in die Vererbungslehre* entwickelte, aber erst 15 Jahre später ausbauen konnte, wurde das Gen als *Autokatalysator* aufgefaßt, der „Hormone" aktiviert.

Noch anders verlief die Entwicklung in Rußland, wo eine feste durch *Timirjasev* begründete und weiter gepflegte Tradition darwinistischer und morphologischer Biologen bestand, die nicht mit Zweifeln an der Selektionstheorie rangen *(Gaissinovitch* 1985). Erst nach Beendigung des Krieges und der Sozialistischen Revolution (1917) bildeten sich um *Filipčenko* in Leningrad und *Četverikov* in Moskau genetisch interessierte Forschergruppen, deren Konzeptionen schon ab 1920 zu einer Synthese hinleiteten *(Gaissinovitch* 1980) (vgl. 10.2).

Ein bedeutender Schüler und ab 1889 Assistent *Weismanns*, Valentin *Haecker* (1864–1927), kam ebenfalls durch embryologische und zytologische Studien, die er in einem Übersichtswerk zusammenfaßte (*Praxis und Theorie der Zellen- und Befruchtungslehre*, 1899), zu allgemeinen Vererbungsproblemen (Freye 1965). Als Taxonom und Bearbeiter der *Tiefseeradiolarien der Valdivia-Expedition* (1908) beschäftigten ihn zunehmend variations- und deszendenztheoretische Fragen (*Die Radiolarien in der Variations- und Artbildungslehre*, Z. ind. Abst.- u. Vererb.lehre *2*, 1909: 1–17). Die Klärung der Ursachen der Variabilität bzw. des Zusammenhangs zwischen „Außeneigenschaften und Anlagen" suchte er nicht auf dem Wege der experimentellen entwicklungsmechanischen Kausalforschung zu erreichen, sondern durch morphologische, histologische, physiologische „Differentialdiagnose" der Merkmale von Varietäten vom ersten Auftreten der Unterschiede in der Ontogenese (*Phänogenese*) an. Aufgaben, Ziele und Methoden der neuen Forschungsrichtung, die er **Phänogenetik** nannte (1915), sah er ebenfalls als Alternative zu damals vorhandenen Faktorentheorien an (*Entwicklungsgeschichtliche Eigenschaftsanalyse, Phänogenetik*, 1918). Durch Unterscheidung zwischen spezifischen (durch Erbanlagen bedingten) und unspezifischen („epigenetisch", z. B. funktionell bedingten) Eigenschaften, die bis zu den Keimzellen analytisch zurückzuverfolgen seien, suchte *Haecker* nach einer Synthese zwischen Vererbungs- und Deszendenztheorien (*Pluripotenzerscheinungen – Synthetische Beiträge zur Vererbungs- und Abstammungslehre*, 1925). Auch diese Richtung wurde erst Ende der 20er Jahre mit experimentellen Methoden ausgebaut

und führte z. B. durch den Goldschmidt-Schüler F. V. W. *Henke*
(1895–1956) zu seinem *Versuch einer vergleichenden Morphologie des Flü-
gelmusters der Saturniden auf entwicklungsphysiologischer Grundlage*
(Nova Acta Leopoldina N. F. *4*, 1936, S. 3–137) und auf botanischem Gebiet zu einem Standardwerk des sowjetischen Pflanzenphysiologen Nicolaj
Petrovič *Krenke* (1892–1939), *Fenogenetičeskij variacija* (2 Bde., 1933 bis
1935).

Zusammenfassung von Kap. 9

Zur gleichen Zeit, als sich die biologische Forschung von der Naturphilosophie ab-
wandte und wieder zu induktiver, an den Idealen *Bacons* orientierter Kausalforschung überging, als im Rahmen der Medizin die naturwissenschaftlichen Grundlagen funktionell-biologischer Vorgänge mit experimentellen Methoden erarbeitet
wurden und durch die Zellentheorie ein neuer Zugang zu den Fragen der Individualentwicklung und Gestaltbildung gewonnen wurde, entstand auch für die „Naturgeschichte" bzw. für die Probleme der Artbildung und organismischen Vielfalt
eine neue Theorie durch Charles *Darwin*. Diese **Deszendenztheorie**, die aus dem
gleichen Streben nach Ursachenforschung hervorging, erklärte nicht nur die „Entstehung der Arten" durch neue Faktoren, sondern eröffnete überhaupt einen
neuen Weg zum Verständnis von Struktur und Form des Organismischen, der „organisierten Körper". Als Naturforscher beteiligt an der Weltumseglung mit der
Beagle sammelte *Darwin* empirisches Material über geologische, biologische und
klimatische Erscheinungen von drei Kontinenten und drei Ozeanen. Bei der vergleichenden Auswertung entwickelte sich ab 1838 seine neue Einsicht in den Zusammenhang zwischen rezenten und fossilen Organismen und im Verlauf weiterer
20 Jahre seine Theorie über die **Faktoren der Evolution**, mit folgenden Erkenntnissen:
- Organismen sind das Ergebnis eines **historischen Prozesses** in Verbindung mit
  der Erdgeschichte, die wie diese nach den gleichen Naturgesetzen ablief, die
  auch in der Gegenwart wirken,
- Individuen einer Art sind Teile einer **Fortpflanzungsgemeinschaft** (*Population*),
  die mehr Nachkommen produziert, als Nahrungsgrundlagen vorhanden sind, um
  die sie im Wettbewerb stehen,
- Individuen einer Art variieren und haben deshalb unterschiedliche Chancen in
  diesem **Wettbewerb**, der um so erfolgreicher bestanden wird, je besser die vorhandenen Lebensbedingungen genutzt werden,
- dadurch entsteht eine **natürliche Auslese**, die vergleichbar ist der Auswahl, die
  der Pflanzen- und Tierzüchter trifft, um ganz bestimmte, ihm erwünschte
  Eigenschaften zu erhalten, und wodurch er Rassen gewinnt, die bedeutend verschieden sind von der Ausgangsform,
- so ist auch das **Variieren** der Organismen in Verbindung mit der natürlichen Selektion im **Ringen ums Dasein** ein schöpferischer Prozeß zur Bildung neuer Arten.

Zur gleichen Zeit wie *Darwin* hatte auch der Naturforscher *Wallace* durch ähnliche Beobachtungen an der Inseltierwelt des Malaiischen Archipels eine gleiche Theorie entwickelt, die gleichzeitig mit der *Darwins* bekanntgemacht wurde (1858). Den Durchbruch der Deszendenztheorie erzielte aber erst *Darwins* Werk (1859) mit seiner Fülle an faktischen Beweisen, so daß die Mehrzahl der Naturforscher (sofern sie nicht durch religiöse Dogmen in Widerspruch gerieten) der Abstammungslehre zustimmten. Die Teileelemente seiner Theorie, die den Selektionsprozeß und seine Faktoren betrafen, blieben lange strittig. Sie bedurften noch der Ergänzung, vor allem durch eine Vererbungstheorie.

Darwin selbst legte im Verlauf von 20 Jahren Untersuchungen über Variabilität und Vererbung, über den Einfluß ökologischer Faktoren und über tierpsychologische Phänomene vor, die im einzelnen aufgegriffen und fortgeführt wurden und die Entwicklung **biologischer Spezialdisziplinen** anregten (Entwicklungsphysiologie und Genetik, Ökologie und Ethologie).

Die erste Auswirkung war die Anwendung der neuen Theorie auf schon bekannte Fakten der **Anatomie, Morphologie und Systematik**. So wurden Prinzipien der Homologie, der Korrelation von Merkmalen und der Parallelität embryonaler Stadien mit Formen niederer Organismen, die seit Anfang des 19. Jh. bekannt, aber typologisch interpretiert worden waren, auf neue Weise deutbar.

Dieser Aufgabe unterzogen sich u.a. *Gegenbaur* (Vergleichende Anatomie), V.O. *Kovalevski* (Paläontologie), Th. H. *Huxley* und E. *Haeckel* (Morphologie). In seiner *Generellen Morphologie* (1866) gab *Haeckel* ein Programm für alle seine nachfolgenden Arbeiten und die für die Evolutionstheorie relevanten Disziplinen, für die er die seitdem gültige Terminologie schuf (*Ontogenie* und *Phylogenie*, *Ökologie* und *Chorologie*). Die Verwandtschaftsbeziehungen des Tier- und Pflanzensystems gab er erstmals in Form von (hypothetisch erschlossenen) **Stammbaum-Grafiken** wieder.

Einen neuen Aufschwung nahmen die Forschungen zur **Entwicklungsgeschichte** (Ontogenie), weil man aufgrund des **Biogenetischen Grundgesetzes** (Haeckel 1872) annahm, durch Kenntnis der Embryonalstadien die Stammesgeschichte erschließen zu können. Große Bedeutung erhielten für diese Studien die meeresbiologischen Stationen, für deren Anlage die Gründung A. *Dohrns* in Neapel (1872) zum Vorbild wurde. Durch vergleichend-morphologische Studien an Embryonen wurden die Keimblättertheorie weiterentwickelt und Aufschlüsse über Verwandtschaftsbeziehungen zwischen Wirbeltier- und Wirbellosengruppen gewonnen, die zur Verbesserung des natürlichen (phylogenetischen) Systems führten. Aus den evolutionsbiologischen Fragestellungen entstand die experimentelle Richtung der **Entwicklungsmechanik** (*Roux*) und **Entwicklungsphysiologie** (*Driesch*, *Spemann*), die mit den Methoden der Kausalforschung die Faktoren der Individualentwicklung und Vererbung zu ermitteln und damit indirekt auch der Stammesentwicklung zu erschließen suchten. Diese Studien erbrachten Einblicke in die Determinations- und Organisationszentren des Keimes, Erkenntnisse über zytologische Strukturen und Prozesse bei der Befruchtung, der Ei- und Samenbildung, der Zellteilungen und der Rolle der Kernsubstanz bei diesen Vorgängen (**Chromosomentheorie**).

Zur **Vererbungsproblematik** wurden vor 1900 zahlreiche Hypothesen entwickelt durch *Darwin* (Pangenesis), *Galton* (stirp), *Haeckel* (Perigenesis), *Weismann* (Keimbahn), *Naegeli* (Micellar-Hypothese), *de Vries* (Intrazelluläre Pangenesis), die hinfällig wurden, als 1900 die Arbeiten und **Vererbungsgesetze Mendels** wiederentdeckt wurden. *Mendel* hatte 1865 bei Kreuzungsversuchen mit Erbsen- und Bohnensorten mit Hilfe statistischer Methoden den Erbgang von Merkmalen ermittelt, die mit den Regeln der Kombinatorik erklärbar und berechenbar waren und auf Einzelfaktoren schließen ließen, da sie sich im Erbgang trennen konnten (**Spaltungsgesetze**). Gleiche Gesetze erkannten Pflanzenzüchter (*de Vries, Correns, Tschermak, Beijerinck*) und Tierzüchter (*Bateson, Haacke, Cuénot*) bei den durch *Darwin* angeregten Versuchen. Die gleichzeitige Bekanntgabe der Mendel-Entdeckung durch die erstgenannten drei Botaniker (1900) und die Verknüpfung der statistischen Erkenntnisse mit den zytologischen Beobachtungen über Zell- und Kernstrukturen, ihr Verhalten bei Befruchtung, Zellteilung und Keimesentwicklung (*Boveri* 1904) führte zur Entstehung der **Genetik** als biologische Spezialdisziplin mit verschiedenen Arbeitsrichtungen. Durch *Johannsen* wurde die variationsstatistische **Populationsforschung** mit exakter Methodik begründet und die begriffliche Unterscheidung von *Phänotyp* und *Genotyp* eingeführt. Seine züchterisch wertvollen Erkenntnisse über *reine Linien* erweckten Zweifel an *Darwins* Selektionstheorie, so daß als Alternative die von *de Vries* entwickelte, von *Bateson* unterstützte **Mutationstheorie** jahrzehntelang mehr Geltung erhielt. Sie beruhte auf der spontanen Entstehung drastischer erblicher Variationen anstelle von kleinen Variationen als Material für die natürliche Selektion.

Eine Verknüpfung von Mutationsforschung mit zytologisch-experimentellen Studien entwickelte sich um 1910 durch *Morgan* und seine Mitarbeiter in den USA, die mit kausalmechanischen Methoden an *Drosophila-Populationen* die Erbfaktoren analysierten und die **Chromosomentheorie** und **Gentheorie** weiterentwickeln konnten (1926). Sie wurde zunächst als Konkurrenz zur Darwinschen Evolutionstheorie verstanden, bis ihre Synthese mit Hilfe der **Biometrie** erfolgte.

Literatur zu Kap. 9

Allen, G. E.: Thomas Hunt Morgan: the man and his science. Princeton 1978.

Arzt, Th.: Die Erforschungsgeschichte der *Chorda dorsalis* und die Entstehungsgeschichte des Chordaten-Begriffes im 19. Jahrhundert. Nova Acta Leopoldina, N. F. *17*, Nr. 121. Leipzig 1955.

Aveling, E. B.: Die Darwinsche Theorie. Stuttgart 1887.

Babicz, J.: Moritz Wagners Theorie der Entstehung der Arten und ihr Platz in der Geschichte der Evolutionslehre. NTM *3*, 8 (1966): 46–57.

Bailey, E.: Charles Lyell. London 1962.

Baltzer, F.: Theodor Boveri. Leben und Werk eines großen Biologen, 1862–1915. Stuttgart 1962 (Große Naturforscher Bd. 25).

Bandlow, E.: Philosophische Aspekte in der Entwicklungsphysiologie der Tiere. Jena 1970.

Baranov, P. A.: Istorija embriologii rastenij. Moskva 1955.

Barzun, J.: Darwin, Marx und Wagner: critique of a heritage. Garden City (New Jersey) [2]1968.

458   9. Die Evolutionstheorie (1859–1930)

Beck, H.: Moritz Wagner in der Geschichte der Geographie. Marburg 1951.
Beer, G. de (Hrsg.): Darwin's notebooks on transmutation of species (1–5). Bull. Brit. Mus.
   (N. H.), Hist. Ser. 2, Nr. 2–6 (1960–1961).
Beurton, s. Lit. zu Kap. 10.
Bljacher, L. Ja.: Vozniknovenie kletok v ontogeneze. Moskva 1960. (Trudy Instituta istorii
   estestvoznanija i techniki 32, S. 3–57).
Bowler, P. J.: The eclipse of Darwinism: Anti-Darwinian Evolution Theories in the decades
   around 1900. London 1983.
– Evolution. The history of an idea. London 1984.
Bütschli, O.: Mechanismus und Vitalismus. Leipzig 1901.
Carlson, E. A.: The gene: a critical history. Philadelphia 1966.
Carus, V. (Übers.): Leben und Briefe von Charles Darwin. Bd. 1–3. Stuttgart 1887.
Churchill, F. B.: From machine-theory to entelechy: two studies in developmental teleology.
   J. Hist. Biol. 2 (1969): 165–185.
– Chabry, Roux and the experimental method in nineteenth century embryology. In: Giere,
   R. N., & Westfall, R. S., (Hrsg.): Foundations of scientific method: the nineteenth century.
   Bloomington, London 1973.
– Weismann's continuity of the germ-plasm in historical perspective. In: Sander 1985,
   S. 107–124.
Correns, C. E.: Gregor Mendels Briefe an Carl Nägeli. Abh. Kgl.-Sächs. Ges. Wiss., Math.-
   Phys. Kl. 29 (1905): 189–205.
Davitašvili, L. S.: Istorija evolucionnoj paleontologii ot Darvina do nasich dnej. Moskva,
   Leningrad 1948.
Dunn, L. C., (Hrsg.): Genetics in the 20th century. New York 1951.
Forbes, E. G., (Hrsg.): Relation between theories of heredity and evolution (1880–1920).
   Proc. XVth Int. Congr. Hist. Sci. Edinburgh 1977, Symposium 8. Edinburgh 1978.
Freye, H.-A.: Valentin Haecker (1864–1927) und die Phänogenetik. Zool. Anz. 174 (1965):
   401–410.
Frolov, I. T., & Pastušnyj, S. A.: Mendel', Mendelizm i dialektika. Moskva 1972.
Gaissinovitch, A. E.: Problems of variation and heredity in Russian biology in the late nine-
   teenth century. J. Hist. Biol. 6 (1973): 97–123.
– The origins of Soviet genetics and the struggle with Lamarckism, 1922–1929. J. Hist. Biol.
   13 (1980): 1–51.
Gegenbaur, C.: Erlebtes und Erstrebtes. Leipzig 1901.
Geus, A., und Querner, H.: Deutsche Zoologische Gesellschaft 1890–1990. Stuttgart
   1990.
Ghiselin, M. T.: The triumph of the Darwinian method. Berkeley/Los Angeles 1969.
Goldschmidt, R.: Erlebnisse und Begegnungen. Berlin und Hamburg 1959.
Gould, S. J.: Ontogeny and phylogeny. Cambridge (Mass.) and London 1977.
Grene, M.: Dimensions of Darwinism. Themes and counterthemes in twentieth-century
   evolutionary theory. Cambridge Univ. Press 1983.
Gruber, H. E.: Darwin on Man. London 1974.
Henning, W.: Die Grundzüge einer Theorie der phylogenetischen Systematik. Berlin 1950.
Hertwig, O.: Der Kampf um Kernfragen der Entwicklungs- und Vererbungslehre. Jena
   1909.
– Dokumente zur Geschichte der Zeugungslehre. Arch. mikroskop. Anat. 90, Abt. II
   (1918): 1–168. – Auch sep. Bonn 1918.
Hertwig, P.: Nikolaj Petrovič Dubinin. Nova Acta Leopoldina, N. F. 21, Nr. 143 (1959):
   260–264.
Hoppe, B.: Die Evolutionstheorie im deutschen Sprachgebiet. Hist. Phil. Life Sci. (1985):
   121–147.

Hutton, F.: Darwinism and Lamarckism. London 1899.
Jahn, I.: W. O. Focke – M. W. Beijerinck und die Geschichte der „Wiederentdeckung" Mendels. Biol. Rdsch. 3 (1965): 12–25.
– Charles Darwin. Leipzig, Jena, Berlin 1982.
Junker, Th.: Darwinismus und Botanik. Stuttgart 1989.
Kanaev, I. I.: Očerki iz istorii problemy morfologičeskogo tipa ot Darvina do našich dnej. Moskva, Leningrad 1966.
– Francis Galton. Leningrad 1972.
Koerner, W. F. K.: August Schleichers Einfluß auf Haeckel, in: Nova acta Leopoldina N. F. 54, Nr. 245 (1981): 731–745.
Kofoid, Ch. A.: The biological stations of Europe. U. S. Bureau of Education New York, Bulletin 4 (1910).
Korschelt, E.: Aus einem halben Jahrhundert biologischer Forschung. Jena 1940.
Krauße, E.: Hauptrichtungen der Entwicklung der Biologie in der Periode der industriellen Revolution. Beitr. Wissenschaftsgesch. Berlin 1982, S. 135–153.
– Ernst Haeckel. Leipzig 1984 (Biographien hervorragender Naturwissenschaftler, Techniker und Mediziner, Bd. 70).
– Julius Schaxel an Ernst Haeckel 1906–1917. Leipzig, Jena, Berlin 1987.
Kříženecký, J., (Hrsg.): Fundamenta genetica (classic papers) Prag 1965.
Kronfeld, E. M.: Anton Kerner von Marilaun. Leipzig 1908.
Kühn, A.: Anton Dohrn und die Zoologie seiner Zeit. Pubbl. Staz. Zool. Napoli, Suppl. 1950.
Lam, H. J.: Phylogenetic symbols, past and present (being an apology for genealogical treets). Acta Biotheoretica, Leiden 2 (1936): 153–194.
Lefèvre, W.: Die Entstehung der biologischen Evolutionstheorie. Frankfurt a. M., Berlin, Wien 1984.
Limoges, C.: Da selection naturelle. Paris 1970.
Löther, R.: Die Beherrschung der Mannigfaltigkeit. Jena 1972.
– Philosophische Probleme bei dem Deszendenztheoretiker August Weismann. In: Naturwiss., Tradition, Fortschr., Beih. NTM, S. 190–196. Berlin 1963.
Lorenzen, H. (Hrsg.): Beiträge zur neueren Geschichte der Botanik in Deutschland. Stuttgart 1988.
McKinney, H.-L.: Wallace and natural selection. New Haven and London 1972.
MacLeod, R. M.: Evolutionism and Richard Owen, 1830–1868: an episode in Darwin's century. Isis 56 (1965): 259–280.
Mangold, O.: Hans Spemann, ein Meister der Entwicklungsphysiologie. Stuttgart 1953, ²1982 (Große Naturforscher, Bd. 11).
Martin, G. P. R., und Uschmann, G.: Friedrich Rolle, ein Vorkämpfer neuen biologischen Denkens in Deutschland. Leipzig 1969 (Lebensdarstellungen deutscher Naturforscher, Nr. 14).
Mayr, E.: The nature of the Darwinian revolution. Science 176 (1972): 981–989.
– The recent historiography of genetics. J. Hist. Biol. 6 (1973): 125–154.
– August Weismann und die Evolution der Organismen. In: Sander 1985, S. 61–82.
Mikulinskij, S. R., Markova, L. A., und Starostin, B. A.: Alphonse Decandolle, 1806–1893. Jena 1980.
Mirzojan, E. N.: Individualnoe razvitie i evoljucija. Očerk istorii problemy sootnošenija ontogeneza i filogeneza. Moskva 1963.
– Razvitie učenija o rekapituljacii. Moskva 1974.
Mocek, R.: Mechanizismus und Vitalismus. In: Mikrokosmos – Makrokosmos, hrsg. von Ley, H., und Löther, R., Bd. 2, S. 324–372. Berlin 1967.
– Wilhelm Roux – Hans Driesch. Biographien bedeutender Biologen. Bd. 1, Jena 1974.

Müller, Fritz: Werke, Briefe und Leben. Jena 1915–1920.

Müller, Irmgard: Die Geschichte der Zoologischen Station in Neapel von der Gründung durch Anton Dohrn (1872) bis zum ersten Weltkrieg und ihre Bedeutung für die Entwicklung der modernen biologischen Wissenschaften. (Habil.-Schrift) Inst. Gesch. Med. Univ. Düsseldorf 1976.

Nakamura, O., Hayashi, Y., & Ashashima, M.: A half-century from Spemann – historical review of studies on the organizer. In: Organizer (Hrsg. Nakamura & Toivonen). Amsterdam, Oxford, New York 1978, S. 1–47.

Olby, R. C.: Origins of Mendelism. New York 1966.

– The path to the double helix. London, Basingstoke 1974.

Oppenheimer, J.: An embryological enigma in the origin of species. In: Glass, Temkin & Strauss jr. (Hrsg.): Forerunners of Darwin, 1745–1859. Baltimore 1959.

Orel, V., & Matalova, A.: Gregor Mendel and the foundation of genetics (Proc. Symp. P. I). Brno 1983.

– Johann Gregor Mendel, seine Zeit und die „Wiederentdeckung". Folia Mendeliana *21* (Suppl.). Brno 1986.

Portugal, F. H., & Cohen, J. S.: A century of DNA. A history of the discovery of the structure and function of the genetic substance. Cambridge (Mass.), London 1977.

Querner, H.: Darwin, sein Werk und der Darwinismus. In: Biologismus im 19. Jh. (Hrsg. G. Mann) Stuttgart 1973.

Reif, W.-E.: Evolutionary theory in German paleontology. In: Grene 1983, S. 173–203.

Richmond, M. L.: Protozoa as Precursors of Metazoa: German Cell Theory and Its Critics at the Turn of the Century. J. Hist. Biol. 22 (1989): 243–276.

Romanes, G. J.: Darwin und nach Darwin. 3 Bde. Leipzig 1892–1895.

– Darwinistische Streitfragen. Leipzig 1897.

Russell, E. St.: The interpretation of development and heredity. Oxford 1930.

Sander, K. (Hrsg.): August Weismann (1834–1914) und die theoretische Biologie des 19. Jahrhunderts. Freiburger Universitätsblätter *24*, 1985, H. 87/88.

Schaxel, J.: Kritische Übersicht der Theorien der ontogenetischen Determination. Bibl. Biotheoretica, D, 1 P. 3. Leiden 1942.

Scheele, I.: Von Lübben bis Schmeil. Wissenschaftshistorische Studien, hrsg. v. Hünemörder. Bd. 1. Berlin 1981.

Schmidt, G.: Die literarische Rezeption des Darwinismus. Das Problem der Vererbung bei Émile Zola und im Drama des deutschen Naturalismus. Sitz. ber. Sächs. Akad. Wiss. Leipzig. Philol. hist. Kl. *117*, H. 4 (1974).

Schumacher, I.: Die Entwicklungstheorie des Heidelberger Paläontologen und Zoologen Heinrich Georg Bronn (1800–1862). Naturwiss. Diss. Heidelberg 1975.

Senglaub, K.: Vorgeschichte und Herausbildung der „Synthetischen Theorie der Evolution" und der Anteil der ornithologischen Systematik. Mitt. Zool. Mus. Berlin, Suppl. Bd. *54*. Ann. Orn. *2*. Berlin 1978, S. 35–56.

– Einführung zu Charles Darwin: Erinnerungen an die Entwicklung meines Geistes und Charakters (Autobiographie), S. 9–27. Leipzig, Jena, Berlin 1982.

Sitte, P.: Keimplasma. Theorie und Genom-Konstanz. In: Sander 1985, S. 91–98.

Smit, P.: Ontogenesis and phylogenesis: their interrelation and their interpretation. Acta biotheoretica *15* (1961): 1–103.

Stauffer, R. C., (Hrsg.): Charles Darwin's natural selection. Being the second part of his Big Species Book written from 1856 to 1858. Cambridge (Engl.) 1975.

Sturtevant, A. H.: A history of genetics. New York 1965.

Turner, J. R. G.: The gradualist – saltatist – schism. In: Sander 1985, S. 130–169.

Uhlmann, E.: Entwicklungsgedanke und Artbegriff in ihrer geschichtlichen Entstehung und sachlichen Beziehung. Jena 1923 (Aus: Jena. Z. Naturwiss. *59*).

Uschmann, G.: Zur persönlichen und wissenschaftlichen Entwicklung von W. O. Kowa-
lewsky unter besonderer Berücksichtigung seiner Promotion in Jena. Wiss. Z. Univ. Jena,
Math.-Nat. R. *5* (1955/56): 495–519.
– Geschichte der Zoologie und der Zoologischen Anstalten in Jena 1779–1919. Jena 1959.
– und Jahn, I.: Der Briefwechsel zwischen Thomas Henry Huxley und Ernst Haeckel. Wiss.
Z. Univ. Jena, Math.-nat. R. *9* (1959/60): 7–33.
– Zur Geschichte der Stammbaum-Darstellungen. In: Gesammelte Vorträge über moderne
Probleme der Abstammungslehre (Hrsg. M. Gersch). Bd. 2. Jena 1967, S. 9–30.
– und Hassenstein, B.: Der Briefwechsel zwischen Ernst Haeckel und August Weismann.
In: Kleine Festschrift aus Anlaß der hundertjährigen Wiederkehr der Gründung des Zoo-
logischen Institutes Jena im Jahr 1865 durch Ernst Haeckel. (Hrsg. M. Gersch). Jenaer Re-
den und Schriften. Fr.-Schiller-Univ. Jena 1965.
Voigt, W.: Homologie und Typus in der Biologie. Jena 1973.
Vorzimmer, P. J.: Darwin, Malthus and the theory of natural selection. J. Hist. Ideas *30*
(1969): 527–542.
Wanscher, J. H.: The history of Wilhelm Johannsen's genetical terms and concepts from the
period 1903 to 1926. Centaurus *19* (1975): 125–147.
Weiss, P.: Entwicklungsphysiologie der Tiere. Wiss. Forschungsberichte, Nat. R. Bd. *22.*
Dresden und Leipzig 1930.
Weissenberg, R.: Oscar Hertwig 1849–1922. Leben und Werk eines deutschen Biologen.
Leipzig 1959 (Lebensdarstellungen deutscher Naturforscher, Nr. 7).
White, M. J. D.: Animal cytology and evolution. Cambridge 1954.
Wilson, E. G., (Hrsg.): Sir Charles Lyell's scientific journals on the species question. New
Haven, Conn. 1970.
Woltmann, L.: Die Darwinsche Theorie und der Sozialismus. Düsseldorf 1899.
Woodward, W. R., & Ash, M. G.: The problematic science: Psychology in nineteenth-cen-
tury thought. New York 1982.
Zavadskij, K. M.: Razvitie evoljucionnoj teorii posle Darvina 1859–1920e gody. Leningrad
1973.
Zirnstein, G.: Charles Darwin. Leipzig ⁴1982 (Biographien hervorragender Naturwissen-
schaftler, Techniker und Mediziner, Bd. 13).

10. Wege zu theoretischen Synthesen (ab 1920)

Die Entwicklung der *Genetik*, mit der das 20. Jh. in den biologischen Wissenschaften eingeleitet wurde, war selbstverständlich nicht die einzige Disziplin, die zu dieser Zeit an der Erkenntnis der Organismenwelt und ihrer
Lebenserscheinungen arbeitete. Ihr eng verbunden in der Zielsetzung war
die *Entwicklungsphysiologie,* wenn sie auch andere methodische Wege
beschritt (Weiss 1930). Einen enormen Aufschwung nahm nach 1900 die
Mikrobiologie, besonders in ihrer Koppelung an die Medizin. Alle drei
Disziplinen waren von der Weiterentwicklung der optischen Industrie und
der Mikrotechnik abhängig, die in die „technische Revolution" des 20. Jh.
einbezogen waren und die Richtung der biologischen Forschung mitbe-
stimmten. Das wird deutlich an dem Sprung von der tastenden Hypothe-

senbildung über innerzelluläre Strukturen und Prozesse vor 1880 zu der zunehmend sicherer werdenden faktischen Beweisführung ab 1890.

Als neue Disziplin konstituierte sich auch die *Biochemie*, deren Fragestellungen sich aus der Pharmazie, medizinischen Physiologie sowie Pflanzen- und Tierphysiologie entwickelten und wiederum auf Medizin, Mikrobiologie, Genetik zurückwirkten.

Diesen Laboratoriumsdisziplinen, deren laborative Einrichtungen im 20. Jh. immer aufwendiger wurden, standen die traditionellen Universitätsdisziplinen der *Botanik* und *Zoologie* gegenüber, die einen hohen Anteil an taxonomischen Inhalten und vergleichend-morphologischen Methoden hatten, die Teilnehmer an Expeditionen stellten und noch Feldforschung pflegten. Ihre Arbeitsbasis war neben der „freien Wildbahn" der Botanische Garten oder die Museumssammlung, wobei letztere nach wie vor auf vergleichend-morphologische Methoden angewiesen war, während der Garten auch physiologisch-ökologische und züchterische Methoden erforderte.

Aus den unterschiedlichen Methoden und Aufgaben resultierten Kontroversen und Mißverständnisse wie etwa über den Artbegriff, die Varietäten, die Faktoren der Variabilität und „Anpassung". Für die Zoologische Systematik war das 20. Jh. eingeleitet worden mit der Festlegung Internationaler Nomenklaturregeln im Jahre 1901 (Paris 1905), wie sie für die Botanik schon seit 1867 existierten (Jena 1906), eine Gesetzessammlung für den Taxonomen, an deren Einhaltung er gebunden war, sollte seine Arbeit künftig Bestand haben. Eng verbunden damit war die Pflicht zur Erhaltung der Nomenklaturtypenexemplare in einer jedem zugänglichen Sammlung, was der Museologie neue Aufgaben stellte [22]. Dazu kam ein großer Sammlungszuwachs durch die globale dritte Artenbestandsaufnahme der großen Tiefsee-, Polar- und Landexpeditionen, die um 1900 durch neue Verkehrs- und Transportmittel möglich wurden:
– die Valdivia-Expedition (1898–1899), die als erste deutsche Tiefsee-Expedition den Atlantik, Indischen Ozean und das Südpolarmeer erforschte,
– die holländische Siboga-Expedition,
– die Spitzbergen-Expedition (1898), an deren Auswertung 60 Spezialisten der Nordmeerländer arbeiteten (*Fauna arctica* 1900–1925),
– die Antarktik-Expeditionen des Berliner Meereskunde-Museums mit der Gauß (1901–1903) und Schwedens unter O. Nordenskiöld (1901 bis 1903), zwei von fünf international vorbereiteten und abgestimmten Südpol-Expeditionen, mit denen auch die biologische Erforschung dieses sechsten Kontinents begann,
– die Landexpeditionen ins Innere Afrikas und Australiens durch die Kolonialmächte,

– die Expeditionen ins Tienschan- und Pamirgebirge der Petersburger Akademie der Wissenschaften.

Das sind einige Beispiele nationaler Unternehmungen zur wirtschaftlichen Erschließung der Naturressourcen. Dazu kamen individuelle Sammelreisen, wie sie von dem Geobotaniker Heinrich *Walter* (1898–1989) zu vergleichend-ökologischer Forschung beschrieben werden (Walter 1987).

Die Fülle neuer Formen mit Anpassungserscheinungen an extreme Lebensbedingungen (Tiefsee, Hochgebirge, Wüstengebiete) beanspruchte die Systematiker in der ersten Hälfte des 20. Jh.

Schließlich zeichneten sich auch schon die ersten großen Naturschutzaktivitäten mit der Gründung von Feldforschungsstationen zur Erkundung des Artenbestandes und der Lebensbedingungen der einheimischen Tier- und Pflanzenwelt ab – in Deutschland durch Walther *Schoenichen* (1876–1946), in der Sowjetunion nach 1917 durch staatliche Biologische Stationen.

Diese Biologen mit ihrer praktischen Kenntnis der mannigfaltigen Formen, Lebensräume und Anpassungserscheinungen standen vielfach lamarckistischen Auffassungen näher als darwinistisch-selektionistischen Theorien und hatten außerdem wenig Verständnis für die experimentelle Laborforschung mit ihrer notwendigen Beschränkung auf wenige, ausgewählte Formen und isolierte, künstlich geschaffene Zuchtbedingungen – und umgekehrt. So gab es in der Phase der klassischen Genetik wenig gegenseitige Befruchtung.

Dazu kam die Vielfalt der Publikationsorgane, Spezialzeitschriften für neue Disziplinen und Arbeitsrichtungen, oft im Zusammenhang mit der Gründung von Spezialgesellschaften nach 1900, so daß die noch 50 Jahre früher relativ einfache Kommunikation zwischen Botanikern und Zoologen, Biologen und Medizinern, Anatomen und Physiologen zunehmend erschwert wurde. Allein ein Blick in das Verlagsverzeichnis des 1878 gegründeten Gustav Fischer Verlags Jena, das repräsentativ für die Entwicklung der Biologie in der ersten Hälfte des 20. Jh. ist, gibt einen Eindruck von der Vielzahl der Periodica, Sammelwerke, Reihen neben den Monographien (Lütge 1928; Stier 1953).

So zeigten sich um 1910 neue Bemühungen um eine Systematisierung der biologischen Disziplinen – nach denen durch *Darwin* beeinflußten im 19. Jh. [22] – und gegen Ende der 20er Jahre in manchen Teildisziplinen der Ruf nach einer Synthese (*Schaxel* 1919; *Schleip* 1927; *Severcov* 1936; *Schindewolf* vgl. 9.2.3.).

10.1. Die Synthese biologischer Einzelerkenntnisse zum neuen Verständnis der Evolutionstheorie

Selbst die als einheitliche Richtung um 1900 entstandene Genetik entwikkelte sich schon bald nach verschiedenen Richtungen zu Teildisziplinen weiter. Neben der laborativ-experimentellen Gruppe der Zytologen, die mit ausgewählten Laboratoriumstieren experimentierten, standen die Züchter, die an Freilandkulturen mit merkmalsstatistischen Methoden arbeiteten, sowie diejenigen Naturforscher, die ihre Beobachtungen an Wildpopulationen machten.

Zu diesen Zwecken waren in England und Amerika mathematisch-statistische Methoden entwickelt worden, die sich von F. *Galtons* bzw. von *Quetelets* Forschungen an menschlichen Populationen ableiteten. *Galtons* Werk *Natural Inheritance* (1889) war der Ausgangspunkt biometrischer Methoden in der englischen Populationsforschung und beeinflußte die Zoologen *Weldon*, *Poulton* und den Mathematiker *Pearson* bei Begründung der englischen Biometriker-Schule trotz gegensätzlicher Standpunkte zu Evolutionsfragen. *Pearson* als Darwinist suchte *Galtons Gesetz des Ahnenerbes* (1897) durch eine veränderte mathematische Formulierung in Einklang mit *Darwins* Theorie von der Wirkung *kleiner* individueller Variationen zu bringen, was den Widerspruch *Batesons* als Verfechter der Mutationstheorie hervorrief und jahrelange fruchtlose Kontroversen induzierte. Aus den Bemühungen um Auflösung der sachlichen Widersprüche entstanden schon 1908 die ersten theoretischen Grundlagen für die zwischen 1920 und 1930 begründete Populationsgenetik, indem der Zoologe Reginald Grundall *Punnett* (1875–1967), ein Anhänger *Batesons*, den Mathematiker G. H. *Hardy* um eine Formel für die Bedingungen bat, unter denen in einer natürlichen Population bei freier Kreuzung dominante und rezessive Erbfaktoren erhalten bzw. weitervererbt werden, da er die Meinung des Biometrikers *Yule* (1871–1951) nicht teilte, daß dominante Anlagen im Laufe der Generationen sich im Verhältnis 3 : 1 vermehren ¬und rezessive dadurch ganz verschwinden. *Hardy* errechnete die Formel für das Gleichgewicht der Genfrequenz $q^2 = pr$ (wobei AA = p, Aa = $2q$, aa = r ist) und zeigte damit, daß das Gleichgewicht auch in den nachfolgenden Generationen bei Rekombination erhalten bleibt, kleine erbbedingte Variationen also nicht verschwinden. (*Mendelian proportions in a mixed population*, Science, N. S. *28*, 1908: 49–50).

Fast zur gleichen Zeit hatte auch der Stuttgarter Arzt Wilhelm Robert *Weinberg* (1862–1937) bei Vererbungsstudien an Zwillingen die Mendelschen Gesetze bestätigt und eine gleichsinnige Formel für das Verhalten dominanter und rezessiver Anlagen im Erbgang veröffentlicht (*Über Vererbungsgesetze beim Menschen*,

Z. induktive Abst. und Vererbungslehre *1–2*, 1909). Sie wurde erst 1943 von dem Humangenetiker Curt *Stern* (1902–1981) „entdeckt" und in seiner seither gebräuchlichen Fassung (m^2 AA + 2 m · nAB + n^2 BB = 1) als *Hardy-Weinberg-law* in der populationsgenetischen Literatur bekanntgemacht (Stern 1966).

Hardy's Formel, die schon im ersten Jahrzehnt die Kontroversen zwischen Mutationisten und Darwinisten bzw. Biometrikern hätte beenden können, wurde von *Punnett* erst 1917 in die Populationsforschung eingeführt. Aber in seinem verbreiteten Werk *Mimikry in butterflies* (1915), in dem er Mimikrie als Evolutionsphänomen durch Selektionswirkung in einer Population darstellte, verwendete er eine Tabelle des englischen Mathematikers H. T. J. *Norton*, der die Anzahl der erforderlichen Generationen zur Änderung der Genfrequenz eines Mendelfaktors bei verschiedener Selektionsintensität errechnet hatte.

Durch diese Veröffentlichung wurde der russisch-sowjetische Zoologe Sergej Sergeevič *Četverikov* (1880–1959) (der sich schon seit 1900 mit entomologischer Populationsforschung beschäftigte und 1905 seine Beobachtungen über rhytmische Schwankungen in der Populationsgröße [*Lebenswellen*], 1915 eine Abhandlung über *Insektenevolution* veröffentlicht hatte) zu eigenen populationsstatistischen Forschungen angeregt, die in den 20er Jahren zu einer ersten Synthese zwischen Genetik und Darwinismus führten (Adams 1970; Provine 1971).

Während in Westeuropa und den USA die experimentelle genetische Forschung und die mit den Mendelschen Gesetzen verknüpfte Mutationstheorie nach 1900 zu einem Zweifel an *Darwins* Theorie („Krise des Darwinismus") und zu einer Spaltung der Biologen unterschiedlicher Richtungen geführt hatte, gab es im zaristischen Rußland seit Mitte des 19. Jh. unter den Biologen eine starke darwinistische Tradition, die dort verbunden war mit progressiven politisch-revolutionären Ideen der bürgerlichen Intellektuellen.

Zu diesen gehörten z. B. die Brüder *Kovalevski* (vgl. 9.3.) und der unermüdliche Darwinpopularisator und anerkannte Pflanzenphysiologe *Timirjasev* (vgl. 8.3.1.), der *Darwins* Entstehung der Arten schon 1864 ins Russische übersetzt und 1907 bis 1909 eine achtbändige Gesamtausgabe der Werke *Darwins* in Russisch herausbrachte. Aufgrund seiner Kenntnisse des Marxismus und dessen Darwininterpretation führte *Timirjasev* in Rußland einen beharrlichen Kampf gegen Darwingegner wie gegen Sozialdarwinisten, ebenso gegen Vitalismus und Physikalismus sowie gegen Neo-Lamarckismus, wenngleich er wie *Darwin* selbst die Selektionstheorie mit dem verändernden Einfluß von Umweltbedingungen verband. Als Anhänger der Oktoberrevolution wurde der 75jährige noch Mitglied des Staatlichen Wissenschaftlichen Rates der kommunistischen Akademie der Wissenschaften und 1920 des Arbeitersowjets und in der Anfangsphase der jungen Sowjetrepublik unter *Lenin* wissenschaftspolitisch wirksam (Gaissinovitch 1971, 1985; Regelmann 1980).

Auch Kenner der Mendelschen Gesetze gab es in Rußland schon zeitig. Einer der ersten Botaniker, die *Mendels* Experimente wirklich verstanden und schon vor 1900 die Spaltungsregeln zutreffend referiert hatten, war Ivan F. *Šmalhausen*, der Vater des Embryologen und Evolutionsforschers (s. u.). In seiner Dissertation *Über Pflanzenhybriden* (1874) behandelte er die Vererbungsgesetze (Gaissinovitch 1966).

Četverikov hatte in Moskau ab 1909 an der (1919 mit der Universität vereinigten) Höheren Frauenschule Vorlesungen über Allgemeine Entomologie, Theoretische Systematik, Genetik und Biometrie gehalten, 1914 die Moskauer Entomologische Gesellschaft gegründet. Er wurde zur Gründung einer genetischen Abteilung 1921 von Nikolaj Konstantinovič *Kolcov* (1872–1940) an das von ihm ab 1917 eingerichtete erste sowjetische Institut für Experimentalbiologie berufen (Babkov 1985). Während *Kolcov* über physiko-chemische Grundlagen der Morphologie (1928), erbliche chemische Bestandteile des Blutes (1928) und „Vererbungsmoleküle" (1939) arbeitete, behandelte *Četverikov* mit variationsstatistischen Methoden Probleme des Zusammenhanges der Evolutionstheorie mit den Ergebnissen der Genetik. Durch merkmalsstatistische Studien an Wildpopulationen von *Drosophila* aus der Moskauer Umgebung stellten er und seine Mitarbeiter *Timofeeff-Ressovski*, *Dubinin*, *Astaurov* und *Romašov* fest, daß die Wildpopulationen heterozygot waren und reiches Material erblicher Variationen boten, an denen ein Selektionsprozeß stattfinden kann. Er schrieb der **Wechselwirkung der Gene** in panmiktischen natürlichen Fortpflanzungsgemeinschaften große Bedeutung zu, mutmaßte, daß ebenso wie Merkmale *phänotypisch* von Umweltwirkungen beeinflußt werden, auch jedes Merkmal *genotypisch* von der Reaktion des gesamten Genotypus auf innere Einflüsse abhängt, wofür er den Ausdruck *genotypisches Milieu* prägte. Selektion könne zwar nicht das Gen selbst, aber dessen Wirkungsweise ändern und somit einen „schöpferischen Prozeß" darstellen (vgl. auch 9.3.1. über *Weismann*!).

Mit seiner Arbeit über einige Momente des Evolutionsprozesses vom Standpunkt der modernen Genetik (*O nekotorych momentach evolucionnogo processa s točki zrenija sovremennoj genetiki*, Ž. eksperim. biol., ser. A, Bd. 2, 1926) zog *Četverikov* erstmals eine **Synthese zwischen Genetik und Darwinismus**, im gleichen Jahr, als in USA *Morgans Gentheorie* erschien und *Muller* die ersten röntgeninduzierten künstlichen Genmutationen erzielte (vgl. 9.3.3.).

Als 1932 H. J. *Muller* die Sowjetunion besuchte, mutierte *Drosophila*stämme mitbrachte, mehrere Jahre am Moskauer Institut arbeitete und dort die zytogenetischen Experimentalmethoden einführte, begann sich der Einfluß der Agrobiologen unter Führung von Trofim Denisovič *Lysenko* (1898–1976) auf die stalinistische Staatsführung auszuwirken und den Einfluß der „amerikanischen" Genetik zu unterbinden, so daß *Muller* 1937 Moskau verließ und *Četverikov* kaum mehr publizierte (s. u.).

Seine Schüler setzten die Untersuchungen über die Rolle des genotypischen Milieus und die Variabilität von Wildpopulationen fort und schufen faktische und theoretische Grundlagen für weitere Synthesen. Nikolaj Vladimirovič *Timofeeff-Ressovski* (1900–1981) und seine Frau arbeiteten nach hydrobiologischen und zoogeographischen Studien ab 1923 am Moskauer Institut über Phänogenetik und Populationsgenetik, ab 1925 am Kaiser-Wilhelm-Institut in Berlin-Buch über natürliche Mutationen und das genotypische Milieu an wilden *Drosophila*-Populationen und nach *Mullers* Vorbild über röntgeninduzierte Mutationen. Er vermittelte diese Methoden in seinem Lehrbuch *Experimentelle Mutationsforschung* (vgl. auch Abb. 99), worin er den „Kleinmutationen" besonderen Wert für die Artbildung zuschrieb. Diese Ansicht stand in Gegensatz zu der Auffassung von *Filipčenko* in Leningrad (s. u.), der 1926 den Begriff „Makromutationen" für sprunghafte Veränderungen nach *de Vries* geprägt hatte. Auf dem Genetiker-Symposium in Würzburg stellte dann *Timofeeff-Ressovski Makroevolution* und *Mikroevolution* gegenüber und vertrat die Auffassung (u.a. gegen R. *Goldschmidt*), daß auch jene aus den Ergebnissen der Mikroevolution (Variabilität, Artbildung) erklärbar sei und mit den Mitteln der experimentellen Genetik analysiert werden müßte (*Granin* 1988).

Der statistischen und zytologischen Analyse der Kleinmutationen widmete sich Nikolaj Petrovič *Dubinin* (geb. 1907). Mit zahlreichen Mitarbeitern untersuchte er zugleich an verschiedenen Orten im Kaukasus, in Zentralrußland und um Moskau *Drosophila*-Wildpopulationen, stellte fest, daß Zahl und Art der Mutanten an verschiedenen Orten und von Jahr zu Jahr variieren und auch jahreszeitlich verschieden sind. So entwickelte er seine Theorien über genetisch-automatische Prozesse und das Problem der *Ökogenotypen* als einen *Beitrag zur Kenntnis der genetischen Struktur der Art und ihrer Evolution* (1932).

Dubinins Befunde bestätigten die Konzeption von *Četverikov* über das *genotypische Milieu* und lösten zahlreiche weitere Arbeiten in dieser Richtung aus, wie die fundamentalen Untersuchungen von *Dobzhansky* und seiner Schule in den USA, die zur Synthetischen Theorie der Evolution führten (s. u.).

Theodosius *Dobzhansky* (1900–1975) arbeitete zunächst am Institut für Landwirtschaft in Kiew und hatte ab 1918 die Morphologie und Systematik, geographische und individuelle Variabilität der Marienkäfer (*Coccinellidae*) untersucht. 1924 nahm er am Institut für Genetik der Universität Leningrad experimentelle *Drosophila*-Studien auf und führte unter *Filip-*

čenko die ersten systematischen Untersuchungen über die Wirkung *pleiotroper Gene*, lokalen *Polymorphismus* und geographische Variation durch (*Studies on the manyfold effect of certain genes in Drosophila melanogaster*; Z. indukt. Abst.- u. Vererbungsl. *43*, 1927: 330–388).

Auch auf dem Gebiet der Botanik und Kulturpflanzenforschung hatte sich eine leistungsfähige Schule der Genetik auf evolutionstheoretischer Grundlage in Leningrad entwickelt. Nachdem der Pflanzenzüchter Nikolaj Ivanovič *Vavilov* (1887–1943), der 1917–1921 Genetik an der Universität Saratov gelehrt hatte, Abteilungsleiter und 1924 Direktor des Allunionsinstituts für Pflanzenzucht in Leningrad geworden war, untersuchte er weiterhin die Gesetzmäßigkeiten der Variabilität in Populationen auf der Grundlage der Chromosomen- und Gentheorie der Vererbung (vgl. 9.3.3.) und bemühte sich um die Synthese von Mendelismus und Darwinismus. Bereits in Saratov hatte er seine international beachtete Theorie der homologen Reihen entwickelt (*Zakon gomologičeskich rjadov v nasledstvennoj izmenčivosti*, 1920), wonach erbliche Veränderungen in verwandten Populationen parallele Merkmalsreihen aufweisen, die auf *Parallelmutationen* in benachbarten Verwandtschaftsgruppen schließen lassen. *Vavilov* folgerte daraus, daß die Richtung der Mutabilität erblich und Variabilität nur im Rahmen eines fixierten Spektrums möglich sei. Er stellte ein „Periodensystem" der möglichen Mutationen auf, mit Hilfe dessen neue Varianten für die praktische Pflanzenzucht gezielt erschlossen werden konnten (Resnik 1973). Nach *Darwins* Theorie, daß eine Art an *einer* Lokalität entsteht und sich von einem geographischen Zentrum aus verbreitet, suchte er in Anknüpfung an Vorarbeiten von A. *de Candolle* (vgl. 9.3.2.) nach *Entstehungszentren der Kulturpflanzen* (1926) auf rund 180 Expeditionen in Asien, Afrika und Südamerika. Die pflanzengeographischen und populationsgenetischen Erkenntnisse verknüpfte *Vavilov* zu einer Theorie der *Geographischen Genzentren unserer Kulturpflanzen* (1927); für praktische Versuche legte er eine seinerzeit einmalige Samensammlung als Genreservoir für Neuzüchtungen an (*Botaniko-geograficeskie selekcii*, 1935).

Seine internationalen Verbindungen zu englischen, amerikanischen und deutschen Genetikern lieferten dem sowjetischen Geheimdienst nach Ausbruch des zweiten Weltkrieges das Anklagematerial zu seiner Inhaftierung (1940) und Verbannung und gaben den Gegnern der Mendel-Genetik, dem lamarckistisch orientierten Pflanzenzüchter Trofim Denisovič *Lysenko* (1898–1976) und seinen Anhängern, Gelegenheit zur Zerstörung seiner wissenschaftlichen Schule und Arbeitsgrundlagen. Seit seiner Rehabilitierung – von Hans *Stubbe*, der in Gatersleben (Institut für Kulturpflanzenforschung) an *Vavilos* Forschungen anknüpfte (Stubbe 1982), maßgeblich mitbewirkt – trägt das Leningrader Institut seinen Namen.

Die Tagung der sowjetischen Lenin-Akademie für Landwirtschaftswissenschaften in Moskau (31.7.–7.8.1948) mit der Rede ihres Präsidenten *Lysenko* über *Die Si-*

tuation in der biologischen Wissenschaft (1948) sollte eine Einigung über Grundfragen der Biologie (*Mendelismus-Morganismus* oder *Lamarckismus*) herbeiführen, brachte aber die Diskriminierung und den fast völligen Abbruch der genetischen Grundlagenforschung in der Sowjetunion und ihre Isolierung gegen die inzwischen zur Synthese fortgeschrittene westeuropäische und nordamerikanische Vererbungsforschung (Regelmann 1980).

Dobzhansky war in die USA emigriert und wirkte als Professor für Genetik 1929–1940 am *California Institute of Technology* in Pasadena, wo er die *Drosophila*-Forschungen weiterführte. Zusammen mit den Mitarbeitern *Morgans, Bridges* und *Sturtevant* (vgl. 9.3.3.), wurden populationsgenetische mit zytogenetischen Studien verbunden und mit biogeographischen und ökologischen Fragen verknüpft. Bei Untersuchungen über genetische Grundlagen der Sexualität stellte er erstmals ab 1929 zytologische Chromosomenkarten auf (*Cytological map of the X-chromosome of Drosophila melanogaster*, Biol. Centralb. *52*, 1932: 493–509), konzentrierte seine Aufmerksamkeit auf die Ursachen der Sterilität von Hybriden, prägte den Begriff der *Isolationsmechanismen* und erkannte die fundamentale Bedeutung der *reproduktiven Isolation* für den Artbildungsprozeß, dessen Aufklärung sein zentrales Anliegen blieb (Ayala 1977; Koref 1988).

Bei der Klärung der vor allem die Züchter und Feldbiologen interessierenden Frage nach der Evolution von Arten in Verbindung mit dem Geltungsbereich der Mendel-Genetik wurde die mathematische Analyse der Erbfaktoren und Merkmalsverteilung in Populationen eine entscheidende Hilfe.

Durch *Hardy* und *Weinberg* schon 1908 vorbereitet, aber nach Beendigung des ersten Weltkrieges 1918 noch weitgehend unbekannt, hatte der Tierzüchter Sewall *Wright* (vgl. 9.3.3.) zur Analyse der Farbvererbung bei Säugetieren ebenfalls die Gleichgewichtsformel für die Frequenz der Genotypen in Mendelpopulationen gefunden. 1921 hatte er eine allgemeine Theorie über den Koeffizienten des Erbganges aufgestellt, aus den 10jährigen Zuchtversuchen gefolgert, daß sich die Wirksamkeit von Selektion auf ein **System von Genwechselwirkungen** in panmiktischen Populationen beziehen muß und in natürlichen Populationen die *Gen-Drift* eine wichtige Rolle bei der Selektion als Evolutionsfaktor spielt.

Seine Abhandlung *Evolution in Mendelian populations* (1931) war eine Antwort auf eine gleichsinnige Arbeit *The genetical theory of natural selection* des englischen Mathematikers Ronald Aylmer *Fisher* (1890–1962), der durch Anregung der englischen Biometriker seit 1918 nach einer Synthese zwischen Biometrie, Darwinismus und Mendelismus suchte. Er hatte *Punnetts* Theorie der Mimikry-Evolution durch drastische Mutationen (1915) kritisiert und ihr eine Dominanztheorie entgegengestellt, der *Wright* widersprach.

Diese Kontroverse rief eine dritte „mathematische" Arbeit hervor.

Auch John Burdon Sanderson *Haldane* (1892–1964) war ursprünglich Mathematiker in Oxford, nach dem ersten Weltkrieg Biochemiker in Cambridge, ab 1927 Genetiker, und schon seit 1912 durch Zuchtversuche mit Ratten und Mäusen an Koppelungseffekten von Merkmalen interessiert. Auch er suchte nach mathematisch-statistischen Beweisen für Selektionsmechanismen und veröffentlichte – angeregt durch den Mathematiker *Norton* ab 1924 in Einzelveröffentlichungen eine mathematische Theorie der natürlichen und künstlichen Selektion (*A mathematical theory of natural and artificial selection* (1924–1931). Sein Werk über die Ursachen der Evolution, *The causes of evolution* (1932), diskutierte die Streitfragen zwischen *Fisher* und *Wrigth*, unterstützte aber grundsätzlich die mathematische Beweisführung für die Verträglichkeit von *Mendels* Vererbungsgesetzen und *Darwins* Selektions- und Evolutionsprinzipien.

Somit lagen bereits zu Beginn der 30er Jahre mathematische Modelle für Evolutionsmechanismen auf genetischer Grundlage vor. Dennoch vertraten um diese Zeit noch Zoologen und Botaniker, insbesondere „Feldforscher" und Systematiker, sowohl lamarckistische als auch mutationistische Auffassungen [22]. Den entscheidenden Schritt der Synthese aller Einzelerkenntnisse aus der Zytogenetik, Phänogenetik und Populationsgenetik mit Darwins Evolutionstheorie vollzog schließlich *Dobzhanski* mit seinem Werk *Genetics and the origin of species* (1937), das schon 1939 mit dem Titel *Die genetischen Grundlagen der Artbildung* im Fischer Verlag Jena erschien (Hrsg. M. *Hartmann*) (Abb. 100). Hierin entwarf *Dobzhansky* auf der Grundlage umfangreichen Tatsachenmaterials taxonomischer, biogeographischer und ökologischer Befunde und genetischer Gesetze ein „in sich abgestimmtes Bild der elementaren Evolutionsprozesse", entwickelte das „biologische Artkonzept" und erklärte das Wesen der Artbildung – unter Einbeziehung seiner eigenen reichen Erfahrungen in der Populationsforschung und über reproduktive Isolation (s. o.). Nach Stresemann bereitete diese – nach *Darwin* wohl wichtigste – Veröffentlichung „allen lamarckistischen Vorstellungen bei den ornithologischen Systematikern ein sofortiges Ende" [47, S. 281], was generell für Zoologen gesagt werden kann. Es baute die Vorbehalte gegen einen formalen, zufälligen Mutations-Selektions-Mechanismus ab [22, S. 570] und ermutigte nahezu alle biologischen Disziplinen zu Beiträgen für weitere Synthesen; denn *Dobzhansky* hatte deutlich gemacht, „daß die Vererbungswissenschaft als Disziplin nicht mit der Evolutionstheorie und die Evolutionstheorie auch nicht mit einem Teilgebiet der Vererbungswissenschaft identisch ist." Trotzdem stehe aber die Genetik in so enger Beziehung zum Artbildungsproblem, daß jede Theorie, die die genetischen Grundprinzipien verkenne, von Anfang an verkehrt sei (vgl. auch Senglaub in [22]).

GENETICS AND
THE ORIGIN OF SPECIES

BY

THEODOSIUS DOBZHANSKY

PROFESSOR OF GENETICS, CALIFORNIA
INSTITUTE OF TECHNOLOGY

NEW YORK : MORNINGSIDE HEIGHTS

COLUMBIA UNIVERSITY PRESS

1937

Abb. 100. Titelblatt von Dobzhanskys klassischem Werk zur Begründung der Synthetischen Theorie der Evolution.

Auch an anderer Stelle wird deutlich, daß zunächst nur die Artbildung, also Prozesse der Mikroevolution, angesprochen waren, wenn es heißt, „da Evolution eine Veränderung im Erbaufbau von Populationen bedeutet, stellt der Mechanismus der Evolution ein Problem der Populationsgenetik dar ..." [6]. Alle diejenigen, die für die Makroevolution grundsätzlich andere Faktoren annahmen, wie R. *Goldschmidt* (vgl. 9.3.3.), dachten, was *Haeckels* Nachfolger Ludwig *Plate* (1862–1937) in seiner *Vererbungslehre* (3 Bde.[2] 1932–1938) aussprach, wo es hieß, die Genetik sei „fast nie imstande, die genealogischen Zusammenhänge zwischen Arten, Gattungen und höheren Kategorien aufzudecken" (Bd. 1, S. V–VIII).

Dieses Thema hatte schon 1938 *Timofeeff-Ressovski* aufgegriffen (vgl. 9.3.3.), und es wurde wenig später von der Evolutionsmorphologie und Paläontologie sowie der Systematik im Sinne der Synthese behandelt, z. B. durch den Entomologen Willi *Hennig* (1913–1976), der 1950 eine **Theorie der Systematik** aufstellte (vgl. 9.2.1.).

A. N. *Severcov* (vgl. 9.2.3.), der den Methoden der experimentellen Genetik immer skeptisch gegenübergestanden hatte, schloß in die „Morphologischen Gesetzmäßigkeiten der Evolution" (1931) die Makroevolution mit ein (vgl. auch Abb. 92), hatte aber in seiner letzten Arbeit über die Art und Weise der „Phylembryogenese" (1935) Ökologen, Genetiker und Embryologen aufgefordert, „eine komplette Theorie der Evolution zu schaffen".

Diese Aufgabe ergriff sein Schüler Ivan Ivanovič *Šmalhausen* (1884–1963) zunächst durch eine zusammenfassende Darstellung seiner und *Severcovs* embryologischer und evolutionsbiologischer Ergebnisse (1938, 1939), der sich gleich nach Kriegsende die Veröffentlichung der *Faktoren der Evolution* (*Faktory evoljucii, teoria stabilizirujusevo otbora*, 1946; engl. 1949) anschloß. Hierin werden die morphologischen Ergebnisse der Embryologie und Paläontologie mit den Erkenntnissen der Genetik und Populationsgenetik zusammengeführt. Sein Werk *Strategie der Gene* (1957) beantwortete die Frage nach den Faktoren der Makroevolution im Sinne der **universellen Geltung der Artbildungsgesetze** (*Mikroevolution*). Ähnliche Ziele verfolgte B. *Rensch*, der schon 1929 *Das Prinzip geographischer Rassenkreise* ... formulierte, mit seinem Werk (1947).

In den USA schlug der Paläozoologe George Gaylord *Simpson* (geb. 1902) mit der Schrift *Tempo and Mode in Evolution* (1944; dt. *Zeitmaße und Ablaufformen der Evolution*, 1951) die Brücke zur Genetik, sowie zwischen Mikro- und Makroevolution.

Da die neue genetische Interpretation von *Darwins* Theorie wiederum die *Arten* als Grundeinheiten der Evolution in den Mittelpunkt rückte, wurde die *Taxonomie*, die als traditionelle Disziplin in den Jahrzehnten der Förderung neuer experimenteller Fachrichtungen in den Hintergrund allgemeinen Interesses gerückt war, sofort voll in den Erneuerungsprozeß einbezogen. Diese Brücke schlug schon 1942 der Zoologe Ernst *Mayr*, der seit 1937 in den USA lebte, mit seinem Buch *Systematics and the origin of species*, in dem er sich u. a. dem Begriff der *biologischen Art* und dessen Konsequenzen für die Systematik widmet und ökologische sowie biogeographische Aspekte einbezieht, Themen, die er nach Beendigung des zweiten Weltkrieges in seinen Lehrbüchern (1953) und besonders in *Animal species and evolution* (1963; dt. *Artbegriff und Evolution*, 1967) eingehend „synthetisch" behandelt.

Die Formulierung der „synthetischen" Theorie der Evolution (die *Dobzhansky* lieber als „biologische" bezeichnet wissen wollte) bürgerte sich durch Julian *Huxley* (1887–1975) ein, der seinen Beitrag *Evolution, the new synthesis* (1942) nannte und damit wirklich den Kern der Sache traf. Handelte es sich doch nicht eigentlich um eine neue Theorie, sondern um die aus vielen Teildisziplinen – die seit *Darwin* eigene Richtungen eingeschlagen hatten – zusammengeflossene neue Erkenntnis, daß **die Evolutionstheorie die Synthese** für viele Einzelerkenntnisse darstellt (Abb. 101).

Damit ist schon gesagt, daß die Synthese von 1937 kein Abschluß, sondern Ausgangspunkt für neue biologische Erkenntnisse und ihre spezifi-

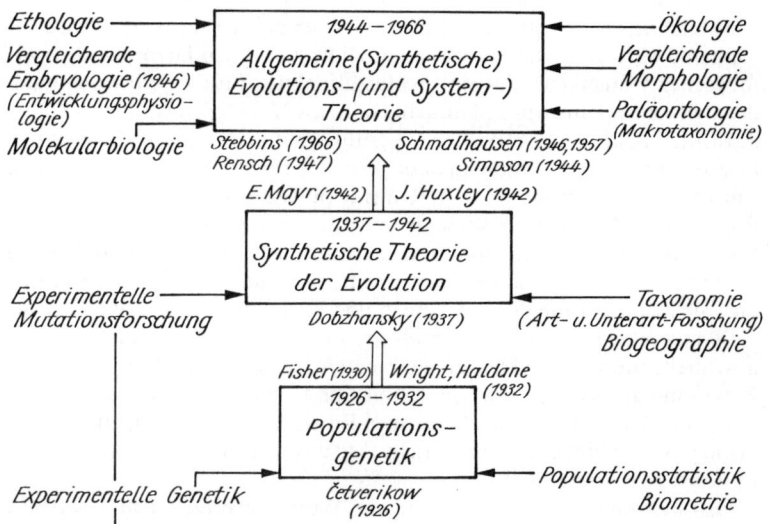

Abb. 101. Grafische Darstellung der Einzelerkenntnisse, die sukzessive in die Synthetische Theorie der Evolution einfließen (Jahn 1981).

sche Theorienbildung ist bzw. bereits gewesen ist. Nachdem es 1953
F. *Crick* und J. D. *Watson* gelungen war, unter Nutzung der *biochemischen*
Ergebnisse von E. *Chargaff* (1950, 1951) und der *röntgenkristallografi-
schen* von Rosalind *Franklin* und M. *Wilkins*, die Struktur des DNA-Mole-
küls als *Doppel-Helix* zu finden und den Prozeß der identischen Selbstver-
doppelung zu erklären, eröffnete das neue Wege für das Verständnis und
die Beherrschung der Lebenserscheinungen. So formulierte G. L. *Stebbins*
die Notwendigkeit zur Synthese „zwischen Ökologie und Populationsgenetik einerseits" als „Rückgrat der Evolutionsforschung" und der „vergleichenden Molekularbiologie andererseits" als dem „Nervenzentrum der
Evolutionstheorie der Zukunft" (*Processes of organic evolution*, 1966; dt.
1968).

Als im Jahre 1959 das Centenarium zu *Darwins Origin of species* (1859) weltweit
gefeiert wurde, erinnerte man sich auch der neuen „Brückenbauer" zwischen Ver-
erbungs- und Evolutionstheorie, die mit Ausnahme von *Vavilov* noch lebten. Die
Reihe derer, die damals die *Darwin-Medaille* der *Leopoldina* erhielten, ist beeindruckend (*Nova Acta Leopoldina*, N. F. 21, Nr. 143, 1959), denn sie zeigt die
gleichmäßige Wertschätzung der Anteile der sowjetischen (damals schon fast ver-
gessenen) und der englischen und amerikanischen Evolutionsforscher.

Erst später besannen sich die „Architekten" selbst auf Ursprung und
Entwicklung der „Synthese", denn keines der genannten Werke zwischen
1930 und 1950 gibt einen historischen Hinweis auf den Ursprung des synthetischen Gedankens, der eine Schlüsselfunktion für die Selbstbesinnung
der Biologie auf ihre Spezifik besaß. Da Ernst *Mayr* teilweise abweichende
Ansichten über den historischen Verlauf vertrat und überdies die Biologie
in zwei unvereinbare Problemfelder gespalten sah – in eines, das nach dem
Entschlüsseln (*Decoding*) und Realisieren des genetischen Programms
fragt und die **funktionelle Biologie** betrifft, und ein anderes, das nach der
Entstehung des Programms fragt, die **historische oder evolutionistische
Biologie** –, berief er eine Konferenz über *Evolutionary Synthesis* (1980)
ein. Sie zeigte nochmals die Etappen und Komponenten der Synthese als
vielschichtigen Prozeß, der nicht als spezielle Episode mit einmaligem und
abschließendem Charakter zu betrachten ist, sondern Wege zu neuen
Programmen, neuer Interpretation und fortlaufender Integration
aufgezeigt hat, nachdem die bisherigen Barrieren der Verständigung unter
Biologen verschiedener Arbeitsrichtungen verschwunden sind (Schapere,
in: Mayr & Provine 1980).

Das war die wesentliche Wirkung des Werkes von *Dobzhansky* (1937).
Einen Eindruck von dem Anteil verschiedener Disziplinen an dem **Paradigma der Evolution** vermittelt das von *Gerhard Heberer* (1901–1973)
herausg. Werk *Die Evolution der Organismen* (1943, 1967).

10.2. Integrative Disziplinen und ihr Beitrag zu einer allgemeinen Evolutionstheorie

Als *Četverikov* im Jahre 1926 erstmals die Brücke zwischen der Populationsforschung der „Naturalisten" und den zytogenetischen Erkenntnissen der „Experimentalisten" schlug, machte er geltend, daß jede natürliche Population eine große Anzahl gespeicherter Allele in rezessiv-heterozygotem Zustand enthält, die durch die bisexuelle Vermehrung von Organismen, durch vielfältigste Kombinationen aktiviert, durch entsprechende Selektion die Anpassung der Population an jeweilige lokale Bedingungen gewährleisten könne. Damit hatte er die natürliche Mannigfaltigkeit der Organismen und ihre „Zweckmäßigkeit" auf das theoretisch erschlossene Konzept der „klassischen Populationsgenetik" zurückgeführt und den „klassischen Darwinismus" (kleine individuelle Variationen und Selektion) mit dem Mendelismus in Übereinstimmung gebracht. Zugleich beachtete er aber die subtile Reaktionsfähigkeit natürlicher Wildpopulationen auf wechselhafte und lokal unterschiedliche Umweltbedingungen („wechselnde Physiognomie der Art") und konzipierte die Vorstellung von der Bedeutung des „genotypischen Milieus", die besagt, daß der Selektionswert eines Gens auch vom gesamten Genom abhängig ist, daß Wechselbeziehungen bestehen (Beurton 1987). Dieses Systemdenken war auch *Dobzhansky* eigen, als er 1937 von neuem eine Synthese zog und sie wirksam popularisierte. Das spiegelt auch seine Abhandlung *A review of some fundamental concepts and problems of population genetics* (1955) wider, in der er bei der beginnenden Differenzierung der Populationsgenetik in eine analytisch-reduktive (*reductionist genetists*) und eine naturalistisch-organismische (*organismic naturalists*) der letzteren zuneigte [27].

In den 20er Jahren begannen sich auf verschiedenen Gebieten biologischer Forschung anstelle kausallinearer „systemische Konzepte" durchzusetzen, sowohl auf physiologischem (innerzellulärem und innerorganismischem) Gebiet als auch in überindividuellen Bereichen oder für beide zugleich. So schlug der Mineraloge Vladimir Ivanovič *Vernadskij* (1863–1945) – in Verbindung mit der Erkundung neuer natürlicher Ressourcen für die Volkswirtschaft nach Krieg und Bürgerkrieg – die Brücke von der **Geochemie** zur Biologie durch die Arbeit *Die chemische Zusammensetzung der lebenden Materie im Zusammenhang mit der Chemie der Erdkruste* (russ. 1922). Die beiden Lehrbücher *La géochimie* (1924; russ. 1927; dt. 1930) und *Die Biosphäre* (russ. 1926), in denen Fragen der globalen Evolution behandelt werden, mündeten – noch während des zweiten Weltkrieges – in die optimistischen, zukunftsweisenden *Worte Über die Noosphäre* (1944), die das nach Kriegsende wachsende Bedürfnis einer

Humanisierung der Naturwissenschaften vorwegnahmen (s. u.) und die Verantwortung für eine „vernunftgemäße" Umgestaltung der Erde aussprachen (Ber. deutsch. Ges. Wiss. A. Geol. Paläontol. *15*, 1970: 181 bis 280).

Auch der sowjetische Mediziner und Physiologe Ervin Simonovič *Bauer* (1809–1942) definierte in seiner *Theoretischen Biologie* (*Teoretičeskaja biologija*, 1935) die Organismen als lebende Systeme, die mit ihrer freien Energie (auf molekularer Ebene) dem nach den Gesetzen der Thermodynamik zu erwartenden Gleichgewicht (*Entropie*) entgegenarbeiten (*Prinzip des stabilen Ungleichgewichts*). Die Spezifik der Wechselwirkungen sichere die Selbstregulation, die auch bei ständigem Umwelteinfluß unter Mitwirkung des Nervensystems erzielt werde, wodurch sich ein ganzheitliches System weiterentwickelt. – Die „Wechselbeziehung" als Entwicklungsfaktor war ein fundamentaler Bestandteil der dialektischen Methode (Löther 1985) und gehörte damals in der Sowjetunion zur Allgemeinbildung. Es ist gewiß zu berücksichtigen, daß eben in diesen Jahren die *Dialektik der Natur* von F. *Engels* in Moskau erstmals gedruckt wurde (1925; Berlin 1927). Die 1940 herausgegebene englische Ausgabe kommentierte der Biochemiker J. B. S. *Haldane* (vgl. 10.1) mit den Worten, er hätte eine Reihe unklarer Gedanken vermieden, „wenn *Engels'* Notizen über den Darwinismus früher bekannt gewesen wären" (vgl. 8.4.2.).

Haldanes eigenes Arbeitsgebiet, die **Biochemie**, der er sich vor seinen genetischen und mathematischen Studien (vgl. 9.3.3.) gewidmet hatte, gehörte zu jenen integrativen Disziplinen, die sich seit etwa 1830 zunächst in interdisziplinärer Zusammenarbeit von Medizinern, Pharmazeuten, Chemikern und Mikrobiologen herausgebildet und schon vor dem ersten Weltkrieg zu einem selbständigen Fachgebiet entwickelt hatten (Florkin 1972 bis 1979, *Hickel* 1989). Ihre Hauptprobleme betrafen *Hormone* und *Enzyme*, deren Bildung, Wirkungsweise und -grenzen, sowie generell die Proteinanalyse. Mit *Briggs* hatte *Haldane* die von P. *Michaelis* und N. L. *Menten* aufgestellte *kinetische Theorie der Enzymtätigkeit* (1922) weiterverfolgt und Systeme mit einem „Fließgleichgewicht" untersucht (1925).

Als einer der ersten hatte Otto *Meyerhof* (1884–1951) beim Studium der Muskelchemie den zyklischen Verlauf chemischer Prozesse im Organismus als Ursache für den Gleichgewichtszustand lebender Systeme erkannt und mathematisch dargestellt (*Die chemischen Vorgänge im Muskel*, 1930), während der Zellphysiologe Otto H. *Warburg* (1883–1970) mit dem Chemiker Richard *Willstätter* (1872–1942) den Photosynthese-Zyklus und den Atmungsprozeß bei Pflanzen analysieren und die **Redoxsysteme** als zentrale biochemische Vorgänge im Energie- und Stoffwechsel der Organismen, die durch Enzyme katalysiert werden, feststellen konnte (*Untersuchungen über Enzyme*, 2 Bde. 1928). In der Hormonforschung gelang Adolf *Butenandt* (geb. 1903) die Entdeckung der **Sexualhormone**, ihrer Wirkungsweise und ihrer Beziehung zur Nerventätigkeit (1929–1934; *Das Werk eines Le-*

bens, 4 Bde. 1981) und der Korrelation des auch bei Wirbellosen komplizierten Hormonsystems mit nervalen, genetischen und enzymatischen Steuerungsprozessen (1936). Bei Untersuchungen über die Embryonalentwicklung und ihre biochemische Realisierung erkannte Joseph *Needham* (geb. 1900), daß auch das Hormonwie das Nervensystem **hierarchisch organisiert** ist (*Biochemistry and Morphogenesis*, 1942–1950). – Aus Erkenntnissen von Erwin *Bünning* (geb. 1906) über artspezifische, genetisch fixierte, endogene Rhythmik (*Physiologische Uhr*, 1958) als eine Grundeigenschaft lebender Systeme mit „rhythmischen Zeitgestalten" entstand die **Chronobiologie** als neue Disziplin.

Das sind nur einige Beispiele für die vielfältigen Wechselbeziehungen zwischen den Erkenntnissen der Physik und Chemie (*Quantenmechanik* von *Schrödinger* 1926 und *Dirac* 1928) auf die Biologie, die Erwin *Schrödinger* (1887–1961) in seiner Abhandlung *What is life?* (1944; *Was ist Leben?* 1946, [2]1951) klar formulierte. Integration erfolgte auch zwischen bisher getrennten biologischen Disziplinen wie Entwicklungsphysiologie, Biochemie und Mikrobiologie sowie der beginnenden *Molekularbiologie* von *Astbury* (1939) und schließlich der *Molekulargenetik* mit den entscheidenden Arbeiten von *Jacob* und *Monod* (1961) und *Khorana* (1970), die mit der *Biotechnology* ein neues Anwendungsgebiet hervorriefen (Kinnon et al. 1985; [37]).

Die permanente Integration der Erkenntnisfelder unter funktionellen wie auch unter historisch-evolutionistischen Fragestellungen führte und führt zur Auflösung traditioneller disziplinärer Strukturen der Biologie und bedarfsweise zur Konstituierung neuer Querschnittsdisziplinen, die sich nicht mehr so einfach als *Botanik* oder *Zoologie*, *Physiologie* oder *Morphologie* definieren lassen wie um 1900. Die Notwendigkeit zur Neubestimmung biologischer Disziplinen unter Berücksichtigung neuer Forschungsfelder, die schon *Tschulok* (1910) aufgezeigt hatte, fand einen Ausdruck in den heftigen Diskussionen der führenden deutschen Biologen um ihre Institutionalisierung im *Kaiser-Wilhelm-Institut für Biologie* 1911–1914 (Sucker 1987), in dessen Abteilungen nach dem ersten Weltkrieg durch seine interdisziplinären Möglichkeiten viele der obengenannten Erkenntnisse – unterstützt durch neue Labormethoden (Röntgenanalyse und Isotopenmethode, Papierchromatographie und Elektrophorese, Ultrazentrifuge und Elektronenmikroskop) – gewonnen wurden (Jahn in [22]).

Das Spannungsfeld zwischen den analytischen, notwendigerweise auf chemische und physikalische Erkenntnisse zurückgeführten biologischen Forschungen, die entscheidende Aufschlüsse über Lebensfunktionen und damit Anwendungsmöglichkeiten in Medizin und Landwirtschaft erbrachten, und der nach Synthese mit Blick auf den Gesamtorganismus und überindividuelle Zusammenhänge suchenden Evolutionsforschung hat niemand so akzentuiert angesprochen wie Ernst *Mayr* (in: *Evolution* 1975).

Dem Inhalt und der historischen Entwicklung dieser „zwei Biologien", der funktionalistischen und der historisch-evolutionistischen, widmete er seine umfangreiche Monographie [27], die eine Standortbestimmung der Biologie im 20. Jh. enthält. Aber eine historisch-kritische Gesamtanalyse ersterer steht für diese Zeit noch aus.

Gegen die Anwendung bloß kausalmechanischer Prinzipien auf biologische Objekte und Prozesse wurden wiederholt **systemtheoretische Konzeptionen** entwickelt. Ein erster Entwurf ist schon in der *Kritischen Theorie der Formbildung* (1928) des Wiener Entwicklungsphysiologen Ludwig *von Bertalanffy* (1901–1972) enthalten, der auch für funktionelle Vorgänge den Aspekt einer „organismischen Biologie" betonte. Mit Hilfe bekannter chemisch-physikalischer Gesetze erklärte er die besonderen energetischen Verhältnisse im Organismus durch ein **Prinzip des Fließgleichgewichts** und untersuchte ebenfalls die hierarchische Ordnung der Prozesse und Teilsysteme als Spezifik des Lebendigen (1932–1942). In seiner *Biophysik des Fließgleichgewichtes* (1953) wandte er sich gegen eine mechanistische Anwendung der aufkommenden Kybernetik und faßte seine organismischen Vorstellungen nochmals in einer allgemeinen Systemtheorie (*General systems theory*, 1969) zusammen.

Dennoch erhielten die systemtheoretischen Konzeptionen des Mediziners Richard *Wagner* (1893–1970) heuristischen Wert, der 1925 die Arbeiten des englischen Neurophysiologen *Sherrington* (1857–1952) über „integrative Aktionen" des Nervensystems (1909) aufgegriffen und das Prinzip der „Selbststeuerung" durch „Rückkopplung" allgemein auf physiologische und nerval bedingte Prozesse angewandt hatte. Die von C. E. *Shannon* ausgearbeitete *Mathematische Theorie der Kommunikation* (1948) und ihre Übertragung auf organismische Systeme durch Norbert *Wiener* (1894–1964) unter dem Begriff *Kybernetik* (*Cybernetics* ... 1948) erwies sich für viele Teilbereiche der Biologie als fruchtbar. Auch diese klassische **Informationstheorie**, die zur Entwicklung von Modellvorstellungen über Regelmechanismen biologischer Prozesse wie auch von technischen Verfahren (*Computertechnik*) zur Erfassung und Modellierung biologischer Systeme anregte, erhellte Zusammenhänge zwischen bisher getrennten Erkenntnisbereichen. So vertauschte der Ethologe Konrad *Lorenz* (1903 bis 1989) sein ursprüngliches Konzept der „Reflexketten" im Tierverhalten zugunsten informationstheoretischer „Rückkoppelungs"-Modelle (Hassenstein 1989).

Dem Pionier der zoologischen Kommunikationsforschung, K. *v. Frisch* (1886–1982), und seinen Schülern gelangen so grundlegende Erkenntnisse wie die des *Zeitsinns* der Bienen (M. *Renner* 1955) oder des *Reafferenzprinzips* (E. *v. Holst* 1950).

Auch vereinigte Manfred *Eigen* (geb. 1927) als Vertreter einer *Biophysikalischen Chemie* „das Darwinsche Selektionsprinzip mit der klassischen Informationstheorie" und zeigte auf der Basis der Thermodynamik, wie im Bereich biologischer Makromoleküle „Information" nicht nur übertragen, sondern auch hervorgebracht und „bewertet" werden kann durch Selektion, daß also Evolution bereits auf molekularer Ebene existiert (1971, 1987).

Auch in der ältesten integrativen Disziplin, der **Ökologie**, war längst eine Konzeption der selbstregulierenden Systeme entstanden, fast zur gleichen Zeit wie in der Physiologie (vgl. 8.4.2.). Schon Karl August *Möbius* (1825–1908), der Schöpfer des Begriffs *Biozönose* oder Lebensgemeinschaft (1877), hatte Faktoren zur Erhaltung oder Störung des biologischen Gleichgewichts auf der Basis von *Darwins* Selektionstheorie erforscht. Die Grundprinzipien der *Biozönotik*, die Gesetzmäßigkeiten im dynamischen System einer Süßwasserbiozönose, entwickelten in den 20er Jahren Robert *Lauterborn* (1869–1952) und sein Schüler August *Thienemann* (1882–1960). Für den terrestrischen Bereich hatte Karl *Friederichs* (1878–1969) schon 1927 die Lebensgemeinschaften zusammen mit ihren anorganischen Standortbedingungen (von *Dahl* 1908 als *Biotop* abgegrenzt) als „ökologischen Einheitsfaktor" aufgefaßt (in: Naturwiss. *15*) und die Grundprinzipien einer allgemeinen Ökologie formuliert (*Ökologie als Wissenschaft von der Natur*, Bios 7, 1937). Zum Verständnis der Wandlungs- und Entwicklungsvorgänge auch in einem großen Ökosystem trug *Bertalanffys* Theorie vom Fließgleichgewicht offener Systeme wesentlich bei, aber zum Erfassen der komplexen Zusammenhänge vieler hierarchischer Teilsysteme führten erst die mathematisch analytischen und synthetischen Methoden der *Informatik* (Nova Acta Leopoldina, N. F. *37/1*, Nr. 206, 1972). Durch Berücksichtigung geologischer Faktoren zum Verständnis der **Evolution von Ökosystemen** entstand in jüngster Zeit wiederum eine neue Disziplin, die *Sukačev* 1964 als *Biogeozönologie* bezeichnete (vgl. Blacher in [22]).

Die Einsichten, die schließlich die **Verhaltenswissenschaft** (*Ethologie*) durch sukzessive Verknüpfung mit vererbungs-, informations- und evolutionstheoretischen Erkenntnissen (*Eibl-Eibesfeld, Lorenz, Tembrock, Vogel* in: *Evolution*, 1975) auch zur **Humanbiologie** und Soziologie beitrug, [22, Kap. 14.3.], erzeugten analoge Konzeptionen zu *Vernadskijs Noosphäre* (s. o.), die der Vernunft- und Bewußtseinsentwicklung des Menschen eine zentrale Rolle im Evolutionsprozeß zuweisen (*Riedl* 1975; *Hassenstein* 1986, 1988).

Die nahezu unbegrenzten technischen Möglichkeiten zur Einflußnahme auf Ökosysteme wie auf genetische Prozesse macht die subtile Kenntnis von Evolutionsgesetzen, die längst über *Darwins* Theorie hinausweisen, künftig unabdingbar und erst damit die Biologie über das physikalisch-mechanische Konzept des 17. Jh. hinaus zu einer eigenständigen Schlüsselwissenschaft. Eben deshalb wird in den letzten Jahrzehnten wieder um **kontroverse evolutionstheoretische Konzeptionen** gerungen.

So folgten der ersten Formulierung einer Synthese zwischen **Soziologie und Evolution** (*Wilson* 1975) auch neue Erörterungen über deszendenztheoretische Konsequenzen für den Menschen und die menschliche Gesellschaft. *Dobzhansky* vertrat in seinem Werk *Evolution, genetics and man* (1957; dt.: *Die Entwicklung zum Menschen*, 1958) noch keinen „biologischen Determinismus", wie er von *Wilson* (1975) verfolgt und von *Gould* (1984) zurückgewiesen wird. Während einige Theoretiker die nunmehr schon klassische *Synthetische Theorie der Evolution* durch systemtheoretische Aspekte erweitern (*Riedl* 1975; *Oeser* 1974; *Wuketits* 1978), suchen andere in Auseinandersetzung mit *Eigens* biochemischer bzw. energetischer **Theorie der Selbstorganisation** nach einer „*physikalischen Evolutionstheorie*" mit „bio-mechanischen" Prinzipien (*Gutmann* und *Bonik* 1981). Dagegen sieht der Physikochemiker Ilja *Prigogine* (1979) in einer *universellen Evolutionstheorie* die Kluft zwischen Biologie und anorganischer Materie überbrückt, da auch diese in ständigem Wandel begriffen sei. Dieser Faktor und die zunehmend größere technische Einflußmöglichkeit sowohl auf Ökosysteme als auch auf Lebensprozesse und Erbfaktoren (*Biotechnologie*) rückt die Fragen nach der Erkenntnisfähigkeit, Erkenntnis- und Bewußtseinsentwicklung so stark ins Zentrum des Interesses, daß nicht nur Philosophen, sondern zunehmend Biologen selbst Lösungen anbieten, die zwar von der biologischen Evolutionstheorie ausgehen, aber nicht biologistisch oder biologisch-deterministisch das menschlich-soziale Handeln interpretieren (*Gould* 1984; *Hassenstein* 1985).

Nach Jean *Rostand* ist die Biologie noch „eine relativ junge Wissenschaft ..., die uns noch viele Entdeckungen und Erfindungen schuldet" und die „noch einen langen Weg vor sich hat, selbst wenn sie nur die heutigen Forschungsrichtungen weiter verfolgt." (1967, S. 6).

Zusammenfassung von Kap. 10

Die Entwicklung der Biologie im 20. Jh. zeigt besonders eindringlich die Abhängigkeit der Grundlagenforschung von weltpolitischen Ereignissen. So verursachten der erste und der zweite Weltkrieg deutliche Einschnitte in der Entwicklung und Verbreitung neuer Erkenntnisse und der ihnen adäquaten Theorienbildung. Das ist zu berücksichtigen, wenn man den Zeitpunkt der in der Literatur nachweisbaren erstmaligen Erkenntnisse neuer Fakten analysiert und mit dem Zeitraum vergleicht, in dem diese allgemein zum Durchbruch gelangten.

So fanden erst in den 20er Jahren die europäischen Wissenschaftler und Institutionen den Anschluß an die inzwischen in den USA weit fortgeschrittene genetische und zytologische Grundlagenforschung und assimilierten die durch die *Morgan*-Schule erreichten Ergebnisse über die Erbfaktoren (Gentheorie).

Auch die mathematischen Berechnungen über die Genfrequenzen in Populationen, die schon 1908 durch *Hardy* und *Weinberg* gefundene Formel für die Bedingungen eines genetischen „Gleichgewichts" (Hardy-Weinberg-Äquilibrium) und die davon abgeleitete Erkenntnis des permanenten Ungleichgewichts in Wildpopulationen, wurden erst nach 1918 publizistisch verbreitet bzw. durch andere Forscher neu errechnet (*Norton, Wright*). So kam es gegen Ende der 20er Jahre durch merkmalsanalytischen und -statistischen Vergleich von Wild- und Zuchtpopulationen mehrmals fast gleichzeitig zu der Feststellung, daß die Gesetze der Genetik (*Mendel* und *Morgan*) keinen Antagonismus zur Evolutionstheorie *Darwins* bedeuten, und daß die Alternative der durch *de Vries, Johannsen, Bateson* vertretenen Mutationstheorie unnötig bzw. abwegig ist. Schon um 1926 hatte die von *Kolcov* in Moskau gegründete Genetikerschule um *Četverikov* mit *Dubinin, Astaurov, Timofeef-Ressovsky* u. a. durch exakte merkmalsstatistische Untersuchungen an Wildpopulationen den Nachweis erbracht, daß die Häufigkeit natürlicher mutativer Veränderungen des Erbgutes groß genug ist, um, durch Kombination und Rekombination summiert und selektiert, eine allmähliche Veränderung von Populationen zu ermöglichen und durch einen Selektionsdruck in bestimmter Richtung und vor allem durch reproduktive Isolation von Populationen den Artbildungsprozeß zu realisieren. Diese Gedankengänge faßten dann *Četverikov* (1926), *Fisher* (1930), *Wright* (1931) und *Haldane* (1932) theoretisch zusammen.

Dennoch standen sich noch zu Beginn der 30er Jahre folgende kontroverse Ansichten gegenüber:

– Vertreter des *Mutationismus*, die nur durch drastische Änderungen des Erbgutes mit sprunghaft erkennbaren Merkmalsänderungen – wie sie durch röntgeninduzierte Mutationen künstlich erzeugt wurden – die Möglichkeit einer Evolution durch Selektion anerkannten,

– Vertreter des klassischen *Darwinismus*, die die primäre Ursache der Artbildung in kleinen Variationen und deren Selektion sahen, wobei auch umwelt- oder funktionsinduzierte Abänderungen in Rechnung gestellt wurden (*Funktionslamarckismus*)

– Vertreter eines *reinen Neolamarckismus*, die allein in einer gerichteten, vererbbaren Merkmalsänderung die Faktoren der Evolution suchten,

– Biologen, die für die Artbildung (*Mikroevolution*) die darwinistischen Faktoren anerkannten, aber für drastische Bauplanänderungen (*Makroevolution*) nach anderen Faktoren suchten.

Die entscheidende Synthese der Ergebnisse der Populationsforschung mit der zytogenetischen Forschung zog 1937 *Dobzhansky* (1939 deutsche Übersetzung), dem unmittelbar die Werke von E. *Mayr* (1942) und J. *Huxley* (1942), dann B. *Rensch* (1947) folgten und die Synthese auf Taxonomie, Ökologie, Biogeographie ausdehnten, sowie *Simpson* (1944) in der Anwendung der Genetik auf Paläontologie und *Šmalhausen* (1946) auf morphologische Ergebnisse der Embryologie und Paläontologie (vgl. Abb. 101).

In diesem Jahrzehnt, in denen jene grundlegenden Arbeiten die erste Etappe einer theoretischen Synthese von Mendelismus und Darwinismus abschlossen, hatte der deutsche Faschismus (als „Nationalsozialismus" chauvinistischer Prägung) eine Verzerrung der genetischen und evolutionsbiologischen Sachverhalte durch ihren Mißbrauch für Rassismus und Eugenik hervorgerufen und eine noch lange nach Beendigung des Krieges anhaltende Diskriminierung der Grundlagenforschung auf den relevanten Gebieten bewirkt. Sie wurde verstärkt durch den „Lyssenkoismus" in der Sowjetunion mit seiner Überbetonung lamarckistischer Faktoren (Vererbung erworbener Eigenschaften) und der politisch gefärbten Ablehnung der sogenannten „bürgerlichen Genetik" als „reaktionären Mendelismus-Morganismus" in den kommunistischen Ländern während des „kalten Krieges". So entstand eine bis Ende der 50er Jahre spürbare Hemmung der Erkenntnisgewinnung und -vermittlung über zentrale biologische Fragenkomplexe in weiten Teilen Europas, die dann nur langsam den Anschluß an den internationalen Wissensstand gewannen. Denn mit der molekularbiologischen Erkenntnis von der Rolle der DNA als Erbsubstanz (1944, 1950), der Aufklärung ihrer Molekularstruktur (1953) und des Mechanismus der Selbstreproduktion und der Proteinsynthese (*Zentraldogma der Molekularbiologie*) waren alle bisherigen Erörterungen und physiologischen Hypothesen über lamarckistische Mechanismen gegenstandslos geworden. Einen Höhepunkt fand diese Grundlagenforschung durch die Entschlüsselung des genetischen Codes (*Jacob* und *Monod* 1961), die gelungene laborative Erzeugung von Viren durch *Fraenkel*, *Conrad* und *Williams* (1960) und schließlich die Isolierung (1969) und Synthese eines „künstlichen" Gens durch *Khorana* (1970). Sie bestätigten die Richtigkeit molekulargenetischer Ergebnisse und eröffneten eine fast unbegrenzte Anwendbarkeit der genetischen Erkenntnisse (*Biotechnologie*), die in nahezu alle Teilgebiete der Biologie einflossen und Querschnittsdisziplinen entstehen ließen.

Einen Überblick über die Disziplinen, die bis 1980 einen Beitrag zur evolutionstheoretischen Synthese leisteten und „Perspektiven über die Vereinheitlichung der Biologie" aufzuzeigen suchten, gab das von *Mayr* und *Provine* veranstaltete Kolloquium, das auch aufschlußreich für die immer noch unterschiedlichen Auffassungen war:

– über den zeitlichen und disziplinären Ursprung der Synthese,
– über den Inhalt der Synthetischen Theorie der Evolution,
– über den Geltungsbereich dieser Evolutionstheorie.

Für viele Disziplinen boten sich ab 1950 systemtheoretische Konzeptionen an, die durch die Entwicklung der *Informatik* sowohl methodische und technische Hilfsmittel zur Berechnung und Steuerung von organismischen Systembeziehungen bereitstellten, als auch neue Interpretationsmöglichkeiten und theoretische Modelle lieferten. Sie unterstützten die Entwicklung so integrativer Disziplinen wie der **Biochemie**, die hormongesteuerte Lebensprozesse und die Wirkmechanismen der Enzyme klären konnte, oder der **Ökologie** (*Biozönologie*, *Biogeozönologie*) und der **Verhaltensbiologie** einschließlich der **Humanethologie**. Die physiologischen Einzelerkenntnisse erhielten einen neuen Aspekt, als *Bünning* (1958) die endogene Rhythmik von Organismen (*physiologische Uhr*) entdeckte und *Aschoff* (1959) die erblich fixierten, artspezifischen „rhythmischen Zeitgestalten" als „Grundeigenschaft lebender Systeme" erkannte (**Chronobiologie**). Damit wurde deutlich, daß auch bei funktionellen Prozessen erbliche Komponenten zu berücksichtigen sind und somit die **Geschichtlichkeit der Organismen** generell in Rechnung zu stellen ist. So hat das 20. Jahrhundert der Erkenntnis der historisch geprägten morphologisch-anatomischen Gestalt die einer ebensolchen „Zeitgestalt" wie erblich fixierter „Verhaltensmuster" hinzugefügt, was Folgerungen für das Sozialverhalten des Menschen induzierte (*Wilson* 1975). Somit folgten der Formulierung der ersten „Synthese" (1937) weitere durch Einbeziehung anorganischer und kosmischer Phänomene in eine **allgemeine Evolutionstheorie**, Synthesen, die in einer **evolutionären Erkenntnistheorie** gipfeln, die – streng genommen – die Kompetenz der „Biologie" schon überschreitet.

Literatur zu Kap. 10

Adams, M. B.: The founding of population genetics: contribution of the Chetvericov school 1924–1934. J. Hist. Biol. *1* (1968): 23–39.
– Towards a synthesis: population concepts in Russian evolutionary thought, 1925–1935. J. Hist. Biol. *3* (1970): 107–129.
Ayala, F. J.: Biology as an autonomous science. American Scientist *56* (1968): 207–221.
– Theodosius Dobzhansky: the man and the scientist. Ann. Rev. Genet. *10* (1976): 1–6.
– & Dobzhansky, T. (Hrsg.): Studies in the philosophy of biology. Los Angeles 1974.
Babkov, V. V.: Moskovskaja škola evoljucionnoj genetiki. Moskva 1985.
Bertalanffy, L. v.: Theoretische Biologie, Bd. 1–2, Berlin 1932–1942.
– General systems theory. New York 1969.
Beurton, P.: Historische und methodologische Probleme der Entwicklung des Darwinismus. Diss. phil (B). Pädagog. Hochschule Potsdam 1987.
Böhme, G., und Schramm, E. (Hrsg.): Soziale Naturwissenschaft. Frankfurt/M. 1984.
Brundig, L.: Evolution, causal biology and classification. Zoologica scriptal (1972): 107–120.
Carlson, E. A.: Gentheorie. Stuttgart 1971.
Corner, G. W.: A history of the Rockefeller Institute 1901–1953. Origins and growth. New York City 1964.
Dress, A., Hendrichs, H., und Küppers, G.: Selbstorganisation. Die Entstehung von Ordnung in Natur und Gesellschaft. München, Zürich 1986.
Eigen, M.: Stufen zum Leben. Stuttgart 1987.
Evolution. Nova Acta Leopoldina, N. F. *42*, Nr. 218. 1975.
Fischer, P.: Licht und Leben. Ein Bericht über Max Delbrück, den Wegbereiter der Molekularbiologie. Konstanz 1985.
Fischer Verlag: Verzeichnis der Publikationen 1878–1928. Jena 1928.
Florkin, M.: A history of biochemistry. P. 1–5. Amsterdam 1972–1979. (Comprehensive biochemistry, Bd. 30–34). Fortgesetzt von Laszlo, P., Bd. 6, 1986.
Frisch, K. v.: Erinnerungen eines Biologen. ³Berlin 1973.
Frolov, I. T. und Pastušny, S. A.: Der Mendelismus und die philosophischen Probleme der modernen Genetik. Berlin 1981.

Fruton, J. S.: Molecules and life. Historical essays on the interplay of chemistry and biology. New York 1972.

Gaissinovitch, A. E.: An early account of G. Mendels's work in Russia, in: G. Mendel Symposium Prague 1965. Praha 1966.

– Contradictory Appraisal by K. A. Timiriazev of Mendelian Principles and its Subsequent Perception. Hist. Phil. Life. Sci., 7 (1985): 257–286.

– Clement A. Timiryazev and Mendelism. Folia Mendeliana 6 (1971): 305–310.

– The origins of Soviet genetics and the struggle with Lamarckism, 1922–1929. J. Hist. Biol. 13 (1980): 1–51.

Gould, St. J.: Darwin Nach Darwin. Frankfurt/M., Berlin, Wien 1984.

Granin, D.: Der Genetiker. Köln 1988.

Greene, J. C.: Reflections on the progress of Darwin studies. J. Hist. Biol. 8 (1975): 243–273.

Grene, M., & Mendelsohn, E. (Hrsg.): Topics in the philosophy of biology. Dordrecht, Boston 1976.

Gutmann, W. und Bonik, K.: Kritische Evolutionstheorie. Hildesheim 1981.

Gutmann, W. und Weingarten, H.: Die Anatomie der organismischen Biologie. In: Dialektik 13 (1987).

Hassenstein, B.: Evolution und Werte. In: Riedl und Kreuzer 1983, S. 59–81.

– Widersacher der Vernunft und der Humanität in der Natur – Zum Menschenbild der biologischen Anthropologie. In: Jb. Heidelb. Akad. Wiss. 1985 (1986): 72–89.

– Konrad Lorenz 1903–1989, Wissenschaftliches Werk und Persönlichkeit. SB. Ges. Naturf. Freunde Berlin (N. F.) 29/30 (1990): 63–87.

– Klugheit. (... Naturgeschichte der Intelligenz). Stuttgart 1988.

Hertwig, P.: Zur Geschichte der strahlenbiologischen Forschung und ihre Bedeutung für die Gegenwart. Wiss. Z. Univ. Halle, Math.-nat. R. 6 (1957): 404–412.

– Mutationsforschung in ihrer Bedeutung für die Evolution. Nova Acta Leopoldina, N. F. 21, Nr. 143 (1959): 117–145.

Hickel, E. (Hrsg.): Biochemische Forschung im 19. Jh. (mit einer Bibliographie der Quellen). Braunschweig 1989.

Höxtermann, E., und Sucker, U.: Otto Warburg. (Biographien hervorragender Naturwissenschaftler, Techniker und Mediziner). Leipzig 1988.

Hoppe, B.: Die Evolutionstheorie im deutschen Sprachgebiet. Hist. Phil. Life Sci. 7 (1985): 121–147.

Jollos, V.: Genetik und Evolutionsproblem. Zool. Anz., Suppl. 5 (1931): 252–295.

Judson, H. F.: The eighth day of creation: makers of revolution in biology. London 1979 dt.: (Der 8. Tag der Schöpfung: Sternstunden der neuen Biologie). Wien 1980.

Kinnon, D., Kholodilin, A. N. & Orel, V. (Hrsg.): From biology to biotechnology. Brno 1985 (Unesco-Symposium).

Koref-Santibañez, S. in: Biologie in der Schule 3 (1988).

Lefèvre, W.: Die Entstehung der biologischen Evolutionstheorie. Frankfurt (M.), Berlin, Wien 1984.

Löther, R.: Evolutionsfaktoren und Dialektik. Gleditschia 13 (1985): 7–12

Lorenz, K.: Vergleichende Verhaltensforschung. München 1982.

Lütge, F.: Das Verlagshaus Gustav Fischer in Jena. Seine Geschichte und Vorgeschichte. Jena 1928.

Luria, S.: Das Leben – das unvollendete Experiment. München, Zürich 1974.

Lwoff, A., & Ullmann, A. (Hrsg.): Origins of molecular biology. A tribute to Jaques Monod. New York 1979.

Maturana, H.: Erkennen: Die Organisation und Verkörperung von Wirklichkeit. Braunschweig, Wiesbaden 1982.

Mayr, E., & Provine, W. B.: The Evolutionary Synthesis. Perspectives on the unification of biology. Cambrigde (Mass.) und London 1980.

Meyer-Abich, A.: Geistesgeschichtliche Grundlagen der Biologie. Stuttgart 1963.

Mikulinskij, S. R., & Poljanskij, I. I.: Razvitie evoljucionnoj teorii v SSSR (1917–1970). Leningrad 1983.

Mullins, N. C.: The development of a scientific personality: the phage group and the origins of molecular biology. Minerva 10 (1972): 51–82.

Nicolis, G. und Prigogine, J.: Die Erforschung des Komplexen. München 1987.

Norton, B.: Fisher and the Neo-Darwinian synthesis. In: Forbes, E. G. (Hrsg.): Proc. XVth Int. Congr. Hist. Sci. Edinburgh 1977. Symposium 8, S. 481–494. Edinburgh 1978.

Olby, R. C.: The path to the double helix. London, Basingstoke 1974.

Portugal, F. H., & Cohen, J. S.: A century of DNA. A history of the discovery of the structure and function of the genetic substance. Cambridge (Mass.) und London 1977.

Prigogine, I.: Vom Sein zum Werden. München 1979.

Provine, W. B.: The origin of theoretical population genetics. Chicago 1971.

– Sewall Wright and Evolutionary Biology. Chicago und London 1986.

Regelmann, J.-P.: Die Geschichte des Lyssenkoismus. Frankfurt/M. 1980.

Remane, A.: Die Grundlagen des natürlichen Systems, der vergleichenden Anatomie und der Phylogenetik. Leipzig 1952.

Rensch, B.: Neuere Probleme der Abstammungslehre … Stuttgart 1947, ³1972.

Resnik, S. E.: Nikolaj Vavilov. Moskva 1973.

Riedl, R.: Die Ordnung des Lebendigen. Systembedingungen der Evolution. Hamburg, Berlin 1975.

– Evolution und Erkenntnis. München 1984.

Riedl, R., und Kreuzer, F.: Evolution und Menschenbild. Hamburg 1983.

Rostand, J. (Hrsg.): Die Zukunft der Biologie. Leipzig, Jena, Berlin 1967.

Russell, E. St.: The interpretation of development and heredity. Oxford 1930.

Šamin, A. N.: Biokataliz i biokatalizatory (istoričeskij očerk). Moskva 1971.

Sander, K.: Hans Spemann (1869–1941), in: Biologie in unserer Zeit 15 (1985): 112–119

Schindewolf, O. H.: Paläontologie, Entwicklungsgeschichte und Genetik. Kritik und Synthese. Berlin 1936.

Schmidt, A.: Philosophische Studien zur Populationsgenetik. Jena 1970.

Schmidt, H.: Die Evolution der Materie zum Lebendigen. Mannheim 1977.

Schmidt, J.: Die Umweltlehre Jakob von Uexkülls in ihrer Bedeutung für die Entwicklung der vergleichenden Verhaltensforschung. Diss. Marburg/Lahn 1980.

Schreiber, H.: Zur Geschichte der Biophysik. Studia biophysica 2 (1967): 333–388.

Semenza, G. (Hrsg.): Selected topics in the history of biochemistry. Personal recollections. 1–2. (Comprehensive biochem. Bd. 35–36). Amsterdam 1985–1986.

Senglaub, K.: Zu einigen Aspekten der Wissenschaftsentwicklung in der Biologie. Neue Museumskd. 10 (1967): 1–13.

– Wege der Integration und die „synthetische Evolutionstheorie." In [22], 1982.

Sojfer, V. N.: Očerki istorii molekularnoj genetiki. Moskva 1970.

Stebbins, G. L.: Evolutionsprozesse. Stuttgart 1968.

Stent, G.: The molecular biology of bacterial viruses (Historische Einführung). London 1975.

Stier, F.: Das Verlagshaus Gustav Fischer in Jena. Jena 1953.

Sucker, U.: Philosophische Probleme der Arttheorie. Jena 1978.

– Die Gründungsgeschichte des Kaiser-Wilhelm-Instituts für Biologie und seine problemgeschichtlichen Voraussetzungen. Diss. phil. (B) Humboldt-Univ. Berlin 1987.

Tembrock, G.: Grundlagen des Tierverhaltens. Berlin 1977.

– Entwicklung der „Tierpsychologie" als Wissenschaftsdisziplin. Wiss. Z. Humboldt-Univ.

Berlin, Math.-nat. R. *31* (1982): 569–575.

Tschulok, S.: Das System der Biologie in Forschung und Lehre. Jena 1910.

Ungerer, E.: Der Wandel der Problemlage der Biologie in den letzten Jahrzehnten. Die Wissenschaft vom Leben: eine Geschichte der Biologie, Bd. 3. Freiburg, München 1966 (Orbis academicus II/14).

Walter, H.: Bekenntnisse eines Ökologen. Stuttgart 1987.

Watson, J. D.: Die Doppel-Helix. Reinbek 1969.

Weingarten, M.: Organismuslehre und Evolutionstheorie. Historische und systematische Rekonstruktionen. Diss. phil. Marburg 1988.

White, M. J. D.: Animal cytology and evolution. Cambridge 1954.

Wilson, E. O.: Sociobiology – the new synthesis. Cambridge (Mass.) 1975.

Wuketits, F. M.: Wissenschaftstheoretische Probleme der modernen Biologie. Berlin (West) 1978 (Erfahrung und Denken, Bd. 54).

Zavadskij, K. M.: Evoljucionnaja teorija. In [8], 1975.

Zimmermann, W.: „Vererbung erworbener Eigenschaften" und Auslese. Jena 1938. ²Stuttgart 1968.

Sachregister

Personenregister

(ohne Berücksichtigung von Literaturverzeichnissen und Zusammenfassungen)
Die halbfetten Zahlen geben die Seiten mit den Lebensdaten an.